普通高等教育“十三五”规划教材

微机原理及应用

第 2 版

王惠中　王　强　李建海　编著

U0813541

机械工业出版社

全书共分 10 章，第 1 章介绍了计算机的基础知识及计算机的发展历史；第 2 章介绍了 8086 和 8088 CPU 的结构及相应的总线操作时序；第 3 章介绍了微型计算机中的存储器系统，涉及存储器的基本原理，常用的一些存储器芯片介绍以及存储器与 CPU 的连接；第 4 章介绍了 8086/8088 的寻址方式和指令系统；第 5 章介绍了伪指令、DOS 功能调用及汇编语言程序设计的方法；第 6 章介绍了微型计算机输入/输出接口的基本概念，讲述了 I/O 接口数据传送的控制方式，简单的 I/O 接口芯片应用，DMA 的存取方式及 8237 的编程应用；第 7 章主要介绍了中断的基本概念和中断系统；第 8 章介绍了可编程接口芯片的基本概念，常用可编程接口芯片 8255A 和 8253 的应用；第 9 章介绍了数-模、模-数转换及应用；第 10 章主要讲述了串行通信概念及可编程串行接口芯片 8251A 的应用。

本书可作为高等院校电气类、自动化类、电子信息类等专业的教材。本书配有电子课件，欢迎选用本书作教材的教师索取，索取邮箱：jinacmp@163.com，或登录 www.cmpedu.com 注册下载。

图书在版编目（CIP）数据

微机原理及应用/王惠中，王强，李建海编著. —2 版. —北京：机械工业出版社，2016.4（2020.1 重印）
普通高等教育“十三五”规划教材
ISBN 978-7-111-52436-6

Ⅰ.①微… Ⅱ.①王…②王…③李… Ⅲ.①微型计算机-理论-高等学校-教材 Ⅳ.①TP36

中国版本图书馆 CIP 数据核字（2015）第 300525 号

机械工业出版社（北京市百万庄大街 22 号 邮政编码 100037）
策划编辑：吉 玲 责任编辑：吉 玲 张利萍 刘丽敏
版式设计：赵颖喆 责任校对：陈秀丽 李锦莉
封面设计：张 静 责任印制：常天培
北京京丰印刷厂印刷
2020 年 1 月第 2 版·第 3 次印刷
184mm×260mm·22.5 印张·616 千字
标准书号：ISBN 978-7-111-52436-6
定价：47.00 元

凡购本书，如有缺页、倒页、脱页，由本社发行部调换

电话服务	网络服务
服务咨询热线：010-88379833	机 工 官 网：www.cmpbook.com
读者购书热线：010-88379649	机 工 官 博：weibo.com/cmp1952
	教育服务网：www.cmpedu.com
封面无防伪标均为盗版	金 书 网：www.golden-book.com

前　言

随着工业自动化水平的不断提高，计算机已成为解决工程问题不可缺少的工具，工程应用型本科高等院校非电类专业的学生毕业以后，所面临的大量设计任务中许多地方都涉及计算机的知识。所以，工科院校的学生学习和掌握计算机的基本原理和应用技术，已成为几乎所有的工科专业培养计划的一个重要环节。因此，“微机原理及应用”是工科学生重要的技术基础课，在微型计算机技术飞速发展的情况下，如何使学生在有限的时间内做到既能掌握基本概念又能提高基本能力，是我们在教学中始终探索的问题。

经过多年的教学实践与探索，在总结多次试用讲稿和《微机原理及接口技术》一书的基础上，我们为工程应用型本科高等院校非电类专业编写了《微机原理及应用》一书。

“微机原理及应用”是工程应用型本科高等院校非电类专业的学生学习计算机原理与应用的入门课程。虽然计算机技术飞速发展，经历了 8 位、16 位、32 位、64 位，但其基本的工作原理相同，而且 8086/8088 微处理器具有很好的兼容性。本书以 8086/8088 微处理器和微型计算机为主线，从工程应用的角度出发，讲述了微型计算机的基本工作原理、半导体存储器、8086/8088 指令系统、汇编语言程序设计方法、输入/输出接口、中断、串行通信、模-数与数-模转换等内容。

在编写过程中，根据学生掌握知识的基本特点，在内容安排上遵循循序渐进、深入浅出、突出重点、通俗易懂、理论联系实际的原则，以便学生能够在较短的时间里理解基本概念，掌握基本设计方法。本书在吸取众多教材精华的同时，力求内容精练、例题丰富、形式多样、取材新颖，使学生能够较好地理解概念与原理，可提高学生分析问题和解决问题的能力。在编写中加入了作者多年从事教学、科研的经验和体会。本书可用作高等院校非电类专业本、专科教材，也可作为高等院校其他专业本、专科教材和相关工程技术人员的参考书。

本书由王惠中编写第 2、4、9 章并统稿，王强编写第 6、8、10 章，李建海编写第 1、3、5、7 章。王晓兰教授担任本书主审，提出了许多宝贵意见，在此表示衷心的感谢。肖利梅老师为本书做了不少的工作，在此表示感谢。

本书是由编者在多年从事“微机原理及应用”课程教学和科研工作的基础上，参考了国内同类教材内容编写而成的，在此特向有关作者致谢。由于编者能力有限，书中难免存在不当之处，恳请读者和专家提出宝贵意见。

编　者

目　录

第 1 章　微型计算机概论

1.1　微型计算机概述

1.1.1　计算机的发展

电子计算机是由各种电子器件组成的能够自动、高速、精确地进行逻辑控制和信息处理的电子设备，其原理是模仿人的大脑进行工作，电子计算机是 20 世纪最伟大的发明之一。世界上第一台电子计算机是 ABC(Atanasoff-Berry Computer，阿塔纳索夫-贝瑞计算机，1937 年设计，不可编程，设计用于求解线性方程组，并在 1942 年成功进行了测试)，而鼎鼎大名的 ENIAC(埃尼阿克，Electronic Numerical Integrator and Computer，中文名：电子数字积分计算机)是世界上第二台电子计算机。自从计算机在美国问世以来，计算机科学和技术取得了飞速的发展。电子计算机的发展经历了电子管计算机(20 世纪 40 年代末期至 20 世纪 50 年代末期)，晶体管计算机(20 世纪 50 年代末期至 20 世纪 60 年代末期)和集成电路计算机(20 世纪 60 年代中期至今)的不同发展阶段。集成电路计算机经历了中小规模集成电路、大规模集成电路和超大规模集成电路计算机的发展历程。

1946 年 2 月 14 日在美国宣告诞生的 ENIAC 是一台电子多用途计算机。ENIAC 长 30.48m，宽 1m，造价 48 万美元，其内部共使用了 17468 个电子管，重 30t，占地 $170m^2$，耗电 150kW，每秒能完成 5000 次加法运算或 400 次乘法，这个速度相当于当时使用的继电器计算机的 1000 倍，是手工计算的 20 万倍。随着科学技术的发展，1960 年出现了晶体管计算机，晶体管代替电子管大大降低了计算机的成本和体积，运算速度提高到每秒可完成几十万次加法运算。1965 年中小规模集成电路成功应用于计算机，使得计算机的体积进一步减小，运算速度也提高到每秒几千万次。由于大规模集成电路和超大规模集成电路的出现和应用，目前为止(2015 年)我国最新研制的超级计算机“天河二号”运算速度可达每秒 33.86 千万亿次浮点运算速度，成为全球最快的超级计算机。计算机几乎每 2 ~4 年就更新换代一次，现在计算机的更新换代时间越来越短。

1.1.2　微型计算机的分类及主要性能指标

计算机按规模和功能可分为巨型机、大型机、中型机、小型机和微型机，它们在系统结构和工作原理上没有本质区别。由于微型计算机采用了集成电路，使得它具有体积小、质量轻、可靠性高的特点。微型计算机使用环境要求低，结构灵活，集成度高，采用了部件标准化、系列化的接口芯片及总线，使得其易于组装及维修，并且价格低廉，从而获得了极快的发展，使用普及率非常高。本书主要讲述微型计算机的原理及应用。

1. 微型计算机的分类

微型计算机的分类方法很多，一般有以下几种分类方法：

(1) 按字长分类　字长是计算机一次处理的二进制数的位数。字长越长，计算机处理数据量越大，处理速度越快。字长与微处理器数据总线宽度不是同一个概念。如 8088 的字长为 16 位，但外部数据总线宽度仅为 8 位，而 Pentium 系列微机的字长为 32 位，但数据总线宽度为 64 位。

微型计算机按字长可分为4位机、8位机、16位机、32位机和64位机。

(2) 按结构类型分类 可分为单片机、单板机、多板机(微型计算机)。

(3) 按用途分类 可分为个人计算机、工作站/服务器、网络计算机、嵌入式计算机。

(4) 按体积大小分类 可分为台式机、便携机(如笔记本式、商务通等)。

2. 微型计算机的主要性能指标

一台微型计算机的性能优劣不是由某项指标来决定的，而是由计算机系统的结构、指令系统、硬件组成、软件配置等多方面的因素综合决定的。但对一般计算机来说，可以从以下几个指标来大体评价计算机的性能。

(1) 主频 主频是指微型计算机中CPU的时钟频率，主频决定计算机的运行速度。目前，CPU的时钟频率(主频)最高达到3.5GHz以上。

(2) 字长 字长是指微型计算机能够直接处理的二进制数的位数，字长越长，运算精度越高，功能越强，目前常用的微机都是32位，有些高档的微机已达到64位。

(3) 存储器的容量 存储器分为内存储器和外存储器两类。内存储器也简称内存或主存，是CPU可以直接访问的存储器，计算机需要执行的程序与需要处理的数据就是存放在主存中的。内存容量指微机存储器能存储信息的字节数，内存容量越大，能存储信息越多，信息处理能力越强。目前微机内存容量一般配置为1~64GB(微机的最大内存容量由计算机主板决定)。外存储器通常是指硬盘(包括内置硬盘和移动硬盘)。外存储器容量越大，可存储的信息就越多。目前单个硬盘容量可以达到4000GB。

(4) 存取周期 存取周期是指主存储器完成一次读写所需的时间，存取时间越短，存取速度越快，整机的运算速度越高。存取周期与主存储器指标有关。

(5) 运算速度 运算速度是衡量计算机性能的一项重要指标。运算速度是指微型计算机每秒所能执行的指令条数，单位用MIPS(Million Instruction Per Second，即百万条指令/秒)。执行不同类型的指令所需时间不同，因此使用各种指令的平均执行时间及相应运行指令的比例计算，是作为衡量运算速度的标准。8086是0.8MIPS，目前高性能64位安腾处理器的运算速度已超过了1000MIPS。

1.1.3 微型计算机的发展

微型计算机简称为μC或MC(Micro Computer)，它是由微处理器、存储器、输入/输出接口电路，通过总线(BUS)结构联系起来的。从1971年世界上第一台微型计算机诞生以来，在40多年的时间里，微型计算机随着微处理器的更新而不断发展。到目前为止微型计算机的发展已经历了五代。

第一代微型计算机(1971~1973年)是以字长为4位和字长为8位低档微处理器为核心的计算机。1971年Intel公司首先研制成功4位4004微处理器，1972年Intel公司推出低档8位的8008微处理器。第一代微处理器芯片采用PMOS工艺，时钟频率小于1MHz，集成度约为2000个晶体管/片。使用机器语言编制程序，平均指令执行时间为10~15μs。其典型芯片有Intel公司的Intel 4004和Intel 8008。

第二代微型计算机(1974~1977年)是以字长为8位微处理器为核心的计算机。微处理器芯片工艺为NMOS，时钟频率为1~4 MHz，集成度为9000个晶体管/片，运算速度大大提高，平均指令执行时间为1~2μs。第二代微处理器指令系统较为完善，软件可以使用汇编语言编写，也可以使用一些高级语言，如BASIC、FORTRAN等语言，出现了易用的操作系统。其典型芯片有Intel公司的Intel 8080和Intel 8085，Motorola公司的MC6800，Zilog公司的Z80微处理器。

第三代微型计算机(1978~1984年)是以字长为16位微处理器为核心的计算机。微处理器芯片工艺为HMOS，时钟频率为4~25 MHz，集成度达到29000个晶体管/片，基本指令执行时间约为0.5μs。Intel 8086/8088的地址线达到20根，可以寻址1MB的存储空间。Intel 80286达到24根地址线，寻址能力达到16MB。而且Intel 8086和Intel 80286可以向上兼容，其典型芯片有Intel公司的Intel 8086/8088和Intel 80286、Motorola公司的MC68000和Zilog公司的Z8000微处理器。

第四代微型计算机(1985~1993年)是以字长为32位微处理器为核心的计算机。微处理器芯片工艺为CHMOS，时钟频率为16~40MHz，集成度达到15万~50万个晶体管/片，基本指令执行时间<0.1μs。Intel 80386 CPU数据线和地址线均为32根，寻址能力达到4GB。1990年Intel公司又研制出高性能32位微处理器芯片80486，片内增加了协处理器和高速缓冲存储器(Cache)，时钟频率为16~40MHz，其集成度达到120万晶体管/片。由于80486采用了RISC(Reduced Instruction Set Computer，简化指令集合计算机)技术，降低了每条指令执行所需要的时间，使80486处理速度大幅度提高，在相同的时钟频率下运算速度比80386快30%。其典型芯片有Intel公司的Intel 80386和Intel 80486，Motorola公司的MC68020和MC68040，Zilog公司的Z80000微处理器。

第五代微型计算机(1993~2005年)是以CPU内部字长为32位，对外数据总线64位的微处理器为核心的计算机。微处理器芯片利用亚微米的CMOS技术进行设计，时钟频率为66MHz~3.2GHz，集成度达到300万~4200万个晶体管/片，基本指令执行时间90~3200MIPS。Intel 80586及以上微处理器的数据线和地址线均为64根，寻址能力达到64GB。其典型芯片有Intel公司研制的奔腾(PentiumPro)微处理器、PentiumⅡ微处理器、Pentium III微处理器、PentiumⅣ微处理器、Itanium(安腾)。在推出PentiumⅣ的同时，Intel已经为市场准备了64位的新一代微处理器。与以往的64位RISC架构的CPU不同，Intel代号为“Mercer”的Itanium(安腾)引入了许多新概念和新技术，其目标是带领CPU市场跨入新型64位时代。

第六代微型计算机(2005年至今)是以字长为64位微处理器为核心的计算机，是酷睿(Core)等系列微处理器时代，通常称为第6代。“酷睿”是一款领先节能的新型微架构，设计的出发点是提供优良的性能和能效，提高每瓦特性能，也就是所谓的能效比。酷睿2(Core 2 Duo)是Intel在2006年推出的新一代基于Core微架构的产品体系统称。Core i5是一款基于Nehalem架构的四核处理器，采用整合内存控制器，三级缓存模式，L3达到8MB，支持Turbo Boost等技术的新处理器计算机配置。它和Core i7(Bloomfield)的主要区别在于总线不采用QPI，采用的是成熟的DMI(Direct Media Interface)，并且只支持双通道的DDR3内存。2013年6月4日Intel推出第四代CPU(Haswell)，陆续替换现行的第三代CPU(Ivy Bridge)。

尽管发展很快，但是微机在其发展过程中具有技术上的连续性和兼容性。就Intel 86系列处理器来说，新一代产品都是在老一代产品的基础上更新发展，并且对老一代产品向下兼容的。另外与通用机不同的是，在微机的发展过程中，微机是多代产品共存，而不是新产品淘汰旧产品。微机的各代产品，以及单片机都有各自适用的领域。对工业控制来说，目前的16位机已能基本满足使用要求。在微机的体系结构上，都采用了系统总线结构。基于以上因素，并考虑到便于教学和组织实验，本书仍选择16位机作为主要机型。

1.2 微型计算机的基本结构

微型计算机系统、微型计算机、微处理器、单片微型计算机、单板微型计算机和多板微型计算机是不同的概念。为了更好地学习和应用微型计算机，有必要首先对这些基本概念加以说明。

1.2.1 微型计算机系统、微型计算机

1. 微型计算机系统

微型计算机系统包括硬件系统和软件系统两大部分，如图 1-1 所示。

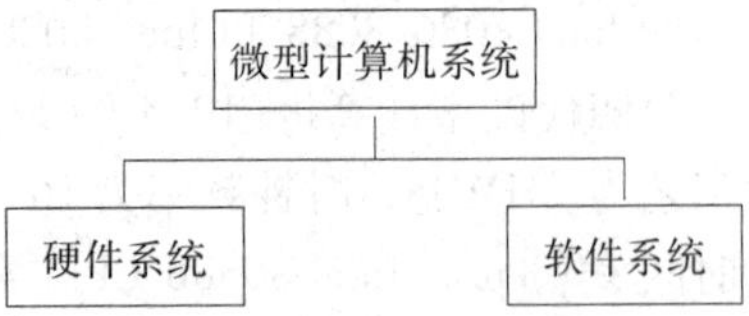

图 1-1 微型计算机系统的组成

（1）硬件系统 硬件系统包括：微型计算机、外部设备、电源及其他辅助设备。外部设备（简称 I/O 设备）主要用来实现数据和信息的输入/输出，如果没有外部设备，数据及程序就无法输入，运算结果也无法显示或输出，计算机就不能正常工作。外部设备通过输入/输出接口和微处理器相连。外部设备包括：输入设备、输出设备、外部存储设备。常用输入设备有键盘、鼠标器、扫描仪、模-数转换器等；常用的输出设备有打印机、绘图仪、CRT 显示器、磁盘控制器、数-模转换器等。外部存储设备有软盘、硬盘、光盘、U 盘等。

（2）软件系统 没有配置软件的计算机称为裸机，一台裸机就像一个肌肉十分发达却不接收外界任何信息，任何工作也不能完成的人。软件系统包括：系统软件和应用软件；系统软件主要包括操作系统软件、各种语言的汇编、编译软件、工具软件、数据库管理软件、故障检测、诊断软件等。应用软件包括为用户解决各种实际问题而编制的工程设计程序、数据处理程序等。目前，应用软件已逐步标准化、模块化和商品化。

2. 微型计算机

微型计算机也称为主机，主机包括微处理器、存储器、输入/输出（Input/Output）接口；微处理器通过系统总线和存储器、输入/输出接口进行连接。微型计算机的组成如图 1-2 所示。

其中存储器分为随机读写存储器（Random Access Memory，RAM）和只读存储器（Read Only Memory，ROM）。存储器是微型计算机的存储和记忆装置，用来存储数据、程序、中间结果和最终结果等数字信息。

系统总线分为地址总线（Address Bus，AB）、数据总线（Data Bus，DB）和控制总线（Control Bus，CB）。

存储器的每一个存储单元和输入/输出接口的每一个端口都有唯一的地址，这些地址是通过地址总线来确定的。地址总线是三态单向总线。地址总线的位数决定了 CPU 可直接寻址的内存容量。8 位微型机的地址总线为 16 位，最大寻址范围为 $2^{16}=64\text{KB}$。16 位微型机的地址总线是 20 位，最大寻址范围为 $2^{20}=1\text{MB}$。

数据总线是用来传输数据和信息的。一般数据总线的条数和所用微处理器的字长相等，但也有不相等的（如奔腾系列微机微处理器字长 32 位，数据总线 64 位）。数据总线是三态双向总线。

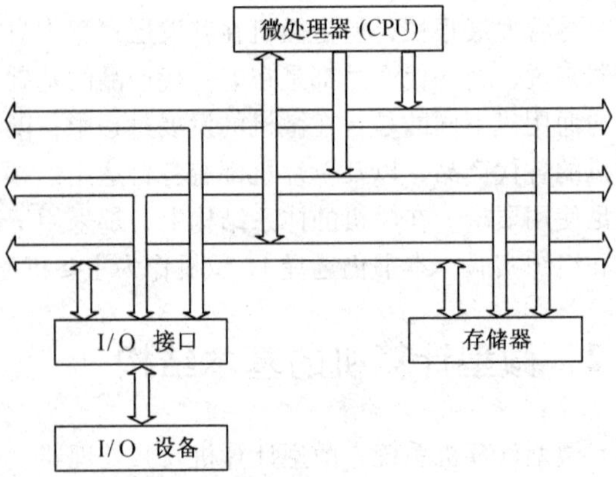

图 1-2 微型计算机的组成

控制总线用于传送各类控制信号。控制总线条数因计算机不同而异，每条控制线最多传送两个控制信号。控制信号有两类：一类是 CPU 发出的控制命令，如读命令、写命令、中断响应信号等；另一类是存储器或外部设备的状态信息，

如外部设备的中断请求、复位、地址有效信号、总线请求和中断请求等。控制总线宽度根据系统需要确定，传送方向就具体控制信号而定。

1.2.2　微处理器

1. 微处理器的结构

微处理器(Microprocessor Unit，MPU 或者称为 MP)，它是一个中央控制器(Central Processing Unit，CPU)。CPU 是微型计算机的核心部件，将运算器、控制器、寄存器通过内部总线连接在一起，并集成在一个独立芯片上。它具有解释指令、执行指令和与外界交换数据的能力。

微处理器是构成微型计算机的核心部件，不同型号的微型计算机，其性能指标的差异首先在于其 CPU 性能的不同，而 CPU 性能又与它的内部结构有关。每种 CPU 有其特有的指令系统。目前，无论哪种 CPU，其内部基本组成总是大同小异的。简化的微处理器内部结构框图如图 1-3 所示。

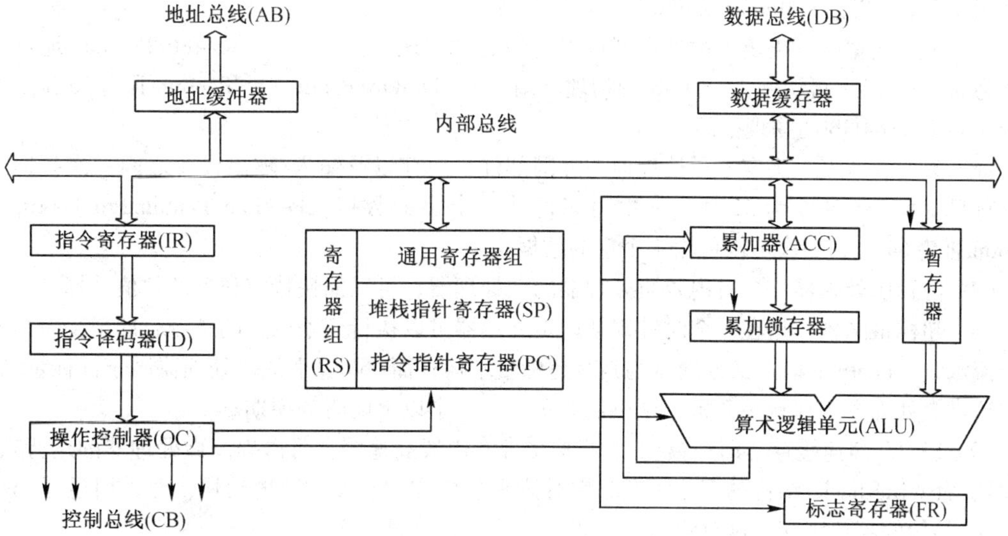

图 1-3　简化的微处理器内部结构框图

(1) 运算器　运算器由算术逻辑运算部件(Arithmetic Logical Unit，ALU)、累加器(Acc)、标志寄存器及相应控制逻辑组合而成，在控制信号的作用下可完成对数据和信息的加、减、乘、除四则运算和各种逻辑运算，包括与运算、或运算、非运算、异或运算以及求补运算等。

(2) 控制器(Control Unit)　控制器包括指令寄存器、指令译码器和操作控制器。控制器是微型计算机的指挥控制中心，是整个计算机的控制中枢。它对指令进行分析、处理以及产生控制信号。同时它还产生控制部件所需的定时脉冲信号，使微机各部件协调地工作，从而完成对整个计算机系统的控制及数据运算处理等工作。

各种操作都是在控制器的控制下进行的。控制器的指挥是通过程序进行的，程序放在存储器中，它依次从存储器中取出指令，控制器根据指令的要求，对 CPU 内部和外部发出相应的控制信息。

(3) 寄存器　寄存器是由专用寄存器和通用寄存器组成，用以存放参加处理和运算的操作数；存放数据处理的中间结果和最终结果等。专用寄存器的作用是固定的，例如 8086 CPU 的堆栈指针寄存器、标志寄存器、指令指针寄存器等。而通用寄存器则可由编程者依据需要规定其用途。

2. 微处理器的主要性能指标

微处理器的主要性能指标如下：

（1）主频　即微处理器的时钟频率。如 PentiumⅡ-300，主频为 300MHz。一般说来，主频越高，微处理器的速度越快。由于内部结构不同，并非所有时钟频率相同的微处理器性能都一样。

（2）外频　指微处理器外部总线工作频率。如 Pentium-133，主频为 133MHz，而外频（或称总线速度）为 66MHz；PentiumⅢ-500，主频为 500MHz，外频为 100MHz/133MHz 等。

（3）工作电压　指微处理器正常工作所需的电压。早期微处理器的工作电压一般为 5V，随着微处理器主频的提高，微处理器工作电压有逐步下降的趋势，如 3.3V、2.8V 等，以解决温度过高的问题。

（4）制造工艺　制造工艺主要由晶体管之间的最小线距离来衡量微处理器的集成密度，通常采用微米（μm）为单位。例如，小于 350MHz 的 PentiumⅡ采用 0.35μm 工艺，500MHz 的 PentiumⅢ采用 0.25μm 工艺，Mercer 采用 0.18μm 工艺等。

（5）地址线宽度　决定了微处理器可以访问的物理地址空间，如 386/486/Pentium 地址线的宽度为 32 位，最多可访问 2^{32} =4GB 的物理空间，PentiumPro/PentiumⅡ/PentiumⅢ为 36 位，可以直接访问 2^{36} =64GB 的物理空间。

（6）数据线宽度　决定了微处理器与外围部件、内存以及输入/输出设备之间一次数据传输的信息量。如 386/486 为 32 位，一次可以传输 2 个字的数据。Pentium/PentiumPro/PentiumⅡ/PentiumⅢ为 64 位，一次可以传输 4 个字的数据。

（7）内置协处理器　含有内置协处理器的微处理器，可以加快特定类型的数值计算。

（8）超标量结构　指在一个时钟周期内微处理器可以执行一条以上的指令，即至少包括两条指令流水线。Pentium 以上微处理器均具有超标量结构；而 486 以下的微处理器属于低标量结构，即在这类微处理器内执行一条指令至少需要一个或一个以上的时钟周期。

（9）L1/L2 高速缓存　即一级/二级高速缓存。内置高速缓存可以提高微处理器的运行效率。采用回写（Write-back）结构的高速缓存，它对读和写操作均有效，速度较快；而采用通写（Write-through）结构的高速缓存，仅对读操作有效。

1.2.3　单片机、单板机、多板机

1. 单片机

单片机（Single-chip Micro computer 或 Micro controller Unit）是将微处理器、存储器及 I/O 接口电路以及内部系统总线等全部集中在一块大规模集成电路芯片上。一个单片机就是一台具备基本功能的计算机。由于单片机体积小、指令系统简单、可靠性高、性能价格比高，发展十分迅速。现在一些高档单片机还将 A-D、D-A 转换器、DMA 控制器及通信控制器集成在一块芯片上，使单片机功能更强大，使用更加方便。单片机朝着超低功耗、专业化、功能齐全方向发展。利用单片机可以较方便地构成一个控制系统。当前在智能仪器仪表、工业实时控制、智能终端及家用电器等众多领域应用非常广泛。目前国内较流行的单片机有 Intel 8051、Intel 8096、Microchip 的 PIC、TI 公司的 MSP430、STC 89C52 等产品。

2. 单板机

单板机（Single-board Micro Computer）是将微处理器芯片、存储器芯片、I/O 接口芯片及少量的输入/输出设备（键盘，数码显示器）安装在一块印制电路板上构成的微型计算机。单板机功能一般比较简单，但它具有结构紧凑、使用简单、成本低等特点，通常应用于工业控制及教学实验

等领域。

3. 多板机

为了满足较高层次的需求，往往需要扩展单板机的功能。为此，许多公司设计了功能各异的扩展板供用户选用，以扩展应用系统的能力。这种由多块印制电路板构成的微型计算机称为多板机。

1.3 微型计算机的基础知识

1.3.1 计算机数制及其相互转换

1. 数制

数制是计算机重要的基础知识。电子计算机最基本的功能是进行数据的加工和处理，无论其表现形式是文本、字符、图形，还是声音、图像，都必须以数的形式加以储存。想要有效地储存这些数据就涉及数制的问题。对于机器来说，计数方法越简单，相应的电路就越简单，实现起来越容易，所以计算机都采用二进制来进行计数。但是由于人们在日常生活中习惯用十进制数，而二进制数在书写过程中过于繁琐且易出错，而在汇编语言和一些高级语言中人们则习惯使用十六进制、八进制和十进制数，所以，在这里对各种常用数制及它们之间的互相转换进行介绍。

首先，为了能更好地学习计算机知识，先介绍以下基本概念：

（1）数　数是衡量事物多少的一种表示方法。

（2）数制　数制是按一定规律计数的规则，是人们表示数值所用的数字符号的个数来命名的。

（3）基数　数制中各个数字符号的个数称为该数制的基数。

（4）系数　系数是表示一个数的一组数字或符号中各个位数上的数字。

（5）权　权是用数字或符号表示一个数时，它所具有的位值。

数制是人们利用符号计数的一种科学方法。各种常用进制各具有以下特点：

1）十进制是逢十进一，有10个数0~9，一般用字母D(Decimal)或下标$(\ )_{10}$来标记十进制数。

2）二进制是逢二进一，有2个数0和1，一般用字母B(Binary)或下标$(\ )_2$来标记二进制数。

3）八进制是逢八进一，有8个数0~7，一般用字母O(Octal)、Q或下标$(\ )_8$来标记八进制数。

4）十六进制是逢十六进一，有16个数0~9和A~F(A~F依次代表数值10~15)，一般用字母H(Hexadecimal)或下标$(\ )_{16}$来标记十六进制数。

例如，一个数378的表示有以下几种：

十进制可表示为：$378 = 378D = (378)_{10} = 3\times10^2 + 7\times10^1 + 8\times10^0$

二进制可表示为：$378 = 101111010B = (101111010)_2$

$= 1\times2^8 + 0\times2^7 + 1\times2^6 + 1\times2^5 + 1\times2^4 + 1\times2^3 + 0\times2^2 + 1\times2^1 + 0\times2^0$

八进制可表示为：$378 = 572Q = (572)_8 = 5\times8^2 + 7\times8^1 + 2\times8^0$

十六进制可表示为：$378 = 17AH = (17A)_{16} = 1\times16^2 + 7\times16^1 + 10\times16^0$

数制的表示对小数同样适用，例如：

$75.1875 = (75.1875)_{10} = 7\times10^1 + 5\times10^0 + 1\times10^{-1} + 8\times10^{-2} + 7\times10^{-3} + 5\times10^{-4}$

$75.1875=(1001011.0011)_2$
$=1\times2^6+0\times2^5+0\times2^4+1\times2^3+0\times2^2+1\times2^1+1\times2^0+0\times2^{-1}+0\times2^{-2}+1\times2^{-3}+1\times2^{-4}$

$75.1875=(113.14)_8=1\times8^2+1\times8^1+3\times8^0+1\times8^{-1}+3\times8^{-2}$

$75.1875=(4B.3)_{16}=4\times16^1+11\times16^0+3\times16^{-1}$

即一个数的值可用每位上的系数乘以该位的权而后相加得到，用公式可以表示为

$$N=\overbrace{K_n\times S^n+K_{n-1}\times S^{n-1}+\cdots+K_1\times S^1+K_0\times S^0}^{\text{整数部分}}+\underbrace{K_{-1}\times S^{-1}+K_{-2}\times S^{-2}+\cdots+K_{-m}\times S^{-m}}_{\text{小数部分}}=\sum_{i=-m}^{n-1}K_i\times S^i \qquad (1\text{-}1)$$

式中，S^i 称为各位的权；S 称为基数；K_i 称为系数。

2. 数制与数制之间的相互转换

（1）二进制数、八进制数、十六进制数转换成十进制数　二进制数、八进制数、十六进制数转换成十进制数，采用加权法即可。如例 1-1 ~ 例 1-3。

例 1-1　$(1011101101.1011)_2=1\times2^9+0\times2^8+1\times2^7+1\times2^6+1\times2^5+0\times2^4+1\times2^3+1\times2^2+0\times2^1+1\times2^0+1\times2^{-1}+0\times2^{-2}+1\times2^{-3}+1\times2^{-4}$
$=512+0+128+64+32+0+8+4+0+1+0.5+0+0.125+0.0625$
$=(749.6875)_{10}$
$=749.6875\text{D}$

例 1-2　$(306.42)_8=3\times8^2+0\times8^1+6\times8^0+4\times8^{-1}+2\times8^{-2}$
$=192+0+6+0.5+0.0625$
$=(198.5625)_{10}$
$=198.5625\text{D}$

例 1-3　$(A01.48)_{16}=10\times16^2+0\times16^1+1\times16^0+4\times16^{-1}+8\times16^{-2}$
$=2560+0+1+0.25+0.03125$
$=(2561.253125)_{10}$
$=2561.253125\text{D}$

（2）十进制数转换成二进制数、八进制数、十六进制数　十进制数转换成二进制数、八进制数、十六进制数时要对整数部分和小数部分分别转换，对于整数部分，用所转换的十进制数除以基数取余数的方法；对于小数，用所转换的十进制数乘基数取整数的方法。

例 1-4　将$(27.5625)_{10}$转换为二进制数。

对于整数部分，用所转换的十进制数除以基数取余数的方法，即

2|27 ……………余 1　(b_0)
2|13 ……………余 1　(b_1)
2|6 ……………余 0　(b_2)
2|3 ……………余 1　(b_3)
1 ……………余 1　(b_4)

于是得到$(27)_{10}=(11011)_2=(b_4\,b_3\,b_2\,b_1\,b_0)_2$（注意：每次取到的余数要逆序排列）。

对于小数，用所转换的十进制数乘基数取整数的方法，即

0.5625
× 2
1.1250 ………………整数部分为1　(a_0)
× 2
0.2500 ………………整数部分为0　(a_1)
× 2
0.5000 ………………整数部分为0　(a_2)
× 2
1.0 ………………整数部分为1　(a_3)

可得到$(0.5625)_{10}=(0.1001)_2=(0.a_0a_1a_2a_3)_2$(注意：每次取到的整数部分要顺序排列)。

将两部分合起来，所以得到$(27.5625)_{10}=(11011.1001)_2$。

例1-5　将$(676.49)_{10}$转换为八进制数(精度取小数点后4位)。

对于整数部分，用所转换的十进制数除以基数取余数的方法(余数逆序排列)，即

8|676 ………………得余数　4　(b_0)
8| 84 ………………得余数　4　(b_1)
8| 10 ………………得余数　2　(b_2)
1 ………………得余数　1　(b_3)

于是得到$(6766)_{10}=(1244)_8=(b_3b_2b_1b_0)_8$。

对于小数，用所转换的十进制数乘基数取整数的方法(整数顺序排列)，即

0.49
× 8
3.92 ………………整数部分为3　(a_0)
0.92
× 8
7.36 ………………整数部分为7　(a_1)
0.36
× 8
2.88 ………………整数部分为2　(a_2)
0.88
× 8
7.04 ………………整数部分为7　(a_3)

可得到$(0.49)_{10}=(0.3727)_8=(0.a_0a_1a_2a_3)_8$。

将两部分合起来，就可得到$(6766.49)_{10}=(1244.3727)_8$。

例1-6　将$(6766.49)_{10}$转换为十六进制数(取小数点后3位)。

对于整数部分，用所转换的十进制数除基数取余数的方法(余数逆序排列)，即

16|676 ………………得余数4　写作4　(b_0)
16| 42 ………………得余数10 写作A　(b_1)
2 ………………得余数2　写作2　(b_2)

于是得到$(6766)_{10}=(2A4)_{16}=(b_2\ b_1\ b_0)_{16}$。

对于小数，用所转换的十进制数乘基数取整数的方法(整数顺序排列)，即

$$\begin{array}{r} 0.49 \\ \times\quad 16 \\ \hline 7.84 \end{array}\cdots\cdots\text{整数部分为 7}\quad (a_0)$$

$$\begin{array}{r} 0.84 \\ \times\quad 16 \\ \hline 13.44 \end{array}\cdots\cdots\text{整数部分为 D}\quad (a_1)$$

$$\begin{array}{r} 0.44 \\ \times\quad 16 \\ \hline 7.04 \end{array}\cdots\cdots\text{整数部分为 7}\quad (a_2)$$

可得到$(0.49)_{10}=(0.7D7)_{16}=(0.a_0\ a_1\ a_2)_{16}$。

将两部分合起来，就可得到$(6766.49)_{10}=(2A4.7D7)_{16}$。

(3) 二进制数转换成八进制数、十六进制数　由于二进制数的权值是2^i、八进制数的权值是$(8^i=2^{3i})$、十六进制数得权值是$(16^i=2^{4i})$，不难看出这三种进制之间具有整数倍数关系，即每一位八进制数相当于三位二进制数，每一位十六进制数相当于四位二进制数，故它们之间转换十分简单。

例 1-7　将二进制数$(111001010.10011)_2$转换为八进制数、十六进制数。

二进制数转换为八进制数

$$\underbrace{111}_{7}\ \ \underbrace{001}_{1}\ \ \underbrace{010}_{2}\cdot\underbrace{100}_{4}\ \ \underbrace{110}_{6}$$

即$(111001010.10011)_2=(712.46)_8$。

二进制数转换为十六进制数

$$\underbrace{0001}_{1}\ \ \underbrace{1100}_{E}\ \ \underbrace{1010}_{A}\cdot\underbrace{1001}_{9}\ \ \underbrace{1000}_{8}$$

即$(111001010.10011)_2=(1EA.98)_{16}$。

在转换中，如果待转换的二进制数高位不足(如例 1-7 中第二个例子)，则需要在最高位之前补足够的 0，最低位不足需要在小数最低位后面补 0，要注意补完 0 之后原数不能扩大或缩小。

(4) 八进制数、十六进制数转换成二进制数　八进制数、十六进制数转换成二进制数是二进制数转换成八进制数、十六进制数的逆运算。

例 1-8　将十六进制数$(165.516)_8$转换为二进制数。

$$\overbrace{001}^{1}\ \ \overbrace{110}^{6}\ \ \overbrace{101}^{5}\cdot\ \ \overbrace{101}^{5}\ \ \overbrace{001}^{1}\ \ \overbrace{110}^{6}$$

即$(165.516)_8=(1110101.10100111)_2$。

例 1-9　将十六进制数$(75.A7)_{16}$转换为二进制数。

$$\overbrace{0111}^{7}\ \ \overbrace{0101}^{5}\cdot\overbrace{1010}^{A}\ \ \overbrace{0111}^{7}$$

即$(75.A7)_{16}=(1110101.10100111)_2$。

对于将八进制数转换成十六进制数或将十六进制数转换成八进制数，一般是先转换为二进制数再转换为十六进制数或八进制数。

1.3.2　计算机数值表示及其运算

在微型计算机处理的数字中，不仅要区分大小，有时还要考虑正负，即要考虑带符号数和无

符号数的问题。前面涉及的数都是无符号数。一个不带正负符号的数称为绝对值，在绝对值前加上表示正负的符号称为符号数。直接用符号“+”和符号“-”来表示其正负的二进制数叫作符号数的真值。

一般把计算机中使用的二进制数称为机器数，机器数有一定的字长和运算精度限制。字长(Word Length)是指二进制的位数，一位二进制称为 1 比特(Bit)，它是计算机所能表示的最小单位。字长越长，计算精度越高。8 位二进制数称为一个字节(Byte)，它是数据处理的基本单位。16 位二进制数(2 个字节)称为一个字(Word)，四个字节称为双字(Double Word)；4 个连续的字称为四字 Qword(Quad Word)，而连续的 10 个字节称为五字(Tent Word)，它是一个 80 位二进制的值。

通常在计算机中，二进制表示的带符号数的最高位为符号位，若字长为 8 位，D_7 为符号位，$D_6 \sim D_0$ 为数字位。若字长为 16 位，D_{15} 为符号位，$D_{14} \sim D_0$ 为数字位。符号位为“0”表示正数，符号位为“1”表示负数。表示方法如图 1-4 所示。

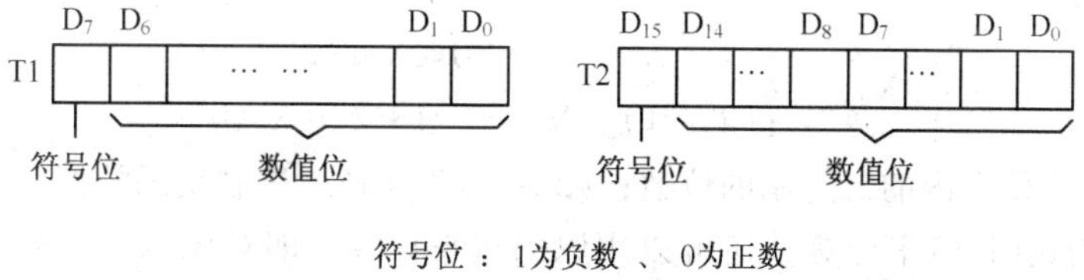

图 1-4　计算机符号数的表示

例 1-10　将 $X_1 = +86$，$X_2 = -86$ 表示为机器数和真值。

当机器字长 $n = 8$ 时

$[X_1]_{真} = +1010110B = +86$

$[X_2]_{真} = -1010110B = -86$

机器数：$X_1 = 01010110B$

$X_2 = 11010110B$

当机器字长 $n = 16$ 时

$[X_1]_{真} = +1010110B = +86$

$[X_2]_{真} = -1010110B = -86$

机器数：$X_1 = 0000000001010110B$

$X_2 = 1000000001010110B$

在计算机中，符号数的表示方法有三种，即原码、反码和补码。其书写形式为：数 X 的原码记为$[X]_{原}$，数 X 的反码记为$[X]_{反}$，数 X 的补码记为$[X]_{补}$。

1. 原码

在机器数的真值形式中，符号位为“0”表示正数，符号位为“1”表示负数，数值位为机器数的真值，这种表示方法称为符号数的原码形式，简称原码。

例 1-11　当机器字长 $n = 8$ 时，用原码形式表示出 $X_1 = +85$，$X_2 = -85$。

$[X_1]_{原} = 01010101$

$[X_2]_{原} = 11010101$

若字长为 n 位，原码的计算公式表示为

$$[X]_{原}=\begin{cases}X & 当 0\leqslant X\leqslant(2^{n-1}-1)\\ 2^{n-1}-|X| & 当(1-2^{n})\leqslant X\leqslant 0\end{cases} \tag{1-2}$$

当机器字长 $n=8$ 时，原码所表示的整数范围是 $-127\sim+127$。当机器字长 $n=16$ 时，原码所表示整数的范围为 $-32767\sim+32767$。

注意0的表示：$[+0]_{原}=00000000$；$[-0]_{原}=10000000$。

原码表示法比较直观，但它的加法运算比较复杂。当两数相加时，机器首先要判断两数的符号是否相同，如果相同，则两数相加，若不同，则两数相减，在做减法之前，还要判断两数绝对值的大小，然后用大数减去小数，最后再确定差的符号。要实现这些操作，电路是比较复杂的，为了克服原码运算的缺点，引入了另外的两种符号数的表示法，即补码和反码。

2. 反码

在反码表示法中，符号位为“0”表示正数，符号位为“1”表示负数，正数的反码与原码相同，负数的反码为机器数数值位按位取反，这种表示方法称为符号数的反码形式，简称反码。

反码定义式为

$$[X]_{反}=\begin{cases}X & 0\leqslant X\leqslant(2^{n-1}-1)\\ (2^{n}-1)+X & 1-2^{n}\leqslant X\leqslant 0\end{cases} \tag{1-3}$$

式中，n 为包括符号位在内的二进制的位数；$(2^{n}-1)$ 为 n 位二进制反码的模。

反码可以利用式(1-3)来计算，还可以用原码法来计算。即对原码除符号位外，逐位求反，可得到机器数的反码。

例 1-12 利用式(1-3)和原码法求 $X_1=+33$ 和 $X_2=-33$ 的反码($n=8$)。

(1) 公式法 +33 的真值是 +100001B，原码为 00100001B。-33 的真值是 -100001B，原码为 10100001B。模值是 $2^{n}-1=2^{8}-1=1111111B$。

对于正数，根据式(1-3)其反码等于原码，即

$$[X_1]_{反}=[X_1]_{原}=00100001B$$

对于负数，根据式(1-3)计算得

$[X_2]_{反}=(2^{n}-1)+[X_2]=11111111-100001=11011110B$

(2) 原码法

$X=(+33)_{10}=[X]_{原}=00100001B$

$[X]_{反}=00100001B$

$X=(-33)_{10}=[X]_{原}=10100001B$

$[X]_{反}=11011110B$

3. 补码

为了说明补码原理的问题，我们看这样一个例子，假设北京时间是6点整，手表指针是8点，比北京时间快了2小时，校准的方法有两种，一种是倒拨2小时，一种正拨10小时，若规定倒拨是做减法，正拨是做加法，则对手表来讲，减2与加10是等价的，也就是说减2可以用加10来实现。这是因为8加10等于18，然而，手表最大只能指示12，当大于12时，12自然丢失，8减2就只剩下6个，也就是说一定条件下减法是可以用加法代替的，这里“12”称为模，10称为“-2”对模(12)的补码，将它们用数学表达式则为

$$[X]_{原}-[Y]_{原}=[X]_{原}+[-Y]_{补}$$

在计算机中寄存器的位数都是固定的，设寄存器的位数为 n，则计数数值为 2^{n}，即计数器容量为 2^{n}，因此计算机中的补码是以“2^{n}”为模。若字长为 n 位，补码表示为

$$[X]_{补}=\begin{cases}X & 当0\leqslant X\leqslant(2^{n-1}-1)\\ 2^n+X & 当-2^{n-1}\leqslant X\leqslant 0\end{cases} \tag{1-4}$$

由此式可以看到：正数的补码是它的原码，而负数的补码是它的模加上负数的真值。只有负数才有求补的问题。

在补码表示法中，符号位为“0”表示正数，符号位为“1”表示负数，正数的补码与原码相同，负数的补码为机器数数值位按位取反再加1，这种表示方法称为符号数的补码形式，简称补码。

例1-13 用公式法求 -13 的补码。

-13 的真值是 -1101B，当 $n=8$ 时，模值是 $2^n=2^8=100000000B$。

则 $[X]_{补}=2^n+(-1101B)=100000000B-1101B=11110011B$。

在实际中一般不采用这种方法，因为，这种方法要做一次减法，很不方便。一般利用原码求补码的方法，即除符号位外其余按位求反(得到该数的反码)加1。即数值位中的“1”变“0”，“0”变“1”，在最低位加1，来求补码，而符号位不变。这种方法称为原码法。

例1-14 用原码法求 X = -13 的补码。

当 $n=8$ 时，即 $-13=[-1101]_{原}=[1]0001101$

[1]1110010	求反
+ 1	加1
$[X]_{补}=[1]1110011B$	

得 $[X]_{补}=11110011B$，和例1-13结果一样。

当机器字长 $n=8$ 时，原码所表示的整数范围是 -128 ~ +127。当机器字长 $n=16$ 时，原码所表示的整数范围为 -32768 ~ +32767。

小结：正数的原码、补码和反码是一个码(用原码表示)；补码可以用公式法、原码法和利用指令法(求补指令)三种形式求得；反码也可以用三种形式求得，即用公式法、原码法和利用指令法(求反指令)求得(指令在4.3节里介绍)。需注意，-128 的补码定义为10000000B。

例1-15 求 $X_1=+0$，$X_2=-0$，$X_3=+1$，$X_4=-1$，$X_5=+127$，$X_6=-127$ 的原码、补码和反码($n=8$)。

1）因为正数的原码、补码和反码是一个码(用原码表示)，即 $[X]_{原}=[X]_{反}=[X]_{补}$。

所以 $X_1=+0$ $[X_1]_{补}=[X_1]_{反}=[X_1]_{原}=00000000B$

$X_3=+1$ $[X_3]_{补}=[X_3]_{反}=[X_3]_{原}=00000001B$

$X_5=+127$ $[X_5]_{补}=[X_5]_{反}=[X_5]_{原}=01111111B$

2）利用原码法计算负数的补码和反码。

$X_2=-0$ $[X_2]_{原}=10000000B$，$[X_2]_{反}=11111111B$，$[X_2]_{补}=00000000B$

$X_4=-1$ $[X_4]_{原}=10000001B$，$[X_4]_{反}=11111110B$，$[X_4]_{补}=11111111B$

$X_6=-127$ $[X_6]_{原}=11111111B$，$[X_6]_{反}=10000000B$，$[X_6]_{补}=10000001B$

对于计算机中任意给定的一个二进制数，既可以把它看作有符号数，也可以看作无符号数。其差别是如何看待最高位，看作有符号数时，最高位被看作符号位；看作无符号数时，最高位也看作数值位(即没有符号位)。对于两个无符号二进制数的加减运算，利用前面说明的有符号数补码表示法的加减运算规则得到的结果仍然是正确的。

在计算机中，所有的带符号数都是以补码的形式存储的。引入补码首先可以使减法运算变为加法运算；其次由于引入补码，无符号数和带符号数可以在同一电路中运算，最后只需按照需要分析结果就可得到正确的结果。

例1-16 在计算机中计算 F1H + 0CH 及 F1H - 0CH，见表1-1。

表1-1 计算过程

在计算机中计算	看作无符号数	看作带符号数
1111 0001 + 0000 1100 1111 1101	241 + 12 253	(15) + (+12) 3
1111 0001 - 0000 1100 1110 0101	241 - 12 229	(-15) - (+12) -27

4. 补码求真值的问题

补码的真值为该补码表示的数值大小。

(1)正数补码转换为真值

由于正数的补码是其本身，因此正数补码的真值 $X=[X]_{补}(0\leqslant X\leqslant 2^{n-1}-1)$，即正数补码的真值等于该二进制数值。

(2)负数补码转换为真值

负数补码和对应的正数补码之间存在如下对应关系：

$$[X]_{补}\xrightarrow{\text{求补运算}}[-X]_{补}\xrightarrow{\text{求补运算}}[X]_{补}$$

其中X是带符号数，正负皆可。求补运算是将一个二进制数按位求反末位加1的运算。由上面的对应关系可得，对负数补码进行求补运算的结果是该负数对应正数的补码，也就是该负数的绝对值。因此，负数补码转换为真值的办法如下：将负数补码按位求反末位加1(求补运算)即可得到该负数补码对应的真值的绝对值。也就是说，对负数而言，$|X|=\overline{[X]_{补}}+1$。

例1-17 设 $X=+127$，求 $[X]_{补}$。

应用十进制转换为二进制的原则，可以得出 X=01111111B。

由于是正数，故 $[X]_{补}=[+127]_{补}=01111111$。

例1-18 设 $X=-127$，求 $[X]_{补}$。

由于是负数，因为对 $[X]_{补}$ 进行求补运算便可得到 $[-X]_{补}$。因此

$[X]_{补}=[-127]_{补}=\overline{[+127]_{补}}+1=\overline{01111111}+1=10000001$。

例1-19 设 $[X]_{补}=01111110$，求X。

因该补码的最高位为"0"，即符号位为"0"，该补码对应的真值是正数。

则 $X=[X]_{补}=01111110=+126D$。

例1-20 设 $[X]_{补}=10000010$，求X。

因该补码的最高位为"1"，即符号位为"1"，该补码对应的真值是负数，其绝对值为

$|X|=\overline{[X]_{补}}+1=\overline{10000010}+1=01111101+1=01111110=+126D$，则 $X=-126D$。

1.3.3 数值运算

1. 无符号数的二进制算术运算规则

(1) 加法规则 "逢二进一"

$$\begin{array}{r}0\\+\ 0\\\hline 0\end{array}\quad\begin{array}{r}0\\+\ 1\\\hline 1\end{array}\quad\begin{array}{r}1\\+\ 0\\\hline 1\end{array}\quad\begin{array}{r}1\\+\ 1\\\hline 10\end{array}$$

(2)减法规则 “借一当二”

$$\begin{array}{r} 0 \\ -\ 0 \\ \hline 0 \end{array}\quad \begin{array}{r} 1 \\ -\ 0 \\ \hline 1 \end{array}\quad \begin{array}{r} 1 \\ -\ 1 \\ \hline 0 \end{array}\quad \begin{array}{r} 10 \\ -\ 1 \\ \hline 1 \end{array}$$

(3)乘法规则 “1乘1等于1，1乘0或0乘1等于0”

$$\begin{array}{r} 0 \\ \times\ 0 \\ \hline 0 \end{array}\quad \begin{array}{r} 0 \\ \times\ 1 \\ \hline 0 \end{array}\quad \begin{array}{r} 1 \\ \times\ 0 \\ \hline 0 \end{array}\quad \begin{array}{r} 1 \\ \times\ 1 \\ \hline 1 \end{array}$$

(4) 除法规则 二进制除法是乘法的逆运算。

2. 二进制逻辑运算规则

(1) 逻辑与(AND)运算规则

$$\begin{array}{r} 0 \\ \wedge 0 \\ \hline 0 \end{array}\quad \begin{array}{r} 0 \\ \wedge 1 \\ \hline 0 \end{array}\quad \begin{array}{r} 1 \\ \wedge 0 \\ \hline 0 \end{array}\quad \begin{array}{r} 1 \\ \wedge 1 \\ \hline 1 \end{array}$$

(2)逻辑或(OR)运算规则

$$\begin{array}{r} 0 \\ \vee\ 0 \\ \hline 0 \end{array}\quad \begin{array}{r} 0 \\ \vee\ 1 \\ \hline 1 \end{array}\quad \begin{array}{r} 1 \\ \vee\ 0 \\ \hline 1 \end{array}\quad \begin{array}{r} 1 \\ \vee\ 1 \\ \hline 1 \end{array}$$

(3)逻辑异或(XOR)运算规则

$$\begin{array}{r} 0 \\ \forall\ 0 \\ \hline 0 \end{array}\quad \begin{array}{r} 1 \\ \forall\ 0 \\ \hline 1 \end{array}\quad \begin{array}{r} 0 \\ \forall\ 1 \\ \hline 1 \end{array}\quad \begin{array}{r} 1 \\ \forall\ 1 \\ \hline 0 \end{array}$$

(4)逻辑非(NOT)运算规则

$0\rightarrow1$ $\quad$ $1\rightarrow0$

1.3.4 符号数的二进制算术运算

在微型计算机中，一个数值用原码表示易于被人们识别，但计算机运算比较复杂，符号位往往需要单独处理。补码虽不易被人们识别，但计算机运算起来十分方便。所以，在计算机中所有参加运算的带符号数都表示成补码，微型计算机对它运算后得到的结果必然也是补码，符号位无需单独处理。

1. 补码加法运算

补码加法运算的通式为

$$[X+Y]_{补}=[X]_{补}+[Y]_{补}$$

即两数之和的补码等于两数补码之和。

例1-21 已知X = +26，Y = −15，试求X + Y的二进制值(字长取8)。

由于 $[X]_{补}=[+26]_{补}=00011010B$； $[Y]_{补}=[-15]_{补}=11110001B$

所以 $[X+Y]_{补}=[X]_{补}+[Y]_{补}=[+26]_{补}+[-15]_{补}=[+11]_{补}=00001011B$

即

$$\begin{array}{rl} & [X]_{补}=[+26]_{补}=\ 00011010B \\ + & [Y]_{补}=[-15]_{补}=\ 11110001B \\ \hline & [X+Y]_{补}=\ [1]00001011B \end{array}$$

其真值是+0001011B。

2. 补码减法运算

补码减法运算的通式为

$$[X-Y]_{补}=[X]_{补}+[-Y]_{补}$$

即两数之差的补码等于两数补码之和。

例 1-22 已知 X = +26，Y = −15，试求 X − Y 的二进制值(字长取 8)。

一个用补码表示的负数，如果将$[X]_{补}$再求一次补，可以得到$[X]_{原}$，可以表示为

$$[[X]_{补}]_{补}=[X]_{原}$$

由于 $[X]_{补}=[+26]_{补}=00011010B$； $[[Y]_{补}]_{补}=[Y]_{原}=[[-15]_{补}]_{补}=00001111B$

所以 $[X-Y]_{补}=[X]_{补}+[-Y]_{补}=[+26]_{补}+[15]_{补}=[+41]_{补}=00101001B$

即

$$\begin{array}{rl} & [X]_{补}=[+26]_{补}=00011010B \\ + & [-Y]_{补}=[+15]_{补}=00001111B \\ \hline & [X-Y]_{补}=00101001B \end{array}$$

其真值是 +101001B。

需要指出的是，一旦采用补码进行加减运算，所有参加运算的数和运算的结果都是用补码表示的。计算机里的实际情况就是这样的。要得到真值，还需转换。

1.3.5 数的定点和浮点表示

在微型计算机中，对小数点的处理方法有两种，即定点数法和浮点数法。

1. 定点数

定点数是指小数点在数值中的位置固定不变。用这种方法表示的数，称为定点数。一般来说，小数点可以固定在任何数位后面，但最常用的定点数有两种：

(1)纯小数 小数点固定在符号位之后，如：1.100110010101011。

(2)纯整数 小数点固定在最低位之后，如：1100110010101011。

定点数的编码格式如图 1-5 所示。

D_{15}	D_{14}	D_{13}	D_{12}	D_{11}	D_{10}	D_9	D_8	D_7	D_6	D_5	D_4	D_3	D_2	D_1	D_0

图 1-5 定点数的编码格式

这是一个 16 位的寄存器，D_{15}为符号位，如果用纯小数表示，小数点固定在 D_{15}和 D_{14}位之间。如果用纯整数表示，小数点固定在 D_0 之后。

用定点数法表示数值时，计算机的电路简单，但使用不方便。因为，所有原始数据都要用比例因子化成纯小数或整数，计算结果又要用比例因子折算出实际值。如果字长为 n 位，则对于纯小数所表示的范围为 $1-2^{-n}\geqslant N\geqslant-(1-2^{-n})$。

对于纯整数所表示的范围为 $2^n-1\geqslant N\geqslant-(2^n-1)$。

2. 浮点数

小数点在数值中的位置不是固定不变的，实际位置将随阶码而浮动，用这种方法表示的数，称为浮点数。

浮点数由阶码和尾码两部分组成。对任意一个带符号的二进制数 N 的普遍形式是

$$N=\pm S\times 2^{\pm P}$$

式中，S 称为“尾数”，是一个二进制纯小数；P 称为数 N 的阶数；2 是阶数的“底”。

浮点数的编码格式如图 1-6 所示。

阶 符	阶 码	数 符	尾 数

图1-6 浮点数的编码格式

阶符和数符都是一位0表示正，1表示负。如果阶码的位数为 m，尾数的位数为 n，则浮点数的取值范围为

$$2^{-n} \times 2^{-(2^m-1)} \leqslant |N| \leqslant (1-2^{-n}) \times 2^{(2^m-1)}$$

在大多数计算机中，都把尾数规定为纯小数，即小数点在尾数的前面，但小数点在数中的实际位置还要根据阶码才能决定。

1.3.6 溢出的概念及判断方法

1. 溢出的概念

在微型计算机中，机器数的位数是确定的，它所能表示数的范围是一定的，任何参与运算的数及运算结果都不应超出这个范围，如果超出这个范围，计算机就发生溢出，计算机的计算就出现错误。如果运算结果大于机器数所能表示数的最大值，称为上溢；如果运算结果小于机器数所能表示数的最小值，称为下溢。任何计算机都必须有检测是否发生溢出的手段与部件，当溢出发生时，能视不同的情况设置不同的标志位，或者能进行必要的处理。

溢出和最高位产生进位(或借位)是不同的概念。最高位的进位(或借位)是对机器数而言的，是将机器数看作无符号数运算时最高位产生的进位(或借位)，其值为机器数的模，是一个权值，与机器数所代表的真值的类型无关。溢出是真值的特性，是因真值的运算结果超过了机器数能表示的真值的范围造成的，与真值的类型有关，不同类型的数据发生溢出时的值一般是不同的。如例1-21中的运算为正常进位。

例1-23 已知X = +127，Y =2，试求X + Y的二进制值(字长取8)。

由于 $[X]_{补} = [+127]_{补}$ =01111111B；$[Y]_{补} = [+2]_{补}$ =0000 0010B，计算式为

```
   0111 1111          127
+  0000 0010    +       2
-------------   ----------
   1000 0001         -127
```

正 + 正 = 负，无进位，产生溢出，结果错。

两个正数相加，其结果应该为正数 +129，但运算结果为负数(-127D)，这显然是错误的，其原因是和数 +129 > +127，超出了8位补码所能表示的最大值，使数值部分占据了符号位的位置，产生了错误。

例1-24 已知X = -127，Y = -126，试求X + Y的二进制值(字长取8)。

由于 $[X]_{补} = [-127]_{补}$ =10000001B；$[Y]_{补} = [-126]_{补}$ =1000 0010B，计算式为

```
    1000 0001          -127
+   1000 0010    +     -126
--------------   -----------
 [1]0000 0011            +3
```

负 + 负 = 正，有进位，产生溢出，结果错。

两个负数相加，其结果应该为正数 -253，但运算结果为负数(+3D)，这显然是错误的，其原因是和数 -253 < -128，超出了8位补码所能表示的最小值，使数值部分占据了符号位的位置，产生了错误。

2. 溢出的判断方法

(1) 由参与运算的两个数及其结果的符号位进行判断　同号相减或异号相加不会溢出，同号

相加或异号相减则可能溢出。其中同号相加时，结果符号与加数符号相反或异号相减时，结果符号与减数符号相同必然溢出；其他情况要根据问题具体判定。

（2）双进位法　运算结果最高位(符号位)产生的进位记为 C_7，有进位则 $C_7=1$，无进位 $C_7=0$；记次高位(数值最高位)为 C_6，该位向符号位有进位则 $C_6=1$，无进位 $C_6=0$；最后判定 C_7 与 C_6 异或运算之后的结果，若 $C7 \oplus C6=1$，则运算结果溢出，若 $C7 \oplus C6=0$，无溢出。

1.4 常用编码及其表示

一般来讲，用数字或某种文字、符号或数码串来表示某一对应数字、信号和状态的过程，称为编码(例如，给孩子取名字、给学生编学号、电话号码、各地的邮政编码等，都是编码)。

计算机中采用的是二进制数，因此，在计算机中表示的数、字母、符号等都是以特定的二进制数码来表示，这就是二进制编码。

在计算机中，由于机器只能识别二进制数，因此，键盘上所有的数字、字母和符号事先按一定的规律为它们进行二进制编码，以便机器对它们加以识别、存储、处理和传送。和日常生活中的编码问题一样，所需编码的数字、字母和符号越多，二进制数字的位数也越长。

二进制编码的实质是将二进制编码按一定的规律和数字、对象、信号和状态一一对应起来，不同的二进制数码串对应数字、对象、信号和状态。

下面就微型计算机中常用的 BCD (Binary Coded Decimal)码和 ASCII(American Standard Code for Information Interchange)码进行介绍。

1.4.1 BCD 码

1. BCD 码的定义

BCD 码是一种具有十进制权的二进制编码，最常用的 BCD 码是标准 BCD 码或称 8421 码。8421 码是最基本、最简单的一种编码方案，应用十分广泛，这种码是把 4 位代码按自然二进制码的规律排列成 10 个码字，是因为组成它的 4 位二进制数码的权为 8、4、2、1 而得名。8421 码是一种采用 4 位二进制数来代表十进制数码的代码系统。它一共有 16 种组合 0000B ~ 1111B，用 0000 ~ 1001BCD 码分别表示十进制的 0 ~ 9，而 1010 ~ 1111 六种状态不用。

BCD 码有压缩 BCD 码和非压缩 BCD 码之分，压缩 BCD 码是 4 位二进制表示一位十进制数，而非压缩 BCD 码是 8 位二进制表示一位十进制数。具体对应关系见表 1-2。

表 1-2　十进制数与 BCD 码的对应关系

十进制数	压缩的 BCD 码	非压缩的 BCD 码	十进制数	压缩的 BCD 码	非压缩的 BCD 码
0	0000	00000000	5	0101	00000101
1	0001	00000001	6	0110	00000110
2	0010	00000010	7	0111	00000111
3	0010	00000010	8	1000	00001000
4	0100	00000100	9	1001	00001001

例 1-25　写出 31、139 的十进制数、二进制数、压缩 BCD 码和非压缩 BCD 码。

十进制数	二进制数	压缩 BCD 码	非压缩 BCD 码
21	10101	0010 0001	00000010 00000001
139	10001011	0001 0011 1001	00000001 00000011 00001001

2. BCD 码的加法运算

BCD 码在做加法时，其结果也是一个 BCD 码数。不论人们在编制程序时使用的是什么数制，由于计算机使用的是机器语言，计算机只能进行二进制加法，加数和被加数之间只能按逢 2 进位，不可能进行逢十进位的。因此，计算机在进行 BCD 加法时，必须对二进制加法的结果进行调整，调整是利用调整指令进行调整(调整指令分压缩和非压缩 BCD 码调整指令，调整指令将在 4.3 节中介绍)。只有调整后的 BCD 码之间才真正能够做到逢十进位。

例 1-26　已知 X = 25，Y = 18，试计算 X + Y = ？(用压缩 BCD 码进行计算)

分析　X、Y 的 BCD 数为 X = 0010 0101B，Y = 0001 1000B

```
    X = 25      0010 0101B
+   Y = 18      0001 1000B
T0      43      0011 1101B   →  (二进制 00111101B(3DH)表示十进制 61；压缩的 BCD 码
                                 应为 43H)
+                    0110B   →  调整加 6(有进位位)
                0100 0011B   →  调整后正确结果 43
```

3. BCD 码的减法运算

BCD 码的减法运算和 BCD 码的加法运算类似，BCD 码在做减法运算时也要进行调整(减法调整指令分压缩和非压缩 BCD 码调整指令，调整指令将在 4.3 节中介绍)。

例 1-27　已知 X = 42，Y = 16，试计算 X - Y = ？(用压缩 BCD 码进行计算)

分析　X、Y 的 BCD 数为：X = 0100 0010B，Y = 0001 0110B

```
    X = 42   0100 0010B
  - Y = 16   0001 0110B
        26   0010 1100B   →  (二进制 00111100B(2CH)表示十进制 44；压缩的 BCD
                              码应为 26H)
  -          0000 0110B   →  调整加 6(有借位位)
             0010 0110B   →  调整后正确结果 26
```

8421 码优点如下：

1）8421 码与自然二进制数有很好的对应关系，很容易实现彼此之间的转换。

2）8421 码具有奇偶特性，凡是奇数码字的最低位皆为 1，偶数码字的最低位则为 0，所以采用 8421 码的十进制数容易判别奇偶性。

1.4.2　ASCII 码

ASCII(American Standard Code for Information Interchange)码是美国国家标准信息交换码，目前它是许多国家通用的一种国际标准码。这种代码用一个字节(8 位二进制码，$D_7 \sim D_0$)来表示一个字符，其中低 7 位($D_6 \sim D_0$)是字符的 ASCII 码值，在存储和传送信息时，最高位(D_7)常用作奇偶校验位，用来检验代码在存储和传送过程中是否发生错误。

最高校验位的值由奇偶校验决定。偶校验指包括奇偶校验位在内，所含“1”的个数是偶数。如字符 D 的 ASCII 码是 1000100，代码中有 2 个“1”，即偶数个 1，所以校验位应为“0”，写成 8 位二进制代码为 01000001。奇校验是指包括奇校验位在内，所含“1”的个数为奇数。如字符 H 的 ASCII 码是 1001000，代码中有 2 个“1”，即偶数个“1”，所以校验位应为“1”，写成 8 位二进制代码为 11001000。

ASCII 码用七位二进制代码进行编码时，可以得到 128 个字符，其中 26 个大写的英文字母 A

~Z(ASCII 码为 41H~5AH)和 26 个小写的英文字母 a~z(ASCII 码为 61H~7AH)，数字码 10 个字符 0~9(ASCII 码为 30H~39H)，文字符用取 34 个码字，其余码字则分配给各种标点和运算符等。例如英文字母 A 的 ASCII 码是 41H($D_6D_5D_4D_4D_3D_2D_1D_0$=1000001B)；数字 7 的 ASCII 码是 37H($D_6D_5D_4D_4D_3D_2D_1D_0$=0110111B)；回车“CR”的 ASCII 码是 0DH($D_6D_5D_4D_4D_3D_2D_1D_0$=0001101B)；逗号“,”的 ASCII 码是 2CH($D_6D_5D_4D_4D_3D_2D_1D_0$=0101100B)。ASCII 码表见附录 A。

习　题

1.1　简述计算机的分类。

1.2　简述微型计算机系统及微型计算机的组成。

1.3　简述微型计算机的主要性能指标。

1.4　将下列二进制数分别转换成十进制、八进制、十六进制数。

(1)11101010.1001　(2)110.110101

(3)1100.01011　(4)10011001.101

1.5　将下列十六进制数分别转换成二进制、八进制、十进制数。

(1) 45.CAH　(2) 1A.41H　(3) 2AD.5DH　(4) 64A.72H

1.6　将下列十进制数分别转换成二进制、八进制、十六进制数。

(1) 21.32D　(2) 50.38D　(3) 234.5D　(4) 471.4D

1.7　什么叫机器数？什么叫真值？简述有符号数和无符号数的表示方法。

1.8　下列无符号数中最小的数是(　　)。

(1) $(FC1)_{16}$　(2) $(1570)_8$　(3) $(1910)_{10}$　(4) $(10010011011)_2$

1.9　用 8 位二进制表示出下列十进制数的原码、反码、补码。

(1) +127　(2) -127　(3) +0　(4) -0

(5) +128　(6) -128　(7) +1　(8) -1

1.10　简述定点数法和浮点数法。

1.11　用补码完成下列计算，并判断是否有溢出产生(字长为 8 位)。

(1) 51+32　(2) 87-32　(3) 94+57　(4) -87-43

(5) -32+65　(6) 108-67　(7) -69-21　(8) -127+74

1.12　完成下列十六进制数的运算：

(1) 11.A+8D2.8F　(2) 5D.16+A4.95

(3) E27.5C-5B.E2　(4) 4C.1D-E2D.F

1.13　若下列字符码(ASCII)中有奇偶校验位，但没有数据错误，采用偶校验的字符码是(　　)。

(1)11001011　(2)11010110　(3) 11000001　(4) 11001001

1.14　写出下列字符的 ASCII 码(查 ASCII 码表)：

(1) A　(2) 9　(3) F　(4) 0

(5) ?　(6) ESC　(7) DLE　(8) (

1.15　已知 X=74，Y=27，用压缩 BCD 码进行计算 X+Y=?。

1.16　已知 X=53，Y=27，用压缩 BCD 码进行计算 X-Y=?。

1.17　完成下列 BCD 数的运算，并按二-十进制调整的规律进行调整。

(1) 0010 0101+0011 0111

(2) 0011 0110 1000+0111 1001 0100

(3) 0110 0001-0010 0110

(4) 1000 0101 0111-0001 0110 1001

第 2 章　8086/8088 微处理器

2.1　8086/8088 CPU 概述

8086 CPU 是 Intel 公司 1978 年推出的微处理器，它采用 HMOS 工艺技术制造，双列直插式封装(DIP)，它有 40 个引脚，部分引脚采用了分时复用的方式，它有 16 根数据线，20 根地址线，可以寻址 1MB 的存储空间。采用单一 +5V 供电，芯片内包括 4 万多只晶体管，时钟频率为 5 ~ 15MHz。

8088 CPU 是 Intel 公司 1979 年推出的准 16 位微处理器。它也采用 HMOS 工艺技术制造，双列直插式封装(DIP)，共有 40 个引脚，部分引脚也采用了分时复用的方式，它有 8 根数据线，20 根地址线，同样可以寻址 1MB 的存储空间。也是单一 +5V 供电，芯片内包括 2.9 万只晶体管，时钟频率为 5MHz。8088 与 8086 相比，除个别地方不同外，大部分地方相同，而且 8088 与 8085 的兼容性要比 8086 与 8085 的兼容性要好。

为了提高 16 位微处理器的综合性能，8086 和 8088 微处理器与 8 位机相比不仅将微处理器的内部寄存器由 8 位扩展到 16 位，而且还采取了以下三种措施，使 8086 和 8088 在运算速度和寻址能力、算术逻辑运算能力与 8 位机相比有了明显的提高。

1. 处理信息时，采用执行指令和取指令并行进行

8 位微处理器的工作方式是采用串行工作方式，即 CPU 在执行各种指令时首先从存储器中取出指令，然后进行操作。在这种工作方式中，总线的利用率是很低的。例如，CPU 执行一条 ADD　AX，BX 指令时，CPU 先从存储器中将 ADD　AX，BX 指令操作码取出之后，再执行该指令。在取指令时，运算器空闲，而在该指令执行过程中，外部的总线又是空闲的，计算机工作过程如图 2-1 所示。

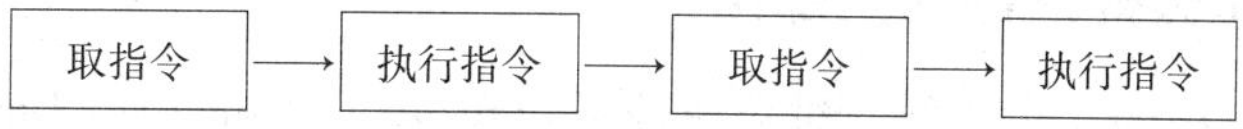

图 2-1　8080CPU 执行指令过程

为了提高计算机的运行速度，8086 和 8088 设置了指令预取队列，CPU 要执行的指令是从队列中取得的，而取指令的操作是由总线接口单元承担的。以此将取指令和执行指令这两个操作分别由两个独立的功能单元来完成。取指令和执行指令可同时进行。一旦总线接口单元发现队列中有空位置时，接口单元就会自动地到存储器中去取指令代码送到指令预取队列中。这样，微处理器取指令和执行指令就可以并行进行，如图 2-2 所示，从而大大提高了微处理器的指令执行速度，提高了总线利用率。

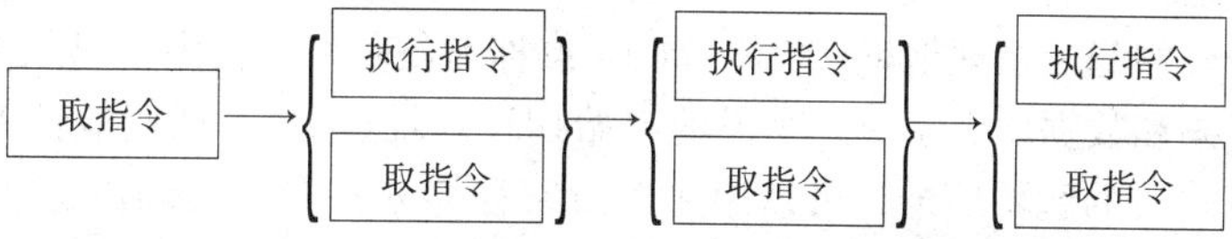

图 2-2　8088 和 8086CPU 执行指令过程

2. 内存采用分段的管理方式

8086 和 8088 微处理器内部寄存器都是 16 位的，因此能够由 ALU 提供的最大寻址空间只能为 64KB。为了扩大 8086 和 8088 的寻址范围，将扩大的存储器的空间分成 16 个段，每段为 64KB，这样 8086 和 8088 的寻址范围就扩大到 1MB。每一个段的第一个单元地址（也称起始地址或段的首地址，是 16 位）高 16 位存放在专门的寄存器（段寄存器）中。8086 和 8088 微处理器实际地址是由段的首地址和 CPU 提供的 16 位偏移地址（偏移地址是该存储单元距离段首地址的距离），按一定规律相加而形成的 20 位地址（$A_0 \sim A_{19}$），从而使 8086 和 8088 微处理器的寻址范围扩大到 1MB。

8086 和 8088 微处理器的内存采用分段的管理方式，这种管理方式针对存放在内存中的数据类型区分管理。

3. 微处理器和协处理器可以工作在同一个系统中

8086 和 8088 微处理器在处理简单的算术运算和逻辑运算时运算速度较快。但是，对于浮点运算、超越函数运算、对数运算等复杂函数的运算就显得比较慢。为了提高系统处理数值数据的运算能力，8086 和 8088 微处理器可以和协处理器一起工作，8086 和 8088 微处理器配上协处理器，系统处理数值数据的运算能力可以提高 20 ~ 30 倍。与 8086 和 8088 微处理器相配的协处理器有数值数据处理器 8087、输入/输出协处理器 8089、操作系统固件 80130 等。我们把系统总线上只有 1 个处理器的系统称为系统最小模式，把系统总线上有 2 个以上处理器的系统称为系统最大模式。

2.2 8086/8088 CPU 的基本结构

微处理器是微型计算机的核心部件，它是具有运算器和控制器功能的中央处理器。微处理器应具备以下基本功能：能够接收数据和发送数据；能够对接收和发送的数据进行相应处理；能够对指令进行寄存、译码并执行指令操作；能够暂存少量数据；能提供系统所需的定时和控制信号；能够响应 I/O 设备发出的中断请求等。

2.2.1 8086/8088 微处理器的内部结构

8086/8088 的内部结构，从功能上讲由总线接口单元（Bus Interface Unit，BIU）和执行单元（Execution Unit，EU）组成，如图 2-3 所示。

1. 总线接口单元（BIU）

（1）总线接口的组成　8086 总线接口单元（BIU）内部是由 4 个 16 位段地址寄存器即代码段（Code Segment，CS）寄存器、数据段（Data Segment，DS）寄存器、堆栈段（Stack Segment，SS）寄存器，和附加段（Extended Segment，ES）寄存器，一个 16 位指令指针（Instruction Pointer，IP）寄存器，一个 6 字节指令队列缓冲器（8088 是 4 字节），20 位地址加法器和总线控制电路组成的。

段寄存器是用来存放段基地址的（也称为段首地址），段寄存器的内容与有效地址一起，用于确定内存的物理地址。通常用 CS、DS、ES 以及 SS 存放代码段、数据段、附加段以及堆栈段的基地址。每一个段的起始物理地址（20 位）高 16 位称为段基址。程序可以从 4 个段寄存器给出的逻辑段中存取代码和数据。由于每一个段的起始物理地址（20 位）规定能被 16 整除（低 4 位为 0），这样，每个逻辑段的起始地址，可以用 4 个段寄存器来指明。代码段寄存器 CS，指示当前执行程序所在存储器的区域。数据段寄存器 DS，指示当前程序所用之数据的存储器区域。堆栈段寄存器 SS，指示当前程序所用之堆栈所在的存储器区域，指示当前程序所用之数据所在另外

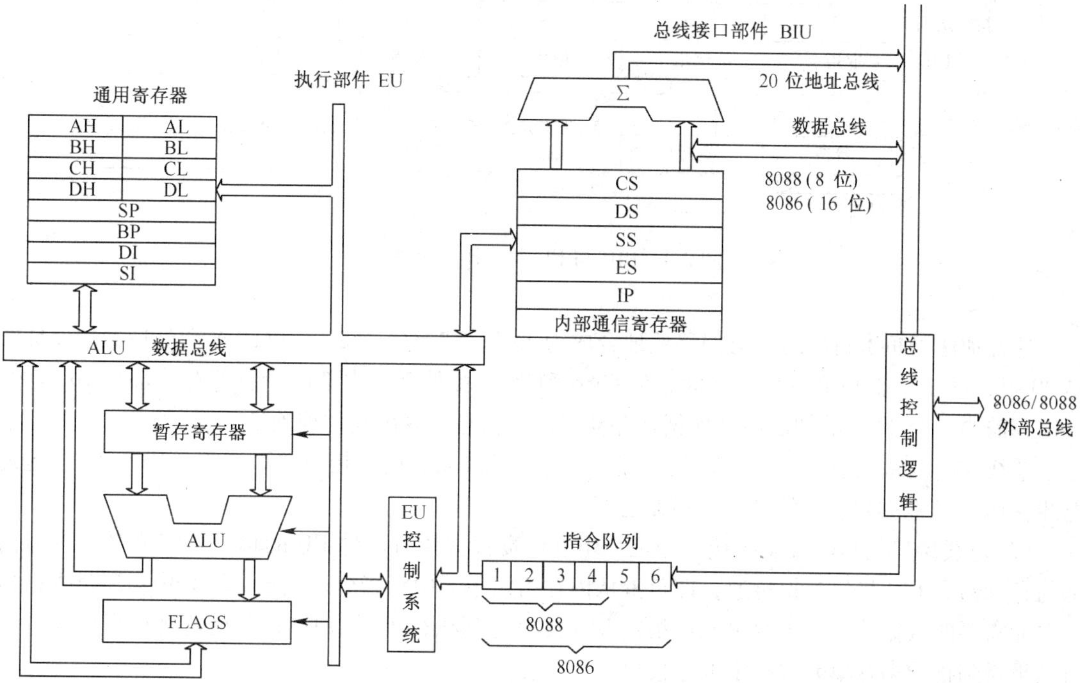

图 2-3　8086/8088 内部结构

存储器区域，在字符串操作中用到附加段寄存器 ES。

指令指针寄存器 IP 是一个专用的 16 位寄存器，它用于存放当前要执行的指令的偏移地址，程序运行过程中 IP 始终指向下一次要取出的指令偏移地址，通常不能被直接访问，也不能直接赋值，指令中不能出现指令指针 IP。它与代码段寄存器 CS 联用，确定下一条指令的物理地址。计算机通过 CS: IP 寄存器来控制指令序列的执行流程。指令指针寄存器 IP 不能作为一般寄存器使用。CS 和 IP 的数据只能由 CPU 来改变。

指令队列缓冲器(Queue)是存放预取指令的地方，采用 FIFO(先进先出)结构，指令流队列实际上是一个 CPU 内部的 RAM 阵列，类似一个先进先出的栈。它可以预先将程序中的指令字节按顺序存入其中。这样，当 CPU 要执行当前指令时，不必再花时间执行总线周期从存储器中去取，而是直接快速地从指令流队列中取，使分析、执行指令与取指令并行进行，加快了程序的运行速度。8086/8088 CPU 指令流队列的长度为 6/4 个字节。只要队列出现 2/1 个空字节，且总线接口单元(BIU)也不进行其他总线操作，便会自动从内存单元代码段中顺序取出指令字节，填满指令流队列。预取指令的方法将减少微处理器的等待时间，提高运行效率。由图 2-4 可知，由于总线接口单元取指令与执行单元执行指令是相对独立的并行重叠操作，也称为流水线工作，因此与 8 位微处理器的串行操作(取完指令后再执行)相比大大提高了运行速度，减少了微处理器等待时间。

在指令队列至少保持有一条指令，且只要有一条指令，执行单元(EU)就开始执行；指令队列只要有空，总线接口单元(BIU)自动执行取指操作，直到填满为止；若执行单元(EU)要对存储器或接口进行操作，总线接口单元(BIU)在执行完现行取指操作周期后进行。当执行转移指令时，执行单元(EU)要求总线接口单元(BIU)从新的地址中重新取指。队列中原有指令被清除。新取得的第一条指令直接送执行单元(EU)执行，随后取得的指令填入队列。

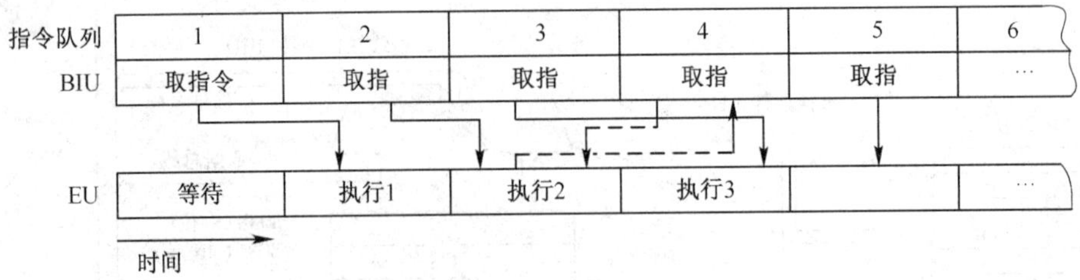

图 2-4 BIU 与 EU 并行操作示意图

地址加法器负责将段地址与偏移地址合成为 20 位物理地址。8086 和 8088 微处理器的地址线是 20 根，可以寻址 1MB 的内存空间，但 8086 和 8088 微处理器内部的所有寄存器都是 16 位的。所以，需要一个 20 位的加法器来根据寄存器提供的信息计算出其物理地址。

总线控制电路(包括三组总线)是处理器与外界总线联系的转接电路。三组总线是 20 位地址总线，16/8 位双向数据总线和一组控制总线。

(2)总线接口的功能　总线接口单元(BIU)负责根据执行部件 EU 的请求，完成微处理器内部与存储器和 I/O 接口数据传递，即负责从内存指定单元中将指令送到指令队列中；还负责把执行单元需要的数据从指定内存单元或指定 I/O 接口送到执行单元(EU)；并负责将执行单元的运行结果送到指定内存单元或指定 I/O 接口。

总线接口单元(BIU)根据执行单元(EU)计算出的 16 位偏移地址及 16 位段地址计算出 20 位物理地址，并根据执行单元(EU)的请求，对存储器进行读或写的操作，也可根据执行单元(EU)请求，对外部设备进行读或写操作。

当执行单元需要总线接口单元访问外部器件时，执行单元就向总线接口单元发总线请求，如果此时总线接口单元空闲(即无取指操作)，则总线接口单元会立即响应执行单元的总线请求，进行数据传送；如果此时总线接口单元正在忙于取指令，则总线接口单元在完成当前的取指操作后才去响应执行单元的总线请求。

2. 执行单元(EU)

(1)执行单元(EU)的组成　执行部件由一个 16 位的算术逻辑单元(ALU)、8 个 16 位的通用寄存器、一个 16 位的状态标志寄存器、一个数据暂存寄存器和执行部件的控制电路组成。

ALU(Arithmetic Logical Unit)是微处理器用来完成 8 位或 16 位各种二进制算术和逻辑运算的重要部件。它所能完成的操作种类越多，微处理器的功能也就越强。运算的操作数可从存储器取得，也可从寄存器组取来，16 位暂存器暂存参加运算的操作数。运算结果由内部总线送到执行单元的寄存器组或送到总线接口单元的内部寄存器，由总线接口单元写入存储器或 I/O 端口。运算后结果的特征改变了标志寄存器(PSW)的状态，供测试、判断及转移指令使用。ALU 还要完成计算寻址单元的十六位偏移地址 EA 等。

通用寄存器分为数据寄存器、指针寄存器和变址寄存器。数据寄存器包括 4 个 16 位的寄存器，它们分别是累加器(AX)、基址寄存器(BX)、计数寄存器(CX)和数据寄存器(DX)，数据寄存器一般用来存放 16 位数据，故称为数据寄存器。其中的每一个又可根据需要将高 8 位和低 8 位分成独立的两个 8 位寄存器来使用，即 AH、BH、CH、DH 和 AL、BL、CL、DL 两组，用于存放 8 位数据，它们均可独立寻址、独立使用。当 8 个 8 位寄存器单独作为字节寄存器使用时，无高低字节之分。4 个 16 位数据寄存器(或 8 个 8 位寄存器)都可用来存放源操作数，也可用来存放目标操作数和运算结果。指针和变址寄存器包括指针寄存器 SP、BP 和变址寄存器 SI、DI，都是16位寄存器，一般用来存放地址的偏移量。SP用来存放当前堆栈段栈顶单元的段内偏移地址，称堆栈指针；BP用来存放现行堆栈段内1个数据区的基址偏移量，称为基址指针。这8个16位通用寄存器都具有通用性，从而提高了指令系统的灵活性。但在有些指令中，这些通用寄存器还各自有特定的用法。

状态标志是ALU运算结果特殊状态的反映，是微型计算机技术中的重要概念。它是计算机进行判断的重要依据。为了能将ALU运算结果的特殊状态寄存起来，以供后面的有条件跳转指令判断跳转之用。通常微型机中都用一定位数(如8位或16位)的寄存器来寄存这些运算结果的特殊状态。这个用来寄存运算结果特殊状态的寄存器就称为状态标志寄存器。

控制器是指挥计算机工作的控制中心，它通过执行指令来指挥全机工作。具体讲，执行单元(EU)控制器是接收指令队列中的指令，进行指令译码、分析，形成各种控制信号，实现执行单元(EU)各个部件完成规定动作的控制。

(2)执行单元(EU)的功能　执行单元(EU)是执行指令的单元，执行单元(EU)不与系统直接相连。从总线接口单元(BIU)的指令队列中取出指令代码，由于总线接口单元送到指令队列中的指令代码是没有翻译的原代码，因此，为了执行指令，事先要由执行单元控制系统将指令翻译成执行单元可直接执行的指令代码。译码后的指令，通过执行单元执行，执行单元控制系统根据指令向各个相关单元发出控制信号。执行指令的结果或指令所需的数据，是由执行单元向总线接口单元提出请求，执行单元此时会自动算出偏移地址并通过总线接口单元的内部暂存器传送给总线接口单元，以便总线接口单元能求出物理地址，根据此地址由总线接口单元对内存或I/O端口进行指定单元存取。另外，在执行指令时，ALU的状态发生了变化，这些变化将记录在标志寄存器中，这些寄存器都由执行单元统一管理。经指令译码器译码后执行指令所规定的全部功能。执行指令所得结果或执行指令所需的数据，都由执行单元(EU)向总线接口单元(BIU)发出命令，对存储器或I/O接口进行读/写操作。

对于8086 CPU来说，一般情况下，指令顺序执行，执行单元从指令队列中取指令而不是访问存储器取指令，所以取指令与执行指令可并行操作。但遇到转移指令、调用指令和返回指令时，要将指令队列中的内容作废，由总线接口单元重新从存储器中取得转移到新的地址中的指令代码，执行单元才能继续执行指令，此时并行操作可能受到影响。但这种情况相对较少发生，因此，执行单元与总线接口单元之间相互配合又相互独立的非同步工作方式提高了CPU的工作效率。

2.2.2 8086/8088的内部寄存器

8086/8088的内部共有14个16位的寄存器，它们分别是4个段寄存器，1个指令指针寄存器，1个标志位寄存器和8个通用寄存器。

1. 段寄存器

由于8086/8088 CPU有20根地址线，而8086/8088 CPU内部的寄存器都是16位，CPU不能直接寻址1MB存储空间，由此而引入了分段的概念，并且按信息的特征进行分段存储，根据信息的特点和用途分为数据段、代码段、堆栈段以及附加段，而且每类段可以有多个，只要每个段的首地址满足是16的倍数即可。因此1MB内存最少能有16个段，每个段最大可包含64KB，两个段或多个段可以重叠，也可以相隔任意多个存储单元。

段的首地址由段寄存器提供，数据段寄存器DS、堆栈段寄存器SS和附加段寄存器ES的内容可以通过传送类指令置入或者进行变更，而段寄存器CS的内容却是当前程序指令字节地址的一部分，只能通过JMP、CALL、RET、INT和IRET等指令来改变，即只能由CPU来改变。

2. 指令指针寄存器

指令指针寄存器 IP 是一个专用16 位寄存器，它用于存放当前要执行指令的偏移地址，不能由程序员直接访问，但可以由总线接口单元(BIU)来修改。每当 CPU 从代码段中取出一个字节的指令代码后，IP 会自动加 1，使 IP 指向要取指令的下一个字节地址。当出现地址转移(出现条件转移、无条件转移、过程调用等指令)时，CPU 会自动给 IP 赋值。

3. 状态标志寄存器 FLAGS

FLAGS 为标志寄存器，又称为程序状态寄存器(Program Status Word，PSW)，是 14 个寄存器唯一能按位操作的寄存器。有了状态标志寄存器，ALU 运算后，除将运算结果送到累加器 AX 外，还可将运算结果的特殊状态寄存起来。这样，在执行指令之后，若有条件转移指令，便可根据标志位的状态进行程序跳转，实现了计算机的判断功能。判断功能是计算机的重要功能，判断功能越强，计算机的编程能力越强，而判断的重要依据是状态标志。因而，学习微型计算机原理必须首先掌握好状态标志的定义和功用。

标志寄存器是一个 16 位的寄存器，其中设置了 9 个标志位(6 个用来反映运行的状态，3 个用来反映 CPU 控制情况)，有 7 位没用。这 9 个标志位按功能可以分为两类，一类为状态标志，状态标志寄存器反映指令对数据作用之后，ALU 所处的状态特征(不是结果本身)，这些状态标志会影响后面的具体操作。6 个状态标志是：进位标志位 CF、辅助标志位 AF、符号标志位 SF、奇偶标志位 PF、溢出标志位 OF 和零标志位 ZF。另一类为控制标志，用来控制 CPU 操作，控制标志位的值不由数据运算的结果决定，而由指令直接赋值。(注意，6 个状态标志是 CPU 执行运算指令时自动生成的，用来供条件转移指令进行判断跳转，控制标志则是根据需要通过指令使其置 1 或复位，以便实现某种控制)。3 个控制标志是：方向标志位 DF、中断标志位 IF 和陷阱标志位 TF。控制标志是人为设置的，每个控制标志都对某种特定的功能起控制作用。标志寄存器的具体格式和各位的具体含义如图 2-5 所示。

D_{15}	D_{14}	D_{13}	D_{12}	D_{11}	D_{10}	D_9	D_8	D_7	D_6	D_{15}	D_4	D_3	D_2	D_1	D_0
				OF	DF	IF	TF	SF	ZF		AF		PF		CF

图 2-5　标志寄存器的具体格式和各位的含义

CF(Carry Flag)进位标志位：进位标志位 CF 标志反映了 ALU 运算结果的进位(或借位)情况，亦即两个不带符号位数相加的进位情况或相减的借位情况，称为加法的进位标志(或减法的借位标志)。进行算术加、减法运算时，结果使最高位产生进位或最高位产生借位，则 CF = 1，否则 CF = 0。此外，循环指令也使 CF = 1。指令 STC 使 CF 标志置位，CLC 使 CF 标志复位，指令 CMC 使 CF 标志置位取反。

PF(Parity Flag)奇偶校验标志位：在 CPU 执行运算后，若运算结果低 8 位中有偶数个“1”，则 PF = 1，有奇数个“1”时，PF = 0。

AF(Auxiliary Carry Flag)辅助进位标志位：当对字节进行加法运算时，如果低 4 位向高 4 位有进位(即 D_3 位向 D_4 位进位)或对字节进行减法运算时，如果低 4 位向高位借位(即 D_3 位向 D_4 位借位)，则 AF = 1，否则 AF = 0。AF 一般用于 BCD 码运算中，判断是否需要进行加法调整。

ZF(Zero Flag)零标志位：在 CPU 执行算术运算时，若运算结果为零，ZF = 1，若算术运算结果不为零，则 ZF = 0(不包括进位的情况)。

SF(Sign Flag)符号标志位：符号标志反映了 ALU 运算结果最高位的情况，亦即补码数运算结果的正负情况，SF = 1：运算结果的最高位为 1，如果为带符号数，则为负数。SF = 0：运算结果的最高位为0，如果为带符号数，则为正数。带符号数的最高位为符号位；而无符号数的最高位是数值位不是符号位。

OF(Overflow Flag)溢出标志位：溢出标志(指补码)，在运算过程中，如操作数超过了机器表示的范围称为溢出，OF=1。在运算过程中，如操作数未超过机器能表示的范围，称为不溢出，则 OF=0。

对于 n 位字长(对应于微处理器中通用寄存器的位数)有符号数，数的表示范围为 $-2^{n-1}\sim+2^{n-1}-1$，如果运算结果超出了这个范围，则产生溢出，从而使 OF=1。常用有符号数表示的范围如下：8 位二进制数可以表示十进制数的范围是：无符号数为 0 ~ 255，符号数为 -128 ~ +127。16 位二进制数可以表示十进制数的范围是：无符号数为 0 ~ 65535，带符号数为 -32768 ~ +32767。

显然，要真正判断是否溢出，靠这种方法太繁琐了。OF 位还可以根据操作数的符号及其变化情况来确定，若两个操作数的符号相同，而结果的符号与之相反时 OF=1，否则 OF=0。可以证明，当产生溢出时，运算结果的最高位进位位与次高位进位位的异或值为1；没有溢出时为0。因此，OF 的求法可转变为：$OF=C_{n-1}\oplus C_{n-2}$，式中 C_{n-1} 为 n 位数的最高位(第 $n-1$ 位)进位位，C_{n-2} 为次高位(第 $n-2$ 位)进位位。

进位标志位 CF 可以用来表示无符号数的溢出。一方面，由于无符号数的最高有效位只有数值意义而无符号意义，所以从该位产生的进位应该是结果的实际进位值；另一方面，它所保存的进位值有时是有用的。例如，双字长数运算时，可以利用进位值把低位字的进位计入高位字中。这可以根据不同情况在程序中加以处理。

下面以 8 位数为例分析一下符号数和无符号数的溢出情况。

1）带符号数和无符号数都不溢出。

二进制加法	看作无符号数	看作带符号数
0000 1100	12	+12
+ 0010 1011	+43	+(+43)
0011 0111	55(0<55<255)	+55(-128 < +55 < +127)

对于无符号数和符号数来说，计算结果正确，所以 CF=0，OF=0。

2）无符号数溢出。

二进制加法	看作无符号数	看作带符号数
0011 0101	53	+53
+ 1101 1010	+ 218	+(-38)
1 0000 1111	271(271>255)	+15 (-128 < +15 < +127)

对于无符号数，计算结果应为 271，但结果为 15，结果错误，CF=1；对符号数来说，计算结果为 15，结果正确，所以 OF=0。

3）带符号数溢出。

二进制加法	看作无符号数	看作带符号数
0001 0001	17	+17
+ 0111 0011	+ 115	+(+115)
1000 0100	132 (0< 132<255)	+132 (+132>127)

对于无符号数，计算结果为 132，结果正确，所以 CF=0；对符号数来说，计算结果应为正，其结果为负，所以结果错误，OF=1。($OF=C_7\oplus C_6=0\oplus 1=1$)

4)带符号数和无符号数都溢出。

二进制加法	看作无符号数	看作带符号数
1010 0111	167	(−89)
+ 1001 1101	+ 157	+(−99)
$\boxed{1}$ 0100 0100	324 ($324>255$)	−188 ($-188<-128$)

对于无符号数，计算结果应为324，结果为68，结果错误，所以CF=1；对符号数来说，计算结果应为负188，其结果为正68，所以结果错误OF=1。($OF=C_7\oplus C_6=0\oplus 1=1$)

以上例子清楚地说明了溢出标志位OF可以用来表示带符号数的溢出，进位标志位CF则可用来表示无符号数的溢出。

DF(Direction Flag)方向标志位：用于串处理指令，控制从前往后、还是从后往前对字符串进行操作处理，当DF=0时，在字节串操作中，每次串处理操作后使变址寄存器SI和DI的值会自动加1。在字串操作中，每次串处理操作后使变址寄存器SI和DI的值会自动加2。

当DF=1时，在字节串操作中，每次串处理操作后使变址寄存器SI和DI的值会自动减1。在字串操作中，每次串处理操作后使变址寄存器SI和DI的值会自动减2。用指令CLD使DF=0；用STD指令使DF=0。

IF(Interrupt Enable Flag)中断允许/禁止标志位：如果IF=1，允许外部可屏蔽中断。CPU可以响应可屏蔽中断(INTR)请求。如果IF=0，关闭中断，则禁止CPU响应可屏蔽中断(INTR)请求。IF的状态对不可屏蔽中断和内部软中断没有影响。

TF(Trap Flag)陷阱标志位：也称为跟踪标志位，当TF=1时，CPU按单步方式执行指令，每执行一条指令，就自动产生一次单步中断，可以使编程者逐条检查指令执行的结果。该标志没有对应的指令操作，只能通过堆栈操作来改变TF状态。当TF=0时，CPU正常工作，不产生陷阱。

控制标志与状态标志的区别：控制标志的值，由系统程序或用户程序根据需要用指令设置。状态信息：一般由中央处理器执行运算指令，并根据运算结果而自动设置。X86 CPU也提供了直接设置状态标志的指令(如LAHF，SAHF，PUSHF，POPF)。

4. 通用寄存器

8个通用寄存器又分为4个数据寄存器AX、BX、CX和DX，2个指针寄存器BP、SP，2个地址寄存器SI、DI，地址寄存器用来存放特定段的偏移地址。一般，通用寄存器可以用于任何指令的任意操作，可以相互替换。4个数据寄存器都可分成2个8位寄存器使用，是同一个物理介质。如果已用作一个16位的数据寄存器，则不能再用作1个或2个8位数据寄存器；反之亦然。地址寄存器不能分解为8位使用。除了通用目的之外，有些操作规定只能使用某个寄存器，即寄存器的特殊用法。数据寄存器用来存放计算的结果和操作数，也可以存放地址。每个寄存器又有它们各自的专用目的，其分类如图2-6所示。其含义及用途如下：

AX(Accumulator Register)累加器：AX使用频度最高，是算术运算主要数据寄存器。它用于算术、逻辑运算以及与外设传送信息等；在乘法指令中存放被乘数或乘积，在除法指令中存放被除数或商。另外，CPU与外设进行数据交换时，所有的输入/输出数据必须经过累加器。AH在LAHF指令中用作目的寄存器((AH)←标志)，AL在BCD码及ASCII码运算指令中作为累加器；在XLAT指令中作为累加器(AL)←((AL)+(BX))。

BX(Base Register)基址寄存器：BX除可作为16位或8位的数据寄存器外，在间接寻址中常用作存放存储器偏移地址。

CX(Counter)计数器：又称计数寄存器，CX除作为通用的数据寄存器外，一般在串操作指令

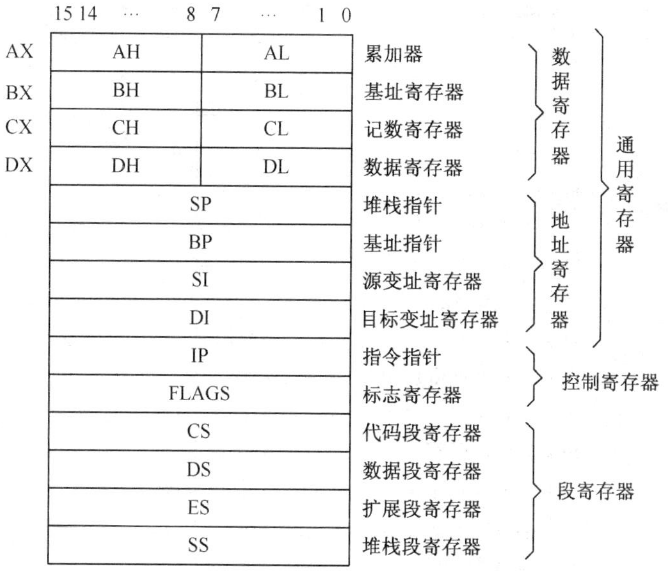

图 2-6　8086/8088 寄存器结构

和循环指令中作计数器。

DX(Data Register)数据寄存器：DX 除了作为通用的数据寄存器外，还可以在乘法运算中，用于存放乘积的高 16 位。在除法运算中，用于存放被除数的高 16 位或余数。在间接寻址的输入/输出指令中作地址寄存器。

SP(Stack Pointer)堆栈指针寄存器：指针寄存器用于寻址内存堆栈内的数据，除了作为通用寄存器存放数据外，在堆栈操作中用于存放堆栈段内偏移地址，SP 始终指向栈顶。SP 不能再用于其他目的，具有专用目的。

BP(Base Pointer)基址指针寄存器：用来表示数据在堆栈段中的基地址，除了作为通用寄存器存放数据外，在间接寻址中用于存放堆栈段内偏移地址。

SP 和 BP 寄存器与 SS 段寄存器：联合使用以确定堆栈段中的存储单元地址。

SI(Source Index)源变址寄存器：除了作为通用寄存器存放数据外，在间接寻址中，用于存放段内偏移地址，在字符串操作中，存放源操作数的数据段内偏移地址。

DI(Destination Index) 目标变址寄存器：除了作为通用寄存器存放数据外，在间接寻址中，用于存放数据段或附加段内偏移地址，在字符串操作中，存放目标操作数的段内偏移地址。

2.3　8086/8088 CPU 的引脚功能及其工作模式

图 2-7 是 8086/8088 外部引脚图，从图中可以看出，8086/8088 外部都是采用 40 引脚双列直插式封装(DIP)，8086/8088 采用外部数据总线与地址总线分时复用的方法用以减少芯片引脚，这种分时复用的方法能使 8086/8088 用 40 条引脚实现 20 位地址、16 位数据及众多的控制信号和状态信号的传输。它们的 40 条引脚线按功能可分为数据总线、地址总线和控制总线 3 类。

8086/8088 有两种工作方式，即最大模式和最小模式。最小模式是在系统中只有一个微处理器，系统中的所有控制信号全部由 8086/8088 直接提供。而最大模式是在系统中有 2 个以上微处理器或协处理器，系统中的所有控制信号全部由总线控制器提供，这样就使得同一个引脚在不同

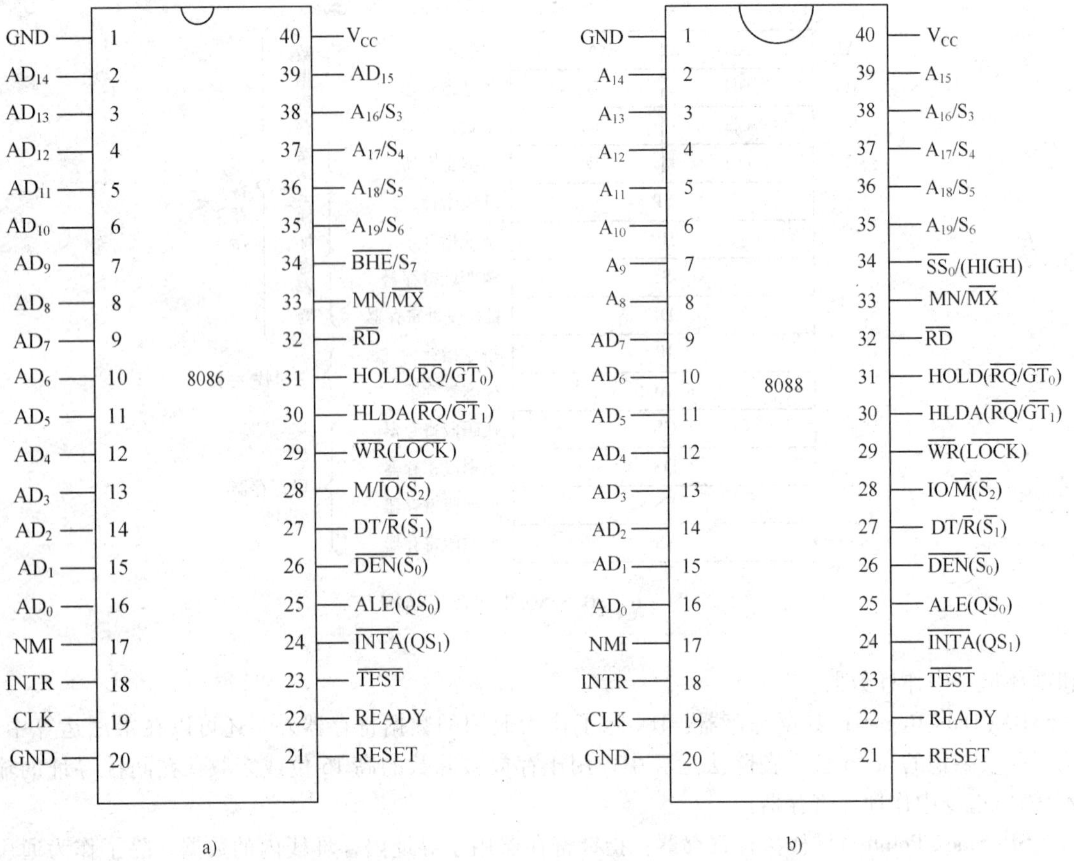

图 2-7 8086/8088 的引脚信号（括号中为最大方式时引脚名）

a）8086 的引脚信号 b）8088 的引脚信号

的模式下有不同的功能。两种方式下，系统配置是不同的。下面简要地介绍 8086/8088 CPU 各引脚的功能。

2.3.1 8086/8088 CPU 在最小模式中引脚定义

1. AD_{15} ~ AD_0（Address/Data Bus）**地址/数据线**

在 8086 中数据线有 16 根，它们是 AD_{15} ~ AD_0。这是分时复用的地址和数据总线。传送数据时可双向三态输入/输出。在总线周期 T_1 状态 CPU 在这些引脚上输出存储器或 I/O 端口的地址信号，在 T_2 ~ T_4 状态，用来传送数据。在中断响应及系统总线“保持响应”周期时，AD_{15} ~ AD_0 被置成高阻状态。在 8088 中数据线有 8 根，它只能传输 8 位数据，所以，只有 AD_7 ~ AD_0 这 8 条地址/数据线，A_{15} ~ A_8 只用来输出地址。其中 A 表示地址信号线（Address），D 表示数据信号线（Data）。

2. A_{19}/S_6 ~ A_{16}/S_3（Address/Status）**地址/状态线**

8086/8088 的 A_{19}/S_6 ~ A_{16}/S_3 4 根线是分时复用，单向输出传送地址和状态。在总线周期的第一个时钟周期（T_1）状态，A_{19}/S_6 ~ A_{16}/S_3 作为地址线输出地址信号，与 AD_{15} ~ AD_0 一起构成 20 位物理地址，可访问存储器 1MB。在第二到第四时钟周期（T_2 ~ T_4）状态，A_{19}/S_6 ~ A_{16}/S_3 作为状

态线输出。S_6 恒等于0，以表示8086/8088当前连在总线上。S_5 表明中断允许标志位的状态，$S_5=1$ 表明 CPU 可以响应可屏蔽中断的请求，$S_5=0$ 表明 CPU 禁止一切可屏蔽中断。其中 S 表示状态信号线(Status)。S_4、S_3 的组合表明当前正在使用的段寄存器，例如 $S_4S_3=10$ 时，表示当前正在使用 CS 段寄存器对存储器寻址，或者当前正在对 I/O 端口或中断向量寻址，不需要使用段寄存器。S_4、S_3 的代码组合和对应的状态见表2-1。

表2-1 S_4、S_3 的代码组合和对应的状态

S_6	S_5	S_4	S_3	状态
0		0	0	正在使用附加段寄存器(ES)
0		0	1	正在使用堆栈段寄存器(SS)
0		1	0	正在 CS 或未使用任何段寄存器
0		1	1	正在使用数据段寄存器(DS)
0	0			不允许可屏蔽中断请求
0	1			允许中断请求

3. NMI(Non-Maskable Interrupt)不可屏蔽中断请求信号线

不可屏蔽中断请求信号，上升沿触发，输入。这类中断请求不受 IF 状态的影响，也不能用软件进行屏蔽。NMI 引脚只要收到一个上升沿触发信号，就在现行指令结束后响应中断，中断类型号为2。此类中断请求不受中断允许标志位 IF 的影响。经常处理电源掉电等紧急情况。

4. INTR(Interrupt Request)可屏蔽中断请求信号线

可屏蔽中断请求信号，电平触发(或边沿触发)，输入，高电平有效。当 INTR=1 时，表示外设提出了中断请求，8086/8088 在每个指令周期的最后一个 *T* 状态去检测此信号，一旦检测到此信号有效，若中断允许标志位 IF=1，则 CPU 在执行完当前指令后响应中断，停止执行指令序列，转入中断响应周期，读取外设接口的中断类型码，然后在存储器的中断向量表中找到中断服务程序的入口地址，转入执行中断服务程序。用 STI 指令，使中断允许标志位 IF=1，允许中断。用 CLI 指令使中断允许标志位 IF=0，实现中断屏蔽。

5. CLK(Clock)系统时钟信号线

系统时钟信号，输入，系统时钟一般由8284时钟发生器产生，8086 CPU 使用的时钟频率为5～15MHz，8088为5MHz。8086/8088要求时钟信号占空比为33%，即1/3周期为高电平，2/3周期为低电平。

6. RESET(Reset)系统复位信号线

系统复位信号，高电平有效，输入。CPU 接收到复位信号后，停止现行操作，并初始化段寄存器 DS、SS、ES、标志寄存器 PSW、指令指针 IP 和指令队列，而使 CS=FFFFH。8086/8088要求复位脉冲宽度不得小于4个时钟周期，接通电源时不能小于50μs。复位后 CPU 执行重启动过程，8086/8088将从地址 FFFF0H 开始执行指令。通常在 FFFF0H 单元开始的几个单元中存放一条无条件转移指令，将入口转到引导和装配程序中，实现对系统的初始化，引导监控程序或操作系统程序。8086/8088复位时内部寄存器的状态除 CS=FFFFH 外其余均为0，具体见表2-2。

表2-2 复位后内部寄存器的状态

内部寄存器	状态	内部寄存器	状态
FLAGS	0000H	DS	0000H
IP	0000H	ES	0000H
指令队列	清除	SS	0000H
CS	FFFFH	其余寄存器	0000H

7. READY(Ready)“准备好”信号线

“准备好”信号是由被访问的存储器或 I/O 端口发来的响应信号，高电平有效。CPU 在每个总线周期的 T_3 状态检测 READY 信号线，当 READY 为高电平时，表示被访问的内存或 I/O 设备已准备好，CPU 可以进行数据传送。若内存或 I/O 设备还未准备好，READY 信号为低电平，如果它是低电平，在 T_3 状态结束后 CPU 插入一个或几个 T_W 等待状态，直到 READY 信号有效后，才进入 T_4 状态，完成数据传送过程。

8. $\overline{\text{TEST}}$(Test)等待测试信号线

等待测试信号，低电平有效，输入。它用于最大模式中，且只有在执行 WAIT 指令时才使用。当 CPU 执行 WAIT 指令时，每隔 5 个时钟周期对该引脚的输入进行一次测试，若$\overline{\text{TEST}}$为高电平，CPU 将停止取下条指令而进入等待状态，重复执行 WAIT 指令，直至 TEST 为低电平时，等待状态结束，CPU 才继续往下执行被暂停的指令，使 CPU 与外部硬件同步。等待期间允许外部中断。

9. $\overline{\text{INTA}}$(Interrupt Acknowledge)中断响应信号线

中断响应信号，输出，低电平有效。它是 CPU 对外部发来的中断请求信号 INTR 的响应信号。在中断响应总线周期 T_2、T_3、T_w 状态，发出两个连续的负脉冲，第一个负脉冲是通知外设接口，它发出的中断请求已获得允许，请准备好中断类型码；外设接口收到第二个负脉冲后，将中断类型码放在数据总线上，从而使 CPU 读到该中断请求的详细信息。

10. ALE(Address Latch Enable)地址锁存允许信号线

地址锁存允许信号，高电平有效，输出。它用作地址锁存器 8282/8283 的片选信号，在 T_1 状态，ALE 有效，表示地址/数据总线上传送的是地址信息，将它锁存到地址锁存器 8282/8283 中。这是地址/数据总线分时复用所需要的，ALE 信号不能浮空。

11. $\overline{\text{DEN}}$(Data Enable)在最小模式下作为数据允许信号线

数据允许信号线，低电平有效，三态，输出。在作为数据收发器使用时，$\overline{\text{DEN}}$为收发器提供一个控制信号，当$\overline{\text{DEN}}$有效时，表示 CPU 当前准备发送或接收一个数据。在 DMA 方式时，被置为高阻状态。

12. DT/$\overline{\text{R}}$(Data Transmit/Receive)数据发送/接收控制信号线

数据发送/接收控制信号，三态，输出。该信号用来控制数据总线收发器 8286/8287 的传送方向。当 DT/$\overline{\text{R}}$ 为高电平时，CPU 向内存或 I/O 端口发送数据；当 DT/$\overline{\text{R}}$ 为低电平时，CPU 从内存或 I/O 端口接收数据。在 DMA 方式时，DT/$\overline{\text{R}}$ 被置为高阻状态。

13. M/$\overline{\text{IO}}$(Memory/Input and Output)存储器输入/输出控制信号线

存储器输入/输出控制信号，三态，输出。该信号作为区分 CPU 进行存储器访问还是输入/输出访问的控制信号。当 M/$\overline{\text{IO}}$为高电平时，表示 CPU 正与存储器之间进行数据传送；当 M/$\overline{\text{IO}}$为低电平时，表示 CPU 正与输入/输出设备之间进行数据传送。一般在前一个总线周期的 T_4 状态，M/$\overline{\text{IO}}$就成为有效电平，直到本周期的 T_4 状态为止。在 DMA 方式时 M/$\overline{\text{IO}}$被置为高阻状态。

M/$\overline{\text{IO}}$和 DT/$\overline{\text{R}}$ 信号的组合及其对应的操作。如在 8086 CPU 执行 IN AL，32H 指令时，M/$\overline{\text{IO}}$和 DT/$\overline{\text{R}}$ 的状态为 0、0。

14. $\overline{\text{WR}}$(Write)允许写信号线

允许写信号，三态，输出，低电平有效。当该信号有效，M/$\overline{\text{IO}}$为低电平时，表示 CPU 当前正在进行 I/O 端口写操作。M/$\overline{\text{IO}}$为高电平时，表示 CPU 当前正在进行存储器写操作。在写总线周期的 T_2、T_3、T_w 状态，$\overline{\text{WR}}$为低电平，在 DMA 方式时，该信号被置为高阻状态。

15. HLDA(Hold Acknowledge)**总线保持响应信号线**

总线保持响应信号线，输出，高电平有效。CPU一旦测试到HOLD总线请求信号有效，如果CPU允许让出总线，在当前总线周期结束时，于T_4状态发出HLDA信号，表示响应这一总线请求，并立即让出总线使用权，将三条总线置成高阻状态。即CPU使地址/数据总线和控制状态线处于高阻状态，CPU停止使用外部总线，但并没有停止工作(它继续执行指令队列中的指令，只在需要进行外部总线操作时，才停止工作，等待HOLD信号变低)。

总线请求部件获得总线控制权后，可进行DMA数据传送，总线使用完毕使HOLD无效。CPU才将HLDA置成低电平。CPU再次获得三条总线的使用权。

16. HOLD(Hold Request)**总线保持请求信号线**

总线保持请求信号，输入，当8086/8088最小模式系统中CPU之外的其他共享总线的部件想要占用总线时，可以通过该信号向CPU发出一个高电平的总线保持请求信号。

17. $\overline{\text{RD}}$(Read)**读选通信号线**

读选通信号线，三态，输出，低电平有效。当$\overline{\text{RD}}$为低电平，M/$\overline{\text{IO}}$为低电平时，表示CPU当前正在进行I/O端口读操作。M/$\overline{\text{IO}}$为高电平时，表示CPU当前正在进行存储器读操作。在DMA方式时，该信号被置为高阻状态。在读总线周期的T_2、T_3、T_W状态，$\overline{\text{RD}}$为低电平。在“保持响应”周期，被置成高阻状态。

18. MN/$\overline{\text{MX}}$(Minimum/Maximum Mode Control)**最小/最大模式控制信号线**

最小/最大模式控制信号，输入，当MN/$\overline{\text{MX}}$接高电平时，系统处于最小模式，系统中只能接一个微处理器；当MN/$\overline{\text{MX}}$接低地时，系统处于最大模式，此时系统可以接多个微处理器。

19. 34引脚在8086中是$\overline{\text{BHE}}$/S_7，而在8088中该引脚是$\overline{\text{SS}_0}$。

$\overline{\text{BHE}}$/S_7(Bus High Enable/Status)高8位数据总线有效/状态分时复用线三态，输出，$\overline{\text{BHE}}$在总线周期的T_1状态时输出，S_7在$T_2 \sim T_4$时输出。在8086中，当$\overline{\text{BHE}}$/S_7引脚上输出$\overline{\text{BHE}}$信号时，表示总线高8位$AD_{15} \sim AD_8$上数据有效。

$\overline{\text{SS}_0}$(System Status Output)系统状态信号线输出，低电平有效。$\overline{\text{SS}_0}$与IO/$\overline{\text{M}}$、DT/$\overline{\text{R}}$的不同组合有不同的操作，其对应操作见表2-3。

表2-3 8088中$\overline{\text{SS}_0}$、IO/$\overline{\text{M}}$、DT/$\overline{\text{R}}$的组合及对应操作

IO/$\overline{\text{M}}$	DT/$\overline{\text{R}}$	$\overline{\text{SS}_0}$	操作
1	0	0	发中断响应信号
1	0	1	读I/O端口
1	1	0	写I/O端口
1	1	1	暂停
0	0	0	取指令
0	0	1	读内存
0	1	0	写内存
0	1	1	无源状态

注：一个总线周期结束，另一个总线周期尚未开始，通常称这种状态为无源状态。

20. V_{CC}(+5V电源线)，**GND**(地线)

8086/8088 CPU所需电源V_{CC}接入的电压应为+5(1%±10%)V，它的两条地线GND(1脚和20

脚)均应接地。

2.3.2 8086/8088 CPU 在最大模式中引脚定义

8086/8088 可以组成最小模式系统，也可以组成最大模式系统。当 MN/$\overline{MX}$线接高电平时，则系统工作于最小模式。当 MN/$\overline{MX}$线接地时，则系统工作于最大模式。在最大模式系统中，第 24 ~ 31 引脚功能与最小模式系统的功能是不同的。下面介绍最大模式下有关引脚的功能。

1. QS_1、QS_0(Instruction Queue Status)指令队列状态信号线

指令队列状态信号，输出，高电平有效。用来指示 CPU 中指令队列当前的状态，其含义见表 2-4，设置这两个引脚的目的是让外部的设备监视 CPU 内部的指令队列，可以让协处理器 8087 进行指令的扩展处理。

表 2-4 QS_1、QS_0 的组合及对应操作

QS_1	QS_0	操作
0	0	无操作
0	1	从指令队列的第一字节中取走代码
1	0	队列为空
1	1	除第一字节外，还取走后续字节中的代码

2. $\overline{S_2}$、$\overline{S_1}$、$\overline{S_0}$(Bus Cycle Status)总线周期状态信号线

总线周期状态信号，三态，输出。三个状态信号由 CPU 传送给总线控制器 8288 的输入端，8288 对这些信号进行译码后产生内存及 I/O 端口的读/写控制信号。三个状态信号的代码组合、对应的操作及 8288 产生的控制信号，见表 2-5。

表 2-5 $\overline{S_2}$、$\overline{S_1}$、$\overline{S_0}$的代码组合及其操作

$\overline{S_2}$	$\overline{S_1}$	$\overline{S_0}$	作用	$\overline{S_2}$	$\overline{S_1}$	$\overline{S_0}$	作用
0	0	0	发中断响应信号	1	0	0	取指令
0	0	1	读 I/O 端口	1	0	1	读存储器
0	1	0	写 I/O 端口	1	1	1	写存储器
0	1	1	暂停	1	1	1	无源状态

这里，需要对无源状态做一个说明。对$\overline{S_2}$、$\overline{S_1}$、$\overline{S_0}$来说，在前一个总线周期的 T_4 状态和本总线周期的 T_1、T_2 状态中，至少有一个信号为低电平，每种情况都对应了某种总线操作，称为有源状态。在总线周期的 T_3、T_w 状态，并且 READY 信号为高电平时，$\overline{S_2}$、$\overline{S_1}$、$\overline{S_0}$全为高电平，此时一个总线操作过程要结束，而新的总线周期还未开始，称为无源状态。

3. $\overline{LOCK}$(Lock)总线封锁信号线

总线封锁信号，三态，输出。当$\overline{LOCK}$有效(为低电平)时，CPU 不允许 CPU 以外的部件使用总线。$\overline{LOCK}$信号由指令前缀产生，$\overline{LOCK}$指令后面的一条指令执行完后，$\overline{LOCK}$信号失效。另外在 CPU 发出 2 个中断响应脉冲$\overline{INTA}$之间，$\overline{LOCK}$信号也自动变为有效，以防止其他总线部件在此过程中占有总线，影响一个完整的中断响应过程。在 DMA 期间，$\overline{LOCK}$端被浮空处于高阻状态。

4. $\overline{RQ}/\overline{GT_1}$、$\overline{RQ}/\overline{GT_0}$(Request/Grant)总线请求信号输入/总线请求允许信号输出线

总线请求信号输入/总线请求允许信号，双向，低电平有效。此信号是 CPU 以外的两个主控部件向 CPU 提出需要占用总线的请求信号 RQ 和接收 CPU 对总线请求信号的回答信号$\overline{GT_0}$。$\overline{RQ}$/

$\overline{GT_1}$和$\overline{RQ}/\overline{GT_0}$都是双向的，总线请求信号和允许信号在同一引线上传送，但方向相反。其中$\overline{RQ}/\overline{GT_0}$比$\overline{RQ}/\overline{GT_1}$优先级要高。

2.4　8086 的存储器组织结构

2.4.1　存储器的分段管理

在存储器中是以字节为单位存储信息的，每个存储单元由唯一的地址来确定。在 8086/8088 CPU 中，有 20 条地址线，它可以寻址 1MB(地址范围为 00000H ~ FFFFFH)的存储空间。而 8086/8088 CPU 内部的寄存器是 16 位。它的寻址范围限制在 64KB。为了使 8086/8088 CPU 这类 16 位机能够寻址 1MB 的存储空间。8086/8088 CPU 采取了分段管理方法，将 1MB 的存储空间分为最少 16 个逻辑段，每一段都在一个连续的区域内。段和段之间可以是分开的，也可以是连续的，还可以是部分重叠或完全重叠的，允许各个逻辑段在整个存储空间中浮动。在程序设计时可使程序保持相对的完整性，每个逻辑段的容量最大不超过 64KB，如图 2-8 所示。

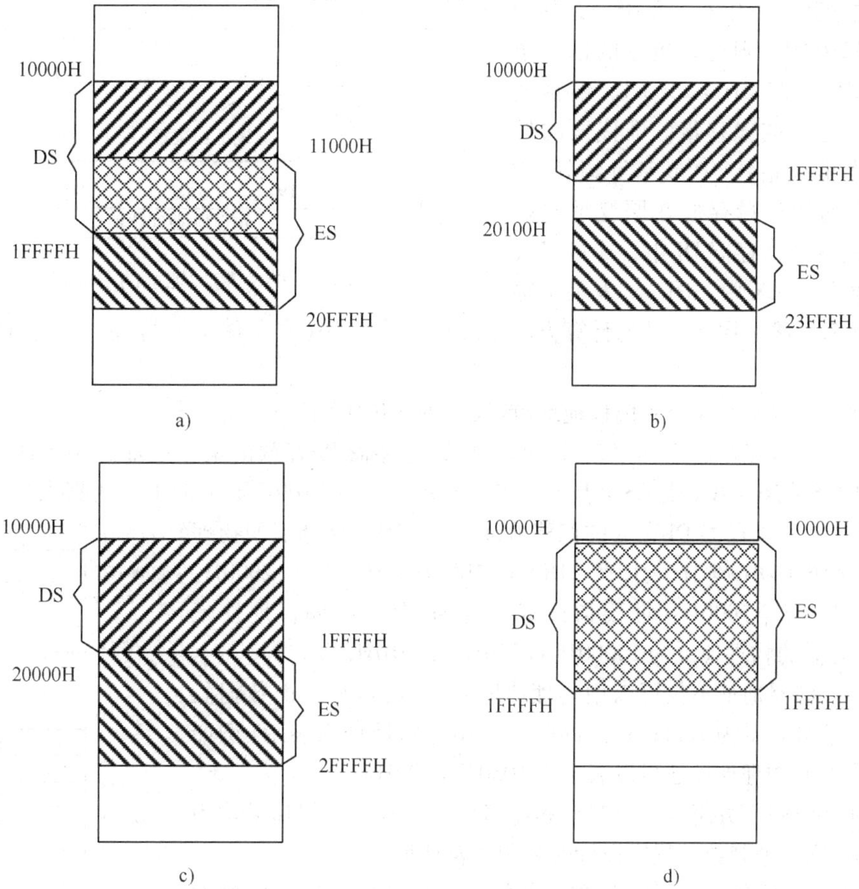

图 2-8　逻辑段分布示意图
a)部分重叠　b)不连续　c)连续　d)完全重叠

8086/8088 对每一段的起始地址有所限制，段不能起始于任意地址，8086/8088 规定每一段的起始地址都能被 16 整除，其特征是：在十六进制表示的物理地址中，最低为 0(即 20 位地址的低 4 位为 0)。在对存储器进行操作时，内存一般可分成 4 个逻辑段，分别称为代码段、数据段、堆栈段、扩展段(附加段)，每个逻辑段存放不同性质的数据，进行不同的操作。代码段存放指令程序；数据段存放当前运行程序的通用数据；堆栈段定义了堆栈所在区域，它是存放有用信息的。扩展段 ES，又称为附加的数据段，它是一个辅助的数据区，在串操作中它作为目的地址。

2.4.2 内存的物理地址形成

无论是数据还是指令，它都存放在存储单元中，任何一个存储单元都有一个唯一的实际地址，这个实际的地址称之为物理地址。物理地址是由 20 位二进制数来表示的，由于 CPU 中所有的寄存器都是 16 位的，所以，任何一个存储单元的物理地址都由两部分组成，即段基址及段内偏移地址。

将 8086/8088 系统中存放在段寄存器的地址，称为“段基址”，一般又称为段地址。段内偏移地址是存储单元的物理地址距离该段的首地址的距离。例如：我们定义某代码段的地址为 30000H～3FFFFH，30000H 是代码段的首地址，在这个代码段中有一条指令，其物理地址是 32100H，则这条指令的偏移地址是 32100H－30000H＝2100H。偏移地址也称有效地址或偏移量。堆栈段的偏移量存放在堆栈指针 SP 或基址指针 BP 中，数据段的偏移量存放在原变址寄存器 SI 和目的变址寄存器 DI 中，还可以放置在数据寄存器 BX 中。图 2-9 表示了物理地址的计算方法，物理地址的计算方法是段基址乘以 16(或左移 4 位)再加上偏移地址。其计算公式为

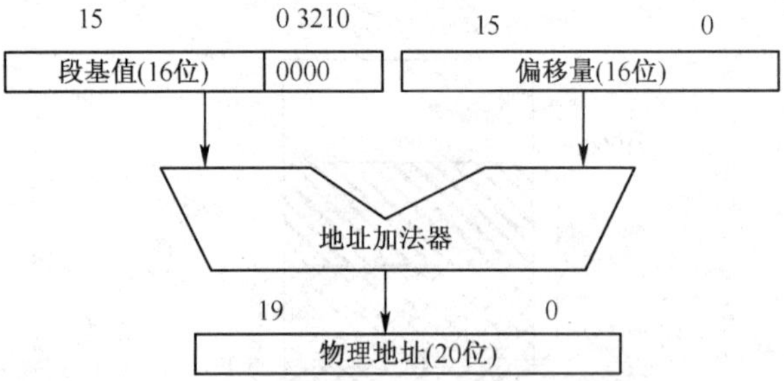

图 2-9　8086 物理地址的形成过程

物理地址＝段基址×16＋偏移地址(或段基址×10H＋偏移地址)

例如，代码段寄存器 CS＝1050H，指令指针寄存器 IP 存放的偏移地址是 0100H，存储器的物理地址为 CS×16＋IP(或 CS×10H＋IP)＝10500H＋0100H＝10600H。数据段寄存器 DS＝1100H，目的地址寄存器 DI 存放的偏移地址是 1000H，存储器的物理地址为 DS×16＋DI(或 DS×10H＋DI)＝11000H＋1000H＝12000H。堆栈段寄存器 SS＝1000H，堆栈指针寄存器 SP 存放的偏移地址是 0010H，存储器的物理地址为 10000H＋0010H＝10010H。

注意：存储器地址不仅可以用物理地址来表示(例如上面数据段中的物理地址可表示为 10600H)，同时还可用逻辑地址来表示(例如上面数据段中的物理地址还可以表示为 1050H:0100H)。

逻辑地址由两部分组成：段基址和偏移量，段基址和偏移量均为无符号的 16 位二进制数，程序设计时采用逻辑地址。

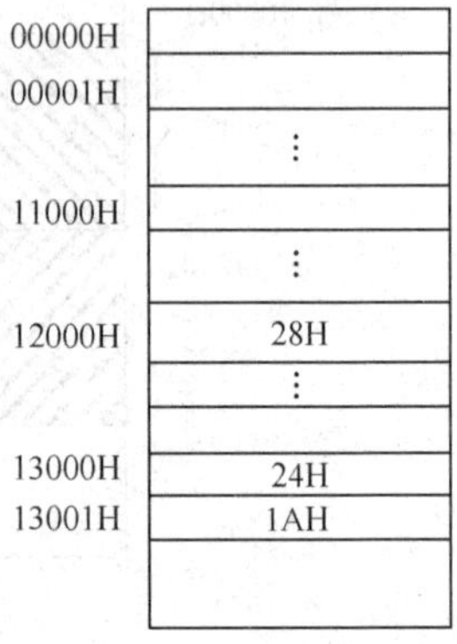

图 2-10　存储单元存放数据示意图

图 2-10 表示了存储单元存放数据的情况。从图中可知，12000H 地址单元中存放的数据为 28H，也就是说 12000H 单元中的内容为 28H(即 28H 为单元中存放的信息)。假定该存储单元对应的是数据段

DS＝2000H。段基址是由段寄存器提供的段起始地址高16位，偏移量为存储单元所在的位置距离段的起始地址所偏移的距离(偏移地址)。

例如：(12000H)＝(1100H：1000H)＝28H

↓ ↓ ↓

物理地址 逻辑地址 存储单元内容

这种数据是以字节形式存入存储器的。一个字存入存储器要占有相邻的两个字节地址单元，存放时，高地址存放高8位字节，低地址存放低8位字节，这样两字节单元就构成了一个字单元，字单元地址采用它的低位地址来表示。在图2-10中，11000H字单元的内容为1A24H，表示为：(11000H)＝(1000H：1000H)＝1A24H

所以，同一个地址即可看作字节单元的地址，又可看作字单元的地址，这要根据使用情况确定。

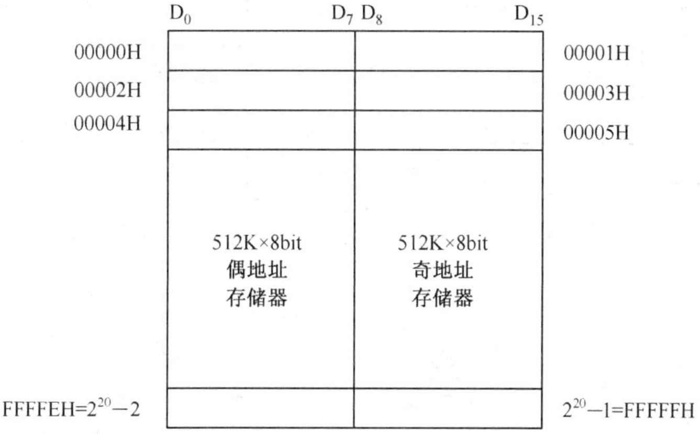

图 2-11 偶地址存储体和奇地址存储体

2.4.3 8086 存储器的分体结构

目前比较流行的存储器芯片或外围接口芯片主要以8位芯片为主。8086 CPU和8088 CPU的外部数据线不同，8086外部数据线是16根，它可以按字读取数据，也可以按字节读取数据。而8088外部数据线是8根，它只能按字节读取数据。所以在8086系统中，1MB的存储空间分成两个存储体：偶地址存储体和奇地址存储体，各为512KB，其示意图如图2-11所示。而在8088系统中则不需要分为偶地址存储体和奇地址存储体。

对于8086连接的存储器，在存放16位数据时，其低位字节可以在奇数地址中开始存放，也可以在偶数地址中开始存放。当从偶数地址存放时，称为规则存放，这样存放的字称为规则字，例如数据3A24H存放在12000H开始的单元中，如图2-12所示，表示为(12000H)＝3A24H。当从奇地址开始存放16位数据时，称为非规则存放，这样存放的字称为非规则字，例如数据1324H存放在13001H开始的单元中，如图2-13所示，表示为(13001H)＝1324H。

在8086系统中，CPU不论读存储器还是写存储器，操作数是字节还是字，每次都是进行16位操作。当操作数是字节时，数据线只用了8位，另外8位数据线(高字节)则被忽略了。当操作数是字时，16位数以规则字存放在存储器中时，总是将数据存放在连续的两个单元内，第一个字节的地址是偶地址，第二个字节的地址是奇地址。而对于非规则字的写，CPU必须读写两个连续的偶地址字，写两次存储器，每次都忽略掉不需要的高字节，并对剩下的两个字节进行某种形式的字节颠倒。所以，在对规则字进行操作时只需访问一次存储器，在一个总线周期内就可以完成。而对非规则字进行操作时需访问两次存储器，需要两个总线周期才可以完成一个字的操作。并且还要对它们进行某种形式的字节调整，以形成指令所需要的字。在 8086 程序中，指令只需指出操作数的字节或字的类型，实现上述访问所需做的一切操作都是由 8086 CPU 自动完成的。8088 不存在上述情况。各种字节或字的存储器读出操作如图 2-14 所示。

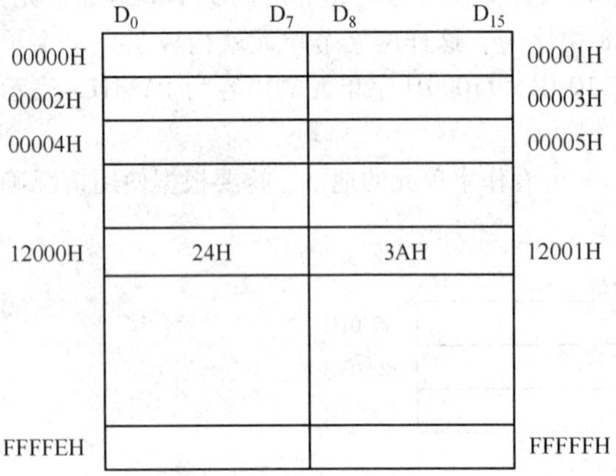

图 2-12　规则字存放

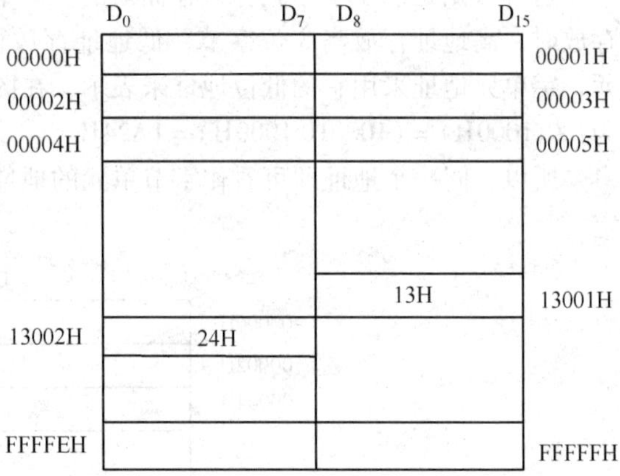

图 2-13　非规则字存放

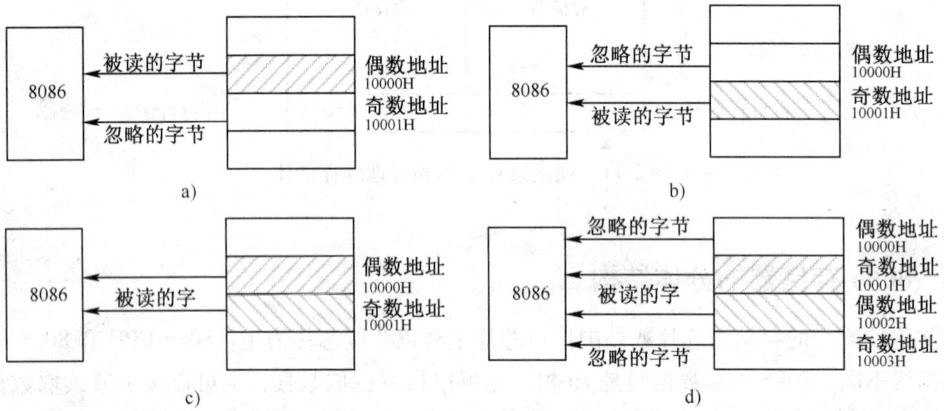

图 2-14　CPU 从存储器读取数据

a) 读偶地址中的字节（MOV AL，[10000H]）　b) 读奇地址中的字节（MOV AL，[10001H]）

c) 读偶地址中的字（MOV AX，[10000H]）　d) 读奇地址中的字（MOV AX，[10001H]）

偶地址和奇地址的选择由 $\overline{BHE}$ 和 A_0 决定，当 $A_0=0$ 时，选择访问偶地址存储体，偶地址存储体与数据总线低 8 位（$D_0 \sim D_7$）相连，从低 8 位数据总线读/写一个字节。当 $\overline{BHE}=0$（$A_0=1$）时，选择访问奇地址存储体，奇地址存储体与数据总线高 8 位（$D_8 \sim D_{15}$）相连，由高 8 位数据总线读/写一个字节。当 $A_0=0$、$\overline{BHE}=0$ 时，访问两个存储体，读/写一个字。A_0、$\overline{BHE}$ 组合及操作见表 2-6。

表 2-6　A_0、$\overline{BHE}$ 组合及操作

$\overline{BHE}$	A_0	操作	总线使用情况
0	0	从偶地址开始读/写一个字	$AD_{15} \sim AD_0$
0	1	从奇地址单元读/写一个字节	$AD_{15} \sim AD_8$

（续）

$\overline{BHE}$	A_0	操作	总线使用情况
1	0	从偶地址单元读/写一个字节	$AD_7 \sim AD_0$
1	1	无效	—
0	1	从奇地址开始读/写一个字	$AD_{15} \sim AD_8$
1	0		$AD_7 \sim AD_0$

在8088 CPU系统中，8088的外部数据总线是8位，CPU每次访问存储器只读/写一个字节，读/写一个字要两次访问存储器，整个存储器1MB看成一个存储体，由$A_0 \sim A_{19}$直接寻址，无需由A_0、$\overline{BHE}$来选择高8位与低8位数据。在8088编程时，若把字操作数存放在偶地址开始的存储单元，在运行程序时，与操作数存放在奇地址开始的存储单元一样，所以8088系统的运行速度要比8086系统慢。但这样以偶地址开始的程序移植到8086的系统中时，将会使程序的运行速度更快。所以字操作数一般存放在偶地址开始的单元中。图2-15指出了8086系统和8088系统中存储器与总线的连接。

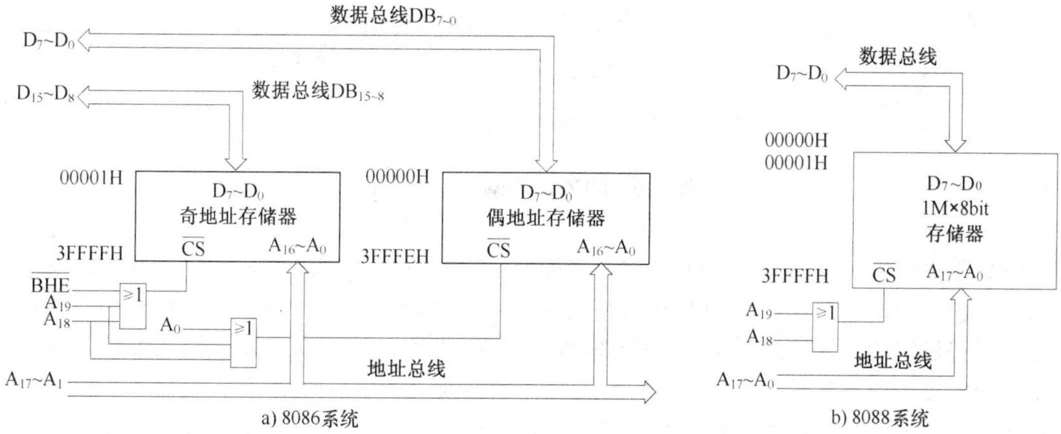

图2-15 8086/8088系统中存储器与总线的连接图

2.5 8086/8088系统配置

在设计计算机系统时，为了能够适应各种各样的使用场合，常使8086/8088 CPU芯片具有两种工作模式下，即最小模式和最大模式。

2.5.1 8086/8088最小模式

1. 8086/8088最小模式简介

所谓最小模式，就是在计算机系统中，只有8086或者8088一个微处理器。系统比较简单，在系统中存储器芯片和I/O端口芯片比较少，所有的总线控制信号都直接由8086或8088产生，系统的地址总线可以由CPU的$AD_0 \sim AD_{15}$、$A_{16} \sim A_{19}$通过地址锁存器8282构成；数据总线可以直接由$AD_0 \sim AD_{15}$供给，也可以通过发送/接收接口芯片8286（或74LS245）供给（接口芯片可以增大总线的驱动能力)，如图 2-16 所示。

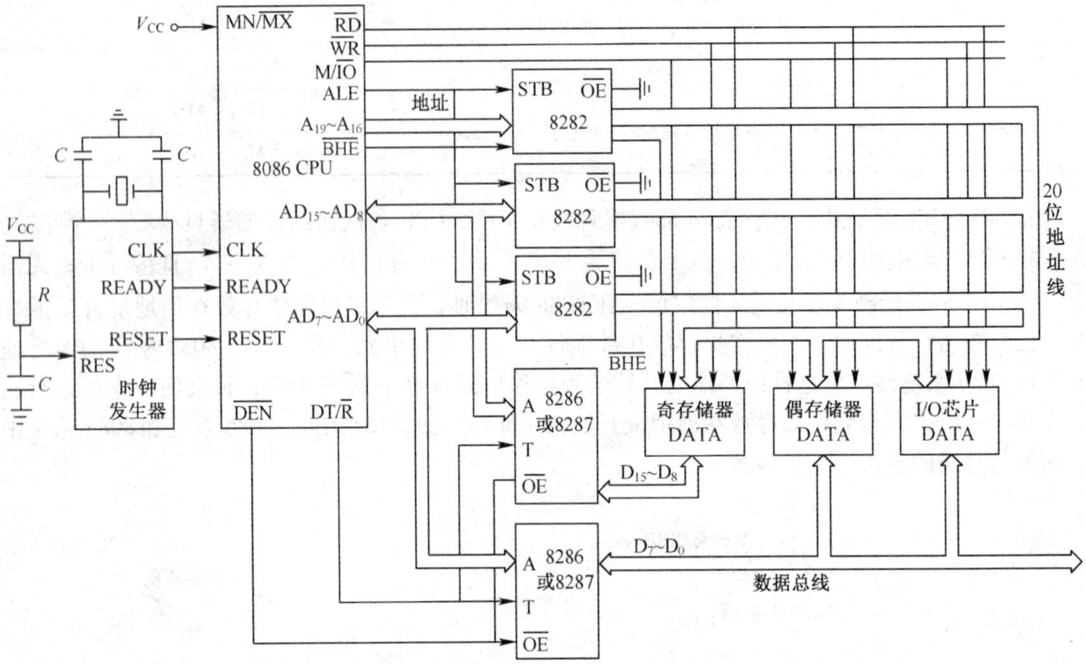

图 2-16　8086 最小模式系统配置

CPU 与存储器(或 I/O 端口)进行数据交换时，CPU 首先要送出地址信号，然后再发出控制信号及传送数据，而且要求 CPU 在与存储器或 I/O 端口进行数据传输时，在整个总线周期内必须保持稳定的地址信息。由于 8086/8088 CPU 引脚数目的限制，数据和地址信号等许多引线是分时复用的，先锁存地址，然后再进行存储器或 I/O 端口的读/写。所以，在微型计算机系统中需要配置一些地址锁存器和双向数据总线驱动器(总线收发器)，以便对复用信号加以分离。

2. 地址锁存器 8282/8283

所谓地址锁存器，就是一个暂存寄存器，根据 CPU 控制信息的状态，将总线上的地址信息暂存起来。

在 8086/8088 系统中，常用 8282/8283 芯片作地址锁存器。8282/8283 是三态缓冲的 8 位数据锁存器，8282 引脚及内部结构示意图如图 2-17 所示。8282 是带有三态输出缓冲器的 8 位锁存器，共 20 条引脚。其内部由 8 个 D 触发器构成，DI_7 ~ DI_0 为 8 位数据输入端，DO_7 ~ DO_0 为输出端。控制信号有两个，STB 是选通信号，与 CPU 的地址锁存允许信号 ALE 相连，当 STB 端选通信号出现时，8 位输入数据锁存到 8 个 D 触发器中。STB 保持为低电平，锁存器保持原数据。$\overline{OE}$为输出允许信号，当它为低电平时，数据就出现在输出端上。当它为高电平时，输出缓冲器处于高阻态。在不带 DMA 控制器的 8086 单处理器系统

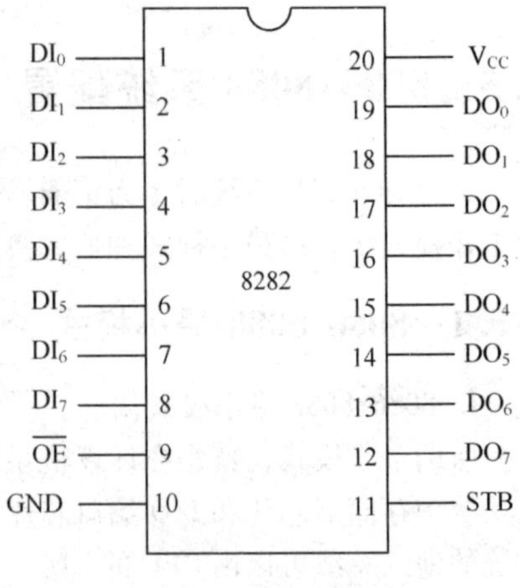

图 2-17　8282 引脚图

中 $\overline{OE}$ 接地。8282 的输入和输出信号是同相的，而 8283 的输入和输出信号反相。

3. 双向总线驱动器（总线收发器）8286/8287

在计算机系统中，由于 CPU 与存储器或 I/O 接口之间的数据传送是双向的，所以要求总线驱动器是双向的，在数据线上既能发送数据也能接收数据，这种驱动器称为总线收发器。8286 是一种三态输出的 8 位同相双向总线驱动器，内部由 16 个三态门构成。8286 引脚图如图 2-18 所示。该收发器有两组双向传送的数据线，$A_0 \sim A_7$ 为 A 组的 8 根数据线，$B_0 \sim B_7$ 为 B 组的 8 根数据线。输入控制引脚有两个，一个是方向控制端 T，若 T 为高电平，则 $A_0 \sim A_7$ 引脚上数据传送至 $B_0 \sim B_7$ 引脚；若 T 为低电平，则 $B_0 \sim B_7$ 引脚上数据传送至 $A_0 \sim A_7$ 引脚。另一个是门控端 $\overline{OE}$，低电平有效（即 $\overline{OE}=0$ 时 A、B 之间可以传送数据）。当 $\overline{OE}$ 为高电平时，A 组和 B 组两边都处于高阻状态不能传送数据。8286 通常用于数据的双向传送、缓冲和驱动。

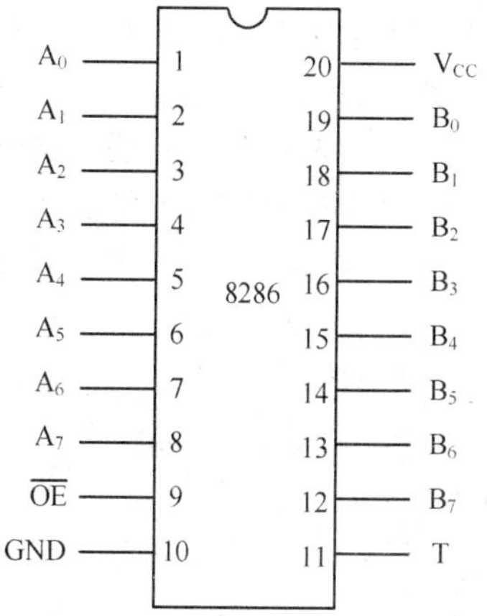

图 2-18　8286 引脚图

4. 时钟发生器 8284A

8086/8088 CPU 的内部和外部的时间基准信号由时钟输入信号 CLK 提供，CLK 信号是由外部时钟发生器 8284A 产生的。8284 片内含有振荡器、三分频计数器、READY 同步功能和复位逻辑，其主要功能是提供三个频率信号 CLK、PCLK 和 OSC，8284A 除为 CPU 和系统提供恒定频率的时钟信号外，还提供同步输入信号 RDY_1、$\overline{RES}$、经时钟同步的就绪信号 READY 和复位信号 RESET。

为 8284A 提供的振荡源有两种不同形式，一种是用脉冲发生器作为振荡源，另一种是利用晶体振荡器作为振荡源，利用不同振荡源时其连接方法有所不同。如果利用脉冲发生器作为振荡源，这时需要将 8284A 的 EFI 端和脉冲发生器的输出端相连，而且 8284A 的 $F/\overline{C}$ 引脚接高电平；如果利用晶体振荡器作为振荡源，这时需要将 8284A 的 X_1 和 X_2 两引脚和晶体振荡器相连，并且 8284A 的 $F/\overline{C}$ 引脚需要接低电平。不管用哪种方法连接，8284A 输出的时钟频率均为振荡源频率的三分之一。

8284 输出三路时钟信号，其中 CLK 是处理器时钟，宜接给 8086 及其局部总线部件提供同步时钟。该时钟的频率由振荡器频率信号三分频后获得，占空比为 33%。外设时钟 PCLK 输出端为外设提供频率为 1/2 CLK 频率的时钟信号，该时钟的占空比为 50%。OSC 端输出的时钟频率与振荡器的时钟频率相同，占空比也是 50%，该信号供某些扩展卡使用。图 2-19 给出了时钟发生器 8284A 的引脚图。

8284A 各引脚功能如下：

（1）CSYNC 时钟同步信号线　输入，高电平有效。它使多个 8284 同步，当 CSYNC 为高电平时，内部计数器复位，当 CSYNC 为低电平时，内部计数器重新计数，在采用内部振荡器时，CSYNC 接地。

（2）PCLK 供外设用的时钟线　输出，输出频率为 CLK 频率的 1/2，占空比为 1/2，输出电平为 TTL 电平。

（3）$\overline{AEN_1}$、$\overline{AEN_2}$ 地址允许信号线　输入，低电平有效。$\overline{AEN_1}$ 用于选通总线准备好信号 RDY_1，$\overline{AEN_2}$ 用于选通总线准备好信号 RDY_2，在多总线管理时，使用这两个信号，在单总线管理方式时，这两个引脚接地。

(4) RDY_1、RDY_2 总线准备好信号线　输入，高电平有效。由系统数据总线上的某个设备输入，指示数据已收到，或表示数据已准备好可供使用，分别受$\overline{AEN_1}$、$\overline{AEN_2}$控制。

(5) READY 准备好信号线　输出，高电平有效。信号用于对输入两路总线就绪信号 RDY_1、RDY_2 进行同步。总线就绪信号 RDY_1、RDY_2 是高电平有效的输入信号，来自系统总线上的设备。RDY 有效表示数据已被成功地收到或准备好，可供使用。

(6) CLK 时钟信号线　输出，CLK 为提供给 CPU 或与总线相连的其他设备时钟信号，CLK 的频率为晶体频率或 EFI 输入频率的 1/3，占空比为 1/3，输出电平与 MOS 电路的电平相兼容。

(7) RESET 复位输出信号线　输出，高电平有效，用作 8086 系列 CPU 的复位信号。

(8) $\overline{RES}$复位输入信号线　输入，低电平有效。用它来产生复位信号 RESET。

(9) OSC 振荡器输出信号线　输出，输出频率等于晶体频率，输出电平为 TTL 电平。

(10) $F/\overline{C}$ 频率/晶体选择线　输入，用作工作方式选择用。当 $F/\overline{C}$ 为低电平时，CPU 所需时钟由晶体产生。当 $F/\overline{C}$ 为高电平时 CLK 由 EFI 输入产生。

(11) EFI 外加频率输入线　输入，当 $F/\overline{C}=1$ 时，CLK 由输入的方波信号产生，输入信号的频率为 CLK 时钟频率的 3 倍。

(12) $\overline{ASYNC}$就绪同步信号线　输入，用来决定 READY 逻辑的同步方式。当$\overline{ASYNC}$为低电平时，8284A 提供 READY 两级同步；而当$\overline{ASYNC}$为高电平时，8284A 提供 READY 一级同步。

(13) X_1、X_2 晶体连接线　输入。

(14) V_{CC}电源线　接 +5V。

(15) GND 接地线　接地。

2.5.2　8086/8088 最大模式

1. 8086/8088 最大模式简介

所谓最大模式，就是在计算机系统中，不仅仅有 8086 或者 8088 一个微处理器，还有其他协处理器，每个协处理器执行自己的程序，系统相对最小模式比较复杂，在最大模式系统中需要增加总线控制器 8288 和总线裁决器 8289，用以完成以 8086 CPU 为中心的最大模式系统的协调工作。和 8086/8088 配合的协处理器最常用的有两个，一个是数值运算协处理器 8087，一个是输入/输出协处理器 8089。

当系统工作于最大方式时，8086/8088 CPU 不直接产生总线控制信号，而是在每个总线周期开始之前在时钟发生器的 CLK 信号控制下，输出状态信息$\overline{S_2}$、$\overline{S_1}$和$\overline{S_0}$，用于指示该总线周期的操作类型。8288 总线控制器用来对输出状态信息$\overline{S_2}$、$\overline{S_1}$和$\overline{S_0}$进行译码，和输入控制信号相配合产生一系列的总线命令和总线控制信号。

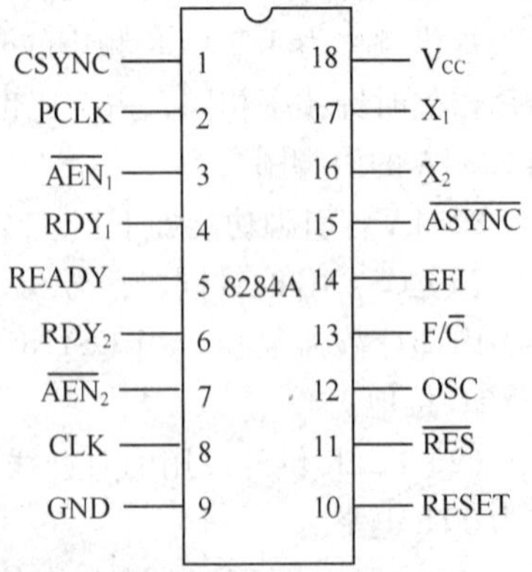

图 2-19　8284 引脚图

总线仲裁器 8289 与总线控制器 8288 配合，将 8086/8088 CPU 与 8089、8087 等协处理器连接到总线上，构成最大模式的计算机系统。每一个协处理器必须配备一个 8288 总线控制器和一个 8289 总线仲裁器。8289 对于任何一个协处理器来说，都好像自己独占总线一样。当有多个协处理器同时要求使用总线时，由 8289 总线仲裁器进行仲裁将使用权赋给优先级别高的主控者。

8087 是一种专用于数值运算的处理器，它能实现多种类型的数值操作，比如高精度的整数和浮点运算，也可以进行超越函数（如三角函数、对数函数）的计算。在通常情况下，这些运算往往通过软件方法来实现，而 8087 是用硬件方法来完成这些运算的，所以，在系统中加入协处理器 8087 之后，会大幅度地提高系统的数值运算速度。

8089 在原理上有点像带有两个 DMA 通道的处理器，它有一套专门用于输入/输出操作的指令系统，但是，8089 又和 DMA 控制器不同，它可以直接为输入/输出设备服务，使 8086 或 8088 不再承担这类工作。所以，在系统中增加协处理器 8089 后，会明显提高主处理器的效率，尤其是在输入/输出频繁的场合。图 2-20 给出了 8086 CPU 最大模式系统配置。

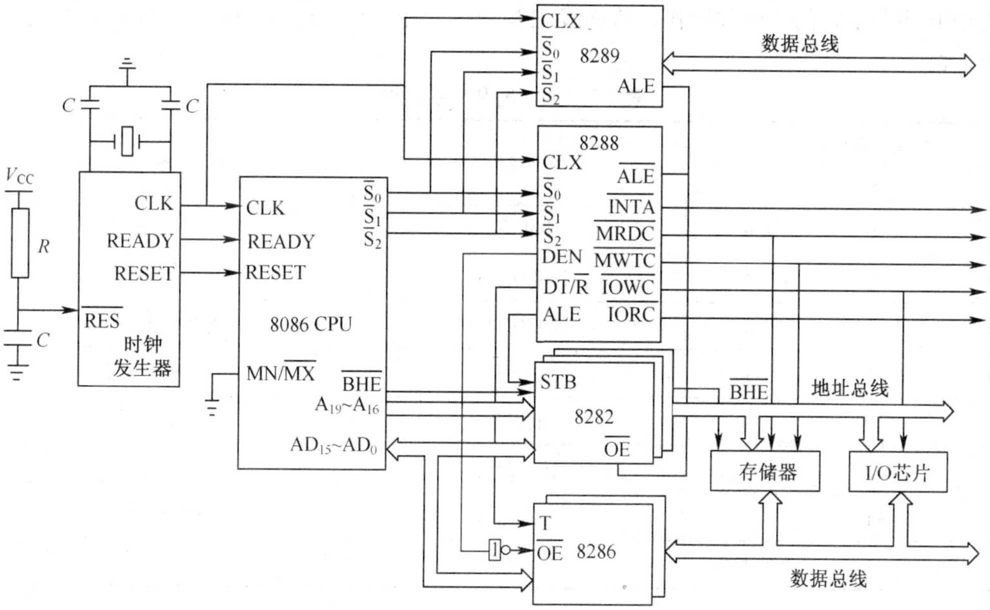

图 2-20　8086/8088 最大模式系统配置

2. 总线控制器 8288

总线控制器 8288 是专门为 8086/8088 CPU 设计的专用芯片。8288 引脚及内部结构示意图如图 2-21 所示。

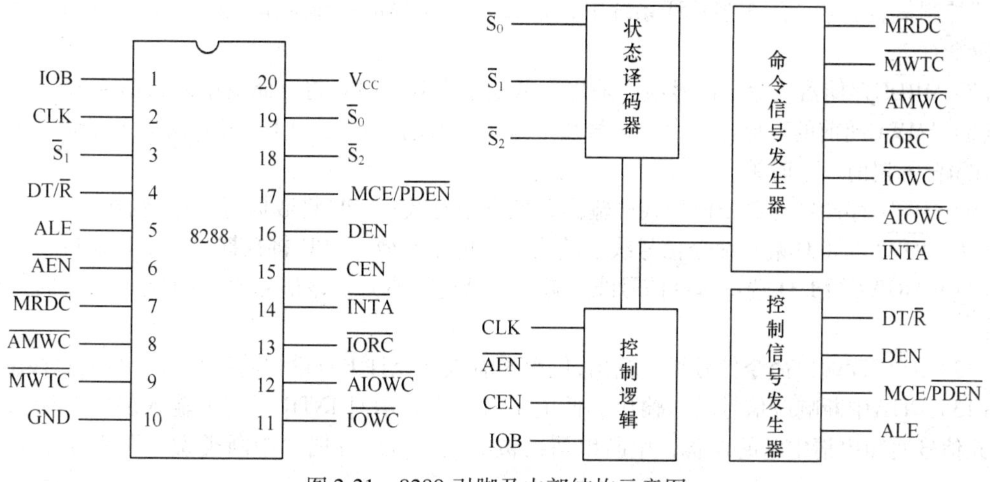

图 2-21　8288 引脚及内部结构示意图

总线控制器 8288 输出控制线的作用如下：

(1) IOB I/O 总线工作方式控制线　输入，高电平有效。用于选择 I/O 总线模式或者系统总线模式。当 IOB 为高电平时，8288 处于 I/O 总线模式下，所有的 I/O 命令都是允许的，不需要总线裁决器$\overline{\text{ANE}}$信号。当 IOB 为低电平时，8288 处于系统总线模式。

(2) CLK 时钟信号线　输入，CLK 提供 8288 的内部定时时钟，必须与 8284 的 CLK 输出相连。

(3) $\overline{S_2}$、$\overline{S_1}$和$\overline{S_0}$状态信号线　这三个引脚接收 8086/8088 CPU 输出的状态信号并进行译码，以确定 CPU 当前执行的是何种操作，从而发出相应的命令、$\overline{S_2}$、$\overline{S_1}$和$\overline{S_0}$的组合与 8288 产生的相应命令见表 2-7。

表 2-7　$\overline{S_2}$、$\overline{S_1}$和$\overline{S_0}$的组合

总线状态信号			CPU 状态	8288 输出指令
$\overline{S_2}$	$\overline{S_1}$	$\overline{S_0}$		
0	0	0	中断响应	$\overline{\text{INTA}}$
0	0	1	读 I/O 端口	$\overline{\text{SIORC}}$
0	1	0	读 I/O 端口	$\overline{\text{IOWC}}$ $\overline{\text{AIOWC}}$
0	1	1	暂停	$\overline{\text{MDRC}}$
1	0	0	取指令	$\overline{\text{MDRC}}$
1	0	1	读存储器	无
1	1	0	写存储器	$\overline{\text{MWTC}}$ $\overline{\text{AMWC}}$
1	1	1	无源状态	无

(4) DT/$\overline{\text{R}}$ 数据的发送/接收信号线　输出，用于控制数据缓冲器的方向。当 DT/$\overline{\text{R}}$ 为高电平时，CPU 将数据写入到内存或 I/O 接口。当 DT/$\overline{\text{R}}$ 为低电平时，CPU 将内存或 I/O 接口数据读出。此信号接数据收发器 8286 控制端 T。

(5) ALE 地址锁存允许信号线　输出，高电平有效，用于分离总线上的地址、数据信号。此信号用作 8282 的选通信号，将地址存入地址锁存器中。

(6) $\overline{\text{AEN}}$地址允许信号线　输入，低电平有效。由总线裁决器 8289 输入，该信号使 8288 的存储器控制信号有效。用于多总线系统中，若 8288 处于局部总线工作方式，$\overline{\text{AEN}}$信号不影响 I/O 的输出命令。

(7) $\overline{\text{MRDC}}$存储器读命令信号线　输出，低电平有效。CPU 将存储器中的数据读出。

(8) $\overline{\text{AMWC}}$超前的存储器写命令信号线　输出，低电平有效。CPU 将数据写入存储器中。该信号比$\overline{\text{MWTC}}$超前一个时钟。

(9) $\overline{\text{MWTC}}$存储器写命令信号线　输出，低电平有效。CPU 将数据写入存储器中。

(10) $\overline{\text{IOWC}}$写 I/O 端口命令信号线　输出，低电平有效。CPU 将数据写入 I/O 端口。

(11) $\overline{\text{AIOWC}}$写 I/O 端口命令信号线　输出，低电平有效。该信号比$\overline{\text{IOWC}}$超前一个时钟周期出现。

(12) $\overline{\text{IORC}}$读端口命令信号线　输出，低电平有效。允许 I/O 端口将数据置于数据总线上。

(13) $\overline{\text{INTA}}$中断响应信号线　输出，低电平有效。表示对 INTR 引脚上输入的中断请求的响应。此信号通知申请中断的设备，中断申请已被响应，由设备把“中断类型号”置于数据总线上。

（14）CEN 控制允许信号线　由外部输入，高电平有效。在多个 8288 工作时，相当于 8288 的片选信号。当 CEN 为高电平时，允许 8288 输出全部总线控制信号和命令信号，当 CEN 为低电平时，总线控制信号和命令信号呈高阻状态。系统任何时候只允许一个处理器主控，所以只有一片 8288 的 CEN 信号有效。

（15）DEN 数据传送允许信号线　输出，高电平有效。此信号使数据收发器可以挂在局部数据总线上，也可以挂在系统数据总线上，此信号接数据收发器 8286 输出允许端 $\overline{OE}$。

（16）MCE/$\overline{PDEN}$ 主控级联允许/外设数据允许信号线　输出。此端具有双重功能，当 IOB 接低电平时，该信号 MCE 为中断控制器选择级联操作；当 IOB 接高电平时，则该信号 PDEN 控制总线收发器使 I/O 局部总线与系统总线相连。

（17）V_{CC} 电源线　接 +5V。

（18）GND 接地线　接地。

2.6　8086/8088 CPU 的总线操作及时序

为了减少芯片上的引脚数目，8086/8088 CPU 都采用了分时复用的地址/数据总线。对 8086 CPU 来说，$AD_0 \sim AD_{15}$ 引脚（对 8088 CPU 为 $AD_0 \sim AD_7$）在总线周期的 T_1 时刻用来输出要访问的存储单元或 I/O 端口的低 16 位（对 8088 CPU 为低 8 位 $AD_0 \sim AD_7$，高 8 位 $A_8 \sim A_{15}$）地址信号。与此同时 $A_{16}/S_3 \sim A_{19}/S_6$ 输出最高 4 位地址信号。在总线周期的其他时钟周期（$T_2 \sim T_4$），对读周期来说，地址/数据总线 $AD_0 \sim AD_{15}$（或 $AD_0 \sim AD_7$）先是处于高阻状态，T_4 时钟周期时变为数据读入状态。对写周期来说，在 $T_2 \sim T_4$ 时钟周期期间，地址/数据总线 $AD_0 \sim AD_{15}$（或 $AD_0 \sim AD_7$）用来输出数据。因此，必须在 T_1 时钟周期时将地址保存起来。通常，利用 ALE 信号将地址信号存入锁存器 8282/8283。ALE 信号在任何一个总线周期的 T_1 时钟产生正脉冲，利用它的下降沿锁存地址信息。在系统的基本配置中需要 3 片 8282 芯片来锁存 20 位地址信号。

计算机总线是计算机内传送信息的公共通路。总线的位数称为总线宽度，各部件通过输入控制门、输出控制门与总线相连。当某一部件要从总线接收信息时，相应输入控制电位有效，输入控制门打开，当某一部件要向总线发送信息时，相应输出控制电位有效，输出控制门打开。因而，通过总线在计算机各部件间传送信息非常方便。

2.6.1　8086/8088 的工作周期

计算机的工作过程是：首先要把人们根据设计任务预先编好的程序放到存储器的某些单元中，在计算机运行后，CPU 就发出读指令的命令，将程序从存储器中读到指令寄存器中，再经过指令译码器分析指令，最后送出一系列控制信号，按照指令规定的操作执行全部操作。对于 8086/8088 CPU 来说，所有指令的执行都必须经过取指令、译码指令、执行指令这样三个阶段。

微型计算机是在时钟脉冲 CLK 的统一控制下进行各种操作的，8086/8088 同样如此。CPU 为了完成自己的功能，需要执行各种操作，如复位操作、总线操作、中断操作、最大模式下的总线保持、最小模式下的总线请求/允许操作等。所有这些操作都是在时钟脉冲的同步下，必须一步一步地按先后顺序进行，每执行一步都要花费一定的时间。所以，CPU 的操作和时序是 CPU 的重要内容，有必要对一些基本概念加以了解。

1. 时钟周期（Clock Cycle）

时钟周期是 CPU 进行操作的最小单位，它是由系统的时钟频率决定的，是时钟频率倒数，也称它为 T 状态。例如：8086/8088 的时钟频率为 5MHz，则一个时钟周期或一个 T 状态为

200ns。

2. 总线周期（Bus Cycle）

8086 /8088 CPU 中，CPU 从存储器或输入/输出端口读或者写一个字节（或一个字）所需要的时间称作一个总线周期。在 8086/8088 CPU 中，一个最基本的总线周期至少包含 4 个时钟周期（$T_1 \sim T_4$），一般情况下，在总线周期的 T_1 状态传送地址，$T_2 \sim T_4$ 状态传送数据。

3. 指令周期（Instruction Cycle）

CPU 从取指令到执行完毕指令所需要的时间称为指令周期。不同的指令其指令周期长度是不一样的，因为各个指令的字节数不一样长，有的指令是一个字节，有的指令是二或三个字节，甚至是四个字节，所以，执行指令所需要的时间也就不一样长。一般一个指令周期由几个总线周期组成。

2.6.2 系统的复位及启动

8086/8088 CPU 通过 RESET 引脚上的触发信号来引起 8086 系统复位和启动，复位信号 RESET 至少维持 4 个时钟周期的高电平，如果是初次加电引起的复位，则要求维持不小于 50μs 的高电平。

当复位信号 RESET 由低变成高电平时，8086/8088 CPU 结束现行操作，并且，只要 RESET 维持在高电平状态，8086/8088 CPU 就维持复位状态。在复位状态时，CPU 内部寄存器复位成初值，见表 2-2。

因此，一般在 FFFF0H 处存放了一条无条件转移指令，转移到系统引导程序的入口处，这样系统一旦启动，就自动进入系统程序。

在复位时，由于标志寄存器被清 0，所有标志位均为 0，这样，所有从 INTR 引脚进入的可屏蔽中断全部被屏蔽，所以，在系统程序中要用开中断指令 STI 来设置中断允许标志。8086/8088 复位操作时的时序，如图 2-22 所示。

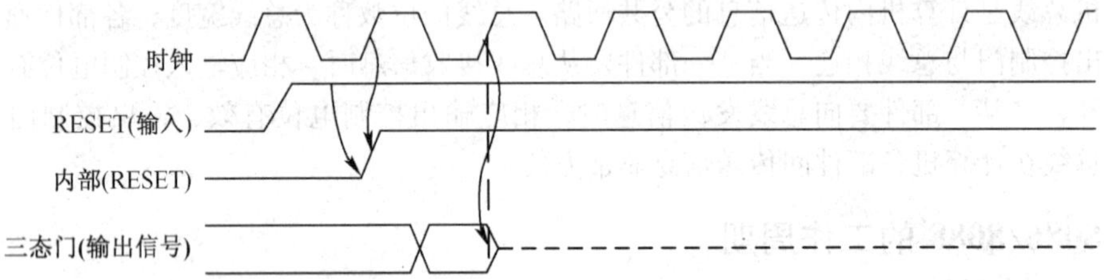

图 2-22 8086/8088 复位操作的时序

在 RESET 信号变成高电平后，经过一个时钟周期，所有的三态输出线被设置成高阻，并一直维持高阻状态（浮空），直到 RESET 信号回到低电平为止。但在高阻状态的前半个时钟周期，也就是在前一个时钟周期的低电平期间（如图 2-22 所示），三态输出线被置成不作用状态，当时钟信号又变成高电平时，才置成高阻状态。

置成高阻状态的三态输出线包括：$AD_{15} \sim AD_0$、$A_{19}/S_6 \sim A_{16}/S_3$、$\overline{BHE}/S_7$、$M/\overline{IO}$、$DT/\overline{R}$、$\overline{DEN}$、$\overline{WR}$、$\overline{RD}$和$\overline{INTA}$。另外有几条控制线在复位之后处于无效状态，但不浮空，它们是 ALE、HLDA、$\overline{RQ}/\overline{GT_0}$、$\overline{RQ}/\overline{GT_1}$、$QS_0$、$QS_1$。

2.6.3 8086 最小模式下的总线操作

8086 CPU 为了与存储器及 I/O 端口交换数据，需要执行一个总线周期，这就是总线操作。

按照 8086 CPU 的操作模式来分，可分为最小模式和最大模式。按照数据传输方向来分，总线操作可以分为总线读操作和总线写操作。总线读操作是指 CPU 从存储器或 I/O 端口读取数据；总线写操作是指 CPU 将数据写入存储器或 I/O 端口。总线完成读操作和写操作的工作，需要 CPU 的总线接口单元执行一个总线周期。

在总线操作过程中，如果被写入数据或被读取数据的外设或存储器没有准备好数据时，外设或存储器会通过"Ready"信号线在 T_3 状态启动前，向 CPU 发出一个"数据未准备好"信号，CPU 会在 T_3 之后插入一个或多个附加的时钟周期 T_w（T_w 称为等待状态）。在 T_w 状态，总线上的信息情况和 T_3 状态的信息情况一样，当指定的存储器或外设完成数据传送时，便在"Ready"线上发出"准备好"信号，CPU 接收到这一信号后，会自动脱离 T_w 状态而进入 T_4 状态。

当 CPU 和内存或 I/O 接口之间传输数据，以及填充指令队列时，CPU 才执行总线周期。可见，如果在一个总线周期之后，不立即执行下一个总线周期，那么系统总线就处在空闲状态，此时执行空闲周期。

在空闲周期中，虽然 CPU 对总线进行空操作，但 CPU 内部操作仍然进行。例如 ALU 执行运算，内部寄存器之间数据传输等，即执行单元（EU）部件在工作。可以说，总线空操作是总线接口部件（BIU）对执行单元（EU）的等待。

总线周期处在空闲周期时，可以包含一个或多个时钟周期。在这期间，总线高 4 位上，CPU 驱动前一个总线周期的状态信息。当前一个总线周期为写周期，那么，CPU 会在总线低 16 位上继续驱动数据信息；若前一个总线周期为读周期，则在空闲周期中，总线低 16 位处于高阻状态。典型的 8086 总线周期波形如图 2-23 所示。

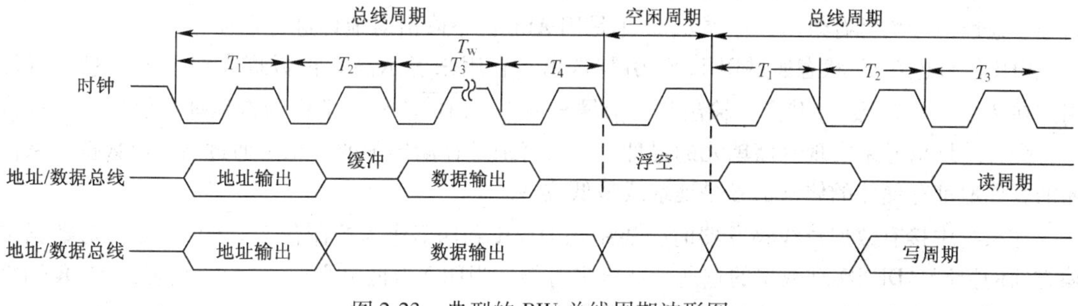

图 2-23　典型的 BIU 总线周期波形图

1. 读总线周期

图 2-24 是 8086 CPU 在最小模式下从存储器或 I/O 端口读取数据过程的时序图，一般情况下一个基本的读总线周期包括 4 个时钟周期 T 状态，即 T_1、T_2、T_3、T_4。当存储器和外设速度较慢时，要在 T_3 之后插入一个或几个等待状态 T_w。下面就在总线读周期中的各个状态及 CPU 的输出信号情况做一些具体说明。

（1）T_1 状态　在 T_1 状态有效时，首先根据 $M/\overline{IO}$ 信号判断 CPU 是要从内存还是 I/O 端口读数据，当 $M/\overline{IO}$ 信号为高电平（$M/\overline{IO}=1$）时，CPU 从存储器中读数据；当 $M/\overline{IO}$ 为低电平（$M/\overline{IO}=0$）时，CPU 从 I/O 端口读数据。$M/\overline{IO}$ 信号的有效电平一直保持到整个总线周期的结束，即到 T_4 状态。

CPU 要读取存储单元或 I/O 端口的数据必须知道存储单元或 I/O 端口地址。所以，在 T_1 状态的开始，20 位地址信息就通过这些引脚送到存储器和 I/O 端口，8086 的 20 位地址信号是通过多路复用总线输出的。高 4 位地址通过地址/状态线 $A_{19}/S_6 \sim A_{16}/S_3$ 送出，低 16 位地址通过地址/数据线 $AD_{15} \sim AD_0$ 送出。

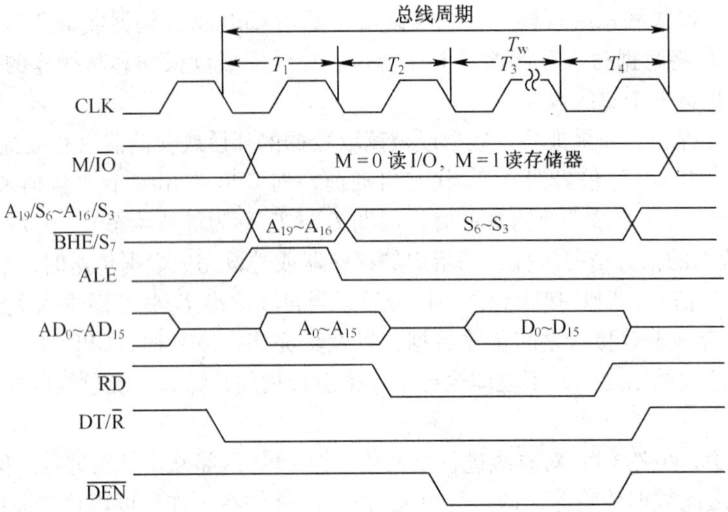

图 2-24　最小模式下 8086 总线读操作时序图

由于 8086 的地址总线是通过多路复用总线输出，所以，地址信息必须被锁起来，这样才能在总线周期的其他状态，往这些引脚上传输数据和状态信息。为了实现对地址的锁存，CPU 便在 T_1 状态下，从 ALE 引脚上输出一个正脉冲作为地址锁存信号。在 ALE 的下降沿到来之前，M/$\overline{IO}$ 信号、地址信号均已有效。锁存器 8282 正是用 ALE 的下降沿对地址进行锁存。

$\overline{BHE}$信号也在 T_1 状态通过$\overline{BHE}/S_7$ 引脚送出，它用来表示高 8 位数据总线上的信息可以使用。在 T_2、T_3、T_w 及 T_4 状态，输出状态信号 S_7 ~ S_3。$\overline{BHE}$信号常常作为奇地址存储体的体选信号，配合地址信号来实现存储单元的寻址，因为奇地址存储体中的信息是通过高 8 位数据线来传输的，偶地址存储体的体选信号是地址线最低位 A_0。

在系统中接有数据总线收发器时，要用到 DT/$\overline{R}$ 和$\overline{DEN}$作为控制信号。DT/$\overline{R}$ 作为对数据传输方向的控制，$\overline{DEN}$实现数据的选通，低电平有效。当$\overline{DEN}$为低电平时，在 T_1 状态，DT/$\overline{R}$ 端输出低电平，表示本总线周期为读周期，即让数据总线收发器接收数据。

(2) T_2 状态　在 T_2 状态，地址信号消失。此时，AD_{15} ~ AD_0 进入高阻状态，以便为读数据做准备。在 T_2 状态，地址信号消失，A_{19}/S_6 ~ A_{16}/S_3 引脚上输出状态信息 S_6 ~ S_3，指出当前正在使用的段寄存器及中断允许情况。

$\overline{DEN}$信号在 T_2 状态变为低电平，作为 8286 的选通信号，使数据通过 8286 传送。

$\overline{RD}$信号在 T_2 状态变为有效，使 CPU 发出读命令，将选通的存储器或 I/O 端口的数据送到数据总线上。

$\overline{BHE}/S_7$ 变成高电平，输出状态信息 S_7，S_7 在设计中未赋予实际意义。

(3) T_3 状态　T_3 状态一开始，CPU 采样 READY 信号，若此信号为低电平，表示系统中所连接的存储器或外设工作速度较慢，数据没有准备好，要求 CPU 在 T_3 和 T_4 状态之间再插入一个 T_w 状态。READY 是通过时钟发生器 8284 传递给 CPU 的。

当 READY 信号有效时，CPU 读取数据。在$\overline{DEN}$ = 0、DT/$\overline{R}$ = 0 的控制下，内存单元或 I/O 端口的数据通过数据收发器 8286 送到数据总线 AD_{15} ~ AD_0 上。CPU 在 T_3 周期结束时，读取数据。S_4S_3 指出了当前访问哪个段寄存器，若 S_4S_3 = 0，表示访问 CS 段，读取的是指令，CPU 将它送入指令队列中等待执行，否则读取的是数据，送入 ALU 进行运算。

（4）T_w 状态　当系统中所用的存储器或外设的工作速度较慢，从而不能用最基本的总线周期执行读操作时，系统中就采用一个电路来产生 READY 信号，READY 信号通过时钟发生器 8284 传递给 CPU。CPU 在 T_3 状态的前沿（下降沿）对 READY 信号进行采样。若 CPU 在 T_3 状态的开始采样到 READY 信号为低电平，那么将在 T_3 和 T_4 之间插入等待状态 T_w，如图 2-24 所示 T_w 可以是一个，也可以是多个。以后 CPU 在每个 T_w 的前沿处对 READY 信号进行采样。当在 T_w 状态采样到 READY 信号为高电平时，在当前 T_w 状态执行完，进入 T_4 状态。在最后一个 T_w 状态，数据肯定已出现在数据总线上，此时 T_w 状态的动作与 T_3 状态一样。CPU 采样数据线 AD_{15} ~ AD_0。

（5）T_4 状态　CPU 在 T_3 与 T_4 状态的交界处采样数据。然后在 T_4 状态的后半周期，数据从数据总线上撤除，各个控制信号和状态信号线进入无效状态 $\overline{DEN}$ 无效，总线收发器停止工作。一个读总线周期结束。

2. 写总线周期

图 2-25 所示为 8086/8088 最小模式下总线写操作的时序，表示了 CPU 往存储器或外设端口写入数据的时序。和读操作一样，最基本的写操作周期也包含 4 个状态，即 T_1、T_2、T_3 和 T_4。当存储器和外设速度较慢时，在 T_3 和 T_4 状态之间，CPU 会插入一个或几个等待状态 T_w。

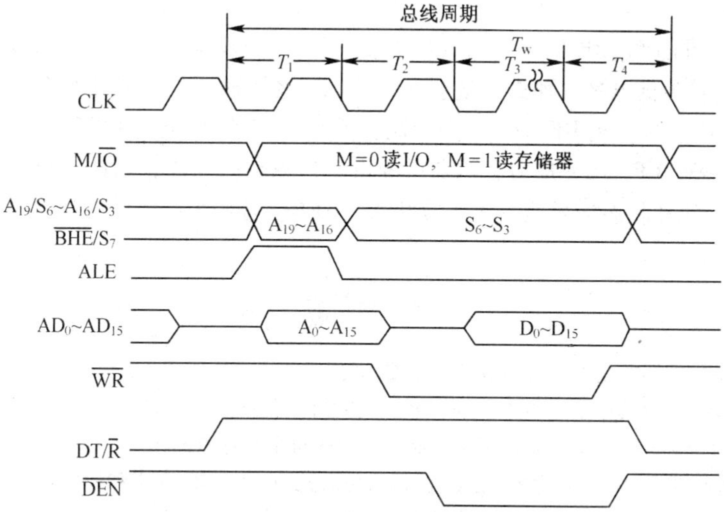

图 2-25　最小模式下 8086 总线写操作时序图

下面对总线写周期中各状态，CPU 的信号情况做具体说明。图 2-25 说明了 8086 CPU 写总线周期的时序。

8086 CPU 写总线周期时序与读总线周期时序有许多相同之处。

（1）T_1 状态　在 T_1 状态有效时，首先根据 $M/\overline{IO}$ 信号判断 CPU 是要从内存还是 I/O 端口写数据，当 $M/\overline{IO}$ 信号为高电平时，CPU 从存储器中写数据；当 $M/\overline{IO}$ 为低电平时，则 CPU 从 I/O 端口写数据。$M/\overline{IO}$ 信号的有效电平一直保持到整个总线周期的结束，即 T_4 状态。

CPU 要写存储单元或 I/O 端口的数据必须知道存储单元或 I/O 端口地址。所以，在 T_1 状态的开始，地址信息（存储器是 20 位地址信息，I/O 端口是 16 位地址信息）通过这些引脚送到存储器和 I/O 端口，8086 的 20 位地址信号是通过多路复用总线输出的。高 4 位地址通过地址/状态

线 $A_{19}/S_6 \sim A_{16}/S_3$ 送出，低 16 位地址通过地址/数据线 $AD_{15} \sim AD_0$ 送出。

由于 8086 的地址总线是通过多路复用总线输出的，所以，地址信息必须被锁起来，这样才能在总线周期的其他状态，往这些引脚上传输数据和状态信息。为了实现对地址的锁存，CPU 在 T_1 状态从 ALE 地址有效信号引出脚上输出一个正脉冲。在 ALE 的下降沿到来之前，地址信号、$\overline{BHE}$信号和 $M/\overline{IO}$信号都已经有效，地址锁存器 8282 就是利用 ALE 的下降沿对地址信号、$\overline{BHE}$信号和 $M/\overline{IO}$信号进行锁存的。

$\overline{BHE}$信号使用参照前面描述。

当系统中有数据收发时，在总线写周期中，要用$\overline{DEN}$信号，而用 $DT/\overline{R}$ 信号来控制收发器的数据传输方向。在 T_1 状态下，CPU 使 $DT/\overline{R}$ 信号成为高电平，以表示该总线周期执行写操作。

(2) T_2 状态　地址信号发出之后，进入 T_2 状态，CPU 立即从地址/数据复用引脚 $AD_{15} \sim AD_0$ 发出要向存储单元或 I/O 端口写数据。数据信息从 T_2 状态会一直保持到 T_4 状态的中间，使存储器或外设一旦准备好即可从数据总线取走数据。与此同时，CPU 在 $A_{19}/S_6 \sim A_{16}/S_3$ 引脚上发出状态信号 $S_6 \sim S_3$。而$\overline{BHE}$信号则消失。

在 T_2 状态，CPU 从$\overline{WR}$引脚上发写信号$\overline{WR}=0$，写信号与读信号一样，一直维持到 T_4 状态。$\overline{DEN}$信号有效，作为数据总线收发器 8286 的选通信号。

(3) T_3 状态　在 T_3 状态，CPU 继续提供状态信息和数据，并继续保持$\overline{WR}$、$M/\overline{IO}$及$\overline{DEN}$信号为有效电平。

(4) T_w 状态　同总线读周期一样，系统中设置了 READY 电路，并且 CPU 在 T_3 状态的开始检测到 READY 信号为低电平，那么，就会在 T_3 和 T_4 之间插入 1 个或几个等待周期，直到在某个 T_w 的前沿处，CPU 采样到 READY 信号为高电平后，当前 T_w 状态执行完，则脱离 T_w 而进入 T_4 状态。在 T_4 状态，CPU 已完成对存储器或外设端口数据的写入，因此，数据从数据总线上被撤销，各控制信号线和状态信号线进入无效状态，$\overline{DEN}$信号变为高电平，从而使总线收发器停止工作。

习　题

2.1　试简述微处理器的基本部件组成及其主要功能。

2.2　简述指令队列及其作用，8086/8088 CPU 中指令队列有什么不同？

2.3　简述 8086/8088 CPU 中有多少个寄存器，并说明每个寄存器的作用。

2.4　8086/8088 CPU 中标志寄存器有几位？标志位有几位？它们的含义和作用是什么？

2.5　Intel 8086 CPU 与 Intel 8088 CPU 有什么不同之处？

2.6　简述堆栈及其用途。

2.7　指出下面 4 个式子运算后对各个状态标志位的影响，并说明进位标志和溢出标志的区别：

(1) 18H + 69H

(2) 15H - 0EFH

(3) 1AH + 79H

(4) A7H - 0EBH

2.8　8086/8088 CPU 各有几根地址总线和数据总线？它们的寻址范围是多少？

2.9　简述逻辑地址。

2.10　简述物理地址。

2.11　简述段基值。

2.12　简述偏移量。

2.13　简述什么是总线及其总线的分类。

2.14　8086/8088 CPU 是如何分段的？为什么要对存储器分段？每段的空间最大为多少？

2.15　试写出下列存储器地址的段地址、偏移地址和物理地址。

(1) 2300H：1010H；　　　　(2) 0000H：1000H

(3) 2AE0H：1690H；　　　　(4) 7369H：0010H

2.16　已知当前段寄存器的基地址是（DS）=1200H，（ES）=20A3H，（CS）=470EH，则存储器中的数据段、附加段和代码段的首地址及末地址是多少？

2.17　8086/8088 CPU 复位以后，标志寄存器、指令指针寄存器、各段寄存器及指令对列的状态如何？

2.18　8086/8088 CPU 工作在最小模式时，如果 CPU 读取存储器的内容，ALE、$\overline{BHE}/S_7$、$\overline{RD}$、$\overline{WR}$、M/$\overline{IO}$、DT/$\overline{R}$等信号状态在一个读总线周期如何变化？

2.19　8086 CPU 读/写总线周期时，最少包含几个时钟周期？在什么情况下需要插入 T_w 等待周期？插入 T_w 的多少取决于什么因素？

第3章　存　储　器

3.1　存储器的基本知识

3.1.1　存储器的概述

存储器是计算机重要的组成部分，它是计算机的记忆部件，是用来存放计算机的程序指令、加工和处理的数据、运算结果以及需要计算机保存和使用的重要信息的地方。存储器是由存储体与存储控制器（或称外围电路）组成的。存储体（或称存储矩阵）由许多存储单元组成，而存储单元（Location）由8个存储基元（Cell）组成。存储基元是能够存储一位二进制信息的最小物理载体。这种载体具有表现两种相反物理状态的能力。存储器的存取速度便取决于这种物理状态的改变速度。

存储器能够记忆信息的总量称为存储容量，常用K为单位，1 K等于1024个存储单元。存储器容最越大，计算机的解题能力就越强，使用也越方便。存储器存入和取出信息需要的时间，称为存取速度。存储器的存取速度越快，计算机操作的速度也就越快。

根据存储器的物理性能及使用方法不同，存储器有各种不同的分类方法。一般可按存储器材料分类、按存储器用途和使用方法以及按存储器信息的易失性进行分类。

1. 按存储器的材料分类

组成存储介质的材料主要有半导体材料、磁性材料和光学材料。用半导体器件组成的存储器称为半导体存储器，例如U盘存储器。用磁性材料做成的存储器称为磁表面存储器，例如磁盘存储器和磁带存储器。用光学材料做成的存储器称为光表面存储器，例如光盘存储器。

2. 按存储器的用途和使用方式的不同分类

根据存储器在计算机系统中所起的作用，可分为主存储器（Main Memory，简称“主存”）和辅助存储器（Secondary Memory，简称“辅存”）。主存是计算机的重要组成部分，与CPU一起构成计算机的主机，它设在计算机内部，因此，又被称为内部存储器（简称“内存”）。内存一般用半导体存储器构成。它具有存取速度快、CPU可直接进行访问等优点，但由于受到地址线的位数限制，内存空间有一定的容量限制。如8位微型计算机的地址总线是16条，所以，内存容量最大为65536个存储单元，即64KB；在8086/8088微型计算机中，地址总线20条，内存空间最大为1MB，内存一般用来存放当前正在使用的或者经常使用的程序和数据。

辅助存储器一般设置在主机外部，故又称为外部存储器（简称“外存”）。常用的外存有软磁盘、硬磁盘、盒式磁带，近年来，随着多媒体计算机的发展，普遍采用了光盘存储器、U盘。

外存储器具有以下特点：

1）存储容量大，价格低。如一张光盘存储容量可达几十GB，硬盘和U盘存储容量已达到几百GB。

2）存取信息速度相对内存较慢。由于CPU不能直接对外存进行访问，要使用这些信息，必须通过专门设备，如软盘、硬盘的驱动器、磁带机和USB接口等，把信息调入内存后，CPU才能使用，运行所用时间相对较长。

外部存储器主要用来存放当前不参与运行的程序和文件，以及一些希望永久性保存的，在CPU需要处理时，成批地与主存进行交换的程序、数据和文件。

3. 按存储器信息的易失性分类

在存储器中，有的存储器断电后信息便会丢失，如半导体存储器中的一些存储器，这种存储器称为非永久性记忆的存储器（也称为易失性存储器）。有些存储器在断电后存储器中的信息不会丢失，断电后仍能保存信息，这种存储器称为永久性记忆的存储器（或称为非易失存储器）。例如：磁性材料和光学材料等做成的存储器就是永久性存储器。

当然还有其他的分类方法，这里就不一一列举。

3.1.2 半导体存储器的分类

早期的内存一般使用磁心，随着半导体技术的发展，特别是大规模和超大规模集成电路的发展，半导体存储器集成度大大提高，成本迅速下降，存取速度大大加快，所以，目前在微型计算机中，内存一般都使用半导体存储器。半导体存储器主要有以下几种分类方法。

1. 按半导体存储器制造工艺划分

半导体存储器可分为双极型半导体存储器和金属-氧化物-半导体存储器（简称MOS存储器）。双极型半导体存储器以双极型触发器作为存储单元。其中采用晶体管-晶体管逻辑存储单元的称为TTL型存储器；采用射极耦合逻辑存储单元的称为ECL型存储器。ECL型存储器工作速度快，主要用作高速缓存和要求工作速度高的主存储器。MOS存储器以金属-氧化物-半导体场效应晶体管作为存储单元；MOS存储器的特点是集成度高，工作速度较快，适用于作容量较大的主存储器。电荷耦合器件（CCD）也是金属-氧化物-半导体存储器件，基于此器件构成的存储器称为电荷耦合器件存储器。

2. 按存储器的读写功能分类

在存储器中，有的存储器将信息写进去后就只能读出不能写入，这种存储器称为只读存储器（Read Only Memory，ROM），而有一些存储器既能读出又能写入，这种存储器称为随机存取存储器（Random Access Memory，RAM）（也称为读写存储器）。

所以，按存储器的读写功能可以分为随机读写存储器（RAM）和只读存储器（ROM）。只读存储器（ROM）在使用中只能读出存储器信息而不能用通常的方法将信息写入存储器。RAM的内容既可读出又可写入，一般用来存放输入/输出数据和中间结果或用户调试程序。

随机读写存储器（RAM）可以随机地按指定地址从存储单元存入或读取（简称存取）数据，存放在RAM中的信息，一旦掉电就会丢失。

随机读写存储器（RAM）可分为静态随机存取存储器（Static RAM，SRAM）、动态随机存取存储器（Dynamic RAM，DRAM）和集成随机读写存储器（Intergrated RAM，IRAM）。

静态随机存取存储器（SRAM）的特点是在一个存储单元所用晶体管数目多，但不需要刷新电路。动态随机存取存储器（DRAM）的特点是在一个存储单元所用晶体管数目少，但需要刷新电路。集成随机读写存储器（IRAM）的特点是将动态随机存取存储器和刷新电路集成在一片芯片中，它既具有SRAM速度快的优点，又具有DRAM的廉价。IRAM实际上是附有刷新电路的DRAM。它在现代微机系统中得到广泛应用，大容量的内存一般都是用IRAM。

只读存储器（ROM）的基本特征是在正常运行中只能随机读取预先存入的信息，即使在断电情况下，只读存储器（ROM）仍能长期保存信息内容不变，所以它是一种永久存储器。

只读存储器（ROM）可分为掩膜只读存储器（Mask ROM）、可编程只读存储器（PROM）、紫外线可擦除可编程只读存储器（EPROM）、电可擦除可编程只读存储器（E^2PROM）和快速可擦除可编程只读存储器(Flash EPROM，简称 Flash 或闪存)。

掩膜只读存储器结构简单，存储信息稳定，可靠性高，能够永久性保存信息；可编程只读存储器由半导体厂家制作“空白”存储器阵列(即所有存储单元全部为 1 或全部为 0 状态)出售，用户根据需要可以实现现场编程写入，但只能实现一次编程；紫外线可擦除可编程只读存储器、电可擦除可编程只读存储器和快速可擦除可编程只读存储器等不仅可以现场编程，还可以擦除原存储的信息内容，写入新的信息。

闪速存储器(Flash memory)与 E^2PROM 类似，也是一种电擦写型 ROM。它与 E^2PROM 的主要区别是：E^2PROM 是按字节擦写，速度慢；而闪存是按块擦写，速度快。Flash 芯片从结构上分为串行传输和并行传输两大类：串行 Flash 能节约空间和成本，但容量小、速度慢；而并行 Flash 存储容量大、速度快。

Flash 是近年来发展起来的一种新型半导体存储器。由于它具有在线电擦写、低功耗、大容量、擦写速度快的特点，同时还具有与 DRAM 等同的低价位成本的优势，因此受到广大用户的青睐。目前，Flash 在计算机系统、寻呼机系统、嵌入式系统和智能仪器仪表等领域得到了广泛的应用。

3.1.3 半导体存储器主要技术指标

在微型计算机中，内存一般是用半导体器件来构成的，衡量半导体存储器的指标很多，如可靠性、价格、功耗、电源种类等，但比较重要的是存储器芯片的容量和存取速度。

1. 容量

存储器芯片的容量是以 1 位二进制数(bit)为单位，因此存储器容量是指每一个存储器芯片所能存储的二进制数的位数。通常以 KB(2^{10}B)、MB(2^{20}B)、GB(2^{30}B)、TB(2^{40}B)为单位。

存储器容量 = 存储单元数 × 数据位数；即字数 × 字长。

例如某芯片有 2048 个存储单元(一般表示为 2K × 8 bit)，每个存储单元存放 8 位二进制数(一个字节)，则其容量为 2048 × 8 位，计算机存储器中以 1024 表示 1K 个存储单元，以 1M 代表 1K × 1K 个存储单元，1G 代表 1M × 1K 个存储单元，1T 代表 1M × 1M 个存储单元。这里需要说明的是存储容量一般是指系统容量，例如内存容量、硬盘容量。芯片容量一般是指芯片片内容量，例如静态随机存取存储器(SRAM)6116 的容量为 2K × 8 bit，是指 6116 芯片的片内容量。

一般在已知系统容量和芯片容量的情况下，可以根据式(3-1)来计算芯片数量。即

$$芯片数量(N) = \frac{系统容量}{芯片容量} \tag{3-1}$$

例 3-1 某微型计算机系统的存储容量是 64K × 8 bit，构成这样一个存储器系统，需要几片 8K × 8 bit 的芯片。

解：由式(3-1)得

$$芯片数量(N) = \frac{系统容量}{芯片容量} = \frac{64K \times 8}{8K \times 8} = 8$$

要构成一个 64K × 8bit 的存储容量的系统，需要 8 片 8K × 8bit 的芯片。

2. 存储速度

存储器的基本操作是读出与写入，称为“访问”或“存取”。存储器的存储速度有两个时间参数：

(1) 访问时间(Access Time)　T_A 从启动一次存储器操作，到完成该操作所经历的时间。例如，在存储器读操作时，从 CPU 给出读出命令到所需要的信息稳定在数据寄存器的输出端之间

的时间间隔即为访问时间 T_A。

（2）存储周期（Memory Cycle） T_{MC}启动两次独立的存储器操作之间所需的最小时间间隔。在完成第一次读操作后，不能立即启动下一次存储操作，需要有一定的延迟时间，因此，存储周期 T_{MC}略大于存储器的访问时间 T_A，大小取决于主存的具体结构及工作机制。现在超高速存储器的存取速度小于 20ns，一般半导体存储器的存储周期为 100 ~ 200ns。

3. 存储器的可靠性

存储器的可靠性用平均故障间隔时间（Mean Time Between Failures，MTBF）来衡量。MTBF 越长，可靠性越高。

4. 性能/价格比

这是一个综合性指标，性能主要包括存储容量、存储速度和可靠性。对不同用途的存储器有不同的要求，例如，对高速缓冲存储器主要要求存储速度快，而对辅助存储器主要要求存储容量大。

5. 其他指标

存储器的选择有时还应考虑功耗、集成度等指标。

3.1.4 半导体存储器的结构

一台微型计算机的内存容量往往为几 GB 到几十 GB，如何有效地合理设计利用存储空间与地址总线，是提高微型计算机运行速度与存储容量大小的关键。一般微型计算机，在利用存储器件组成内存时，总是按照矩阵形式进行模块排列，在内存空间比较大的微型计算机系统中，内存组成也可采用模块化的组织结构。

由于 ASCII 码和汉字内码都是按 8 位来制定的，所以在微型计算机系统中，都是以 8 位二进制数作为一个字节，2 个字节组成一个字。与此对应，内存也是以 8 位作为一个存储单元，每个存储单元对应器件中的 8 个存储电路，每个存储电路对应一位二进制数。但在制造半导体器件时，常常把各个字节的同一位制造在一个器件中，有时把各个字节的某几位制造在同一个器件中。如 1K × 1bit 的芯片代表内部有 1024 个基本存储电路，使用时可以作为 1024 个字节的同一位使用，要组成 1KB × 8bit 的存储空间，显然，需要 8 片 1K × 1bit 的芯片并联组成。如果芯片是 1K × 4bit，则组成 1KB × 8bit 的存储空间，需要 2 片 1K × 4bit 的芯片并联组成，其中一片作为系统的高 4 位和另一片作为系统的低 4 位。

无论内存如何组成，为了区分不同的存储单元，每个内存单元都规定有一个唯一地址，在对内存读写操作时，都根据给出的地址来选择相应的单元。为了节省内存地址线，扩大内存空间量，内存组件是按矩阵的形式来排列的，每一个内存单元通过行选择线和列选择线来确定。如 1KB 的内存，如将内存器件一字排开，那么就要 1024 条地址线才能实现对 1024 个单元的寻址，但如果采用矩阵组织这些单元，就可以大大减少地址线的数目，如图 3-1 所示，是一个 1024 个单元的存储器，通过行、列和译码器的运用，只需要 10 根地址线（A_0 ~ A_9）就能实现对 1024 个单元的寻址（其原理可以根据译码器原理得到，即 1 根线有 2 个状态，0 和 1，可以选择 2 个单元；2 根线有 4 个状态即 00，01，10，11，可以选择 4 个单元；以此类推）。

在内存空间比较大的体系中，由于内存单元较多，需要存储器芯片较多，往往采用模块化结构。如图 3-2 所示，每个模块又由存储接口和存储器芯片组成。在同一模块中又可以由若干个芯片组组成。

在对地址总线的分配上，最低 1 位（对应 2 个模块）或 2 位（对应 4 个模块），甚至用更多的地址实现对模块的选择，用其余若干地址位组成片选信号，实现对选定存储模块中某一组存储器芯片的选择，剩下来的地址再分成行地址和列地址，实现对选定存储组中某一具体单元的选择。这种模块结构的分组思想，也同样为了节省地址译码电路。存储器与 CPU 连接内容见 3.4 节。

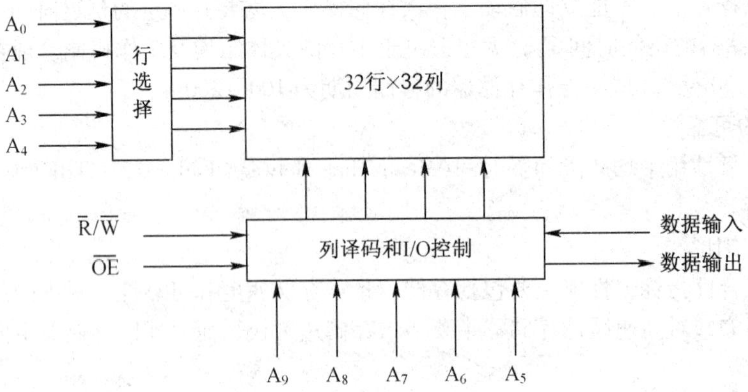

图 3-1　存储单元的选择

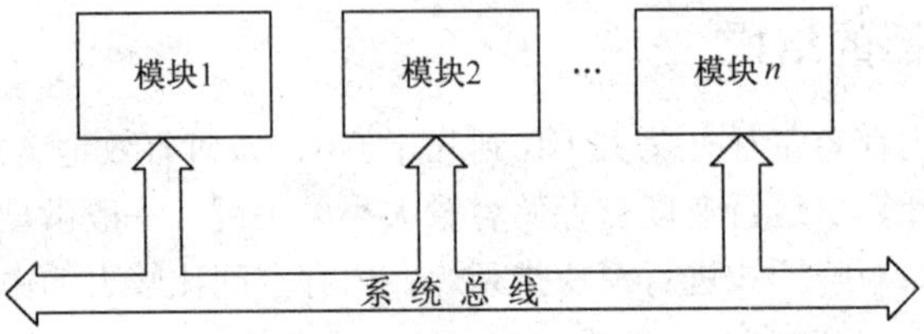

图 3-2　模块化结构

3.2　随机存取存储器(RAM)

3.2.1　静态随机存取存储器(SRAM)

1. 静态随机存取存储器的工作原理

基本存储基元(Cells)是组成存储器的基础和核心，用于存储一位二进制代码“0”或者“1”。SRAM 的基本存储基元通常由 6 个 MOS 管组成，如图 3-3 所示。图 3-3 是一个 SRAM 的基本存储电路的内部结构原理图。

图 3-3 中，地址选择线是 CPU 的地址线通过逻辑电路或译码电路与其相连。D 与 CPU 的数据线中的某一位相连。VT_1 和 VT_2 交叉耦合组成双稳态触发器，VT_3 和 VT_4 为负载管(相当于电阻)，VT_5 和 VT_6 为控制门。可以根据 VT_1 和 VT_2 的状态，此电路可以用来存储信息“1”或“0”。例如要把 1 写入该基元。首先通过地址线将该基元地址选择线选中(选择线为高电平)。此时，VT_5 管导通，VT_6 管导通，使 D 与 CPU 的数据线相连那一位为 1(D 为 1，$\overline{D}$ 为 0)，由于 VT_5 管导通，A 点为高电平，VT_2 管导通，B 点为低电平，VT_1 管截止；即 A = 1，B = 0 这样就将信息“1” 存储

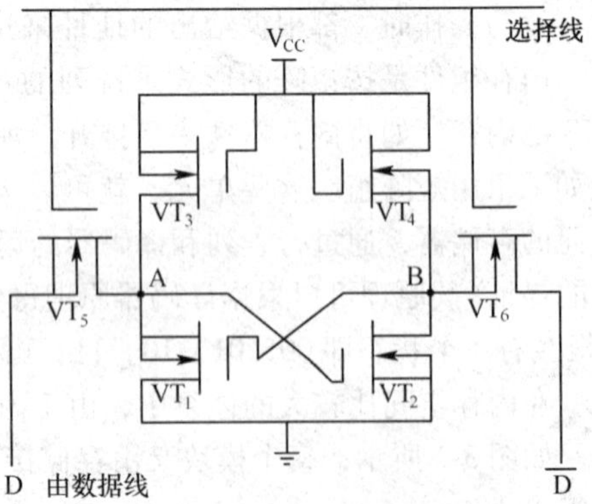

图 3-3　SRAM 的基本存储电路的内部结构原理图

到了该基元中。同理，使 D 与 CPU 的数据线相连那一位为0(D 为0，$\overline{D}$ 为1)，由于 VT_5 管导通，A 点为低电平，VT_2 管截止，B 点为高电平，VT_1 管导通；即 A = 0，B = 1 这样就将信息“0” 存储到了该基元中。

在对静态存储器进行读操作时，CPU 送出地址信号通过地址译码器选中某一存储基元(使该基元的地址选择线为高电平)，VT_5、VT_6 导通，如果 A 点为高电平，则 CPU 将读到 1。如果 A 点为低电平，则 CPU 将读到 0。

在没有选中存储单元情况下(地址选择线为低电平)，VT_5、VT_6 截止，只要不掉电，无论 D 与 CPU 的数据线相连那一位如何变化，写入的信息将一直保持，不会发生变化，除非重新进行一次新的写操作。

在进行写操作时可能改变存储基元的内容，而在进行读操作时不会改变存储基元的内容。

不论是在进行读操作还是在进行写操作，组成的双稳触发器的 VT_1 和 VT_2 管都必须有一个是导通的，因此，静态 RAM 存储电路功耗比较大，但由于静态 RAM 不需要刷新电路，简化了外部电路相对动态 RAM 节省了刷新时间。所以，应用也比较广泛。另外，静态 RAM 还有一个缺点是一个存储基元就要用 6 个 MOS 管，相对动态 RAM 集成度要低。

2. 静态随机存取存储器举例

常用的典型 SRAM 的芯片有 Intel6116(2K × 8 bit)，Intel6264(8K × 8 bit)，Intel62128(16K × 8 bit)，Intel62256(32K × 8 bit)，HM628511(512K × 8 bit)，HM62W16255(256K × 16bit)，Intel2114(1K × 4bit)，Intel2141(4K × 1bit)等。

(1) 静态随机存取存储器 RAM6116　Intel6116 是高速 CMOS 静态 RAM。常采用单一 +5V 供电，输入/输出电平与 TTL 电平兼容。最大存取时间为 120 ~ 200ns。

1) Intel6116 引脚及其功能。Intel6116 共有 24 个引脚，其引脚及功能如图 3-4 所示，6116 芯片有 2K 个存储单元，每个存储单元为 8 位。共有 11 根地址线($A_0 \sim A_{10}$)，可选择2K 个存储单元(2^{11} = 2048)。其中 7 根用于行地址译码输入，4 根用于列地址译码输入，每条列线控制 8 位，从而形成 128 × 128 个存储阵列，即 16384 个存储基元。存储器的地址由 CPU 输入，8 位数据输出时，Intel6116 地址线 $A_{10} \sim A_0$ 与 CPU 地址总线 $A_{10} \sim A_0$ 相连接；16 位数据输出时，由于片内数据线是 8 根，这时就需要 2 片 Intel6116 存储器，一片作为偶体，一片作为奇体。与 CPU 相连时，Intel6116 片内地址线 $A_{10} \sim A_0$ 与 CPU 地址总线 $A_{11} \sim A_1$ 相连。用 A_0 来选择偶地址存储体，用$\overline{BEH}$选择奇地址存储体(具体连接在 3.4 节中介绍)。Intel6116 芯片的数据线引脚为双向输入/输出线，对于 8 位宽的数据，$D_7 \sim D_0$ 表示每个存储单元存储 8 位数据，它与数据总线低 8 位 $D_7 \sim D_0$ 相连。若要求 16 位数据输出，要用 2 片 6116，芯片的引脚分别与数据总线 $D_{15} \sim D_8$ 和 $D_7 \sim D_0$ 相连。

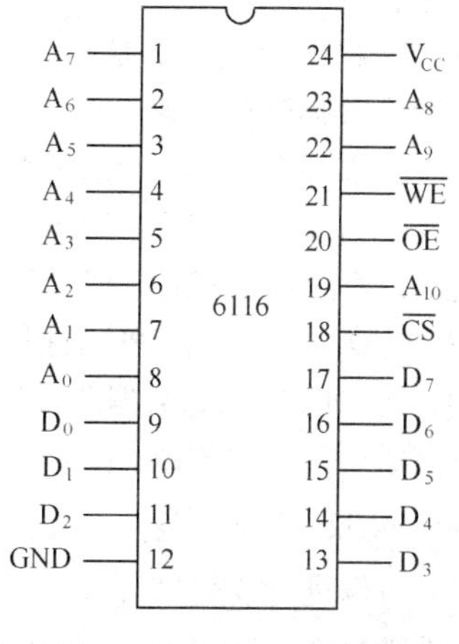

图 3-4　Intel6116 引脚图

Intel6116 有 3 条控制线：$\overline{CS}$是片选信号线，$\overline{OE}$是输出允许信号线，$\overline{WE}$是读写控制信号线。当$\overline{CS}$为低电平时，芯片被选中，此时可以进行读写操作，当$\overline{WE}$为低电平，$\overline{OE}$为任意状态时，为写操作。即可将外部数据总线上的数据写入芯片内部被选中的存储单元中。当$\overline{WE}$为高电平，$\overline{OE}$为低电平时，为读操作，即可将存储器的内部被选中单元数据送到外部数据总线上被 CPU 读走，当控制信号均无效时，读写禁止，数据总线呈高阻状态。V_{CC} 为电源线，+5V；GND 为接地线。

2) Intel6116 存储芯片的工作过程。读存储器内容时，CPU 将要读某一单元地址通过地址线将高位地址线通过简单逻辑电路或译码器使得$\overline{CS}$为低电平($\overline{CS}=0$)，CPU 的写信号$\overline{WR}$与 Intel6116 的$\overline{WE}$相连为高电平($\overline{WE}=1$)，CPU 的读信号$\overline{RD}$与 Intel6116 的$\overline{OE}$相连为低电平($\overline{OE}=0$)，低位地址线与 Intel6116 片内地址线 $A_{10}\sim A_0$ 经存储器内行地址译码器和列地址译码器译码后选中片内一个存储单元(8 个基本存储基元)，打开 8 个基元的三态门，被选中单元的 8 位数据经 I/O 电路和三态门送到 $D_7\sim D_0$ 输出，CPU 就可以将数据读走。

写入存储器时，地址选中某一存储单元的方法和读出相同，不过这时控制逻辑状态不同，此时$\overline{CS}=0$，$\overline{OE}=1$，$\overline{WE}=0$。打开 8 个基元的三态门和输入数据控制电路，CPU 将数据总线上的数据写到存储单元的 8 个存储基元中。Intel6116 静态存储器芯片的工作方式见表 3-1。

表 3-1　Intel6116 芯片的工作方式

$\overline{CS}$	$\overline{OE}$	$\overline{WE}$	$D_0\sim D_7$	工作方式
1	×	×	高　阻	未选中
0	1	1	高　阻	禁止输出
0	0	1	数据输出	读操作
0	1	0	数据输入	写操作

注：表中“×”表示任意。

(2) 静态随机存取存储器(SRAM)2114　Intel2114(1K×4 bit)芯片为双列直插式集成电路芯片，是高速 CMOS 静态 RAM。常采用单一+5V 供电，输入/输出电平与 TTL 电平兼容。

1) Intel2114 引脚及其功能。Intel2114 共有 18 个引脚，其引脚及功能如图 3-5 所示，Intel2114 芯片共有片内地址线 10 根($A_0\sim A_9$)，可以选择 1K 个存储单元，每个存储单元为 4 位(4 个存储基元)。其中 6 根($A_3\sim A_8$)用于行地址译码输入，产生 64 个行选择信号，4 根(A_0、A_1、A_2、A_9)用于列地址译码输入，产生 16 个列选择信号，每条列线控制 4 位，从而形成 64×64 个存储阵列，即 4096 个存储基元。

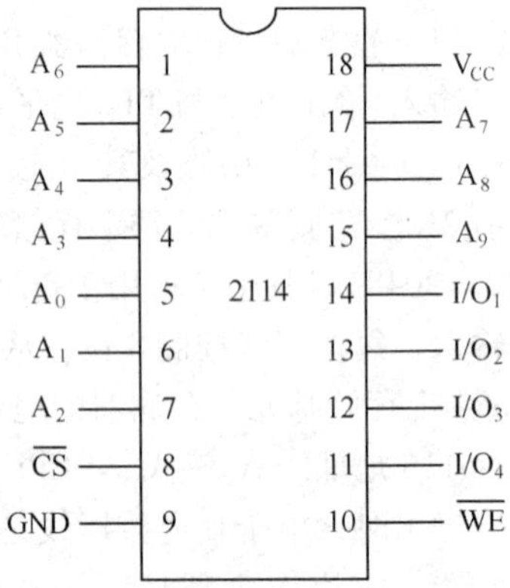

图 3-5　Intel2114 引脚图

Intel2114 芯片的数据线引脚为双向输入/输出线，每片 Intel2114 有 4 根数据线，$I/O_1\sim I/O_4$ 表示每个存储单元存储 4 位数据，对于 8 位宽的数据，需要 2 片 Intel2114 与 CPU 相连。第一片 $I/O_1\sim I/O_4$ 与 CPU 数据总线低 4 位 $D_3\sim D_0$ 相连，第 2 片 $I/O_1\sim I/O_4$ 与 CPU 数据总线高 4 位 $D_7\sim D_4$ 相连。若要求 16 位数据输出，要用 4 片 Intel2114，与 CPU 的连接详细情况见 3.4 节。

Intel2114 有 2 条控制线：片选信号$\overline{CS}$和读/写控制信号$\overline{WE}$。当$\overline{CS}$为低电平时，芯片被选中，此时可以进行读/写操作，当$\overline{WE}$为低电平时，为写操作。即可将外部数据总线上的数据写入芯片内部被选中的存储单元。当$\overline{WE}$为高电平时，为读操作，即可将存储器的内部数据送到外部数据总线上，当$\overline{CS}$为高电平时，芯片未被选中，读/写禁止，数据总线呈高阻状态。V_{CC}为电源端，+5V;GND 为接地端。

2) Intel2114 存储芯片的工作过程。当 CPU 要从存储器内读出数据时(CPU 与 Intel2114 的连接见后面的图 3-25)，当总线使 Intel2114 的$\overline{CS}=0$，$\overline{WE}=1$ 时，低位地址线选中 2 片 Intel2114 同一单元 8 个基元的三态门，被选中单元的 8 位数据经 I/O 电路和三态门送到数据总线 $D_7\sim D_0$ 输出。

当 CPU 要将数据写入存储器时，CPU 首先通过地址总线选中将要写入的存储单元，其方法和读出相同，不过这时控制逻辑状态不同，这时，$\overline{CS}=0$，$\overline{WE}=0$。打开该单元 8 个基元的三态门，数据总线的数据将送到存储单元进行保存。2114 静态存储器芯片的工作方式见表 3-2。

表 3-2　2114 静态存储器芯片的工作方式

$\overline{CS}$	$\overline{WE}$	$I/O_1 \sim I/O_4$	工作方式
1	×	高　阻	未选中
0	0	数据输入	写操作
0	1	数据输出	读操作

注：表中“×”表示可以为“0”或“1”。

3.2.2　动态随机存取存储器(DRAM)

动态随机存取存储器 RAM 和静态随机存储器 RAM 一样，动态 RAM 也是由许多基本存储电路按照行和列来组成的，基本区别在于存储电路不同。与静态 RAM 中信息的存储方式不同，动态 RAM 是利用 MOS 管栅源间的极间电容来存储信息的。当电容充有电荷时，称存储的信息为 1；电容上没有电荷时，称存储的信息为 0。由于电容上存储的电荷不能长时间保存，总会泄漏，因此必须定时地给电容补充电荷，这称为“刷新”或“再生”。

虽然 DRAM 需要配置刷新逻辑电路，在刷新周期中，存储器不能执行读/写操作，但由于它的单片高密度(单管组成)、低功耗(每个存储单元功耗为 0.05mW，而静态 RAM 为 0.2mW)和价格低廉等优点，使其在组成大容量存储器时作为主要使用器件。

1. 动态随机存取存储器的存储电路

为了减少 MOS 管数目，提高集成度和降低功耗，一般采用单管 DRAM。单管 DRAM 基本存储基元是由 1 个 MOS 管和 1 个电容组成，因而集成度高、成本低、功耗小。如图 3-6 所示。

由图 3-6 可以看出，动态 RAM 存放信息靠的是电容 C，电容 C 上的电压为高电平时，为逻辑“1”，电容 C 上的电压为低电平时，为逻辑“0”。

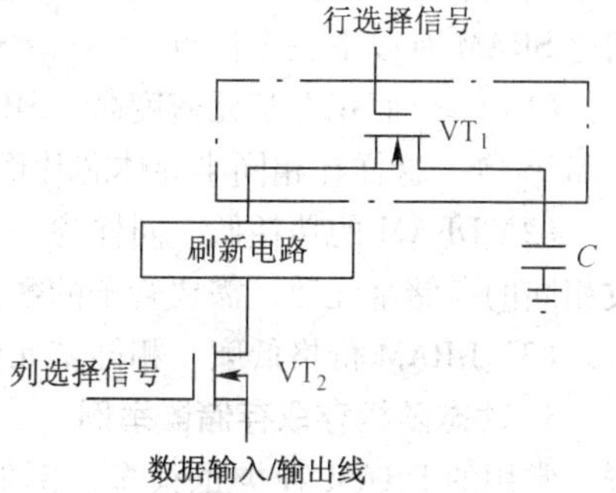

图 3-6　动态 RAM 原理图

动态随机存取存储器基本单元主要由 4 管 DRAM、3 管 DRAM 及单管 DRAM 组成，它们各有特点。4 管 DRAM 使用管子多，使芯片的集成度低，但由于对芯片的读出过程就是对芯片的刷新过程，不用为刷新而另外再加刷新电路。3 管 DRAM 所用管子少一点，但读/写数据线分开，读/写选择线也分开，并且需要另加刷新电路。单管 DRAM 所用器件最少，但读出信号弱，要采用灵敏度高的读出放大器来完成读出功能。

在对单管 DRAM 进行读操作时，首先对行地址(低位地址)进行译码，使某条行选择线为高电平，此行选择线使本行上所有的基本存储基元中的 MOS 管 VT_1 导通，使连在每一列上的刷新放大器可以读取对应电容 C 上的电压值。再使列(较高位地址)选择信号有效，MOS 管 VT_2 导通，数据通过 VT_2 送至芯片的数据引脚；为防止存储电容 C 放电导致数据丢失，必须定时进行刷新；动态刷新时行选择线有效，而列选择线无效。

一般刷新放大器的灵敏度较高，放大倍数很大，并能根据从电容上读得的电压值判断出是高电平还是低电平。在读出过程中，选中行上所有存储基元中电容上的电压都有所改变，为了使读出之后，所保存信息不会被改变，刷新放大器对这些电容上的电压值读取之后必须立即进行重写。

同理，在进行写操作时，首先对列地址（高位地址）进行译码，使某条列选择线为高电平，MOS 管 VT_2 导通，再使行（低位地址）选择信号有效，MOS 管 VT_1 导通，数据通过 VT_1 传送到电容 C，这样信息就被写入存储基元。

2. 动态随机存取存储器的刷新

所谓刷新，就是把写入到存储单元的数据进行读出，经过放大器放大之后再写入以保存电荷上的信息。

由于 DRAM 是利用电容器存取电荷的原理来保存信息的，而电容器由于介质存在漏电现象，电容器上的电荷会逐渐放电、流失，电容器上的电压降低，信息也会丢失，所以对动态 RAM 必须间隔一段时间就充一次电（刷新一次），使原来处于逻辑“1”的电容器上的电荷又得到补充，而原来处于“0”的电容器仍保持“0”，刷新间隔时间与温度有关，温度上升时，电容的刷新会加快，所需刷新时间就短，在 0 ~ 55℃ 范围内为 1 ~ 3ms，典型的刷新时间间隔为 2ms。虽然进行一次读/写操作实际上也进行了刷新，但这种操作本身有局限性，不可能保证内存中所有的 DRAM 的单元都可以通过正常的读/写操作在要求的时间间隔内来刷新，由此，专门安排了存储器刷新周期来完成系统对 DRAM 的刷新。刷新是逐行进行的，当某一行选择信号为“1”时，选中了该行，电容上信息送到刷新放大器上，刷新放大器又对这些电容立即重写。由于刷新时，列选择信号 $\overline{CAS}$ 无效（$\overline{CAS}=1$），所以，位线上的信息不会送到数据总线上。

在刷新周期中，DRAM 是不能进行正常的读写操作的，这一点由刷新控制电路来予以保证。

动态存储器的刷新是一行一行进行的，每刷新一行的时间称为刷新周期。刷新方式有集中刷新方式、分散刷新方式和异步刷新方式三种。

DRAM 除了要求配置刷新逻辑电路外，主要缺点是在刷新周期中，内存模块不能启动读/写操作。如果读/写请求处于刷新过程中，那么读/写请求就要延长为通常情况的两倍。但 DRAM 相比 SRAM 有以下三个优点。

（1）单位面积上基元密度高　SRAM 的一个存储基元需要 6 个 MOS 管，而 DRAM 最多需要 4 个 MOS 管。这样在相同半导体芯片面积上，制造 DRAM 基元数要远远多于制造 SRAM 基元数。

（2）DRAM 的功耗低　同样为一个基元，DRAM 的功耗要比 SRAM 低得多，其主要原因是组成相同的存储基元数，需要管子的数目 DRAM 要比 SRAM 少得多。

（3）DRAM 价格低廉　相同基元数的芯片 SRAM 要比 DRAM 贵。

3. 动态随机存取存储器举例

常用的 DRAM 种类也很多，例如 Intel2164（64K × 1bit）、Intel2118（16K × 1bit）、Intel21464（64K × 4bit）、Intel41256（256K × 1bit）、Intel42256（256K × 4bit）等。这里以 2 个芯片为例来说明 DRAM 芯片的引脚功能及其工作过程。

（1）动态随机存取存储器 Intel2164A（DRAM）

1）Intel2164A（DRAM）的引脚及其功能。图 3-7 为 Intel2164A 引脚及功能图。Intel2164A 引脚功能如下：$A_7 \sim A_0$ 为地址输入信号；$\overline{CAS}$ 为列地址选通信号；$\overline{RAS}$ 为行地址选通信号；$\overline{WE}$ 为写允许信号；D_{IN} 为数据输入信号；D_{OUT} 为数据输出信号；V_{CC} 为电源端，+5V；GND 为接地端。2164A 的容量为 64K × 1bit，即 65536 个存储单元，每个单元只有 1 位，通常一个字节用 8 位二进制数表示，因此，需要 8 片 Intel2164A 才能构成

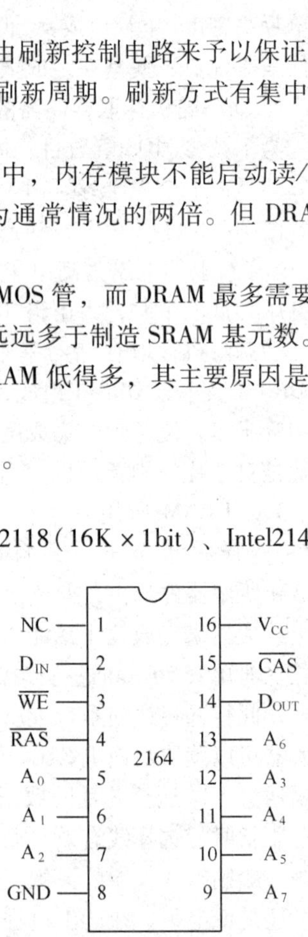

图 3-7　Intel2164A 引脚及功能图

64KB 的存储器。64K 个单元一般要有 16 条地址线，为了减少地址线引脚数目，利用分时复用的工作方式，利用芯片内部的地址寄存器和多路转换开关，将地址线分为行地址线和列地址线，这样外部只需引出 8 条地址线($A_0 \sim A_7$)，由行地址选通信号$\overline{RAS}$，把选送来的 8 位地址送到行地址寄存器，由随后出现的列地址选通信号$\overline{CAS}$，把后送来的 8 位地址送到列地址寄存器。8 条行地址线也用于刷新，刷新时一次选中一行，2ms 内对全部 128 行刷新一次。

Intel2164A 内部由 4 个 $128(2^7) \times 128(2^7)$的存储矩阵组成 64K(65536)个存储基元，每个存储器矩阵分别有 7 条行地址线和列地址线进行选择，在芯片内部经地址译码后可再分别选择 128 行和 128 列。另外两条地址线译码 4 个地址用来选择 4 个存储矩阵($128 \times 128 \times 4 = 65536$ 基元)。

2) Intel2164(DRAM)的工作过程。Intel2164 的读出：在数据读出时先要将行地址信号加在 $A_7 \sim A_0$ 上，之后使行地址选通信号$\overline{RAS}$有效，将行地址信号锁存在行地址锁存器芯片内部。然后，将列地址信号加到 $A_7 \sim A_0$ 上，再使列地址选通信号$\overline{CAS}$有效，将列地址信号锁存在列地址锁存器芯片内部(地址分时复用由数据选择器进行，例如用 74LS158 数据选择器)。在此期间保持写允许信号$\overline{WE}=1$，则在$\overline{CAS}$有效期间，数据由 D_{OUT}端输出，由 CPU 将数据读走。读出时序如图 3-8 所示。

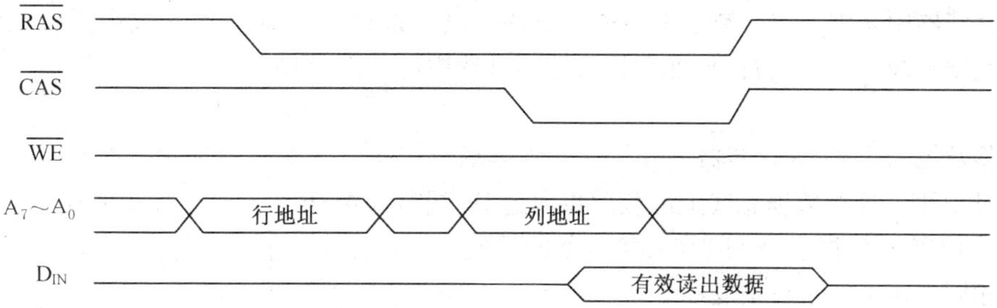

图 3-8　DRAM 2164 的数据读出时序图

Intel2164 存储器的写入：在数据写入时先要将行地址信号加在 $A_7 \sim A_0$ 上，之后使行地址选通信号$\overline{RAS}$有效，将行地址信号锁存在行地址锁存器芯片内部。然后，将列地址信号加到 $A_7 \sim A_0$ 上，再使列地址选通信号$\overline{CAS}$有效，将列地址信号锁存在列地址锁存器芯片内部。在使$\overline{CAS}$信号有效期间使写允许信号$\overline{WE}=0$，把要写入的数据从 D_{IN}端输入。

在刷新时首先使列地址锁存信号无效(在整个刷新过程中始终使$\overline{CAS}=1$，使得单元数据不会输出到数据总线上)，再使行地址锁存信号$\overline{RAS}$有效，需要刷新单元选通，将选通单元数据读出，然后再把数据写入选中单元(使原来为“1”的保持高电平，原来为“0”的则保持不变)进行数据刷新。每次送出不同的行地址，就可以刷新不同行的存储单元，这样将所有行地址循环一遍，则可对整个芯片的所有存储单元刷新一遍。

(2)动态随机存取存储器 Intel4116(DRAM)　Intel4116 采用单管动态存储电路，存储容量为 16K×1bit，容量为 16K，地址码应为 14 位，和 2164 一样采用了地址线分时复用技术。14 位地址码分为行、列两部分，分两次由七根地址线引入存储器。7 位行地址经地址译码器译码后译出 128 条行选线，每一行有 128 个单管存储基元。7 位列地址经译码器译出 128 条列线，控制 128 个读出放大器的输出。16384 个电路组成 $128(2^7) \times 128(2^7)$的矩阵。4116 采用双列直插式封装，共有 16 条引脚，如图 3-9 所示。

1) Intel4116(DRAM)的引脚及其功能。$A_6 \sim A_0$ 为地址输入信号线。$\overline{RAS}$为行地址选通信号线，输入，低电平有效。当地址输入端输入行地址时，用$\overline{RAS}$信号将行地址送入行地址缓存器。

4116不单独设置片选信号，由$\overline{RAS}$兼片选信号的作用。因此，整个读/写周期中，$\overline{RAS}$应一直处于有效状态。$\overline{CAS}$为列地址选通信号线，输入，低电平有效。当地址输入端加有列地址时，用$\overline{CAS}$信号将行地址送入列地址缓存器。$\overline{W}$为读写控制信号线。$\overline{W}=1$时，进行读操作，$\overline{W}=0$时，进行写操作。D_{IN}为数据输入线，输入。D_{OUT}为数据输出线(4116与2164只有一位数据，但输出线与输入线是分开的，并且有各自的锁存器)。4116可以使用3档电源，它们分别是$V_{DD}=+12V$，$V_{CC}=+5V$，$V_{BB}=-5V$。

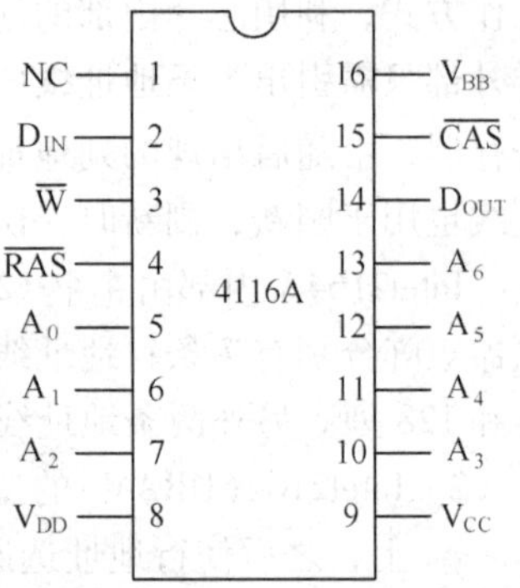

图3-9 Intel4116A引脚图

2) Intel4116(DRAM)的工作过程。CPU在读Intel4116存储器时，首先将地址信号$A_{13}\sim A_0$送到数据选择器上，地址信号通过数据选择器先将低7位地址信号$A_6\sim A_0$送到4116芯片$A_6\sim A_0$引脚上，然后使$\overline{RAS}$信号有效，地址信号经4116内部行译码器选中存储器中其中一行，将这一行上的128个存储单元的控制门打开。之后，数据选择器再将高7位地址信号$A_{13}\sim A_7$送到4116芯片$A_6\sim A_0$引脚上，再使$\overline{CAS}$信号有效，地址信号经4116内部列译码器选中存储器中其中一位，被选中的那一位的控制门被打开，如果$\overline{W}$为高电平，该位上的信息被送到数据总线上(只有被行地址和列地址同时选中的那个存储基元的信息)，由CPU将数据读走。

CPU将数据写入4116存储器过程与数据读出基本相同，区别在于送完列地址信号后，要使$\overline{W}$端置为低电平，这样数据总线上的数据将通过D_{IN}端写入4116存储器被选中的存储基元。

4116存储器的数据刷新与2164存储器的数据刷新基本相同，这里就不再重复。

3.2.3 集成随机存取存储器(IRAM)

集成随机存储器(IRAM)是20世纪90年代出现的一种新型动态存储器。它克服了DRAM需要外加刷新电路的缺点，将刷新电路集成到RAM芯片内部，既具有SRAM速度快的优点，又具有DRAM价廉的长处。例如Intel2186、Intel2187(8K×8bit)，芯片的引脚如图3-10所示。

Intel2186的引脚功能：$D_7\sim D_0$是数据信号线，$A_{12}\sim A_0$是地址信号线；$\overline{WE}$是写允许信号线，低电平有效；$\overline{OE}$是读允许信号线，低电平有效；$\overline{CS}$是片选信号线，低电平有效；$\overline{REF}$是刷新选通信号线；V_{CC}是电源线，+5V(工作电流约70mA)；GND是接地线；NC为空脚(不接任何信号线)。

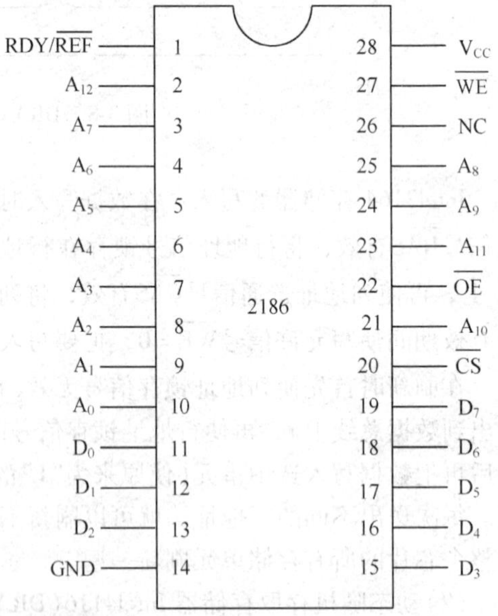

图3-10 Intel2186 \ 2187引脚图

3.3 只读存储器(ROM)

除了随机存储器外，还有另一类存储器——只读存储器(ROM)。在计算机系统中，一般既有随机存储器(RAM)模块，也有只读存储器(ROM)模块。只读存储器(ROM)存储的内容一般不会改变，掉电也不会丢失。所以，只读存储器(ROM)模块常用来存放系统启动监控程序或操作系统的内存部分，甚至可以用来存放字库或者某种语言的编译程序及解释程序。

只读存储器(ROM)的特点如下：

1)结构简单，位密度比随机存储器高。

2)具有非易失性，所以可靠性高。

3)信息只能读，不能用随机储存器方法写入。

只读存储器按内容的设定方式，只读存储器基本上分为三种类型。

第一类只读存储器，其中的内容是在厂家制造时采用掩膜操作或称掩膜编程而建立的，用户无法改变这种只读存储器器件中的内容，这类只读存储器称为掩膜 ROM，简称 ROM。第二类只读存储器中的内容是由用户根据需要借助于专门的设备来建立的，这类只读存储器称为可编程只读存储器(Programmable Read Only Memory，PROM)。如同掩膜编程的 ROM 一样，PROM 一旦编程后，其中的内容就再也不能改变了。第三类只读存储器不仅可由用户编程，而且还可以用特殊的设备擦除其中的内容并重复编程多次，它们被称为可擦除可编程只读存储器(Erasable Programmable Read Only Memory，EPROM)。根据擦去信息的方式不同，EPROM 分为紫外线擦除 EPROM(简称 EPROM)和电擦除(Electrically Erasable Programmable Read Only Memory，EEPROM 或 E^2PROM)两种。E^2PROM 用电信号擦除信息的时间为若干毫秒，比紫外线擦除信息的时间短得多。EEPROM 的主要优点是可按字节进行擦除和重新编程。

3.3.1 只读存储器(ROM)的结构及工作原理

1. 掩膜 ROM

掩膜 ROM 芯片所存储的信息是由芯片制造厂家根据用户提供要写入 ROM 的程序或数据来确定的。由于这种 ROM 中字线和位线之间是否跨接 MOS 管是根据存储内容在制造时的“掩膜”工艺过程来决定的，所以称为掩膜 ROM。掩膜 ROM 又可分为 MOS 型和双极型两种，MOS 型功耗小，但速度比较慢，微机系统中用的 ROM 主要是这种类型。双极型速度比 MOS 快，但功耗大，只用在速度要求比较高的系统中。至于存储矩阵的内部结构，除上面介绍的字位结构外，还有类似于 RAM 中双译码或复合译码结构，这里不再说明。

掩膜只读存储器的基本组成原理可用图 3-11 给出的 4×4 MOSROM 来说明。地址输入端 A_0 和 A_1 经译码后输出 4 条行选择线，称为字线。每条字线选中一个单元，而每个单元的 4 位由列线输出，列线称为位线。这种结构称为字位结构，即行线决定单元，列线决定位。在字线(B_0 ~ B_3)和位线(D_0 ~ D_3)之间根据字的内容需要跨接 MOS 管，如该位的信息为 0，则跨接 MOS 管；如该位的信息为 1，则不跨接 MOS 管。这样，就构成了一个简单的 ROM。在进行读出操作时，根据地址码 A_1A_0 状态译码后，对应字线为高电平，与该字线相连的 MOS 管导通，相应位线为低电平，其他位线输出高电平。

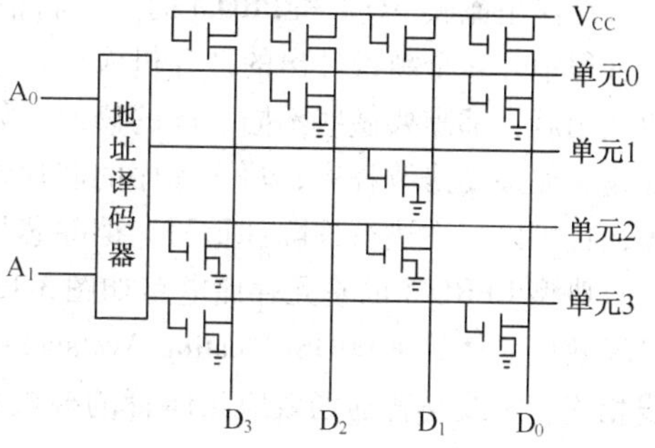

图 3-11 4×的 4 掩膜 ROM 内部结构图

当 A_1A_0 = 00 时，经地址译码器译码后 0 单元被选中，单元 0 字线 B_0 为高电平，在单元 0 刻有两个 MOS 管，分别在位线 D_0 和 D_2 上，这两个 MOS 管导通，数据线 D_0 和 D_2 输出为 0。而在单元 0 上 1 和 3 上没有 MOS 管，即位线 1 和 3 没有管子与字线相连，

则数据线 D_3、D_1 输出为 1，即在单元 0 被选中时（B_0 为高电平），其数据线输出 $D_3D_2D_1D_0$ = 1010。同理，当 A_1A_0 = 01，选通单元 1 时，单元 1 字线为高电平（B_1 为高电平），单元 1 上只有位线 1 有 MOS 管，所以其数据线输出 $D_3D_2D_1D_0$ = 1101。当 A_1A_0 = 10 时，B_2 为高电平选通单元 2，其数据线输出 $D_3D_2D_1D_0$ = 0101。当 A_1A_0 = 11 时，B_3 为高电平选通单元 3，其数据线输出 $D_3D_2D_1D_0$ = 0110。掩膜 ROM 存储矩阵的具体内容见表 3-3。

表 3-3　存储矩阵的内容

单　元	D_3	D_2	D_1	D_0
单元 0	1	0	1	0
单元 1	1	1	0	1
单元 2	0	1	0	1
单元 3	0	1	1	0

2. 可编程的 ROM（PROM）

掩膜 ROM 一旦将信息写入存储器中，将不能更改，适合批量生产。而且，程序的写入也必须由生产芯片厂家来完成，十分不方便。可编程只读存储器可以根据用户的要求由用户自己来写入特定信息，这种可编程只读存储器一般由晶体管矩阵组成，每一个基元由一个晶体管和一个金属熔丝组成，如图 3-12 所示。数据线与位线相连，地址线与字线相连。可熔金属丝与晶体管的发射极连接，出厂时所有晶体管的发射极上的熔丝都是完整的，所以，当地址线选通字线时（晶体管导通），从位线读出的信息全为 1。用户可根据自己编写的程序，自行写入信息，如果要给该位写入的信息是 0，就将该位加一高电压大电流将熔丝烧断使得位线上的数据读出时始终为 0，如果是 1 就不用烧断该位的熔丝（熔断或保留熔丝以区分 1 或 0），烧断熔丝只能使用一次，而且是不可逆的。

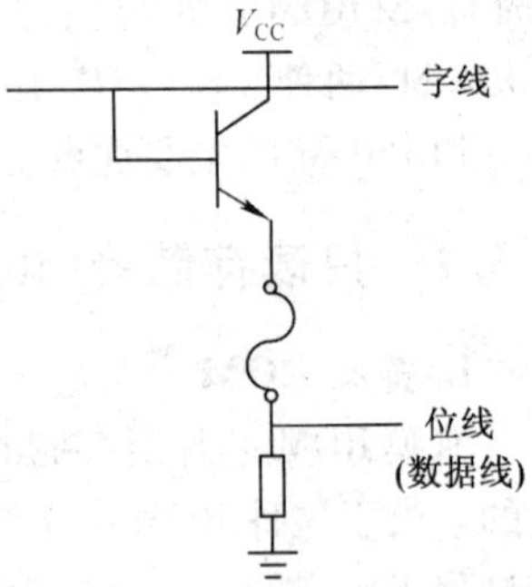

图 3-12　一个 PROM 存储基元内部电路

可编程只读存储器 PROM 的优点是可以进行现场编程，但只能使用一次，不能改变程序。另外由于其内部电路和工艺要比掩膜存储器复杂，相比价格较贵，适合小批量使用。

可编程只读存储器 PROM 的写入要由专用的编程器（可产生大电流，高电压）来完成程序编写。为了与 RAM 的随机写入过程区别，称 PROM 的写入过程为编程。

3. 可擦除的 PROM（EPROM）

在使用掩膜 ROM 和 PROM 时一旦将信息写入存储器中，都无法改变其中的信息。在实际应用过程中，一个新设计出的计算机应用程序即使在设计时考虑得比较全面，往往在经过一段时间的试用后，都需要做些不同程度的修改，如果把这样的程序写入 PROM 或 ROM 中，程序将无法修改。如果要修改程序，写入程序的芯片将不能再使用。而 EPROM 却允许用户根据需要对它编程，且可以多次进行擦除和重写。擦除芯片内容需要紫外线灯照射，这样用起来也十分不方便。

典型 EPROM 的基元存储电路如图 3-13 所示，它是由一个普通的场效应晶体管和一个浮置栅极场效应晶体管 FAMOS（Floating Avalanche injection MOS）组成的。CPU 的地址线经过译码后与字线相连；字线与普通场效应晶体管的栅极相连控制位线的输入、输出。位线与 CPU 的数据线相连。

浮置栅极场效应晶体管 FAMOS 内部结构图如图 3-14 所示，它是一个 N 沟道 FAMOS 管子的结构图。

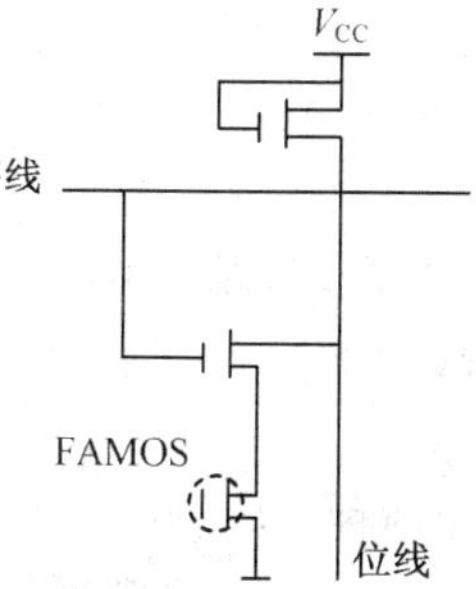

图 3-13 EPROM 的基元存储电路

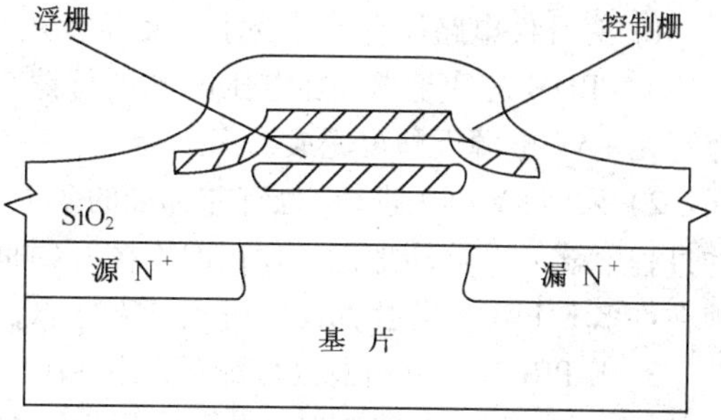

图 3-14 N 沟道 FAMOS 管的结构

FAMOS 管和普通 P 沟道增强型 MOS 相似，只是栅极没有引出端，而被 SiO_2 绝缘层所包围，所以又称浮栅。EPROM 芯片制造好时，所有栅极上无电荷，则 MOS 管内源极 S 与漏极 D 之间无导电沟道。FAMOS 管处于截止状态，此时如果字线选通则从位线读出信息为“1”。

程序写入时，如若在某个基元上要写入信息“0”，在漏极 D 与源极 S 之间加上一个比正常工作电压高得多的电压，则可使漏极 D 与基片之间的 PN 结产生雪崩击穿，产生大量高能电子穿过很薄的 SiO_2 绝缘层堆积在浮栅上，当漏极 D 与源极 S 之间电压去掉后，由于没有放电通路，所以能长期保存。在栅极获得足够多的电荷，漏极 D 与源极 S 之间形成导电沟道，使 FAMOS 管处于导通状态。此时如果字线选通则从位线读出信息为“0”。

如果擦除芯片里的信息，EPROM 只能用强紫外线照射来擦除。紫外线通过封装顶部能看见硅片的透明窗口曝光，而且需要保持特定的波长，以及相当高的强度（$12000\mu W/cm^2$）持续 5 ~ 15min 才能完成擦除，光照时间视具体器件型号而定。光照时间过长，会影响器件使用寿命。

当紫外光源照到石英窗口上时，电路浮置栅上的电荷就会形成光电流泄漏走，使电路恢复到初始状态，从而把写入的信息擦去，这样又可对 EPROM 重新编程。

4. 电擦除的可编程的 ROM（E^2PROM）

EPROM 尽管可以擦除后重新进行编程，但是它有两个明显的缺点：一是不能在线编程，需要一个专用设备——擦除器，每次编程时需要从电路中拔下来，用紫外线将原来的程序擦除掉，然后才能进行编程；二是在擦除芯片时是整体擦除，哪怕只需要修改一个字节，甚至一位，也必须把整个芯片内容都擦除，然后再重新写入，这十分不便。

为了克服 EPROM 的这两个缺点，便产生了电可擦除可编程 ROM，简称 EEPROM（E^2PROM）。E^2PROM 管子的结构示意图如图 3-15 所示。E^2PROM 的工作原理与 EPROM 类似，当浮空栅上没有电荷时，管子的漏极和源极之间不导电，若通过某种方法使浮空栅带上电荷，则管子就导通。但在 E^2PROM 中，使浮动栅带上电荷与消去电荷的方法与 EPROM 是不同的。在 E^2PROM 中，漏极上面增加了一个隧道二极管，它在第二栅极（控制栅）与漏极之间的电压 V_G 的作用下（实际为电场作用下），可以使电荷通过它流向浮空栅，即起编程作用；若 V_G 的极性相反也可以使电荷从浮动栅流向漏极，即起擦除作用。编程与擦除所用的电流是极小的，可用普通的电源供给。E^2PROM 的主要优点是可以在实际系统中在线进行修改，可以按字节或字分

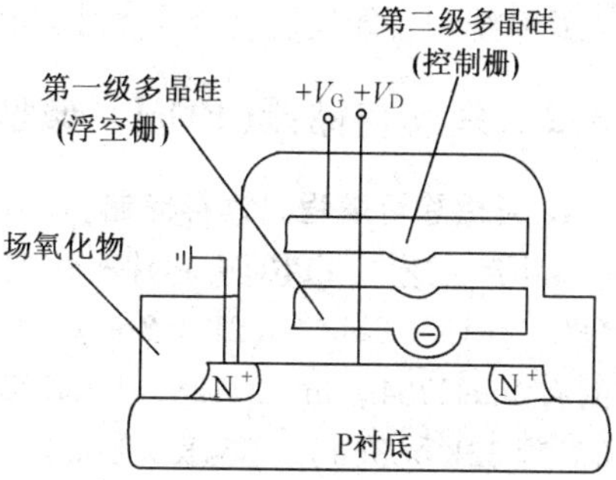

图 3-15 E^2PROM 结构示意图

别进行擦除，而且还可以在电源断电情况下保存数据。E^2PROM 主要有以下特点：

1）对硬件电路没有特殊要求，无需专用电路，只要按一定的时序要求即可，编程简单，早期的 E^2PROM 芯片是靠外加电压电源进行擦写(20V 左右)，现在把升压电路集成在片内，使得擦写在 +5V 电源下即可完成。

2）采用5V 电压进行(也有非标准的2.7～3.6V)，一般不需要设置单独的擦除操作，在写入的过程中就可以自动擦除。E^2PROM 擦写时间较长，约需 10ms，需要保证有足够的写入时间。现在许多 E^2PROM 芯片都设有写入结束标志，可供查询或中断使用。

3）E^2PROM 有并行总线传输的芯片和串行总线传输的芯片两种。串行的 E^2PROM 芯片具有体积小、成本低、电路连接简单、占用系统地址线和数据线少的特点，但在数据传送时相对来说速度较慢。

5. 闪速存储器

闪速存储器(Flash Memory)，也称快擦写存储器，是一种长寿命的非易失性(在断电情况下仍能保持所存储的数据信息)的存储器，数据删除不是以单个的字节为单位而是以固定的区块为单位(注意：NOR Flash 为字节存储)，区块大小一般为 256KB～20MB。它与 E^2PROM 类似，也是一种电擦写型 ROM。闪速存储器之所以称为闪速，是因为它能同时、快速地擦除所有单元。闪速存储器也称 Flash 或闪存。闪速存储器与 EPROM 一样属于可更新的非易失性存储器，且它是在主机系统内可重写的非易失性存储器，由于 Flash 不需要存储用的电容，相对 DRAM 来说，集成度和可靠性高，其存储容量大，功耗及制造成本低。闪存是电子可擦除只读存储器(E^2PROM)的变种，与 E^2PROM 的主要区别是：E^2PROM 是按字节擦写，速度慢；而 Flash 可采用命令方式按字节、区块或页面快速进行擦除和编程操作，也可按整片进行擦除和编程，其页面访问速度可达 50～200ns；Flash 芯片从结构上分为串行传输和并行传输两大类：串行 Flash 能节约空间和成本，但存储容量小、速度慢；而并行 Flash 存储容量大、速度快。某些产品可自行产生编程电压(V_{PP})，因而只用 V_{CC} 供电，在通常的工作状态下即可实现编程操作。

从基本工作原理上看，闪存属于 ROM 型存储器，但由于它又可以随时改写其中的信息，所以从功能上看，它又相当于随机存储器(RAM)。从这个意义上说，传统的 ROM 与 RAM 的界限和区别在闪存上已不明显。

Flash 是近年来发展起来的一种新型半导体存储器。由于它具有在线电擦写、低功耗、大容量、擦写速度快的特点，同时还具有与 DRAM 等同的低价位成本的优势，因此受到广大用户的青睐。目前，Flash 在计算机系统、数码相机、掌上电脑、MP3 等小型数码产品、寻呼机系统、嵌入式系统和智能仪器仪表等领域得到了广泛的应用。

3.3.2 只读存储器(ROM)典型芯片

1. 可擦除可编程只读存储器(EPROM)

NMOS 工艺的 EPROM 芯片有多种型号，常用的有 Intel2706、Intel2716、Intel2732 等，其容量分别为(1K×8bit)、(2K×8bit)、(4K×8bit)。HMOS 工艺的 EPROM 芯片也有多种型号，常用的有 Intel2764、Intel27128、Intel27256、Intel27512 等，其容量分别为(8K×8bit)、(16K×8bit)、(32K×8bit)、(64K×8bit)。EPROM 除以上一些常用的芯片外，还有一些大容量的 EPROM，如 27C010(128K×8bit)、27C020(256K×8bit)、27C040(512K×8bit)等芯片，适用于工业控制中固化监控程序和用户应用程序等内容。

下面以 Intel2764(8K×8 bit)和 Intel27128(16K×8 bit)芯片为例，说明 EPROM 的性能及工作方式。

（1）Intel2764　Intel2764 是 8K×8bit 的 EPROM，其内部结构框图如图 3-16 所示。外部引脚及功能图如图 3-17 所示。

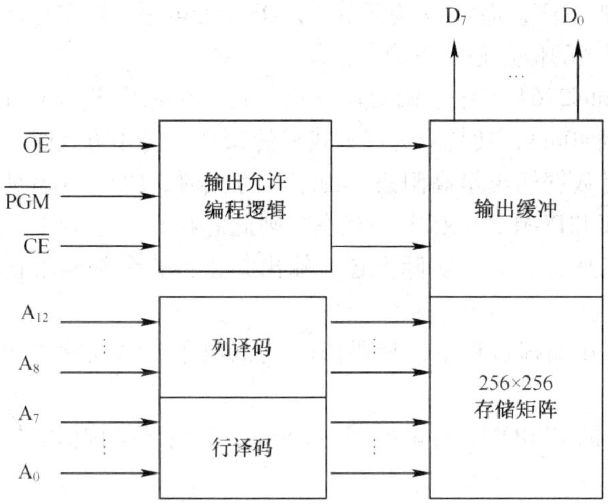

图 3-16　Intel 2764 内部结构示意图

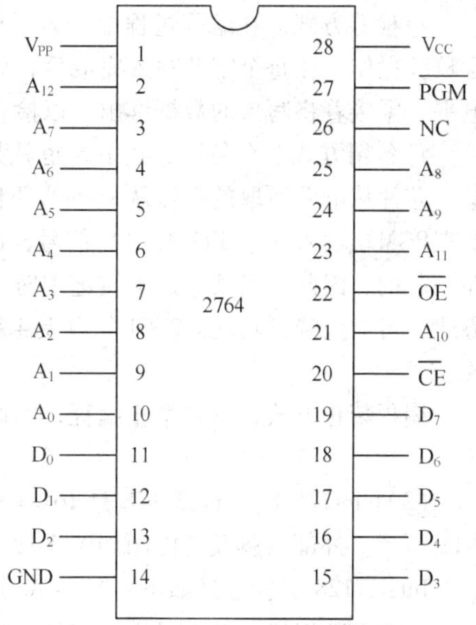

图 3-17　Intel 2764 引脚图

Intel2764 引脚定义如下：$A_{12} \sim A_0$ 是 13 根地址线，输入，与系统地址总线相连。$D_7 \sim D_0$ 是 8 位双向数据线，编程时作数据输入线，读出时作数据输出线，与系统数据总线相连。$\overline{CE}$是片选允许信号端（功能同$\overline{CS}$），输入，低电平有效，与地址译码器输出端相连。$\overline{OE}$输出允许信号端（功能同$\overline{RD}$），输入，低电平有效，与总线读信号端$\overline{RD}$相连。$\overline{PGM}$是编程脉冲控制端，输入，低电平有效，与编程控制信号相连。V_{PP}为编程电压输入端。V_{CC}为电源电压，其电压值为 +5V。

Intel2764 有 4 种工作方式：读方式、编程方式、检验方式和备用方式，见表 3-4。

表 3-4　Intel2764 工作方式

信号端	V_{CC}	V_{PP}	$\overline{CE}$	$\overline{OE}$	$\overline{PGM}$	$D_0 \sim D_7$ 功能
读方式	+5V	+5V	低	低	低	数据输出
编程方式	+5V	+25V	高	高	正脉冲	数据输入
效验方式	+5V	+25V	低	低	低	数据输出
备用方式	+5V	+5V	无关	无关	高	高 阻
未选中	+5V	+5V	高	无关	无关	高 阻

1）读方式。在读方式下，V_{CC}和 V_{PP}均接 + 5V 电压，$\overline{PGM}$接低电平，从地址线 $A_{12} \sim A_0$ 接收 CPU 送来的所选单元地址，当$\overline{CE}$和$\overline{OE}$均有效（为低电平），在 $A_{12} \sim A_0$ 的地址信号稳定后，所选单元的内容即可读到数据总线上。

2）编程方式。在编程方式下，V_{CC}接 +5V，V_{PP}接 25V（不同型号芯片所需编程电压不同，有的芯片仅需 12.5V 电压，电压不正确会烧坏芯片，应注意器件说明），使$\overline{CE}$端为低电平，$\overline{OE}$端为高电平，从地址线 $A_{12} \sim A_0$ 端输入需要编程的单元地址，从数据线 $D_7 \sim D_0$ 上输入编程数据，在地址和数据稳定之后，在$\overline{PGM}$端加入编程脉冲宽度为50ms 的低电平，便可实现编程(写入)功能。

3)检验方式。在编程过程中，为了检查编程时写入的数据是否正确，通常在编程过程中包含校验操作。在每个字节写入完成后，V_{CC}加+5V，而将$\overline{CE}$接低电平，$\overline{OE}$接低电平，$\overline{PGM}$也接低电平，紧接着将写入的数据读出，以检查写入的信息是否正确。

4)备用方式。在备用方式下，也就是 Intel2764 工作于低功耗方式，此时与芯片未选中时类似，芯片从电源所取的电流从100mA 下降到40mA，功耗降为读方式下的25%。备用方式时，只要在$\overline{PGM}$端输入一个 TTL 高电平信号，此时数据输出呈高阻态。由于读方式时，$\overline{CE}$和$\overline{PGM}$是连在一起的，因此，当某芯片未被选中时，$\overline{CE}$和$\overline{PGM}$处于高电平状态，则此芯片相当于处于备用方式，可大大降低功耗。2764 除以上 4 种工作方式外，实际上还有输出禁止方式和编程禁止方式。

编程禁止方式，就是禁止编程，因此，在编程过程中，只要使$\overline{CE}$为高电平，编程就立即禁止。

(2)Intel27128　Intel27128 是 16K×8bit 的 EPROM，存取时间为250ns，其内部结构框图如图 3-18 所示。外部引脚及功能图如图 3-19 所示。

Intel27128 引脚定义如下：$A_{13} \sim A_0$ 是 14 条地址线，输入，它与系统地址总线相连；$D_7 \sim D_0$ 是 8 根双向数据线，编程时作数据输入线，读出时作数据输出线，它与数据总线相连；$\overline{CE}$是片选允许信号端(功能同$\overline{CS}$)，输入，低电平有效，与地址译码器输出端相连；$\overline{OE}$是输出允许信号端(功能同$\overline{RD}$)，输入，低电平有效，与总线读信号端$\overline{RD}$相连；$\overline{PGM}$是编程脉冲控制端，输入，低电平有效，与编程控制信号相连；V_{PP}是编程电压输入端；V_{CC}为电源线，电压为+5V；GND 为接地线。

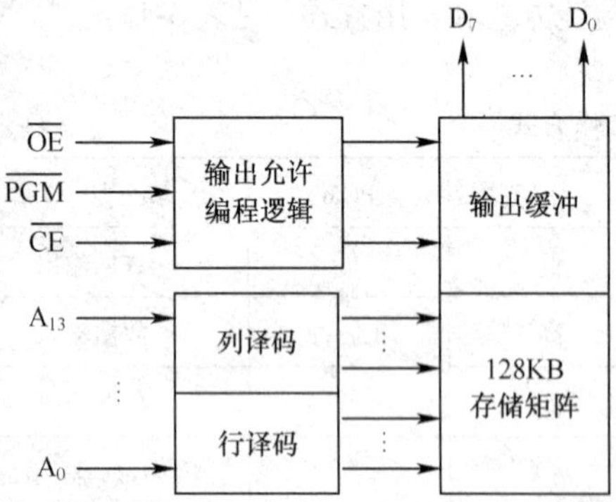

图 3-18　Intel27128 的内部结构方框图

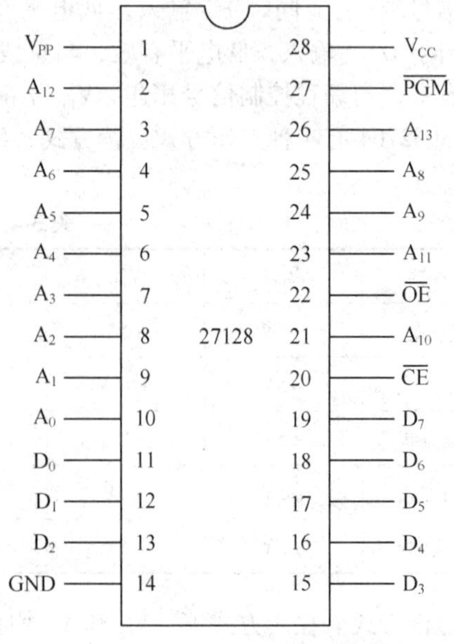

图 3-19　Intel27128 引脚图及功能图

Intel27128 有 8 种工作方式：读方式、输出禁止模式、备用模式、编程禁止模式、编程方式、Intel 编程方式、校验方式和 Intel 标志符模式，见表 3-5。

表 3-5　Intel27128 工作方式

引脚/模式	$\overline{CE}$	$\overline{OE}$	$\overline{PGM}$				输　出
读	0	0	1	×	+5V	+5V	D_{OUT}
输出禁止	0	1	1	×	+5V	+5V	高　阻
备　用	1	×	×	×	+5V	+5V	高　阻
编程禁止	1	×	×	×	+21V	+5V	高　阻
编 程	0	1	0	×	+21V	+5V	D_{IN}
Intel 编程	0	1	0	×	+21V	+5V	D_{IN}
校　验	0	0	1	×	+21V	+5V	D_{OUT}
Intel 标志符	0	0	1	1	+5V	+5 V	编　程

注：×表示“无关”。

1）读方式。在读方式下与 2764 相同。

2）输出禁止方式。当输出允许线$\overline{OE}$无效（为高电平）时，则输出数据线呈高阻状态，片内任何数据都将被禁止送上数据总线。

3）备用方式。在备用方式下与 2764 相同。

4）编程禁止方式。无论在什么情况下，只要芯片未被选中，即片选信号$\overline{CE}=1$，就不能将数据总线上的任何数据写入 EPROM。

5）编程方式。在编程方式下，与 2764 相同。

6）Intel 编程方式。这是 Intel 公司开发的一种编程方法，其可靠性同标准编程模式一样，但编程时间大大缩短。

7）校验方式。与 2764 相同。

8）Intel 标志符方式。当片选线$\overline{CE}=0$，输出允许线$\overline{OE}=0$，地址线 $A_0=1$ 时，可以从芯片的数据线上读出该芯片的制造厂和芯片类型的编码。

Intel 公司典型 EPROM 产品的主要性能指标见表 3-6。

表 3-6　Intel 公司典型 EPROM 产品主要性能指标

型号	容量结构	最大读出时间/ns	工作电源/V	封　　装
2708	1K×8bit	350～450	+5、－5、+12	DIP24
2716	2K×8 bit	300～450	+5	DIP24
2732	4K×8 bit	200～450	+5	DIP24
2764	8K×8 bit	200～450	+5	DIP28
27128	16 K×8 bit	250～450	+5	DIP28
27256	32 K×8 bit	200～450	+5	DIP28
27512	64 K×8 bit	250～450	+5	DIP28

2. 电可擦除可编程的只读存储器（E^2PROM）

为了编程和擦除的方便，有些 E^2PROM 芯片把其内部存储器分页（或分块），可以按字节擦除、按页擦除或整片擦除，对不需要擦除的部分，可以保留。常见的 E^2PROM 芯片有 Intel2816、Intel2832、Intel2864 等。

Intel2816A 是 2K×8bit 的 E^2PROM，数据读出时间为 200～250ns，擦除和写入（同时进行）为

10ms，读工作电压和写(擦)工作电压均为5V，故不需要专门的编程器，且可实现在线读写。Intel2816A 的引脚示意图如图 3-20 所示。

(1) Intel2816A 引脚功能　$A_{10} \sim A_0$ 是 11 条地址线，输入，与系统地址总线相连。$I/O_7 \sim I/O_0$ 是 8 根双向数据线，编程时作数据输入线，读出时作数据输出线，与数据总线相连；$\overline{CE}$片选允许信号端(功能同$\overline{CS}$)，输入，低电平有效，与地址译码器输出端相连；$\overline{OE}$输出允许信号端，输入，低电平有效；$\overline{WE}$写允许信号线；$\overline{WE}=0$ 时，进行写操作，$\overline{OE}=0$，$\overline{WE}=1$ 时，进行读操作；V_{CC}为电源线，电压为 +5V；GND 是地线。

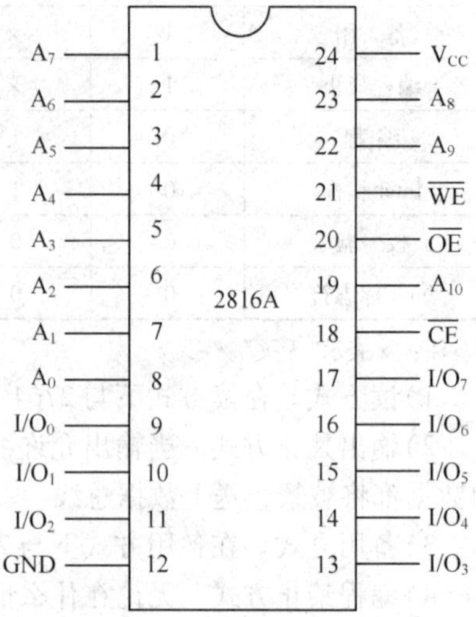

图 3-20　Intel2816A 引脚图

(2) 工作方式　Intel2816A 有 7 种工作方式，见表 3-7。

1) 读方式。当$\overline{CE}$及$\overline{OE}$为低电平有效，$\overline{WE}$为高电平时，存储器处于正常读状态。

2) 维持方式。当$\overline{CE}$为高电平时，无论$\overline{OE}$及$\overline{WE}$为何种状态，存储器处于维持状态(高阻)，此时芯片的功耗将下降。

3) 字节擦除方式。当$\overline{CE}$及$\overline{WE}$为低电平有效，$\overline{OE}$为高电平时，若输入/输出端加高电平，则进行字节擦除。

4) 字节写入方式。当$\overline{CE}$及$\overline{WE}$为低电平有效($\overline{CE}=\overline{WE}=0$)，$\overline{OE}$为高电平时($\overline{OE}=1$)，若输入/输出端加输入数据，则进行字节写入；由于字节擦、写时间较长，为 9 ~ 15ms，故要求 E^2PROM 在线写入时，应在软/硬件上采取措施，以保证有足够的时间来满足擦、写周期的要求。

表 3-7　Intel2816A 工作方式

工作方式	$\overline{CE}$	$\overline{OE}$	$\overline{WE}$	输入/输出
读	0	0	1	D_{OUT}
维持	1	×	×	高 阻
字节擦除	0	1	0	$D_{IN}=V_H$
字节写入	0	1	0	D_{IN}
全片擦除	0	10 ~ 15V	0	$D_{IN}=V_H$
不操作	0	1	1	高 阻
E/W 禁止	1	1	0	高 阻

注：×表示“无关”。

5) 全片擦除方式。当$\overline{CE}$及$\overline{WE}$为低电平有效($\overline{CE}=\overline{WE}=0$)，$\overline{OE}$端加 10 ~ 15V 电压，且输入/输出端均加高电平时，存储器处于全片擦除状态。

6) 不操作方式。当$\overline{CE}$为低电平有效($\overline{CE}=0$)，但$\overline{OE}$及$\overline{WE}$均为高电平($\overline{OE}=\overline{WE}=1$)时，芯片不操作(高阻)，与外界脱离。

7) E/W 禁止方式。当$\overline{CE}$及$\overline{OE}$为高电平有效($\overline{CE}=\overline{OE}=1$)，$\overline{WE}$为低电平($\overline{WE}=0$)时，芯片处于禁止状态(高阻)，与外界脱离。

目前，市场上销售的 E^2PROM 芯片内部一般带有升压器(将 5V 电压升至 12V)，所以改写电压只需加 +5V 电压即可。

3. 闪速存储器(Flash Memory)

目前，闪速存储器 Flash 有多种系列的产品，闪存芯片的品种型号也很多，例如 28F 系列的闪速存储器产品有28F256(32K×8 bit)、28F512(64K×8 bit)、28F010(128K×8 bit)、28F020(256K×8 bit)。

下面以28F256电路为例介绍28F系列闪速存储器。

(1) 28F256引线功能　28F256是一个容量为32KB(32K×8bit)的快擦写E^2PROM芯片。它采用CMOS工艺制造，封装为双列直插式(DIP)32个引脚，芯片引脚图如图3-21所示。其中$A_0 \sim A_{14}$为15位地址信号，片内有地址锁存器，在写入周期时，地址被锁存。$DQ_0 \sim DQ_7$为8位双向数据信号线，在写入数据时片内数据锁存器可以锁存住数据。当$\overline{CE}$或$\overline{OE}$无效时数据线呈高阻状态。$\overline{CE}$为片选信号线，低电平有效，$\overline{CE}$为高电平时，芯片处于低功耗备用状态。$\overline{OE}$为输出允许信号线，在读周期时，控制芯片将数据缓冲器中的数据输出。$\overline{WE}$为写允许控制信号线，低电平有效，在写入周期，脉冲的下降沿锁存目标地址，上升沿锁存数据。V_{CC}为电源端；GND为接地端。V_{PP}为擦除/编程电源端。

28F256的读访问时间为90ns，在与高速微处理器匹配时不需插入等待周期。一般的字节编程速度为10μs，整片编程写入时间为0.5s。最大工作电流为30mA，低功耗时仅为100pA。工作电源电压为+5V；擦除/编程电压为+12V。输入/输出信号与TTL电平兼容；可重复擦写1万次。28F256的内部结构框图如图3-22所示。

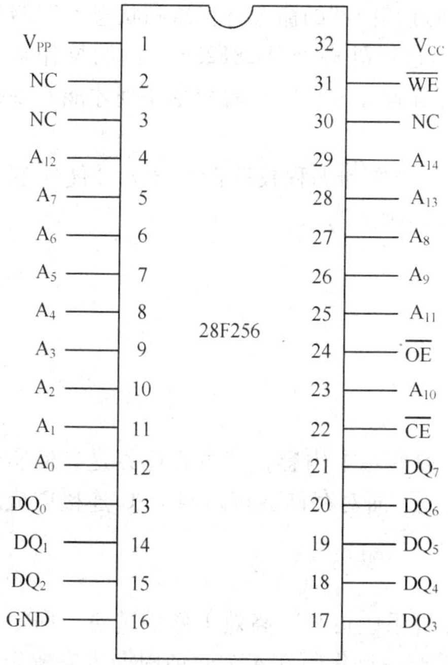

图3-21　28F256引脚图

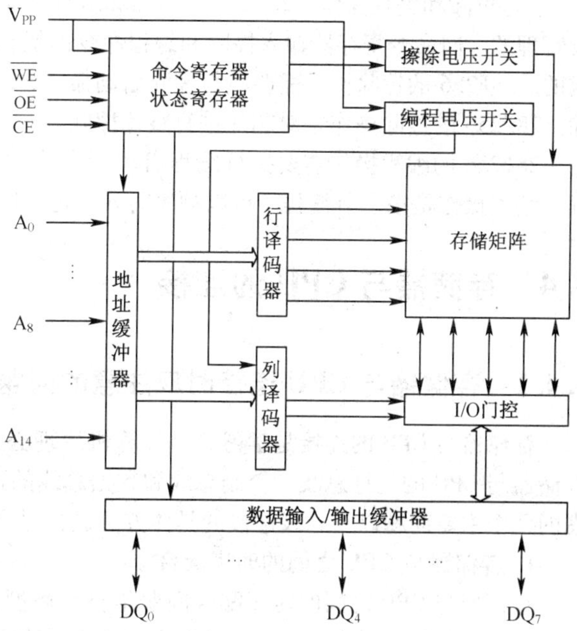

图3-22　28F256内部结构示意图

(2)工作方式　28F256有只读存储器方式和读/写存储器方式两种工作方式。

1) 当$V_{pp}=12V$时，工作在读/写存储器方式。

2) 当$V_{PP}<V_{CC}+2V$时，工作在只读存储器方式。28F256的工作方式选择情况见表3-8。

当V_{PP}上不加高压(12V)时，芯片的用法与EPROM芯片一样，可以通过控制输入信号工作在读操作、维持、输出禁止和标志码识别方式。当V_{PP}上加有高压(12V)时，芯片就进入读/写工作方式，可以进行擦除、写入编程和读出操作。

表 3-8　28F256 工作方式选择表

	工作方式	$\overline{CE}$	$\overline{OE}$	$\overline{WE}$	V_{PP}	A_0	A_9	$DQ_0 \sim DQ_7$
只读方式	读	0	0	H	V_{PPL}	A_0	A_9	数据输出
	备用	0	×	×	V_{PPL}	×	×	高　阻
	输出禁止	0	1	1	V_{PPL}	×	×	高　阻
	厂码识别	0	0	1	V_{PPL}	V_{ID}	0	厂码输出
	器件识别	0	0	1	V_{PPL}	V_{ID}	1	标识输出
读/写方式	读	0	0	1	V_{PPH}	A_0	A_9	数据输出
	备用	1	×	×	V_{PPH}	×	×	高　阻
	输出禁止	0	1	1	V_{PPH}	×	×	高　阻
	编程	0	1	0	V_{PPH}	A_0	A_9	数据输入

注：1. V_{PPL}可以是地电位，通过一个电阻直接接地；或者使 $V_{PPL} \leqslant V_{CC} + 2V$。

2. V_{PPH}是满足芯片编程要求的编程电压，$11.4V \leqslant V_{PPH} \leqslant 12.6V$。

3. V_{ID}是标志码读出的激活电压，要求 $11.5V \leqslant V_{ID} \leqslant 13.0V$。

4. ×表示：无关"。

(3)擦除和编程操作　28F256 的擦除和编程操作是通过其内部的命令寄存器和状态寄存器进行管理的。向命令寄存器输入擦除和编程命令的操作是通过微处理器对 28F256 实施写操作来完成的。28F256 的擦除操作需要执行擦除启动命令、2 次擦除操作和擦除校验命令序列才能实现擦除。28F256 的擦除操作是对芯片进行整片擦除。

28F256 的编程操作需要执行编程启动命令、2 次编程操作和编程校验命令序列才能实现编程。编程操作是按字节编程，可以顺序写入，也可以按指定地址写入。

3.4　存储器与 CPU 的连接

3.4.1　存储器与 CPU 连接时应注意的问题

存储器与 CPU 的连接是学习微型计算机原理必须掌握的基本内容，其主要任务是如何实现存储器与 CPU 的地址总线、控制总线和数据总线的连接。下面对存储器接口与 CPU 连接中应考虑的几个主要问题以及总线连接的具体方法进行讨论。

1. 存储器与 CPU 之间的时序配合

存储器与 CPU 之间的时序配合问题是整个微型计算机系统可靠、高效工作的关键。CPU 访问存储器是有固定时序的，一般情况下 CPU 对存储器的读/写操作是在 4 个时钟周期内完成，规定在第一个时钟周期(T_1)送出地址信号，第二个时钟周期(T_2)送出读/写命令，第三个时钟周期(T_3)将数据送到数据总线上。如果是读操作则将数据读入 CPU；如果是写操作则将数据写入存储器。第四个时钟周期(T_4)结束读/写操作。如果存储器不能满足 CPU 速度要求，则在第三个时钟周期(T_3)开始前通过 READY 向 CPU 发出等待请求信号，CPU 在 T_3 周期前沿采样该信号，若有等待请求(READY 为低)，则在 T_3 和 T_4 之间插入一个或多个等待周期 T_w(又称为等待状态)。时序图如图 3-23 所示。

2. CPU 总线负载能力

CPU 外部总线的负载能力总是有限的。一般 CPU 的直流负载能力为一个 TTL 负载。如果选

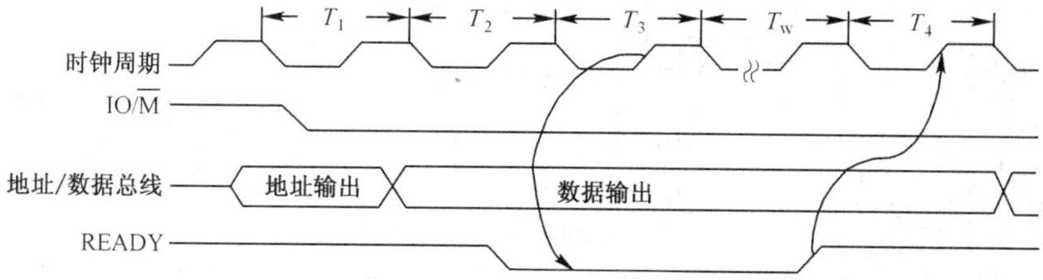

图 3-23 CPU 在读、写存储器时插入等待信号时序图

用 MOS 存储器时，由于直流负载很小，主要的负载是电容负载。所以，一般在小型系统中，CPU 的数据线、地址线和控制线直接与 MOS 存储器的数据线、地址线和控制线相连。而对于较大的系统来说。应当考虑 CPU 的带负载能力，如果 CPU 不能直接带动所有存储器芯片，就不能直接相连，而是要通过缓冲器、地址锁存器、总线控制器等接口芯片与系统总线相连，以提高总线负载能力。

3. 存储器的地址分配和片选

微型计算机内存分为 RAM 区和 ROM 区两大部分，其中 RAM 区又分为系统区(计算机监控程序和操作系统所占内存区域)和用户区。8088/8086 CPU 硬件复位的开始地址为 FFFF0H，因此将其内存空间的高端 F0000H ~ FFFFFH 安排为 ROM 区，存放 BIOS 程序(基本输入输出程序)。

微型计算机系统中，按字长分有 8 位、16 位、32 位和 64 位，但存储器大多数是以字节为基本存储单元，存储器是以字节为基本单元编址的。所以，要存放一个 16 位的数据，就要连续的两个内存单元。

另外，存储器一般是由多个存储芯片组合而成的，每个芯片的片内地址由 CPU 的低地址直接来选择，而片选信号则由 CPU 的高位地址经逻辑电路或译码电路译码后来选择。

3.4.2 存储器芯片的扩展

前面已经提到内存的单元是以字节(8 位二进制)为单位的，而存储器芯片有 1 位、4 位和 8 位之分，有 1K、2K、4K 等之分。在系统需要较大的容量而我们手上的芯片又没有如此大的芯片时，就需要把小单位的芯片连接起来构成一个较大的系统。使芯片容量较小的通过连接构成较大的系统，我们称这种方法为系统扩展。扩展的方法通常有位扩展、字扩展和字位扩展三种。

1. 存储器芯片的位扩展

如果存储器的容量要求是 4K × 8bit(地址为 00000H ~ 00FFFH)，而我们只有静态随机存取存储器 Intel2141(4K × 1bit)满足不了 8 位的字长要求，此时就需要 8 片 Intel2141 进行位扩展，由 4K × 1bit 扩展为 4K × 8bit 来满足存储系统要求。连接电路图如图 3-24 所示。

如果存储器的容量要求是 1K × 8bit(地址为 80000H ~ 803FFH)，而我们只有静态随机存取存储器 Intel2114(1K × 4bit)同样满足不了 8 位的字长要求，此时就需要 2 片 2114 进行位扩展，由 1K × 4bit 扩展为 1K × 8bit 来满足存储系统的要求。连接电路图如图 3-25 所示。

2. 存储器芯片的字扩展

如果存储器的容量要求是 16K × 8bit(地址为 A0000H ~ A3FFFH)，而我们只有只读存取存储器 Intel2764(8K × 8bit)同样满足不了容量要求，此时就需要 2 片 2764 进行位扩展，由 8K 存储单元扩展为 16K 存储单元来满足要求。连接电路图如图 3-26 所示。

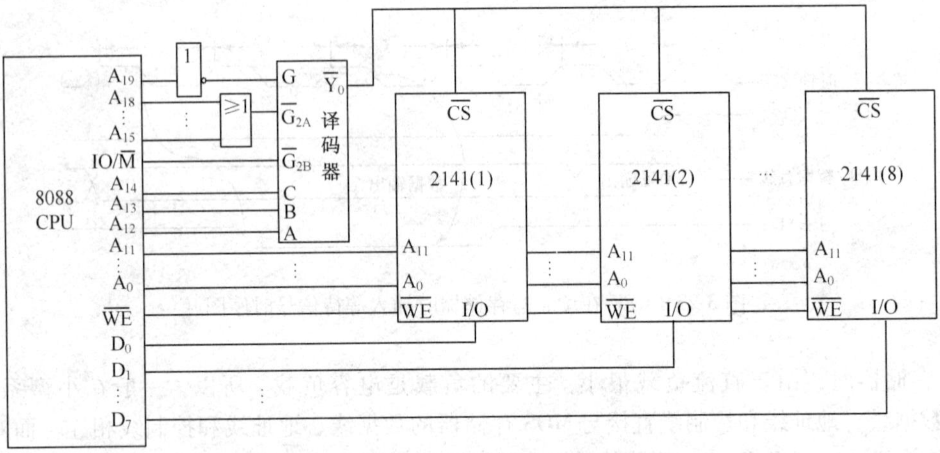

图 3-24　用 2141 构成 4K × 8bit 的存储器的连接电路

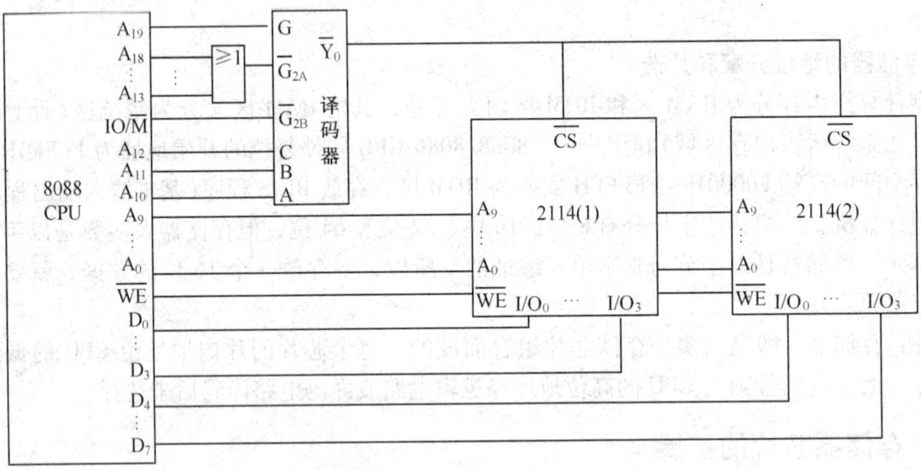

图 3-25　用 2114 构成 1K × 8bit 的存储器的连接电路

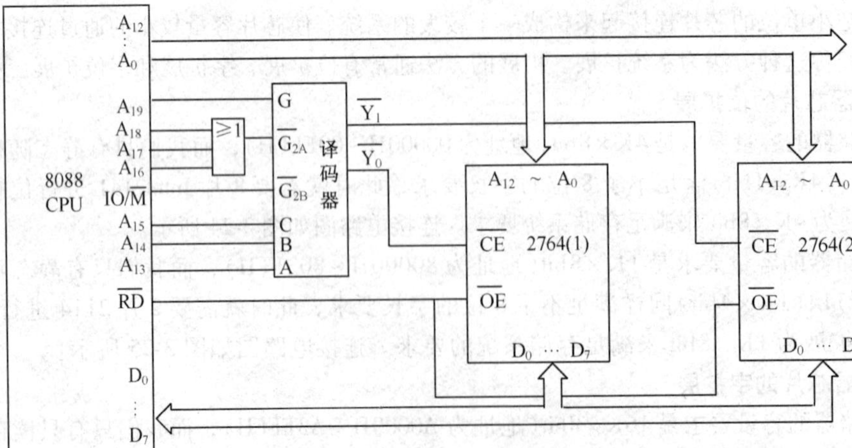

图 3-26　用 2764 构成 16K × 8bit 的存储器的连接电路

3. 字位扩展

在有些情况下，如果存储器的容量要求是 2K × 8bit（地址为 80000H ~ 807FFH），而我们只有 Intel2114（1K × 4bit），这样既满足不了字长要求也满足不了容量要求，此时就需要 4 片 Intel 2114 进行位扩展和字扩展，连接电路图如图 3-27 所示。

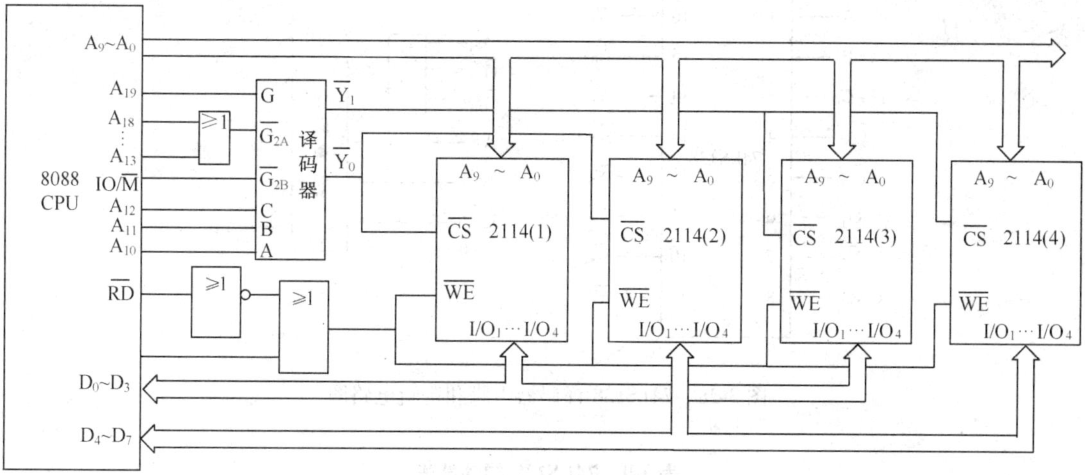

图 3-27 2114 组成 2K × 8bit 位的存储器连线

3.4.3 CPU 与存储器的连接

CPU 与存储器连接包括地址总线、数据总线、控制总线的连接。

数据的传送是双向的，如果存储器芯片内部没有驱动器，在连接时需外加三态门才能与 CPU 数据总线相连。如果存储器芯片内部有驱动器，则存储器的数据线一般可直接连接到 CPU 的数据总线（或系统总线的数据线）上。

地址信息的传送是单向的，存储器与 CPU 的连接方法有三种，即全译码、部分译码和线选法。如果 CPU 的地址、数据线是分时复用的，则 CPU 要用地址选通信号将地址信息存入地址锁存器，该锁存器的输出线接至存储器的地址线。

CPU 在对存储器进行读/写信息时，控制信号线除了前面提到的片选信号线外，CPU 还设有 $\overline{RD}$读信号、$\overline{WR}$写信号、M/$\overline{IO}$存储器输入/输出信号线和 READY 准备好信号。一般情况 CPU 的 $\overline{RD}$读信号线、$\overline{WR}$写信号线可以和存储器$\overline{OE}$输出允许信号线、$\overline{WE}$写允许信号线直接相连。个别情况应视具体的连接而定。

1. 地址译码器

单片的存储器芯片其容量是有限的，微型计算机系统的存储器系统一般是由多片存储器组成的。CPU 要对存储器进行读写，首先要对存储芯片进行片选，之后从被选中的存储芯片中选择所要读/写的存储单元。片选是通过地址译码来实现的，译码的方法可以通过逻辑电路来进行译码，也可以利用译码器进行译码。利用译码器进行译码使电路简单易懂。常用译码器有 2/4 译码器和 3/8 译码器。这里只介绍一种常用的 74LS138 译码器，其引脚和逻辑电路如图 3-28 所示。

74LS138 有 3 个使能端，即 G_1、$\overline{G}_{2A}$、$\overline{G}_{2B}$，芯片只有在使能端有效（$G_1 = 1$，$\overline{G}_{2A} = 0$，$\overline{G}_{2B} =$

0)时，译码器才能正常译码，否则全部输出都为高电平“1”，即不能进行译码(输出处于无效状态)。74LS138 有 3 个输入端 A、B、C(A 接低地址位，C 接高地址位)和 8 个译码输出端$\overline{Y}_0$ ~ $\overline{Y}_7$，3 个输入端 A、B、C 的不同输入对应输出$\overline{Y}_0$ ~ $\overline{Y}_7$ 的状态表见表 3-9。

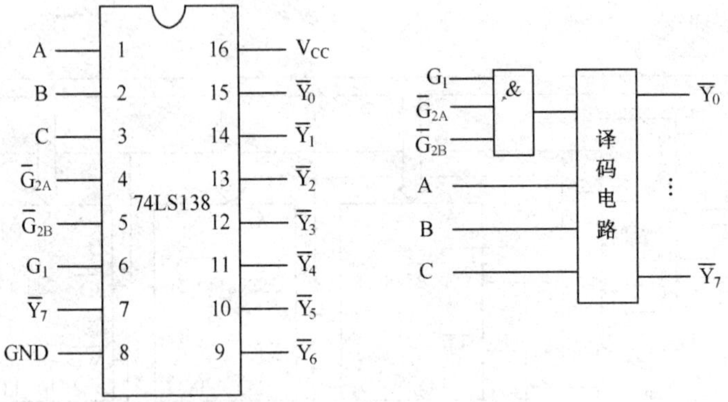

图 3-28　74LS138 译码器引脚和逻辑电路图

表 3-9　74LS138 的功能表

使能端			输入			译码器输出							
G_1	$\overline{G}_{2A}$	$\overline{G}_{2B}$	C	B	A	$\overline{Y}_0$	$\overline{Y}_1$	$\overline{Y}_2$	$\overline{Y}_3$	$\overline{Y}_4$	$\overline{Y}_5$	$\overline{Y}_6$	$\overline{Y}_7$
1	0	0	0	0	0	0	1	1	1	1	1	1	1
1	0	0	0	0	1	1	0	1	1	1	1	1	1
1	0	0	0	1	0	1	1	0	1	1	1	1	1
1	0	0	0	1	1	1	1	1	0	1	1	1	1
1	0	0	1	0	0	1	1	1	1	0	1	1	1
1	0	0	1	0	1	1	1	1	1	1	0	1	1
1	0	0	1	1	0	1	1	1	1	1	1	0	1
1	0	0	1	1	1	1	1	1	1	1	1	1	0
其余情况			×	×	×	1	1	1	1	1	1	1	1

2. 存储器地址译码方法

(1)线选法　对于 8086/8088 CPU 可以寻址 1MB 个存储单元，而单片的存储器容量是有限的，CPU 寻址空间远远大于存储器容量时，可用高位地址线直接作为存储芯片的片选信号，每一根地址线选通一片或两片芯片，这种方法称为线选法。

例 3-2　某微型计算机系统的内存容量为 32KB(即地址总线为 15 根)，而芯片容量为 8KB(即片内地址为 13 根)。那么，可用线选法从高 5 位地址中任选 2 根(或 4 根，不用非门)作为 4 块存储芯片的片选控制信号。线选法结构示意图如图 3-29 所示。其中 A_0 ~ A_{12} 为片内地址线，A_{14}、A_{15} 为片外地址线(也可以用高位的其他线)。内存储器地址分布见表 3-10。

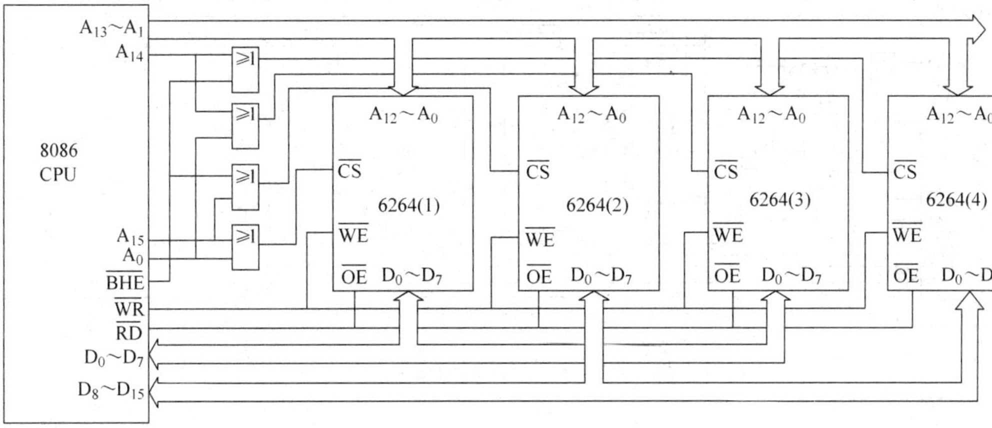

图 3-29　线选法结构示意图

表 3-10　内存储器地址分布

芯片	A_{15}	A_{14}	A_{13}	A_{12}	A_{11}	A_{10}	A_9	A_8	A_7	A_6	A_5	A_4	A_3	A_2	A_1	A_0	十六进制地址码
1	0	1	0	0	0	0	0	0	0	0	0	0	0	0	0	0	04000H
				⋮							⋮						⋮
	0	1	1	1	1	1	1	1	1	1	1	1	1	1	1	0	07FFEH
2	0	1	0	0	0	0	0	0	0	0	0	0	0	0	0	1	04001H
				⋮							⋮						⋮
	0	1	1	1	1	1	1	1	1	1	1	1	1	1	1	1	07FFFH
3	1	0	0	0	0	0	0	0	0	0	0	0	0	0	0	0	08000H
				⋮							⋮						⋮
	1	0	1	1	1	1	1	1	1	1	1	1	1	1	1	0	0BFFEH
4	1	0	0	0	0	0	0	0	0	0	0	0	0	0	0	1	08001H
				⋮							⋮						⋮
	1	0	1	1	1	1	1	1	1	1	1	1	1	1	1	1	0BFFFH

线选法地址线可以使用其中一部分，也无需专门的译码电路。但由于高位地址线可随意取值 0 或 1。所以，存在地址重叠的问题，并且会造成存储器地址不能连续分布。

（2）全译码法　对于 CPU 来说，所有地址线均参加地址译码，称为全译码法。芯片的地址线直接和总线低位地址总线相连，高位地址总线经译码器或逻辑电路与各芯片的片选信号相连。

例 3-3　某微型计算机系统采用全译码法，用 Intel 6264（8K × 8bit）的芯片构成地址范围是 40000H ~ 47FFFH 内存，其硬件连接图如图 3-30 所示。

从图 3-30 中可以看到，地址总线 $A_1 \sim A_{13}$ 直接和芯片地址线 $A_0 \sim A_{12}$ 相连，$A_{14} \sim A_{19}$通过译码器，产生 4 个片选信号，分别和 4 个芯片的片选信号相连。4 个存储器芯片在内存中的地址如下：

第一片 $A_{19} \sim A_{14} = 0100\ 00$，$A_0 = 0$，地址范围是 40000H ~ 43FFEH；

第二片 $A_{19} \sim A_{14} = 0100\ 00$，$\overline{BHE} = 0$，$A_0 = 1$，地址范围是 40001H ~ 43FFFH；

第三片 $A_{19} \sim A_{14} = 0100\ 01$，$A_0 = 0$，地址范围是 44000H ~ 47FFEH；

第四片 $A_{19} \sim A_{14} = 0100\ 01$，$\overline{BHE} = 0$，$A_0 = 1$，地址范围是 44001H ~ 47FFFH。

利用全译码方法，存储器中每个存储单元对应一个唯一的地址。

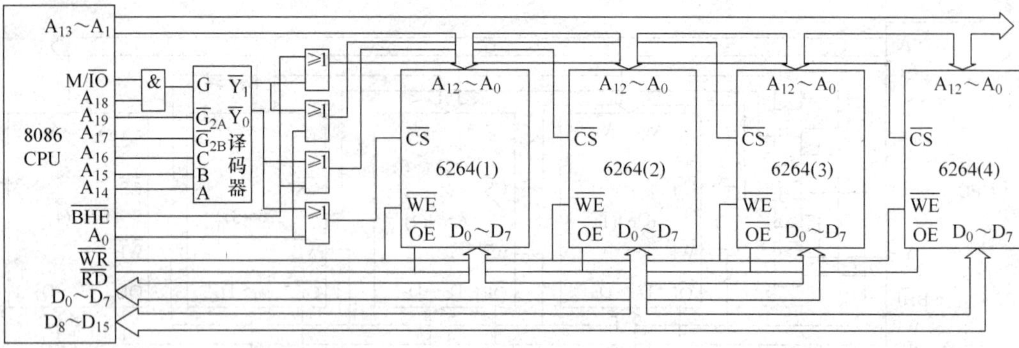

图 3-30　全译码法结构示意图

(3)部分译码法　部分译码法与全译码法类似，只是高位地址线中有一部分进行译码，产生片选信号，而不是全部。这种方法称为部分译码法。

例 3-4　某微型计算机系统采用部分译码法，用 Intel6264(8K×8bit)的芯片构成内存，采用部分译码法的硬件连接，省去 A_{18}(A_{18}不连接，A_{18}可以是1，也可以是0)连接电路图如图 3-31 所示。

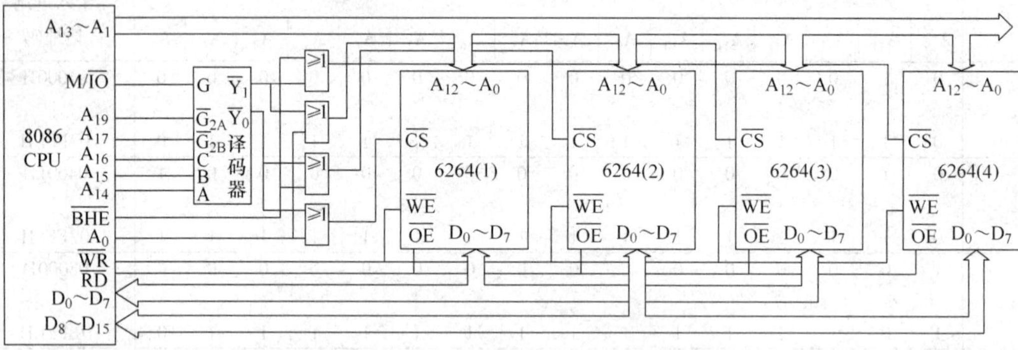

图 3-31　部分译码法结构示意图

从图 3-31 中可以看到，地址总线 $A_1 \sim A_{13}$ 直接和芯片地址线 $A_0 \sim A_{12}$ 相连，高位地址线 A_{18} 不参加译码，其余 5 条高位地址线参加译码，产生 4 个片选信号，由于 A_{18}不参加译码，它处于悬空状态，可随意取值 0 或 1。所以，4 个存储器芯片在内存中的地址如下：

第一片 $A_{18}=0$，$A_{19} \sim A_{14}=0000\ 00$，$A_0=0$，地址范围是 00000H ~ 03FFEH；

第一片 $A_{18}=1$，$A_{19} \sim A_{14}=0100\ 00$，$A_0=0$，地址范围是 40000H ~ 43FFEH；

第二片 $A_{18}=0$，$A_{19} \sim A_{14}=0000\ 00$，$\overline{BHE}=0$，$A_0=1$，地址范围是 00001H ~ 03FFFH；

第二片 $A_{18}=1$，$A_{19} \sim A_{14}=0100\ 00$，$\overline{BHE}=0$，$A_0=1$，地址范围是 40001H ~ 43FFFH；

第三片 $A_{18}=0$，$A_{19} \sim A_{14}=0000\ 01$，$A_0=0$，地址范围是 04000H ~ 07FFEH；

第三片 $A_{18}=1$，$A_{19} \sim A_{14}=0100\ 01$，$A_0=0$，地址范围是 44000H ~ 47FFEH；

第四片 $A_{18}=0$，$A_{19} \sim A_{14}=0000\ 01$，$\overline{BHE}=0$，$A_0=1$，地址范围是 04001H ~ 07FFFH；

第四片 $A_{18}=1$，$A_{19} \sim A_{14}=0100\ 01$，$\overline{BHE}=0$，$A_0=1$，地址范围是 44001H ~ 47FFFH。

利用部分译码方法，存储器中每个存储单元的地址不是唯一地址，地址出现重叠现象，悬空的线越多地址重叠越严重。部分译码法和线选法，只适用于微机系统存储容量相对比较小的场合。

3.4.4 CPU 与存储器的连接应用举例

在微型计算机系统中，存储器一般是按字节进行编址的，存储器的地址单元内只能存放 8 位二进制数(1 个字节)。CPU 的外部数据总线有 8 位(如 8088 系统，8088CPU 是准 16 位微处理器，内部寄存器是 16 位，外部数据总线是 8 位)，有 16 位(如 8086 系统)。所以，CPU 与存储器的连接有 8 位和 16 位之分。

1. 8 位 CPU 与存储器的连接

8 位 CPU 与存储器的连接，只需用单个 8 位的存储体构成即可，并且完全按字节顺序来组织存储器。

例 3-5 画出利用全地址译码方法将 2 片 EPROM 2764(8K×8bit) 与 8088 CPU 连接构成的内存系统电路图，其内存首地址为 C0000H，译码器选用 74LS138。

分析：由于 8088 CPU 的数据线是 8 根，连接的存储器 2764 的数据线也是 8 根，每片存储器中单元的地址是连续的，其地址如下，CPU 与存储器连接电路图如 3-32 所示。

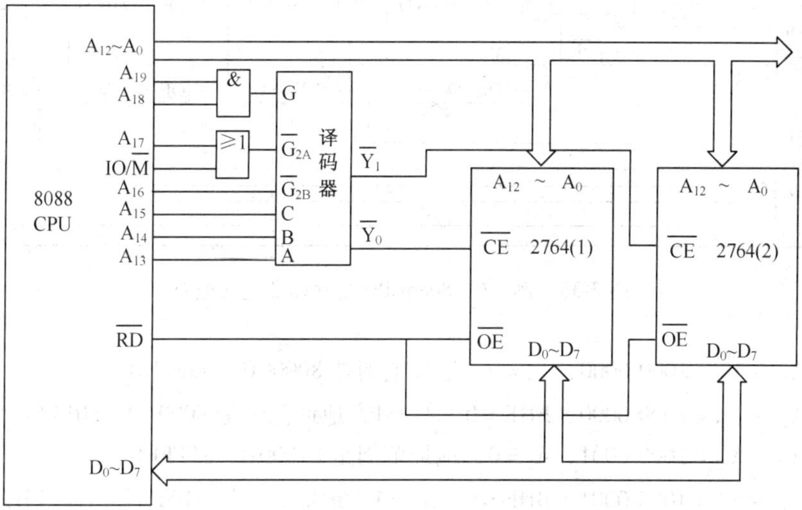

图 3-32 例 3-5 8088CPU 与存储器连接电路

第一片 $A_{19} \sim A_{13} = 1100\ 000$，地址范围是 C0000H ~ C1FFFH；

第二片 $A_{19} \sim A_{13} = 1100\ 001$，地址范围是 C2000H ~ C3FFFH。

2. 16 位 CPU 与存储器的连接

外部数据总线为 16 位的微型计算机系统的 CPU，一般要求存储器应该既可以进行字节操作，也能进行字操作，而存储器一般是按字节进行编址的。所以，一个 16 位的微型计算机系统的内存系统至少由两个 8 位的存储体构成，这样既可以进行 8 位(字节)操作，又可以进行 16 位(字)操作。将存储器分为偶地址存储体(偶体)和奇地址存储体(奇体)两个 8 位的存储体，在地址线连线时将地址线的高位通过译码器译码后与 A_0 相或后和偶体片选信号相连。将地址线的高位通过译码器译码后与 $\overline{BHE}$ 相或后和奇体的片选信号相连。16 位数据总线的低 8 位($D_0 \sim D_7$)与偶体的 8 位数据线($D_0 \sim D_7$)相连，16 位数据总线的高 8 位($D_8 \sim D_{15}$) 与奇体的 8 位数据线($D_0 \sim D_7$)相连。控制总线 $M/\overline{IO}$ 信号线一般参与片选，与译码器的 G_1 相连，总线的读 $\overline{RD}$ 信号线和写 $\overline{WR}$ 信号线分别和存储器读 $\overline{RD}$(或 $\overline{OE}$)信号线和写 $\overline{WR}$ 信号线相连。

例 3-6 某 8086 微机系统(在最小模式下)的存储器是由 2 片 RAM 6116(2K×8bit)和 2 片 EPROM 2716(2K×8bit)构成的，译码器选用 74LS138，利用全地址译码方法画出 8086 CPU 与存储器连接的电路图(存储器首地址为 80000H，储存器地址是连续的)。

分析：由于 8086 CPU 的数据线是 16 根，在读数据时可以进行一个字节的读/写，也可以进行一个字的读/写，而连接的存储器 6116 和 2716 的数据线都是 8 根，地址线都是 11 根。8086 CPU 在进行字读/写时需要从 2 片存储器中来读/写，所以，存储器芯片在与 8086 CPU 连接时分为奇存储体和偶存储体。奇存储体中单元地址是奇数，偶存储体中单元地址是偶数，它们通过 A_0 和 $\overline{BHE}$ 来区分，其地地如下，8086 CPU 与存储器连接电路如图 3-33 所示。

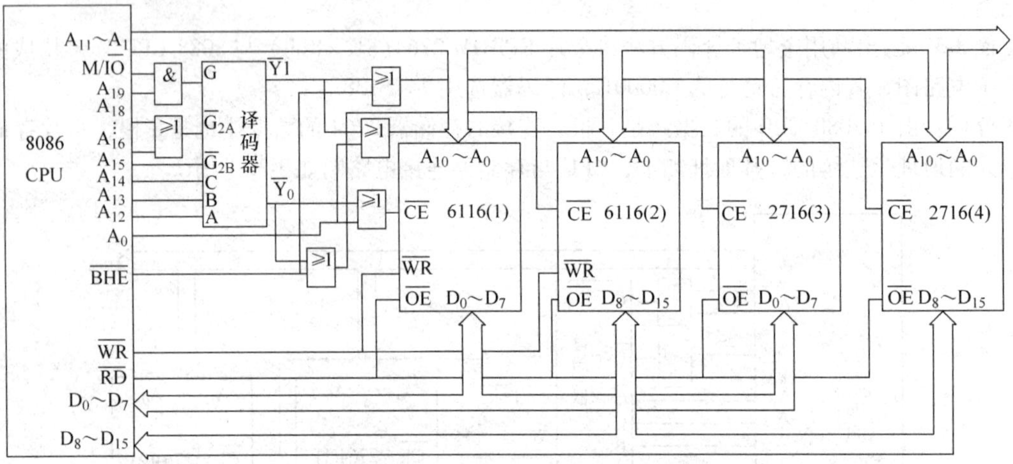

图 3-33 例 3-6 8086CPU 与存储器连接电路

第一片 $A_{19} \sim A_{12}$ = 1000 0000，$A_0 = 0$，地址范围是 80000H ~ 80FFEH；

第二片 $A_{19} \sim A_{12}$ = 1000 0000，$\overline{BHE} = 0$，$A_0 = 1$，地址范围是 80001H ~ 80FFFH；

第三片 $A_{19} \sim A_{12}$ = 1000 0001，$A_0 = 0$，地址范围是 81000H ~ 81FFEH；

第四片 $A_{19} \sim A_{12}$ = 1000 0001，$\overline{BHE} = 0$，$A_0 = 1$，地址范围是 81001H ~ 81FFFH。

例 3-7 某 8086 的存储器系统由只读存储器 ROM 和随机存储器 RAM 组成，现有 E^2PROM 型号为 28C256 和 RAM 型号为 62256。利用全地址译码方法画出 8086 CPU 与存储器连接的电路图(其中只读存储器 ROM 地址为 00000H ~ 0FFFFH。随机存储器(RAM)存储器首地址为 40000H ~ 4FFFFH)。

分析：由于 8086 CPU 的数据线是 16 根，在读数据时可以进行一个字节的读/写，也可以进行一个字的读/写，而连接的存储器 28C256 和 62256 的数据线都是 8 根。8086 CPU 在进行字读/写时需要从 2 片存储器中来读/写，所以，存储器芯片在与 8086 CPU 连接时分为奇存储体和偶存储体。奇存储体中单元地址是奇数，偶存储体中单元地址是偶数，它们通过 A_0 和 $\overline{BHE}$ 来区分，其地址如下，8086 CPU 与存储器连接电路如图 3-34 所示。

第一片 $A_{19} \sim A_{16}$ = 0000，$A_0 = 0$，地址范围是 00000H ~ 0FFFEH；

第二片 $A_{19} \sim A_{16}$ = 0000，$\overline{BHE} = 0$，$A_0 = 1$，地址范围是 00001H ~ 0FFFFH；

第三片 $A_{19} \sim A_{16}$ = 0100，$A_0 = 0$，地址范围是 40000H ~ 4FFFEH；

第四片 $A_{19} \sim A_{16}$ = 1000，$\overline{BHE} = 0$，$A_0 = 1$，地址范围是 40001H ~ 4FFFFH。

图中 8086 CPU 芯片上的地址、数据信号线经锁存、驱动后成为地址总线 $A_{19} \sim A_0$、数据总线

$D_{15} \sim D_0$。译码器 74LS138 担任片选译码任务。

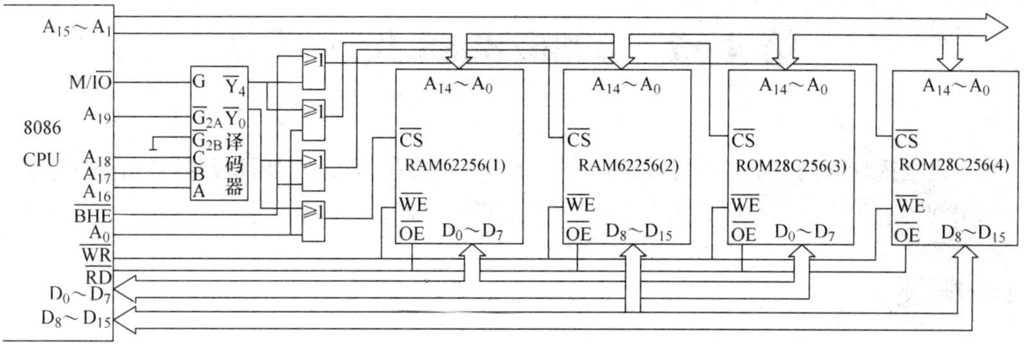

图 3-34 例 3-7 8086 CPU 与存储器连接电路

习 题

3.1 简述存储器的分类。

3.2 写出存储器的主要性能指标。

3.3 简述 6 管 SROM 只读存储器的工作原理。

3.4 简述 DRAM 和 SRAM 的主要区别，各有何优缺点。

3.5 简述 E^2PROM 2816A 的工作方式。

DRAM 为什么要进行定时刷新？试简述刷新原理及过程。

3.6 某微型计算机的内存 RAM 区地址为 00000H ~ 3FFFFH，试问 RAM 的存储容量为多少？若采用 6116(2K × 8 bit)，6264(8K × 8 bit)，62128(16K × 8 bit)，2114(1K × 4 bit)，2141(4K × 1bit) 构成存储器，各需要多少芯片？

3.7 某微型计算机的内存 ROM 区地址为 80000H ~ FFFFFH，试问 ROM 的存储容量为多少？若采用 2764(8K × 8bit)，27128(16K × 8 bit)，2816A(2K × 8 bit)，28F256(32K × 8 bit) 构成存储器，各需要多少芯片？

3.8 下列存储器芯片各有多少条地址线和多少条数据线？

(1) 8K × 4 bit　　(2) 512K × 1 bit

(3) 128K × 4 bit　　(4) 32K × 8 bit

3.9 常用的存储器片选控制方法有哪几种？它们各有什么优缺点？

3.10 在 8088 CPU 组成的系统中，用 6116(2K × 8 bit) 存储芯片组成存储系统，问采用线选译码时，系统的存储容量最大为多少？需要多少个 6116 存储器芯片？

3.11 在 8086 CPU 组成的系统中，用 4 片 6264(8K × 8 bit) 存储芯片组成随机 RAM 存储系统，其第一片的首地址为(2000H:4000H)，试写出每一片的首地址和末地址。

3.12 某微机系统中内存的首地址为 11000H，末地址为 223FFH，求其内存容量。

3.13 已知某微机控制系统中的 ROM 容量为 40K × 8 bit，首地址为 1000H，求其最后一个单元的地址。

3.14 已知某微机系统中 ROM 由 2 片 2764(8K × 8 bit) 组成，末地址为 1FFFH，RAM 由 2 片 6264(8K × 8 bit) 组成，ROM 和 RAM 地址为连续的，且 ROM 在前，RAM 在后，求该存储器的首地址和末地址。

3.15 在 8086 CPU 组成的系统中，用 4 片 2764(8K × 8 bit) 存储芯片组成随机 ROM 存储系统，其第一片的首地址为(4000H:8000H)，试画出存储器与 CPU 的连接电路。

3.16 使用 6116、2732 和 74LS138 译码器构成一个存储容量为 12KB 的 ROM(00000H ~ 02FFFH)、8KB 的 RAM(03000H ~ 04FFFH) 的存储系统。系统地址总线为 20 位，数据总线为 8 位，试画出存储器与 CPU 的连接电路。

第4章 8086/8088指令系统

指令是指挥计算机进行各种操作的命令。指令系统是指微处理器所执行各种指令的集合。指令系统中的每一条指令都对应着由微处理器所完成的一种功能操作。

4.1 概述

计算机的语言可分为机器语言、汇编语言和高级语言。机器语言是计算机能够识别的语言，它是由0和1组成的一种编码。为解决某一具体问题或达到某些目的，将二进制数0和1组成不同的代码串，这些代码串称为机器指令。全部机器指令的集合构成了计算机的指令系统，被称为机器语言(Machine Language)。指令和数据编写成一个相互联系的序列，称为程序。

4.1.1 机器语言

机器语言的每一条指令是以二进制为代码的指令，它能够被计算机直接执行。例如要将以基址指针(BP)为地址的内容送入累加器AL，其机器指令为100010100100011000000000B，写成十六进制可以表示为8A4600H。当微处理器将这条指令取出并执行时，微处理器会将以基址指针(BP)为地址单元中的内容送入累加器AL操作。这是由于微处理器在设计时指定这样一组代码应完成这样的功能。不同的代码完成不同的功能。同时，对于不同型号的微处理器，完成相同的任务其指令的机器码各不相同，不同的代码完成的功能也各不相同。每个微处理器都有一套自己特有的指令系统。若要完成某种操作和运算，依据指令系统选择指令，并按一定规律排列起来存放到内存中，微处理器就可以运行程序。采用机器语言编写程序的一个最大好处是，程序送入计算机后，可以直接执行，对于8位微处理器，只要有一张指令编码表，就可以通过查表找出每条指令的机器编码。根据设计任务很容易进行编程。

但对于8086系统，情况就不同了，这是因为8086系统的操作数比8位微处理器丰富得多，寄存器、存储器、立即数和端口地址等都可以用作目的操作数，并且可以有不同的组合。而每一种组合又有几十种编码方式。所以，很难列出一张8086指令与机器语言的对照表，很明显，用机器语言编写程序的缺点是，不容易书写，指令代码难于记忆，编写程序易于出错，出错后不易查找错误，编程效率非常低。

但是我们可以为每种基本指令类型给出一个编码格式，对照格式填上不同的数字来表示不同的寻址方式、数据类型等，就能求得每条指令的机器码。这样也就能方便地求得8086指令的机器码。

在机器语言中，用二进制数表示指令和数据。缺点是不直观，不易理解和记忆，编写、阅读和修改机器语言程序都比较繁琐。但机器语言是计算机唯一能够直接理解和执行的程序，具有执行速度快、占用内存少等优点。

4.1.2 汇编语言

汇编语言(Assembly Language)是为了克服机器语言不容易书写，也不容易记忆这一缺点而形成的一种与机器语言一一对应的语言。汇编语言在书写时采用符号串组成助记符(Mnemonic)和一组字母或数字来代替一条二进制码表示的指令，例如上面所述的机器指令(8A4600H 或 1000 1010 0100 0110 0000 0000B)，可采用字符 MOV AL，[BP]来代替。显然，这要比一串二进制码清晰多了，既容易书写，也容易记忆。其中 MOV 称为助记符，表示该条指令的操作是传递操作。可以用不同的助记符表示不同的操作。

汇编语言是用助记符或用符号来编写指令，因此使用汇编语言编写、修改和阅读程序都比较方便，不易出错。汇编指令运行速度与机器语言差不多，只是机器不能直接执行程序，程序必须经过翻译后变成机器码，机器才能执行。翻译过程称为汇编(Assemble)，目前的计算机配备的系统软件都可以完成汇编工作，一般称这种软件为汇编程序。

汇编分为小汇编(ASM)和宏汇编(MASM)(占 96KB)。注意，不同微处理器有不同的汇编语言，不同的汇编语言互相之间不能通用。

与机器语言相比，用汇编语言来编写程序的突出优点就是可以使用符号，也就是可以用助记符来表示指令的操作码和操作数，可以用标号和符号来代替地址、常量和变量。助记符是表示一种操作功能的英文字母缩写，利用助记符便于识别和记忆。但由于用汇编语言编写的程序是助记符和数字组成的，微处理器不能直接执行。所以，采用汇编语言编写的程序在执行前还必须将其“翻译”成机器语言，也称为目标程序(Object Program)，这时微处理器才能执行指令。通常将采用助记符指令写成的程序，称为源程序(Source Program)。

汇编语言仍然是一种面向机器的语言，汇编语言其有独特的优点，汇编语言编写的程序要比与其等效的高级语言程序生成的目标代码精简得多，占内存少，执行速度快。它允许程序员直接调用微处理器内部的资源，比较适合编制系统软件、实时控制软件以及那些直接控制硬件接口的驱动程序。但是它也有不足，对于不同的微处理器应具有不同的指令系统，其源程序的通用性较差，一般不具有可移植性，不能像高级语言程序那样，在使用不同微处理器的各类计算机上都可运行。它大多数的语句不过是一些机器指令的助记符。用汇编语言编写和调试程序的周期较长，程序设计的技巧性强。程序员必须熟悉计算机的硬件结构，又要熟悉计算机的指令系统，才能编写出高质量的汇编语言程序。

汇编语言的语句有两种基本类型，即指令性指令和指示性指令。指令性指令可由汇编程序翻译成机器语言指令，例如 MOV AL，[BP]，汇编后将形成一条机器语言指令 8A4600H(十六进制码)。指示性指令则不汇编成机器语言指令，它只是在汇编过程中告诉汇编程序应如何汇编。例如告诉汇编程序已写出的汇编语言源程序有几个段，段的名称是什么，是否采用过程，汇编到某处是否需要留出存储空间，应留多大，是否要用到外部变量等。所以，指示性指令是为汇编程序在汇编时用的。但指令性指令与指示性指令都是组成汇编语言源程序的基本语句。本章主要介绍指令性指令的内容。在第 5 章介绍指示性指令以及汇编语言程序设计的基本方法。

4.1.3 高级语言

为了克服汇编语言的缺点，人们使用高级语言编程，高级语言(High Level Language)是人们利用自然语言和算术表达式构成的指令，这些指令的集合构成了计算机的高级语言指令系统。

高级语言是面向过程的语言，它不依赖于特定的机器，独立于机器，用同一种高级语言编写的程序可以在不同的机器上运行而获得相同的结果。高级语言编写的程序由一系列编程语句和相应的语法规则构成，编程方法更适合于人们的思维习惯，易于理解和阅读，程序本身具有可移植性，通用性强，不需编程人员了解计算机原理及结构，编程也相对比较简单。例如，在高级语言中，完成某个加法功能，可采用语句 X = A + B，只要给变量 A 和 B 赋一确定值，此加法就可以实现了。在汇编语言中则不同，程序必须指出 A、B 存放在何处，相加后的结果又存放在何处，然后才能实现这一加法运算。

高级语言的缺点是编译程序和解释程序复杂，占用内存空间大。与汇编语言程序相比，高级语言源程序必须经过编译软件或解释软件程序翻译成目标程序，机器才可以运行。经编译后产生的目标程序长，执行速度慢。同时，目前高级语言处理微型计算机接口和中断系统比较困难，不像汇编语言可直接调用计算机内部的资源。

4.2 指令的编码格式与指令构成

4.2.1 指令的构成

每一种计算机都有自己的指令系统，指令系统中的每一条指令都对应着一种功能操作。8086/8088 指令系统由一百多条指令构成，一般每条指令又由两个字段构成，即操作码（Opcode）字段和操作数（Operand）字段。

指令的基本格式如下：

操作码	操作数

操作码字段是表明指令要进行什么样的操作，完成一种具体功能。例如数据传送操作、乘法操作等，它由一组二进制代码表示，在汇编语言中又用助记符表示。8086/8088 执行指令时，首先将操作码从指令队列取出到执行部件（EU）中的控制单元，经指令译码器译码识别后，产生执行该指令操作所需要的控制信号，使 CPU 完成规定的操作。

操作数字段是表明指令执行的操作所涉及的操作数的数值是多少或者表明操作数存放在何处而且还要表明操作数的结果应送往何处。该字段中，可以是操作数本身，也可以是操作数地址。

4.2.2 8086/8088 的指令编码格式

计算机运行速度不仅与计算机主频有关，还与指令的长度有关。指令的长度主要取决于指令操作码的长度、操作数地址的长度和操作数地址的个数，通常指令字长位数越多，所能表示的操作信息和地址信息也就越多，指令功能就越丰富。但位数多则指令所占的存储空间就多，读取指令的时间就增加。

为了提高指令的执行速度和节省存储空间，80X86 CPU 指令系统采用了变字长的指令编码格式。指令机器码长度为 1 ~6 个字节，如图 4-1 所示。

	第一字节	第二字节	第三字节	第四字节	第五字节	第六字节
1	操作码					
2	操作码	MOD 字节				
3	操作码	MOD 字节	DATA/DISP			
4	操作码	MOD 字节	DATA/DISP（低）	DATA/DISP（高）		
5	操作码	MOD 字节	DISP（低）	DISP（高）	DISP	
6	操作码	MOD 字节	DISP（低）	DISP（高）	DISP（低）	DISP（高）

图 4-1　不同字长的指令格式

80X86 CPU 指令系统的编码格式，不可能用一个简单的规则来描述。对于操作简单的指令，可采用小于或等于 CPU 的机器字长，称为短格式指令。其所占存储空间少，执行速度快。对于操作复杂的指令，所需给出的信息量大，则可采用大于机器字长的长格式指令。不同类型的指令其编码格式是不相同的。

一般计算机用户采用汇编语言编写程序时，由于机器码的编码十分复杂，可以不必了解每条指令的机器码。但是，如果要透彻了解计算机的工作原理，以及能看懂包含机器码的源程序清单，对程序进行正确的调试、排错等，就需要熟悉机器语言。所以，下面要简单介绍一下 80X86 CPU 指令系统的编码格式。

8086/8088 CPU 指令系统格式的构成如图 4-2 所示。在变字长的指令系统中，一般都将指令操作码放在指令的第一字节中，CPU 取指令时首先取得指令操作码，据此可判明此指令的类型、功能及相应的指令字节数(CPU 还应读取几个指令字节)。第二字节给出操作数的寻址方式与寄存器，称为寻址方式字节。寻址方式是表明如何寻找操作数，操作数放在什么地方。寻址方式是指令编码中最复杂的字节。在寻址方式字节中还放置了关于操作数类型的信息，用于指出指令中寄存器和存储器寻址方式的信息。还可将寻址方式字节分成三个域，分别为 MOD(方式)域、REG(寄存器)域和 R/M(寄存器/存储器)域。指令中操作码字节和寻址方式字节格式，如图 4-3 所示。3 ~ 6 字节依据指令的不同而取舍，指出存储器操作数地址的位移量或立即数，指令的字长可变主要体现在这里。其格式如图 4-4 所示。

操作码	寻址方式与寄存器号	位移量或立即数	位移量或立即数	立即数	立即数
第一字节	第二字节	第三字节	第四字节	第五字节	第六字节

图 4-2　8086/8088 CPU 指令系统格式举例

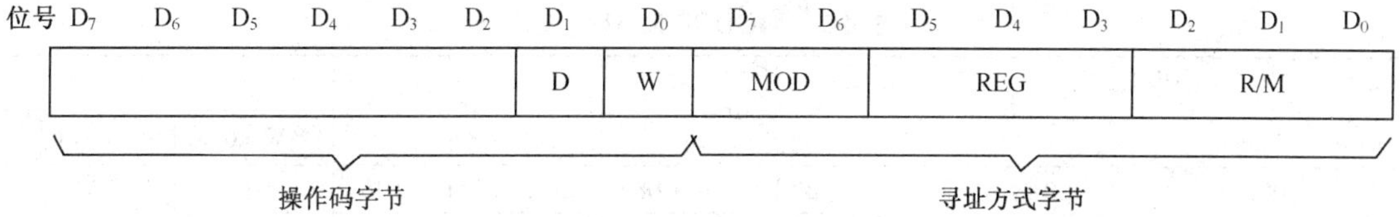

图 4-3　操作码字节和寻址方式字节格式

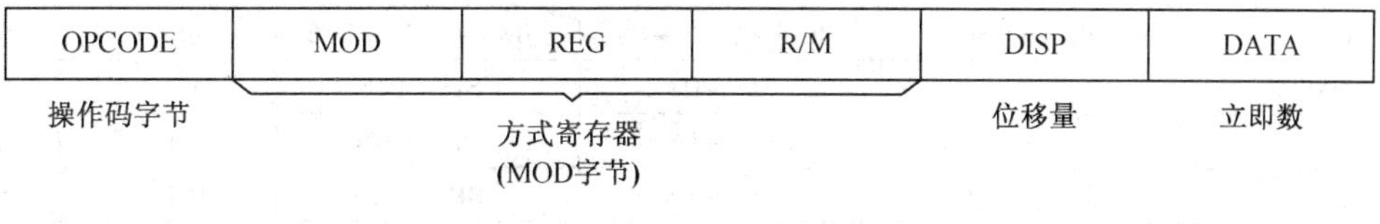

图 4-4　操作码字节和寻址方式字节格式

其中第一字节和第二字节为基本字节，其他的字段将根据不同的指令做不同的安排。该格式中各字段说明如下：

1. 第一字节

第一字节为指令操作码字节，不同的操作有不同的编码。其中，W 位说明传送数据的类型是字还是字节，W = 0，为字节传送；W = 1，为字传送。D 位表明数据传送的方向，D = 0，表明数据从寄存器传出；D = 1，表明数据传至寄存器。至于是什么寄存器由第二字节的 REG 字段说明，用 3 位编码可寻址 8 种不同的寄存器，再根据第一字节中 W = 1 还是 W = 0，来选择 8 位或 16 位寄存器。例如，当 REG = 000，W = 1 时，表示寻址 AX 寄存器；REG = 000，W = 0 时，表示寻址 AL 寄存器。8086 寄存器字段的编码见表 4-1(对使用段寄存器的指令，REG 字段占 2 位，其编码也列在表 4-1 中)。

表 4-1 8086 寄存器字段的编码

REG	W=1(字)	W=0(字节)	REG	W=1(字)	W=0(字节)	REG	寄存器
000	AX	AL	100	SP	AH	00	ES
001	BX	BL	101	BP	BH	01	CS
010	CX	CL	110	SI	CH	10	SS
011	DX	DL	111	DI	DH	11	DS

2. 第二字节

第二字节为寻址方式字节，它指出两个操作数的存放地址，以及寻求存储器中操作数有效地址 EA(Effective Address)的方法。字节中三个部分的意义如下：

REG：表示指令中只有一个操作数，这个操作数为寄存器编码，它在指令中作为源操作数还是目的操作数由操作码字节中的 D 位决定，它不受 MOD 制约。REG 选择的寄存器的具体情况见表 4-1。

MOD：用来区分另一个操作数是在寄存器中(寄存器寻址)，还是在存储器中(存储器寻址)。8086 的一条指令中，最多可使用两个操作数，它们不能同时都为存储器操作数，最多只能有一个是存储器操作数。当 MOD≠11 时，为存储器方式，即有一个操作数位于存储器中；MOD=00，没有位移量；MOD=01，只有低 8 位位移量，需将符号扩展 8 位，形成 16 位；MOD=10，有 16 位位移量；当 MOD=11 时，为寄存器方式，两个操作数均为寄存器。MOD 的编码及其说明见表 4-2。

R/M：R/M 受 MOD 的制约。当 MOD=11(即寄存器方式)时，由 R/M 字段给出指令中第二个操作数所在寄存器的编码；当 MOD≠11 时，R/M 字段用来指出如何计算指令中使用的存储器操作数的有效地址。MOD 和 R/M 字段表示的有效地址 EA 的计算方法见表 4-2。

表 4-2 MOD 和 R/M 的编码

MOD \ R/M	00	01	10	11	
				W=0	W=1
000	[BX]+[SI]	[BX]+[SI]+D8	[BX]+[SI]+D16	AL	AX
001	[BX]+[SI]	[BX]+[SI]+D8	[BX]+[SI]+D16	CL	CX
010	[BX]+[SI]	[BX]+[SI]+D8	[BX]+[SI]+D16	DL	DX
011	[BX]+[SI]	[BX]+[SI]+D8	[BX]+[SI]+D16	BL	BX
100	[SI]	[SI]+D8	[SI]+D16	AH	SP
101	[DI]	[DI]+D8	[DI]+D16	CH	BP
110	D16(直接地址)	[BP]+D8	[BP]+D16	DH	SI
111	[BX]	[BX]+D8	[BX]+D16	BH	DI

3. 第三、第四字节

第三、第四字节一般是给出存储器操作数地址的位移量(即偏移量)，位移量可以为 8 位，或 16 位，这由 MOD 来定义。16 位位移量的低位字节放在低位地址单元，高位字节放在高位地址单元。若指令中只有 8 位位移量，则 CPU 在计算有效地址 EA 时，自动用符号将其扩展为一个 16 位双字节数，以保证有效地址的计算不产生错误，实现正确的寻址。

4. 第五、第六字节

第五、第六字节一般是给出立即数，指令中的立即数位于位移量的后面。若第三、第四字节有位移量，立即数就位于第五、第六字节；若无位移量，立即数就位于第三、第四字节。总之，指令中缺少的项将由后面存在的项向前顶替，以减少指令长度。

依据指令写出相应的指令编码（机器代码）是一个极其严格而繁杂的工作，通常由汇编程序或调试程序来完成，但有时也需要用手工编写一些指令。为了对指令编码格式有一些了解，举例如下。

例 4-1　一字节指令：如进位标志位清零指令 CLC，它是无操作数指令，这类指令属于处理器控制类指令，指令中只包含操作码，故为单字节指令。该指令代码格式如图 4-5 所示。其机器指令码是 0F8H。

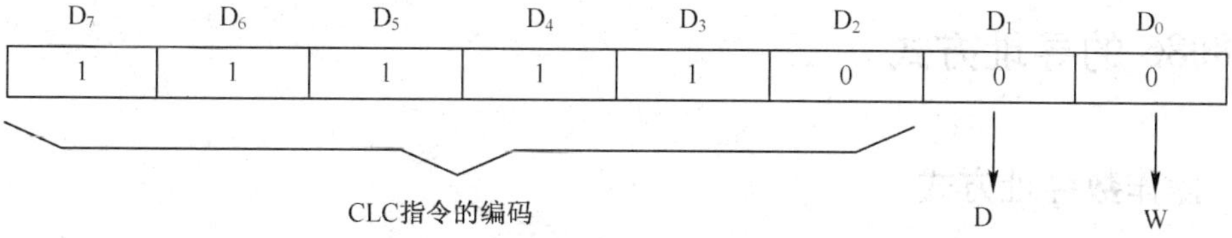

图 4-5　进位标志位清零指令 CLC 代码格式

例 4-2　二字节指令：对两个寄存器 AX、BX 进行相加，即 ADD　AX，BX。该指令代码格式如图 4-6 所示。其机器指令码是 03 DBH。

指令操作编码						D	W	MOD		REG			R/M		
D_{15}	D_{14}	D_{13}	D_{12}	D_{11}	D_{10}	D_9	D_8	D_7	D_6	D_5	D_4	D_3	D_2	D_1	D_0
0	0	0	0	0	0	1	1	1	1	0	1	1	0	1	1

图 4-6　加法指令 ADD　AX，BX 指令代码格式

例 4-3　三字节指令：将一个数送入寄存器 BX 中，即 MOV　BX，1234 该指令代码格式如图 4-7 所示。其机器指令码是 0BB 34 12H。

指令操作编码	D	W	立即数低 8 位	立即数高 8 位
101110	1	1	00110100	00010010

图 4-7　传送指令 MOV　BX，1234 代码格式

例 4-4　四字节指令：将存储器［BX］+［SI］+0500H 内容与寄存器 AX 中的内容进行相加再送入 AX 中，即 ADD　AX，［BX］+［SI］+0500H，该指令代码格式如图 4-8 所示。其机器指令码是 03 80 00 05H。

指令操作编码	D	W	MOD	REG	R/M	位移量低 8 位	位移量高 8 位
0000 00	1	1	10	000	000	0000 0000	0000 0101

图 4-8　加法指令 ADD　AX，［BX］+［SI］+0500H 代码格式

例 4-5　五字节指令：将立即数 34H 送入有效地址［BX］+［SI］+0500H 存储单元中，即 MOV　［BX］+［SI］+0500H，34H。该指令代码格式如图 4-9 所示。其机器指令码是 0C7 80 00 05 34 H，

指令操作编码	D	W	MOD	REG	R/M	位移量低 8 位	位移量高 8 位	立即数
1100 01	1	1	10	000	000	0000 0000	0000 1001	0011 0100

图 4-9　传送指令 MOV　［BX］+［SI］+0500H，34H 代码格式

例 4-6　六字节指令：将立即数 1234H 送入有效地址［BX］+［SI］+0500H 存储单元中，其中低字节 34H 送入［BX］+［SI］+0500H，高字节 12H 送入［BX］+［SI］+0501H 即 MOV［BX］+

[SI] +0500H], 1234H，该指令代码格式如图 4-10 所示。其机器指令码是 0C7 80 00 05 34 12H。

指令操作编码	D	W	MOD	REG	R/M	位移量	立即数
1100 01	1	1	10	000	000	0000 0000 0000 0101	0011 0100 0001 0010

图 4-10　传送指令 MOV [BX] + [SI] +0500H，1234H 代码格式

4.3　8086 的寻址方式

4.3.1　操作数寻址方式

所谓寻址方式，是指微处理器按指令中的规定寻找操作数所在地址的方法。8086 微处理器采用多种灵活的寻址方式，一共有 8 种寻址方式，该指令系统可以在 1MB 存储空间内任意寻址。在没有特别说明的情况下，寻址方式一般都是指第 2 个操作数，即源操作数的寻址方式。

1. 立即数寻址(Immediate Addressing)

在这种寻址方式中，位于指令操作码后面的操作数部分，不代表操作数所在的地址，而是参加操作的数本身，它是一个 8 位数或 16 位数，这种操作数称为立即数。

例 4-7　MOV CL，05H

这条指令的功能是将操作码后面跟的一个 8 位二进制数 00000101B 送入 CL 寄存器，如图 4-11 所示。

例 4-8　MOV AX，3100H

这条指令的功能是将操作码后面跟的一个 16 位二进制数 0011000100000000B 送入 AX 寄存器，如图 4-12 所示。

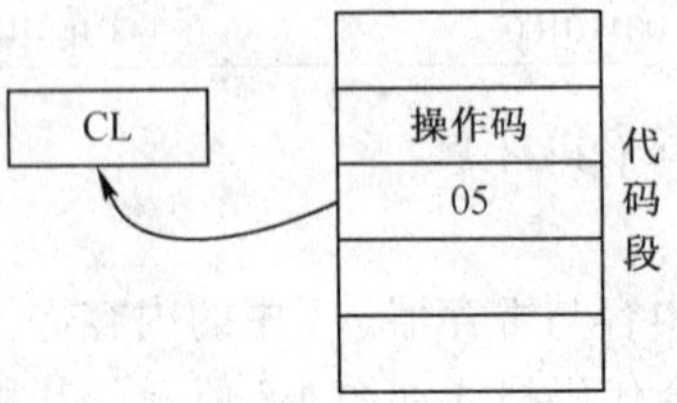

图 4-11　例 4-7 指令执行过程示意图

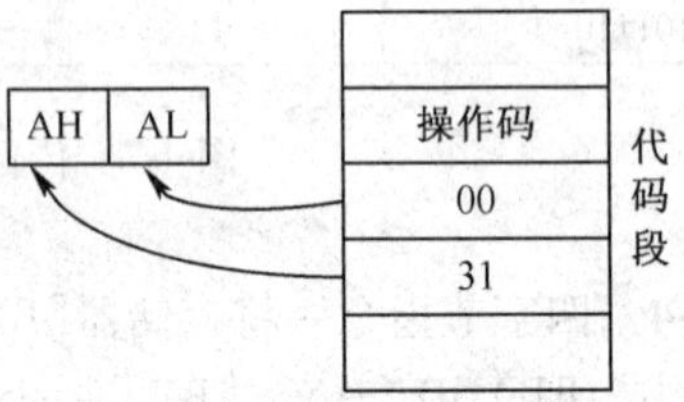

图 4-12　例 4-8 指令执行过程示意图

注意：立即数寻址方式主要用于给寄存器或存储单元赋初值。因为操作数可以从指令中直接获得，而不需要使用总线周期，所以，立即数寻址的特点就是速度快。立即数可以是 8 位，也可以是 16 位。如果立即数是 16 位，汇编后高字节存放在代码段的高地址单元中，低字节存放在代码段的低地址单元中。立即数只能是整数，而不能是小数；立即数只能用作源操作数，而不能用作目的操作数。

2. 直接寻址(Direct Addressing)

直接寻址是在指令操作码后面直接给出操作数的 16 位偏移地址。这个偏移地址也称为有效地址(Effective Address，EA)。它与指令操作码一起，存在内存的代码段。该地址单元中的数据总是存放在存储器中，此存储单元的实际物理地址是由段寄存器内容和指令码中直接给出的有效地址之和形成的。

注意：当采用直接寻址指令时，如果指令中没有用前缀指明操作数存放在哪一段，则默认为

使用的段寄存器为数据段寄存器 DS，因此，操作数的物理地址 = DS × 16 + EA，或 = DS × 10H + EA。在指令中为了与立即数相区别，必须将有效地址用一个方括号[ ]括起来。

例 4-9　MOV　AX，[3100H]

假设 DS = 6000H，则该条指令的功能是：将物理地址为 63100H 单元的内容送入 AL，将 63101H 单元的内容送入 AH。这是因为指令直接给出了操作数的有效地址 EA = 3100H，即源操作数的物理地址 = 6000H × 10H + 3100H = 63100H。由于目的操作数是 16 位寄存器 AX，所以，此指令把该地址处的一个字送进 AX。若地址 63100H 中的内容为 34H，63101H 中的内容为 12H，我们用(63100H) = 1234H 来表示这个字。则执行指令后，AX = 1234H。指令执行过程如图 4-13 所示。

直接寻址指令的操作数一般隐含在内存数据段 DS 中，但允许段超越。

例 4-10　MOV AX，CS：[3100H]

假设 DS = 6000H，CS = 3000H，则该条指令的功能是：将物理地址为 33100H 单元和 33101H 单元的内容送入 AX，而不是将 63100H 和 63101 单元的内容送入 AX。这是因为指令在给出了操作数的有效地址 EA = 3100H 前加了 CS：(这里的冒号"："称为修改属性运算符)，这时存储单元所在的段不是 DS，而是超越为段寄存器 CS。由于 CS = 3000H，则源操作数的物理地址不是以前的 63100H，而是 3000H × 10H + 3100H = 33100H。这时如果物理地址 33100H 中的内容为 78H，33101H 中的内容为 56H，则执行指令后，AX = 5678H。指令执行过程如图 4-14 所示。

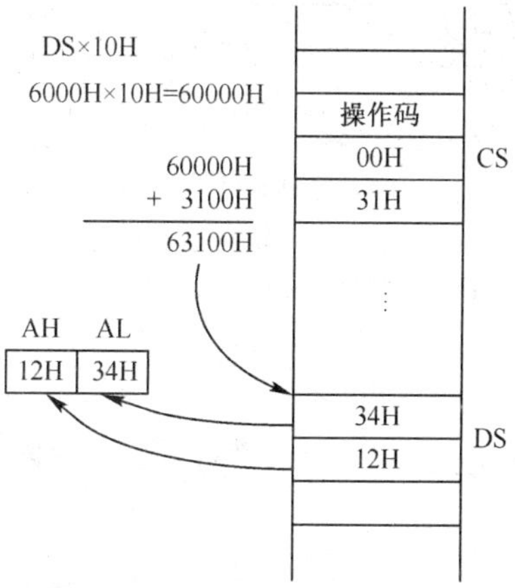

图 4-13　例 4-9 指令执行过程示意图

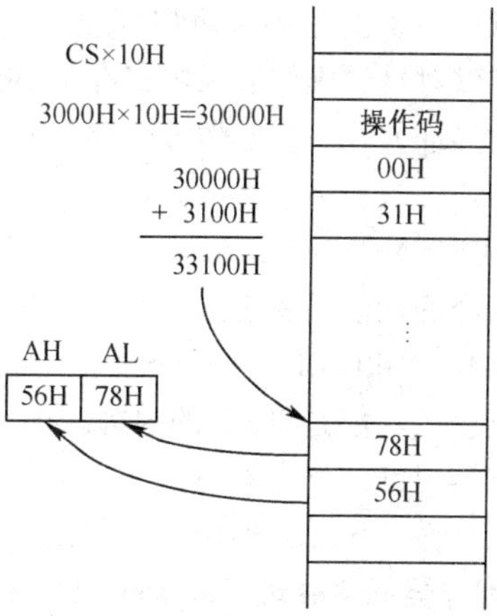

图 4-14　例 4-10 指令执行过程示意图

直接寻址操作数还有一种表现形式，就是允许用符号地址代替数值地址，实际上就是给存储单元起一个名字，这样，如果需要调用这些单元的内容，只要使用其名字即可，不必记住单元的物理地址。

例 4-11　MOV AX，BUFF

这条指令中的操作数 BUFF 是一个变量，它代表一个符号地址，该指令执行后，将从有效地址为 BUFF 的存储单元中取出一个字送到 AX 中去。当然，要使用这个变量 BUFF，就首先要对它进行定义。

例 4-12　BUFF　DW 0100H

```
                ⋮
MOV AX，BUFF
```

这里的 DW 是伪指令语句，是用来定义变量的，它表示 0100H 这个数所在数据段中存储单元的地址。MOV AX，BUFF 的功能是将 BUFF 单元中的内容送到 AX 中，指令执行后结果是 AX＝0100H。当然，在指令中符号还可以表示一个数。

例 4-13 BUFF EQU 0100H

⋮

MOV AX，BUFF

这里的 EQU 是等值伪指令语句，用来给常数 0100H 定义一个符号名 BUFF，在此后的程序中，符号 BUFF 便代表一个立即数 0100H。执行 MOV AX，BUFF 指令后，AX＝0100H。

注意：在例 4-12 和例 4-13 中执行 MOV AX，BUFF 指令后结果相同，但符号 BUFF 的含义却不同。在例 4-12 中 BUFF 代表一个存储单元的物理地址，是一个变量，而例 4-13 中的 BUFF 则代表一个具体的数。指令中的 DW、EQU 是伪指令助记符。有关汇编语言伪指令的概念，将在第 5 章详细介绍。

3. 寄存器寻址(Register Addressing)

如果指令中指定的操作数是 CPU 内部寄存器，这种寻址方式就叫寄存器寻址方式。寄存器可以是 16 位通用寄存器 AX、BX、CX、DX、SI、DI、SP、BP 和 8 位寄存器 AH、AL、BH、BL、CH、CL、DH、DL 以及段寄存器 DS、CS、SS 和 ES 。

例 4-14 MOV SS，AX

该指令将累加器 AX 的内容传送给堆栈段寄存器 SS，指令执行情况如图 4-15 所示。

注意：一条指令中，可以对源操作数采用寄存器寻址方式，也可以对目的操作数采用寄存器寻址方式，还可以两者都用寄存器寻址方式。源操作数的字长必须与目的操作数的字长一样。

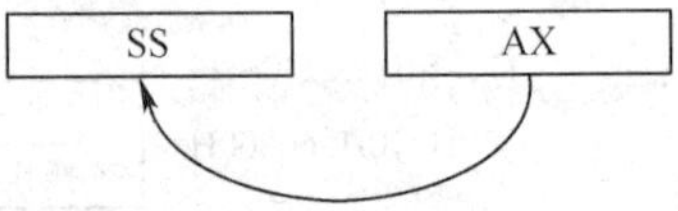

图 4-15 例 4-14 指令执行过程示意图

例 4-15 MOV AH，AL

该指令的功能是将累加器 AL 中的内容传送给累加器 AH。

例 4-16 DEC CL

该指令的功能是将 CL 的内容减 1，结果存入 CL 中。

寄存器寻址的指令本身存放在存储器的代码段，操作数在 CPU 内部进行，不用访问存储器而取得操作数，不需要使用总线周期，因此执行速度快。

4. 寄存器间接寻址(Register Indirect Addressing)

寄存器间接寻址方式是指令中的操作数是以寄存器的内容为存储单元的有效地址，也就是说存储单元的有效地址存放在寄存器中。这些寄存器可以是 BX、BP、SI 和 DI 之一。

寄存器 BX、SI、DI 进行间接寻址时，如果指令前面没有用前缀具体指明段寄存器，则寻址时默认的段寄存器是数据段寄存器 DS。而利用寄存器 BP 进行间接寻址时，则寻址时默认的段寄存器是堆栈段寄存器 SS。指令形式可以有下列几种表现形式，如图 4-16 所示。

$$EA=\begin{cases}[BP]\\ [BX]\\ [SI]\\ [DI]\end{cases}$$

图 4-16 有效地址

MOV AX，[BX]

该指令的功能是将物理地址＝DS×10H＋BX 单元中的内容，传送给累加器 AX。

MOV BX，[SI]

该指令的功能是将物理地址＝DS×10H＋SI 单元中的内容，传送给寄存器 BX。

MOV DX，[DI]

该指令的功能是将物理地址＝DS×10H＋DI 单元中的内容，传送给数据寄存器 DX。

MOV　CX，[BP]

该指令的功能是将物理地址 = SS × 10H + BP 单元中的内容，传送给计数寄存器 CX。

例 4-17　已知：DS = 2000H，BX = 1000H，[21000H] = 0A7FH，试问执行 MOV　AX，[BX] 指令后累加器 AX 中的数值为多少？

分析：根据上面第一种情况，则寻址的存储单元的物理地址为 DS × 10H + BX = 2000H × 10H + 1000H = 21000H。该指令的功能是将物理地址 21000H 和 21001H 单元中的内容传送给累加器 AX。所以，其结果 AX = 0A7FH，原存储单元内容不变。指令执行过程如图 4-17 所示。

例 4-18　已知：SS = 3000H，BX = 89AAH，BP = 1000H，试问执行 MOV [BP]，BX 指令后物理地址 31000H 和 31001H 中的数值为多少？

分析：根据上面第四种情况，寻址的存储单元的物理地址 = SS × 10H + BP = 3000H × 10H + 1000H = 31000H。该指令的功能是将基址寄存器 BX 的内容传送给物理地址为 31000H 和 31001H 单元中。所以，其结果为：(31000H) = (3000H: 1000H) = AAH；(31001H) = (3000H: 1001H) = 89H。指令执行过程如图 4-18 所示。

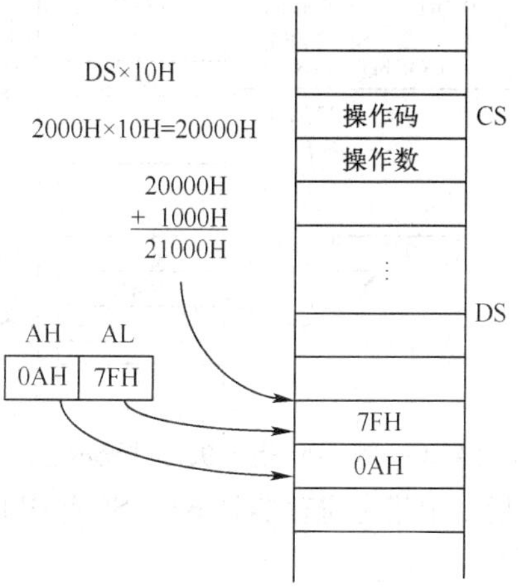

图 4-17　例 4-17 指令执行过程示意图

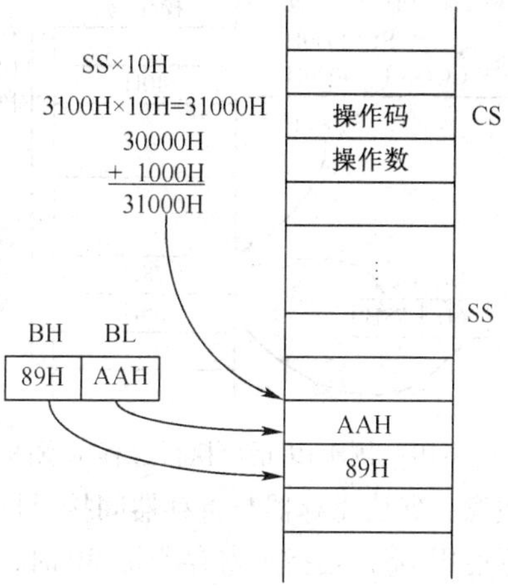

图 4-18　例 4-18 指令执行过程示意图

注意：用 BX、SI、DI 或 BP 作为间接寻址寄存器必须加上方括弧，同时它们也允许段超越。例如：

```
MOV   AX，ES：[BP]   ；原操作数地址 = ES × 10H + BP
MOV   DX，CS：[DI]   ；原操作数地址 = CS × 10H + DI
MOV   SS：[SI]，DX   ；目的操作数地址 = SS × 10H + SI
MOV   DS：[BP]，DX   ；目的操作数地址 = DS × 10H + BP
```

5. 寄存器相对寻址方式(Register　Relative　Addressing)

寄存器相对寻址是操作数的有效地址是一个基址或变址寄存器的内容和无符号的 8 位或 16 位位移量(Displacement)之和，这种寻址方式与寄存器间接寻址方式十分相似，主要区别是前者在有效地址上还要加一个位移量。即

$$EA = \begin{cases} BP \\ BX \\ SI \\ DI \end{cases} + \begin{cases} 8\text{ 位位移量} \\ 16\text{ 位位移量} \end{cases}$$

例 4-19 已知：DS = 3000H，SI = 2000H；位移量 DISP = 4000H，内存单元(36000H) = 78H，(36001H) = 56H，试问执行指令 MOV BX，DISP[SI]后基地址寄存器 BX 中的数值为多少？

分析：根据题目所给已知条件，可以得到寻址的存储单元的物理地址 = DS × 10H + SI + DISP = 3000H × 10H + 2000H + 4000H = 36000H。该条指令的功能是将物理地址为 36000H 和 36001H 单元中的内容传送给基址寄存器 BX。所以，执行结果为 BX = 5678H。指令执行过程如图 4-19 所示。

无论用 BX、SI、DI 还是 BP 进行寄存器相对寻址操作，都允许进行段超越，与寄存器间接寻址四种情况一样。

例 4-20 已知：ES = 3000H，SI = 2300H，位移量 COUNT = 0080H，（内存单元 32380H）= 98H，试问执行 MOV DH，ES：COUNT[SI]指令后数据寄存器 DH 中的数值为多少？

分析：根据题目所给已知条件，可以得到寻址的存储单元的物理地址 = ES × 10H + SI + COUNT = 3000H × 10H + 2300H + 0080H = 32380H。该指令的功能是将物理地址为 32380H 单元中的内容传送给数据寄存器 DH。所以，其执行指令结果为 DH = 98H。指令执行过程如图 4-20 所示。

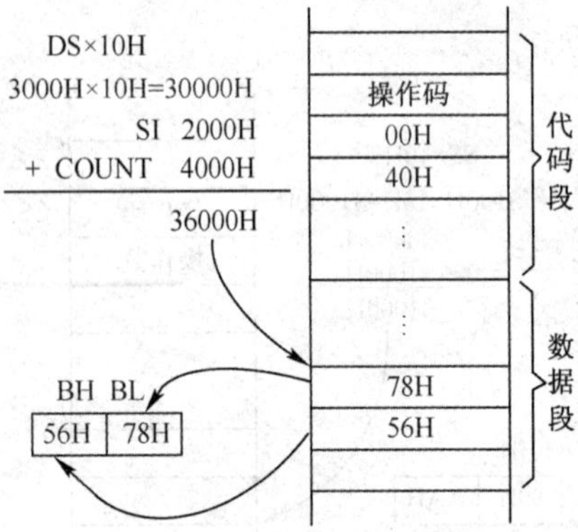

图 4-19 例 4-19 指令执行过程示意图

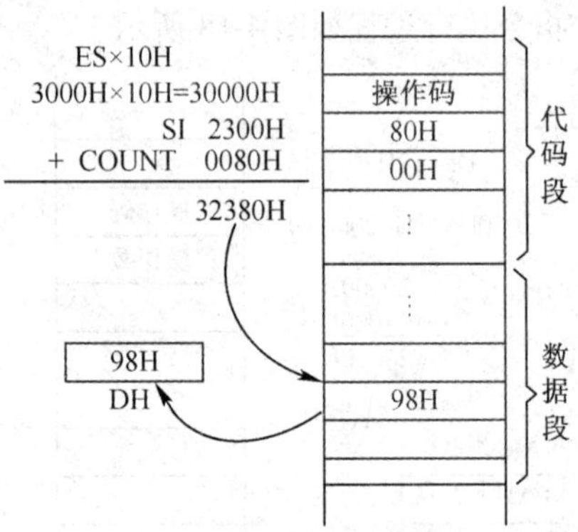

图 4-20 例 4-20 指令执行过程示意图

注意：默认寄存器与寄存器间接寻址情况一样，当指令中指定寄存器是 BX、SI 或 DI 时，段寄存器使用 DS，当指定寄存器是 BP 时，段寄存器使用 SS。

6. 基址、变址寻址方式(Based Indexed Addressing)

将基址寻址方式和变址寻址方式联合起来的寻址方式称为基址变址寻址方式。在基址变址寻址方式中操作数的有效地址是一个基址寄存器(BX 或 BP)和一个变址寄存器(SI 或 DI)的内容之和。即

$$EA = \begin{cases} BX \\ 或 \\ BP \end{cases} + \begin{cases} SI \\ 或 \\ DI \end{cases}$$

下面的几种写法在汇编语言中是等效的。

MOV AX，[BX + SI]

MOV AX，[BX] + [SI]

MOV AX，[BX][SI]

其物理地址均为 DS ×16(或 DS × 10H) + BX + SI。

注意：其余的几种[BX + DI]、[BP + SI]、[BP + DI]写法和[BX + SI]类似。但计算物理地址时，在指令中如果基地址是寄存器 BX，则默认段寄存器为 DS；在指令中如果基地址是基址指针寄存器 BP，则默认段寄存器为 SS。同样，也允许进行段超越。

例 4-21 已知：DS = 3000H，SI = 2300H，BX = 0100H，内存单元[32400H] = 34H，

[32401H] = 12H，试问执行 MOV　AX，[BX] + [SI]指令后累加器 AX 中的数值为多少?

分析：根据题目所给已知条件，可以得到寻址的存储单元的物理地址 = DS × 10H + BX + SI = 3000H × 10H + 0100H + 2300H = 32400H。该条指令的功能是将物理地址为 32400H 和 32401H 单元中的内容传送给累加器 AX。所以，执行结果为 AX = 1234H。指令执行过程如图 4-21 所示。

例 4-22　已知：SS = 7000H，SI = 1000H，BP = 0100H，内存单元[71100H] = 89H，[71101H] = 67H，试问执行 MOV　AX，[BP][SI]指令后累加器 AX 中的数值为多少?

分析：根据题目所给已知条件，可以得到寻址的存储单元的物理地址 = SS × 10H + BP + SI = 7000H × 10H + 0100H + 1000H = 71100H。该条指令的功能是将物理地址为 71100H 和 71101H 单元中的内容传送给累加器 AX。所以，执行结果为 AX = 6789H。指令执行过程如图 4-22 所示。

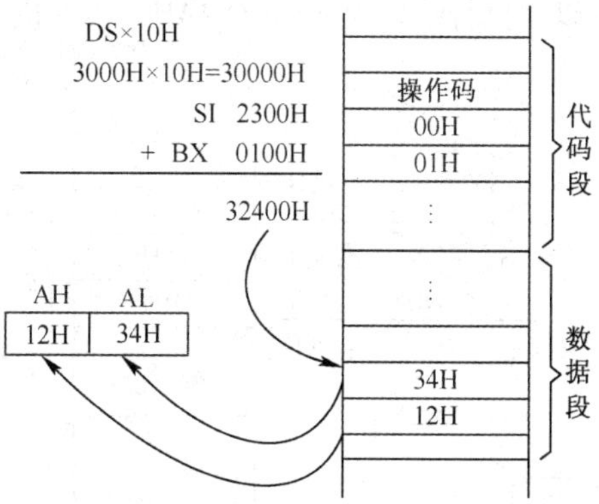

图 4-21　例 4-21 指令执行过程示意图

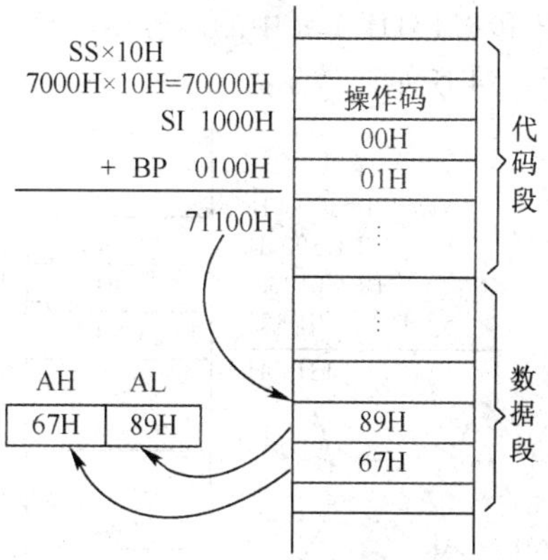

图 4-22　例 4-22 指令执行过程示意图

7. 基址、变址相对寻址方式(Relative Based Indexed Addressing)

基址、变址相对寻址方式是基址、变址寻址方式再加上偏移量 DISP(即 16 位或 8 位的位移量)而得到。也就是说操作数的有效地址是一个基址寄存器和一个变址寄存器的内容，再加上指令中指定的 8 位或 16 位位移量之和。即

$$EA = \begin{cases} BX \\ 或 \\ BP \end{cases} + \begin{cases} SI \\ 或 \\ DI \end{cases} + DISP$$

在汇编语言中，变址寻址指令中一条指令可以有不同形式的写法，例如以下几种写法实质上代表同一条指令，其中 DISP 代表一个位移量常数。

MOV　AX，[BX + SI]DISP

MOV　AX，[BX] + [SI] + DISP

MOV　AX，[BX] [SI] DISP

MOV　AX，DISP[BX] [SI]

MOV　AX，DISP + [BX] + [SI]

其物理地址均为 DS × 16(或 DS × 10H) + BX + SI + DISP。

注意：其余的几种[BX + DI] DISP、[BP + SI] DISP、[BP + DI] DISP 写法和[BX + SI] DISP 类似。在计算物理地址时，情况与基址、变址方式一样。

例 4-23　已知：SS = 1000H，DI = 3000H，BP = 0100H，DISP = 0050H，内存单元[13150H] = 34H，[13151H] = 0ABH，试问执行 MOV　AX，[BP] + [DI] + DISP 指令后累加器 AX 中的数值为多少?

分析：根据题目所给已知条件，可以得到寻址的存储单元的物理地址 = SS × 10H + BP + DI + DISP = 1000H × 10H + 0100H + 3000H + 0050H = 13150H。该条指令的功能是将物理地址为 13150H 和 13151H 单元中的内容传送给累加器 AX。所以，执行结果为 AX = 0AB34H。指令执行过程如图 4-23 所示。

例 4-24 已知：ES = 8000H，DI = 2000H，BX = 0100H，DISP = 0030，内存单元[82130H] = 2AH，[82131H] = 3BH，试问执行 MOV AX，ES：[DI] + [BX] + DISP 指令后累加器 AX 中的数值为多少？

分析：根据题目所给已知条件，由于段超越，所以，存储单元的物理地址 = ES × 10H + BX + DI + DISP = 8000H × 10H + 0100H + 2000H + 0030H = 82130H。该条指令的功能是将物理地址为 82130H 和 82131H 单元中的内容传送给累加器 AX。所以，执行结果为 AX = 3B2AH。指令执行过程如图 4-24 所示。

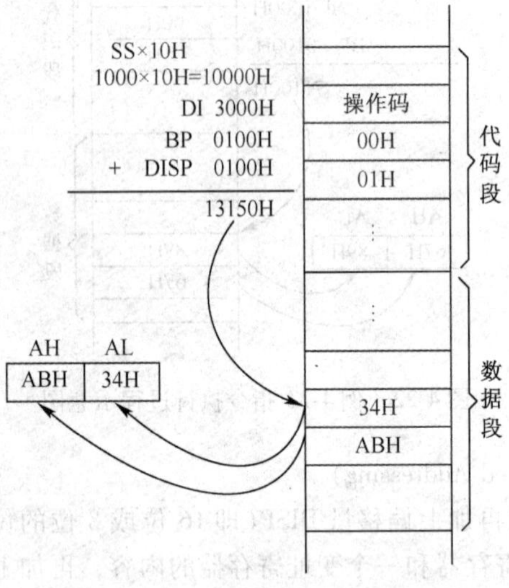

图 4-23 例 4-23 指令执行过程示意图

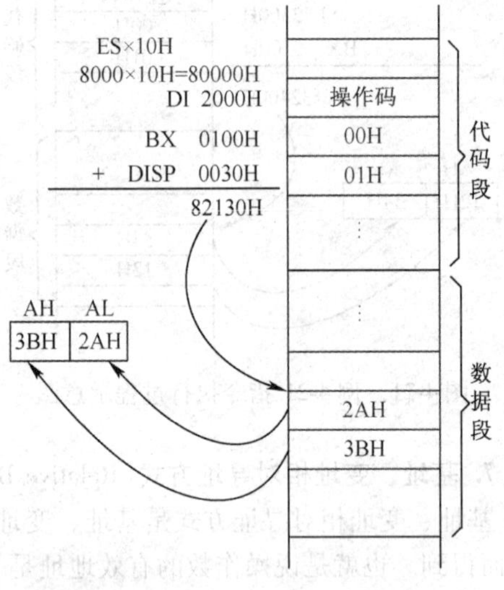

图 4-24 例 4-24 指令执行过程示意图

8. 隐含寻址

在 8086/8088 指令系统中，有些指令的操作码不仅包含了操作的性质，还隐含了部分操作数的地址。如除法指令 DIV SRC、扩展指令 CBW、调整指令 DAA 等。在这些指令中将源操作数或目的操作数隐含掉了。这种将一个操作数隐含在指令码中的寻址方式称为隐含寻址方式。

例 4-25 指令 DIV BL，它的功能是 AX 中的内容与 BL 中的内容相除，商送到 AL；余数送 AH。这条指令隐含了存放被除数的累加器 AX。

指令 CBW，它的功能是把寄存器 AL 中的字节的符号位扩充到 AH 的所有位。

指令 DAA，它的含义是对寄存器 AL 中的数据进行十进制数调整，结果仍保留在 AL 中。这两条指令隐含了 AL。

4.3.2 程序转移地址的寻址方式

程序转移地址寻址方式就是计算出程序转移以后，得到要执行的指令所在物理地址的方法，这种寻址不是寻找操作数。

在 8086 中，程序的执行是由代码段寄存器 CS 和指令指针 IP 的内容所决定的。在正常情况下，程序中的指令都是按顺序逐条执行的，每取出一条指令，指令指针 IP 就会自动改变指令指针 IP 的内容以指向下一条指令的地址。程序按预先存放在程序存储器中的指令次序，由低地址到高地址读取指令顺序执行。但是，当程序执行到某一特定位置时，根据程序设计的要求，需要改变程序的正常执行顺序，而把它转移到指定的指令地址。这种转移是在程序转移指令的控制下实现的，为满足程序转移的不同要求，8086 提供了无条件转移、条件转移、过程调用、循环控制以及中断等几类指令。程序在转移过程中按指令的要求修改 IP 内容或同时修改 IP 和 CS 的内容，将程序转移到指令所规定的转移地址。转移可以在本段内进行转移，转移在本段内进行转移时代码段 CS 的值不变，只改变 IP 的值。这种转移称为段内转移(也称为近转移)，目标属性为[NEAR]。如果段内转移的偏移量限制在 1 个字节(-128 ~ +127)范围内，称它为短转移。如果段内转移的偏移量限制在 1 个字(-32768 ~ +32767)范围内，又称它为近转移。

把既改变段的首地址又改变偏移量的转移称为段间转移(也叫远转移)，目标属性为[FAR]。不论是段内还是段间转移，就转移地址表现的形式而言，又可分为两种方式：

第一种方式：直接转移，在指令码中直接给出转移的目的地址，目的操作数用一个标号来表示，根据寻址分为段内寻址和段间寻址，所以，它又可分为段内直接转移和段间直接转移。

第二种方式：间接转移，目的地址包含在某个 16 位寄存器或存储单元中，CPU 必须根据寄存器或存储器寻址方式，间接地求出转移地址。所以，它同样又分为段内间接转移和段间间接转移。故此，程序转移地址的寻址方式一般可分成段内直接转移、段内间接转移、段间直接转移和段间间接转移这四种不同类型的寻址方式。

直接转移就是转移的目标地址直接出现在指令的机器码中；而间接转移，则是转移的目标地址间接存储在某一寄存器或内存变量中。当通过寄存器间接转移时，因为寄存器是 16 位，最大寻址空间是 64KB，所以利用寄存器寻址只能实现段内间接转移。

1. 段内直接(相对)寻址

(1) 段内直接短转移　段内直接寻址方式也称为相对寻址方式。所转移到的地址是当前的地址与指令规定的 8 位或 16 位位移量之和，这种寻址方式适用于条件转移或无条件转移类指令，但条件转移只有 8 位位移量的短程转移。

格式：JMP 短标号

功能：使程序无条件地转移到指令中指定的目的地址去执行。即指令从现行的物理地址 CS ×16 + IP 转移到指定的物理地址 CS × 16 + IP + 短标号偏移量(DISP 是 8 位位移量)。

注意：在段内直接短转移中，转移的范围在 -128 ~ +127个字节之内，即 -128≤DISP≤ +127。

例 4-26　JMP　NEXT

```
SUM:   AND   AL, 03H
         ⋮
NEXT: ADD   AL, 70H
         ⋮
```

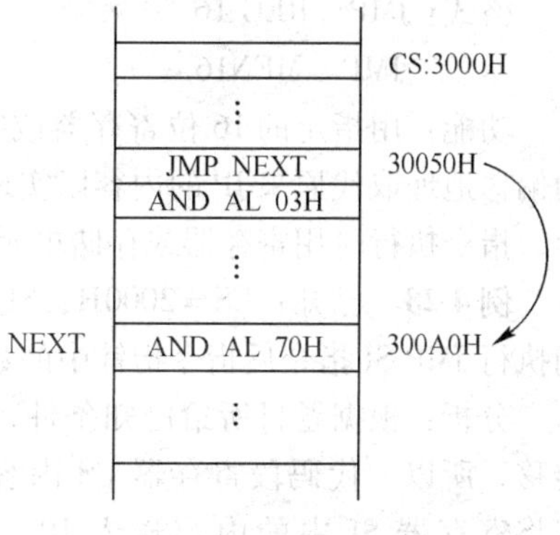

图 4-25　例 4-26 指令执行过程示意图

在这段程序中 NEXT 为短标号。执行这段指令时如果指令 JMP　NEXT 不是转移指令，则在执行完这条指令后应该执行后一条指令 AND　AL, 03H。但是，由于 JMP NEXT 是转移指令，所以，现在执行的指令是 NEXT：AND AL, 70H 而不是 AND　AL, 03H。指令执行情况如图 4-25 所示。

假设该代码段的 CS = 3000H 指令指针 IP = 0050，则 JMP　NEXT 指令的物理地址为 CS × 16

+IP=30050H。而 NEXT：AND AL，70H 指令的有效地址 IP=00A0H，其物理地址为 CS×16+IP=300A0H。则 DISP=300A0H－30050H=0050H。偏移量 DISP 在 －128≤DISP=0050H≤+127,所以，此转移为段内直接短转移。

（2）段内直接近转移

格式：JMP　近标号

功能：使程序无条件地转移到指令中指定的目的地址去执行。即指令从现行的物理地址 CS×16+IP 转移到指定的物理地址 CS×16+IP+近标号偏移量（DISP 是 16 位位移量）。

注意：在段内直接近转移中，转移的范围在－32768～+32767 个字节之内，即－32768≤DISP≤+32767。段内直接短转移是段内直接近转移指令的一个特例。

例 4-27　JMP　ERR

ABT：SUB　AL，10H

⋮

ERR：AND　BH，21H

⋮

在这段程序中 ERR 为近标号。假设该代码段的 CS=6000H 指令指针 IP=0020，近标号 ERR 的位移量 DISP 是 1070H，指令在执行完 JMP　ERR（其地址为 CS×16+IP=60020H）指令后，将跳转到指令 AND BH，21H（地址为 CS×16+IP+ DISP=61070H）去执行。偏移量 DISP 在－32768≤（DISP=1050H）≤+32767。所以，此转移为段内直接近转移。指令执行情况如图 4-26 所示。

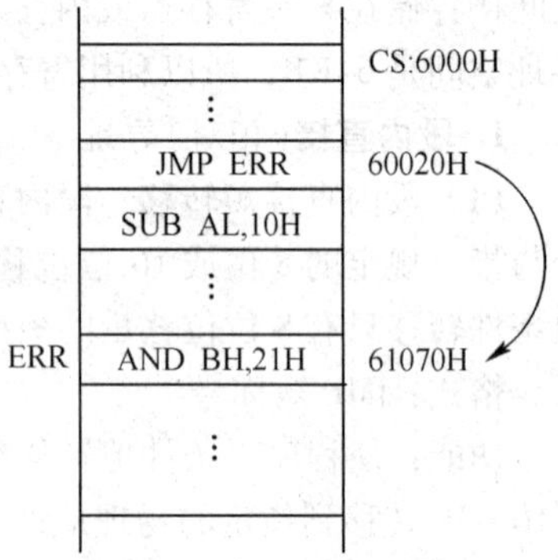

图 4-26　例 4-27 指令执行过程示意图

在机器语言指令中，8 位或 16 位位移量用带符号数表示，正的位移量表示向高地址方向转移，负的位移量表示向低地址方向转移，负位移量必须用补码表示。

2. 段内间接寻址

段内间接寻址是将程序转移的地址存放在寄存器或存储单元中。指令执行时用寄存器或存储单元的内容来替换 IP 的内容，由于段内间接寻址是在段内实现转移，所以，代码段寄存器 CS 内容不变，只改变指令指针 IP 的内容。

格式：JMP　REG 16

　　　JMP　MEN16

功能：用指定的 16 位寄存器或字存储器中的内容为目标的偏移地址取代原来 IP 的内容以实现程序的转移。即程序转移的地址存放在寄存器或存储单元中，指令执行时用寄存器或存储单元的内容来更新 IP 的内容，而代码段寄存器 CS 内容不变。

例 4-28　已知：CS=2000H，SI=3010H，试问执行 JMP SI 指令后指令指针中的数值为多少？

分析：根据题目所给已知条件，由于是段内转移，所以，代码段寄存器 CS 内容不变，故此仅将寄存器 SI 中的内容送入 IP，即 IP=SI=3010H。在执行 JMP　SI 指令后指令转移到地址为 23010H 处去执行指令 MOV AX，BV。指令执行情况如图 4-27 所示。

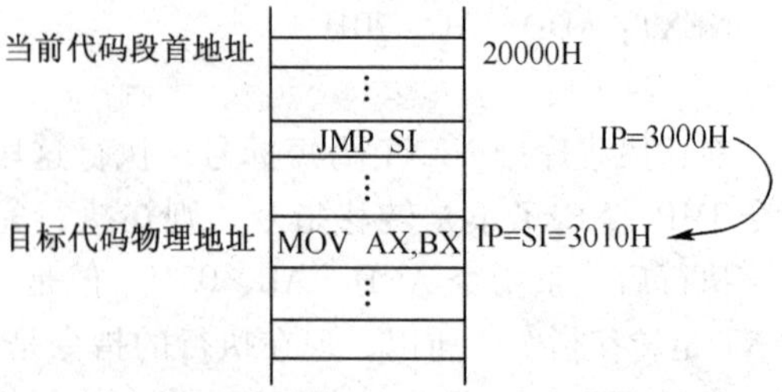

图 4-27　例 4-28 指令执行过程示意图

例 4-29　已知：DS=2000H，DI=1300H，COUNT=0010H，内存单元（21310H）=1AH，

(21311H) = 34H，试问执行 JMP　COUNT[DI]指令后指令指针中的数值为多少？

分析：指令的功能是将字存储器中的内容送入 IP，根据题目所给已知条件可得，字存储器单元的物理地址为 DS×16 + DI + COUNT = 21310H，所以，IP = 341AH。由于是段内转移，代码段寄存器 CS 内容不变。在执行 JMP　COUNT[DI]指令后指令转移到地址为 4341AH 处去执行指令 AND AL，08H。指令执行情况如图 4-28 所示。

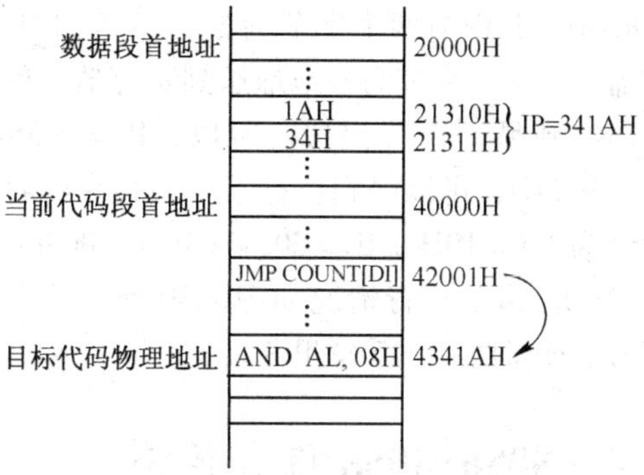

图 4-28　例 4-29 指令执行过程示意图

3. 段间直接寻址方式

该指令的操作数是一个远标号，该标号在另一个代码段内。段间直接寻址是将远标号的偏移地址取代指令指针寄存器 IP 的内容，将远标号的段地址取代当前段寄存器 CS 的内容，使程序在执行完当前的指令后转移到另一代码段内由标号指定的指令进行。

格式：JMP　远标号

功能：将标号的偏移地址送入指令指针寄存器 IP，将标号的段地址送入当前段寄存器 CS，从而使程序从当前代码段转移到另一个代码段。

例 4-30

```
ADD1: INC   BH
        ⋮
      JMP   ADD1
BDD1: ADD   AL, 10H
        ⋮
```

标号 BDD1 是当前段中的一个标号，而 ADD1 是另一段程序中的一个标号，是远标号。假设当前代码段寄存器 CS = 6000H，指令指针 IP = 0020H；而标号 ADD1 所在代码段寄存器 CS1 = 1000H，偏移量 DISP = 0500H。则在执行完指令 JMP　ADD1(其物理地址为 CS×10H + IP = 60020H)后，将跳转到指令 INC　BH(地址为 CS1×10H + IP = 10500H)去执行。此转移为段间直接近转移。指令执行情况如图 4-29 所示。

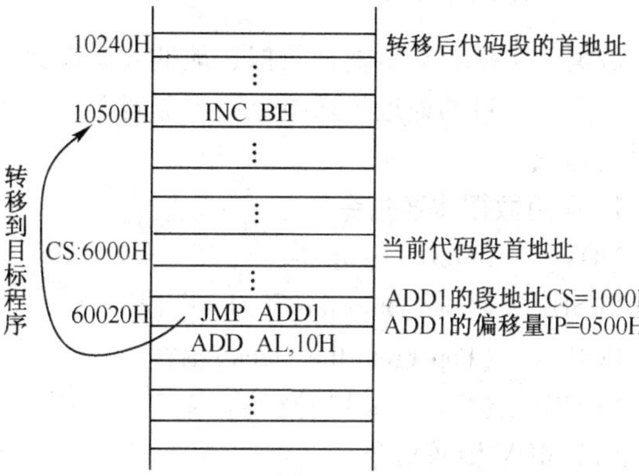

图 4-29　例 4-30 指令执行过程示意图

4. 段间间接寻址

段间间接寻址是将目标程序的段地址和偏移量事先存放在存储器中 4 个连续单元中。其中前两个字节为偏移量，后两个字节为段地址，转移指令中给出存放目标地址的存储单元首字节地址。在程序转移时，将 2 个低地址的内容送给指令指针寄存器 IP，将 2 个高地址的内容送给段寄存器 CS。

格式：JMP MEN32　　　；[MEN32]→IP　，[MEN32 + 2]→CS

功能：将寻址的 32 位存储器前两个字节内容送到 IP 寄存器，存储器的后两个字节内容送到 CS 寄存器，以实现从目前执行段到另一个代码段(目标段)的转移。

例 4-31　已知：指令当前 CS = 3200H，IP = 0800H，DS = 2000H，BX = 1200，SI = 0620H，内存单元(21820H) = 0038H，(21822H) = 5024H，试问执行完 JMP　[BX][SI]指令后，执行下一条指令的物理地址为多少？

分析：指令功能是将地址转移到目的操作数所指的存储器中4个连续单元中所存地址去执行。根据题目所给已知条件可得，存放目标地址的存储单元首字节的物理地址为 DS × 10H + BX + SI = 2000 × 10H + 1200H + 0620H = 21820H。其中前两个字节为偏移量送到 IP 寄存器，后两个字节为段地址送到寄存器，使指令转移到另一个代码段。所以，IP = 0038H，CS = 5024H，可以得到执行下一条指令的物理地址为 CS × 10H + IP = 5024 × 10H + 0038H = 50278H。指令执行情况如图4-30所示。关于标号、变量将在第5章里介绍。

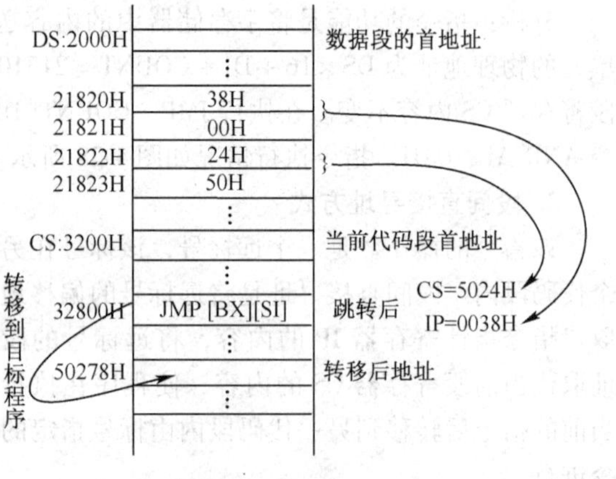

图4-30　例4-31 指令执行过程示意图

4.4　8086/8088 指令系统

不同的微处理器各自都具有不同的指令系统，8088/8086 的指令系统是一个较为强大的指令系统。按照功能可将它们分为数据传送指令(Data transfer instructions)、算术运算指令(Arithmetic instructions)、逻辑运算和移位指令(Logical instructions)、串操作指令(String instructions)、控制转移指令(Program transfer instructions)、处理器控制指令(Processor control instructions)6大类。

4.4.1　数据传送指令

数据传送指令是负责把数据、地址或立即数传送到寄存器或存储单元中。它又可分为通用数据传送指令、目的地址传送指令、累加器专用传送指令、类型转换指令和标志传送指令5种，分别说明如下：

1. 通用数据传送指令

MOV　　(Move)传送
PUSH　　(Push Onto the Stack)进栈
POP　　(Pop From the Stack)出栈
XCHG　　(Exchange)交换

(1) MOV 传送指令

格式：MOV DEST，SRC

功能：将源操作数送至目标操作数。

注意：存储器之间的传送、立即数至段寄存器、段寄存器之间的传送，都不能用一条指令完成，而需要通过两条 MOV 指令。立即数不能为目的操作数。

特点如下：

1)可传送字节操作数(8位)，也可以传送字操作数(16位)。

2)可用7种寻址方式。

3)可实现：①寄存器与寄存器/存储器之间；②立即数至寄存器/存储器；③寄存器/存储器与段寄存器之间的传送。具体情况如图4-31所示。

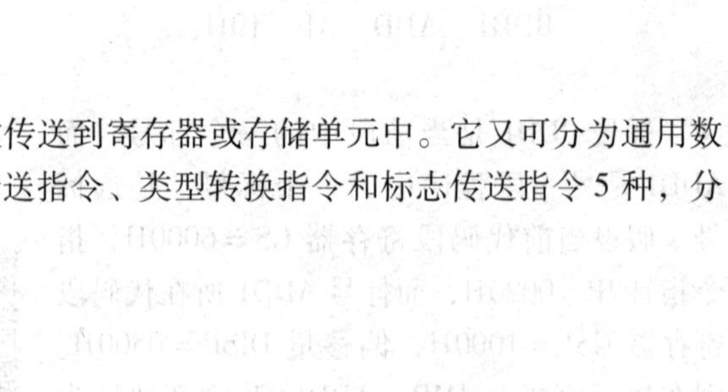

图4-31　MOV 指令允许传送数据的途径

指令中至少要有一项明确说明传送的是字节还是字，MOV 指令允许数据传送的途径如图 4-31 所示。下面再举一些例子来进一步说明它的功能与用法。

例 4-32
```
MOV  AL, 5                ; 将立即数 5 送入寄存器 AL，立即数寻址方式
MOV  BX, [1000H]          ; 将存储器 [1000H] 的内容送入寄存器，直接寻址方式
MOV  DISP [BX], AX        ; 将累加器 AX 的内容送入存储器，寄存器寻址方式
MOV  AX, [DI]             ; 将存储器的内容送入累加器 AX，寄存器间接寻址方式
MOV  CX, Count [SI]       ; 将存储器的内容送入计数寄存器，寄存器相对寻址方式
MOV  DX, [BP] [DI]        ; 将存储器的内容送入数据寄存器 DX，基址、变址寻址方式
MOV  ES, DISP [BX] [SI]   ; 将存储器的内容送入段寄存器 ES，基址、变址相对寻址方式
```

（2）堆栈操作指令　在汇编语言程序设计中，常常要用到子程序和中断程序，子程序调用和中断处理过程时，分别要保存返回地址和断点地址，在进入子程序和中断处理后，还需要保留通用寄存器的值；子程序返回和中断处理返回时，则要恢复通用寄存器的值，并分别将返回地址或断点地址恢复到指令指针寄存器中，而且有时还需要保存一些有用信息。但是在微处理器中只有 8 个通用寄存器，显然 8 个通用寄存器是远远满足不了要求的，要满足程序设计要求，8086 指令系统设计了专用的堆栈操作指令，这些要求都可以通过堆栈来实现。

堆栈是在内存中开辟的一个特定的区域，用以存放 CPU 寄存器或存储器中暂时不用的数据。从堆栈中读写数据，与内存的其他段相比，有两个特点：①在数据段和附加段存放数据时，一般是从低地址开始向高地址存放数据，而用 PUSH 指令向堆栈中存放数据时总是从高地址开始逐渐向低地址方向增长。②堆栈指令遵循“先进后出”，“后进先出”的原则，凡是用 PUSH 指令最后推入堆栈的数据，用 POP 指令弹出时最先出栈。

PUSH　AX；SP←（SP－2）；[（SP）＋1]←AH，[SP]←（AL）

POP　BX；SP←（SP＋2）；BL←[SP]，BH←[（SP）＋1]

格式：PUSH　SRC

　　　POP　DEST

功能：PUSH 指令将寄存器或存储器的内容推入堆栈；POP 指令将堆栈中的内容弹出到寄存器或存储器。

PUSH 和 POP 指令的操作数可能有三种情况：①通用寄存器；②段寄存器（CS 例外，PUSH CS 是合法的，而 POP CS 是非法的）；③存储器。

注意：在使用 PUSH 指令时允许立即数寻址方式，而在使用 POP 指令时不允许立即数寻址方式。堆栈指针 SP 始终指的是栈顶的地址。无论哪一种操作数，其类型必须是字操作数（16 位）。

```
PUSH  AX            ; 将累加器的内容推入堆栈
PUSH  CS            ; 将段寄存器 CS 的内容推入堆栈
PUSH  DATA [SI]     ; 将两个连续的存储单元内容推入堆栈
POP   DI            ; 将栈顶连续两个单元的内容弹出到变址寄存器中
POP   ES            ; 将栈顶连续两个单元的内容弹出到段寄存器中
POP   ALPHA [BX]    ; 将栈顶连续两个单元的内容弹出到连续两个存储单元中
```

下面举例说明堆栈指令的操作过程。

例 4-33　设 SS＝2000H，SP＝0040H，BX＝1234H，AX＝5678H，依次执行下列指令：

PUSH BX

PUSH AX

POP BX

堆栈中的数据和 SP 的变化情况如图 4-32 所示。

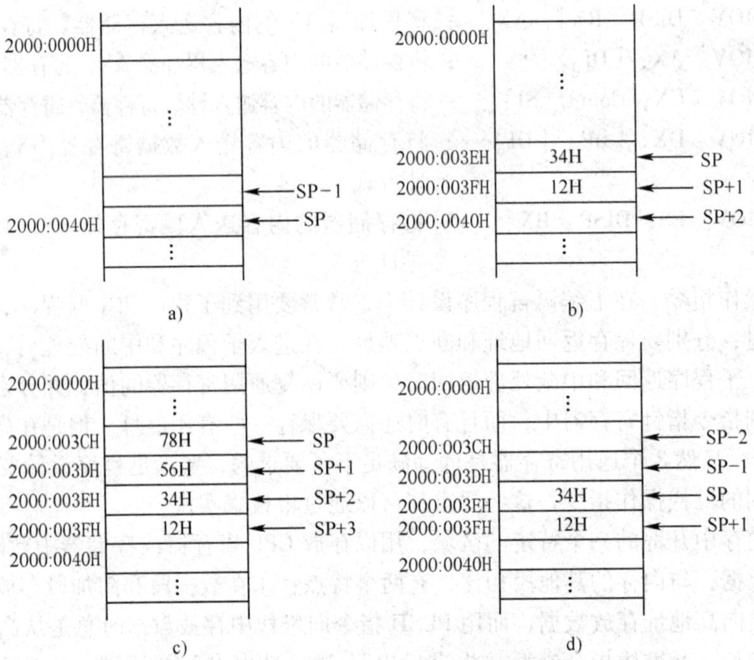

图 4-32 PUSH 和 POP 指令执行过程

a）指令执行前 AX = 5678H，BX = 1234H b）执行 PUSH BX 指令后 AX = 5678H，BX = 1234H

c）执行 PUSH AX 指令后 AX = 5678H，BX = 1234H d）执行 POP BX 指令后 AX = 5678H，BX = 5678H

（3）XCHG（Exchange）交换指令

格式：XCHG DEST，SRC

功能：使源操作数与目标操作数进行交换。

注意：交换指令的源操作数和目标操作数可以是寄存器或存储器，但二者不能同时为存储器，交换内容可以是字（16 位），也可以是字节（8 位）。段寄存器 CS 和指令指针寄存器 IP 不能参加交换。立即数也不参与交换。

例如 XCHG BL，DL ；寄存器之间字节交换

XCHG AX，SI ；寄存器之间交换，字操作

XCHG COUNT［DI］，AX ；寄存器与存储器交换，字操作

例 4-34 XCHG DX ，［BP］［DI］COUNT

如指令执行前：DX = 2A10H，BP = 1000H，DI = 0300H，SS = 4000H，COUNT = 0050H，［41350H］ = 6FABH。源操作数［BP］［DI］COUNT 的物理地址 = SS × 10H + BP + DI + COUNT = 40000H + 1000H + 0300H + 0050H = 41350H 则指令执行后：DX = 6FABH，［41350H］ = 2A10H。

2. 目的地址传送指令（Address-Object Transfer）

在 8086/8088 指令中有 3 条专门传送地址的指令，用它来传送操作数的段地址和偏移地址，

三条指令如下：

（1）LEA 有效地址传送指令（Load Effective Address）

格式：LEA DEST，SRC

功能：将源操作数的有效地址传送到目标操作数。

例如　LEA　SI，ADD1　　　　　　；将名字 ADD1 的偏移地址送给 SI

　　　LEA　DI，[BX][SI]　　　　　；将 BX + SI 之和送给 DI

　　　LEA　DX，COUNT [BX][SI]；将 COUNT + BX + SI 之和送给 DX

注意：指令要求源操作数不能是立即数和寄存器，目的操作数必须是一个除段寄存器之外的 16 位寄存器。

另外，注意 LEA　AX，[DI] 与 MOV　AX，[DI] 指令的区别。

例 4-35　已知数据段 DS = 1100H，DI = 0300H，某一单元的物理地址及单元中的内容是 (11300H) = 3A4BH。试问执行完以下两条指令后，累加器 AX 中的内容为多少？

1）LEA　AX，[DI]

2）MOV　AX，[DI]

分析：第一条指令是一条有效地址传送指令，其功能是将源操作数 [DI] 的有效地址，即 16 位偏移地址传送到目标操作数 AX。所以，AX = 0300H。

第二条指令是一条 MOV 数据传送指令，其功能是将源操作数 [DI] 单元中的数据 3A4BH，传送到目标操作数 AX。所以，AX = 3A4BH。

在有些时候，MOV 指令也可以代替 LEA 指令来获取偏移地址。

例 4-36　下面这两条指令的功能是相同的，它们都是把 ADD1 的偏移地址送到变址寄存器 DI 中，即

```
LEA   DI, ADD1
MOV   DI, OFFSET   ADD1
```

其中，OFFSET 是数值运算符，将在第 5 章介绍。

但是，有一些情况下，必须使用有效地址传送指令 LEA 来完成偏移地址的传送，而不能用 MOV 数据传送指令取代。

例 4-37　在程序设计中，经常要用查表的方式实现数字 0 ~ 9 的显示。首先将 0 ~ 9 十个数字对应的编码，存放在数据段中，其变量名为 ADD1。这时如果要显示 0，可以直接用 MOV 指令来实现，但是，如果要显示 5 就不能直接用 MOV 指令来实现，而要用 LEA 指令或换码指令 XLAT 来实现。我们可以用如下程序实现，即

```
LEA     DI,     ADD1
MOV     AL,     5 [DI]
OUT     60H,    AL
```

利用 LEA 指令来直接寻址存储器操作数的有效地址时，作用不太显著。因为直接存储器操作数的地址是已知的常数，而对于间接存储器操作数的地址，用 LEA 指令来获取比较有效。

（2）LDS 地址指针装入 DS 指令（Load point using DS）

格式：LDS　DEST，SRC

功能：如果源操作数是存储器，则将源操作数所指定的连续 4 字节存储单元中的数据取出，其中将高位两个字节（表示变量的段地址）的内容送入段寄存器 DS，将低位两个字节（表示变量的偏移地址）的内容送入指令中指定的目的寄存器中。如果源操作数是名字，则将名字所在段的首地址送 DS，将名字的偏移地址送目的操作数。名字将在第 5 章介绍。

注意：指令中源操作数可以是任意一个存储器，而目的操作数则必须是 16 位通用寄存器，一般用变址寄存器 SI 或 DI，但不能用段寄存器。

例 4-38 已知某个名字 ADD1 所在段的首地址是 1000H，名字 ADD1 距首地址的距离是 0020H，试问执行完指令 LDS DI，ADD1 后，变址寄存器 DI 和段寄存器 DS 中的内容为多少？

分析：这是一条地址指针装入 DS 指令，其功能是将段的首地址 1000H 送入段寄存器 DS，将名字 ADD1 偏移量 0020H 送变址寄存器 DI。所以，执行完指令后，段寄存器 DS = 1000H；变址寄存器 DI = 0020H。

例 4-39 已知数据段 DS = 2000H，SI = 0500H，BX = 3000H，物理地址为（23500H）、（23501H）、（23502H）、（23503H）连续 4 个单元中的内容是 1AH、4BH、9CH 和 0E6H。试问执行完指令 LDS SI，[BX][SI] 后，变址寄存器 SI 和段寄存器 DS 中的内容为多少？

分析：这条指令是一条地址指针装入指令，其功能是将 9CH 和 0E6H 送入段寄存器 DS，将 1AH 和 4BH 送变址寄存器 SI。所以，执行完指令后，段寄存器 DS = 0E69CH，变址寄存器 SI = 4B1AH。

（3）LES 地址指针装入 ES 指令（Load point using ES）

格式：LES DEST，SRC

功能：与 LDS 相似，只是段地址是附加段寄存器 ES，而不是 DS。

注意：与 LDS 相同。

例 4-40 已知数据段 ES = 3100H，DI = 0320H，BX = 1000H，COUNT = 0010H，物理地址为（32330H）、（32331H）、（32332H）、（32333H）连续 4 个单元中的内容是 56H、41H、48H 和 0F2H。试问执行完指令 LES DI，COUNT [BX] + [DI] 后，变址寄存器 DI 和段寄存器 ES 中的内容为多少？

分析：这条指令是一条地址指针装入 ES 指令，其功能是将 48H 和 0F2H 送入段寄存器 ES，将 56H 和 41H 送变址寄存器 DI。所以，执行完指令后，段寄存器 ES = 0F248H，变址寄存器 DI = 4156H。

目标地址传送指令常常用于在串操作时建立初始的地址指针，串操作时源数据串隐含的段寄存器为 DS，偏移地址在 SI 中，目标数据串隐含的段寄存器为 ES，偏移地址在 DI 中。

3. 累加器专用传送指令

在 8086/8088 指令系统中有三条指令，它们只限于使用累加器，也就是说，在指令中的源操作数或目的操作数必须有一个是累加器 AX（字）或 AL（字节）。

（1）IN 输入指令（Input）

格式：IN ACC PORT ；[PORT] →ACC

功能：将一个端口 PORT 上的数据一个字节或一个字送到累加器（ACC）。

注意：I/O 端口不是按存储器统一编址，而是按照独立的 I/O 空间编址（编址方式在第 6 章介绍）方式进行编址。

8086 有直接端口寻址和间接端口两种寻址方式：

①直接端口寻址方式。在直接端口寻址方式中，I/O 端口地址由指令直接提供，I/O 端口的地址用 8 位地址码来表示，它是指令码的一部分。如输入指令 IN AL，60H，此指令表示从 I/O 地址号为 60H 的端口中读取数据送到 AL 中。由于一个 8 位二进制数的最大值为 $2^8 - 1 = 255$，所以，在这种寻址方式中，能访问的端口号是从 00H 到 FFH，即 256 个端口。

②间接端口寻址方式。在间接寻址方式中，被寻址的端口号规定由寄存器 DX 提供，此时 I/O 端口的地址由 16 位表示。间接端口寻址方式可以寻址的 I/O 端口为 $2^{16} = 64K$ 个，端口地址号

从0000H到FFFFH。其表现形式有下列4种：

IN AL DATA 8 ；将一个字节的信息从端口（地址在0～0FFH）送入累加器AL

IN AX DATA8 ；将一个字的信息从端口（地址在0～0FFH）送入累加器AX

IN AL DX ；将一个字节的信息从端口（地址在0～0FFFFH）送入累加器AL

IN AX DX ；将一个字的信息从端口（地址在0～0FFFFH）送入累加器AL

例4-41 已知端口地址分别为PORT1＝80H，PORT2＝4300H，写出将端口数据一个字节的信息读入累加器AL中的指令。

分析：第一端口地址PORT1＝80H（地址在0～FFH之间）可以采用直接寻址方式，所以指令为：

IN AL 80H

第二端口地址PORT1＝4300H（地址在0～ FFFFH之间）必须采用间接寻址方式，所以指令为：

MOV DX，4300H

IN AL，DX

（2）OUT输出指令（Output）

格式：OUT PORT， ACC ；（ACC）→（PORT）

功能：将累加器（ACC）的数据（一个字节或一个字）送到端口PROT上。

注意：注意事项与IN输入指令相同，其表现形式有下列4种：

OUT DATA8， AL ；将累加器AL中的一个字节信息送入端口（地址在0～FFH）

OUT DATA8， AX ；将累加器AX中的一个字信息送入端口（地址在0～FFH）

OUT DX， AL ；将累加器AL中的一个字节信息送入端口（地址在0～FFFFH）

OUT DX， AX ；将累加器AX中的一个字信息送入端口（地址在0～FFFFH）

例4-42 已知端口地址分别为PORT1＝40H，PORT2＝3A20H，写出将累加器AX中一个字的数据送入端口PORT的指令。

分析：第一端口地址PORT1＝40H（地址在0～0FFH之间）可以采用直接寻址方式，所以指令为：OUT 40H，AX

第二端口地址PORT1＝3A20H（地址在0～0FFFFH之间）则采用间接寻址方式，所以指令为：

MOV DX，3A20H

OUT DX，AX

不论是输入指令还是输出指令，由于数据寄存器DX是16位寄存器，最大存放数据是0FFFFH（65535），所以，外部设备最多可以有65536个端口地址，即外部设备端口地址范围在0～0FFFFH之间。

（3）XLAT表转换指令（Table Lookup-Translation）

格式：XLAT SRC 或 XLAT

功能：将AL中的一种代码转换成列表中的另一种代码。

注意：在使用该指令时首先将表的首地址送到基址寄存器BX，然后将转换码的偏移地址送给AL。指令执行时，是将BX和AL中的值相加，把得到的值作为偏移地址，然后将此偏移地址所对应的单元中的数值取到AL中，如图4-33所示。

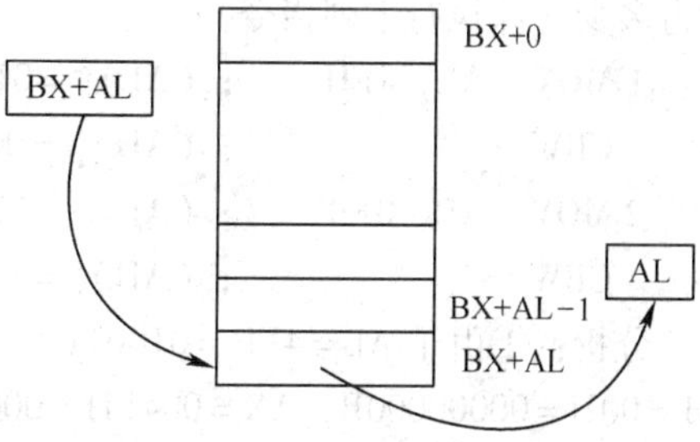

图4-33 换码指令的功能

例 4-43 已知十进制数字 0 ~ 9 对应的数码管 LED 七段码对照表见表 6-1，试编写出一段将十进制数字 9 转换成 LED 七段码，并送到数码管的 I/O 端口地址为 0148H 进行显示的程序段（要求用 XLAT 指令来转换码）。

分析：要实现十进制数字 0 ~ 9 代码转换成 LED 七段码并显示出来，首先要在数据段里建立一个表格（表格设计在第 5 章介绍），并依次将对应的数码（3FH，06H，5BH，4FH，66H，6DH，7DH，07H，7FH，6FH）存放在内存以某个变量开始的区域。在需要显示的时候，首先将变量的起始地址装入 BX 寄存器中。再将所要转换的数码 9 送入 AL，然后用 XLAT 指令将十进制数字 9 转换为 LED 七段码送入接口地址即可。其程序如下：

```
DATA   SEGMENT
       ADDA     DB  3FH, 06H, 5BH, 4FH, 66H, 6DH, 7DH, 07H, 7FH, 6FH
         ⋮
DATA   ENDS
         ⋮
       LEA     BX, ADDA
       MOV     AL, 9
       XLAT    ADDA
       MOV     DX, 0148H
       OUT     DX, AL
         ⋮
```

4. 类型转换指令

在各种运算指令中，两个操作数的字长应该符合规定的大小。例如在加法、减法和乘法运算的指令中，要求两个操作数的字长必须相等。而在除法中，被除数必须是除数的双倍字长。因此，在编程时常常需要将一个 8 位数扩展成为 16 位，或者将一个 16 位数扩展成为 32 位。

对于无符号数，扩展字长只需在高位添加足够个数的零即可，不需要使用类型扩展指令。

对于带符号数，扩展字长时正数与负数的处理方法不同，正数的符号位为零，而负数的符号位为 1。扩展字长时，应分别在高位添加相应的符号，使用下面的类型转换指令可完成。

（1）CBW 字节转换为字（Convert byte to word）

格式：CBW

功能：将寄存器 AL 的符号位扩展到寄存器 AH。

如果（AL）<80H，则（AH）←0；（AL<80H 表明 AL 中的数是正数）

否则（AH）←FFH　　；（AL>80H 表明 AL 中的数是负数）

注意：这条指令是隐含指令，操作数 AL 和 AH 被隐含，该指令对标志位无影响。

例 4-44 在累加器 AL 中分别放入 4FH 和 0FBH 后，执行指令 CBW，试问寄存器 AX 中的内容为多少（即执行下列指令）？

```
①MOV   AL, 4FH     ；(AL) =01001111B
  CBW              ；(AH) =00000000B  , AX=004FH
②MOV   AL, 0FBH    ；(AL) =11111011B
  CBW              ；(AH) =11111111B  , AX=0FFFBH
```

分析：①由于 AL=4FH=01001111B，符号位为 0，所以，AH 扩展全为 0，即 AH=00H=00000000B，AX=004FH=0000000001001111B。

②由于 AL=0FBH=11111011B，符号位为 1，所以，AH 扩展全为 1，即

AH = FFH = 11111111B。AX = 0FFFBH = 1111111111111011B。

（2）CWD 字转换成双字（Convert word to double word）

格式：CWD

功能：将累加器 AX 的符号位扩展到寄存器 DX。

如果（AX）<8000H，则（DX）←0

否则（DX）←FFFFH

注意：这条指令是隐含指令，操作数 AX 和 DX 被隐含，该指令对标志位无影响。

例 4-45　在累加器 AX 中分别放入 6501H 和 9328H，执行指令 CWD 后，试问寄存器 DX 中的内容为多少（即执行下列指令）？

```
①MOV   AX，6501H   ；（AX） =0110010100000001B
  CWD              ；（DX） =0000000000000000B
②MOV   AX，9328H   ；（AX） =1001001100101000B
  CWD              ；（DX） =1111111111111111B
```

分析：①由于 AX = 6501H = 0110010100000001B，符号位为 0，所以执行完指令，DX 全扩展为 0，即 DX = 0000H = 0000000000000000B。

②由于 AX = 9328H = 1001001100101000B，符号位为 1，所以执行完指令，DX 全扩展为 1，即 DX = 0FFFFH = 1111111111111111B。

5. 标志传送指令（Flag Transfers）

8086 微处理器中标志寄存器存放着在程序运行过程中各个标志位的当前状态，这些状态有时需要设置新值或保存标志寄存器的内容，有时需要知道各个标志位的状态。在 8086 指令系统中设计有标志传送指令，通过这些指令的执行可以读出当前标志寄存器中各位的状态，也可以对标志寄存器设置新值。这类指令共有 4 条，均为单字节指令，源操作数和目的操作数都隐含在操作码中。

（1）LAHF 标志送到 AH 指令（Load AH from Flags）

格式：LAHF　；FLAGS 低 8 位送 AH（累加器高 8 位）

功能：将标志寄存器的低 8 位，即将符号标志位 SF、零标志位 ZP、辅助进位标志位 AF、奇偶标志位 PF 及进位标志位 CF 分别传送到累加器 AH 的第 7、6、4、2 和 0 位，第 5、3、1 位的内容未定义，可以是任意值。在执行指令后，标志位本身并不受影响。其操作示意图如图 4-34 所示。

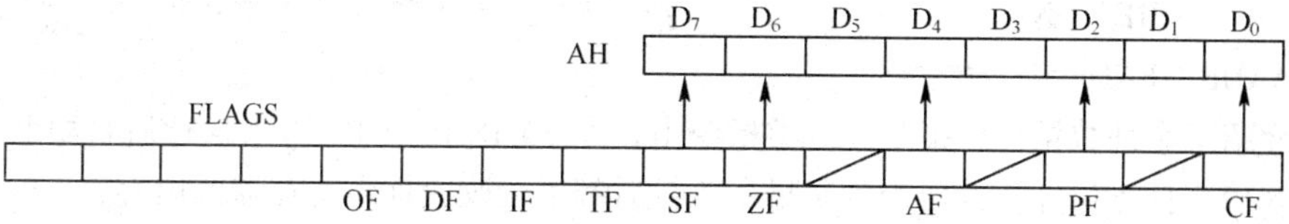

图 4-34　LAHF 指令传送标志的操作

（2）SAHF　AH 送标志寄存器（Store AH into Flags）

格式：SAHF　；（AH）→FLAGS 低 8 位

功能：将 AH 寄存器的内容传送到标志寄存器的低 8 位。这条指令与 LAHF 的操作相反，它把寄存器 AH 中的 7、6、4、2、0 位传送到标志寄存器的符号标志位 SF、零标志位 ZP、辅助进位标志位 AF、奇偶标志位 PF 及进位标志位 CF，高位的溢出标志位 OF、方向标志位 DF、中断标志位 IF 和陷阱标志位 TF 不受影响。其操作示意图如图 4-35 所示。

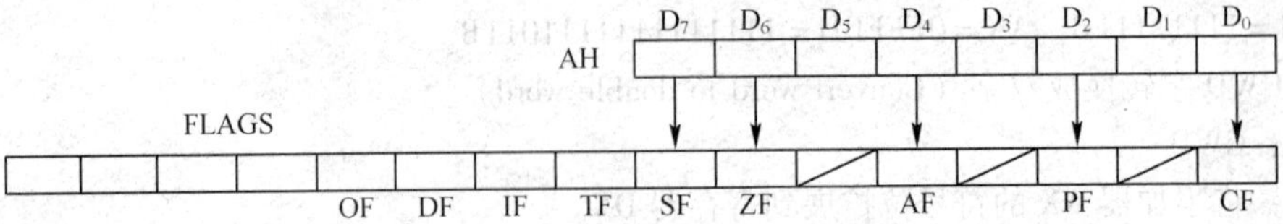

图 4-35　SAHF 指令传送标志的操作

(3) PUSHF 标志入栈指令（Push Flags onto Stack）

格式：PUSHF　；(SP)←(SP-2)［将堆栈指针 SP 减 2，再送到 SP］

　　　　　　　；((SP+1)，(SP))←(FLAGS)

功能：将标志寄存器的值推入堆栈，同时，修改堆栈指针，使 SP 减 2，该条指令执行后对标志位无影响。

(4) POPF 标志出栈指令（Pop Flags off Stack）

格式：POPF　；(FLAGS)←((SP+1)，(SP))

　　　　　　；(SP)←(SP+2)［将堆栈指针 SP 加 2，再送到 SP］

功能：将当前堆栈指针 SP 所指的一个字，传送给标志寄存器，并修改堆栈指针，使 SP 加 2。该指令在执行后改变标志位的内容。

PUSHF 指令一般用在子程序和中断处理程序的前面，起到保存主程序的标志位各标志作用。而 POPF 指令一般用在子程序和中断处理程序的末尾，起到恢复主程序的标志位标志作用。一般在使用 PUSHF 和 POPF 这两条指令时都是成对地出现。

例如，某一子程序保护现场和恢复现场部分程序如下：

```
AADB   PROC    FAR
       PUSH    AX          ；保护 AX
       PUSH    BX          ；保护 BX
       PUSHF               ；保护 FLAGS
         ⋮                 ；子程序过程
       POPF                ；恢复 FLAGS
       POP   BX            ；恢复 BX
       POP   AX            ；恢复 AX
       RET   N
AADB   ENDP
```

以上介绍了全部数据传送指令。这类指令中，除 SAHF 和 POPF 指令执行后将由装入标志寄存器的值来确定标志位外，其他的各条指令执行后都不会改变标志寄存器的内容。

4.4.2　算术运算类指令

8086/8088 指令系统的算术运算类指令包括加、减、乘、除四种基本运算指令，它可对二进制数和无符号的十进制数进行各种算术运算。二进制数可以是 8 位或 16 位，也可以是无符号数或带符号数。还可以对压缩的或非压缩的 BCD 码进行算术运算。在算术运算指令中有单操作数指令，也有双操作数指令。双操作数指令的两个操作数中除源操作数是立即数的情况外，必须有一个操作数是寄存器，单操作数指令不允许使用立即数。算术运算指令均对状态标志位有影响。段寄存器不参加加、减、乘、除四种基本运算。

1. 加法指令（Addition）

（1）ADD 加法指令（Addition）

格式：ADD DEST，SRC　　　；DEST←（DEST + SRC）

功能：将目标操作数与源操作数相加，结果送存目标操作数，加法指令影响大多数标志位（PF、ZF、CF、SF、AF、OF）。

注意：源操作数可以是立即数、寄存器或存储器。目标操作数可以是寄存器或存储器，但不能是立即数。源操作数和目标操作不能同时为存储器。

例 4-46　试用加法指令对两个 8 位十六进制数 7EH 和 5BH 求和，并判断加法运算指令执行后各标志位的状态。

分析：①根据题意写出程序如下：

```
MOV   AL, 7EH      ; AL←7EH    ,    AL = 7EH
MOV   BL, 5BH      ; BL←5BH    ,    BL = 5BH
ADD   AL, BL       ; AL←（AL + BL）   ,    AL = 7EH + 5BH = 0D9H
```

②执行以上三条指令后，相加结果 AL = 0D9H，此时各标志位的状态为：SF = 1，ZF = 0，AF = 1，PF = 1，CF = 0，OF = 1。

由于运算结果是 11001001B（D9H），最高位符号位为 1，所以 SF = 1；运算结果为 D9H 不等于零，所以零标志 ZF = 0；低 4 位向高 4 位有进位，所以半进位标志 AF = 1；结果中有偶数（4）个 1，即奇偶标志 PF = 1；最高位没有产生进位，进位标志 CF = 0；对于溢出标志 OF，计算机根据两个数以及它们的结果的符号来决定，当两个加数的符号相同，而结果的符号与之相反时，（1 个字节符号数表示的范围是 −128 ~ +127，D9H > 127）OF = 1。

一般来说，CF 用来判断无符号数的溢出，OF 用来判断符号数的溢出。CF 位是根据最高有效位是否有向高位的进位设置的。有进位时 CF = 1，无进位时 CF = 0。而 OF 位则根据操作数的符号及其变化情况来设置：若两个操作数的符号相同，而结果的符号与之相反时 OF = 1，否则 OF = 0（具体计算可参考第 2 章）。

ADD 指令常用的形式还有：

```
ADD   CL, 50H                          ; CL←（CL + 50H）
ADD   DX, SI                           ; DX←（DX + SI）
ADD   AX, DISP [BX]                    ; AX←（AX + [DISP + BX]）
ADD   [1000H], AL                      ; [1000H] ←（[1000H] + AL）
ADD   BYTEPTR COUNT [BP] [DI], 40H; [COUNT + BP + DI] ←（[COUNT + BP + DI] +
                                         40H）
```

（2）ADC 带进位加法指令（Add With Carry）

格式：ADC　DEST，SRC　；DEST←（DEST + SRC + CF）

功能：将目标操作数与源操作数相加，再加上进位标志 CF 的内容，将结果送给目标操作数。

注意：源操作数可以是立即数、寄存器或存储器。目标操作数可以是寄存器或存储器，但不能是立即数。源操作数和目标操作数不能同时为存储器。一般用于多个字节十六进制数之和。

例 4-47　已知 AL = 0C4H，BL = 0A6H，CF = 1，分析执行 ADC　AL，BL 指令后 AL 及标志位的值是多少？

分析：①根据题意，指令 ADC　AL，BL 的功能是将 AL 与 BL 相加，再加上进位标志 CF 的内容，将和送 AL。即

```
     AL      1100 0100
 +   BL      1010 0110
 ------------------------
           1 0110 1010        AL = 6AH        CF = 1
 +   CF = 1            1
 ------------------------
             0110 1011        AL = 6BH
```

所以，AL = （0C4H + 0A6H + 1） = 6BH = 01101011B。

②执行 ADC　AL，BL 指令后，相加结果 AL = 6BH = 01101011B，由于运算结果是（6BH） = 01101011B，最高位符号位为 0，所以 SF = 0；运算结果为 6BH 不等于零，所以零标志 ZF = 0；低 4 位向高 4 位没有进位，所以半进位标志 AF = 0；结果中有奇数（5）个 1，即奇偶标志 PF = 0；最高位产生了进位，进位标志 CF = 1；对于溢出标志 OF，由于两个加数的符号相同，而结果的符号与之相反，所以 OF = 1。

（3）INC 加 1 指令（Increment by 1）

格式：　INC DEST　　　　　；DEST←（DEST + 1）

功能：　将目标操作数加 1，然后送回目标操作数。该指令影响大多数标志位，如 SF、ZF、AF、PF、OF，但对进位标志 CF 没有影响。

注意：　操作数类型可以是寄存器（但不能是段寄存器）或存储器。INC 指令常常用于循环程序中修改地址。

INC 指令常用的形式如下：

```
INC   AL                   ; AL←(AL + 1)
INC   SI                   ; SI←(SI + 1)
INC   BYTE  PTR[BX][SI]    ; [BX + SI]←( [BX + SI] + 1)
INC   WORD  PTR [DI]       ; [DI]←([DI] + 1)
```

BYTE PTR 或 WORD PTR 分别指定随后的存储器操作数的类型是字节或字。

通常人们在传送数据的时候习惯按 BCD 码进行输送，而计算机在计算时是按二进制进行计算，如果不进行调整（转换），显示出来的计算值是二进制形式，是错误的 BCD 码形式，所以要符合人们的显示习惯就必须调整计算后的数值。在算术运算类指令的四种基本运算指令中都有调整指令。我们将在各种基本运算指令中介绍这些指令。

（4）AAA 加法的 ASCII 调整指令（ASCII adjust for addition）

格式：AAA

功能：将两个 ASCII（非压缩的 BCD 码）或两个表示十进制的数 ASCII 码经过加法运算（执行 ADD 或 ADC）后结果存放在 AL 中的数值调整为非压缩的 BCD 码。

指令具体调整过程如下：

如果（AL∧0FH）>9，或（AF）=1；即如果寄存器 AL 的内容与 0FH 相与结果大于 9 或者辅助进位标志 AF 为 1，

```
则   AL←（AL + 6）          ; 则将 AL 的内容加 6 再送回 AL
     AH←（AH + 1）          ; 将 AH 加 1
     AF←1                   ; 将 AF 送 1
     CF←AF                  ; 将 AF 值送 CF
     AL←（AL∧0FH）          ; AL 与 0FH 相与后送 AL
否则 AL←（AL∧0FH）          ; 否则 AL 与 0FH 相与后送 AL
```

注意：该指令将影响AF和CF标志，但标志位SF、ZF、PF和OF的状态不确定。该指令同时还是一条隐含指令，隐含的操作数是累加器AL。该指令用在ADD加法指令或ADC带进位加法指令之后。用AAA指令调整后，非压缩BCD的结果低位存放在累加器AL中，高位在累加器AH中。

例4-48 要求计算两个十进制数之和，9+8=?

分析：将被加数9和加数8以非压缩的BCD码形式分别存放在寄存器AL和BL中，且令AH=0，然后进行加法，再用AAA调整。

```
MOV   AX, 0009H   ; (AL)=09H, (AH)=00H
MOV   BX, 0008H   ; (BL)=08H
ADD   AL, BL      ; (AL)=11H
AAA               ; AX=0107H
          AL   0000 1001
      +   BL   0000 1000
      ---------------------
AAA            0001 0001    AF=1
      +        0000 0110    加6调整
      ---------------------
               0001 0111
      ∧        0000 1111    清高4位
      ---------------------
               0000 0111    AL=07H
```

(CF)=(AF)=1 ；(AL)=07H，(AH)=01H，

结果为AX=0107H，其表示十进制数17。

例4-49 要求计算两个ASCII码数(8与6)之和，即(38H)+(36H)=?

分析：先将被加数8的ASCII码38H，加数6的ASCII码36H以非压缩的BCD码形式分别存放在寄存器AL和BL中，且令AH=0，然后进行加法，再用AAA调整。

```
MOV   AX, 0038H   ; (AL)=38H, (AH)=00H
MOV   BX, 0036H   ; (BL)=36H
ADD   AL, BL      ; (AL)=6EH
          AL   0011 1000
      +   BL   0011 0110
      ---------------------
AAA            0110 1110    低4位为E>9
      +        0000 0110    加6调整
      ---------------------
               0111 0100
      ∧        0000 1111    清高4位
      ---------------------
               0000 0100    AL=04H
```

(CF)=(AF)=1 ；(AL)=04H，(AH)=01H，结果为AX=0104H，其表示十进制数14。

(5) DAA加法的十进制调整指令(decimal adjust for addition)

格式：DAA

功能：将两个十进制数(压缩的BCD码)经过加法运算(执行ADD或ADC)后存放在AL中的数值调整为压缩的BCD码。

DAA指令具体调整过程如下：

```
如果(AL∧0FH)>9 或 AF=1 ；如果寄存器AL的内容与0FH相与结果大于9或者辅助进位
                       ；标志AF为1
则：  AL←(AL+6)         ；则将AL的内容加6再送回AL
```

```
    AF←1                ; 将 AF 送 1
如果 AL>9FH 或 CF=1      ; 如果寄存器 AL 的内容大于 9FH 或者辅助进位标志 CF 为 1
则  AL←(AL+60H)          ; AL 加 60H 后送 AL
    CF←1                ; 给 CF 送 1 值
```

注意：该指令也是一条隐含指令，隐含的操作数是累加器 AL。该指令用在 ADD 加法指令或 ADC 带进位加法指令之后。用 DAA 指令调整后，非压缩 BCD 码结果存在 AL 寄存器。与 AAA 指令不同，DAA 只对 AL 中的内容进行调整，任何时候都不会改变 AH 的内容。另外，DAA 指令将影响大多数标志位，如 SF、ZF、AF、PF、CF 和 OF。

例 4-50 试计算两个压缩的十进制数之和，26＋15＝？

分析：将被加数 26，加数 15 以压缩的 BCD 码形式分别存放在寄存器 AL 和 BL 中，且令 AH＝0，然后进行加法，再用 DAA 调整。

```
MOV  AL, 26H        ; AL=26H
MOV  BL, 15H        ; BL=15H
ADD  AL, BL         ; AL=3BH, AF=1
DAA                 ; 41H
```

```
           AL  0010 0110
     +     BL  0001 0101
DAA            0011 1011   低 4 位数值为 B>9
     +         0000 0110   加 6 调整
               0100 0001   AL=41H
```

AF＝1 ；AL＝41H。

结果为 AL＝41H，其表示为 41 的压缩 BCD 码。

例 4-51 试计算两个压缩的十进制数之和，68＋59＝？

分析：先将被加数 68，加数 59 以压缩的 BCD 码形式分别存放在寄存器 AL 和 BL 中，且令 AH＝0，然后进行加法，再用 DAA 调整。

```
XOR  AX, AX         ; AX=0
MOV  AL, 68H        ; AL=68H
MOV  BL, 59H        ; BL=59H
ADD  AL, BL         ; AL=C1H, AF=1
ADC  AH, 0          ; AH=1
DAA
```

```
           AL  0110 1000
     +     BL  0101 1001
DAA            1100 0001   AF=1
     +         0000 0110   加 6 调整
               1100 0111   调整后高 4 位数值为 C>9
     +         0110 0000   加 60H 调整
               0010 0111   AL=27H
```

结果 CF＝AF＝1，AL＝27H，AH＝1，AX＝0127H，其表示十进制数 127。

2. 减法指令

(1) SUB 普通减法指令(Subtraction)

格式：SUB DEST，SRC　　　　；DEST←(DEST - SRC)

功能：SUB 指令将目标操作数减源操作数，结果送回目标操作数。

注意：指令对标志位 SF、ZF、AF、PF、CF 和 OF 有影响。源操作数可以是立即数、寄存器或存储器。目标操作数可以是寄存器或存储器，但不能是立即数。源操作数和目标操作不能同时为存储器。

SUB 指令常用的形式还有：

```
SUB    AL, 37H                        ; AL←(AL - 37H)
SUB    BX, DX                         ; BX←(BX - DX)
SUB    CL, VAR1[DI]                   ; CL←(CL - [VAR1 + DI])
SUB    ARRAY[SI], AX                  ; [ARRAY + SI]←([ARRAY + SI] - AX)
SUB    BYTE PTR BETA[BX][DI], 512     ; [BETA + BX + DI]←([BETA + BX + DI] - 512)
```

相减数据的类型编程人员可以根据要求约定为带符号数或无符号数。

例 4-52　已知 DS = 2000H，DI = 0260H，COUNT = 40H，[20300H] = 5758H，试分析执行 SUB　WORD PTR [DI + COUNT]，3746H 指令后 AL 及标志位的值是多少。

分析：①第一种方法计算。根据题意指令 SUB　[DI + COUNT]，3746H 的功能：是将存储单元[DI + COUNT]的数减去 3746H，然后将结果送存储单元[DI + COUNT]。即：

```
  [DI + COUNT]   5758   0101 0111 0101 1000
-     3746H      3746   0011 0111 0100 0110
---------------------------------------------
                 2012   0010 000  0001 0010     [20300H] = 2012H
```

第二种方法计算(利用负数的补码来计算—将减法变成加法)。由于 - 3746H 的补码是 0C8BAH。计算如下：

```
  [DI + COUNT]         5758          0101 0111 0101 1000
+  [-3746H]补码    [-3746H]补码      1100 1000 1011 1010
----------------------------------------------------------
                       2012        1 0010 0000 0001 0010        [20300H] = 2012H
```

两种计算方法所得结果相同。

② 执行 SUB　[DI + COUNT]，3746H 指令后，其结果[DI + COUNT] = 0010000000010010B = 2012H，由于运算结果是 2012H = 0010 0000 0001 0010B，最高位符号位为 0，所以 SF = 0；运算结果为 2012H 不等于零，所以零标志 ZF = 0；低 8 位向高 8 位没有进位，所以半进位标志 AF = 0；结果中有奇数(3)个 1，即奇偶标志 PF = 0；最高位没产生进位，进位标志 CF = 0；对于溢出标志 OF，由于两个加数的符号相同，而结果的符号与之相同，所以 OF = 0。

(2) SBB 带借位的减法指令(Subtraction with Borrow)

格式：SBB DEST SRC　；DEST←(DEST - SRC - CF)

功能：将目标操作数减源操作数，然后再减进位标志 CF，并将结果送回目标操作数。

注意：SBB 指令的注意事项与 SUB 指令相同。带借位减指令主要用于多字节的减法。

(3) DEC 减 1 指令 (Decrement by 1)

格式：DEC DEST　；DEST←(DEST - 1)

功能：将目标操作数减 1，然后送回目标操作数。

注意：对标志位 SF、ZF、AF、PF 和 OF 有影响，但不影响进位标志 CF。操作数的类型可以是寄存器(段寄存器除外)或存储器。字节操作或字操作均可。在循环程序中常常利用 DEC 指令来修改循环次数。

(4) NEG 求补指令(Negate)

格式：NEG DEST ；DEST←(0 - DEST)

功能：求补指令是用0减去目标操作数，结果送回原来的目标操作数。这条指令可以得到目标操作数的补码。

注意：求补指令对大多数标志位如SF、ZF、AF、PF、CF及OF有影响。操作数的类型可以是寄存器或存储器，可以对8位数或16位数求补。

例4-53 试计算 -37 的补码（$[-37]_{原码}$ = 0A5H = 10100101B）。

分析：①按求反加1得到补码。

$[-37]_{原码}$ = 1010 0101 按求反加1得到补码

```
求反      1010 0101
         ---------
          1101 1010
          1101 1010
加1     +         1
         ---------
```

加1得$[-37]_{补码}$ 1101 1011 $[-37]_{补码}$ = 0DBH

②用补码指令 0 - $[37]_{原码}$ = $[-37]_{补码}$。

```
          0000 0000
      -   0010 0101
         ---------
```

$[-37]_{补码}$ 1101 1011 $[-37]_{补码}$ = 0DBH

两种计算方法所得结果一样。利用NEG指令可以得到负数的绝对值。

例4-54 试用8位二进制求出 -37 的补码的补码。（补码的补码为该负数的绝对值）

分析：首先利用例4-53中的$[-37]_{补码}$ = 11011011B = 0DBH的数值，将其送入AL，再利用求补指令NEG，求得 -37 补码的补码。即

```
MOV   AL, 0DBH
NEG   AL
```

```
               0000 0000
            -  1101 1011
              ----------
```

$[-37]_{绝对值}$ 0010 0101

结果为AL = 25H。

(5) CMP比较指令(Compare)

格式：CMP DEST, SRC ；DEST - SRC

功能：将目标操作数减源操作数，但结果不送回目标操作数，且两操作数内容均保持不变，其结果反映在标志位上。

注意：指令对标志位SF、ZF、AF、PF、CF和OF有影响。源操作数可以是立即数、寄存器或存储器。目标操作数可以是寄存器或存储器，但不能是立即数。源操作数和目标操作数不能同时为存储器。

例4-55 已知AL = 0C4H，BL = 46H，试分析执行CMP AL，BL指令后各标志位的值是多少。

分析：AL = 0C4H = 11000100B，如果把它看作是带符号数，表示的是 -60；如果看作是无符号数，它表示的是196。BL = 46H = 01000110B，无论把它看作是带符号数，还是无符号数，它表示的数都是70。结果也取决于参与运算数的性质。其运算过程如下：

二进制减法,	当成无符号数	当成带符号数
1100 0100	196	-60
- 0100 0110	- 70	-) +70
0111 1110	126	+ 126

所得运算结果为126，不为零，所以零标志ZF=0；低4位向高4位有借位，所以辅助进位标志AF=1；最高位没有借位，所以进位标志CF=0；最高位为零，所以符号标志SF=0，结果中有偶数(6)个1，使奇偶标志PF=1；对于溢出标志OF，若两个数的符号相反，而结果的符号与减数相同，则OF=1。

比较指令常与条件转移指令结合起来，完成各种判断和程序转移。

(6) AAS减法的ASCII调整指令(ASCII adjust for subtraction)

格式：AAS

功能：将两个非压缩的BCD码或ASCII码经过减法运算(执行SUB或SBB)后存放在AL中的数值调整为非压缩的BCD码，以得到正确结果。

指令具体调整过程如下：

如果(AL&0FH)>9或AF=1，

则　　AL←(AL-6)

　　　AH←(AH-1)

　　　AF←1

　　　CF←AF

　　　AL←(AL∧0FH)

否则AL←(AL∧0FH)

注意：该指令将影响AF和CF标志，但标志位SF、ZF、PF和OF的状态不确定。该指令同时还是一条隐含指令，隐含的操作数是累加器AL。该指令用在SUB减法指令或SBB带进位减法指令之后。

例4-56　要求计算两个十进制数之差，13-4=?

分析：先将被减数13，减数4以非压缩的BCD码形式分别存放在寄存器AX和BX中，然后进行减法，再用AAS调整。

```
MOV    AX, 0103H      ; AH=01H, AL=03H
MOV    BX, 04H        ; BL=04H
SUB    AL, BL         ; AL=03H-04H=FFH
AAS                   ; AH=0, AL=09H
```

```
     AL  0000 0011
-    BL  0000 0100
-----------------------
         1111 1111        AF=1
-        0000 0110          加6调整
-----------------------
         1111 1001
∧        0000 1111    清高4位
-----------------------
         0000 1001    AL=09H
```

结果　CF=AF=1；AL=09H，AH-1=00H，AX=0009H，其数表示为十进制数9。

(7) DAS减法的十进制调整指令(Decimal adjust for subtraction)

格式：DAS

功能：将两个压缩的 BCD 码经过减法运算后存放在 AL 中的数值调整为正确的压缩 BCD 码，以得到正确结果。

DAA 指令具体调整过程如下：

对减法进行十进制调整，指令隐含寄存器操作数 AL。

如果 （AL∧0FH）>9 或 AL = 1，

则 AL←（AL - 6）

AF←1

如果 AL > 9FH 或 CF = 1，

则 AL←（AL - 60H）

CF←1

注意：该指令也是一条隐含指令，隐含的操作数是累加器 AL。该指令用在 SUB 加法指令或 SBB 带进位加法指令之后。用 DAS 指令调整后，不压缩 BCD 结果存在 AL 寄存器。与 AAS 指令不同，DAS 只对 AL 中的内容进行调整，任何时候都不会改变 AH 的内容。另外，DAS 指令将影响大多数标志位，如 SF、ZF、AF、PF、CF 和 OF。

例 4-57 要求计算两个压缩的 BCD 码数（83 与 38）之差，即 83H - 38H = ?

分析：可以先将被减数 83H，减数 38H 以不压缩的 BCD 码形式分别存放在寄存器 AL 和 BL 中，且令 AH = 0，然后进行减法，再用 DAS 调整。

```
MOV     AL, 83H      ; AL = 83H
MOV     BL, 38H      ; BL = 38H
SUB     AL, BL       ; AL = 4BH
DAS                  ; AL = 45H
```

```
                 AL   1000 0011
               - BL   0011 1000
                      ---------
                      0100 1011   低 4 位为 B > 9
DAS    -              0000 0110   加 6 调整
                      ---------
                      0100 0101   ; AL = 45H
```

结果 AF = 1 ; AL = 45H，其表示十进制数 45。

3. 乘法指令（Multiplication）

（1）MUL 乘法指令（Multiplication unsigned）

格式：MUL SRC ; AX←（AL × SRC） 字节乘法

; （DX：AX）←（AX × SRC） 字乘法

功能：将累加器中的无符号数与源操作数中的无符号数两数相乘，如果两个数是字节相乘，乘积结果存放在 AX 中（高 8 位送到 AH，低 8 位送 AL）。如果两个数是字相乘，乘积存放在 DX 和 AX 中（高 16 位送到 DX，低 16 位送 AX）。

注意：在乘法指令中，源操作数可以是寄存器，也可以是存储器，但不能是立即数。当源操作数是存储器时，必须在操作数前加 BYTE 或 WORD 说明是字节还是字。对标志位 CF 和 OF 有影响，但 SF、ZF、AF 和 PF 不确定。如果运算结果的高半部分为零（即 AH = 00H 和 DX = 0000H 中），则标志位 CF = OF = 0，否则 CF = OF = 1。因此标志位 CF = OF = 1，表示 AH 或 DX 中包含着乘积的有效数字。

例 4-58 已知 AL = 0A6H，BL = 28H，试分析执行 MUL BL 指令后标志位 CF 和 OF 的值及 AX 的值是多少？

分析：由于 AL 和 BL 是字节，所以该题意是用 AL 乘 BL，将结果存放在 AX 中。

```
  AL  (A6H)          166D          1010 0110B
× BL  (28H)        ×  40D        × 00101000B
-----------        -------       -------------
                    6640D        1100111110000B    19F0H
```

结果 AX = 19F0H。由于 AH = 19H≠0（即高位部分是有效数字），所以 CF = 1，OF = 1。

例 4-59 已知 AL = 14H，BL = 05H，试分析执行 MUL BL 指令后标志位 CF 和 OF 的值及 AX 的值是多少？

分析：由于 AL 和 BL 是字节，所以该题意是用 AL 乘 BL，将结果存放在 AX 中。

```
  AL  (14H)          20D              0001 0100B
× BL  (05H)        ×  5D        ×     0000 0101B
-----------        ------       ---------------------
                    100D        0000 0000 0110 0100B    0064H
```

结果 AX = 0064H。由于 AH = 00H（高位不是有效数字），所以 CF = 0，OF = 0。

MUL 指令常用的形式有：

```
MUL   AL                ; (AL×AL)→AX
MUL   BX                ; (AX×BX)→(DX: AX)
MUL   BYTE PTR[DI+6]    ; (AL× [DI+6])→AX
MUL   WORD PTR[SI]      ; {AX×([SI]: [SI+1])}→(DX: AX)
```

另外要注意：乘除法指令在编程时简单，但执行起来较慢。

例 4-60 在下列两段程序都可以完成乘 2 的任务，但是所用时间不同。第一段用乘法指令需 74 ~ 81 个时钟，而第二段用移位只需 5 个时钟。

```
① MOV  BL, 2       ; BL=2
  MUL  BL          ; AX=(AL×BL)
② XOR  AH, AH      ; AH 清零
  SHL  AX, 1       ; AX 左移一位
```

（2）IMUL 带符号的乘法指令（Integer multiplication）

格式：　IMUL SRC　；AX←(AL×SRC)　　，字节乘法

　　　　　　　　　；(DX：AX)←(AX×SRC)　，字乘法

功能：将累加器中的带符号数与源操作数中的带符号数两数相乘，如果两个数是字节相乘，乘积结果存放在 AX 中。如果两个数是字相乘，乘积存放在 DX 和 AX 中。

注意：在乘法指令中，源操作数可以是寄存器，也可以是存储器，但不能是立即数。当源操作数是存储器时，必须在操作数前加 BYTE PTR 或 WORD PTR 说明是字节还是字。对标志位 CF 和 OF 有影响，但 SF、ZF、AF 和 PF 不确定。如果乘积的高半部分仅仅是低半部分符号位的扩展，则标志位(CF) = (OF) = 0；否则，如果高半部分包含乘积的有效数字，则(CF) = (OF) = 1。

所谓结果的高半部分仅仅是低半部分符号位的扩展，是指当乘积为正值时，其符号位为零，则乘积的高半部分为 8 位或 16 位全置零（AH = 00H 或 DX = 0000H）；当乘积是负值时，其符号位为 1，则高半部分为 8 位或 16 位全置 1（AH = FFH 或 DX = FFFFH），这种情况表示所得的乘积的绝对值比较小，其有效数位仅仅包含在低半部分中。

例 4-61 已知 AX = 04E8H，BX = 4E20H，试分析执行 MUL BX 指令后标志位 CF 和 OF 的值及（DX，AX）的值是多少。

分析：由于 AX 和 BX 是字，所以该题意是用 AX 乘 BX，将结果存放在（DX，AX）中。

	AX（04E8H）		1256D		0100 1110 1000B
×	BX（4E20H）	×	20000D	×	0100 1110 0010 0000B
	（DX，AX）（017FH：4D00H）		25120000D		0001 0111 1111 0100 1101 0000 0000B

执行结果为（DX）= 017FH，AX = 4D00H，（DX，AX）= AX × BX = 25120000D，且 CF = OF = 1。

以上指令完成带符号数（+1256）和（+20000）的乘法运算，得到乘积为（+25120000）。此时，DX 中结果的高半部分包含着乘积的有效数字。故标志位 CF = OF = 1。

（3）AAM 乘法的 ASCII 调整指令（ASCII adjust for multiply）

格式：AAM

功能：将两个非压缩的 BCD 码经过乘法运算（执行 MUL）后存放在 AL 中的数值调整为非压缩的 BCD 码，使得在 AX 中得到正确的非压缩十进制数的乘积。

注意：在执行 MUL 时 BCD 码总是作为无符号数看待，所以两个无符号数相乘时用 MUL 指令，而不用 IMUL 指令。如果两个相乘的数是 ASCII 码，则在两个数相乘之前，必须先屏蔽掉每个数字的高半字节，从而使每个字节包含一个非压缩十进制数（BCD 码），再用 MUL 指令相乘，乘积放到 AL 寄存器中，然后用 AAM 指令进行调整。执行指令后，对标志位 SF、ZF 和 PF 有影响，但 AF、CF 和 OF 不确定。

AAM 指令具体调整过程如下：

把 AL 寄存器内容除以 10，即 AL 除以 0AH，商存放在 AH 中，余数送 AL。

AAM 指令的操作实质上是将 AL 寄存器中的二进制数转换成为非压缩的 BCD 码，十位存放在 AH 寄存器，个位存放在 AL 寄存器。

例 4-62 已知 AL = 07H，BL = 09H，编写两数相乘，并调整为非压缩 BCD 码的程序，并给出调整前后 AX 值和标志位的值。

分析：完成题目要求指令如下：

```
MOV AL, 07H        ; AL = 07H
MOV BL, 09H        ; BL = 09H
MUL BL             ; AX = 07H × 09H = 003FH
AAM                ; AX = 0603H
```

	AL（07H）		7D		0111
×	BL（09H）	×	9D	×	1001
	3FH		63D		0011 1111

```
AAM        000110→(AH)6
      1010)111111
           1010
           ----
           1011
           1010
           ----
           0011
           0000
           ----
           0011→(AL)3
```

调整前 AX = 003FH，调整后 AX = 0603H。

结果为（AH）= 06H，（AL）= 03H，（SF）=（ZF）= 0，PF = 1。

所得运算结果为 AX = 0603H = 0000 0110 0000 0011B，所以零标志 ZF = 0；最高位为零，所以符号标志 SF = 0，结果中有偶数（4）个 1，使奇偶标志 PF = 1。

4. 除法指令（Division）

（1）DIV 无符号数除法指令（Division unsigned）

格式：DIV SRC

功能：对两个无符号二进制数进行除法操作。源操作数可以是字或字节。

字节除法　(AX ÷ SRC) 的商送 AL

(AX ÷ SRC) 的余数送 AH

即 AX 除以 SRC，被除数为 16 位，除数为 8 位，执行 DIV 指令后，商在 AL，余数在 AH 中。

字除法　(DX：AX) ÷ SRC 的送商 AX

(DX：AX) ÷ SRC) 的余数送 DX

即 (DX：AX) 除以 SRC，被除数为 32 位，除数为 16 位，执行 DIV 指令后，除的结果商在 AX，余数在 DX 中。

注意：DIV 指令使大多数标志位如 SF、ZF、AF、PF、CF 和 OF 的值不确定。在 DIV 指令中，一个操作数（被除数）隐含在累加器 AX（字节除法）或（DX，AX）（字除法）中，另一个操作数 SRC（除数），必须是寄存器或存储器操作数。两个操作数均为无符号数，结果中的商和余数也都为无符号数。

除法指令规定，如果除数应为 8 位数，则被除数必须是 16 位数。如果除数为 16 位数，则被除数必须是 32 位数，除法指令不允许两个字长相等的操作数相除。如果被除数和除数的字长相等或不满足上述条件，则应在做除法之前将被除数的高位扩展 8 位或 16 位，用 DBW 或 DWD 指令进行无符号数的扩展。

执行 DIV 指令时，如果除数为零或在做字节除法时累加器 AL 中的商大于 FFH，在做字除法时累加器 AX 中的商大于 FFFFH，则 CPU 立即自动产生一个类型为 0 的内部中断（关于类型为 0 的内部中断将在第 7 章介绍）。

例 4-63　已知 AX = 0F05H，DX = 068AH，CX = 08E9H。试分析执行 DIV CX 指令后 DX 及 AX 的值为多少。

分析：由于除数 CX 是字，所以该题意是用（DX，AX）除以 CX，将结果商送 AX；余数送 DX 中。其指令如下：

```
MOV     AX, 0F05H        ; AX = 0F05H
MOV     DX, 068AH        ; DX = 068AH
MOV     CX, 08E9H        ; CX = 08E9H
DIV     CX               ; AX = BBE1H, DX = 073CH
```

执行结果为 (DX，AX) ÷ CX = 068A0F05H ÷ 08E9 = BBE1H。

例 4-64　在下列两段程序都可以完成除 8 的任务，但是所用时间不同。第一段用除法指令需 84 ~ 94 个时钟，而第二段用移位指令只需 24 个时钟。

```
1) MOV     BL, 8      ; BL = 8
   DIV     BL         ; AL = (AX ÷ 8)
2) MOV     CL, 3      ; CL = 3
   SHR     AX, CL     ; AX 右移 3 位
```

(2) IDIV 带符号数的除法（Integer Division）

格式：IDIV SRC

功能：对两个符号二进制数进行除法操作。源操作数可以是字或字节。

字节除法　(AX ÷ SRC) 的商送 AL

(AX ÷ SRC) 的余数送 AH

即 AX 除以 SRC，被除数为 16 位，除数为 8 位，执行 IDIV 指令后，商在 AL，余数在 AH 中。

字除法　((DX：AX) ÷ SRC) 的商送 AX

((DX：AX) ÷ SRC) 的余数送 DX

即（DX，AX）除以 SRC，被除数为 32 位，除数为 16 位，执行 DIV 指令后，除的结果商在 AX，余数在 DX 中。

```
                           1011101111100001→(AX)BBE1H
             ____________________________________
100011101001)11010001010000011110000101
              100011101001
              ____________
              01000010101100
              00100011101001
              ______________
              000111110000110
              000100011101001
              _______________
              0000110100111011
              0000100011101001
              ________________
              00001000101001011
              00000100011101001
              _________________
              000001000011000101
              000000100011101001
              __________________
              0000000111110111000
              0000000100011101001
              ___________________
              00000000110110011110
              00000000100011101001
              ____________________
              000000000100101101010
              000000000100011101001
              _____________________
              0000000001000000100101
                 0000000000100011101001
              ______________________
              00000000000011100111100→(DX)073CH
```

注意：IDIV 指令与 DIV 基本相同，IDIV 两个操作数均为符号数，结果中的商和余数也都为符号数。IDIV 指令对非整数商舍去尾数，而余数的符号总是与被除数的符号相同。

执行 IDIV 指令时，如除数为 0，或字节除法时 AL 寄存器中的商超出 -128 ~ +127 的范围，或字除法时 AX 寄存器中的商超出（-32768 ~ +32767）的范围，则自动产生一个类型为 0 的中断。

例 4-65 已知 AX = 0400H，CL = 0B4H，试分析执行 IDIV CL 指令后 AX 的值为多少。

分析：由于除数 CL 是字节，所以该题意是用 AX 除以 CL，将结果商送 AL，余数送 AH 中。下面分两种情况来进行计算。

①将两个数看作是无符号数，其指令如下：

```
MOV    AX，0400H    ；AX = 0400H
MOV    CL，0B4H     ；CL = 0B4H
DIV    CL           ；AL = 05H = 5D，AH = 7CH = 124D
```

因为 AX 为无符号数，其值为 1024D，即 AX = 0400H = 1024D。CL 为无符号数的 180D，即 CL = 180D = 0B4H = 10110100B。

执行 DIV CL 的结果是：AH＝7CH＝124D（余数）；AL＝05H＝5D（商）。

②将两个数看作是带符号数，其指令如下：

```
MOV    AX，0400H     ；AX＝0400H
MOV    CL，0B4H      ；CL＝0B4H
IDIV   CL            ；AL＝0F3H＝－13D，AH＝24H＝36D
```

```
                     101→(AL)05H,
10110100)10000000000
         010110100
         ---------
         001001100
         00010110100
         -----------
         00001111100→(AH)7CH
```

因为 AX 为无符号数，其值为 1024D，即 AX＝0400H＝1024D。CL 为带符号数的－76D，即 CL＝0B4H＝－76D。76D＝4CH＝01001100B。

```
                    1101→(AL)0DH
1001100)10000000000
        01001100
        --------
        00110100
        0001001100
        ----------
        0001110000
        0001001100
        ----------
        0000100100→(AH)24H
```

由算式得到：AH＝24H＝36D(余数)；AL＝0DH＝13D(商)，但除数是负数，所以 AL＝－13D，其补码为 0F3H。即执行 IDIV CL 的结果是：AL＝0F3H。

例 4-66 已知被除数为－2000，除数为－421，试写出两数相除程序，并分析结果。

分析：由于被除数是－2000，可以放在 16 位寄存器，但除数小于－128，必须将其放入 16 位寄存器，所以应将存放被除数的 16 位寄存器进行扩展，再进行相除。其指令如下：

```
MOV    AX，－2000    ；AX＝－2000
CWD                  ；将 AX 中的 16 位扩为 32 位
MOV    BX，－421     ；BX＝－421
IDIV   BX            ；AX＝4(商)，DX＝－316(余数)
```

除法结果得到商为 4，余数为(－316)，余数的符号与被除数相同。

```
                      100→(AX)04H
110100101)11111010000
          110100101
          -----------
          00100111100→(DX)13CH
```

(3) AAD 除法的 ASCII 调整指令（ASCII adjust for division）

格式：AAD

功能：将累加器 AX 中存放的不压缩的 BCD 码调整为二进制数存放在 AL 中。

AAD 指令具体调整过程如下：将累加器 AX 的高 8 位 AH 乘以 10（0AH）加上低 8 位 AL，

将其结果送回 AL。

注意：执行 AAD 以后，将根据 AL 中的结果影响标志位 SF、ZF 和 PF，但其余几个标志位，如 AF、CF 和 OF 的值则不确定。AAD 与其他调整指令有所不同。AAD 是在除法前进行调整，然后用 DIV 指令进行除法。所得之商还要用 AAM 指令进行调整，最后方可得到正确的不压缩的 BCD 码的结果。

例 4-67 已知被除数是 73，除数是 2，试编写两数相除并以不压缩的 BCD 码表示出来的程序，并给出调整前后 AX 值和标志位的值。

分析：可先将被除数和除数以非压缩的 BCD 码形式分别存放在 AX 和 BL 寄存器中，被除数的十位在 AH，个位在 AL；除数在 BL。先用 AAD 指令对 AX 中的被除数进行调整，之后进行除法运算，并对商进行再调整。完成题目要求指令如下：

```
MOV     AX，0703H        ；AH = 07H，AL = 03H
MOV     BL，02H          ；BL = 02H
AAD                      ；AL = 49H（即 73D）
DIV     BL               ；AL = 24H（商），AH = 01H（余数）
AAM                      ；AH = 03H，AL = 06H
```

AAD 调整前 AX = 0703H，调整后 AH = 07H，AL = 49H。

AAM 调整前 AX = 0124H，零标志 ZF = 0；最高位为零，所以符号标志 SF = 0，结果中有奇数（3）个 1，使奇偶标志 PF = 0。调整后 AH = 03H，AL = 06H。所得最后运算结果为 AX = 0306H = 0000 0011 0000 0110B，所以零标志 ZF = 0；最高位为零，所以符号标志 SF = 0，结果中有偶数（4）个 1，使奇偶标志 PF = 1。

以上几条指令执行的结果是：在 AX 中得到非压缩的 BCD 码形式的商，但余数被丢失。如果需要保留余数，则应在 DIV 指令之后，用 AAM 指令调整之前，将余数暂存到另一个寄存器，如果有必要，还应设法对余数也进行 ASCII 调整。

4.4.3 逻辑运算和移位指令

逻辑运算指令和移位指令可以对字或字节进行按位操作，它包括逻辑运算指令和移位指令两大部分，移位指令中又分为非循环移位指令和循环移位指令。

1. 逻辑运算指令

8088/8086 CPU 的逻辑运算指令一共有 5 条，包括：NOT（逻辑“非”）、AND（逻辑“与”）、TEST（测试）、OR（逻辑“或”）和 XOR（逻辑“异或”）指令。除 NOT 指令对所有标志位都不影响外，其他 4 条指令对标志位的影响相同。

（1）NOT 求反指令（Logical NOT）

格式：NOT　DEST

功能：将操作数求反。

字节求反：DEST←(0FFH - DEST)

字求反：DEST←(0FFFFH - DEST)

注意：NOT 指令只有一个目标操作数，其操作数可以是 8 位的寄存器或存储器，也可以是 16 位寄存器或存储器，但不能是立即数。它不能对一个立即数执行逻辑“非”操作。NOT 对标志位没有影响。

（2）AND 逻辑与指令（Logical AND）

格式：AND　DEST，SRC　；DEST←(DEST ∧ SRC)

功能：将目标操作数和源操作数按位进行逻辑“与”运算，并将结果送回目标操作数。

注意：目标操作数可以是寄存器或存储器，源操作数可以是立即数、存储器或寄存器。但指令的两个操作数不能同时是存储器，即不能直接将两个存储器的内容进行逻辑“与”操作。在执行 AND 逻辑与指令后源操作数不变，标志位 CF 和 OF 被清零，影响标志位 ZF、SF 和 PF 是根据运算结果而定，AF 未定义。

AND 指令可以用于屏蔽某些不关心的位，而保留另一些感兴趣的位。为了做到这一点，只需将欲屏蔽的位和“0”进行逻辑“与”，而将要求保留的位和“1”进行逻辑“与”即可。

例 4-68　已知某一 16 位二进制数 X，试编写一段程序，使 X 值的高 4 位和低 4 位置零。

分析：依据题意只需将 16 位二进制数 X 的高 4 位和低 4 位与零相与即可。其程序如下：

```
MOV   AX, X
AND   AX, 0FF0H
```

（3）TEST 测试指令（Test or Nondestructive Logical AND）

格式：TEST　DEST，SRC　　　；$DEST \wedge SRC$

功能：将目标操作数与源操作数进行逻辑“与”，但结果不送回目标操作数。源操作数和目标操作数内容不变。

注意：注意事项与逻辑“与”AND 指令相同。

指令用于位测试，它与条件转移指令一起，共同完成对特定位状态的判断，并实现相应的程序转移。与 CMP 相比，TEST 只比较某几个指定的位，而 CMP 比较整个操作数（字节或字）。

例 4-69　设有一检测温度的 I/O 接口，地址为 4300H。其中，D_6 接高温状态，D_1 接低温状态（当温度高于高温时，状态为 1，低于时为 0。当温度高于低温时，状态为 1，低于时为 0）。控制加热的 I/O 接口地址为 80H。其中 D_7 接控制信号（D_7 为 1 时开启加热开关，为 0 时关断加热开关）。试编程用 TEST 指令来实现此功能。

分析：按题意编程如下：

```
        MOV   DX, 4300H    ; 送检测温度的 I/O 接口地址
AAD1:   IN    AL, DX       ; 读入检测温度的状态
        TEST  AL, 40H      ; 检测高温状态
        JNZ   AAD2         ; 高温状态为 1 时，转到 AAD2
        TEST  AL, 02H      ; 否则继续检测低温状态
        JZ    AAD3         ; 低温状态为 0 时，转到 AAD3
        JMP   AAD1         ; 否则跳转到 AAD1
AAD2:   MOV   AL, 00H      ; 送关断信号
        OUT   80H, AL      ; 关断加热开关
        JMP   AAD1         ; 跳转到 AAD1
AAD3:   MOV   AL, 80H      ; 送加热信号
        OUT   80H, AL      ; 开启加热开关
        JMP   AAD1         ; 跳转到 AAD1
        HLT                ; 循环检测
```

（4）OR 逻辑或指令（Logical inclusive or）

格式：OR　DEST，SRC　　　；$DEST \leftarrow (DEST \vee SRC)$

功能：将目标操作数与源操作数按位进行逻辑“或”运算，并将结果送回目标操作数。

注意：注意事项与逻辑“与”AND 指令相同。

常用 OR 将寄存器或存储器中某些特定的位置设置成“1”，而不管这些位置原来的状态如何，同时使其余位保持原来的状态不变。将需设置“1”的位和“1”进行逻辑“或”，将要求保持不变的位和“0”进行逻辑“或”。

例 4-70 已知 AX = 2D3EH，试将 AH 和 AL 最高位置 1，而保持 AX 中其余位不变。

分析：
```
MOV   AX, 2D3EH        ; AX←2D3EH
OR    AX, 8080H        ; AX←(AX ∨ 1000000010000000B)
```

```
  0010 1101 0011 1110
∨ 1000 0000 1000 0000
---------------------
  1010 1101 1011 1110
```

结果为 AX = 0ADBEH。

例 4-71 将非压缩的 BCD 码 9 转换成为相应的十进制数的 ASCII 码 9。

分析：
```
MOV   AL, 09H          ; (AL) = 09H
OR    AL, 30H          ; (AL) = 39H = "9"
```

```
  0000 1001
∨ 0011 0000
-----------
  0011 1001
```

结果为 AL = 39H。

AND 指令和 OR 指令有一个共同特点，如果一个寄存器的内容和自己进行逻辑“与”或者“或”操作。则寄存器原来的内容不会改变，但操作之后标志寄存器中的 SF、ZF 和 PF 将会受到影响，并且将 OF 和 CF 清零。

利用这个特性，在指令执行之后，可以根据标志位的影响，来判断数据的正负、是否为零以及数据的奇偶性等。

(5) XOR 逻辑异或指令 (Logical Exclusive OR)

格式：XOR DEST, SRC ; DEST←(DEST ∀ SRC)

功能：将目标操作数与源操作数按位进行逻辑“异或”运算，并将结果送回目标操作数。XOR 操作数的类型与 AND 相同。

注意：注意事项与逻辑“与” AND 指令相同。

利用逻辑异或指令可以将指定的寄存器或存储器中某些特定位求反，使其余位保持不变。还可以利用逻辑异或指令将寄存器内容清零的同时清标志位 CF 和 OF。

XOR 指令常用的形式有：
```
XOR   DI, 23F6H                         ; DI←(DI ∀ 23F6)
XOR   SI, DX                            ; SI←(SI ∀ DX)
XOR   CL, BUFFER                        ; CL←(CL ∀ BUFFER)
XOR   COUNT[BX], AX                     ; [COUNT + BX]←([COUNT + BX] ∀ AX)
XOR   BYTE PTR TABLE[BP][SI], 3DH       ; [TABLE + BP + SI]←([TABLE + BP + SI] ∀ 3D)
```

例 4-72 试写出将累加器 AX、标志位 CF 和 OF 清零，然后将数 0FH 中的 0、2、4、6 位保持不变，1、3、5、7 位求反的指令。

分析：依据题意指令如下：
```
XOR    AX, AX       ; AX 清零，CF 和 OF 置零
MOV    AL, 0FH      ; (AL) = 00001111B
```

```
XOR    AL, 0AAH     ; (AL) = 10100101B
     AL              0000 1111
∀    AAH        ∀    1010 1010
    ---------       -----------
     A5H             1010 0101        AL = A5H
```

将数 0FH 中的 0、2、4、6 位保持不变，1、3、5、7 位求反后其值为 5AH。

使用 XOR、SUB 和 MOV 指令都可以使寄存器清零。但是这 3 条指令影响标志位不同，请看下面三条指令。

```
XOR    AX, AX    ; AX = 0, OF = 0, CF = 0
SUB    AX, AX    ; AX = 0, ZF = 0
MOV    AL, 0     ; AX = 0, 标志位不变
```

2. 移位指令

8086/8088 指令系统中有 4 条移位指令，即逻辑左移 SHL、算术左移 SAL、逻辑右移 SHR 和算术右移 SAR 指令，4 条移位指令的格式完全相同，其功能是用来实现对寄存器或存储单元的字或字节数据的移位。指令移位操作可以是向左或向右移一位，也可以移多位。当要求移多位时，指令规定移位次数必须放在 CL 寄存器中。

（1）SHL/SAL 逻辑左移/算术左移指令（Shift Logical Left/Shift Arithmetic Left）

格式：SHL(或 SAL)　DEST, 1

　或　SHL(或 SAL)　DEST, CL

功能：将目标操作数顺序向左移 1 位或移寄存器 CL 中指定的位数。左移时，操作数的最高位移入进位标志 CF，最低位补 0。指令操作的示意图如图 4-36 所示。

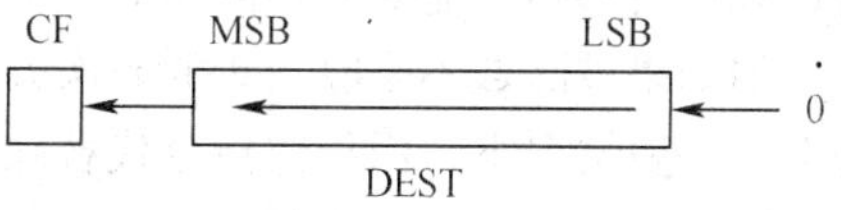

图 4-36　SHL/SAL 指令示意图

注意：算术左移/逻辑左移指令影响 CF 和 OF，如果移位次数等于 1，且移位以后目标操作数新的最高位与 CF 不相等，则溢出标志 OF = 1，否则 OF = 0。因此 OF 的值表示移位操作是否改变了符号位，如果移位次数不等于 1，则 OF 的值不确定。目标操作数可以是寄存器或存储器，但不能是立即数。

所有移位指令对其他状态标志位有影响（PF，SF，ZF，OF，CF）。

SHL 指令常用的形式有：

```
SHL  AH, 1                    ; 寄存器左移 1 位
SHL  SI, CL                   ; 寄存器左移 (CL) 位
SHL  WORD  PTR[BX + 5], 1     ; 存储器左移 1 位
SHL  BYTE  PTR DATA, CL       ; 存储器左移 (CL) 位
```

在执行算术左移指令 SAL 或逻辑左移指令 SHL 指令时，将目标操作数左移 1 位，相当于将该数乘 2，因而可以利用左移指令完成乘法的运算。如果不是 2 的 *n* 次方，可将数值分解，然后再利用移位指令。这是由于移位指令比乘法指令的执行速度快得多，一般情况下，用移位指令代替乘法指令往往能使执行速度提高十倍甚至更多，因此在许多情况下，利用移位指令来完成乘法。

例 4-73　将一个 16 位无符号数乘以 20。该数原来存放在以 ADD1 为首地址的两个连续的存储单元中（低位在前，高位在后）。

分析：因为 ADD1 × 20 = (ADD1 × 16) + (ADD1 × 4)，故可用左移指令实现。

```
MOV   AX, ADD1   ; AX←被乘数
MOV   CL, 2      ; CL←移位数
SHL   AX, CL     ; AX = ADD1 ×4
MOV   BX, AX     ; 暂存 BX
SHL   AX, CL     ; AX = ADD1 ×16
ADD   AX, BX     ; AX = ADD1 ×20
HLT
```

此程序需 26 个时钟，用 MUL 需 130 个时钟。

（2）SHR 逻辑右移指令（Shift Logical Right）

格式：SHR　DEST, 1

　或　SHR　DEST, CL

功能：将目标操作数顺序向右移 1 位或移寄存器 CL 中指定的位数。右移时，操作数的最低位移入进位标志 CF，最高位补 0。指令操作的示意图如图 4-37 所示。

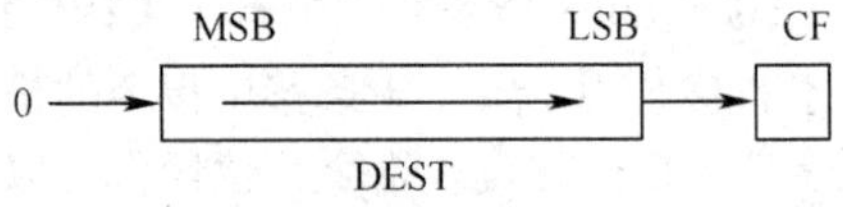

图 4-37　逻辑右移操作示意图

注意：逻辑右移指令将影响 CF 和 OF 标志位。如果移位次数等于 1，且移位以后新的最高位和次高位不相等，则 OF =1，否则 OF =0，实际上此时 OF 的值仍然表示符号位在移位前后是否改变。如果移位次数不等于 1 则 OF 的值不定。目标操作数可以是寄存器或存储器，但不能是立即数。

在执行逻辑右移指令 SHR 时，如果将目标操作数右移 1 位，相当于将该数除以 2，因而同样可以利用右移指令完成除法的运算。但应注意，如果被除数是除数 2 的 *n* 次方倍时，不会产生误差。但如果被除数不是除数 2 的 *n* 次方倍，将会把余数舍去。移位指令比除法指令的执行速度快得多，一般情况下，用移位指令代替除法指令往往能使执行速度提高十倍甚至更多，因此在许多情况下，利用移位指令来完成除法。

例 4-74　将一个 16 位无符号数除以 32，该数原来存放在以 ADD1 为首地址的两个连续存储单元中。

分析：一个无符号数除以 32，由于 32 是 2 的 5 次方（即 2^5），所以该算法可以采用移位指令来完成，具体程序如下：

```
MOV     AX, ADD1      ; AX←被除数
MOV     CL, 5         ; CL←移位数
SHR     AX, CL        ; AX = ADD1 ÷32
HLT
```

（3）SAR 算术右移指令（Shift Arithmetic Right）

格式：SAR　　DEST, 1

　或　SAR　　DEST, CL

功能：将目标操作数逐位向右移一位或由 CL 寄存器指定的位数，最低位放在标志位 CF 中，它与逻辑右移指令不同的是，算术右移时最高位不是补零，而是保持原来数值不变，如图 4-38 所示。

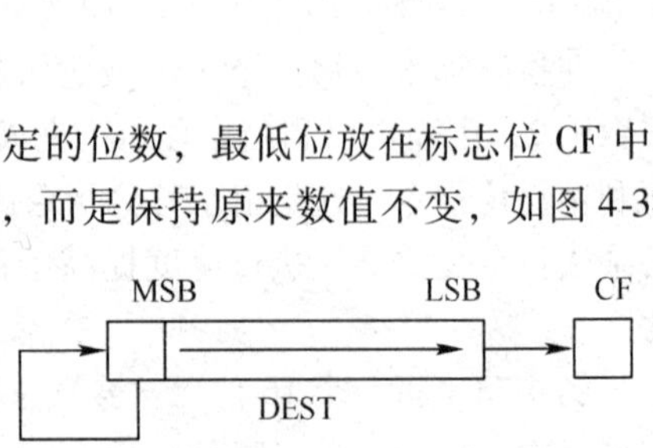

图 4-38　SAR 指令示意图

注意：它与 SAR 的主要区别是算术右移时最高位保持不变。目标操作数可以是寄存器或存储器，但不能是立即数。

算术右移 1 位相当于带符号数除以 2，但是 SAR 指令

完成的除法运算对负数为向下舍去，而带负号数除法指令 IDIV 对负数总是向上舍去。

例 4-75　试用算术右移指令编写 23 ÷ 4 的程序。

分析：依据题意程序如下：

```
MOV   AL, 23        ; AL←被除数
MOV   CL, 2         ; CL←移位数
SHR   AL, CL        ; AL = 23 ÷ 4
```

结果为 AL = 05H = 0000 0101B，将余数 3 舍去。

3. 循环移位指令（Rotate）

在移位指令中移出操作数的数位均被丢失，而循环移位指令把操作数从一端移到操作数的另一端，使操作数中的数据不会丢失，必要时可以恢复。

循环指令中不论左移或右移指令的原操作数可以是寄存器也可以是存储器，但不能是立即数。移 1 位时目标操作数是 1；如果移位次数大于 1，则目标操作数是寄存器 CL（将移位次数送入 CL）。

所有循环移位指令都只影响进位标志 CF 和溢出标志 OF，但 OF 标志的含义对于左循环移位指令和右循环移位指令将有所不同。

（1）ROL 循环左移指令（Rotate Left）

格式：ROL　DEST，1

　或　ROL　DEST，CL

功能：将目标操作数向左循环移动 1 位或移动由寄存器 CL 指定的位数，最高位移到进位标志 CF。同时，最高位移到最低位形成循环，进位标志 CF 不在循环回路之内。操作示意图如图 4-39 所示。

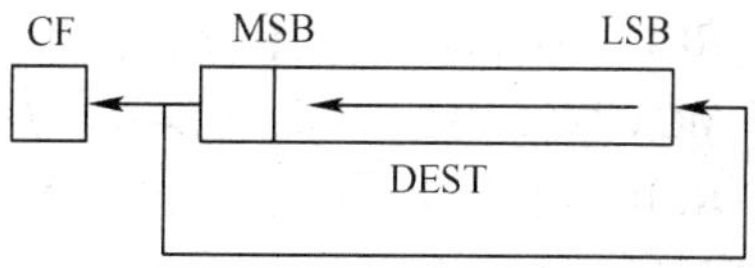

图 4-39　ROL 指令操作示意图

注意：ROL 将影响 CF 和 OF 的两个标志位。如果循环移位次数等于 1，且移位以后目标操作数新的最高位与 CF 不相等，则 OF = 1，否则 OF = 0。因此 OF 的值表示循环移位前后符号位是否有所改变。如果移位次数不等于 1，则 OF 的值不确定。

（2）ROR 循环右移指令（Rotate Right）

格式：ROR　DEST，1

　或　ROR　DEST，CL

功能：ROR 指令将目标操作数向右循环移动 1 位，或移动由寄存器 CL 指定的位数，将最低位移到进位标志 CF 的同时，将最低位移到最高位。操作示意图如图 4-40 所示。

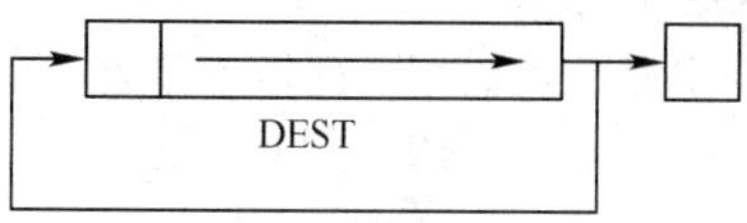

图 4-40　ROR 指令操作示意图

注意：ROR 将影响 CF、OF，若循环移位次数等于 1，且移位后新的最高位和次高位不相等，则 OF = 1，否则 OF = 0。若移位次数不为 1，则 OF 不确定。

（3）RCL 带进位循环左移指令（Rotate Left Though Carry）

格式：RCL　DEST，1

　或　RCL　DEST，CL

功能：将目标操作数连同进位标志 CF 一起向左循环移动 1 位或移动由寄存器 CL 指定的位数，最高位移入进位标志 CF，而 CF 移入最低位。指令的操作如图 4-41 所示。

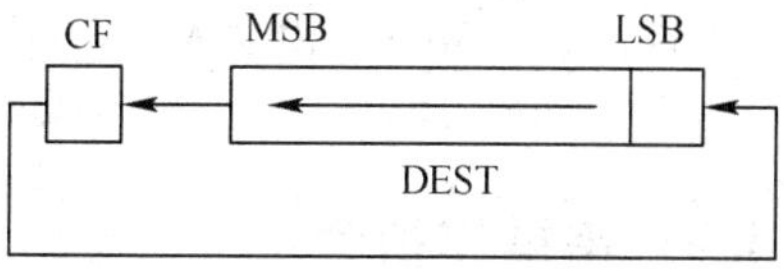

图 4-41　RCL 指令操作示意图

注意：RCL 将影响 CF、OF，若循环移位次数等于 1，

且移位后新的最高位和次高位不相等，则 OF =1，否则 OF =0。若移位次数不为 1，则 OF 不确定。

（4）RCR 带进位循环右移指令（Rotate Right Through Carry）

格式：RCR　DEST，1

　或　RCR　DEST，CL

功能：将目标操作数与进位标志 CF 一起向右循环移动 1 位或移动由 CL 寄存器指定的位数，最低位移入进位标志 CF，原来的 CF 则移入最高位。指令的操作如图 4-42 所示。

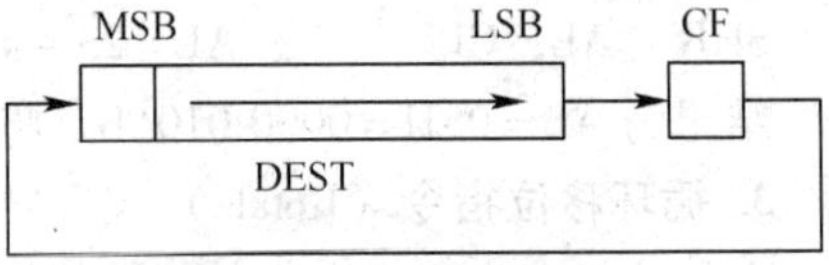

图 4-42　RCR 指令操作示意图

注意：RCL 将影响 CF、OF，若循环移位次数等于 1，且移位后新的最高位和次高位不等，则 OF =1，否则 OF =0。若移位次数不为 1，则 OF 不确定。

RCR 指令常用的形式有：

```
RCR  DI，1                        ；寄存器带进位循环右移 1 位
RCR  SI，CL                       ；寄存器带进位循环右移 CL 位
RCR  WORD  PTR[SI+BX+3]，1        ；存储器带进位循环右移 1 位
RCR  BYTE  PTR[BP][SI]，CL        ；存储器带进位循环右移 CL 位
```

例 4-76　已知 AL =1001 1011B，CF =0。试分析当执行下列 4 条指令 AL 和标志位 CF、OF 的数值。

```
ROL  AL，1        ；寄存器 AL 循环左移 1 位
ROR  AL，1        ；寄存器 AL 循环右移 1 位
RCL  AL，1        ；寄存器 AL 和进位位 CF 一起左移 1 位
MOV  CL，3        ；CL←移位次数 3
RCR  AL，CL       ；寄存器 AL 和进位位 CF 一起右移 3 位
```

分析：依据指令功能 AL 和标志位 CF、OF 的数值如下：

AL =0011 0111B，CF =1，OF =0

AL =1100 1101B，CF =1，OF =0

AL =0011 0110B，CF =1，OF =0

AL =1101 0011B，CF =0，OF 不定

利用循环移位指令可以对寄存器或存储器中的每一位和进位位进行测试。

例 4-77　试编写程序完成检测 I/O 接口中第 3 位的状态是 0 还是 1 的程序（I/O 接口地址为 40H）。

分析：可以用下列指令完成：

```
          IN   AL，40H       ；将接口 40H 的状态读入 AL
          MOV  CL，3         ；送移位次数
          ROL  AL  CL        ；AL 的第 3 位送 CF
          JNC  AA1           ；为零跳转，否则继续执行
            ⋮
AA1：     MOV  BL，AL        ；将状态值送 BL
            ⋮
```

4.4.4　串操作指令

字符串是指连续存放在内存中一组字（或字节）数据（或 ASCII 码）。组成字符串的字节或

字称为字符串元素。若组成串的元素是字节，则该串称为字节串，若组成串的元素是字，则该串称为字串。字符串长度最长不能超过64KB。

串操作指令的基本操作各不相同，但是下面几个特点是相同的：

1）总是用源变址寄存器SI作原操作数，用目的变址寄存器DI作目标操作数；源操作数通常在现行的数据段中，段寄存器DS被隐含，但也允许段超越，目标操作数总是在现行的附加段，段寄存器ES被隐含，不允许段超越。

2）每一次操作以后自动修改地址指针，方向标志位DF决定地址指针是增量还是减量，当DF=0时，地址指针在修改时将增加，即字节操作时地址指针加1。字操作时地址指针加2；当DF=1时，地址指针在修改时将减小，即字节操作时，地址指针减1，字操作时，地址指针减2。

3）有的可以在串操作指令前加重复前缀REP，这时指令将按规定的操作重复进行。重复循环的次数由CX寄存器决定，其步骤如下：

①先检查寄存器CX，若CX=0则退出串操作。

②执行一次字符串基本操作。

③根据DF标志修改地址指针。

④CX减1（但不改变标志）。

⑤转至下一次循环，重复以上步骤。

4）若串操作指令的基本操作影响零标志ZF（如CMPS SCAS），此时使用重复前缀不仅要满足CX的条件，而且还要满足ZF的条件。

5）串操作汇编指令的格式，有带操作数和不带操作数两种，不带操作数的又分为字节和字两种。不带操作数的指令助记符后必须加上字母B（字节操作）或W（字操作）。注意指令助记符后面加上字母B或W后，助记符后面不允许再带操作数。

1. MOVS字符串传送指令（Move String）

```
格式：[REP]   MOVS   DEST, SRC   ；一般格式
      [REP]   MOVSB              ；字节格式
      [REP]   MOVSW              ；字格式
```

功能：将源串中的一个字节或字（以SI为偏移地址）传送到目的串中（以DI为偏移地址），传送由方向标志DF决定，数据传送完CPU自动修改地址指针。

注意：在一般格式串操作指令中，给出了源操作数和目的操作数，指令执行字节操作还是字操作决定于这两个操作数定义时的类型。字符串传送指令不影响标志位。它可以使用重复前缀REP。一般格式主要用在有段超越的程序中，如果没有段超越，大多数情况下用后两种格式比较简单。

字符串传送指令常用的形式如下：

```
REP  MOVS   DATA2,    DATA1              ；操作数类型应预先定义
     MOVS   BVFFR2,   ES：BUFFER         ；源操作数进行段超越
REP  MOVS   WORD      PTR[DI]，[SI]      ；用变址寄存器表示操作数
REP  MOVSB                               ；字节串操作
REP  MOVSW                               ；字串操作
```

例4-78　将数据段中首地址为ADD1的200个字节传送到附加段首地址为ADD2的内存中去，使用字节串的程序如下：

```
LEA   SI, ADD1    ；SI←原串首址指针
LEA   DI, ADD2    ；DI←目标串首地址指针
MOV   CX, 200     ；CX←字节串长度
```

```
      CLD                    ; 方向标志位置零（DF=0）
REP   MOVSB                  ; 传送 200 个字节
      HLT                    ; 暂停
```

在上面例子中指令 REP　MOVSB 也可以用下面 3 条指令代替：

```
AA1: MOV    ADD2, ADD1
     DEC    CX
     JNZ    AA1
```

可以看到使用重复串指令程序比较简单。

2. CMPS 串比较指令（Compare String）

```
格式：CMPS   SRC, DEST    ; 一般格式
      CMPSB               ; 字节格式
      CMPSW               ; 字格式
```

功能：将两个字符串中相应的元素组逐个比较（相减），但不将比较结果送回目标操作数，而反映在标志位上。

注意：CMPS 与其他指令不同，指令中源操作数在前，目标操作数在后。CMPS 指令对大多数标志位有影响，如 SF、ZF、AF、PF、CF 和 OF。

由于 CMPS 影响指令标志位 ZF，当两个比较的字或字节相等时，ZF=1，不相等时，ZF=0。

如果想在两个字符中寻找第一个不相等的字符，则应使用重复前缀 REPE 或 REPZ。当遇到第一个不相等的字符时，就停止进行比较，但此时的地址指针已被修改，即（DS：SI）和（ES：DI）已经指向下一个字节或字。为了能找到第一个不相等字符的地址，应将 SI 和 DI 进行修正（正向修正是指在执行串比较指令时，当 DF=0 而且是字节比较时，CPU 修改指针是加 1，逆向修正就是减 1）。如果想要寻找两个字符串中的第一个相等的字符，则应该用重复前缀 REPNE 或 REPNZ。不过以上两种情况都会出现整个字符串比较完毕，仍未出现要寻找的条件（例如：两个字符相等或不相等），此时便可以退出比较。

例 4-79　比较两个字符串，找出其中第一个不相等字符的地址，如果两个字符全部相等，则转到 ABB1 进行处理，否则退出。这两个字符串长度均为 20 个字节，首地址分别为 STRING1 和 STRING2，其程序如下：

```
        LEA      SI , STRING1     ; 字符串 1 的首地址送 SI
        LEA      DI, STRING2      ; 字符串 2 的首地址送 DI
        MOV      CX, 20           ; 长度送 CX
        CLD                       ; 清方向标志（DF=0）
REPE    CMPSB                     ; 如相等，重复进行比较，不相等，则退出比较
        JCXZ     ABB1             ; 若 CX=0，未找到相同字符，则跳至 ABB1
        DEC      SI               ; 逆向修正（SI-1）
        DEC      DI               ; 逆向修正（DI-1）
ABB1:   HLT                       ; 暂停
```

3. SCAS 串扫描指令（Scan String）

```
格式：SCAS     DEST     ; 一般格式
      SCASB             ; AL-(ES: DI)，字节格式
      SCASW             ; AX-(ES: DI)，字格式
```

功能：将累加器 AL（字节）或 AX（字）中的内容与字符串（ES：DI）中的元素进行比较，

比较结果反映在标志位上。如果前面加重复前缀 RENE 或 REPNE，可以将累加器中的内容与字符串中的元素逐一进行比较，直到找到与累加器中相同的字符或 CX=0 时，则退出比较。

注意：SCAS 指令将影响大多数标志位，如 SF、ZF、AF、PF、CF 和 OF。如果累加器的内容与字符串的元素相等，则比较之后 ZF=1。所以，串扫描指令可以加上重复前缀 REPE 或 REPZ，前缀 REPE（即 REPZ）表示当 CX≠0 且 ZF=0 时，继续进行扫描。执行重复串扫描指令时有两种情况使串扫描停止扫描。①在扫描过程中找到了与累加器 AL（字节）或 AX（字）中的内容相符的元素，即 ZF=1，则停止扫描。②扫描过程中在字符串中没有找到与累加器 AL（字节）或 AX（字）中的内容相符的元素，若 CX=0，则停止扫描。字符串中的起始地址只能放在（ES：DI）中。不允许段超，但检索的关键字必须存放在累加器 AL 或 AX 中。

串扫描指令一般用在一个字符串中检索一个特定的关键字。

例 4-80 在包括 200 个字符的字符串中，寻找第一个百分号%（其 ASSCII 码是 25H），找到后将其地址保留在（ES：DI）中，并在屏幕上显示字符 Y。如果字符串没有百分号%，则在屏幕上显示字符 N。该字符串的首地址为 DATA1。

```
START：  LEA    DI，DATA1      ；DI←字符串首地址
         MOV    AL，25H        ；AL←百分号%
         MOV    CX，200        ；CX←字符串长度
         STD                   ；标志位置 1，即 DF=1
REPNE    SCASB                 ；如果没找到重复扫描
         JZ     AA1            ；如找到转 AA1
         MOV    DL，'N'        ；字符串中无百分号%，则 DL←'N'
         JNP    AA2            ；转到 DSPY
AA1：    INC    DI             ；DI+1
         MOV    DL，'Y'        ；DI←'Y'
AA2：    MOV    AH，02         ；显示字符
         INT    21H
         HLT
```

4. LODS 从串取指令（Load from String）

```
格式：LODS     SRC      ；一般格式
      LODSB             ；AL←(DS：SI)，字节格式
      LODSW             ；AX←(DS：SI)，字格式
```

功能：将字符串中的元素装入累加器 AL（字节）或 AX（字）中。

注意：从串取指令 LODS 对标志位没有影响，该指令一般不带重复前缀，这是因为每传送一次数据，累加器中的内容就被改写，执行重复传送操作后，只能保留最后写入的数据，所以该指令加重复指令无意义。

例 4-81 内存中以 DATA1 为首地址的缓冲区有 100 个，以压缩 BCD 码形式存放的十进制数，它们的值可能是 0~9 中的任意一个，试编写一段程序将这些十进制数顺序显示在屏幕上。

分析：依据题意可以用下列指令完成：

```
      LEA    SI，DATA1      ；SI←缓冲区首地址
      MOV    CX，100        ；CX←字符串长度
      CLD                   ；清标志位 DF
      MOV    AH，02         ；AH←功能号
```

```
AA1:  LODSB              ; 取一个 BCD 码到 AL
      ADD    AL, 30      ; BCD 转换为 ASCII
      MOV    DL, AL      ; DL←字符
      INT    21H         ; 显示
      INC    SI          ; 修改地址
      SUB    CX, 1       ; CX-1
      JNZ    AA1         ; 未完成 100 字符重复
      HLT
```

5. STOS 存入串（Store String）

```
格式：STOS    DEST    ; 一般格式
     STOSB           ; AL→(ES: DI)，字节格式
     STOSW           ; AX→(DS: SI)，字格式
```

功能：将累加器 AL（字节）或 AX（字）中的内容传送到附加段 ES，以 DI 为目标地址的目的串中，并且根据 DF 自动修改目标地址，以指向串中的下一个单元。

注意：串存入指令 STOS 对标志位没有影响，该指令在使用重复前缀（REP）时，可以将 AL（字节）或 AX（字）的内容存入一个字符串中。

例 4-82 试编写一段程序，将内存在缓冲区以 BUFFER 为首地址的 100 个单元清零。

分析：依据题意可以用下列指令完成：

```
      LEA    DI,  BUFFER    ; 给 DI 送首地址
      MOV    AX,  0000H     ; AX 清零
      MOV    CX,  50        ; 字串长度
      CLD                   ; 清标志位 DF
REP   STOSW                 ; 将缓冲区以 BUFFER 为首地址的 100 个单元清零
      HLT
```

也可以送字节，但送字比较快。

4.4.5 控制转移指令

控制转移指令是用来改变程序执行顺序的指令，在 8086/8088 中，指令的执行顺序由 CS 和 IP 决定，一般情况下，指令在程序中都是按顺序逐条执行的，每取出一条指令，指令指针 IP 会自动加 1，一条指令执行完后，就从该指令之后的下一个存储单元中取出新的指令来执行。但在有些情况下，程序要根据条件的变化而转移地址，不按顺序去执行程序。因此，为了使程序转移到新的地址去执行，可以采用改变 CS 和 IP（即改变段地址和偏移量），或者仅改变 IP（即偏移量）的方法来实现。

为满足程序转移的不同要求，8086/8088 提供了转移指令、过程调用指令、循环控制指令以及中断指令四种程序控制转移指令，除中断指令外，其他转移指令都不影响状态标志位，但控制转移指令的执行有些是受状态标志影响的。下面分别介绍这四种指令的汇编格式、功能以及控制条件。

1. 转移指令

转移指令又分为两类：无条件转移指令和条件转移指令。

（1）JMP 无条件转移指令（Jump）

无条件转移指令是在执行地址转移时不附加任何条件而转移到指令所规定的地址的指令。

格式：JMP　DEST

功能：将指令指针不附加任何条件而转移到目标操作数所规定的地址去执行指令。

注意：目标操作数可以是标号、立即数、寄存器，也可以是存储器。

程序转移地址的4种寻址方式：段内直接转移、段内间接转移、段间直接转移和段间间接转移。寻址方式在前面已经学习过，这里就不再叙述了。

JMP 指令常用的形式有：

```
JMP   100H                   ；段内直接转移，转移地址 IP + 偏移量
JMP   SHORT   LABEL          ；段内直接转移，转移地址为短标号地址
JMP   NEAR   LABEL           ；段内直接转移，转移地址为近标号地址
JMP   FAR   LABEL            ；段间直接转移，转移地址为远标号地址
JMP   CX                     ；段内间接转移，偏移地址为寄存器中的内容
JMP   WORD   PTR[BP][DI]     ；段内间接转移，偏移量为存储器中的内容
JMP   DWORD   PTR[BX]        ；段间间接转移，转移地址为存储器连续4个单元内容
```

例 4-83　段内直接转移

```
          ⋮
     JMP   NEXT
     AND   AL，7FH
          ⋮
NEXT：XOR   AL，7FH
          ⋮
```

NEXT 是本段内的一个标号，在执行 JMP NEXT 后，不去执行 AND AL，7FH 而是转移到地址为标号 NEXT 代表的地址上去执行 XOR AL，7FH。

（2）JCC 条件转移指令

格式：JCC SHORT_LABEL

功能：如果满足指令转移（短标号）条件，则转移到指令指定的转向地址去执行那里的程序，如果不满足条件，则继续执行下面的程序。

8086/8088 CPU 的条件转移指令非常丰富，不仅可以测试一个标志位的状态，而且还可以综合测试标志位的状态，不仅可以测试无符号数的高与低，同时还可以测试符号数的大和小。指令助记符及其相应的跳转条件见表 4-3 和表 4-4。

表 4-3　直接标志条件转移指令

指令助记符	测试条件	指令功能	指令助记符	测试条件	指令功能
JC	CF = 1	有进位　转移	JNS	SF = 0	符号为正　转移
JNC	CF = 0	无进位　转移	JO	OF = 1	溢出　转移
JZ/JE	ZF = 1	结果为零或相等　转移	JNO	OF = 0	无溢出　转移
JNZ/JNE	ZF = 0	结果为零或相等　转移	JP/JPE	PF = 1	偶数个1　转移
JS	SF = 1	符号为负　转移	JNP/JPO	PF = 0	奇数个1　转移

表 4-4　间接标志条件转移指令

类　别	指令助记符	测试条件	指令功能
无符号数比较	JA/JNBE	CF∨ZF = 0	高于或不低于等于　转移
	JAE/JNB	CF = 0	高于等于或不低于　转移
	JB/JNAE	CF = 1	低于或不高于等于　转移
	JBE/JNA	CF∨ZF = 1	低于等于或不高于　转移

（续）

类　别	指令助记符	测试条件	指令功能
带符号数比较	JG/JNLE	$(SF \forall OF) \vee ZF = 0$	大于或不小于等于　转移
	JGE/JNL	$SF \forall OF = 0$	大于等于或不低于　转移
	JL/JNGE	$SF \forall OF = 1$	小于或不大于等于　转移
	JLE/JNG	$(SF \forall OF) \vee ZF = 1$	小于等于或不大于　转移
CX	JCXZ	CX = 0	CX = 0　转移

注意：所有的条件转移均为段内短转移，也就是说，转移指令与目的地址必须在同一代码段中。条件转移指令也只有一个操作数，但是，它与无条件转移指令 JMP 不同，条件转移指令的操作数必须是一个短标号，转移到下一条指令目标地址之间的距离必须是在 -128 ~ +127 的范围，超出这个范围将发生错误汇编。

在汇编语言程序设计中利用条件转移指令来实现分支程序，JCC 表示条件。绝大多数条件转移指令（除 JCXZ 指令外），将标志位的状态作为测试条件，因此，首先应测试规定的条件（标志位状态），第二是如果条件满足测试条件，则转移到目标地址去执行程序，否则继续顺序执行程序。

在执行程序转移时，程序首先计算出下一条指令到短标号之间的位移量 DISP（8 位）。然后将这个偏移量加到指令指针寄存器 IP 上实现转移，即 IP←(IP + DISP)。

例 4-84　在缓冲区以 BUFFER 为首地址的 2 个单元中存放有两个带符号数，试编程序，将两者中较大的一个送 BUFFER 单元，较小的一个放入 BUFFER + 1 单元。

分析：依据题意我们取出第一个数与第二个数比较大者存放在 BUFFER 单元中，小的送到 BUFFER + 1 单元。因为是带符号数比较大小，所以应使用 JG、JGE/JNL 等指令。

```
DATA    SEGMENT
        BUFFER    DB  0A1H, 39H
                  DB  ?
DATA    ENDS
          ⋮
        MOV       AL, BUFFER
        CMP       AL, BUFFER + 1
        JG        AA1
        XCHG      AL, BUFFER + 1
        MOV       BUFFER, AL
AA1:    HLT
```

2. 过程调用指令和返回指令（Call and Return）

在程序段设计过程中经常会出现一段程序在不同的地方多次出现的情况，这时可以将这段程序段设计成过程（也称为子程序），每次在需要时就可以调用这个子程序，这样会使得程序变得简洁，同时也易于编程。

8086/8088 指令系统中提供了与无条件指令类似的指令寻址方式。它也分为段内直接寻址方式、段内间接寻址方式、段间直接寻址方式和段间间接寻址方式。子程序与调用子程序的程序在同一段内，称为“段内调用”；子程序与调用子程序的程序不在同一段内，称为“段间调用”。调用指令直接给出被调用过程的首地址（标号或立即数），称为“直接寻址”；预先把被调用过程的地址存于寄存器或内存，调用指令给出这些地址存放处（寄存器名或内存地址），称为“间接寻址”。

（1）CALL 过程调用指令（Call a Procedure）

格式：CALL　DEST

功能：调用过程（即子程序）。

1）段内直接调用。

格式：CALL　PROC-N　；PROC-N 是一个近标号

　　　CALL　DISP　　；DISP 为偏移量

功能：将指令指针寄存器 IP 的值压入堆栈，然后将近标号的偏移量值或偏移量的值加上 IP 的值传送给 IP。

指令的操作为：[(SP+1)，SP]←IP；IP 入栈

　　　　　　　(SP)←(SP-2)；堆栈指针改变

　　　　　　　IP←[PROC-N 偏移量+IP]

　　　　　或　IP←[偏移量+IP]

2）段内间接调用。

格式：CALL　REG16　；16 位寄存器

　　　CALL　MEN16　；16 位存储器

功能：将指令指针寄存器 IP 的值压入堆栈，然后将寄存器或存储器的内容传送给 IP。

指令的操作为：[(SP+1)，SP]←IP；IP 入栈

　　　　　　　SP←(SP-2)；堆栈指针改变

　　　　　　　IP←[REG 16]

　　　　　或　IP←[MEN16]

3）段间直接调用。

格式：CALL　FAR-PROC　；FAR-PROC 是一个远标号

功能：将当前指令所在代码段寄存器 CS 的值和偏移量［IP］的值压入堆栈，然后将远标号 FAR-PROC 所在段的首地址值送段寄存器 CS；将远标号 FAR-PROC 的偏移量送指令指针寄存器 IP。

指令操作为：[(SP+1)，SP]←CS　　　　；CS 入栈

　　　　　　[(SP+3)，(SP+2)]←IP　　；IP 入栈

　　　　　　SP←(SP+4)　　　　　　　；堆栈指针改变

　　　　　　CS←(远标号 FAR-PROC 的段值)

　　　　　　IP←(远标号 FAR-PROC 的偏移量)

4）段间间接调用。

格式：CALL　MEN32　；32 位存储器

功能：将当前指令所在代码段寄存器 CS 的值和偏移量［IP］的值压入堆栈，然后将存储器的后两个字节内容送段寄存器 CS，将存储器的前两个字节内容送指令指针寄存器 IP。

指令操作为：[(SP+1)，SP]←CS　　　　；CS 入栈

　　　　　　[(SP+3)，(SP+2)]←IP　　；IP 入栈

　　　　　　SP←(SP+4)　　　　　　　；堆栈指针改变

　　　　　　IP←[(MEN32+1)，(MEN32)]

　　　　　　CS←[(MEN32+3)，(MEN32+2)]

注意：在执行调用子程序指令时，将会把下一条指令的地址推入堆栈，这个地址叫返回地址。在段内调用的情况时，仅仅把返回地址的偏移量压入堆栈，而在段间调用的情况下，不仅要将返回地址的偏移量压入堆栈而且还要把返回地址的段首地址也压入堆栈。

与调用指令相对应的是返回指令。在子程序中至少要有一条返回指令，在子程序结束前的一条指令（最后一条指令）一定是一条返回指令。它使子程序在完成功能后返回调用程序所在的程序段继续执行程序。

(2) RET 返回指令（Return From Procedure）

格式：RET

功能：将堆栈中的断点弹出，使程序返回到原来调用过程的地方继续执行程序。

1）段内过程返回。

格式：RET

功能：将堆栈中的断点偏移地址弹出，送入指令指针寄存器 IP，使程序返回到原来调用过程的地方继续执行程序。

指令的操作为：　IP←[(SP+1)，SP]
　　　　　　　　SP←(SP+2)　　　　；改变堆栈指针

2）段间过程返回。

格式：RET

功能：将堆栈中的断点地址弹出，前面两个字节送入指令指针寄存器 IP，后面两个字节送入段寄存器 CS，使程序返回到原来调用过程的地方继续执行程序。

指令的操作为：　IP←[(SP+1)，SP]
　　　　　　　　CS←[(SP+2)，(SP+3)]
　　　　　　　　SP←(SP+4)

在 8086/8088 指令系统中，段内返回指令和段间返回指令的指令形式是一样的，都是 RET，它们的差别在于指令代码不同。段内返回指令 RET 对应的代码为 C3H（或 C2H），段间返回指令对应的代码为 CBH（或 CAH）。

也就是说，如果一个子程序是供段内调用的，那么，末尾用段内返回指令，这种情况下返回时，从栈顶弹出 2 个字节作为返回地址的偏移量；如果一个子程序是供段间调用的，那么末尾用段间返回指令，这种情况下返回时，从栈顶弹出 4 个字节，分别作为返回地址的偏移量和段的首地址。

3）带参数过程返回。

格式：RET　n　（n 为常数或表达式）

功能：将堆栈中的断点地址弹出，前面两个字节送入指令指针寄存器 IP，后面两个字节送入段寄存器 CS，使程序返回到原来调用过程的地方继续执行程序。

指令的操作为：　IP←[(SP+1)，SP]
　　　　　　　　CS←[(SP+2)，(SP+3)]
　　　　　　　　SP←(SP+n)

注意：返回指令在执行时，会从堆栈顶部弹出返回地址。为了能正确返回，返回指令的类型要和调用指令的类型相对应。参数 n 必须是偶数，不能是奇数。

在进入子程序前，主程序将这些参数或者参数地址先送到堆栈中，通过堆栈传递给子程序。子程序运行过程中，使用了这些参数或参数地址，子程序返回时，这些参数或参数地址已经没有用处，应该将它们从堆栈中弹出。所以，RET n 形式的返回指令，一般用在主程序为某个子程序提供一些参数或者参数的地址，使用带参数返回指令 RET n，可以使得在返回的同时，将堆栈指针自动移动几个字节，从而不需要使用出栈指令 POP 便可以将无用的参数或参数地址从堆栈中弹出。

3. 循环转移指令（Iteration Control）

在设计循环程序时，一般用循环控制指令来控制一个程序段的重复执行，重复次数由 CX 寄存器中的内容决定。8086/8088 指令系统提供了 3 种形式的循环控制指令，这 3 种循环控制指令的字节数均为 2 字节，第一字节是操作码，第二字节是 8 位偏移量，指令所控制的目的地址都是在 -128 ~ +127 范围内。

（1）LOOP 循环指令（Loop）

格式：LOOP　短标号

功能：该指令先将 CX 的内容减 1，然后判断 CX 内容是否为 0，如果 CX≠0，则继续循环，如为 CX =0，则退出循环，执行下一条指令。

注意：LOOP 指令转移只能是在段内循环不能在段间循环。LOOP 指令对标志位没有影响。

一条 LOOP 指令还可以用下面两条指令来完成：

```
DEC    CX
JNZ    标号
```

例 4-85　某班级有 32 名同学微机原理的成绩连续存放在数据段 DAA1 中，试编程计算全班微机原理的平均成绩，并将全班微机原理的平均成绩存放在数据段 DAA2 中。

分析：这是一个简单的加法再求平均值的问题，每个同学的微机原理成绩依次存放在变量 DAA1 开始的 32 个存储单元中，平均成绩存放在数据段 DAA2 中。依据题意所编程序如下：

①用 LOOP 指令来完成循环，程序如下：

```
          ⋮
       DAA1   DB   63H，51H，43H，54H，…
       DAA2   DB   4 DUP（?）
          ⋮
       LEA    SI，DAA1        ；送 DAA1 偏移量
       LEA    DI，DAA2        ；送 DAA2 偏移量
       MOV    CX，1FH         ；送计数次数
       MOV    BL，CL          ；送除数
       XOR    AX，AX          ；清标志位 OF、CF 和寄存器 AX
       MOV    AL，[SI]        ；读入第一个同学成绩
NEXT： INC    SI              ；地址指针加 1
       ADD    AL，[SI]        ；计算学生成绩之和
       ADC    AH              ；加进位位
       LOOP   NEXT            ；如还未加满 32 次，继续循环
       DIV    BL              ；计算平均成绩
       MOV    [DI]，AL        ；将平均成绩存放在数据段 DAA2 中
       HLT
```

②用　DEC　CX

　　JNZ　标号

两条指令来完成循环，程序如下：

```
        ⋮
        DAA1   DB  63H, 51H, 43H, 54H, …
        DAA2   DB  4 DUP (?)
        ⋮
        LEA    SI, DAA1          ; 送 DAA1 偏移量
        LEA    DI, DAA2          ; 送 DAA2 偏移量
        MOV    CX, 32            ; 送计数次数
        MOV    BL, CL            ; 送学生人数
        XOR    AX, AX            ; 清标志位 OF、CF 和寄存器 AX
NEXT:   MOV    AL, [SI]          ; 读入同学成绩
        INC    SI                ; 地址指针加 1
        ADD    AL, [SI]          ; 求学生成绩
        ADC    AH                ; 加进位位
        DEC    CX                ; 计数值减 1
        JNZ    NEXT              ; CX≠0，继续循环
        DIV    BL                ; 计算平均成绩
        MOV    [DI], AL          ; 将平均成绩存放在数据段 DAA2 中
        HLT
```

（2）LOOPE/LOOPZ 相等或结果为零时循环指令（Loop If Equal/Zero）

格式：LOOPE　短标号

或　　LOOPZ　短标号

功能：这两条指令功能完全相同，只是助记符不同，它们用于控制重复执行一组指令。LOOPE 是相等时循环，LOOPZ 是结果为零时循环。指令执行前，仍然是先将重复次数送到 CX 中，每执行一次指令，CX 自动减 1，若减 1 后 CX≠0 和 ZF = 1，则转到指令所指定的标号处重复执行；只要 CX = 0 或 ZF = 0，两个条件满足一个条件，则退出循环。

注意：LOOPE/LOOPZ 指令转移只能是在段内循环，不能在段间循环。LOOPE/LOOPZ 指令对标志为无影响。

例 4-86　在数据段以 BUFFER 开始的内存单元中存放了 100 个字节的字符，试编程查找该数据段中第一个不为 0 的数据地址，并将该地址存入 ADD1。

分析：这是一个在数据段中寻找字符的问题，将 100 个字符中第一个不为 0 的地址存于变量 ADD1 存储单元中。依据题意所编程序如下：

```
            ⋮
BUFFER  DB  00, 00, 38, …                 ; 100 个字符
ADD1    DB  4 DUP (?)
            ⋮
        LEA     SI, BUFFER                ; 送 BUFFER 偏移量
        LEA     DI, ADD1                  ; 送 ADD1 偏移量
        MOV     CX, 64H                   ; 送循环次数
AA1:    CMP     BYTE PYR [SI], 00H        ; 与 0 比较
        LOOPE   AA2                       ; ZF = 1，且 CX≠0，循环
        JNZ     AA3                       ; 找到第一个不为 0 的数
```

```
        JMP     AA4                 ; 转移到 AA4
AA2:    INC     SI                  ; 修改指针
        JMP     AA1                 ; 转移到 AA1
AA3:    MOV     [DI], SI            ; 第一个不为 0 的地址送 ADD1
AA4:    HLT
```

(3) LOOPNE/ LOOPNZ 不相等或结果不为零循环指令（Loop If Not Equal/Not Zero）

格式：LOOPNE 短标号

或 LOOPNZ 短标号

功能：这两条指令功能完全相同，只是助记符不同，它们也是用于控制重复执行一组指令。LOOPNE 是不相等时循环，而 LOOPNZ 是结果不为零时循环。指令执行前，仍然是先将重复次数送入 CX，每执行一次，CX 自动减 1，若减 1 后 CX≠0 和 ZF = 0，则转移到标号所指定的地方重复执行；只要 CX = 0 或 ZF = 1，两个条件满足一个条件，则退出循环。

注意：LOOPNE/LOOPNZ 指令是有条件地形成循环，该指令转移只能是在段内循环，不能在段间循环。LOOPNE/LOOPNZ 指令对标志位没有影响。

例 4-87 在数据段以 BUF 开始的内存单元中存放了 100 个字节的字符，试编程查找该数据段中第一个为 A 字符的地址，并将该地址存入 ADD1。

分析：这也是一个在数据段中寻找字符的问题，在查找过程中如果找到字符 A，则退出循环，将字符 A 的地址存于变量 ADD1 存储单元中。如果未找到字符 A，则要一直找到记数值为 0（即 CX = 0）时，才退出循环。依据题意所编程序如下：

```
            ⋮
BUF     DB  43H, 67H, 30H, …            ; 100 个字符
ADD1    DB  2 DUP (?)
            ⋮
        LEA     SI, BUF                 ; 送 BUF 偏移量
        LEA     DI, ADD1                ; 送 ADD1 偏移量
        MOV     CL, 64H                 ; 送循环次数
AA1:    CMP     BYTE PTR [SI], 41H      ; 与 A 比较
        LOOPNE  AA2                     ; ZF = 0, 且 CX≠0。循环
        JZ      AA3                     ; 找到第一字符 A
        JMP     AA4                     ; 转移到 AA4
AA2:    INC     SI                      ; 修改指针
        JMP     AA1                     ; 转移到 AA1
AA3:    MOV     [DI], SI                ; 第一个不为 A 的地址送 ADD1
AA4:    HLT
```

4. 中断指令

中断是指计算机在执行正常的程序过程中，由于发生了某些事件，需要计算机暂时停止执行当前的程序，而转到处理事件程序（中断程序）去执行，当执行处理事件程序完毕后再返回到当前程序继续执行程序，这个过程称为中断。引起中断的原因称为中断源。

(1) INT 中断指令（Interrupt）

格式：INT n

功能：将标志位寄存器的内容压入堆栈，清除中断标志 IF 和单步标志 TF，然后将在代码段

寄存器 CS 中断点的段首地址和在指令指针寄存器 IP 中断点的偏移地址压入堆栈，再将中断类型号 n 乘 4，得到中断向量的地址，并将中断向量高地址的 2 个字节内容送代码段寄存器 CS，低地址的 2 个字节内容送指令指针寄存器 IP。于是 CPU 转到相应的中断程序去执行。

注意：INT n 指令除了将 IF 和 TF 清零外对其他标志位没有影响，n 为中断类型号，值为 0 ~ 255。

指令操作：[(SP+1)，SP]←FLAGS
SP←(SP-2)
IF←0，TF←0
[(SP+1)，SP]←CS
[(SP+3)，(SP+2)]←IP
SP←(SP-4)
IP←(N×4)
CS←(N×4+2)

(2) INTO 溢出中断（Interrupt of Overflow）

格式：INTO

功能：当溢出标志 OF=1 时则启动中断程序，即将标志位寄存器的内容压入堆栈，清除中断标志 IF 和单步标志 TF，将断点的基地址 CS 和偏移地址 IP 压入堆栈。然后将 00010H 和 00011H 的 2 个字节内容送指令指针寄存器 IP，将 00012H 和 00013H 的 2 个字节内容送代码段寄存器 CS 之后，CPU 转到溢出中断程序去执行。当溢出标志 OF=0 时，则不执行中断程序，而继续执行现行程序。

注意：INTO 指令为 1 字节指令。该指令的中断类型号 n=4，即中断向量为 4×4=16=10H。

(3) IRET 中断返回指令（Interrupt Return）

格式：IRET

功能：将压入堆栈断点的段地址和偏移地址分别弹入代码段寄存器 CS 和指令指针寄存器 IP，并返回到原来发生中断的地方，同时恢复标志位寄存器的内容。

执行中断时的操作：IP←[(SP+1)，SP]
SP←(SP+2)
CS←[(SP+1)，SP]
SP←(SP+2)
FLAGS←[(SP+1)，SP]
SP←(SP+2)

注意：在中断系统中，所有的中断程序都编写为远过程 FAR，所以中断返回指令 IRET 是段间返回，指令影响所有标志位。

4.4.6 处理器控制指令

1. 标志操作指令

前面学习的指令，有一些指令执行后会影响标志位，有一些指令执行后不影响标志位。8086/8088 还专门提供了一组标志操作指令，它们可直接对控制标志位 DF、IF 和进位标志位 CF 进行直接操作。指令执行后仅仅影响该指令指定的标志位，不影响其他标志位。

(1) CLC 清进位标志位指令（Clear Carry Flag）

格式：CLC　　；CF←0

功能：将进位标志位置0。

注意：在循环程序之前一般用 CLC 指令清除进位标志位，以避免 CF 的内容不可预知，而使结果出错。

（2）STC 进位标志位置1指令（Set Carry Flag）

格式：STC　　　；CF←1

功能：将进位标志位置1。

（3）CMC 进位标志求反指令（Complement Carry Flag）

格式：CMC　　　；$CF \leftarrow \overline{CF}$

功能：将进位标志位求反。

（4）CLD 清方向标志位指令（Clear Direction Flag）

格式：CLD　　　；DF←0

功能：将方向标志位置0，使在执行串操作时 SI 和 DI 寄存器的地址指针自动增加。

（5）STD 方向标志位置1指令（Set Direction Flag）

格式：STD　　　；DF←1

功能：将方向标志位置1，使在执行串操作时 SI 和 DI 寄存器的地址指针自动减小。

（6）CLI 中断标志位置0指令（Clear Interrupt Flag）

格式：CLI　　　；IF←0

功能：清中断允许标志。

注意：当 IF＝0 时不允许可屏蔽中断请求。

（7）STI 中断标志位置1指令（Set Interrupt Flag）

格式：STI　　　；IF←1

功能：将中断允许标志位置1。

注意：当 IF＝1 时允许可屏蔽中断请求。

2. 外部同步指令

（1）ESC 换码指令（Escape）

格式：ESC　EXT-OP（外部操作码），SRC

功能：使总线上的协处理器能从 8086/8088 指令流中获取它们的操作指令，同时指示 8086/8088 CPU 内存储器的操作数，将其放在数据总线上，供其他协处理器使用。

（2）NOP 空操作指令（No Operation）

格式：NOP

功能：该指令不执行任何操作，仅仅在执行操作时仅占3个时钟周期的时间。

注意：这是一条单字节指令，它不影响标志位。在调试程序时往往用这条指令占有一定的存储空间，以便在正式运行时用其他指令取代。

（3）HLT 停机指令（Halt）

格式：HLT

功能：使微处理器处于暂停状态，不进行任何操作。

注意：它只有当外部有中断（当 IF＝1 时，可屏蔽中断有请求信号、非屏蔽中断请求信号）和复位 RESET 引脚信号有效时，才可使 CPU 退出暂停状态 HTL。指令对标志位没有影响。在程序中，通常用 HLT 指令来等待中断的出现。

（4）WAIT 等待指令（Wait）

格式：WAIT

功能：使 CPU 处于等待状态。直到外部中断请求或测试信号 TEST 变低（有效）时，则 CPU 退出等待状态，执行后续程序。

注意：WAIT 指令对标志位无影响。等待指令一般和 ESC 指令配合使用，CPU 执行 ESC 指令后，表示 8086 CPU 正处于等待状态，每隔 5 个时钟周期检测一次测试信号，当测试信号为高电平时，重复执行 WAIT 指令，处理器处于等待状态。当测试信号为低电平时，便退出等待状态，执行下条指令。

（5）LOCK 封锁总线指令（Lock Bus）

格式：LOCK 助记符

功能：封锁总线。使 CPU 在执行指令时，不允许其他处理器访问总线。

注意：指令对标志位无影响。它是一种前缀，可加在任何指令的前端。用在 8086/8088 最大模式中。总线锁定不能单独使用，只能作为前缀放在指令前。

例如：LOCK MOV AL，BL

CPU 的总线锁定时，LOCK 符号线维持低电平（有效直到执行下一条指令，在其中有效期间只允许一个微处理器使用总线，禁止其他微处理器访问）。

习　题

4.1 下列各条指令是否有错？如果有，请指出错误之处并改正。

（1）MOV DS，1000H

（2）MOV [100]，23H

（3）ADD AX，[BX+BP+6]

（4）PUSH DL

（5）IN AX，[3FH]

（6）OUT 3FFH，AL

（7）LES SS，[SI]

（8）POP [AX]

（9）IMUL 4CH

（10）SHL BX，5

（11）INT 300

（12）XCHG DX，0FFFH

4.2 请指出以下各指令的源、目的操作数所使用的寻址方式。

（1）MOV SI，2100H

（2）SBB BYTE PTR DISP [BX]，7

（3）AND [DI]，AX

（4）OR AX，[609EH]

（5）MOV [BX+DI+30H]，CX

（6）PUSH ES：[BP]

（7）CALL [DI] DISP

（8）JNZ SHORT_LABEL

4.3 在已学的指令中，可实现累加器清 0 的单条指令有哪些？比较它们的功能。

4.4 若要判断某带符号数的正、负而不影响其原值，可使用哪些方法？

4.5 已知 DS=2000H，有关的内存单元值为(21000H)=00H，(21001H)=12H，(21200H)=00H，(21201H)=10H，(23200H)=20H，(23201H)=30H，(23400H)=40H，(23401H)=30H，(23600H)=60H，(23601H)=30H，符号 COUNT 的偏移地址为 1200H。执行下列指令后，寄存器 AX、BX、SI 的值分

别是多少？

```
MOV   BX, OFFSET COUNT
MOV   SI, [BX]
MOV   AX, COUNT [SI] [BX]
```

4.6　设标志寄存器原值为 0401H，AX = 3272H，BX = 42A2H。执行指令 SBB AL, BH 之后，AX 和标志寄存器的值分别是多少？

4.7　设若标志寄存器原值为 0A11H，SP = 0060H，AL = 4。执行下列几条指令后，标志寄存器、AX、SP 的值分别是多少？

```
PUSHF
LAHF
XCHG   AH, AL
PUSH   AX
SAHF
POPF
```

4.8　设单元 DATA 在内存数据段中的偏移量为 24C0H，在 24C0H ~ 24C3H 单元中依次存放着 55H、66H、77H、88H。执行下列几条指令后，寄存器 AX、BX、CL、SI、DS 的值分别是多少？

```
MOV   AX, DATA
LEA   SI, DATA
MOV   CL, [SI]
LDS   BX, DATA
```

4.9　若 AX = 26D3H，CX = 7908H，CF = 1，执行下列指令后，寄存器 AX、CX 的值分别是多少？CF = ？OF = ？

```
SAL   CH, 1
RCR   AX, CL
ROL   AL, 1
```

4.10　已知 IP = 1000H，CF = 0，则执行指令 JNC SHORT LABEL 后，下列各数中哪一个是可能的 IP 值？

（1）0FFFFH　　（2）0FFEH　　（3）10FEH　　（4）1100H

4.11　设 DS = 4500H，AX = 0508H，BX = 4000H，SI = 0320H。当 8088CPU 在最小组态下执行指令 MOV [BX + SI + 0100H], AX 时，各控制信号 $M/\overline{IO}$、$DT/\overline{R}$、$\overline{RD}$、$\overline{WR}$在有效期间的状态分别是什么？数据总线和地址总线上的数分别是多少？

4.12　已知有某字串 BUF1 的首址为 0000H，BUF2 的首址为 0010H，数据段与附加段重合。欲从 BUF1 处开始将 10 个字数据顺序传送至 BUF2 处，试在下面程序段的空白处填上适当的指令或操作数以实现上述功能。

```
LEA   SI, BUF1
ADD   SI, ____
LEA   DI, BUF2
______________
STD
MOV   CX, ____
REP   MOVSW
```

4.13　附加段中有某字符串首址为 BLOCK，长 17 个字节。欲查找其中第一次出现字符 “e” 的位置，并将该位置所在的偏移量入栈保护。试在下面程序段的空白处填上适当的指令或操作数以实现上述功能。

```
MOV   DI, __________
```

```
MOV  AL, ________
__________________
CLD
________ SCASB
JNE  OTHER
DEC  DI
__________________
OTHER: ……
```

4.14 已知附加段中有一块长 50 个字的数据区，首址为 DEST。欲编程将它们全部初始化为 0FFFFH 值，试在下面程序段的空白处填上适当的指令或操作数，以实现上述功能。

```
____ DI, DEST
MOV  CX, ____
CLD
MOV  AL, 0FFH
```

4.15 已知有程序段如下：

```
MOV  AL, 35H
MOV  DL, AL
AND  DL, 0FH
AND  AL, 0F0H
MOV  CL, 4
SHR  AL, CL
MOV  BL, 10
MUL  BL
ADD  AL, DL
```

执行之后，AL 等于多少？该程序段完成了什么功能？

4.16 以 HEX 为首址的字节单元处存放着一串 ASCII 字符："0123456789ABCDEF"，并有程序段如下：

```
MOV  BX, OFFSET HEX
LEA  DI, HCOD
INC  DI
STD
MOV  AL, 5CH
MOV  AH, AL
AND  AL, 0FH
XLAT HEX
STOSB
MOV  AL, AH
MOV  CL, 4
SHR  AL, CL
XLAT HEX
STOSB
```

上述程序段执行后，字节单元 HCOD 及其相邻单元 HCOD + 1 的内容是多少？该程序段的功能是什么？

4.17 有程序段如下：

```
MOV  AL, DB1
```

```
      MOV   AH, 0
      MOV   DL, 10
L1:   DIV   DL
      MOV   BL, AH
      MOV   BH, 0
      PUSH  BX
      MOV   AH, 0
      CMP   AL, 0
      JNZ   L1
      ……
```

若内存单元 DB1 的值为 7BH，则程序将依次向堆栈压入哪些数据？该程序段实现了什么功能？

4.18　已知组合 BCD 码的存放情况如图 4-43 所示，按要求编写计算程序：

（1）从 DATA1 单元开始，将 8 个组合 BCD 码累加起来，其和（超过 1 字节）存入以 RES 为首址的单元中（低位在前）。

（2）将它们看作 2 个分别以 DATA1、DATA2 为首址的 8 位十进制数（低位在前），求此两数之差并存入以 RES 为首址的单元中。

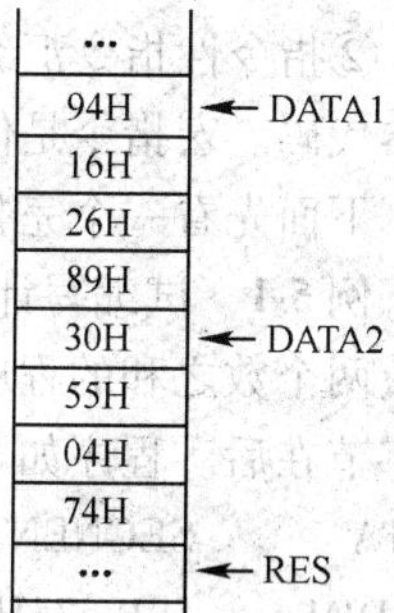

图 4-43　4.18 题图

4.19　下面的程序执行后，DX、AX 的值分别是多少？

```
      ；以 X 为首址的字单元中的数据依次为 1234H、5678H
      ；以 Y 为首址的字单元中的数据依次为 8765H、4321H
      ……
      LEA   SI, X
      LEA   DI, Y
      MOV   DX, [SI+2]
      MOV   AX, X
      ADD   AX, X
      ADC   DX, [SI+2]
      CMP   DX, [DI+2]
      JL    L2
      CMP   AX, Y
      JL    L1
      JMP   EXIT
  L1: MOV   AX, 1
      JMP   EXIT
  L2: MOV   AX, 2
EXIT: ……
```

4.20　有一个 64 位二进制数，由高位字到低位字分别存放在 DX、CX、BX、AX 四个 16 位数据寄存器中。将该数视为无符号数，编程把它左移 1 位；再当作带符号数，编程把它右移 2 位。

4.21　设 VAR 字单元的值为 X，F1 字单元的值为 Y，试编程按以下要求给 Y 赋值：

$$Y=\begin{cases}2 & X>30\\0 & 30\geqslant X\geqslant 1\\-2 & X<1\end{cases}$$

第5章　汇编语言程序设计

5.1　汇编语言语句的类型和组成

5.1.1　汇编语言语句的类型

在汇编语言中我们不仅要知道指令系统，而且还必须了解汇编语言语句的组成和类型，了解汇编语言中的编写程序的格式以及格式中各个部分的意义，以便我们能够编写出正确的源程序。汇编语言有自身的语法规则，汇编语言源程序中有3种基本语句：指令性语句（由CPU指令组成）、指示性语句（伪指令语句）和宏指令语句。指令性语句和指示性语句是最基本的语句，也是最常用的语句。二者的区别是：①指令性指令是给CPU的命令，它是由汇编程序翻译成机器语言指令，在程序运行时由CPU来执行，每条指令都对应CPU一种特定的操作，例如算术运算、逻辑运算、串操作等；而伪指令是给汇编程序的命令，伪指令不汇编成机器语言，仅仅在汇编过程中告诉汇编程序应如何汇编。在汇编中由汇编程序进行处理，例如定义数据分配，定义过程等。②指令性指令汇编以后，每条指令都产生其对应的机器代码；而伪指令则不产生与之对应的机器代码。宏指令是使用者利用上述基本语句自己定义的新的指令。

下面先看一个完整的用汇编语言编写程序的格式（称它为规范程序）。

例5-1　试编写计算分别存放在以ADD1和ADD2为首地址的存储单元中两个多字节的二进制数两个数之和的程序。并将相加结果放在以BUF为首地址的单元中。所有数的低字节在前，高字节在后。程序如下：

```
DATA     SEGNENT                                        ；数据段开始
  ADD1   DB  74H，0E6H，6CH，82H，79H，0C3H             ；被加数
  ADD2   DB  98H，63H，0F6H，0D9H，71H，28H             ；加数
  BUF    DW      4  DUP（0）
DATA     ENDS                                           ；数据段结束
STACK    SEGMENT  PARA  STACK  'STACK'                  ；堆栈段开始
         SED  DB  80H  DUP（?）
  TOP    EQU  LENGTH  SED                               ；设置堆栈段长度
STACK    ENDS                                           ；堆栈段结束
CODE     SEGMENT                                        ；代码段开始
ASSUME  CS：CODE，DS：DATA，SS：STACK
START：MOV     AX，DATA
       MOV     DS，AX        ；给寄存器DS送数据段首地址值
       MOV     AX，STACK
       MOV     SS，AX        ；给寄存器SS送数据段首地址值
       MOV     SP，TOP       ；设置栈底
       LEA     SI，ADD1      ；被加数偏移地址送SI
```

```
        LEA     DI, ADD2      ；将加数偏移地址送 DI
        LEA     BX, BUF       ；将求和偏移地址送 BX
        MOV     CX, 3         ；送计数值给 CX
        XOR     AX, AX        ；清标志位 CF、OF 和 AX
AA1:    MOV     AX, [SI]      ；取被加数
        ADC     AX, [DI]      ；两数相加
        ADD     SI, 2         ；用 ADD 修改地址
        ADD     DI, 2         ；用 ADD 修改地址
        MOV     [BX], AX      ；将相加结果送 BUF
        ADD     BX, 2         ；修改地址
        LOOP    AAl           ；执行循环
        HLT
CODE  ENDS
        END     START
```

从例5-1可以看到，一个完整的汇编程序编写格式一般要包括代码段、数据段、堆栈段等，而且每个段都有一个段名，并以SEGMENT作为本段开始，以ENDS作为本段的结束，这两个伪指令前边冠以相同的段名。整个源程序中至少有一个代码段。

从DATA　SEGNENT开始到DATA　ENDS为数据段，数据段一般用来存放常数、变量、字符串等以及程序运行时操作的数据、I/O设备接收和发送的数据。

从STACK　SEGNENT开始到STACK　ENDS为堆栈段，堆栈段是在内存中开辟了一段连续的存储单元，一般是用来存放有用信息的。有用信息包括在执行中断指令和子程序调用时存放代码段的首地址和偏移量以及标志寄存器，在需要给子程序传递一些函数和在执行中断和子程序调用时要保存的通用寄存器中的内容。

从CODE　SEGNENT开始到CODE　ENDS为代码段，代码段一般用来存放要执行的程序代码（用户编写程序）。任何一个汇编语言源程序，都少不了代码段。堆栈段、数据段和附加段应视具体需要而定。

5.1.2 汇编语言语句的组成

1. 指令性语句格式

汇编语句中，指令性语句有1~4个组成部分。它们是：

[名字]　助记符　[操作数，…]；[注释]

其中，[ ] 表示可任选部分，可以有也可以没有。

例5-2

```
AA1:    MOV   AX, BX     ；将 BX 送给 AX
SUM:    MUL   BL         ；将（AL×BL）送 AX
        HLT              ；暂停
```

其中，AA1、SUM为名字（标号）；MOV、MUL、HLT为助记符；AX、BX、BL为操作数；分号“；”后面的为注释（或说明）。

例5-3

```
AA1   DB   32H, 0FCH, 61H, 0A8H   ；定义变量
AA2   DW   ?                      ；留1个单元
      DB   0CH                    ；存放数据
```

其中，AA1、AA2为名字（变量）；DB、DW为助记符；32H、FCH、61H、A8H、?、0CH为

操作数；分号“；”后面的为注释（或说明）。

名字：名字由26个字母的大小写（A～Z，a～z）、数字（0～9）或一些特殊字符（@、-、?、.）等组成，大小字母可混用，汇编时不加区别，但最大有效字符长度为31，若超过31个字符，则只有前31个字符有效。名字的第一个字符必须为字母或某些特殊字符，不能为数字，若用圆点“.”就必须是第一个字符。名字表示该指令语句的符号地址。名字不能使用系统中已定义的保留字，如助记符、伪操作符、运算符、寄存器等。

指令性指令的名字称为标号，放在指令性语句前边，必须用“:”分开标号和助记符。

指示性指令的名字可以是段名、过程名、变量名、组名、记录名、结构名、模块名等。指示性指令的名字放在指令性语句前边，名字和助记符之间用空格隔开，但不允许用冒号“:”隔开。

助记符：指令性指令的助记符是该语句的指令名称的代表符号，它指出指令的操作类型，汇编程序将其翻译成机器指令。它是语句中的关键字，因此不可省略。指示性指令的助记符定义变量（DB，DW等）、定义语句（EQU，=）、定义段（SEGMEN... ENDS）、确定段分配（ASSUME）、定义过程（PROC　ENDP）等，它是语句中的关键字，因此也不可省略。

操作数：操作数可以是常数、变量、标号、寄存器、存储器或表达式。操作数与指令助记符之间要用空格隔开。指令性指令中的操作数可以是一个，也可以是两个，还可以没有，如例5-2所示。但如果操作数是两个操作数，操作数之间必须用逗号分开。前边的操作数称为目标操作数，后边的称为源操作数。指示性指令中的操作数可以没有，可以是一个，也可以是多个，如例5-3所示。在两个操作数之间必须用逗号分开。

注释：注释用来说明一条指令或一段程序的功能。注释前必须加上分号“;”，汇编程序时“;”后面的内容不汇编，它只是为了便于阅读和交流程序而专门设置的，注释部分可有可无，它可以省略。

2. 汇编语句的说明

（1）名字的属性　名字是用来表示指令地址所用的一种符号。一般用它来作为转移或者调用指令的目标操作数，所以标号应具有三种属性：

1）段属性（Segment）：名字所在段的段地址。

2）偏移量属性（Offset）：名字所在段的偏移地址（段的首地址与名字之间的单元数）。

3）类型属性（Type）：名字的类型属性分为指令性指令的属性和指示性指令的属性，指令性指令的标号类型属性有近标号（NEAR）和远标号（FAR）两类。近标号只能在段内进行转移或调用；而远标号则可以实现段间的转移或调用。指示性指令的变量类型属性是指每个被定义的变量所占的字节数，它分为DB（字节）、DW（字）、DD（双字）、DQ（4字）、DT（5字）。

（2）操作数（Operand）　操作数可以是常量、寄存器、存储器、标号、变量或表达式等。

1）常量。常量是直接用数值或符号来表示的常数。汇编语言程序中的常量有数字常量（如46H、32D、1000 0111B等）字符常量（如“A”“Q”“COUNT”“SUM”等）和符号常量（如COUNT　EQU 24或SUM=10等）。

2）寄存器。微处理器内部的8个通用寄存器和4个段寄存器可以作为操作数使用，但作为源操作数还是作为目标操作数，可参阅第4章指令系统的具体指令。

3）存储器。以指定的存储单元中的数据作为操作的内容，汇编指令中的存储器操作数，实际上是用偏移地址来表示存储单元所处的位置。存储器操作数是以存储单元的内容（可以是字节、字或者双字）作为操作数来使用的。

4）表达式及运算符。表达式可分为数值表达式和地址表达式两种。表达式一般由常数、变量、标号、符号数据等再加上必要的运算符和伪操作符构成。

例 5-4　ADD1　DW　(8+2)-3×3，98H
　　　　　　MOV　BX，[SI+2]
　　　　　　MOV　DI，OFFSET　AA1

其中，(8+2)-3×3、98H、BX、[SI+2]、DI、OFFSET　AA1 均为操作数，(8+2)-3×3 为数值表达式。

汇编中的运算符可分为算术运算符、逻辑运算符、关系运算符、分析运算符、属性运算符等。

①算术运算符。算术运算符有 7 种，即加（+）、减（-）、乘（*）、除（/）（在除法中只取除法运算结果的商）、求余（MOD）（在除法中只取除法运算结果的余数）、左移（SHL）、右移（SHR）。

②逻辑运算符。逻辑运算共有 4 种运算符，即 AND（与）、OR（或）、NOT（非）、XOR（异或），只适用于数值表达式，结果是常数。

③关系运算符。在 8086/8088 汇编语言一共有 6 种关系运算符，它们是 EQ（相等）、NE（不相等）、LT（小于）、GT（大于）、LE（小于等于）、GE（大于等于）。一个关系运算符联系两个操作数，操作数可以为数值组成的数值表达式，也可以是由地址组成的地址表达式。运算结果应为逻辑值，结果为真，表示为 0FFFFH；结果为假，则表示为 0。关系运算符用于数的比较。

④数值返回运算符。这些操作符把一些特征或者存储器地址的一部分作为数值回送。数值回送运算符有 SEG、OFFSET、TYPE、SIZE、LENGTH。

a. SEG

格式：SEG　变量名或标号名

功能：将变量或标号所在段的首地址送给目标操作数。

例如　MOV　AX，SEG　ADD1　；将 ADD1 变量（或标号）的段地址送给 AX。

b. OFFSET

格式：OFFSET　变量或标号

功能：将变量或标号所在段中的偏移地址送给目标操作数。

例如：MOV　SI，OFFSET　ADD1；将 ADD1 变量（或标号）的偏移地址送给 AX。

c. TYPE

格式：TYPE　变量或标号

功能：将变量或标号的类型属性值送给目标操作数。

变量的类型属性值 DB 为 1，DW 为 2，DD 为 4，DQ 为 8，DT 为 10。标号类型属性值 NEAR 为 -1，FAR 为 -2。

例 5-5
```
        ⋮
AA1  DW     03D1H, 2489H, 4035H
ABC  DB     3AH, BCH
        ⋮
     MOV    DI, TYPE AA1       ; 相当于 MOV   DI, 2
     MOV    AX, TYPE ABC       ; 相当于 MOV   AX, 1
        ⋮
```

d. LENGTH

格式：LENGTH　变量

功能：当变量用 DUP 定义时送给目标操作数的数值为 DUP 前的数，当变量不是用 DUP 定义时送给目标操作数的数值为 1。

例 5-6 ⋮

```
AA1  DW  100 DUP (?)
BB1  DB  15H, 0DFH
     ⋮
MOV  SI, LENGTH AA1        ; 相当于 MOV  SI, 100
MOV  DI, LENGTH  BB1       ; 相当于 MOV  DI, 1
     ⋮
```

e. SIZE

格式：SIZE　变量

功能：当变量用 DUP 定义时送给目标操作数的数值为 DUP 前的数乘以变量的类型值（SIZE = LENGTH × TYPE），当变量不是用 DUP 定义时送给目标操作数的数值为变量的类型值。

例 5-7 ⋮

```
AA1  DW  20 DUP (?)
BB1  DB  78H, 56 H
     ⋮
MOV  BL, SIZE  AA1      ; 相当于 MOV  BL, 40
MOV  BH, SIZE  BB1      ; 相当于 MOV  BH, 1
```

⑤属性运算符。属性运算符用来指定存储变量或标号的类型属性。属性运算符有 PTR、THIS、SHORT、HIGH、LOW。建立或改变已定义变量、内存操作数。

a. PTR

格式：类型/距离 PTR 变量或标号

功能：将 PTR 左边的类型属性赋给右边的偏移属性变量或标号。

例 5-8 ⋮

```
AA1  DW  4F32H, 6459H
     ⋮
MOV  AX, AA1             ; AX←4F32H
MOV  AL, BYTE PTR AA1    ; AL←32H
```

b. THIS

格式：THIS 类型

功能：将一个变量指定为 BYTE（字节）、WORD（字）、DWORD（双字）类型属性，也可以将一个标号指定为 NEAR（近标号）或 FAR（远标号）类型属性。一般与伪指令的赋值指令 EQU 连用。

例 5-9

```
AAB  EQU  THIS  FAR    ; 指定标号 AAB 为远标号
ABC  EQU  THIS  BYTE   ; 指定变量 ABC 为字节型
```

c. SHORT

格式：SHORT 标号

功能：指明标号转移是短转移，其转移范围为 -128 ~ +127。

例 5-10

```
AA1:  JMP  SHORT  AA2   ; 跳转到短标号 AA2 处。
      ⋮
AA2:  ADD  AX, BX
```

d. HIGH

格式：HIGH　表达式

功能：将表达式的高字节送给目标操作数。

例 5-11　BUFFER　EQU　6789H

　　　　MOV　AH，HIGH　BUFFER　；AH←67H

e. LOW

格式：LOW　表达式

功能：将表达式的低字节送给目标操作数。

例 5-12　BUFFER　EQU　6789H

　　　　MOV　AH，LOW　BUFFER　；AH←89H

⑥其他运算符。

a. 方括号 [　] 指令中用方括号表示存储器操作数，方括号里的内容表示操作数的偏移地址。

例 5-13　MOV　AL，[DX]　；将以 DX 的内容为存储器地址单元的内容送 AL。

b. 段超越符“:”、运算符“:”放在段寄存器 CS、DS、ES 和 SS 后边，表示段超越。利用该符号指定一个存储器操作数的段属性，覆盖隐含段属性。

例 5-14　MOV　AL，[DI]　　　；将 DS×10H＋DI 地址中的内容送 AL。

　　　　MOV　AL，ES：[DI]　；将 ES×10H＋DI 地址中的内容送 AL。

第一条指令的源操作数隐含的是数据段 DS，而第二条指令的源操作数是指定在附加段 ES 中。

⑦操作符和运算符的优先级。以上介绍了表达式中使用的各种运算符，如果一个表达式同时具有多种运算符，按优先级的高低进行运算。运算符的优先级见表 5-1。

表 5-1　运算符的优先级

序号	优先级	运　算　符							
1	高	LENGTH	SIZE	WIDTH	MASK	( )	[ ]	< >中项目	结构变量
2	↓	段超越运算符:							
3		PTR	OFFSET	SEG	TYPE	THIS			
4		HIGH	LOW						
5		*	/	MOD	SHL	SHR			
6		+	−						
7		EQ	NE	LE	LT	GT	GE		
8		NOT							
9		AND							
10		OR	XOR						
11	低	SHORT							

（3）注释项　注释项是可以省略的。刚编好的程序对于编写程序的人来说一般是比较熟悉的，但是过了一段时间后或对于未编程的人来说要读懂程序则相对要困难一些。如果有注释项则可以使程序相对容易被读懂。因此，编写好程序后，写好注释也是比较重要的。注释项是对一段程序或一条或几条指令功能的说明。

例 5-15 对循环程序进行初始化，设置有关工作单元的初值。

```
MOV  CX,  100     ；将 100 送入 CX
MOV  SI,  0100H   ；将 0100H 送入 SI
MOV  DI,  0200H   ；将 0200H 送入 DI
```

以上三个分号后面的注释只说明了指令的功能而没有告诉它们在程序中真正的作用，应将注释写为：

```
MOV  CX,  100     ；给循环计数器 CX 置初值
MOV  SI,  0100H   ；给源数据区指针 SI 置初值
MOV  DI,  0200H   ；给目标数据区指针 DI 置初值
```

5.2 伪操作命令

汇编语言程序的语句除指令性语句外，还有指示性指令语句和宏指令语句。指示性指令语句又称为伪指令，无论其表示格式或其在语句中的位置，都与 CPU 的指令性指令类似，但是它在汇编过程中不产生目标代码，也不像指令性指令那样是在程序运行期间由计算机来执行的，它只是在汇编过程中完成，如处理器选择、定义程序模式、定义数据、分配存储区、指示程序结束等功能。

宏汇编程序 MASM 提供了几十种伪指令，这里仅介绍几种宏汇编程序中常用的伪指令。

5.2.1 数据定义语句

格式 1 ［变量名］ 助记符 ［操作数，…］ ［；注释］

功能：将操作数存入变量名指定的存储单元，其类型为伪指令助记符指定的类型。

格式 2 ［变量名］ 助记符 n DUP(操作数，…) ［；注释］

功能：将操作数复制 n 次存入变量名指定的存储单元，其类型为伪指令助记符指定的类型。

1. 变量名

用符号表示，可以省略，作用与指令语句中的标号相同，但后面不跟冒号。汇编程序汇编时将此变量的助记符后面的第一个字节的偏移地址作为它的符号地址。

2. 助记符

数据定义伪指令所用助记符如下：

1）DB：用来定义字节，表示每个操作数占用一个字节。

2）DW：用来定义字，表示每个操作数占用两个字节。

3）DD：用来定义双字，表示每个操作数占用四个字节。

4）DQ：用来定义四个字，表示每个操作数占用八个字节。

5）DT：用来定义五个字，表示每个操作数占用十个字节。

3. 操作数

操作数可以是常数、字符串、变量、标号、表达式等，多个操作数之间必须用逗号分开。在格式 2 中，用 n DUP( )表示时，n 必须是正数，表示括号中的操作数的重复次数，DUP 后面必须带括号。

4. 注释

说明伪指令的功能，可以省略，注释与操作数必须用分号分开，汇编程序不对注释进行汇编。

例 5-16　操作数是常数或表达式（假设 DA1 的偏移量为 1000H）

```
DA1   DB   10H, 52H                ; 变量 DA1 中装入 10H, 52H
DA2   DW   1122H, 34H              ; 变量 DA2 中装入 22H, 11H, 34H, 00H
DA3   DD   5*20H, 0FFEEH           ; 变量 DA3 中装入 A0H, 00H, 00H, 00H, EEH, FFH, 00H, 00H
DA4   DB   2 DUP (2, 5,?)          ; 变量 DA4 中装入 2, 5,?, 2, 5,?
DA5   DB   50   DUP (?)            ; 变量 DA3 中装入 50 个?
```

汇编后 DA1 ~ DA5 在存储器中的分布情况如图 5-1 所示。

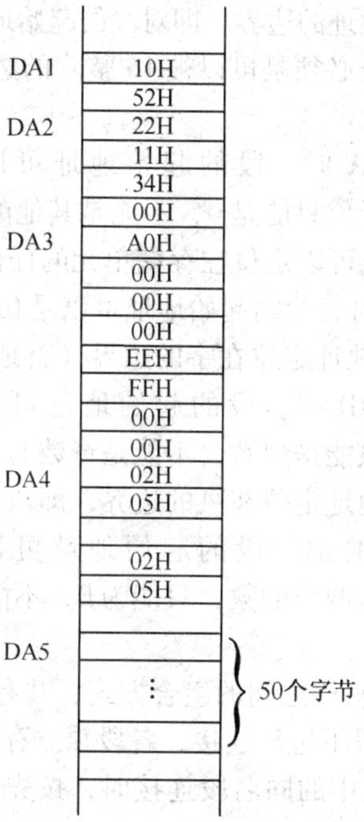

图 5-1　例 5-16 的汇编结果

5.2.2　表达式赋值语句

1. 赋值语句 EQU

格式：符号名　EQU　表达式

功能：用来给变量、标号、常数、表达式等定义一个符号名，程序中用到 EQU 左边的变量、标号时可用右边的常数值或表达式代替，但一经定义，在同一个程序模块中不能重新定义。

例 5-17

```
COUNT   EQU   100            ; 常数 100 赋给符号名 COUNT
DATA    EQU   COUNT+2        ; 表达式值赋给符号名 DATA
A1      EQU   [BX+SI]        ; 将存储单元内容赋给符号名 A1
B1      EQU   OFFSET   A1    ; 将 A1 偏移地址值赋给符号名 B1
```

2. 等号语句 =

格式：符号名　=　表达式

功能：等号语句“=”与 EQU 语句具有相同的功能，区别仅在于 EQU 中左边的标号不允许重新定义，而用“=”定义的语句允许重复定义。

例 5-18　ABC = 6　　　　　；定义 ABC，ABC 等于 6

ABC = ABC + 5　；重新定义 ABC，ABC = 6 + 5 = 11

5.2.3 段定义语句

格式：段名　SEGMENT　[定位类型]　[组合类型]　['分类名']
　　逻辑段内容
　　段名　ENDS

功能：将一个逻辑段定义成一个整体。

1. 定位类型（Align-type）

定位类型参数是指定段的起始地址的边界。即对段的起始地址的要求，通常有下列 4 种定位。

（1）PARA　指定段的起始地址必须是可以被 16 整除的边界（即起始地址是 16 字节的整数倍，此项可以省略）。

例 5-19　当定位类型是 PARA 时，段的起始地址可以是 01110H、01120H，但不能为 01111H，也不能为 01121H（即最低位只能是 0，不能是其他的数）。

（2）BYTE　指定段的起始地址可以定位在存储单元的任何字节地址。

例 5-20　当定位类型是 BYTE 时，段的起始地址可以是 01111H、01112H 等任何字节地址。

（3）WORD　指定该段的起始地址定位在字的边界（首地址必须是偶数）。

例 5-21　当定位类型是 WORD 时，段的起始地址可以是 01110H、01112H，但不能为 01111H，也不能为 01113H（地址只能是偶数，不能是奇数）。

（4）PAGE　指定该段的起始地址定位在页的边界，即段的首地址必须是 256 的整数倍。

例 5-22　当定位类型是 PAGE 时，段的起始地址可以是 01100H、01200H，但不能为 01101H，也不能为 01211H（即最低两位的数，只能为 0，不能是其他的数）。

2. 组合类型（Combine Type）

组合类型参数主要确定各个逻辑段之间的组合方式，共有 6 种组合。

（1）NONE　该段与其他同名段不进行连接，各段独立存在于存储器中（此项可以省略）。

（2）PUBLIC　该段与其他模块中的同名段连接时，按先后出现顺序依次连接，组成一个逻辑段。

（3）COMMON　该段在连接时有相同的起始地址，在存储器中采用覆盖方式存放，连接长度取为各分段中最大长度。

（4）MEMORY　指定该段的首地址为其他模块中同名段的首地址，在存储器中采用覆盖方式组合连接，如果有多个 MEMORY，则只把第一个遇到的段当作 MEMORY 处理，其余的同名段均按 COMMON 处理。

（5）STACK　指定该段为堆栈段，其余均按 PUBLIC 处理。在汇编及连接后，系统自动为 SS 及 SP 分配值，在可执行程序中，SP 初值指向栈底。

（6）AT 表达式　该段的起始地址是由表达式所指定的值，编程者可以用它直接指定该段的起始地址。AT 不能用于代码段。

3. 分类

分类名必须用单引号' '括起来。当几个程序模块进行连接时，会将分类名相同的段按先后顺序组成一个逻辑段，将没有分类名的段组成一个逻辑段。分类名可选择不超过 40 个字符的名称。

5.2.4 段分配语句

格式：ASSUME　段寄存器：段名 [，段寄存器：段名，段寄存器：段名]

功能：指明在程序中使用的段和段寄存器的关系。

注意：ASSUME 为伪指令助记符，放在代码段的开始，不可省略。段寄存器可以是 CS、DS、SS、ES。段名为已定义的段。在该指令中并没有对寄存器的内容进行赋值，只是表明了各逻辑段使用寄存器的情况，DS 和 ES 的值必须在程序段中用指令语句进行赋值，而 CS 和 SS 由系统负责设置，程序中也可对 SS 进行赋值，但不允许对 CS 赋值。

5.2.5 过程定义语句

在程序设计中，经常会重复用到某种功能段，为了简化程序结构，一般把这些功能段编写成一个过程（也称为子程序），利用 CALL 指令来调用它。

格式：
```
过程名  PROC  [类型属性]
        过程体
        RET
过程名  ENDP
```

功能：将某个功能段定义为一个过程，以便供主程序调用它。

过程名是给过程取的名字，不可省略。过程名和标号一样具有段、偏移量和类型三种属性。默认时为 NEAR。过程名后面不能加"："号。

伪助记符 PROC 和过程结束 ENDP 必须成对出现，不可省略。二者之间为过程体，在整个过程中至少有一条过程返回 RET 指令（也可以有多个）。

5.2.6 程序模块定义语句

1. NAME

格式：NAME　模块名

功能：定义一个汇编语言源程序模块名。

2. TITLE

格式：TITLE 文本名

功能：将文本名赋给源程序目标模块作名字，功能同 NAME 伪指令。

注意：如果程序中没有 NAME 伪指令，则汇编程序将 TITLE 伪指令定义的标题名前6个字符（文本名可写60个字符，但汇编程序只取前6个字符）作为模块名；如果程序中既没有 NAME，又没有 TITLE，则汇编程序将源程序的文件名作为目标程序的模块名。

3. ORG

格式：ORG　表达式

功能：给汇编程序设置位置指针，指定后面程序段或数据块存放的起始地址偏移量。

注意：表达式的计算结果必须是正整数，取值范围在 0 ~ 65535。

4. END

格式：END　标号

功能：表示汇编源程序结束。

注意：END 放在源程序的最后一行，每个模块只有一个 END。汇编程序到 END 语句停止汇编。END 后面带的标号为主程序模块中程序开始执行的起始地址。如果多个程序模块相连接，则只有主程序要使用标号，其他子模块则只用 END 而不必指定标号。

5. 外部伪指令

在一个比较大的程序中包含多个相互独立的模块，而模块里的程序或数据可能要在各模块间共享，所以在编程时需要加以说明，否则在汇编时就会产生错误。当某一个模块被单独汇编时，必须用伪指令告知汇编程序该模块使用了哪些外部符号名及其类型属性，同时也要告知汇编程序本模块中定义的标号和变量，哪些可以作为一个标志符被其他模块使用，这就需要用 PUBLIC 和 EXTRN 伪指令加以说明。

（1）PUBLIC 伪指令

格式：PUBLIC　符号名1 [，符号名2，…]

功能：定义一个可以被其他模块所引用的符号名。

注意：符号名可以是一个，也可以是多个。符号名可以是变量、标号、符号常量和过程名。

（2）EXTRN　伪指令

格式：EXTRN 符号名1：类型 [，符号名2：类型，…]

功能：定义一个在其他模块被定义而在本模块中需要引用的符号名。

注意：符号名可以是一个，也可以是多个，不可省略。符号名可以是变量、标号、符号常量和过程名。在说明符号时，必须给出其类型。若所定义的名称是变量，则类型为 BYTE 或 WORD；若名称是标号或过程名，则类型为 NEAR 或 FAR；若名称是常数，则类型为 ABS。其类型必须与其他模块定义该符号时的类型保持一致。有多个符号名时应用逗号将它们分开。

该伪指令构成的语句放在程序的开始部分，用以指明本模块中引用了哪些外部的符号名及其类型。符号名后面须紧跟冒号“：”。EXTRN 语句的引用，必须与已用 PUBLIC 语句定义过的名称相呼应。

5.3　DOS 功能调用和 BIOS 中断调用

DOS（Disk Operation System）或 MS-DOS 是磁盘操作系统的简称，操作系统是系统软件的核心，它负责管理计算机的所有资源，协调计算机的各种操作。操作系统和编辑程序、汇编程序、编译程序、链接程序、调试程序等一系列的系统实用程序组成微型计算机的系统软件。

系统软件中提供的功能调用有两种：一种称为 DOS 功能调用（也称高级调用）；另一种称为 BIOS（Basic Input and Output System），即基本输入/输出系统功能调用（也称为低级调用）。用户程序在调用这些系统服务程序时，不是用 CALL 命令，而是采用软中断指令 INT n 来实现。另外，用户程序也不必与这些服务程序的代码连接，因为这些系统服务程序在系统启动时已被加载到内存中，程序入口地址也被放到了中断向量表中。用 DOS 和 BIOS 功能调用，会使编写的程序简单、清晰，可读性好而且代码紧凑，调试方便。

DOS 一部分被固化在系统的 ROM 中，可作为 ROMBIOS 模块，另一部分存放在系统磁盘上，在系统启动时被装入内存，用户的应用程序及 MS-DOS 的大部分命令都将通过软件中断来调用。8086/8088 微型计算机的中断系统保留了类型码 20H ~ 3FH 的软中断由 DOS 使用，这些软中断的服务子程序均由 DOS 提供，因此称为系统调用，常用的有 8 条，见表 5-2。

表 5-2　DOS 常用的软中断命令

软中断指令	功　能	入口参数	出口参数
INT 20H	程序正常退出	无	无
INT 21H	系统功能调用	AH = 功能号，相应入口	相应出口
INT 22H	结束退出		
INT 23H	Ctrl-Break 处理		

（续）

软中断指令	功　能	入口参数	出口参数
INT 24H	出错退出		
INT 25H	读磁盘	AL＝驱动号，CX＝读入扇区数 DX＝起始逻辑区号，DS:BX 内存缓冲区地址	CF＝0 成功 CF＝1 出错
INT 26H	写磁盘	AL＝驱动号，CX＝写入扇区数 DX＝起始逻辑区号，DS:BX 内存缓冲区地址	CF＝0 成功 CF＝1 出错
INT 27H	驻留退出	DS:DX 程序长度	

1）DOS 专用中断。DOS 专用中断是指 INT 22H、INT 23H 和 INT 24H 3 个中断，属操作时专用，用户不能直接使用。

2）DOS 可调用中断。DOS 可调用中断是指 INT 20H、INT 21H、INT 25H、INT 26H 和 INT 27H 5 个中断。这 5 个中断用户都可以直接调用，但必须要满足一定的入口条件。

5.3.1　DOS 功能调用

DOS 每一个功能都对应一个可以直接调用的子程序，而每个子程序对应一个功能号，所有的系统功能调用的格式是一致的。在 DOS 软件中断中，功能最强的是 INT 21H，它提供了一系列的 DOS 功能调用。DOS 版本越高，所给出的 DOS 功能调用越多，DOS 6.2 包含了 100 多个功能调用。可以说 INT 21H 的中断调用几乎包括了整个系统的功能，用户不需要了解 I/O 设备的特性及接口要求就可以利用它们编程，对用户来说非常有用。DOS 功能号不需要死记，在编程时可查阅附录。

DOS 功能调用分别实现设备管理、文件读/写、文件管理和目录管理等功能。DOS 功能调用方法如下：

①在 AH 寄存器中设置调用子程序的功能号。

②根据需要调用的功能号设置入口参数。

③用 INT 21H 指令转入子程序入口。

④在程序运行完毕后，可根据有关功能调用的说明取得出口参数。

在 DOS 功能调用中有的功能子程序不需要入口参数，但大部分需要把参数送入指定位置。下面介绍几个常用的功能调用。

1. 键盘输入一个字符

格式：MOV　AH，功能号
　　　INT　21H

功能：等待键盘输入一个字符，并放到寄存器 AL 中。

注意：完成此功能有 1、6、7、8 号功能，但 1 号和 6 号功能在调用键入同时，在屏幕上显示字符，6 号功能调用还需要入口参数。8 号和 7 号功能调用不回显。

例 5-23　从键盘输入字符并在屏幕上显示，用 1 号功能实现程序如下：

```
MOV   AH, 1        ; 功能号1送入AH
INT   21H          ; 执行INT 21H指令
```

执行上述命令后，系统扫描键盘等待有键按下，若有键按下，就将键值（ASCII 码）读入，先检查是否为 Ctrl-Break 键，如果是就自动调用中断 INT 23H，执行退出命令，否则将键值送 AL 寄存器并在屏幕上显示此字符。

例 5-24 从键盘输入字符并显示在屏幕上，用 6 号功能实现程序如下：

```
MOV   DL,    25H      ；入口参数%的 ASCII 码（25H）送入 DL
MOV   AH,    6        ；功能号 6 送入 AH
INT   21H             ；执行 INT    21H 指令
```

它可以从键盘输入字符，也可以向屏幕输出字符，并且不检查是否为 Ctrl-Break 键。当 DL = 0FFH 时，表示从键盘输入，当标志位 ZF = 0 时，键盘输入的键值在 AL 中；当 ZF = 1 时，表示键盘还没有输入键值。DL≠0FFH 时，表示屏幕输出。

2. 返回 DOS 功能调用（4CH 调用）

格式：MOV　AH，4CH

　　　INT　21H

功能：结束当前正在运行的程序，并把控制权交给调用的程序，返回 DOS，屏幕出现 DOS 提示符，如 C：\ >等待 DOS 命令。

注意：此功能调用无入口参数。

3. DOS 显示功能调用

DOS 显示功能调用能够显示单字符或字符串，这些功能都自动向前移动光标，表 5-3 给出了 DOS 显示功能调用的有关命令。

表 5-3　DOS 显示功能调用

AH	功　能	入口参数	说　明
2	显示一个字符，检验 Ctrl-Break 键	DL = 字符	光标跟随字符移动
6	显示一个字符，不检验 Ctrl-Break 键	DL = 字符	光标跟随字符移动
9	显示字符串	DS：DX = 串地址	串以‘ $ ’结束，光标跟随串移动

（1）屏幕显示一个字符

格式：MOV　DL，入口参数

　　　MOV　AH，功能号

　　　INT　21H

功能：将放入 DL 中的字符显示在 CRT 屏幕上。

注意：此功能用 2 号功能调用，先将待显示的字符 ASCII 码放入 DL 中，功能号送 AH。

例 5-25 用功能号为 02H 的系统功能调用在 CRT 屏幕显示一个字母“C”的程序如下：

```
MOV   DL，‘C’      ；入口参数 C 的 ASCII 码送入 DL
MOV   AH，2         ；功能号 2 送入 AH
INT   21H           ；执行 INT 21H 指令
```

（2）屏幕显示字符串

格式：MOV　AH，功能号

　　　INT　21 H

功能：将数据段中字符串符号显示在 CRT 屏幕上。

注意：此功能用 9 号功能调用，先将待显示的字符以 ASCII 码的形式放在数据段中，并且以‘ $ ’字符结束，若要求显示字符串后光标自动回车换行，则在‘ $ ’字符前再加上 0DH（回车）、0AH（换行）字符。在调用指令时，把段地址送入 DS 中，偏移地址送入 DX 中，功能号送入 AH 中。

例 5-26 在屏幕上显示‘HOW　ARE　YOU?’字符串，且光标换行。

```
DATA   SEGMENT
  PM   EQU  0DH               ; 给 PM 赋值
  HL   EQU  0AH               ; 给 HL 赋值
  ADD1   DB 'HOW   ARE   YOU?', 0DH, 0AH, '$'
DATA   ENDS
CODE   SEGMENT
  ASSUME   CS: CODE, DS: DATA
  START:   MOV  AX,   DATA
           MOV  DS,   AX                  ; 赋数据段首地址
           MOV  DX    OFFSET  ADD1        ; DS, DX 指向字符串 ADD1
           MOV  AH    9                   ; 9 号功能调用
           INT  21H,                      ; 执行 INT 21H 指令
           MOV  AH,   4CH                 ;
           INT  21H                       ; 执行返回 DOS 中断指令
CODE   ENDS
  END   START
```

4. DOS 打印功能调用

格式：MOV DL，入口参数

MOV AH，功能号

INT 21H

功能：将寄存器 DL 中的 ASCII 码字符送到打印机。

注意：此功能用 5 号功能调用，先将待打印的字符 ASCII 码放入 DL 中，功能号送 AH。若需要回车换行，也同样将回车换行的字符码送到 DL 寄存器。打印机的标准控制字符见表 5-4。

表 5-4 打印机的标准控制字符

字符	功　能	字符	功　能	字符	功　能
08H	空格	0AH	换行	0CH	换页
09H	水平 TAB(横表)	0BH	垂直 TAB(纵表)	0DH	回车

例 5-27 完成一串字符打印，打印开始换页，打印结束换行，以 '$' 结束。

```
DATA   SEGMENT
PM   EQU   0DH                   ; 给 PM 赋值
HL   EQU   0AH                   ; 给 HL 赋值
ADD1   DB   'HOW   ARE   YOU?', 0DH, 0AH, '$'
DATA   ENDS
CODE   SEGMENT
  ASSUME   CS: CODE, DS: DATA
    START:   MOV   AX,   DATA
             MOV   DS,   AX          ; 赋数据段首地址
             LEA   SI,   ADD1        ; 置显示字符的偏移地址
             MOV   AH    5           ; 置功能号
```

```
AA1:    MOV  DL,  [SI]      ; 送参数
        CMP  DL,  '$'       ; 判断是否结束
        JE   AA2            ; 结束
        INT  21H            ; 执行显示字符
        INC  SI             ; 修改地址
        JMP  AA1            ; 显示下一个字符
AA2:    MOV  AH,  4CH
        INT  21H            ; 执行返回 DOS 中断指令
CODE  ENDS
  END  START
```

DOS 功能调用共有 100 多种，其他就不再一一说明，使用时请参看附录 C。

5.3.2 BIOS 中断调用

在 IBM-PC 的 ROM 存储区，从地址 0FE000H 开始的 8KB 中装有基本输入/输出系统程序。它的主要功能是驱动系统所配置的外部设备，如磁盘驱动器、显示器、打印机及异步通信接口等。通过 INT 10H ~ INT 1AH 向用户提供服务程序的入口，使用户无需对硬件有深入了解，就可完成对 I/O 设备的控制与操作。在使用 BIOS 时，编程者可以直接用指令设置参数，然后中断调用 BIOS 中的程序。由于 BIOS 提供的字符 I/O 功能直接依赖于硬件，因而调用它们比调用 DOS 字符 I/O 功能速度更快。利用 BIOS 功能编写的程序简洁，可读性好，而且易于移植。BIOS 采用模块化结构，每个功能模块的入口地址都存放在中断向量表中。

在有些情况下，BIOS 中断和 DOS 中断有相同功能，在有些情况下 BIOS 中断具有的功能 DOS 中断没有。例如 BIOS 中断 17H 的功能 2 为读打印机状态，就没有等效的 DOS 中断功能。另外，BIOS 中断功能调用不受操作系统的约束，而 DOS 中断功能只能在 DOS 环境下运行。BIOS 中断的调用方法与 DOS 系统功能调用方法相类似。

下面介绍几种常用的 BIOS 中断调用。

1. 键盘中断调用

格式：MOV　AH，功能号

　　　INT　16H

功能：调用键盘子程序，对键盘进行操作，调用返回后，从指定寄存器中读出对应内容。

注意：类型码为 16H 的中断调用有三个功能，功能号分别为 0、1、2。

功能号为 0 时，其功能为从键盘读入一个字符，并且放在 AL 寄存器中。执行时，等待键盘输入，一旦输入，字符的 ASCII 码放入 AL 中。若 AL = 0，则 AH 为键入的扩展码。

功能号为 1 时，其功能是用来查询键盘缓冲区，对键盘扫描，但不等待，若有按键操作（即键盘缓冲区不空），则 ZF = 0，AL 中存放的是键入的 ASCII 码，AH 中存放键入字符的扩展码。若无键按下，则标志位 ZF = 1。

功能号为 2 时，其功能是检查键盘上各特殊功能键的状态。执行后，AL 中返回表示特殊功能键的状态变换情况。其中，D_7 位是表示插入键（Ins）有效，D_6 位是表示大小字母键（CapsLock）有效，D_5 位是表示数字键（NumLock）有效，D_4 位是表示滚动键（ScrollLock）有效，D_3 位是表示交替键（Alt）按下，D_2 位是表示控制键（Ctrl）按下，D_1 位是表示左移键（Left）按下，D_0 位是表示右移键（Right）按下。这个状态字记录在内存 0040H：0017H 单元中，若对应位为“1”，表示该键状态为 ON，处于按下状态。若对应位为“0”，表示该键状态为 OFF，处于

断开状态。各种特殊功能键的状态放入 AL 寄存器中，其对应关系如图 5-2 所示。

D_7	D_6	D_5	D_4	D_3	D_2	D_1	D_0
Ins	Caps	Num	Scroll	Alt	Ctrl	左Shift键	右Shift键

图 5-2　键盘状态与寄存器 AL 各位的对应关系

例 5-28　试利用 BIOS 中断调用功能编写一段程序，当检测到 Ctrl 键按下时执行子程序 AA1，否则继续检测 Ctrl 键。

分析：此题是要求利用 BIOS 中断调用功能编写一段程序，所以根据题意编写程序如下：

```
AB1:    MOV     AX, 02H             ; 送功能号
        INT     16H                 ; 取键盘状态到 AL 中
        AND     AL, 0000 0100B      ; 检测 Ctrl 键是否按下
        JNZ     AB2                 ; 检测 Ctrl 键按下转 AB2 执行
        JMP     AB1                 ; 否则继续检测
AB2:    CALL    AA1                 ; 执行子程序 AA1
```

2. 显示中断调用

格式：MOV　AH，功能号

　　　INT　10H

功能：用以控制显示器显示，主要包括设置显示方式，设置 CRT 屏幕光标的大小与位置，显示字符及图形，设置调色板等。

显示中断调用共有 15 种功能可供选择，各功能名称、功能号、其他入口参数及输出结果列于表 5-5 中。

表 5-5　显示中断调用（INT 10H）

AH	功　能	入 口 参 数	出 口 参 数
00H	对 CRT 初始化	AL = CRT 工作方式	
01H	置光标类型	CX = 光标开始、结束行	
02H	置光标位置	DX = 行、列，BH = 页号	
03H	置光标位置	BH = 页号	CX = 光标开始、结束行 DX = 行、列
04H	读光笔位置		
05H	选择显示页	AL = 页号	
06H	屏幕显示向上滚动或清屏	AL = 上滚行数	
07H	屏幕显示向下滚动或清屏	AL = 下滚行数	
08H	读光标处字符/属性	BH = 页号	AH = 属性，AL = 字符
09H	在光标处写字符/属性	AL = 字符，BL = 属性，BH = 页号	
0AH	在光标处写字符	AL = 字符，BH = 页号	
0BH	设置屏幕彩色背景	BX = 彩色标识和彩色值	
0CH	在指定坐标处写点	DX = 行号、CX = 列号	
0DH	在指定坐标处指点	DX = 行号、CX = 列号	AL = 像素值
0EH	写字符	AL = 字符	
0FH	取当前屏幕状态		AH = 字符列数

3. 打印中断调用

格式：MOV　AH，功能号

INT 17H

功能：对打印机进行操作。

注意：打印中断调用有3个功能，功能号存放在AH中，DX中存放打印机号（最多允许连接三台打印机，机号分别为0、1和2）。

功能号为0时，其功能是将放入AL中字符的ASCII码打印出来，将打印机的状态返回到AH中。对应的打印机号（0～2）应放在寄存器DX中。

功能号为1时，其功能是将打印机初始化，将打印机的状态返回到AH中。

功能号为2时，其功能是将打印机的状态字读入AH中，打印机的状态字节如图5-3所示。

D_7	D_6	D_5	D_4	D_3	D_2	D_1	D_0
打印机忙	应答位	纸出界	选择打印机	I/O出错	未用	未用	超时

图5-3　打印机的状态字节

例5-29　试利用BIOS中断调用编写一段程序，将1号打印机初始化，并将字符C打印输出。

分析：根据题意和BIOS调用功能，编写程序如下：

```
MOV   AH,   1      ; 送功能号1
MOV   DX,   01     ; 1号打印机
INT   17H          ; 初始化打印机
MOV   AL,   'C'    ; 键入字符
MOV   AH,   0      ; 送功能号0
INT   17H          ; 打印字符
```

5.4　汇编语言程序设计

5.4.1　概述

对于任何一个编程者来说都想编制出一个高质量的标准化软件程序，而一个高质量的标准化软件程序应具备以下特点：

1）程序具有模块化结构，清晰易读，易调试、易维护。

2）能够正常运行，结果正确。

3）执行速度快。

4）占用内存空间小。

程序设计一般应按下述步骤进行（对于给定的课题进行程序设计）：

1）依据设计任务，抽象出描述问题的数学模型。

2）确定实现数学模型的算法或求解的具体步骤和方法。

3）绘制出程序流程框图。流程框图一般包含起始框、执行框、判断框和终止框，如图5-4所示。

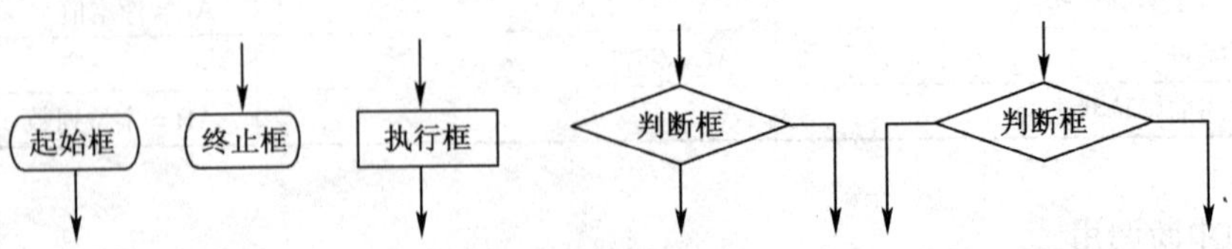

图5-4　流程框图

4）分配存储空间及工作单元（包括寄存器）。确定数据段、堆栈段、代码段及附加段在内存中的位置。

5）依据流程图编写程序。

6）静态检查（检查指令是否合适，是否有语法和格式错误）。

7）上机调试。

8）程序运行，结果分析。

5.4.2　程序设计方法

在汇编语言源程序设计中，一般用到四种程序结构：顺序结构、分支结构、循环结构、子程序结构。对任何一个复杂问题的设计，基本上都可以由这四种基本逻辑结构综合而成。

1. 顺序结构程序设计方法

顺序结构程序又称简单程序，其特点是程序按指令的顺序执行，在程序中没有分支、没有转移、没有循环，每执行一条指令，指令指针 IP 内容自动增加。

例 5-30　试编程对两个无符号二进制数存放在 AA1 和 AA2 单元中的 24C7H 和 79ACH 进行求和，并把结果放入 BUF。

分析：这是一个多字节求和任务，此任务应从低字节开始求和，在进行高字节求和时应考虑低字节的进位位。所以，低字节求和时可以用 ADD 指令，但高字节求和时应用 ADC 指令。流程图如图 5-5 所示。

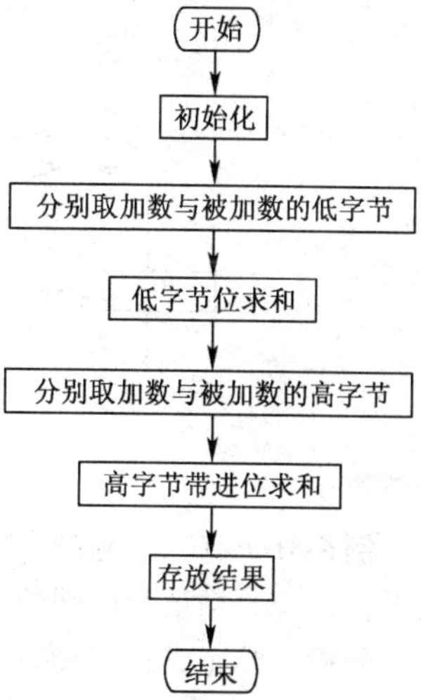

图 5-5　例 5-30 流程框图

编写程序如下：

```
DATA    SEGMENT                         ；定义数据段
AA1     DB   C7H，   24H                ；定义被加数
AA2     DB   ACH，   79H                ；定义加数
BUF     DW   2       DUP（?）           ；定义结果存放区
DATA    ENDS                            ；数据段结束
DATA    SEGMENT                         ；定义代码
        ASSUME  CS:CODE，DS：DATA       ；确定段和段寄存器之间关系
START：  MOV   AX，   DATA
        MOV   DS，   AX                 ；初始化 DS
        LEA   SI，   AA1                ；被加数的偏移地址送 SI
        LEA   DI，   AA2                ；加数的偏移地址送 DI
        LEA   BX，   BUF                ；存放结果的偏移地址（有效地址）送 BX
        XOR   AX，   AX                 ；清 OF，CF，AX
        MOV   DL，   [DI]               ；取加数低 8 位
        ADD   AL，DL                    ；被加数低 8 位和加数低 8 位相加
        INC   SI                        ；修改地址
        INC   DI                        ；修改地址
        MOV   AH，[SI]                  ；取被加数高 8 位
        MOV   DH，[DI]                  ；取加数高 8 位
```

```
        ADC   AH,    DH                ; 被加数高 8 位和加数高 8 位相加
        MOV   [DI],AX                  ; 结果送入 SUM 单元中
CODE    ENDS
        END          START             ; 源程序结束
```

2. 分支程序

在程序设计中不是所有的程序都是顺序程序结构，还会遇到需要根据各种条件判断和比较进行操作的情况，满足条件去做一种操作，不满足条件去做另一种操作。每一种操作程序称为一个分支，一次判断产生两个分支，只有一次判断的称为单重分支程序。多次判断产生多个分支，称为多重分支程序。分支结构程序框图如图 5-6 所示。

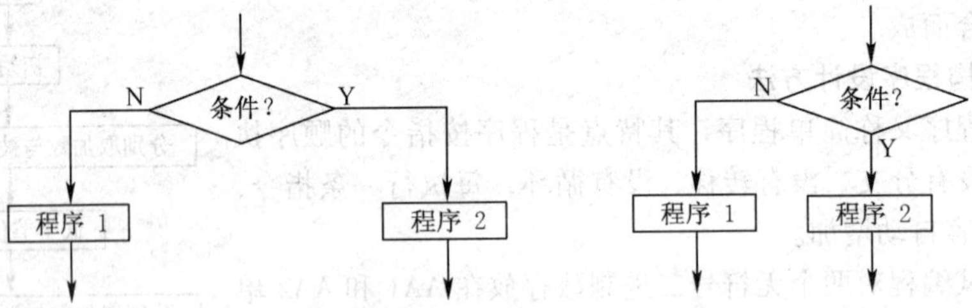

图 5-6　分支结构程序框图

例 5-31　有三个无符号数 X、Y、Z，其值均小于 0FFH，存于 SUM 开始的单元中。试编程找出 X、Y、Z，数值为中间的一个，将其存入 SUM1 单元中。

分析：要完成题目要求采用比较判断方法。其步骤是：先取出 X、Y、Z，假设存于 AL、BL、CL 寄存器中。采用两数比较换位法，即 AL 中的数和 BL、CL 分别进行比较，在 AL 中总是存放中间值。程序流程框图如图 5-7 所示，程序如下：

```
DATA    SEGMENT                        ; 定义数据段
SUM     DB  X,     Y, Z                ; 定义无符号数
SUM1    DB  2      DUP(?)              ; 定义结果存放区
DATA    ENDS                           ; 数据段结束
CODE    SEGMENT                        ; 定义代码
     ASSUME  CS: CODE, DS: DATA        ; 确定段和段寄存器之间关系
START:  MOV        AX, DATA
        MOV        DS, AX              ; 初始化 DS
        LEA        SI, SUM             ; 无符号数的偏移地址送 SI
        LEA        DI, SUM1            ; 存放结果的偏移地址送 DI
        XOR        AX, AX              ; 清 OF, CF, AX
        MOV        AL, [SI]            ; 取第一个无符号数
        MOV        BL, [SI]+1          ; 取第二个无符号数
        MOV        CL, [SI]+2          ; 取第三个无符号数
        CMP        AL, BL              ; 第一个无符号数与第二个无符号数比较
        JB         AA1                 ; 第一个无符号数小于第二个无符号数转移到 AA1
        XCHG       AL, BL              ; 否则第一个无符号数与第二个无符号数交换
AA1:    CMP        AL, CL              ; 第一个无符号数与第三个无符号数比较
```

```
        JAE     AA2             ；第一个无符号数大于第三个无符号数转移到 AA2
        XCHG    AL，CL          ；否则第一个无符号数与第三个无符号数交换
        CMP     AL，BL          ；第一个无符号数与第二个无符号数比较
        JB  AA2                 ；第一个无符号数小于第二个无符号数比较转移到
                                  AA2
        XCHG    AL，BL          ；否则第一个无符号数与第二个无符号数交换
AA2：   MOV     [DI]，AL        ；将中间值存入 SUM1 单元中
        MOV     AH，4CH         ；送功能号
        INT     21H             ；执行返回 DOS 中断指令
CODE    ENDS                    ；代码段结束
        END     START           ；源程序结束
```

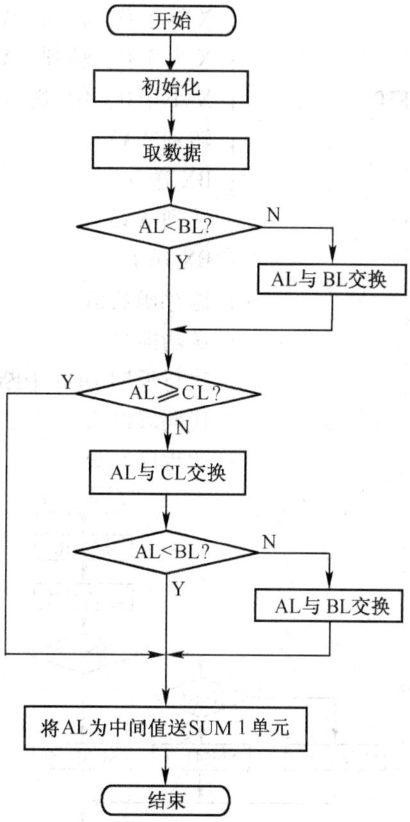

图 5-7　例 5-31 流程图

例 5-32　在 SUM 单元中存放一给定的数 X，试编程序完成判断 X 的值，即当 X > 0 时给 SUM1 单元送 1；当 X = 0 时给 SUM1 单元送 0；当 X < 0 时给 SUM1 单元送 -1。其中 X 的范围是：-128 ~ +127。

分析：对于一个数要判断它是大于零、小于零还是等于零，可以用标志寄存器中的零标志位和符号标志位的状态来判定，我们可以用影响这两个标志位的与指令和或指令来完成题目要求。程序框图如图 5-8 所示，程序如下：

```
DATA    SEGMENT                 ；定义数据段
```

```
  SUM    DB  X                     ；定义无符号数
  SUM1   DB  2  DUP（?）           ；定义结果存放区
DATA  ENDS                         ；数据段结束
  CODE  SEGMENT                    ；定义代码
      ASSUME CS：CODE，DS：DATA    ；确定段和段寄存器之间关系
START：MOV   AX，DATA
       MOV   DS，AX                ；初始化 DS
       MOV   SI，OFFSET  SUM       ；无符号数的偏移地址送 SI
       XOR   AX，AX                ；清 OF，CF，AX
       MOV   AL，[SI]              ；取符号数送 AL
       OR    AL，AL                ；影响标志位
       JZ    AA1                   ；X 等于 0，转到 AA1
       JNS   AA2                   ；X 大于 0，转到 AA2
       MOV   BX，0FFFFH            ；X 小于 0，BX 送 -1 的补码
       JMP   AA3                   ；转到 AA3
AA1：  MOV   BX，0                 ；BX 送 0
       JMP   AA3                   ；转到 AA3
AA2：  MOV   BX，1                 ；BX 送 1
AA3：  MOV   [DI]，BX              ；送存函数值
       MOV   AH，4CH               ；送功能号
       INT   21H                   ；执行返回 DOS 中断指令
CODE   ENDS                        ；代码段结束
       END   START                 ；源程序结束
```

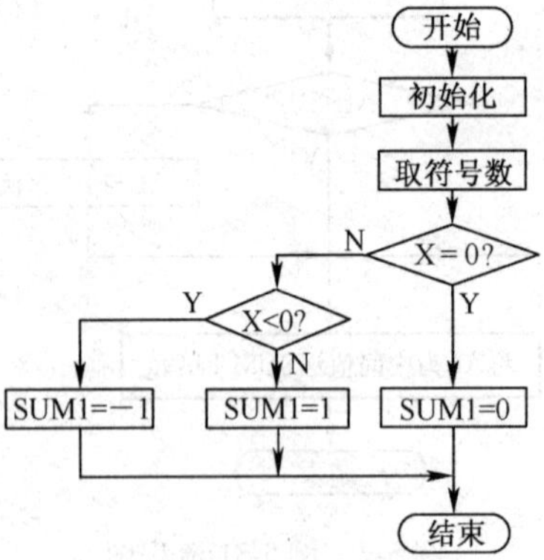

图 5-8　例 5-32 流程图

例 5-33　在 SUM 单元内有一个带符号的数 X，试编一段程序，根据 X 的情况进行如下处理：

1）若 X 为正奇数，则将 X 与 SUM1 单元内容相加。

2）若 X 为正偶数，则将 X 与 SUM1 单元内容相“与”。

3）若 X 为负奇数，则将 X 与 SUM1 单元内容相“或”。

4）若 X 为负偶数，则将 X 与 SUM1 单元内容相“异或”。

分析：这是一个多分支结构程序，要对正负数判断，还要对奇偶数进行判断。正负数判断需要看最高位是否为“1”，为“1”是负数，否为“0”是正数。奇偶判断是对最低位（D_0 位）进

行判断，若为“1”，则为奇数，为“0”则为偶数。程序段及流程图如图 5-9 所示，程序如下：

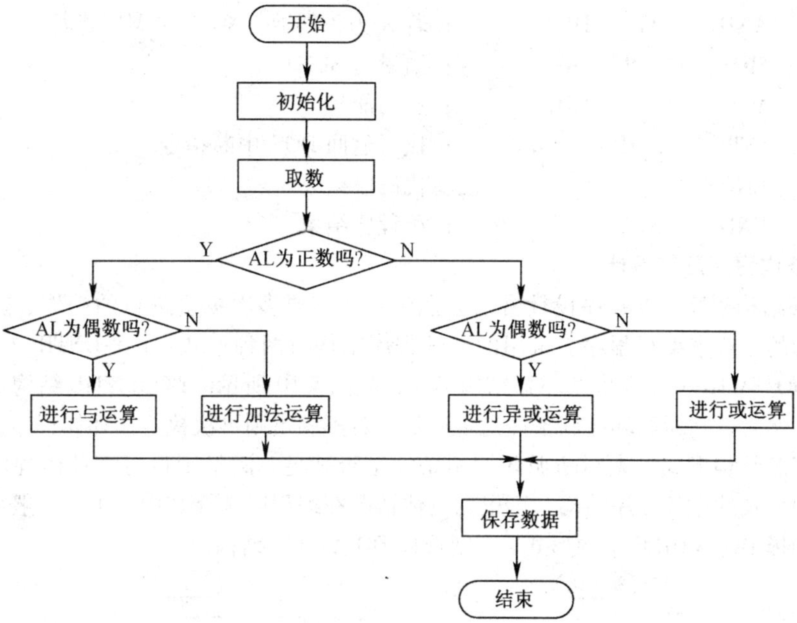

图 5-9　例 5-33 流程图

```
DATA    SEGMENT                          ；定义数据段
  SUM   DB  X                            ；定义符号数
  SUM1  DB  2  DUP（?）                  ；定义结果存放区
DATA    ENDS                             ；数据段结束
CODE    SEGMENT                          ；定义代码
  ASSUME CS：CODE，DS：DATA              ；确定段和段寄存器之间关系
START：  MOV    AX，DATA
         MOV    DS，AX                    ；初始化 DS
         LEA    SI，SUM                   ；符号数的偏移地址送 SI
         LEA    DI，SUM1                  ；存放结果的偏移地址送 DI
         MOV    AL，[SI]                  ；取符号数送 AL
         AND    AL，[SI]                  ；判断是否为正数
         JNS    AA2                       ；若为正数转移到 AA2
         TEST   AL，01H                   ；测试负数的奇偶性
         JZ     AA1                       ；若为负偶数转 AA1
         OR     AL，[SI]                  ；若 X 为负奇数，X 与[SUM1]进行“或”运算
         JMP    AA4                       ；转移到 AA4
AA1：    XOR    AL，[DI]                  ；若 X 为负偶数，X 与[SUM1]进行“异或”运算
         JMP    AA4                       ；转移到 AA4
AA2：    TEST   AL，01H                   ；判断正数的奇偶性
         JZ     AA3                       ；为正偶数，转 AA3
```

```
        ADD     AL, [DI]        ; 若X为正奇数，X与[SUM1]进行“加”运算
        JMP     AA4             ; 转移到AA4
AA3:    AND     AL, [DI]        ; 若X为正偶数，X与[SUM1]进行“与”运算
AA4:    MOV     [DI], AL        ; 结果送SUM1
        MOV     AH, 4CH         ; 送功能号
        INT     21H             ; 执行返回DOS中断指令
CODE    ENDS                    ; 代码段结束
        END     START           ; 源程序结束
```

3. 循环结构程序及其设计

（1）循环结构程序　在程序设计常常会遇到一些需要多次重复进行的操作，这种情况一般采用循环结构的方式来编写程序。常用的循环程序结构有两种形式：DO_UNTIL（直到型循环）结构形式和DO_ WHILE（当型循环）结构形式，如图5-10所示。DO_UNTIL结构形式是先执行循环体程序，然后再判断循环控制条件是否满足。若不满足则再次执行循环体程序；否则退出循环。DO_WHILE结构形式是先判断循环控制条件是否满足，满足则执行循环体程序；否则退出循环。这两种形式的循环程序结构，可根据具体情况在编程时选择其中一种。一般循环次数有可能为零时，选择DO_WHILE结构形式，否则选择DO_UNTIL结构形式。

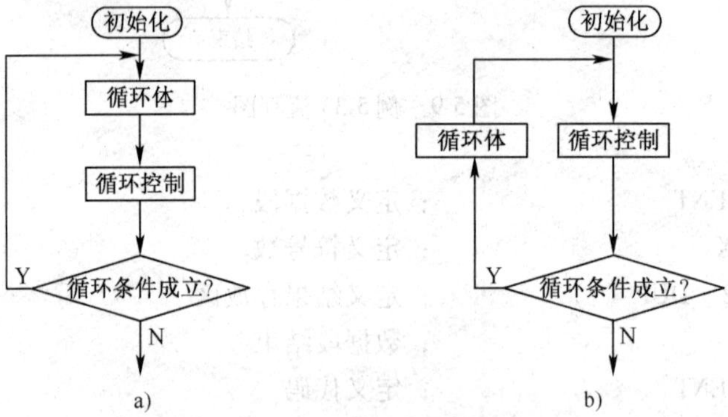

图5-10　循环程序的结构形式
a）DO-UNTIL结构　b）DO_WHILE结构

两种循环结构都包含循环初始化、循环体和循环控制3部分。循环初始化是对地址指针寄存器、循环次数的计数初值的设置，以及其他为能使循环体正常工作而设置的初始状态等。循环体是循环操作（重复执行）的部分，由循环工作部分和修改部分组成。循环工作部分是为实现程序功能而设计的主要程序段，该段程序在整个操作中要反复执行多次，可能由多个指令语句构成，也可以仅由一个指令语句构成。循环的修改部分是指当程序循环执行时，对一些参数如地址、变量等进行有规律的修正。循环控制部分是用于判断循环程序是否结束，若结束则退出循环程序，否则修改地址指针和计数器值，继续进行循环程序。循环控制的选择可以有多种方案，在循环控制条件及循环次数的控制上，可以采用循环指令LOOP、LOOPZ和LOOPNZ指令来实现，也可以用DEC　CX和JNC标号两条指令来实现。

（2）循环程序的设计　循环程序的设计有两种形式：单重循环程序设计和多重循环程序设计。单重循环是循环回路只有一个，循环控制变量只有一个。多重循环是循环回路有多个，外循环中套有内循环，循环控制变量有多个（循环嵌套）。

在多重循环程序设计中应注意：

①内循环体可以几个并列在外循环体内，但内循环体之间不得交叉。

②多重循环中可从内循环体转移到外循环体，但不允许外循环体直接转到内循环体中。

③所编程序不能形成死循环程序。

例 5-34　试编写程序，完成统计存放在 ADDR 开始单元一个字中 1 的个数，并将统计的数值存入 COUNT 单元中。

分析：要测出 1 的个数就应逐位比较，可根据最高有效位是否为 1 来计数，然后用移位的方法把各位数逐次移到最高位去。可以用测试字是否为 0 来作为结束条件，这样可缩短程序的执行时间，由于不同的字循环次数不同，因此采用 DO_WHILE 结构形式。流程框图如图 5-11 所示，程序如下：

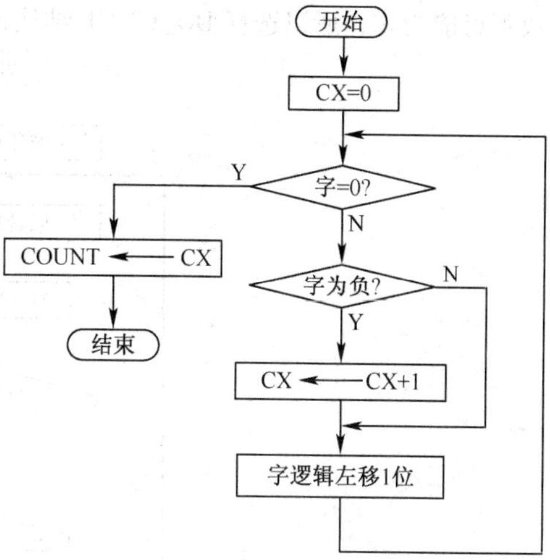

图 5-11　例 5-34 流程图

```
DATA    SEGMENT                          ；定义数据段
  ADDR    DW   76A3H                     ；定义数
  COUNT   DW   (?)                       ；定义结果存放区
DATA    ENDS                             ；数据段结束
CODE    SEGMENT                          ；定义代码
  ASSUME   CS：CODE，DS：DATA            ；确定段和段寄存器之间关系
START：   MOV    AX，DATA
          MOV    DS，AX                  ；初始化 DS
          MOV    CX，0                   ；置初值
          LEA    SI，ADDR                ；将存放数据单元地址送 SI
          XOR    AX，AX                  ；清 CF，OF，AX
          MOV    AX，[SI]                ；将数字送 AX
AA1：     TEST   AX，0FFFFH              ；检测数值是否为 0
          JZ     AA3                     ；若为 0 转移到 AA3
          JNS    AA2                     ；如果最高位为 0 转移到 AA2
          INC    CX                      ；计数值加 1
AA2：     SHL    AX，1                   ；左移 1 位，准备检测下一位
          JMP    AA1                     ；转移到 AA1
AA3：     MOV    COUNT，CX               ；结果送 COUNT
          MOV    AH，4CH                 ；送功能号
          INT    21H                     ；执行返回 DOS 中断指令
CODE      ENDS                           ；代码段结束
          END    START                   ；源程序结束
```

例 5-35　从 NUM 开始的 100 个存储单元中存放着 ASCII 码表示的十六进制数，试编程将其转换为十六进制数，仍存回原存储单元。

分析：由于 0～9 的 ASCII 码为 30H～39H，A～F 的 ASCII 码为 41H～46H。所以 ASCII 码表示的十六进制数其值都大于 30H，所以先减 30H，如果其差值在 0～9 之间，则转换已完成；如果大于9，说明它是A～F的ASCII码，再减7则转换为其十六进制数。因为循环数为100，循环次数不可能为零，所以选择DO_UNTIL结构形式。流程框图如图5-12所示。程序如下：

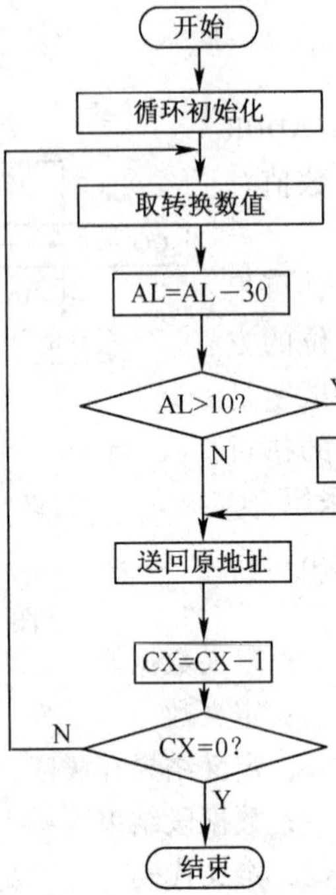

图5-12　例5-35流程图

```
DATA   SEGMENT                              ；定义数据段
  NUM   DB  46H，43H，37H，…，33H           ；定义100个数
DATA   ENDS                                 ；数据段结束
CODE   SEGMENT                              ；定义代码段
  ASSUME  CS：CODE，DS：DATA                ；确定段和段寄存器之间关系
START：   MOV     AX，DATA
          MOV     DS，AX                    ；初始化DS
          MOV     CX，100                   ；置初值
          LEA     SI，NUM                   ；将NUM偏移量送SI
          XOR     AX，AX                    ；清CF，OF，AX
LP：      MOV     AL，[SI]                  ；取ASCII码表示的十六进制数
          SUB     AL，30H                   ；先减30H
          CMP     AL，0AH                   ；判断是否大于10
          JC      L1                        ；如果在0～9之间转L1
          SUB     AL，07H
          ；如果在A～F之间再减07H，转换为十六进制数
L1：      MOV     [SI]，AL                  ；转换后的十六进制数送回NUM
          INC     SI                        ；修改指针
          LOOP    LP                        ；CX不为0循环，等于0退出循环
          MOV     AH，4CH                   ；送功能号
          INT     21H                       ；执行返回DOS中断指令
```

```
CODE    ENDS                              ；代码段结束
        END     START                     ；源程序结束
```

例 5-36　试编写程序，完成把从 MEM 单元开始的 100 个 16 位无符号数按从大到小的顺序排列。

分析：这是一个双重循环排序问题。由于是无符号数的比较，可以用比较指令 CMP 和条件转移指令 JNC 来实现。首先用第一个数与第二个数比较，如果第一个数大于第二个数，则使其位置保持不变，如果第一个数小于第二个数，交换两个数的位置，即将大数放低地址，小数放高地址。这样完成第一次排序工作。再通过第二重的 99 次循环，即可实现 100 个无符号数的大小排序。流程框图如图 5-13 所示。程序如下（第一次循环，将最小的数放在最高位，第二次循环将次小的数放在次高位，依次循环，完成从大到小的顺序排列）：

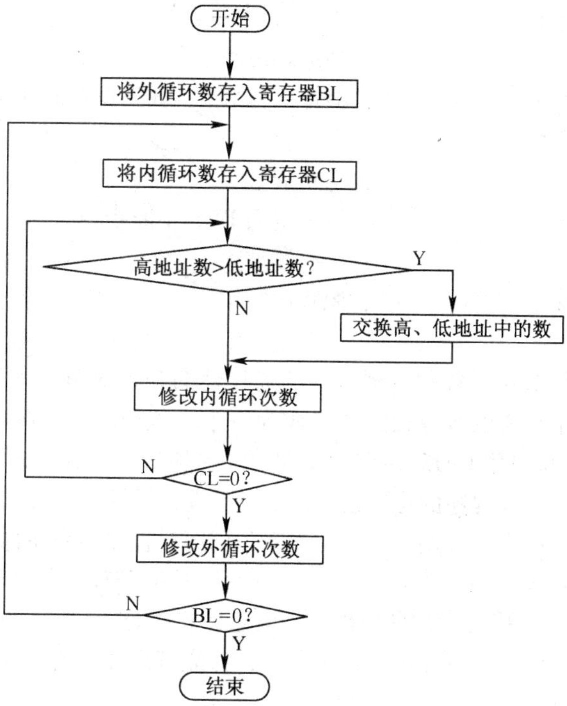

图 5-13　例 5-36 流程图

```
DATA   SEGMENT                                 ；定义数据段
  MEM   DW   1326H，0A443H，15A7H，…，33EBH    ；定义 100 个数
DATA   ENDS                                    ；数据段结束
CODE   SEGMENT                                 ；定义代码
  ASSUME   CS：CODE，DS：DATA                   ；确定段和段寄存器之间关系
START：MOV   AX，DATA
       MOV   DS，AX             ；初始化寄存器 DS
       LEA   DI，MEM            ；DI 指向要排序数的首地址
       MOV   BL，99             ；外循环只需 99 次即可
       ；外循环从此开始
AA1：  MOV   SI，DI             ；SI 指向当前要比较的数
       MOV   CL，BL             ；设置内循环计数的循环次数
       ；以下为内循环
```

```
AA2:    MOV   AX, [SI]          ; 取低地址数
        ADD   SI, 2             ; 修改地址
        CMP   AX, [SI]          ; 低地址数与高地址数比较
        JNC   AA3               ; 若大于则不交换
        MOV   DX, [SI]          ; 否则，两数交换
        MOV   [SI-2], DX        ; 若大于则不交换
        MOV   [SI], AX          ; 大数存低地址
AA3:    DEC   CL                ; 内循环数减1
        JNZ   AA2               ; 循环是否结束，如果没有结束（CL≠0），则继续
        ; 内循环结束
        DEC   BL                ; 外循环数减1
        JNZ   AA1               ; 循环是否结束，如果没有结束（BL≠0），则继续
        ; 外循环体结束
        MOV   AH, 4CH           ; 送功能号
        INT   21H               ; 执行返回DOS中断指令
CODE    ENDS                    ; 代码段结束
        END   START             ; 源程序结束
```

4. 子程序的设计

（1）概述　在程序设计中，往往会遇到一些通用性的和多次重复使用的程序段，一般把这样一些程序段编写成一个固定的程序段，使之成为一个功能模块。这种模块称为子程序（或称为过程）。当需要时，直接应用CALL指令调用即可。这样可以使程序设计过程简化，节约设计时间；缩短程序的长度，节省程序的存储空间；清晰易读，易调试，易维护。

在程序设计中，一个程序可以调用一个子程序，调用子程序的程序称为主程序。一个主程序可以多次调用同一个子程序，一个子程序也可以再调用其他子程序，这样的调用称为子程序嵌套，如图5-14所示。子程序嵌套调用的层次不受限制，其嵌套层数称“嵌套深度”。子程序可以调用自身，称为子程序递归。子程序还可以被中断，并能再次被中断服务程序调用，这种特性称为子程序具有可重入性。

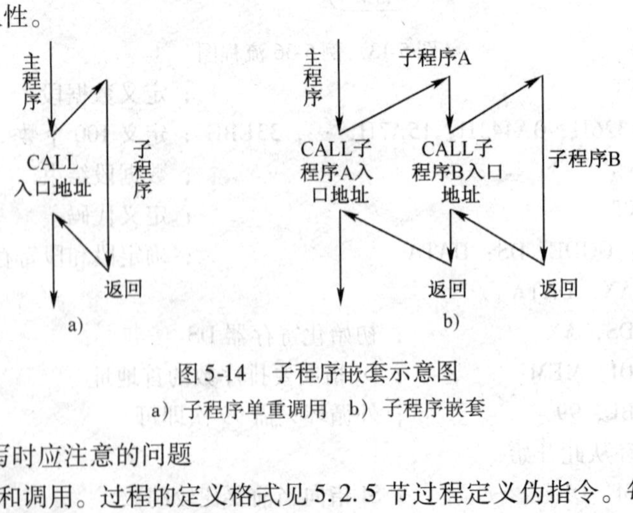

图5-14　子程序嵌套示意图
a）子程序单重调用　b）子程序嵌套

（2）子程序编写时应注意的问题

1）过程的定义和调用。过程的定义格式见5.2.5节过程定义伪指令。每一个子程序应有子程序名，每一个子程序中至少有一条返回指令RET。如果主程序和子程序在同一代码段中，子程序的类型可以定义为近型（NER）；如果主程序和子程序不在同一代码段中，子程序的类型应定

义为远型（FAR）。

2）保护现场及现场恢复。由于 CPU 内部的通用寄存器数量有限，为了使在调用子程序时不至于破坏主程序寄存器中的数据，避免运行程序发生错误，而把在子程序中也要使用到的寄存器的内容压入堆栈保护起来，称为保护现场。把在退出子程序之前，将保护在堆栈区的内容弹出到对应的寄存器中恢复其原值，称为现场恢复。保护现场使用 PUSH 指令，现场恢复使用 POP 指令。在保护现场及现场恢复时要特别注意堆栈操作的“后进先出”特性，要能保证各个层次子程序断点的正确入栈和返回。以避免各层子程序之间发生冲突造成子程序无法正确返回。

3）主程序与子程序间的参数传递。在主程序调用子程序时，有时需要主程序传递一些初始数据给子程序，这些初始数据称为子程序的入口参数。子程序在执行完程序后返回主程序时，也需要将子程序运行所得的结果返送给主程序，这些返送的结果称为子程序的出口参数。这种子程序与主程序之间的信息传送称为参数传递。主程序与子程序之间，可以通过 CPU 中的通用寄存器传递参数；可以利用堆栈传递参数；也可以利用存储器的数据区传递参数，还可以利用参数表进行参数传递。

4）子程序嵌套、子程序递归及子程序可重入性。子程序嵌套调用对程序设计没有什么特殊要求。子程序在嵌套时，如果一个子程序调用的程序是它自身，则称这种调用为递归调用。这样的子程序称为递归子程序。递归子程序被递归调用时必须保证不破坏前边调用时所用到的参数及产生的结果。否则，就不能求出最后结果。此外，递归子程序还必须具有递归结束的条件，以便在递归调用一定次数后退出，否则，递归调用将无限地嵌套下去。

子程序的可重入性在复杂程序设计时也常会碰到。当一个共用子程序被某一程序调用且还未执行完时，被另一个程序中断。同时，后一个程序执行时又一次调用该共用子程序，这样共用子程序便被再一次进入。若该共用子程序的设计能保证两次调用都得到正确结果，则称该共用子程序具有可重入性。保证子程序可重入性的方法，通常是将每次调用子程序时所用到的参数和中间结果逐层压入堆栈，以达到每次调用的结果都能正确保存的目的。

（3）子程序的设计举例

例 5-37　试编写程序，从键盘输入某班 30 人微机原理课程的成绩，算出总成绩，并在屏幕上显示总成绩。

分析：1）从键盘输入 2 位数学生成绩，应使用 DOS 的 1 号功能调用。键盘输入的数为十进制数的 ASCII 码，做加法运算之前先将其转换为二进制数，所以需要编写一个成绩输入子程序（IN-SZ），将转换的二进制数存于 ADD1，算法流程图如图 5-15 所示。

2）将 30 个同学的成绩进行相加得出总成绩，需要编写计数的总成绩子程序，算法流程图如图 5-16 所示。

3）总成绩要在屏幕上显示，必须由二进制数转换为 ASCII，为此编写一个显示子程序（BIN-ASC），算法流程图如图 5-17 所示。

4）屏幕显示使用 DOS 的 9 号调用完成。

5）主程序算法流程图如图 5-18 所示。

```
NAME  CJTJ                                 ；定义程序名
  DATA   SEGMENT                           ；定义数据段
  ADD1 DB  30 DUP（?）                      ；存放 30 个同学的成绩（压缩的 BCD 码）
  ADD2 DB  2 DUP（0），‘$’                  ；存放 30 个同学的总成绩（压缩的 BCD 码）
  ADD3 DB  4 DUP（0），‘$’                  ；存放 30 个同学的总成绩（ASCII 码）
  ADD4 DW  1000，100，10，1                 ；存放十进制个位、十位、百位和千位的权值
```

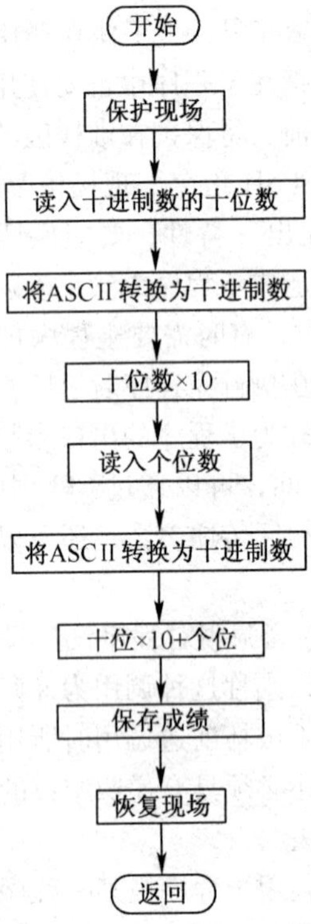

图 5-15　成绩输入子程序流程图

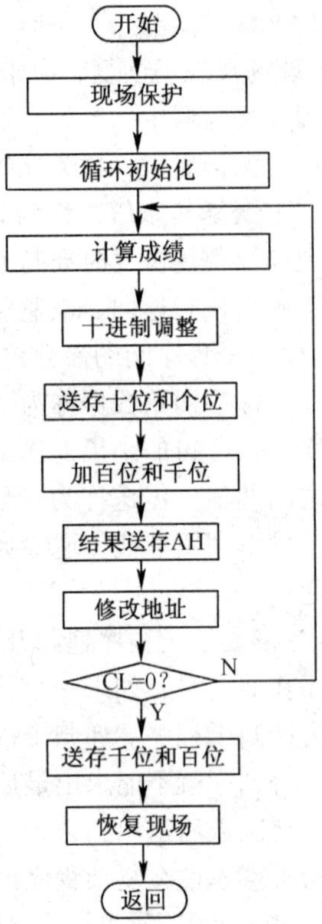

图 5-16　总成绩计算子程序流程图

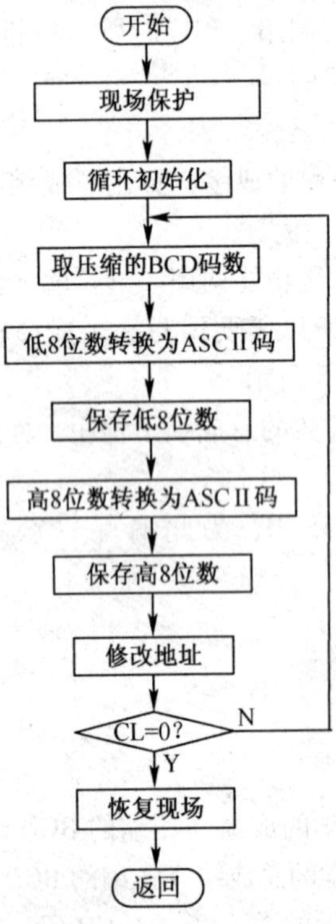

图 5-17　成绩显示子程序流程图

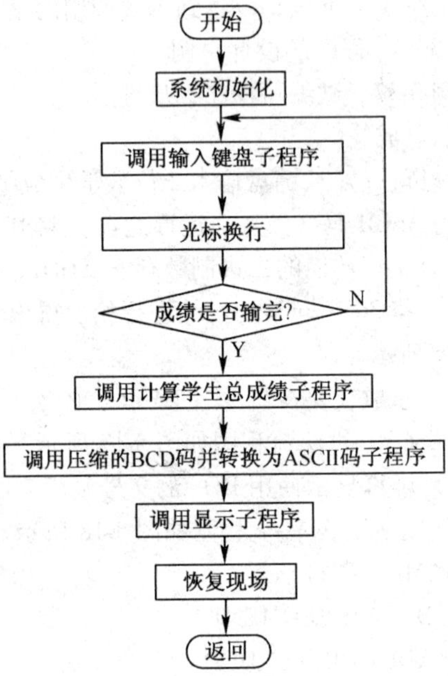

图 5-18　主程序流程图

```
  CRLF     DB  0DH, 0AH, '$'                ; 显示结束换行，以'$'结束
DATA       ENDS                             ; 数据段结束
STACK      SEGMENT                          ; 定义堆栈段
  D1       DB  100  DUP (?)                 ; 定义长度
  TOP      EQU      LENGTH    D1            ; 定义栈顶的偏移量
STACK      ENDS                             ; 堆栈段结束
CODE       SEGMENT                          ; 定义代码段
ASSUMECS: CODE, DS: DATA, SS: STACK         ; 确定段和段寄存器之间关系
  MAIN       PROC      FAR                  ; 定义主子程序段
             PUSH      DS
             XOR       AX, AX
             PUSH      AX                   ; 保护现场
START:       MOV       AX, DATA
             MOV       DS, AX               ; 初始化寄存器 DS
             MOV       AX, STACK
             MOV       SS, AX               ; 初始化寄存器 SS
             MOV       SP, TOP              ; 设置栈顶
             MOV       CX, 30               ; 置循环次数初值
             LEA       SI, ADD1             ; BX 指向 PROGRAM
             XOR       AX, AX               ; 清零
AA1:         CALL      IN-SZ                ; 调用输入子程序
             LEA       DX, CRLF             ; 光标移到下一行
             LOOP      AA1                  ; 成绩输完退出循环，否则继续
             CALL      ADD1                 ; 调用计算学生总成绩子程序
             CALL      OUT-BCD              ; 调用压缩的 BCD 码并转换为 ASCII 码子程
                                              序
             CALL      DISP                 ; 调用显示子程序
             POP       AX                   ; 现场恢复
             POP       DS                   ; 现场恢复
             RET                            ; 返回
MAIN         ENDP                           ; 主子程序结束
; 子程序名：IN-SZ
; 功能：从键盘输入学生成绩，并转换为压缩的 BCD 码
; 入口参数：无
; 出口参数：在 ADD1 中输入 30 个学生的成绩（压缩的 BCD 码）
IN-SZ        PROC      FAR                  ; 定义子程序
             PUSH      SI                   ; 现场保护
             PUSH      BX                   ; 现场保护
             MOV       AH, 01H              ; 送功能号
             INT       21H                  ; 从键盘接收第一位数字（十位数）
             AND       AL, 0FH              ; ASCII 转换为 BCD 码
```

```
        SAL     AL, 1               ; 十位数×2 (AL×2)
        MOV     BL, AL              ; 十位数暂时存放在 BL
        SAL     AL, 1               ; 十位数×4 (AL×2)
        SAL     AL, 1               ; 十位数×8 (AL×2)
        ADD     BL, AL              ; 十位数×10 (8AL+2AL)
        INT     21H                 ; 从键盘接收第二位数字 (个位数)
        AND     AL, 0FH             ; ASCII 转换为 BCD 码
        ADD     AL, BL              ; 十位数×10+个位数
        MOV     [SI], AL            ; 输入成绩送 ADD1 单元
        INC     SI                  ; 修改地址
        POP     BX                  ; 恢复现场
        POP     SI                  ; 恢复现场
        RET                         ; 返回
IN-SZ   ENDP                        ; 子程序结束
; 子程序名: ADD-DH
; 功能: 30 个同学的成绩加法程序
; 入口参数: ADD1 存放 30 个学生的成绩 (压缩的 BCD 码)
; 出口参数: ADD2 中为 30 个同学的总成绩 (压缩的 BCD 码)
ADD-DH  PROC    FAR                 ; 定义子程序
        PUSH    DI                  ; 现场保护
        PUSH    SI                  ; 现场保护
        PUSH    CX                  ; 现场保护
        MOV     CL, 30              ; 置循环值
        LEA     SI, ADD1            ; 置成绩存放地址的偏移量
        LEA     DI, ADD2            ; 置总成绩存放地址的偏移量
        XOR     AX, AX              ; 清 CF、OF 和 AX
BB1:    ADD     AL, [SI]            ; 计算成绩
        DAA                         ; 十进制调整
        MOV     [DI], AL            ; 送存结果 (个位和十位)
        ADC     AH, 0               ; 加进位位
        MOV     AL, AH              ; 结果送 AH
        DAA                         ; 十进制调整
        MOV     AH, AL              ; 十进制调整结果送入 AH
        MOV     AL, [DI]            ; 取结果
        INC     SI                  ; 修改地址
        LOOP    BB1                 ; 成绩求和完退出循环, 否则继续循环
        MOV     [DI+1], AH          ; 送存结果 (百位和千位)
        POP     CX                  ; 恢复现场
        POP     SI                  ; 恢复现场
        POP     DI                  ; 恢复现场
        RET                         ; 返回
```

```
ADD-DH      ENDP                            ；子程序结束
；子程序名：OUT-BCD
；功能：将30个学生总成绩压缩的BCD码调整为ASCII码
；入口参数：ADD2存放的30个学生总成绩压缩的BCD码
；出口参数：ADD3中存放总成绩的ASCII码
OUT-BCD   PROC    FAR                       ；定义子程序
          PUSH    BX                        ；现场保护
          PUSH    SI                        ；现场保护
          PUSH    DI                        ；现场保护
          LEA     SI，ADD2                  ；存放的首地址送DI
          LEA     DI，ADD3                  ；存放的首地址送DI
          MOV     CX，04H                   ；长度送CX
CC1：     MOV     AL，[SI]                  ；取压缩的BCD码
          MOV     BL，AL                    ；暂存在BL中
          AND     AL，0FH                   ；保留低4位，屏蔽高4位
          OR      AL，30H                   ；转换为ASCII码
          MOV     [DI]，AL                  ；保存ASCII码
          INC     DI                        ；修改保存指针
          MOV     AL，BL                    ；取压缩的BCD码
          PUSH    CX                        ；入栈保护CX值
          MOV     CL，4                     ；CL中送4
          SHR     AL，CL                    ；高位BCD码移至低4位
          POP     CX                        ；CX计数值
          OR      AL，30H                   ；转换为ASCII码
          MOV     [DI]，AL                  ；存高位ASCII码
          INC     SI                        ；修改取数指针
          INC     DI                        ；修改存数指针
          LOOP    CC1                       ；转换完退出循环，否则继续循环
          POP     DI                        ；恢复现场
          POP     SI                        ；恢复现场
          POP     BX                        ；恢复现场
          RET                               ；返回
OUT-BCD   ENDP                              ；子程序结束
；子程序名：DISP
；功能：将总成绩显示出来
；入口参数：ADD3存放的总成绩的ASCII码
；出口参数：无
DISP      PROC      FAR                     ；显示子程序
          LEA       DX，ADD3                ；送入口参数
          MOV       AH，9                   ；送功能号
          INT       21H                     ；显示
```

```
        RET                         ；返回
DISP    ENDP                        ；子程序结束
CODE    ENDS                        ；代码段结束
        END     START               ；程序结束
```

例 5-38 将阶乘作为子程序，对函数 Y = 1！ +2！ +3！ +… +7！进行编程，并将计算出的值存入 BUF。

分析：这是一个阶乘求和的编程题，在编制子程序时要有变量传递，它们是 AL、CX、BL。特别是在执行完子程序后，CX 值为 0，但在返回主程序后要将 CX 值恢复到进入主程序的值。所以，在进入主程序前要对 CX 进行保护；返回后要进行恢复。

```
NAME     JCQH
DATA     SEGMENT               ；定义数据段
  BUF    DW 2  DUP（?）        ；存放阶乘求和 1！ +2！ +… +7！值
  DATA   ENDS
STACK    SEGMENT               ；定义堆栈段
  D1     DB 30  DUP（?）       ；定义长度
  TOP    EQU  LENGTH  D1       ；定义栈顶的偏移量
STACK    ENDS                  ；堆栈段结束
CODE     SEGMENT
         ASSUME CS：CODE，DS：DATA，SS：STACK
START：   MOV     AX，DATA
          MOV     DS，AX            ；初始化寄存器 DS
          LEA     SI，BUF           ；送偏移量
          MOV     DX，0             ；将求和初值置 0
          MOV     CX，0             ；将计数初值置 0
 AA1：    MOV     AX，1             ；阶乘初值置 1
          MOV     BL，1             ；乘数初值置 1
          INC     CX                ；修改计数值
          PUSH    CX                ；保护计数值（因为在子程序中会将 CX 减到 0）
          CALL    ADDA              ；调用求阶乘子程序
          ADD     DX，AX            ；阶乘求和
          POP     CX                ；恢复计数值
          CMP     CX，7             ；判断循环是否结束
          JNZ     AA1               ；阶乘求和未完继续
          MOV     [SI]，DX          ；送存阶乘求和值
          MOV     AH，4CH
          INT     21H               ；结束
 ADDA     PROC                      ；定义阶乘的子程序
 BB1：    MUL     BL                ；求阶乘（AL×BL）→AX
          INC     BL                ；修改阶乘值
          LOOP    BB1               ；阶乘未完继续
          RET
```

```
ADDA      ENDP
CODE        ENDS
                END      START
```

习 题

5.1 简述标号、变量及其属性。

5.2 简述指令性指令和指示性指令。

5.3 简述汇编程序的概念。

5.4 简述下列两条语句有何区别:

```
AA1  EQU  2300H
DD1   =   2000H
```

5.5 已知数据段的物理地址从［1000H：0000H］处开始，定义如下：

```
DATA  SEGMENT
  ORG  2000H
  ADD1    DD  2  DUP (7, 1,?)
  ADD2    DB  10  DUP (1, 4, 5 DUP (5), 7)
  COUNT  EQU  10
  ADD3    DW  COUNT  DUP (?)
DATA  ENDS
```

试说明变量 ADD1、ADD2、ADD3 的段基址、偏移量、类型。并用示意图说明该数据段的存储单元分配情况。

5.6 已知数据段定义如下:

```
DATA  SEGMENT  AT 1000H
  ORG    6
  ADD1   DB     2, 18
  ADD2   DW     569AH
         DB     'AB'
DSEG  ENDS
```

用示意图说明该数据段的分配情况。

5.7 简述汇编语言程序设计的基本步骤。

5.8 何谓程序结构？程序的基本结构分为哪四种？

5.9 简述分支程序的特点。

5.10 简述循环程序的特点。

5.11 简述循环程序的组成及各部分的功能。

5.12 设 DS = 6000H，BX = 8432H，SS = 5000H，SP = 3258H，内存 69632H ~ 69635H 单元的内容依次是 00H、11H、22H、33H。4 字节指令 CALL DWORD PTR［BX + 1200H］本身位于 2000H：3250H 处的双字单元中。当 8086 执行该指令后转移至子程序入口时，CS、IP、SS、SP 各寄存器以及栈顶 2 个字单元的内容分别是多少？

5.13 已知数据定义语句为 ADD1 DB 10 DUP (5, 2 DUP (?))，其中 ADD1 的偏移量为 0100H，试分析 ADD1 占有多少个字节，将内容用存储器示意图表示出来。

5.14 试编写一段查表并循环显示的程序，在缓冲单元依次存放数字 0 ~ 9 的 LED 七段共阴显示码：3FH、06H、5BH、4FH、66H、6DH、3DH、07H、7FH、6FH。其中显示口的地址为 40H。

5.15 试编写一程序，完成 32 位符号数除以 9（其中 32 位符号数存放在 ADD1 中）将商放入 BUF1

中，余数放入 BUF2 中。

5.16 试编写一程序，完成将压缩的 BCD 码 45，转换为相应的 ASCII 码。

5.17 写出计算 Y = A × B + C − 18 的程序。题中 A、B、C 分别为 3 个带符号的 8 位二进制数。

5.18 从内存单元 BUF 开始的缓冲区中有 3 个 8 位无符号数，依次为 X、Y、Z。试编程找出它们的中间值并放入 BUF1 单元，且将该值显示在屏幕上。

5.19 编程实现以下操作：从键盘输入 2 个 10 以上的数字，然后求它们的和，并把结果显示在屏幕上。

5.20 已知有一个长 300 个字的数据块，存放在以 21000H 开始的存储区域内。试编写一个完整的汇编语言程序，将该数据块复制到以 5800H 开始的存储区内。

5.21 编写一个完整的源程序，将数据段 ADD1 中存放的正数和负数的个数分别统计出来存放在 BUF1 和 BUF2 为首址的数据缓冲区中。

5.22 存储器中一串字符串首地址为 BUF，字符串长度 N 小于 256，要求分别计算出其中数字‘0’~‘9’，字母‘A’~‘Z’和其他字符的个数，并分别将它们的个数存放到此字符串的下面三个单元中。

5.23 试编写一程序，完成在 ADD1 开始的 100 个字节单元中存放着 100 个字母，将大写字母转换成相应的小写字母，将小写字母转换成相应的大写字母，转换后仍存放在它们原先单元中。

5.24 把从 MEM 单元开始的 100 个 16 位无符号数按从大到小的顺序排列。

5.25 在当前数据段（DS 决定），偏移地址为 DATAB 开始的顺序 80 个单元中，存放着某班 80 个同学某门考试的成绩。

1）编写程序统计≥90 分；80 ~ 89 分；70 ~ 79 分；60 ~ 69 分；<60 分的人数各为多少，并将结果放在同一数据段、偏移地址为 BTRX 开始的顺序单元中。

2）试编程序，求该班这门课的平均成绩是多少，并放在该数据段的 LEVT 单元。

5.26 试编写一程序，将两个数字（0 ~ 9）的 ASCII 码转换为压缩的 BCD 码，并存放在 BUF 中。

5.27 设 ADD1 字单元的值为 X，ADD2 字单元的值为 Y，试按以下函数要求编程给 Y 赋值：

$$Y=\begin{cases}2 & X>30\\ 0 & 30\geqslant X\geqslant 1\\ -2 & X<1\end{cases}$$

第 6 章　基本输入/输出接口

输入/输出接口电路是微型计算机的重要组成部件，是微型计算机连接外部输入、输出设备及各种控制对象并与外界进行信息交换的逻辑控制电路。由于外设的结构、工作速度、信号类型和数据格式等各不相同，因此它们不能直接挂接到系统总线上，必须用输入/输出接口电路来做中间转换，才能实现与 CPU 间的信息交换。I/O 接口也称 I/O 适配器，不同的外设必须配备不同的 I/O 适配器。I/O 接口电路是微机应用系统必不可少的重要组成部分。任何一个微机应用系统的设计和应用，实际上主要是 I/O 接口的设计和应用。因此 I/O 接口技术是本课程讨论的重要内容之一，常用可编程接口芯片及其应用将在第 8 章中详细介绍。

6.1　I/O 接口的概述

现代计算机系统中外部设备种类繁多，各类外部设备不仅结构和工作原理不同，而且与主机的连接方式也可能完全不同。为了方便地将主机与各种外设连接起来，并且避免主机陷入与各种外设打交道的沉重负担之中，需要一个信息交换的中间环节，这个主机与外设之间的交接界面就称作输入/输出接口。接口本身不是外设，但它承担了与外设通信的任务。

I/O 接口在计算机中是处于怎样一个位置？它是主机与外部设备进行数据传输所需要的信息交换中间环节（Interface），起到信息交换的桥梁作用。主板上的 CPU 加上存储器才是真正意义上的“脑”，它们具备了“思考”和“记忆”的能力，但仅有它们的记忆和思考却是不够的，必须通过输入设备告诉计算机该做什么，这些事该怎么做，而计算机也要把执行程序的结果显示在屏幕上或通过相应输出设备输出才能说完成了它的任务。主机怎样和外围设备（也称外设）进行沟通，必须通过输入/输出接口。

对于计算机在工业控制中的应用，I/O 接口更是一个重要的课题，实时、有效的输入/输出是计算机控制的关键所在。计算机具有很强的计算能力，由于计算机的加入，工业控制的内容更加丰富，各种现代控制算法显示出其强大的活力，它们往往比经典的控制算法更快、更准，但这些算法赖以生存的实时数据要通过 I/O 接口从传感器取得，再通过 I/O 接口将处理后的结果送往执行器执行。

6.1.1　接口与端口的基本概念

1. 输入/输出接口的基本功能

实际上，任何主机与外设之间的信息交换都必须通过 I/O 接口来完成。也就是说，在主机和外设之间必须存在相应的 I/O 接口，这是因为主机与外设之间存在以下主要差异：

1）主机和外设的工作速度一般相差几个数量级。

2）主机和外设处理的信息类型有较大的差异。

3）主机和外设数据传输格式不一致。

主机只能处理并行的二进制数据；而不同的外设可能处理的数据种类非常繁多，可能是串行数据，也可能是并行数据；可能是二进制数据，也可能是十进制数据或 ASCII 码数据，可能是数字量或开关量，也可能是如声音、温度之类的模拟量。

设置I/O接口的主要目的就是解决主机和外设之间的这些差异；I/O接口一方面应该负责接收、转换、解释并执行CPU发来的命令，另一方面应能将外设的状态或请求传送给CPU，从而完成CPU与外设之间的数据传输。具体地说，I/O接口应具有以下主要功能或其中的一部分功能。

（1）主机与外设的通信联络控制功能　因为主机与外设的工作速度有较大的差别，所以I/O接口的基本任务之一就是必须能够解决两者之间的时序配合问题。例如，CPU应该能通过I/O接口向外设发出启动命令；外设在准备就绪时应能通过I/O接口送回“准备好”信息或请求中断的信号；等等。

（2）设备选择功能　微机系统中一般有多个外设，主机在不同时刻可能要与不同的外设进行信息交换，I/O接口必须能对CPU送来的外设地址进行译码以产生设备选择信号。

（3）数据缓冲功能　解决高速主机与低速外设矛盾的另一个常用方法是在I/O接口中设置一个或几个数据缓冲寄存器或锁存器，用于数据的暂存，以避免因速度不一致而丢失数据；另一方面，采用数据缓冲或锁存也有利于增大驱动能力。有时I/O接口还需要能向CPU提供内部寄存器“空”或“满”的联络信号。

（4）信号格式转换功能　外设直接输出的信号和所需的驱动信号多与微机总线信号不兼容，因此I/O接口必须具有实现信号格式转换的功能。例如，电平转换功能、A-D转换功能、D-A转换功能、串/并转换功能、并/串转换功能、数据宽度变换功能等。

（5）错误检测功能　在很多情况下，系统还需要I/O接口能够检测和纠正信息传输过程中产生的错误。常见的有传输线路上噪声干扰导致的传输错误和接收与发送速率不匹配导致的覆盖错误。

（6）可编程功能　可编程功能意味着I/O接口具有较强的通用性、灵活性和可扩充性，即在不改变硬件设计的条件下，I/O接口可以接收并解释CPU的控制命令，从而改变接口的功能与工作方式。

（7）复位功能　接收复位信号，从而使接口本身以及所连的外设进行重新启动。

2. 输入/输出接口的作用

1）接收、转换、解释并执行CPU发来的命令。

2）传送外设的状态以及CPU与外设之间的数据等。

3）管理双方的工作逻辑，协调它们的工作时序。

CPU与外设都是面向接口而非直接联络，包括数据缓冲功能，设备选择功能，信号转换功能，接收、解释并执行CPU命令的功能，中断管理功能，可编程功能等。

3. 输入/输出接口的基本结构

（1）I/O接口中的信息种类　从I/O接口的主要功能可以看出，I/O接口中可能存在三种信息，即数据信息、状态信息和控制信息。

1）数据信息。CPU与外设交换的数据信息将在I/O接口中被缓冲或锁存。这些数据信息可能以下面几种形式出现：

数字量：通常以4位、8位或16位二进制数形式出现，如从磁盘输入的数据信息或输出到显示器的数据信息。

开关量：通常以1位二进制数“0”或“1”来表示相反的两种状态，如控制开关通/断的信息或控制电动机转/停的信息。

模拟量：包括电量和非电量。一般接口中会对电模拟量进行A-D或D-A转换以完成CPU与外设之间的数据传送，如电压量或电流量；而非电量通常需先通过传感器变换成电信号再进行处理，处理完的电信号可通过与传感器功能相反的装置重新变换为非电量形式，如声音信息的处理。

数据信息传输方向：CPU←→I/O 接口←→外设；双向。

2）状态信息。用于表征外设工作状态的信息就叫作状态信息，它总是通过 I/O 接口输入给 CPU 的。状态信息的长度不定，可能是 1 位或几位，含义也随外设的不同而不同。常见的状态信息用来表示数据是否准备好、设备是否忙等。

状态信息传输方向：CPU←I/O 接口←外设；单向。

3）控制信息。指 CPU 对外设的控制或管理命令，通常需要通过 I/O 接口解释并最终通知外设。常见的控制信息包括外设的启动/停止信号、中断的允许/禁止信号、工作方式的选择信号等等。控制信息的长度也是不定的。

控制信息传输方向：CPU→I/O 接口→外设；单向。

（2）I/O 接口的基本结构　I/O 接口电路的典型结构如图 6-1 所示。

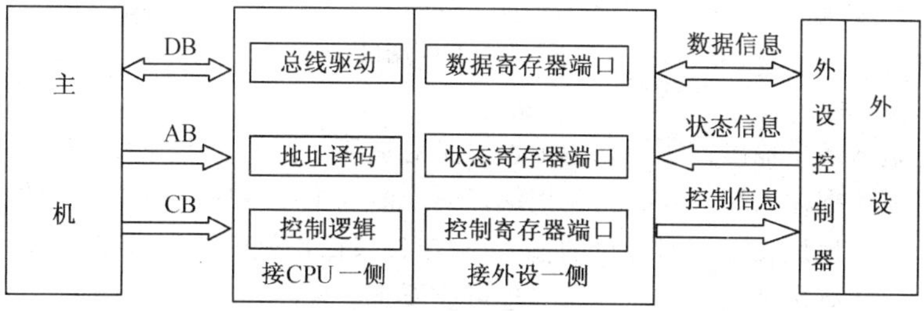

图 6-1　I/O 接口电路的典型结构

无论是数据、状态、控制中的哪一类信息，均需要通过接口电路进行处理和传送，因此接口电路中应包括数据寄存器、状态寄存器和控制寄存器以暂存各类信息。对 CPU 来说，数据寄存器既可读出信息也可写入信息，而状态寄存器只能读出信息，控制寄存器只能写入信息。

I/O 接口电路用于连接 CPU 和外设，因此其外部引脚应分别满足 CPU 的总线结构和外设的总线结构。接口电路面向 CPU 的一边一般表现为三总线结构，与之相对应，接口内部应包括总线驱动、地址译码和控制逻辑等功能部分；接口电路面向外设的一边随外设的不同而提供不同的信号，一般把这些信号分为数据信号、状态信号和控制信号三类。

6.1.2　I/O 端口的编址方式

1. 输入/输出接口的访问方式

CPU 对 I/O 接口的访问实际上就是对接口中数据寄存器、状态寄存器和控制寄存器的访问。从含义上讲，数据信息、状态信息和控制信息应该分别传送和处理；但在微机系统中，从广义上讲，状态信息属于输入数据，控制信息属于输出数据，因此 CPU 与 I/O 接口之间各类信息的交换都是通过数据总线来进行的。在这种情况下，只有利用地址信号来区分各类信息，即根据 CPU 送出的不同地址将数据线上出现的数据与 I/O 接口内部的寄存器对应起来。换句话说，系统将给 I/O 接口中的寄存器分配地址，CPU 可以通过不同的地址访问不同的寄存器，从而完成对接口的访问。为了方便，将 I/O 接口内的寄存器称为端口（PORT），其地址称为端口地址，并与存储单元地址相区别。

（1）接口部件的 I/O 端口　传送数据、控制、状态这三种信息的接口电路中的寄存器称为数据端口、控制端口、状态端口。不同的寄存器有不同的端口地址，即用地址访问。

CPU 和外设进行数据传输时，各类信息在接口中进入不同的寄存器，一般称这些寄存器为 I/O 端口，每个端口有一个唯一的端口地址。用于对来自 CPU 和内存的数据或者送往 CPU 和内存的数据起缓冲作用的端口叫数据端口。用来存放外部设备或者接口部件本身的状态的端口称为状态端口。用来存放 CPU 发出的命令，以便控制接口和设备动作的端口叫控制端口。I/O 端口如图 6-2 所示。

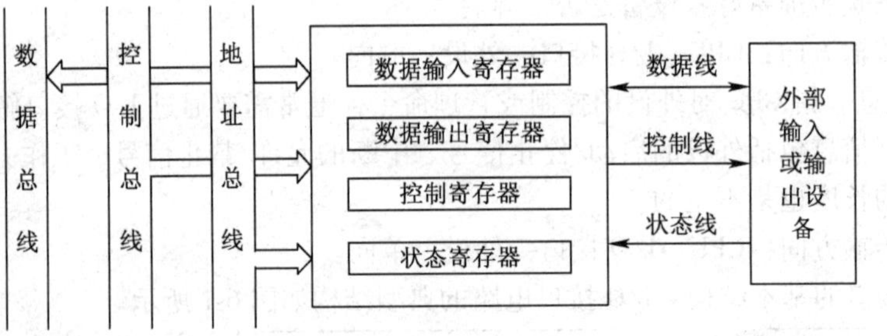

图 6-2　I/O 端口

注意：无论输入还是输出，所用到的地址总是对端口而言的，不是对接口部件而言的。为了节省地址空间，将数据输入端口和数据输出端口对应同一个端口地址；同样，状态端口和控制端口也常用同一个端口地址。CPU 对外设的输入/输出接口操作就归结为对接口芯片各端口的读/写操作。一个外设可能有多个端口，一个端口也可能属于多个外设。

（2）I/O 接口与系统的连接　接口电路位于 CPU 与外设之间，从结构上看，可以把一个接口分为两个部分，一是用来和 I/O 设备相连；二是用来和系统总线相连，这部分接口电路结构类似，连在同一总线上。图 6-3 所示是一个典型的 I/O 接口和外部电路的连接。

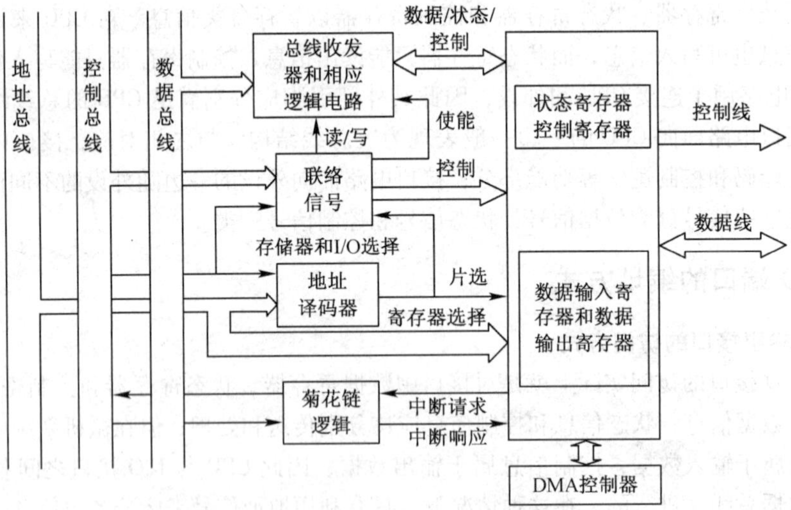

图 6-3　I/O 接口和外部电路的连接

其中，数据缓冲寄存器：数据端口，可读可写；控制寄存器：控制端口，只写；状态寄存器：状态端口，只读，控制端口与状态端口常常可为同一物理端口；DB、AB 缓冲器：实现接口内部总线与系统总线的连接；联络信号：读/写信号，以便决定数据传输方向；端口地址译码器，片选信号，地址译码器除了接收地址信号外，还用来区分 I/O 地址空间和内存地址空间的信号

（$M/\overline{IO}$）用于译码过程；内部控制逻辑：产生接口电路内部的控制信号。

注意：一个接口对应若干个端口，每个端口内部的寄存器可读/写；一般用1~2位低位地址结合读/写信号来实现对接口内部寄存器的寻址。

2. I/O端口的编址方式

在微型计算机系统中，端口的编址通常有两种不同的方式，即存储器映像编址和I/O端口独立编址。

（1）存储器映像编址　存储器映像（Memory Mapped）编址也称为统一编址，指I/O端口与存储器共享一个寻址空间。也称为存储器对应输入/输出方式，每一个外设端口占有存储器的一个地址。在这种系统中，CPU可以用同样的指令对I/O端口和存储器的单元进行访问，这给使用者提供了极大的方便。

像Motorola公司生产的MC6800/68000系列就采用了这种寻址方式。存储器映像的I/O端口寻址连接方式如图6-4所示。在图中，由于I/O口地址是整个存储器地址空间的一部分，故可用存储器读/写信号$\overline{MEMR}$/$\overline{MEMW}$来控制其读/写，而不需要专门的$\overline{IOR}$/$\overline{IOW}$控制信号。至于到底访问哪个空间可通过地址译码来实现。由于地址总线只有16位，分别为A_{15}~A_0，寻址范围是64KB存储空间。对64KB存储器存储空间来说，利用这种寻址方式时可将该存储空间分为高半地址与低半地址两部分，其中高半地址为I/O端口地址，低半地址为存储器地址。具体可利用A_{15}的状态来区分两种地址，即当$A_{15}=0$时，A_{14}~A_0用于指定存储单元；$A_{15}=1$时，A_{14}~A_0用于指定I/O端口。

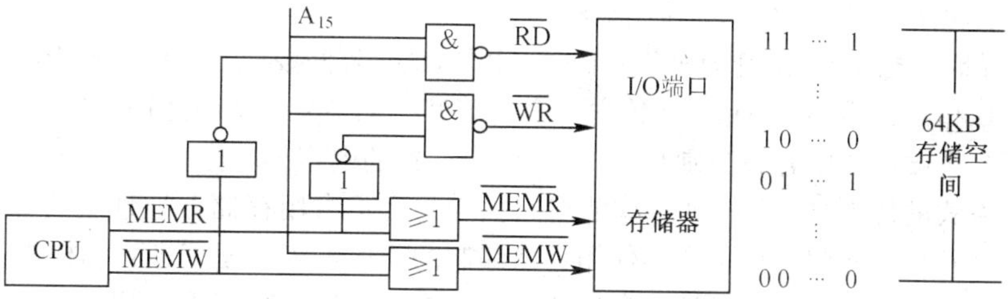

图6-4　存储器映像的I/O端口寻址连接方式

存储器映像寻址的主要优点是，端口寻址手段丰富，对其数据进行操作可与对存储器操作一样灵活，且不需要专门的I/O指令，这有利于I/O程序的设计。此外，这种I/O寻址方式还有两个优点：一是I/O寄存器数目与外设数目不受限制，而只受总存储容量的限制；二是读/写控制逻辑比较简单。主要缺点是，I/O端口要占用存储器的一部分地址空间，使可用的内存空间减少，同时，程序的可读性下降。

（2）I/O端口独立编址　I/O端口独立（I/O Mapped）编址是指主存地址空间和I/O端口地址空间相互独立，分别编址。也称为端口寻址的输入/输出方式，CPU有专门的输入/输出指令（IN/OUT），通过这些指令中的地址来区分不同的外设。为了区分当前到底是寻址I/O端口，还是寻址主存单元，CPU必须设置专门的I/O指令，指令译码后CPU将对外提供不同的控制信号以表明当前的访问对象。显然，这种系统中主存和I/O端口的地址可用范围都比较大。

由于系统需要的I/O端口寄存器通常要比存储器单元少得多，所以设置256~1024个端口对于一般微型机系统已经足够，故对I/O端口的选择只需用到8~10根地址线。图6-5所示为I/O端口单独寻址方式示意图，图中对I/O端口的选择用到了8根地址线。与存储器映像寻址相比，处理器对I/O端口和存储单元的不同寻址是通过不同的读/写控制信号$\overline{IOR}$、$\overline{IOW}$、$\overline{MEMR}$、$\overline{MEMW}$来实现的。

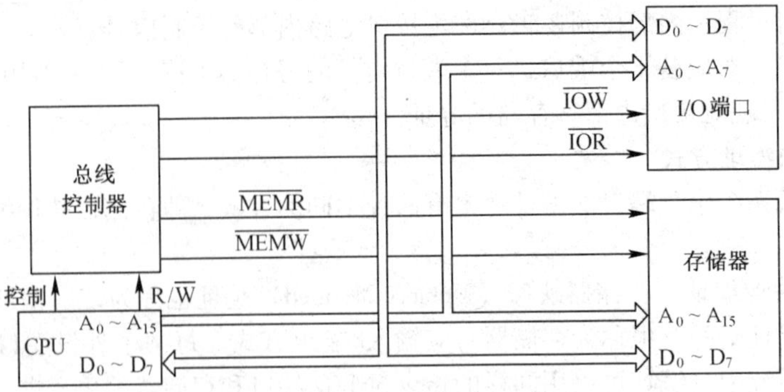

图 6-5 I/O 端口单独寻址方式示意图

像 8086/8088 等就采用了 I/O 端口单独寻址方式。这些指令包含直接寻址和寄存器间接寻址两种类型。对以 8086 为 CPU 的 PC 系列机而言，如采用直接寻址，则其指令格式如下：

输入指令：IN　　AL，PORT

输出指令：OUT　PORT，AL

这种直接寻址方式的端口地址为一个字节长，可寻址 256 个端口。

如采用间接寻址，则其指令格式如下：

输入指令：IN　　AL，DX

输出指令：OUT　DX，AL

这种间接寻址方式的端口地址为两个字节长，由 DX 寄存器间接给出，可寻址 64K 个端口地址。

对上述 I/O 指令，累加器 AL 一次传送一个字节数，而 AX 一次传送两个字节数。指令中指定端口及其下一个端口的内容，分别与 AL 和 AH 寄存器的内容相对应。

这种寻址方式的优点是：I/O 口的地址空间独立，且不占用存储器地址空间。地址线较少，且寻址速度相对较快；专门 I/O 指令的使用，使编制的程序清晰，便于理解和检查。缺点是 I/O 指令较少，访问端口的手段远不如访问存储器的手段丰富，导致程序设计的灵活性较差；I/O 指令的功能一般比较弱，在 I/O 操作中必须借助 CPU 的寄存器进行中转；可寻址的范围较小，还必须有相应的控制线（$M/\overline{IO}$）来区分是寻址内存还是外设，需要存储器和 I/O 端口两套控制逻辑，增加了控制逻辑的复杂性。

第 2 章中已经提到过，8086 微处理器系统中 I/O 端口采用了独立编址方式。为区分存储器寻址和 I/O 端口寻址，8086 提供了专门的 I/O 端口读/写指令（IN/OUT 指令）和外部控制信号（28 脚 $M/\overline{IO}$）。实际上，8086 CPU 只允许用户使用低 16 位地址线 $A_0 \sim A_{15}$ 对 I/O 端口寻址，即 8086 系统中 I/O 端口地址最多有 64K 个；而在 PC 系列微机中，I/O 端口地址只有 1K 个，即 PC 只使用了低 10 位地址线 $A_0 \sim A_9$ 对 I/O 端口寻址。主板上的 I/O 地址：0 ~ 0FFH；扩展槽上的 I/O 地址：100 ~ 3FFH。

在提出端口的概念后，就可以将 CPU 对外设的操作映射成对端口的操作了。需要注意的是，微机中一般将端口的长度定义为 8bit（即以字节组织端口），这使得系统对存储单元的操作和对 I/O 端口的操作在某些方面非常类似。至于端口地址的译码技术也与第 3 章中存储器单元地址的译码技术类似，只要将端口看作存储单元，并将存储器读/写信号换为 I/O 读/写信号就可以了。

6.2 I/O 接口数据传送的控制方式

微机系统中主机与外设之间的数据传输管理方式称为 I/O 同步控制方式，这实际上也就是指

CPU 和接口（端口）之间的信息传送方式。

常用的 I/O 同步控制方式包括程序控制、中断控制、直接存储器存取（DMA）控制和通道控制等几种方式。

6.2.1　程序控制方式

指完全由程序来控制 CPU 与外设之间数据传送的时序关系，又分为同步式（无条件式）程序控制方式和查询式（条件式）程序控制方式。

1. 同步式（无条件式）程序控制方式

这是一种最简单的 I/O 控制方式，一般用于外设简单，数据变化缓慢，操作时间固定的系统中（如外设为一组开关或 LED 显示器）。也就是说，在这样的系统中认为外设始终处于就绪状态，CPU 可以随时根据需要读写 I/O 端口，而无需查询或等待。

采用同步式（无条件式）程序控制方式的接口电路结构简单（一般只需要具备数据端口），但适用面窄，其工作原理如图 6-6 所示。

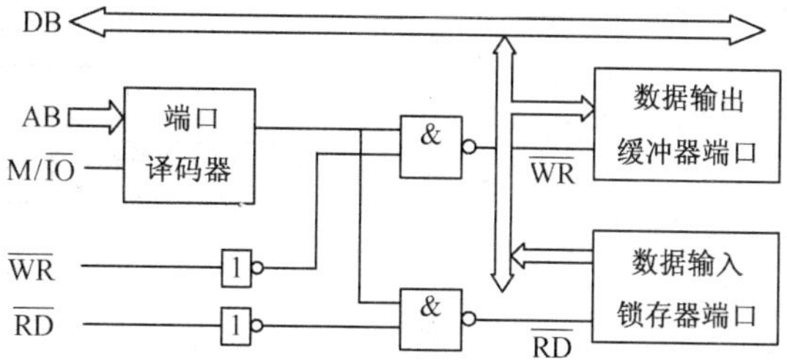

图 6-6　同步式（无条件式）程序控制方式的工作原理

图 6-6 中的输出锁存器和输入缓冲器共同构成了数据端口。其中，输出锁存的目的是可以使输出数据在连接外设的输出线上保持足够的时间；而输入缓冲的目的是允许多个外设共用 CPU 的数据总线。

从硬件电路上来看：

输入：加三态缓冲器（控制端由地址译码信号和$\overline{RD}$信号选中，CPU 用 IN 指令）。

输出：加锁存器（控制端由地址译码信号和$\overline{WR}$信号选中，CPU 用 OUT 指令）。

这种方式下的硬、软件设计都比较简单，但应用的局限性较大，因为很难保证外设在每次信息传送时都处于“准备好”状态，一般只用在诸如开关控制、七段数码管的显示控制等场合。

2. 查询式（条件式）程序控制方式

查询式（条件式）程序控制方式的核心思想是在执行 I/O 操作之前，CPU 总是要先查询外设的工作状态，以确定是否可以进行数据传输；当传输条件满足时，CPU 对 I/O 端口进行读写，否则 CPU 等待直到条件满足。

一般来说，完成查询（条件）控制的软件流程如下：

1）CPU 向接口发命令，要求进行数据传输。

2）CPU 从状态端口读取状态字，并根据约定的状态字格式判断外设是否已就绪。

3）若外设未准备好，重复步骤 2），直至就绪。

4）CPU 执行输入/输出指令，读/写数据端口。

5）使状态字复位，为下次数据传输做好准备。

可见，采用查询式（条件式）程序控制方式的接口电路除了具备数据端口之外，还应该具备状态端口，输入操作的程序流程如图 6-7 所示，其电路结构如图 6-8 所示。

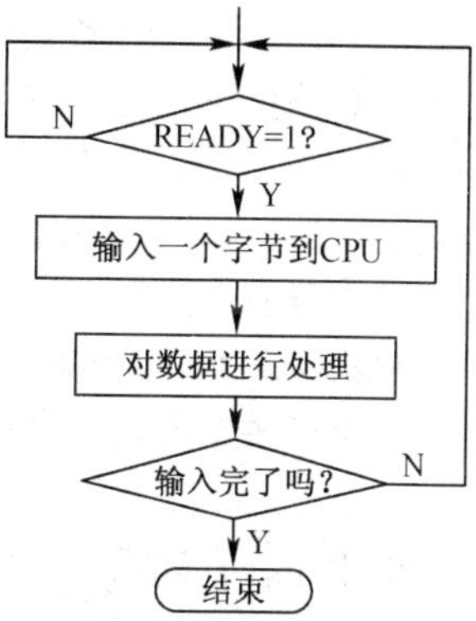

图 6-7　输入操作的程序流程

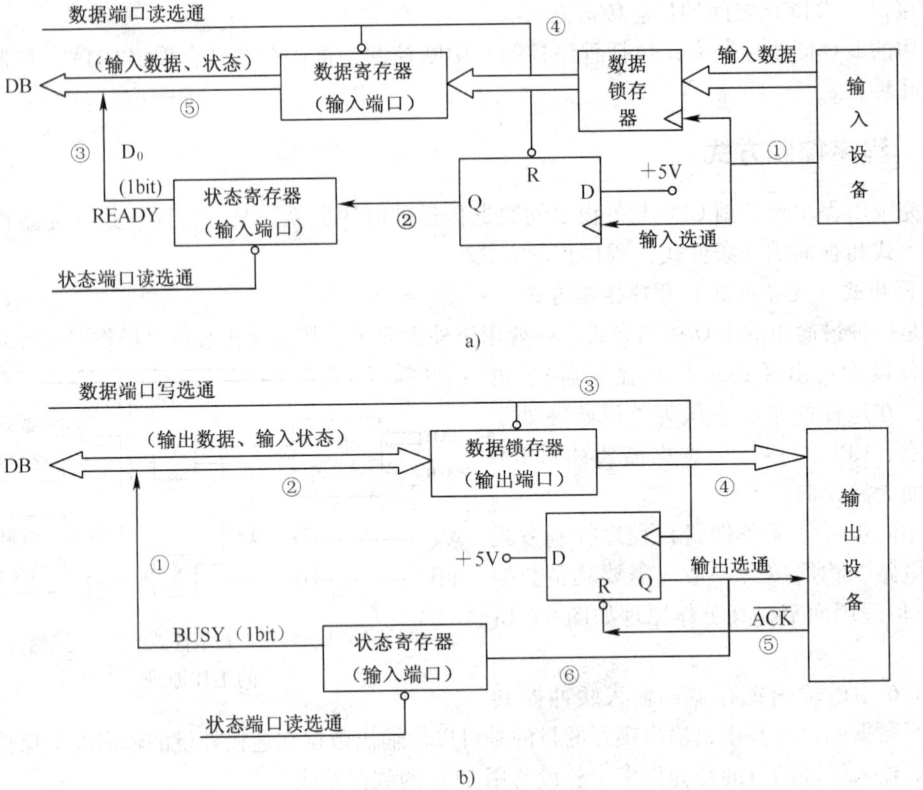

图 6-8　采用查询式（条件式）程序控制方式的接口电路框图

a）查询式输入接口电路　b）查询式输出接口电路

在图 6-8a 所示采用查询输入方式的系统中，一次数据输入的过程如下：

①输入设备发出的选通信号，一方面将准备好的数据送到接口电路的数据锁存器中，另一方面使接口电路中的 D 触发器置 1 并将该信号送到状态寄存器中等待 CPU 查询。

②CPU 读接口中的状态寄存器，并检查状态信息以确定外设数据是否准备好。

③若 READY＝1，说明外设已将数据送到接口中，CPU 读数据端口以获取输入数据，同时数据端口的读信号将接口中的 D 触发器清零，即令 READY＝0，准备下一次数据传送。

在图 6-8b 所示采用查询输出方式的系统中，一次数据输出的过程如下：

①CPU 读接口中的状态寄存器，并检查状态信息以确定外设是否可以接收数据。

②若 BUSY＝0，说明接口中的数据锁存器空，CPU 向数据端口写入需发送的数据，同时数据端口的写信号将接口中的 D 触发器置 1，即令 BUSY＝1，该信号一方面通知输出设备数据已准备好，另一方面送到状态寄存器以备 CPU 查询。

③输出设备在合适的时候从接口的数据锁存器中读出数据。

④输出设备发出响应信号 $\overline{\text{ACK}}$ 将接口中的 D 触发器清零，即令 BUSY＝0，准备下一次数据传送。

总的来说，查询式（条件式）程序控制方式是一种 CPU 主动、外设被动的 I/O 操作方式。这种控制方式很好地解决了 CPU 与外设之间的同步问题，不再像同步式（无条件式）程序控制方式那样对端口进行“盲读”“盲写”，数据传送可靠性高，且硬件接口相对简单，对 READY 的状态查询是通过读状态端口的相应位来实现的，输出的情况亦大致相同，这种传送控制方式的最大优点是，能够保证输入/输出数据的正确性；但它的缺点是 CPU 工作效率较低，I/O 响应速度慢。

顺便指出，如果系统中有多个外设采用查询式（条件式）程序控制方式进行输入/输出，则 CPU 必须周期性地依次查询每个外设，CPU 的查询顺序由外设的重要性确定，即越重要的外设其查询优先级应越高。

3. 优先级问题

当 CPU 需对多个设备进行查询时，就出现了所谓的优先级问题，即究竟先为哪个设备服务，一般来讲，在这种情况下都是采用轮流查询的方式来解决，如图6-9所示。这时的优先级是很明显的，即先查询的设备具有较高的优先级。但这种优先级管理方式，也存在着一个问题，即某设备的优先级是变化的，如果查询时设备 A 未准备好，当为设备 B 服务以后，这时即使 A 已准备好，它也不理睬，而是继续查询 C，也就是说 A 的优先地位并不巩固（即不能保证随时处于优先）。为了保证 A 随时具有较高的优先级，可采用加标志的方法，当 CPU 为 B 服务完以后，先查询 A 是否准备好，若此时发现 A 已准备好，立即转向对 A 的查询服务，而不是为 C 设备服务。

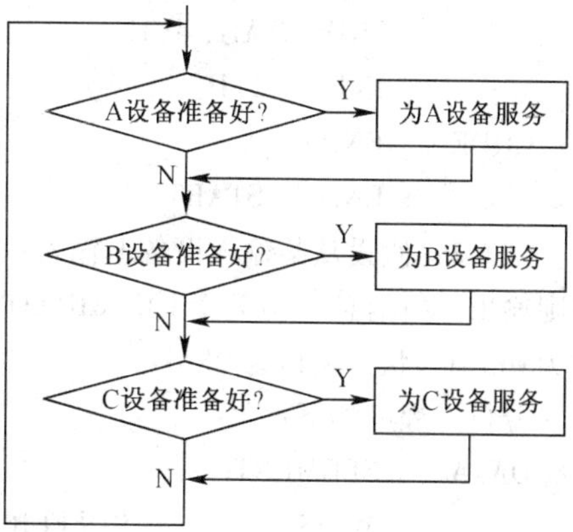

图 6-9　查询式（条件式）程序控制方式程序流程图

例 6-1　请用无条件传输方式编写一个完整的输入/输出程序，将首地址为40000H 的内存单元中的1K 个字数据从端口 OUTPUT 处输出，然后从端口 INPUT 处输入 2K 个字数据到首地址为 50000H 的内存单元中（端口地址的实际值可依据具体电路确定，此例中认为端口地址均为十六位地址）。

分析：程序如下：

```
DATA1   SEGMENT AT 4000H
            BUFFER1   DW…                    ；已存放好 1K 个字数据
DATA1   ENDS
DATA2   SEGMENT AT 5000H
            BUFFER2   DW   2048 DUP（?）   ；预留 2K 个字单元存放读入的数据
DATA2   ENDS
CODE   SEGMENT
            ASSUME CS：CODE，DS：DATA1，ES：DATA2
START：  MOV    AX，DATA1
         MOV    DS，AX
         MOV    AX，DATA2
         MOV    ES，AX
         LEA    SI，BUFFER1        ；SI 指向准备发送的第 1 个数据
         LEA    DI，BUFFER2        ；DI 指向第 1 个准备存放接收数据的单元
         CLD                       ；地址增量方向
         MOV    CX，1024           ；发送数据总个数
         MOV    DX，OUTPUT         ；设 OUTPUT 为字输出端口地址
AGAIN1：LODSW                      ；将 DS：SI 所指数据取出准备发送，并修改 SI 值
```

```
        OUT    DX, AX
        LOOP   AGAIN1
        MOV    CX, 2048          ; 接收数据总个数
        MOV    DX, INPUT         ; 设 INPUT 为字输入端口地址
AGAIN2: IN AX, DX
        STOWS                    ; 将输入数据存在 ES: DI 所指单元, 并修改 DI 值
        LOOP   AGAIN2
        MOV    AH, 4CH           ; 返回
        INT    21H
CODE    ENDS
        END    START
```

例 6-2 假设从某输入设备上输入一组数据送缓冲区，接口电路如图 6-8a 所示，若缓冲区已满则输出一组信息“BUFFER OVERFLOW”，然后结束。设该设备的启动地址为 0FCH，数据端口为 0FEH，状态端口为 0FAH。

分析：程序如下：

```
DATA    SEGMENT
        MESS1  DB   "BUFFER OVERFLOW", "$"
        BUFF   DB  60  DUP (?)
DATA    ENDS
CODE    SEGMENT
        ASSUME  CS: CODE, DS: DATA
START:  MOV    AX, DATA
        MOV    DS, AX
        MOV    BX, OFFSET BUFF        ; 送缓冲区指针
        MOV    CX, 60                 ; 送计数初值
        OUT    0FCH, AL               ; 启动设备
WAIT:   IN     AL, 0FAH               ; 查询状态，若为 0，则等待
        TEST   AL, 01H
        JZ     WAIT
        IN     AL, 0FEH               ; 输入数据
        MOV    [BX], AL
        INC    BX
        LOOP   WAIT                   ; 检测缓冲区是否满，不满再输入
        MOV    DX, OFFSET MESS1       ; 缓冲区满，输出标志字符串
        MOV    AH, 09H
        INT    21H
        MOV    AH, 4CH
        INT    21H
CODE    ENDS
        END    START
```

6.2.2　中断控制方式

从查询式的传输过程可以看出，它的优点是硬件开销小，使用起来比较简单。但在此方式下，CPU 要不断地查询外设的状态，当外设未准备好时，CPU 就只能循环等待，不能执行其他程序，这样就浪费了 CPU 的大量时间，降低了主机的利用率。

为了解决这个矛盾，提出了中断传送方式。即当 CPU 进行主程序操作时，外设的数据已存入输入端口的数据寄存器；或端口的数据输出寄存器已空，由外设通过接口电路向 CPU 发出中断请求信号，CPU 在满足一定的条件下，暂停执行当前正在执行的主程序，转入执行相应能够进行输入/输出操作的子程序，待输入/输出操作执行完毕之后 CPU 即返回继续执行原来被中断的主程序。这样 CPU 就避免了把大量时间耗费在等待、查询状态信号的操作上，使其工作效率得以大大地提高。

在中断控制方式下，CPU 不再反复查询外设的工作状态，如果外设准备好，会主动通过中断请求信号通知 CPU 进行处理。也就是说，中断控制方式的特点在于 CPU 被动而外设主动。中断方式适用于 CPU 任务繁忙而数据传送不太频繁的系统中。微机系统引入中断机制后，使 CPU 与外设（甚至多个外设）处于并行工作状态，便于实现信息的实时处理和系统的故障处理。

采用中断控制方式的接口电路中需要专门的中断管理电路，硬件可能会比较复杂，中断服务程序的设计、调试也比较麻烦；但 CPU 和外设的并行工作可以大大提高系统的工作效率，并且采用中断控制方式的系统具备实时控制能力和对紧急事件的处理能力。

中断控制方式的实现和可编程中断控制器芯片 8259A 的原理及应用将在第 7 章中详细讲述。

6.3　可编程接口芯片的概述

计算机与外部的信息交换称为通信（Communication），基本的通信方式有两种：一种是并行通信；另一种是串行通信。

并行通信是以微机的字长，通常是 8 位、16 位或 32 位为传输单位，一次传送一个字长的数据，适合于外部设备与微机之间进行近距离、大量和快速的信息交换。实现并行通信的接口称为并行接口。一个并行接口可设计为只作为输入或输出接口，还可设计为既作为输入又作为输出接口，即双向输入/输出接口。并行通信时，数据各位同时传送。这种方式传送数据的速度快，但使用的通信线多，如果要并行传送 8 位数据，需要用 8 根数据线，另外还要加上一些控制信号线，随着传输距离的增加，通信线成本的增加将成为突出的问题，而且传输的可靠性随着距离的增加而下降，因此并行通信适用于近距离传送数据的场合。

在远距离通信时，一般都采用串行通信方式，它具有需要的通信线少和传送距离远等优点。串行通信时，要传送的数据或信息必须按一定的格式编码，然后在单根线上，按一位接一位的先后顺序进行传送，发送完一个字符后，再发送第二个；接收数据时，每次从单根线上一位接一位地接收信息，再把它们组合成一个字符，送给 CPU 做进一步处理。当微机与远程终端或远距离的中央处理机交换数据时，都采用串行通信方式。采用串行通信的另一个出发点是，有些外设，如调制解调器（Modem）、鼠标器等，本身需要用串行方式通信。

6.3.1　并行接口技术

我们知道，CPU 芯片本身总是以并行方式接收和发送数据，因此并行接口是微机系统中最常用的接口之一。实现并行输入/输出的接口就是并行接口。

并行接口的特点是：可以在多根数据线上同时传送以字节或字为单位的数据。并行接口（与其相对应的串行接口相比）具有传输速度快、效率高等优点；但由于所用电缆多，在长距离传输时，电缆的损耗、成本及相互之间的干扰会成为突出的问题。所以并行接口一般适用于数据传输率较高而传输距离较短的场合。通常，一个并行接口可设计为输出接口，如连接一台打印机；也可设计为输入接口，如连接键盘。还可设计成双向通信接口，既作为输入接口又作为输出接口，如连接像磁盘驱动器这样的需双向通路的设备。

并行接口连接 CPU 与并行外设，实现两者间的并行通信，在信息传送过程中，起到输出锁存或输入缓冲的作用。并行接口的典型硬件结构包括：①一个或一个以上具有锁存或缓冲的数据端口；②与 CPU 进行数据交换所必需的控制和状态信号；③与外设进行数据交换所必需的控制和状态信号；④端口译码电路；⑤控制电路。

1. 简单的并行接口技术

简单的并行接口可由一些锁存器和（或）三态门组成。需要注意的是，单纯的三态门只能用作总线缓冲器/驱动器，它没有锁存功能，不能保持数据，一般只用作输入接口；单纯的锁存器不能起到隔离总线的作用，一般只用作输出接口而不用作输入接口；而带三态门输出的锁存器既可用作输入接口，又可用作输出接口，以实现总线的隔离。

常用来构成简单并行接口的芯片包括：8 位三态输出缓冲驱动器 74LS244/240（反相）、8 位三态双向缓冲驱动器 74LS245、8 位锁存器 74LS273、8 位三态锁存器 74LS373 /573 等。

2. 并行接口的工作原理

在输入过程中，当外设把数据送到数据输入线上时，通过“数据输入准备好”状态线通知接口取数。接口在把数据锁存到输入缓冲器的同时，把数据输入回答线置“1”，用来通知外设，接口的数据输入缓冲器“满”，禁止外设再送数据。同时把内部状态寄存器中“输入准备好”状态位置“1”，以便 CPU 对其进行查询或向 CPU 申请中断。在 CPU 读取接口中的数据后，接口将自动清除“输入准备好”状态位和“数据输入回答”信号，以便外设输入下一个数据。

在输出过程中，当数据输出缓冲器“空闲”时，接口中“输出准备好”状态位置“1”。在接收到 CPU 的数据后，“输出准备好”状态位复位。数据通过输出线送到外设，同时，由“数据输出准备好”信号线通知外设取数据。当外设接收一个数据时，回送一个“数据输出回答”信号，通知接口准备下一次输出数据。接口将撤销“数据输出准备好”信号并再一次置“输出准备好”状态位为“1”，以便 CPU 输出下一个数据。

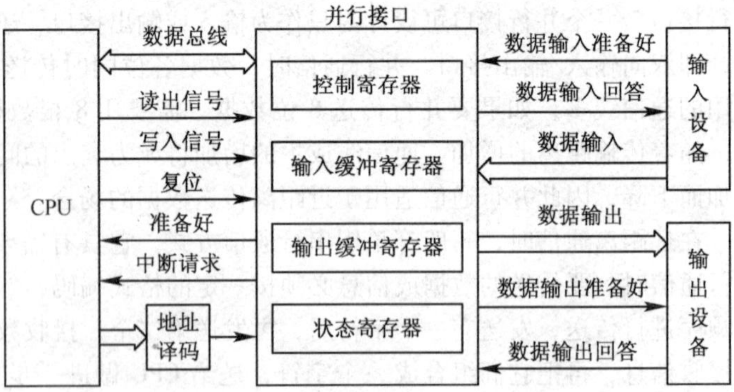

图 6-10 并行接口与外设连接示意

图 6-10 所示是典型的并行接口和外设连接的示意图。从图中可以看到，并行接口左边是与 CPU 连接的总线，右边用一个通道和输入设备相连，另一个通道和输出设备相连，输入和输出都有独立的信号交换联络控制线。在并行接口内部用控制寄存器来寄存 CPU 对它的控制命令，用状态寄存器来提供各种工作状态供 CPU 查询，此外，还有供输出和输入数据用的输出数据锁存器和输入数据缓冲器。

6.3.2 可编程通用接口芯片简介

I/O 接口是 CPU 与外部设备之间信息交换的桥梁，是微机系统中必不可少的组成部分。因为在不同场合中应用的微机系统可能会采用完全不同的外部设备，而不同的外部设备需要不同的 I/O 接口，所以随着微机系统应用领域的不断扩展，如何更有效和更好地进行 I/O 接口电路的设计就显得非常重要了。

目前，很多厂家都可以提供功能强大的通用集成接口芯片。为了简化 I/O 接口的设计，在比较复杂的系统中一般采用现成的接口芯片，以避免使用过多的门电路或其他基本电路元件，这样可以有效地减小接口电路的面积、成本及设计复杂度。

1. 接口芯片可实现的功能

广义上讲，一个接口芯片应该具备下述功能中的全部或一部分：

1）寻址功能：接口芯片应能判断目前是否被访问，并能确定被访问的是内部的哪一个端口（寄存器）。芯片的片内寄存器，由端口地址访问，对芯片写控制字，设置芯片功能，CPU 与芯片寄存器间交换信息；芯片有片选控制线$\overline{CS}$，CPU 地址线经译码产生片选控制线$\overline{CS}$，$\overline{CS}$和片内寄存器端口地址确定片内寄存器地址值的唯一性。

2）联络功能：如果需要，接口芯片应能完成 CPU 与外设之间的通信联络任务，如中断方式下的中断请求/应答过程、串行通信方式下的三线联络过程。

3）输入/输出功能：接口芯片应能确定是 CPU 输出数据和控制信息，还是外设输入数据和状态信息。

4）数据转换功能：接口芯片应能完成 CPU 和外设间不同数据格式的转换，如并/串转换、串/并转换、A-D 转换、D-A 转换等。

5）错误检测功能：在某些情况下，需要接口芯片能检测数据传送时引入的错误，包括传输错误、覆盖错误等。

6）复位功能：接口芯片应能接收复位信号，以重新启动接口本身及所连接的外设。

7）可编程功能：一些接口芯片可以通过软件改变其内部控制字内容，这样用户在硬件设置好后仍可以改变系统的工作方式。

2. 接口芯片的分类

接口芯片种类繁多、功能各异，分类方法也各有不同。一般常用的有以下几种分类方法：

1）按通用性分类：可分为专用接口芯片和通用接口芯片。专用接口芯片是为某种用途或某类外设专门设计的，如 DMA 接口芯片 8237A 和中断接口芯片 8259A 等；通用接口芯片一般采用可供多类外设使用的标准结构，如 74LS373、74LS245、8282、8286、8255A、8251、8253 等。

2）按数据传送方式分类：可分为并行接口和串行接口。并行接口负责在 CPU 与外设之间按字长（4 位、8 位或 16 位等）传送数据；而串行接口负责将输入的串行数据转换为并行数据送给 CPU，并将 CPU 输出的并行数据转换为串行数据发出。

3）按可编程性分类：可分为可编程接口和不可编程接口。可编程接口的工作方式、功能及工作状态可由 CPU 执行的接口初始化程序确定，有些在工作过程中还可以由 CPU 改写；即可编程控制芯片功能可用软件编程的方法改变，使接口具有更大的灵活性和通用性。如 8255A、8253、8259A、8237A 等。不可编程控制芯片功能是由硬件接线决定，不能用软件来控制；即不可编程接口在硬件设计好后就不能再改变工作方式或状态了。如 74LS373、74LS245、8282、8286 等。

3. 可编程通用接口芯片的开发应用

在众多的接口芯片中，可编程通用接口芯片因其突出的适应性和灵活性获得了广泛的应用。总的来说，可编程通用接口芯片的学习、使用主要包括以下几个方面：

1）了解芯片的基本性能（功能）和内部结构。

2）掌握芯片的外部连接特性，以进行硬件设计。一般将引脚分为面向 CPU 和面向外设的两部分。应该注意端口地址的确定方法（面向 CPU 一边），以便进行程控。

3）掌握芯片各控制字的含义和设置方法，能根据系统设计要求确定各控制字值。

4）CPU 在初始化程序中按要求发送各控制字到相应端口（寄存器）以确定芯片的工作方式和状态。

5）CPU 在工作过程中可以通过读状态端口检查接口芯片的工作状态，并可重新设置和发送某些控制字值，以改变芯片的工作方式。

6.4 简单的 I/O 接口芯片应用

6.4.1 常用芯片功能介绍

在外设接口电路中，经常需要对传输过程中的信息进行放大、隔离以及锁存，实现这些功能的最简单的接口芯片就是缓冲器、数据收发器和锁存器。下面简单介绍几种常用接口芯片的功能和应用。

1. 单向三态缓冲器 74LS244

74LS244 是一个典型的三态输出的 8 位缓冲器，其引脚如图 6-11 所示，是一种基本 I/O 接口芯片。

该芯片由 8 个三态门构成，有 8 个输入端，8 个输出端，还有两个控制端：$\overline{1G}$和$\overline{2G}$。每个控制端各控制 4 个三态门。当某一控制端有效（低电平）时，相应的 4 个三态门导通，输出等于输入；当控制端为高电平时，相应的三态门呈现高阻状态，输出与输入隔离。实际使用中，通常是将两个控制端并联，这样就可用一个控制信号来使 8 个三态门同时导通或同时断开。

74LS244 缓冲器主要用于三态输出的地址驱动器、时钟驱动器、总线定向接收器和定向发送器等。

由于三态门具有“通断”控制能力，所以可用作输入接口。利用三态门作为输入信号接口时，要求信号的状态是能够保持的。这是因为三态门本身没有对信号的保持或锁存能力。

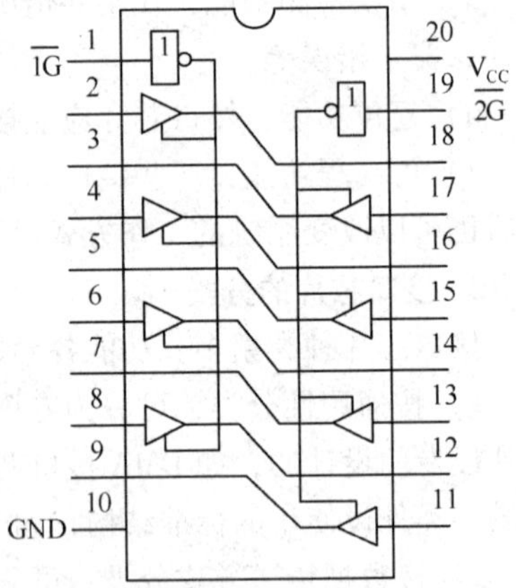

图 6-11　74LS244 芯片引脚图

2. 锁存器接口芯片

（1）锁存器 74LS273　由于三态门器件没有数据的保持能力，所以它一般只用作输入接口，不能直接用作数据输出接口。数据输出接口通常是用具有信息存储能力的双稳态触发器来实现。最简单的输出接口可用 D 触发器构成。例如，常用的锁存器 74LS273，其逻辑图、引脚图及真值表如图 6-12 所示。

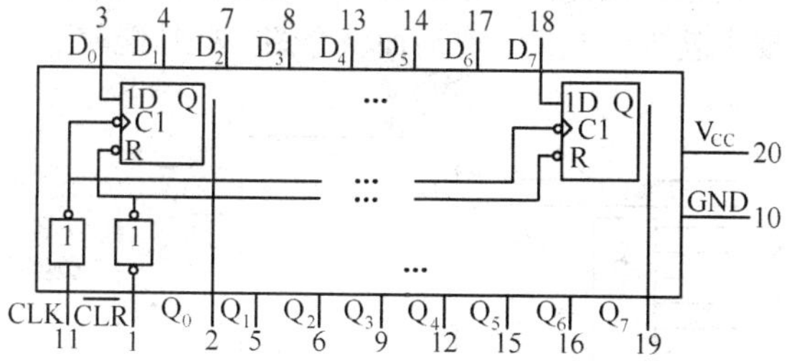

a)

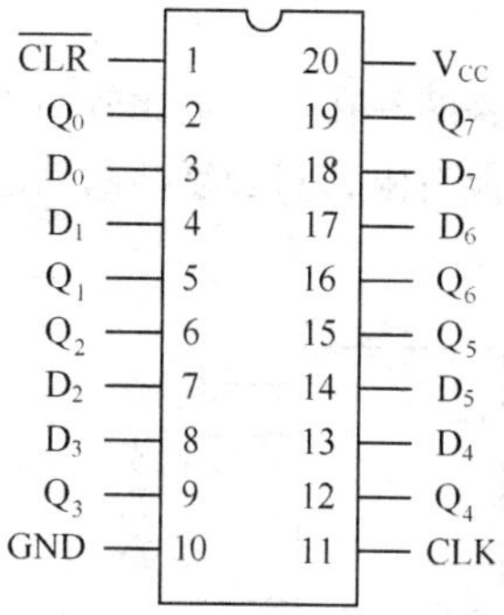

输入			输出
CLR	CLK	D_i	Q_i
0	×	×	0
1	↑	1	1
1	↑	0	0
1	0	×	Q_n

b)

图6-12　74LS273的逻辑图、引脚图及真值表

a）74LS273逻辑图　b）74LS273引脚图和功能表

74LS273内部包含了8个D触发器，可存放8位二进制信息，具有数据锁存的功能。其中D_7 ~ D_0是输入，Q_7 ~ Q_0是输出，常用来作为并行输出接口，将CPU的数据传送到外部I/O设备。74LS273的数据锁存输出端Q是通过一个一般的门电路输出的，即只要74LS273正常工作，其Q端总有一个确定的逻辑状态0或1输出。因此74LS273无法直接用作输入接口，即它的Q端绝对不允许直接与系统的数据总线相连接。如果需要既可用作输入接口又可用作输出接口的芯片，就要使用一种带有三态输出的锁存器74LS374。

（2）三态输出锁存器74LS374　74LS374也是经常用到的一种电路芯片，其引脚图和真值表如图6-13所示。

从引线上可以看出，它比74LS273多了一个输出允许端$\overline{OE}$。只有当$\overline{OE}=0$时74LS374的输出三态门才导通。当$\overline{OE}=1$时，则呈高阻状态。

图6-14所示为74LS374中一个锁存器的结构图，由图可知74LS374在D触发器输出端加有一个三态门。74LS374在用作输入接口时，端口地址信号经译码电路接到$\overline{OE}$端，外设数据由外设提供的选通脉冲锁存在74LS374内部。当CPU读该接口时译码器输出低电平，使74LS374的输出三态门打开，读出外设的数据；如果用作输出接口也可将$\overline{OE}$端接地，使其输出三态门一直处于导通状态，这样就与74LS273一样使用了。

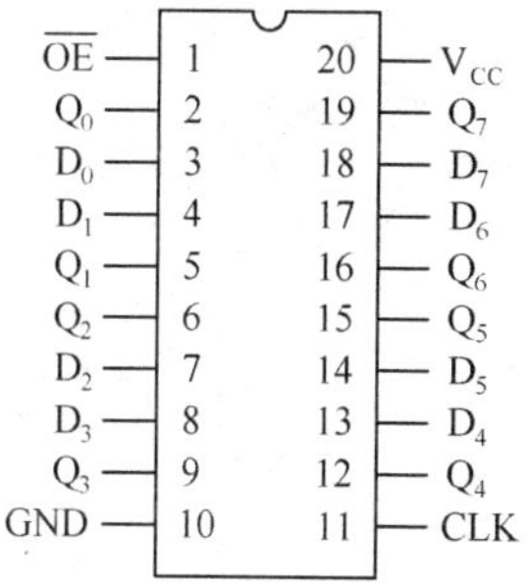

输入			输出
$\overline{OE}$	CLK	D_i	Q_i
0	↑	1	1
0	↑	0	0
0	0	×	Q_n
1	×	×	高阻

图6-13　74LS374引脚图和功能表

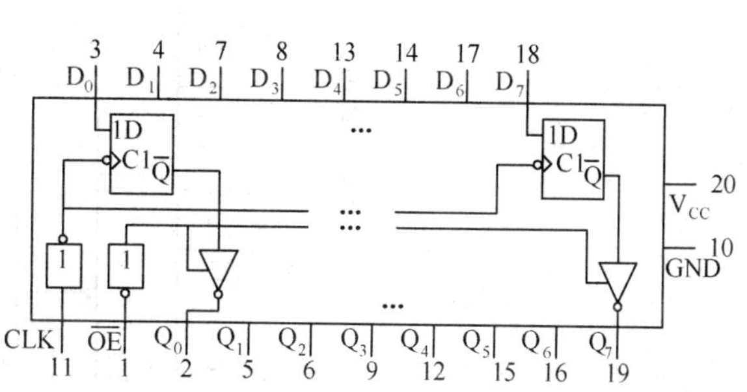

图6-14　74LS374逻辑图

用74LS374作为输入和输出接口的电路，如图6-15所示。

另外还有前面介绍过的一种常用的带有三态门的锁存器芯片74LS373，它与74LS374在结构和功能上完全一样，区别是数据锁存的时机不同，74LS373是在CP脉冲的高电平期间将数据锁存。

总之，简单接口电路芯片在构造上比较简单，使用也很方便。常作为一些功能简单的外设的接口电路。但由于其功能有限，对较复杂的功能要求就难以胜任。在后面将介绍一些功能较强的可编程的接口芯片。

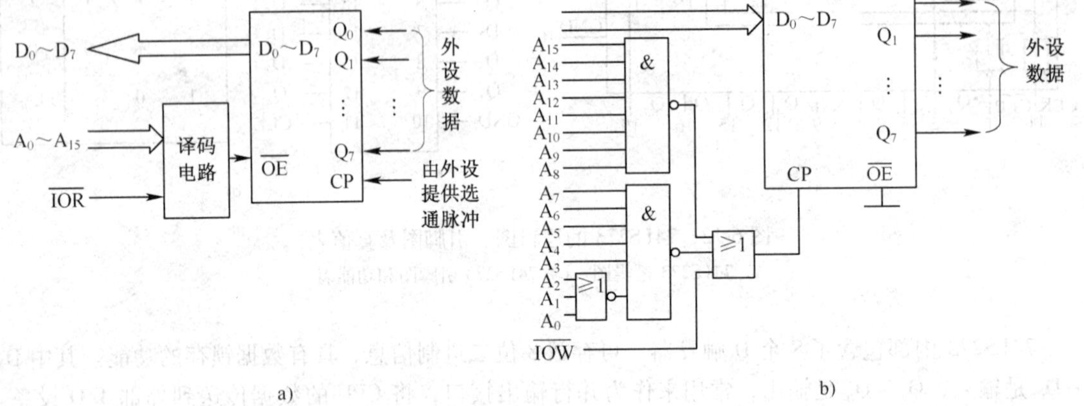

图 6-15　74LS374 作为 I/O 接口

a）74LS374 作为输入接口　b）74LS374 作为输出接口

6.4.2　简单的 I/O 接口设计应用

1. 无条件传送

在微机系统中，有一些简单的外设。当它们工作时，随时都准备好接收 CPU 的输出数据或它们的数据随时都是准备好的，CPU 什么时候读均可以。对于简单的输入设备，在硬件上只需要设计一个数据输入接口即可以将该外设与 CPU 连接起来。实现数据输入接口的器件可选用三态门，如 74LS244。实现电路如图 6-16 所示。

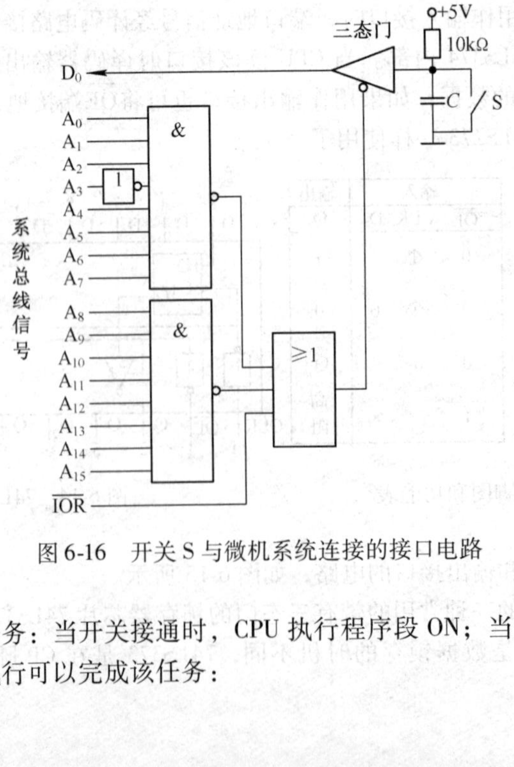

图 6-16　开关 S 与微机系统连接的接口电路

如果希望完成如下任务：当开关接通时，CPU 执行程序段 ON；当开关断开时，CPU 执行程序段 OFF。下述指令的执行可以完成该任务：

```
MOV   DX, 0FFF7H
IN    AL, DX
AND   AL, 01H
JZ    ON              ；假定程序段 ON 与本程序段在同一内存段中
JMP   OFF
```

无条件数据传送的另一个例子如图 6-17 所示。图中外设是简单的发光二极管。此外设的接口用锁存器（74LS273）来实现。锁存器在输入脉冲 CP 上升沿将输入端 D 的数据锁存在它的输出 Q 端。

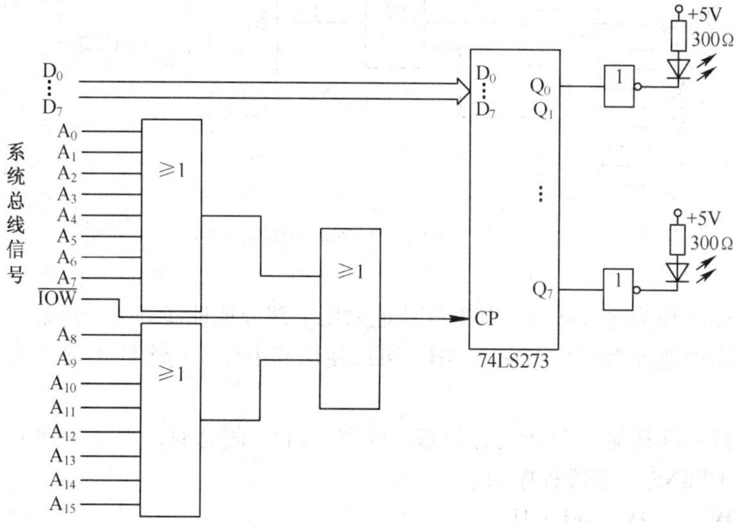

图 6-17 锁存器输出接口

在图 6-17 中，反相器对锁存器起保护作用，当发光二极管发亮时，74LS06 反相器提供足够大的吸入电流，以保护锁存器不受损坏。锁存器作为输出接口，其外设地址为 0000H。当 CPU 执行如下指令时，即可将图中两个发光二极管点亮。

```
MOV   AL, 81H
MOV   DX, 0000H
OUT   DX, AL
```

当执行 OUT 指令时，CP 端会有负脉冲产生，这就可以将数据线上的 81H 锁存在输出端，从而点亮发光二极管。

而 CPU 执行下述指令可以使两个发光二极管不发亮。

```
MOV   DX, 0000H
MOV   AL, 00H
OUT   DX, AL
```

如图 6-18 所示，74LS244 的输入端接有 8 个开关 $S_0 \sim S_7$，控制端$\overline{1G}$和$\overline{2G}$并联。当 CPU 读该接口时，总线上的 16 位地址信号通过译码电路使$\overline{1G}$和$\overline{2G}$为低电平，三态门导通，8 个开关的状态经数据线 $D_0 \sim D_7$被读入到 CPU 中。这样，就可测量出这些开关当前的状态是打开的还是闭合的。当 CPU 不读此接口地址时，$\overline{1G}$和$\overline{2G}$为高电平，则三态门的输出为高阻状态，使其与数据总线断开。

用一片 74LS244 芯片作为输入接口最多可以连接 8 个开关或其他具有信号保持能力的外设。当然也可只接一个外设而让其他端悬空，所以对空着未用的端，其对应位的数据是任意值，在程序中常用逻辑“与”指令将其屏蔽掉。如果有更多的开关状态（或其他外设）需要输入，可用类似的方法用两片或更多的芯片并联使用。

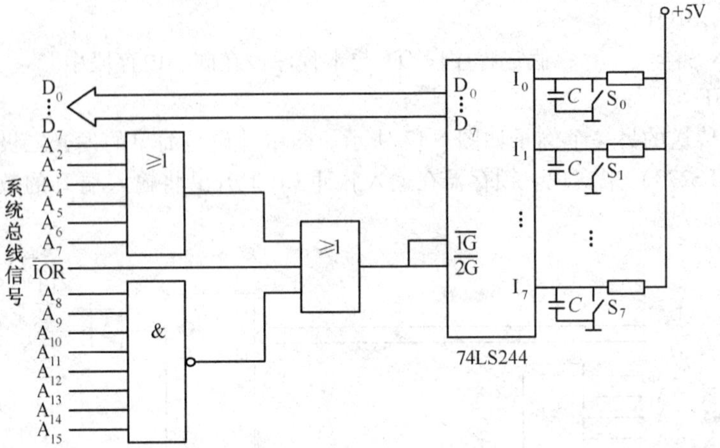

图 6-18　三态门 74LS244 作为输入接口

三态门 74LS244 作为输入接口，其 I/O 地址采用了部分地址译码——地址 A_1 和 A_0 未参加译码，所以它所占用的地址为 FF00H ~ FF03H。可以使用其中任何一个线地址，而其他重叠的 3 个地址空着不用。

利用程序可以判断任何一个开关的状态。例如，当 S_6 闭合时，程序转向 $CLOSES_6$；而当它打开时程序转向 $OPENS_6$。这段程序如下：

```
START：MOV     DX，0FF00H
       IN      AL，DX
       AND     AL，60H
       JZ      CLOSES6
       JMP     OPENS6
```

可见，利用三态门作为输入接口，利用锁存器作为输出接口，使用和连接都是很容易的。图 6-19 所示为三态门作为数据输入接口的一般连接模式，图 6-20 所示为锁存器作为数据输出接口的一般连接模式。

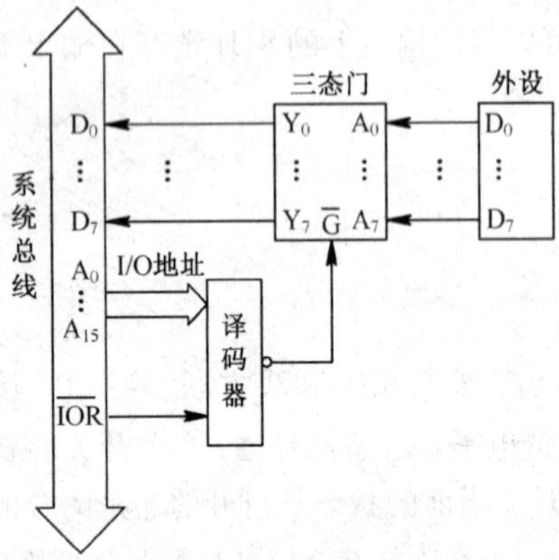

图 6-19　三态门作为数据输入接口的一般连接模式

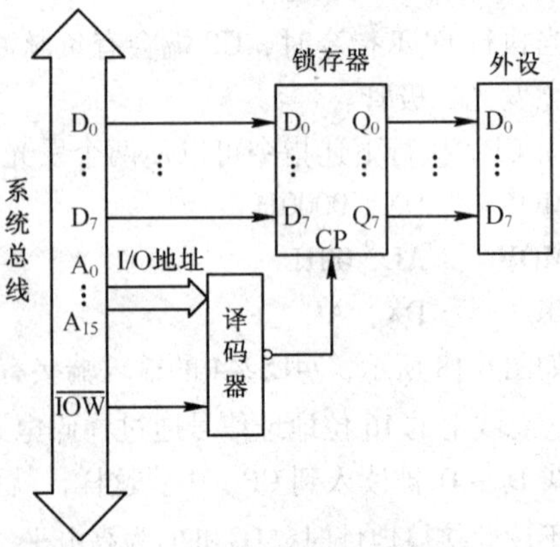

图 6-20　锁存器作为数据输出接口的一般连接模式

2. 查询方式

无条件传送对于那些慢速的或总是准备好的外设是适用的。但是，许多外设并不总是准备好的。CPU 与这些外设交换数据可以采用程序查询方式，如图 6-21 所示。

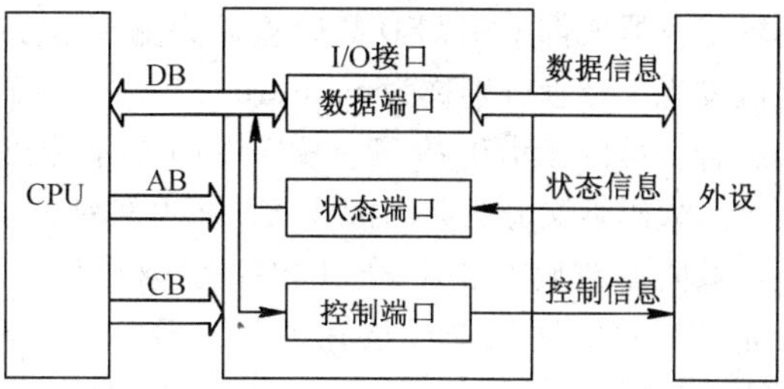

图 6-21　查询工作方式示意图

以单一外设的查询工作为例。

图 6-22 所示为单一外设查询工作框图，图 6-23 所示为查询方式工作的 I/O 接口。

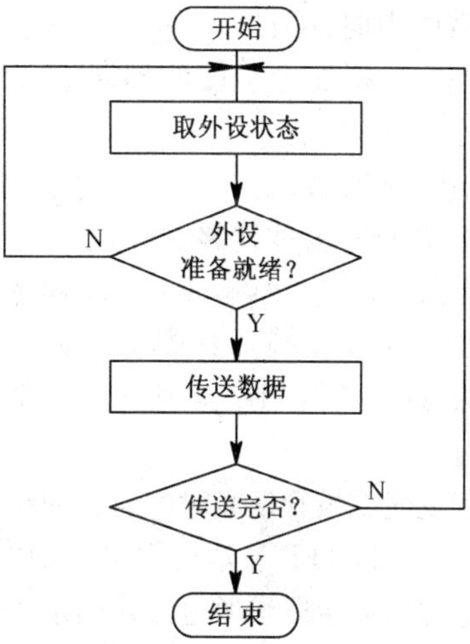

图 6-22　单一外设查询工作框图

由图 6-23 可以看到，数据输出口和状态输入口共用一个地址 00FFH。前者是只写的，而后者是只读的。现欲将 56000H 为首地址的顺序 100 单元的数据，利用查询方式输出到此外设。

其程序可简写如下：

```
START：MOV     AX，5000H
       MOV     DS，AX
       MOV     SI，6000H
       MOV     CX，100
GOON：MOV      DX，00FFH
WAIT：IN       AL，DX
       AND     AL，01H
       JZ      WAIT
       MOV     AL，[SI]
       OUT     DX，AL
       INC     SI
       LOOP    GOON
       HLT
```

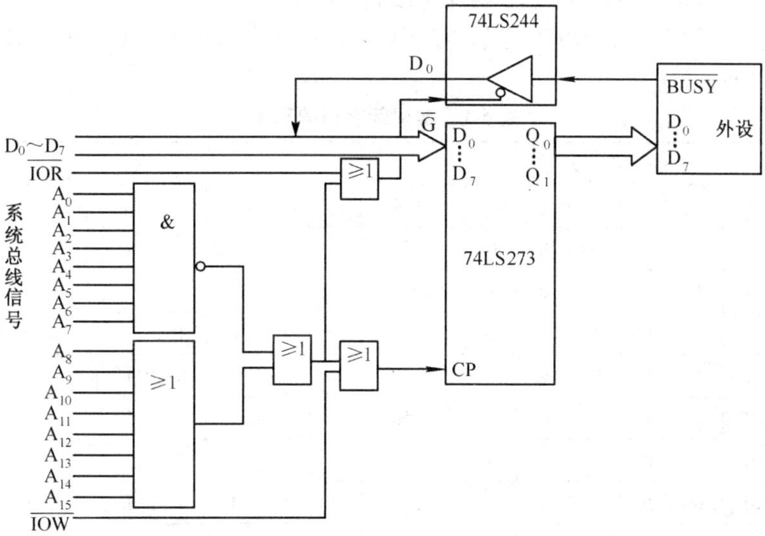

图 6-23　查询方式工作的 I/O 接口

3. 数码管显示接口举例

（1）LED 数码管的工作原理　LED 数码管是一种应用很广泛的显示器件，从微机测控系统到数字仪器大都采用 LED 数码管作为输出显示。LED 数码管的主要部分是七段发光二极管，这七段发光二极管分别称为 a、b、c、d、e、f、g，还附带有一个小数点 dp，通过 7 个发光段的不同组合，可以显示 0 ~ 9 和 A ~ F 共 16 个字母数字或其他异形字符。数码管的外形结构如图 6-24a 所示。数码管又分为共阴极和共阳极两种结构，分别如图 6-24b 和图 6-24c 所示。

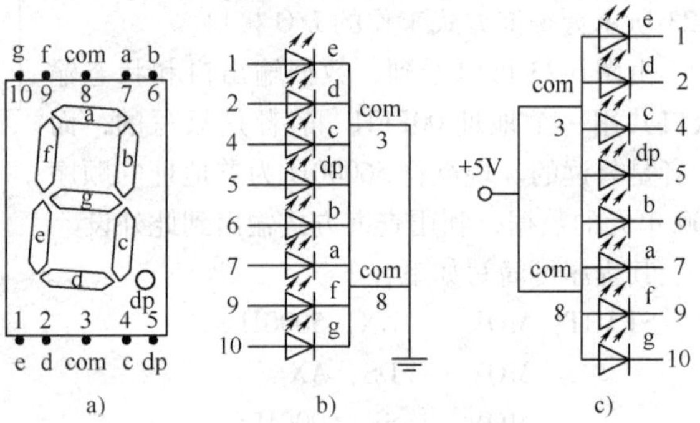

图 6-24　数码管结构图

a）外形结构　b）共阴极数码管　c）共阳极数码管

共阴极数码管的 8 个（包括小数点）发光二极管的阴极被连接在一起，通常公共阴极接低电平（一般接地），其他引脚接段驱动电路输出端。当某段驱动电路的输出端为高电平时，则该端所连接的字段导通并点亮，根据发光字段的不同组合可显示出各种数字或字符。

共阳极数码管的 8 个（包括小数点）发光二极管的阳极被连接在一起，通常公共阳极接高电平（一般接电源），其他引脚接段驱动电路输出端。当某段驱动电路的输出端为低电平时，则该端所连接的字段导通并点亮，根据发光字段的不同组合可显示出各种数字或字符。

由于发光二极管发光时，通过的平均电流为 10 ~ 20mA，而通常的输出锁存器不能提供这么大的电流，所以 LED 各段必须接驱动电路，要求段驱动电路能提供额定的段导通电流，还需根据外接电源及额定段导通电流来确定相应的限流电阻。

要使数码管显示出相应的数字或字符必须使段数据口输出相应的字形编码。对照图 6-24a，字形码各位定义如下：数据线 D_0 与 a 字段对应，D_1 字段与 b 字段对应……，依此类推。如使用共阳极数码管，数据为 0 表示对应字段亮，数据为 1 表示对应字段暗；如使用共阴极数码管，数据为 0 表示对应字段暗，数据为 1 表示对应字段亮。如要显示“0”，共阳极数码管的字形编码应为 11000000B（即 C0H）；共阴极数码管的字形编码应为 00111111B（即 3FH）。以此类推可求得数码管字形编码见表 6-1。

表 6-1　数码管字形编码表

字形	共阳极									共阴极								
	dp	g	f	e	d	c	b	a	字形码	dp	g	f	e	d	c	b	a	字形码
0	1	1	0	0	0	0	0	0	C0H	0	0	1	1	1	1	1	1	3FH
1	1	1	1	1	1	0	0	1	F9H	0	0	0	0	0	1	1	0	06H
2	1	0	1	0	0	1	0	0	A4H	0	1	0	1	1	0	1	1	5BH
3	1	0	1	1	0	0	0	0	B0H	0	0	1	0	1	1	1	1	4FH
4	1	0	0	1	1	0	0	1	99H	0	1	1	0	0	1	1	0	66H
5	1	0	0	1	0	0	1	0	92H	0	1	1	0	1	1	0	1	6DH
6	1	0	0	0	0	0	1	0	82H	0	1	1	1	1	1	0	1	7DH
7	1	1	1	1	1	0	0	0	F8H	0	0	0	0	0	1	1	1	07H
8	1	0	0	0	0	0	0	0	80H	0	1	1	1	1	1	1	1	7FH

（续）

字型	共阳极									共阴极								
	dp	g	f	e	d	c	b	a	字形码	dp	g	f	e	d	c	b	a	字形码
9	1	0	0	1	0	0	0	0	90H	0	1	1	0	1	1	1	1	6FH
A	1	0	0	0	1	0	0	0	88H	0	1	1	1	0	1	1	1	77H
B	1	0	0	0	0	0	1	1	83H	0	1	1	1	1	1	0	0	7CH
C	1	1	0	0	0	1	1	0	C6H	0	0	1	1	1	0	0	1	39H
D	1	0	1	0	0	0	0	1	A1H	0	1	0	1	1	1	1	0	5EH
E	1	0	0	0	0	1	1	0	86H	0	1	1	1	1	0	0	1	79H
F	1	0	0	0	1	1	1	0	8EH	0	1	1	1	0	0	0	1	71H
H	1	0	0	0	1	0	0	1	89H	0	1	1	1	0	1	1	0	76H
L	1	1	0	0	0	1	1	1	C7H	0	0	1	1	1	0	0	0	38H
P	1	0	0	0	1	1	0	0	8CH	0	1	1	1	0	0	1	1	73H
R	1	1	0	0	1	1	1	0	CEH	0	0	1	1	0	0	0	1	31H
U	1	1	0	0	0	0	0	1	C1H	0	0	1	1	1	1	1	0	3EH
Y	1	0	0	1	0	0	0	1	91H	0	1	1	0	1	1	1	0	6EH
–	1	0	1	1	1	1	1	1	BFH	0	0	1	0	0	0	0	0	40H
.	0	1	1	1	1	1	1	1	7FH	1	0	0	0	0	0	0	0	80H
熄灭	1	1	1	1	1	1	1	1	FFH	0	0	0	0	0	0	0	0	00H

（2）接口电路

①静态显示。为了将一个十六进制数在一个 LED 上显示出来，就需要将十六进制数译为 LED 的 7 位显示代码。一种方法是采用专用的带驱动的 LED 段译码器，实现硬件译码。另一种常用的方法是软件译码。在程序设计时，将 0 ~ F 这 16 个数字（也可为 0 ~ 9）对应的显示代码组成一个表。比如，用共阴极数码管如图 6-25 所示连接，则 0 的显示代码为 3FH，1 的显示代码为 06H，……，并在表中按顺序排列，则要显示的数字可以很方便地通过 8086 的查表指令译码为该数字对应的显示代码。

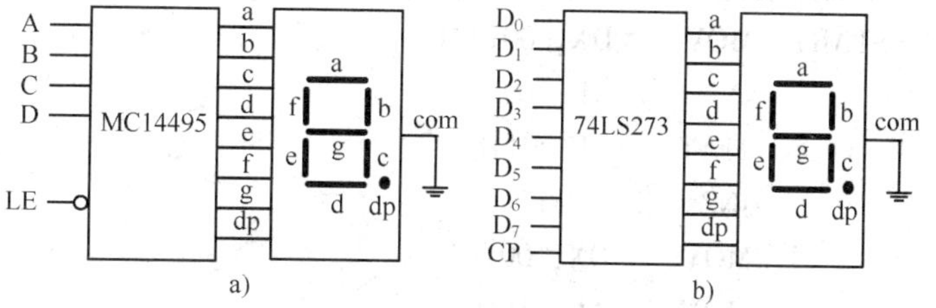

图 6-25　七段 LED 数码管的译码驱动电路图
a）BCD 七段译码法　b）软件译码法

1 位数字的 LED 显示程序如下：

```
        MOV     SI，OFFSET BUFDATA    ；BUFDATA 区存放数字
        MOV     AL，[SI]              ；取出要显示的数字
        MOV     BX，OFFSET TABLE      ；取显示代码表首地址
        XLAT                          ；换码为显示代码
        MOV     DX，PORT              ；PORT 为与数码管相接的端口地址
        OUT     DX，AL                ；输出显示
                ……
TABLE   DB      3FH，06H，5BH，…      ；显示代码表
```

利用前面提到的锁存器 74LS273 作为输出接口，将开路集电极门 74LS06 作为驱动器连接 LED 数码管。用三态门作为按钮 S 的输出接口，其连接图如图 6-26 所示。

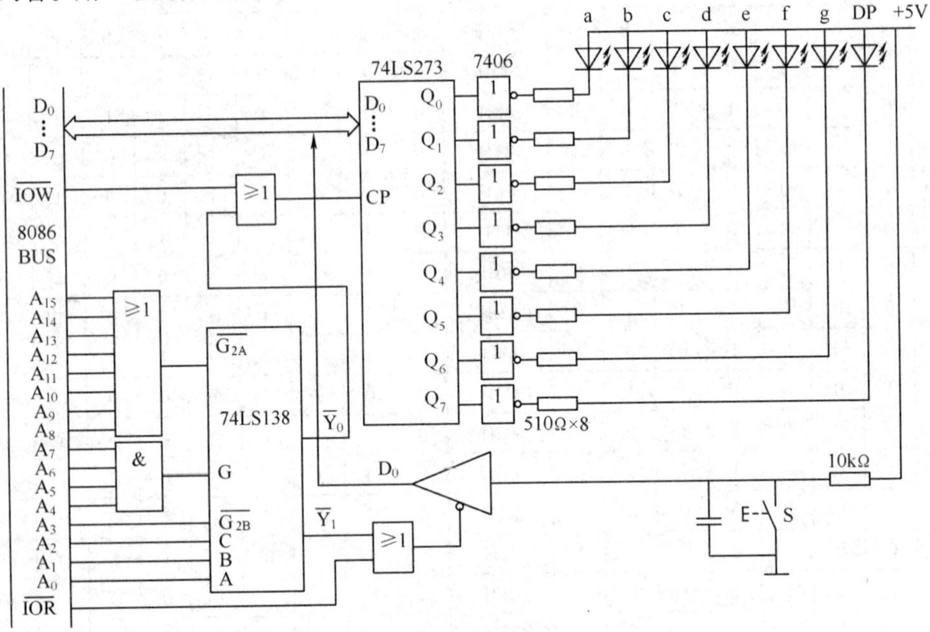

图 6-26　LED 数码管及按钮的一种接口电路

由图 6-26 可知，要使图中 74LS273 的 CP 端有效，则反推可得地址线 $A_{15}\sim A_0$ 状态，即可得 74LS273 端口地址为 00F1H。

下面一段程序可判断按钮的状态。当 S 闭合时，显示 3，当 S 断开时显示 6。

```
START：MOV    DX，00F1H
       IN     AL，DX
       TEST   AL，01H
       JNZ    KOPEN
       MOV    DX，00F0H
       MOV    AL，4FH
       OUT    DX，AL
       JMP    START
KOPEN：MOV    DX，00F0H
       MOV    AL，7DH
       OUT    DX，AL
       JMP    START
```

②动态显示。一般实际使用时，往往要用几个数码管实现多位显示。这时，如果每一个数码管占用一个独立的输出端口（通常称之为静态显示方法），那么，将占用太多的通道；而且，驱动电路的数目也很多。所以，要从硬件和软件两方面想办法节省硬件电路。

图 6-27 所示是多位显示的接口电路示意图，这是一种常用的方案（通常称之为动态显示方法）。在这种方案中，硬件上用公共的驱动电路来驱动各数码管；软件上用扫描方法实现数字显示。采用扫描的方式驱动多位七段 LED 数码管，节省驱动电路，降低功耗。保证一定的扫描循环频率，得到较好的显示质量。各位七段 LED 数码管公用一个段驱动器、一个段码锁存器，为

段驱动器提供逻辑输入。每位七段 LED 数码管的公共端连接一个位驱动器，控制各位数码管的点燃。位驱动器由一个位码锁存器提供输入逻辑电平。显示器在系统中占用两个端口：段码口与位码口。

综上所述，只要 CPU 通过段控制端口送出段代码，然后通过位控制端口送出位代码，指定的数码管便显示相应的数字。如果 CPU 顺序地输出段码和位码，依次让每个数码管显示数字，并不断地重复，当重复频率达到一定程度时，利用人眼的视觉暂留特性，从数码管上便可见到相当稳定的数字显示。

上述多位显示电路中，往往要用软件完成段译码，并花费 CPU 大量时间去重复扫描每个数码管。为此，程序设计时可以开辟一个 BUFF 缓冲区，存放要显示的数字，第一个数字在最右边的数码管显示，下一个数字送到右边第二个数码管显示，依次类推。另外，还需要建立一个显示代码表 TABLE，从前向后依次存放 0 ~ F 对应的七段显示代码。显示代码是和硬件连接有关的，在图 6-27 所示的接口电路中，由于驱动的是共阳极数码管，所以数字 0 的显示代码为 C0H，1 的显示代码为 F9H，……。

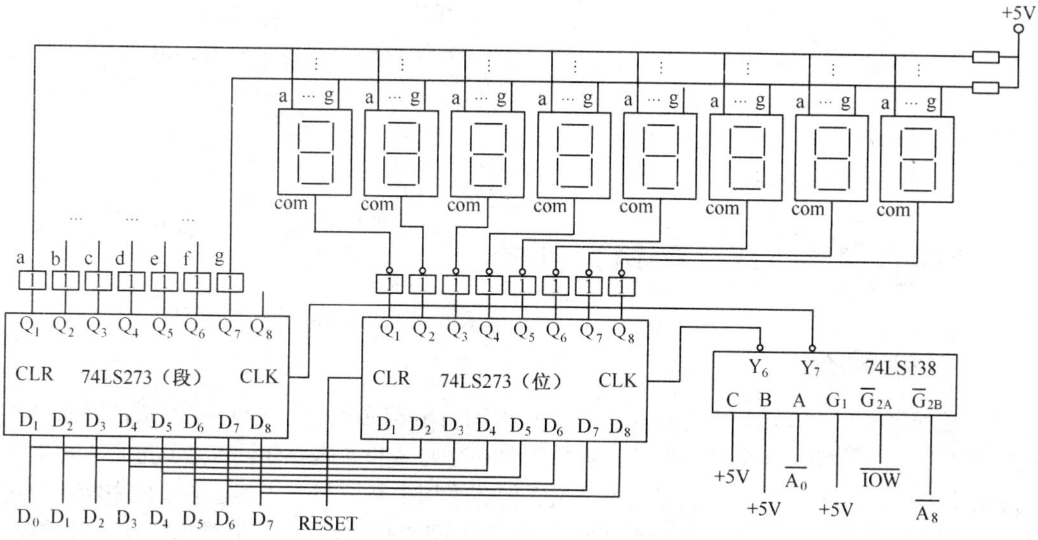

图 6-27　多位数码管显示接口示意图

下面是一段将 8 位数码管依次显示一遍的子程序。

```
DATA     SEGMENT
TABLE    DB  0C0H, 0F9H, 0A4H, 0B0H      ; 显示代码表
         DB  99H, 92H, 82H, 0F8H
         DB  80H, 90H, 88H, 83H
         DB  0C6H, 0A1H, 86H, 8EH
BUFF     DB  8 DUP (0)                   ; 数字缓冲区
DATA     ENDS
CODE     SEGMENT
ASSUME   CS: CODE, DS: DATA
START:   MOV     AX, DATA
         MOV     DS, AX
         MOV     DI, OFFSET BUFF         ; 指向数字缓冲区
```

```
        MOV   CL, 0FEH             ; 指向最左边数码管
DISP:   MOV   AL, [DI]             ; 取出数字
        MOV   BX, OFFSET TABLE     ; 指向显示代码表
        XLAT                       ; 得到显示代码
        MOV   DX, SEG PORT         ; SEG PORT 为段控制端口
        OUT   DX, AL               ; 送出段码
        MOV   AL, CL               ; 取出位显示代码
        MOV   DX, BIT PORT         ; BIT PORT 为位控制端口
        OUT   DX, AL               ; 送出位码
        CALL  DELAY                ; 延时 1ms，以让数码管有充分的点亮时间
        INC   DI                   ; 指向下一个数字
        ROL   CL, 1                ; 指向下一个数码管
        CMP   CL, 0FEH             ; 是否指向最左边的数码管
        JNZ   DISP                 ; 没有，显示下一个数字
        MOV   AH, 4CH              ; 8 位数码管都显示一遍，返回
        INT   21H
CODE    ENDS
        END   START
```

6.5 直接存储器存取（DMA）方式

6.5.1 DMA 概述

无论是程序控制方式还是中断控制方式，数据的传输都必须经过 CPU 的控制，因而必然受到软件执行速度的影响。在某些情况下，可能需要在存储器和高速 I/O 设备之间进行大量的、频繁的数据传送，采用程序控制方式显然不合适，但若采用中断控制方式，也会造成中断次数过于频繁，不仅速度上不去，还会消耗 CPU 的大量时间用于信息的保护和恢复操作。在这种情况下，将考虑采用专门的硬件控制电路来完成存储器与高速 I/O 之间数据的传送，而数据不再经过 CPU。

DMA（Direct Memory Access）控制器就是符合上述要求的一种接口芯片。实际上，DMA 方式就是为解决外设与存储器间直接的数据交换而引入的（所以称为直接存储器存取方式）。DMA 方式与程序控制方式和中断控制方式之间的根本不同之处在于：系统在专门的硬件控制器（DMA 控制器）的管理下可直接实现外设与存储器之间（或外设与外设之间、存储器与存储器之间）大量数据的交换，且数据交换过程不受 CPU 的控制。

DMA 方式使计算机的硬件结构发生了变化：信息传送从以 CPU 为中心变成了以内存为中心。这种方式实际上简化了 CPU 对输入/输出的控制，把输入/输出过程中外设与存储器交换信息的那部分操作的控制交给了 DMA 控制器（DMAC）。但 DMA 控制器的加入使接口电路结构变得复杂，硬件开销增大。

1. DMA 传送的基本特点

DMA 传送的基本特点是不经过 CPU，不破坏 CPU 内各寄存器的内容，直接实现存储器与 I/O 设备之间的数据传送。在 IBM PC 系统中，DMA 方式传送一个字节的时间通常是一个总线周

期，即5个时钟周期时间（考虑到人为插入一个S_w的缘故）。CPU内部的指令操作只是暂停这个总线周期，然后继续操作，指令的操作次序不会被破坏。这种控制方式特别适合于高速、大批数据的传送，所以DMA传送方式特别适合用于外部设备与存储器之间高速成批的数据传送。

为了提高数据传送的速率，人们提出了直接存储器存取（DMA）的数据传送控制方式，即在一定时间段内，由DMA控制器取代CPU，获得总线控制权，来实现内存与外设或者内存的不同区域之间大量数据的快速传送。

典型的DMAC的工作电路如图6-28所示。

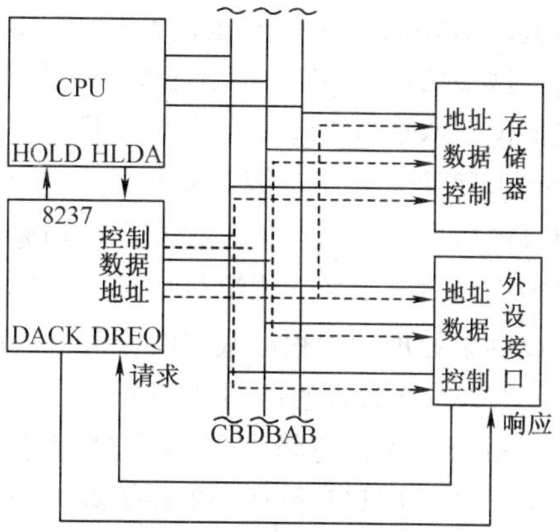

图6-28 DMAC的工作电路

DMA数据传送的工作过程大致如下：

1）外设向DMAC发出DMA传送请求。

2）DMAC通过连接到CPU的HOLD信号向CPU提出DMA请求。

3）CPU在完成当前总线操作后会立即对DMA请求做出响应。CPU的响应包括两个方面：一方面，CPU将控制总线、数据总线和地址总线浮空，即放弃对这些总线的控制权；另一方面，CPU将有效的HLDA信号加到DMAC上，用此来通知DMAC，CPU已经放弃了总线的控制权。

4）待CPU将总线浮空，即放弃了总线控制权后，由DMAC接管系统总线的控制权，并向外设送出DMA的应答信号。

5）由DMAC送出地址信号和控制信号，实现外设与内存或内存不同区域之间大量数据的快速传送。

6）DMAC将规定的数据字节传送完之后，通过向CPU发HOLD信号，撤销对CPU的DMA请求。CPU收到此信号，一方面使HLDA无效，另一方面又重新开始控制总线，实现正常取指令、分析指令、执行指令的操作。

需要注意的是，在内存与外设之间进行DMA传送期间，DMAC控制器只是输出地址及控制信号，而数据传送是直接在内存和外设端口之间进行的，并不经过DMAC；对于内存不同区域之间的DMA传送，则应先用一个DMA存储器读周期将数据从内存的源区域读出，存入到DMAC的内部数据暂存器中，再利用一个DMA存储器写周期将该数据写到内存的目的区域中去。

2. DMA方式传送的主要步骤

1）外设准备就绪时，向DMA控制器发DMA请求，DMA控制器接到此信号后，向CPU发DMA请求。

2）CPU接到HOLD请求后，如果条件允许（一个总线操作结束），则发出HLDA信号作为响应，同时，放弃对总线的控制。

3）DMA控制器取得总线控制权后，往地址总线发送地址信号，每传送1个字节，就会自动修改地址寄存器的内容，以指向下一个要传送的字节。

4）每传送一个字节，字节计数器的值减1，当减到0时，DMA过程结束。

5）DMA控制器向CPU发结束信号，将总线控制权交回CPU。

DMA的工作流程图如图6-29所示。

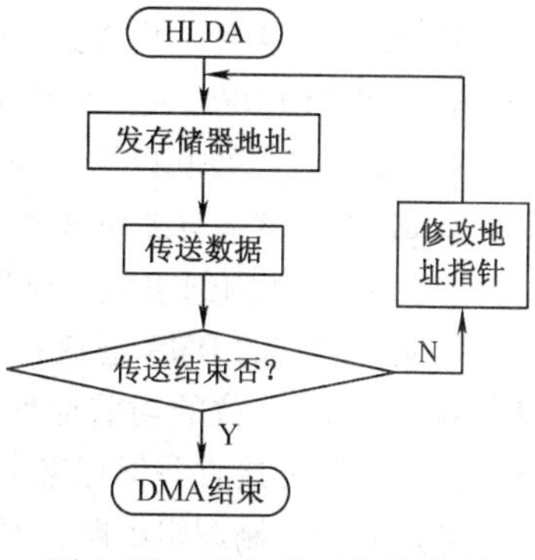

图6-29 DMA的工作流程图

DMA 传送控制方式，解决了在内存的不同区域之间，或者内存与外设之间大量数据的快速传送问题，代价是需要增加专门的硬件控制电路，称为 DMA 控制器，其复杂程度与 CPU 相当。

归纳起来，DMA 数据传送与程序控制数据传送相比较，首先是传送途径不同：程序控制数据传送必须经过 CPU（其中某个寄存器），而 DMA 传送不经过 CPU。其次，程序控制数据传送涉及的源地址、目的地址是由 CPU 提供的，地址的修改和传送数据块长度的控制也由 CPU 完成，数据传送所需要的控制信号也由 CPU 发出，但 DMA 传送，这一切都由 DMA 控制器提供、发出和完成。这就是说，本来该由程序完成的数据传送，在 DMA 传送时由硬件取代了。因而不仅减轻了 CPU 的负担，而且使数据传输速度大大提高了。但是，DMA 传送必须由程序或中断方式提供协助，DMA 传送的初始化或结束处理是由程序或中断服务完成的。

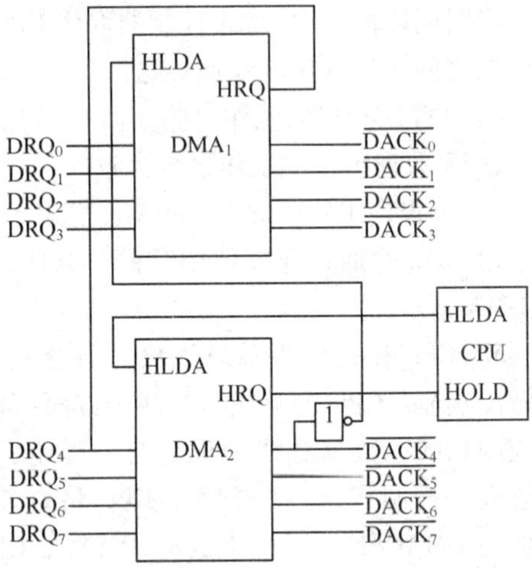

图 6-30　DMA 控制逻辑

80286 及以后的微机主机板上，都有一个如图 6-30 所示的或在逻辑上兼容的 DMA 控制逻辑，在图 6-30 中，DMA1 和 DMA2 各等效为一片 DMA 控制器 8237（包括页面寄存器）。DMA1 汇集 4 个 DMA 传送请求输入端（$DRQ_0 \sim DRQ_3$）的请求，在 HRQ 端输出加入 DMA2 的一个请求输入端 DRQ_4。DMA1 汇集 4 个 DMA 传送请求输入端（$DRQ_0 \sim DRQ_3$）的请求，在 HRQ 端输出加入 DMA2 的一个请求输入端 DRQ_4。DMA2 汇集 DRQ_4（代表 $DRQ_0 \sim DRQ_3$）和 $DRQ_5 \sim DRQ_7$ 的请求，在 HRQ 端输出加入 CPU 的 HOLD 引脚，从而构成两级级联的 DMA 请求信号通路。

6.5.2　8237 内部结构及引脚功能

1. DMA 控制器芯片 Intel 8237 的性能概述

Intel 8237 是 8086/8088 微机系统中常用的 DMAC 芯片，有如下性能：

1）含有 4 个相互独立的通道，每个通道有独立的地址寄存器和字节数寄存器，而控制寄存器、状态寄存器为四个通道所共用。

2）每个通道的 DMA 请求可以分别被允许/禁止。

3）每个通道的 DMA 请求有不同的优先权，可以通过程序设置为固定的或者是旋转的方式。

4）通道中地址寄存器的长度为 16 位，因而一次 DMA 传送的最大数据块的长度为 64KB。

5）8237 有 4 种工作方式，分别为单字节传送、数据块传送、请求传送、级联方式。

6）允许用 $\overline{EOP}$ 输入信号来结束 DMA 传送或重新初始化。

7）8237 可以级联以增加通道数。

2. 8237 的结构与工作方式

（1）8237 的内部组成　8237 的框图如图 6-31 所示，主要包含以下几个部分：

①四个独立的 DMA 通道：每个通道都有一个 16 位的基地址寄存器、一个 16 位的基字节数计数器、一个 16 位的当前地址寄存器和一个 16 位的当前字节数计数器及一个 8 位的方式寄存器，方式寄存器接收并保存来自于 CPU 的方式控制字，使本通道能够工作于不同的方式下。

②定时及控制逻辑电路：对在 DMA 请求服务之前，CPU 编程对给定的命令字和方式控制字进行译码，以确定 DMA 的工作方式，并控制产生所需要的定时信号。

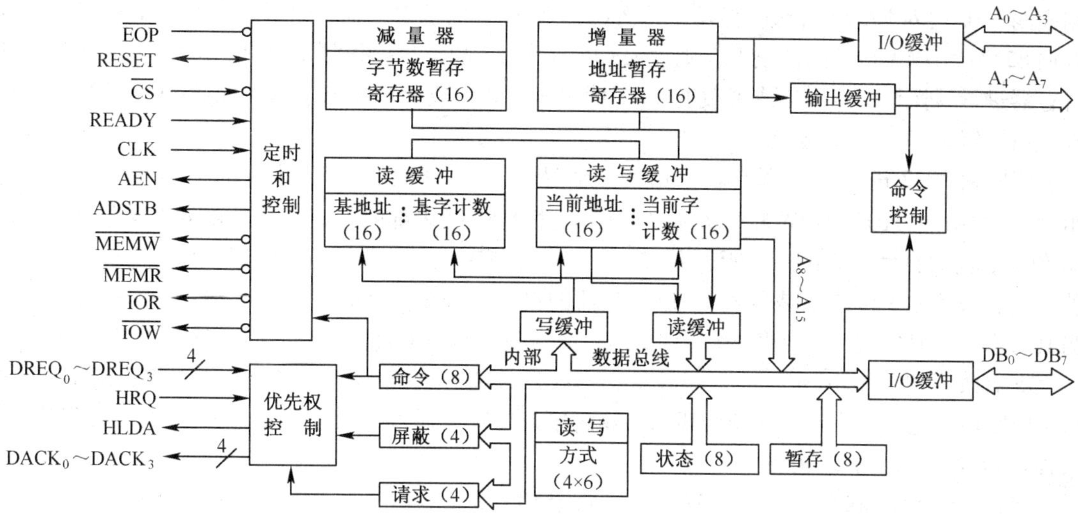

图 6-31 8237 的内部结构组成

③优先级编码逻辑：对通道进行优先级编码，确定在同时接收到不同通道的 DMA 请求时，能够确定相应的先后次序。通道的优先级可以通过编程确定为是固定的或者是旋转的。

④ 共用寄存器：除了每个通道中的寄存器之外，整个芯片还有一些共用的寄存器，包括 1 个 16 位的地址暂存寄存器、1 个 16 位的字节数暂存寄存器、1 个 8 位的状态寄存器、1 个 8 位的命令寄存器、1 个 8 位的暂存寄存器、1 个 4 位的屏蔽寄存器和 1 个 4 位的请求寄存器等，后面将对这些寄存器的功能与作用，做较为详细的介绍。

⑤8237 的数据引线：地址引线都有三态缓冲器，因而可以接也可以释放总线。

8237 内部寄存器的类型和数量见表 6-2，其中，凡数量为 4 个的寄存器，则每个通道一个，凡数量只有一个的，则为各通道所公用。

表 6-2 8237 的内部寄存器

寄存器名	长度/bit	数量	寄存器名	长度/bit	数量
基地址寄存器	16	4	状态寄存器	8	1
基字节数寄存器	16	4	命令寄存器	8	1
当前地址寄存器	16	4	暂存寄存器	8	1
当前字节数寄存器	16	4	方式寄存器	8	4
地址暂存寄存器	16	1	屏蔽寄存器	4	1
字节数暂存寄存器	16	1	请求寄存器	4	1

（2）8237 的工作周期 在设计 8237 时，规定它具有两种主要的工作周期（或工作状态），即空闲周期和有效周期，每一个周期又是由若干时钟周期所组成的。

①空闲周期（Idle Cycle）。当 8237 的任一通道都无 DMA 请求时，则其处于空闲周期或称为 SI 状态，空闲周期由一系列的时钟周期组成，在空闲周期中的每一个时钟周期，8237 只做两项工作：

一是采样各通道的 DREQ 请求输入线，只要无 DMA 请求，则其始终停留在 SI 状态。

二是由 CPU 对 8237 进行读/写操作，即采样片选信号$\overline{CS}$，只要$\overline{CS}$信号变为有效的低电平，则表明 CPU 要对 8237 进行读/写操作，当 8237 采样$\overline{CS}$为低电平而 DREQ 也为低，即外部设备没有向 8237 发 DMA 请求的情况下，则进入 CPU 对 8237 的编程操作状态，CPU 可以向 8237 的内部寄存器进行写操作，以决定或者改变 8237 的工作方式，或者对 8237 内部的相关寄存器进行读操作，以了解 8237 的工作状态。

CPU 对 8237 进行读/写操作时，由地址信号 $A_3 \sim A_0$ 来选择 8237 内部的不同寄存器（组），由读/写控制信号$\overline{IOR}$及$\overline{IOW}$来控制读/写操作。由于 8237 内部的地址寄存器和字节数计数器都是 16 位的，而数据线是 8 位的，所以在 8237 的内部，有一个高/低字节触发器，称为字节指针寄存器，由它来控制 8 位信息是写入 16 位寄存器的高 8 位还是低 8 位，该触发器的状态交替变化，当其状态为 0 时，进行低字节的读/写操作；而当其状态为 1 时，则进行低字节的读/写操作。

②有效周期（Active Cycle）。当处于空闲状态的 8237 的某一通道接收到外设提出的 DMA 请求 DREQ 时，它立即向 CPU 输出 HRQ 有效信号，在未收到 CPU 回答时，8237 仍处于编程状态，又称初始状态，记为 S_0 状态。

经过若干个 S_0 状态后，当 8237 收到来自于 CPU 的 HLDA 应答信号后，则进入工作周期，或称为有效周期，或者说 8237 由 S_0 状态进入了 S_1 状态。

S_0 状态是 DMA 服务的第一个状态，在这个状态下，8237 已接收了外设的请求，向 CPU 发出了 DMA 请求信号 HRQ，但尚未收到 CPU 对 DMA 请求的应答信号 HLDA；而 S_1 状态则是实际的 DMA 传送工作状态，当 8237 接收到 CPU 发来的 HLDA 应答信号时，就可以由 S_0 状态转入 S_1 状态，开始 DMA 传送。

在内存与外设之间进行 DMA 传送时，通常一个 S_i 周期由 4 个时钟周期组成，即 S_1、S_2、S_3、S_4，但当外设速度较慢时，可以插入 S_W 等待周期；而在内存的不同区域之间进行 DMA 传送时，由于需要依次完成从存储器读和向存储器写的操作，所以完成每一次传送需要 8 个时钟周期，在前四个周期 S_{11}、S_{12}、S_{13}、S_{14}完成从存储器源区域的读操作，后四个时钟周期 S_{21}、S_{22}、S_{23}、S_{24} 完成向存储器目的区域的写操作。DMA 存储器写总线周期如图 6-32 所示。

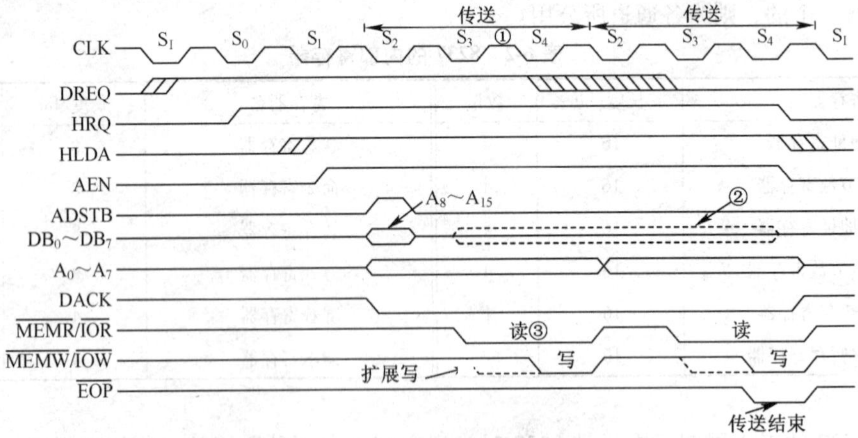

图 6-32　DMA 存储器写总线周期

3. 8237 的外部结构图

8237 是具有 40 个引脚的双列直插式集成电路芯片，其引脚图如图 6-33 所示。

CLK：时钟信号输入引脚，对于标准的 8237，其输入时钟频率为 3MHz，对于 8237-2，其输入时钟频率可达 5MHz。

$\overline{CS}$：芯片选择信号，输入引脚。

RESET：复位信号，输入引脚，用来清除 8237 中的命令、状态请求和临时寄存器，且使字节指针触发器复位并置位屏蔽触发器的所有位（即使所有通道工作在屏蔽状态），在复位之后，8237 工作于空闲周期 S_1。

READY：外设向 8237 提供的高电平有效的“准备好”信号输入引脚，若 8237 在 S_3 状态以后的时钟下降沿检测到 READY 为低电平，则说明外设还未准备好下一次 DMA 操作，需要插入 S_W 状态，直到 READY 引脚出现高电平为止。

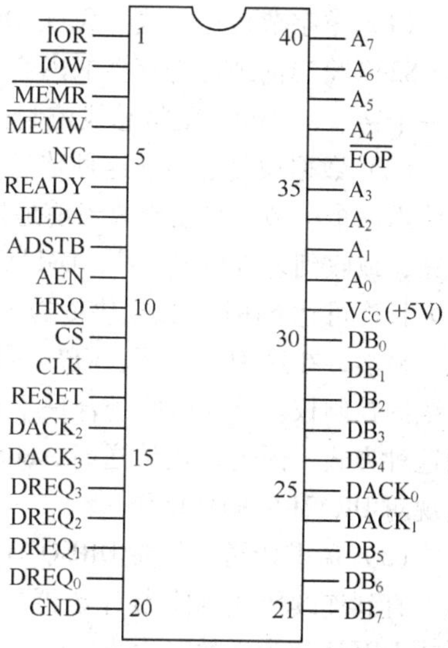

图 6-33 DMAC8237 引脚图

$DREQ_0$ ~ $DREQ_3$：DMA 请求信号输入引脚，对应于四个独立的通道，DREQ 的有效电平可以通过编程来加以确定，优先级可以固定，也可以旋转。

$DACK_0$ ~ $DACK_3$：对相应通道 DREQ 请求输入信号的应答信号输出引脚。

HRQ：8237 向 CPU 提出 DMA 请求的输出信号引脚，高电平有效。

HLDA：CPU 对 HRQ 请求信号的应答信号输入引脚，高电平有效。

DB_0 ~ DB_7：8 条双向三态数据总线引脚。在 CPU 控制系统总线时，可以通过 DB_0 ~ DB_7 对 8237 编程或读出 8237 的内部状态寄存器的内容；在 DMA 操作期间，由 DB_0 ~ DB_7 输出高 8 位地址信号 A_8 ~ A_{15}，并利用 ADSTB 信号锁存该地址信号。在进行内存不同区域之间的 DMA 传送时，除了送出 A_8 ~ A_{15} 地址信号外，还分时输入从存储器源区域读出的数据，送入 8237 的暂存寄存器中，等到存储器写周期时，再将这些数据通过这 8 个引脚，由 8237 的暂存寄存器送到系统数据总线上，然后写入到规定的存储单元中去。

A_3 ~ A_0：4 条双向三态的低位地址信号引脚。在空闲周期，接收来自于 CPU 的四位地址信号，用以寻址 8237 内部的不同寄存器（组）；在 DMA 传送时，输出要访问的存储单元或者 I/O 端口地址的低 4 位。

A_7 ~ A_4：4 条三态地址信号输出引脚。在 DMA 传送时，输出要访问的存储单元或者 I/O 端口地址的中 4 位。

$\overline{IOR}$：低电平有效的双向三态信号引脚。在空闲周期，它是一条输入控制信号，CPU 利用这个信号读取 8237 内部状态寄存器的内容；而在 DMA 传送时，它是读端口控制信号输出引脚，与 $\overline{MEMW}$ 相配合，使数据由外设传送到内存。

$\overline{IOW}$：低电平有效的双向三态信号引脚，其功能与 $\overline{IOR}$ 相对应。

$\overline{MEMR}$：低电平有效的双向三态信号引脚，用于 DMA 传送，控制存储器的读操作。

$\overline{MEMW}$：低电平有效的双向三态信号引脚，用于 DMA 传送，控制存储器的写操作。

AEN：高电平有效的输出信号引脚，由它把锁存在外部锁存器中的高 8 位地址送入系统的地址总线，同时禁止其他系统驱动器使用系统总线。

ADSTB：高电平有效的输出信号引脚，此信号把 DB_7 ~ DB_0 上输出的高 8 位地址信号锁存到外部锁存器中。

$\overline{\text{EOP}}$：双向，当字节数计数器减为0时，在$\overline{\text{EOP}}$上输出一个有效的低电平脉冲，表明DMA传送已经结束；也可接收外部的$\overline{\text{EOP}}$信号，强行结束8237的DMA操作或者重新进行8237的初始化。当不使用$\overline{\text{EOP}}$端时，应通过数千欧的电阻接到高电平上，以免由它输入干扰信号。

+5V、GND及N/C引脚：电源、地及空脚。

4. 8237的工作方式

8237的各个通道在进行DMA传送时，有四种工作方式。

（1）单字节传送方式　每次DMA操作仅传送一个字节的数据，完成一个字节的数据传送后，8237将当前地址寄存器的内容加1（或减1），并将当前字节数寄存器的内容减1，每传送完这一个字节，DMAC就将总线控制权交回CPU。

（2）数据块传送　在这种传送方式下，DMAC一旦获得总线控制权，便开始连续传送数据。每传送一个字节，自动修改当前地址及当前字节数寄存器的内容，直到将所有规定的字节全部传送完，或收到外部$\overline{\text{EOP}}$信号，DMAC才结束传送，将总线控制权交给CPU，一次所传送数据块的最大长度可达64KB，数据块传送结束后可自动初始化。

显然，在这种方式下，CPU可能会很长时间不能获得总线的控制权。这在有些场合是不利的，例如，PC就不能用这种方式，因为在块传送时，8086不能占用总线，无法实现对DRAM的刷新操作。

（3）请求传送　只要DREQ有效，DMA传送就一直进行，直到连续传送到字节计数器为0或外部输入使$\overline{\text{EOP}}$变低或DREQ变为无效时为止。

（4）级联方式　利用这种方式可以把多个8237连接在一起，以便扩充系统的DMA通道数。下一级的HRQ接到上一级的某一通道的DREQ上，而上一级的响应信号DACK可接到下一级的HLDA上，其连接如图6-34所示。

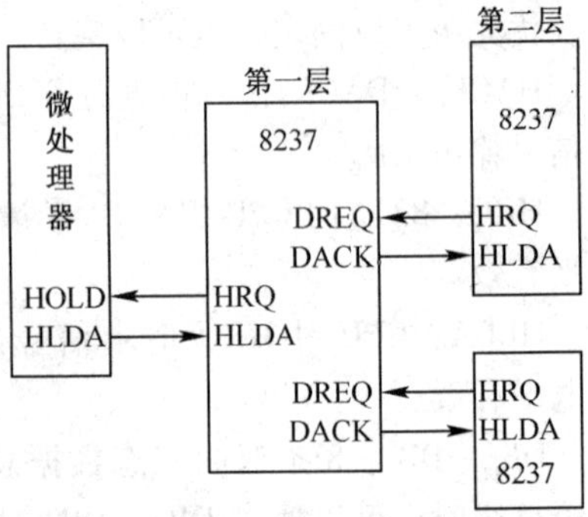

图6-34　8237级联方式工作框图

在级联方式下，当第二级8237的请求得到响应时，第一级8237仅应输出HRQ信号而不能输出地址及控制信号，因为，第二级的8237才是真正的主控制器，而第一级的8237仅应起到传递DREQ请求信号及DACK应答信号的作用。

5. 8237的DMA传输类型

DMA所支持的DMA传送，可以在I/O接口到存储器，存储器到I/O接口及内存的不同区域之间进行，它们具有不同的特点，所需要的控制信号也不相同。

（1）I/O接口到存储器的传送　当进行由I/O接口到存储器的数据传送时，来自I/O接口的数据利用8237送出的$\overline{\text{IOR}}$控制信号，将数据输送到系统数据总线$D_0 \sim D_7$上，同时，8237送出存储器单元地址及$\overline{\text{MEMW}}$控制信号，将存在于$D_0 \sim D_7$上的数据写入所选中的存储单元中。这样就完成了由I/O接口到存储器一个字节的传送。同时DMAC修改内部地址及字节数寄存器的内容。

（2）存储器到I/O接口　与前一种情况类似，在进行这种传送时，8237送出存储器地址及$\overline{\text{MEMR}}$控制信号，将选中的存储单元的内容读出放在数据总线$D_0 \sim D_7$上，接着，DMAC送出$\overline{\text{IOW}}$控制信号，将数据写到规定的（预选中）端口中去，而后8237自动修改内部的地址及字节数寄存器的内容。

（3）存储器到存储器　8237具有存储器到存储器的传送功能，利用8237编程命令寄存器，可以选择通道0和通道1两个通道实现由存储器到存储器的传送。在进行传送时．采用数据块传送方式，由通道0送出内存源区域的地址和$\overline{MEMR}$控制信号，将选中内存单元的的数据读到8237的暂存寄存器中，通道0修改地址及字节数寄存器的值；接着由通道1输出内存目的区域的地址及$\overline{MEMW}$控制信号，将存放在暂存寄存器中的数据，通过系统数据总线，写入到内存的目的区域中去，而后通道1修改地址和字节数寄存器的内容，通道1的字节计数器减到零或外部输入$\overline{EOP}$时可结束一次DMA传输过程。

6. 8237各个通道的优先级及传输速率

（1）优先级　8237有两种优先级方案可供编程选择：

①固定优先级：规定各通道的优先级是固定的，即通道0的优先级最高，依次降低，通道3的优先级最低。

②循环优先级：规定刚被服务通道的优先级最低，依次循环。这就可以保证4个通道的优先级是动态变化的，若3个通道已经被服务则剩下的通道一定是优先级最高的。

（2）传送速率　在一般情况下，8237进行一次DMA传送需要4个时钟周期（不包括插入的等待周期S_W）。例如，PC的时钟周期约210ns，则一次DMA传送需要210ns×4+210ns=1050ns。多加一个210ns是考虑到人为插入一个S_W的缘故。

另外，8237为了提高传送速率，可以在压缩定时状态下工作。在压缩定时状态下，每个DMA总线周期仅用2个时钟周期就可以实现，从而可以大幅度地提高数据的传送速率。

7. 8237的内部寄存器组

8237有4个独立的DMA通道，有许多内部寄存器。前面表6-2已经给出了这些寄存器的名称、长度和数量，下面详细介绍各个寄存器的功能和作用。

1）基地址寄存器：用以存放16位地址，只可写入而不能读出。在编程时，它与当前地址寄存器被同时写入某一个起始地址，可用作内存区域的首地址或末地址。在8237进行DMA数据传送的工作过程中，其内容不发生变化，只是在自动预置时，其内容可被重新写到当前地址寄存器中去。

2）基字节数寄存器：用以存放相应通道需要传送数据的字节数，只可写入而不能读出。在编程时它与当前字节数寄存器被同时写入要传送数据的字节数。在8237进行DMA数据传送的工作过程中，其内容保持不变，只是在自动预置时，其内容可以被重新写到当前字节数寄存器中去。

3）当前地址寄存器：存放DMA传送期间的地址值。每次传送后自动加1或减1。CPU可以对其进行读写操作。在选择自动预置时，每当字节计数值减为0或外部$\overline{EOP}$有效后，就会自动将基地址寄存器的内容写入当前地址寄存器中，恢复其初始值。

4）当前字节数寄存器：存放当前的字节数。每传送一个字节，该寄存器的内容减1。当计数值减为0或接收到来自外部的$\overline{EOP}$信号时，会自动将基字节数寄存器的内容写入该寄存器，恢复其初始计数值，即为自动预置。

5）地址暂存寄存器和字节数暂存寄存器：这两个16位的寄存器和CPU不直接发生关系，也不必要对其进行读/写操作，因而对如何使用8237没有影响。

6）方式寄存器：每个通道有一个8位的方式寄存器，但是它们占用同一个端口地址，用来存放方式字，依靠方式控制字本身的特征位来区分写入不同的通道，用来规定通道的工作方式。图6-35所示为8237的方式寄存器方式字各位的功能。

自动预置就是当某一通道按要求将数据传送完后，又能自动预置初始地址和传送的字节数，而后重复进行前面已进行过的过程。

校验传送就是实际并不进行传送，只产生地址并响应$\overline{EOP}$信号，不产生读/写控制信号，用以校验 8237 的功能是否正常。

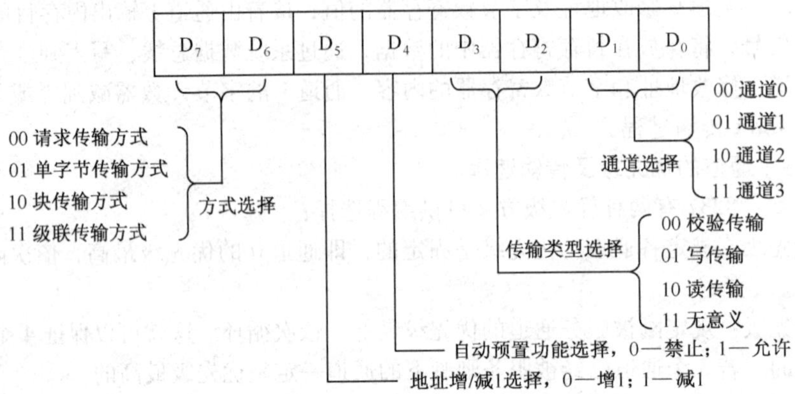

图 6-35　8237 的方式寄存器

7）命令寄存器：8237 的命令寄存器存放编程的命令字，命令字各位的功能如图 6-36 所示。

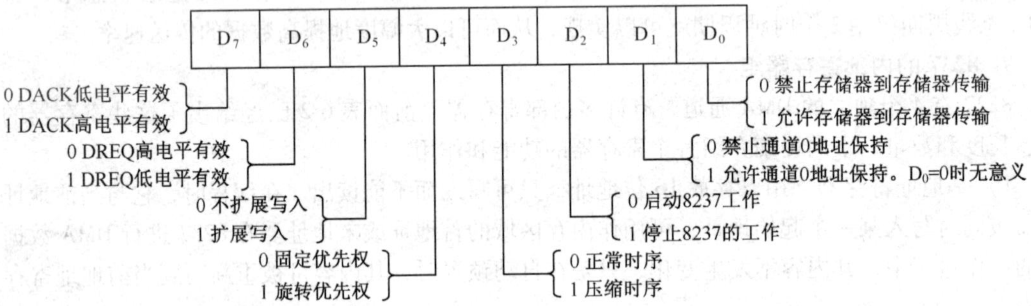

图 6-36　8237 的命令寄存器

其中：

D_0 位用以规定是否允许采用存储器到存储器的传送方式。若允许这样做，则利用通道 0 和通道 1 来实现。

D_1 位用以规定通道 0 的地址是否保持不变。如前所述，在存储器到存储器传送中，源地址由通道 0 提供，读出数据到暂存寄存器，而后，由通道 1 送出目的地址，将数据写入目的区域；若命令字中 $D_1=0$，则在整个数据块传送中（块长由通道 1 决定）保持内存源区域地址不变，因此，就会把同一个数据写入到整个目的存储器区域中。

D_2 位是允许或禁止 8237 芯片工作的控制位。

D_3 位用于选择总线周期中写信号的定时。例如，PC 中动态存储器写是由写信号的上升沿启动的。若在 DMA 周期中写信号来得太早，可能造成错误，所以 PC 选择 $D_3=0$。命令字的其他位容易理解，不再说明。

D_5 位用于选择是否扩展写信号。在 $D_3=0$（正常时序）时，如果外设速度较慢，有些外设是用 8237A 送出的 $\overline{IOW}$ 和 $\overline{MEMW}$ 信号的下降沿来产生的 READY 信号的。为提高传送速度，能够使 READY 信号早些到来，须将 $\overline{IOW}$ 和 $\overline{MEMW}$ 信号加宽，以使它们提前到来。因此，可以通过令 $D_5=1$ 使 $\overline{IOW}$ 和 $\overline{MEMW}$ 信号扩展 2 个时钟周期提前到来。

8）请求寄存器：用于在软件控制下产生一个 DMA 请求，就如同外部 DREQ 请求一样。

图6-37所示为请求字的格式，D_0D_1 的不同编码用来表示向不同通道发出DMA请求。在软件编程时，这些请求是不可屏蔽的，利用命令字即可实现使8237按照命令字的 D_0D_1 所指的通道，完成 D_2 所规定的操作，这种软件请求只用于通道工作在数据块传送方式之下。

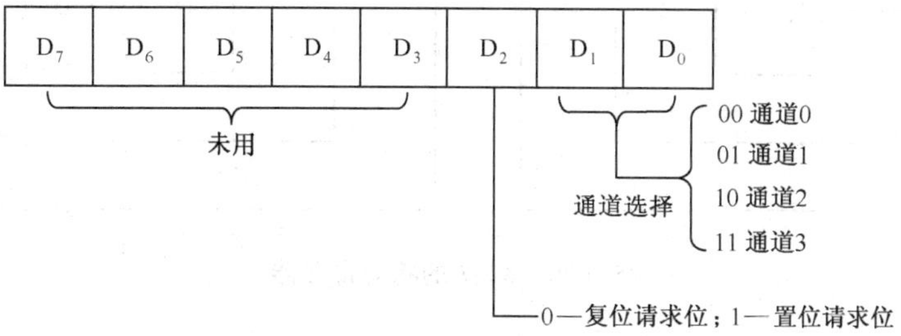

图6-37 8237请求寄存器

9）屏蔽寄存器：8237的屏蔽字有两种形式：①单个通道屏蔽字。这种屏蔽字的格式如图6-38所示。利用这个屏蔽字，每次只能选择一个通道。其中 D_0D_1 的编码指示所选的通道，$D_2=1$ 表示禁止该通道接收DREQ请求，当 $D_2=0$ 时允许DREQ请求。②四通道屏蔽字。可以利用这个屏蔽字同时对8237的4个通道的屏蔽字进行操作，故又称为主屏蔽字。该屏蔽字的格式如图6-39所示。它与单通道屏蔽字占用不同的I/O接口地址，以此加以区分。

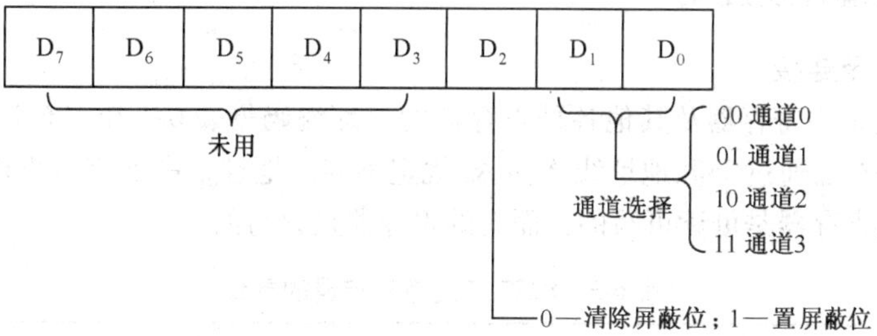

图6-38 8237的单通道屏蔽寄存器

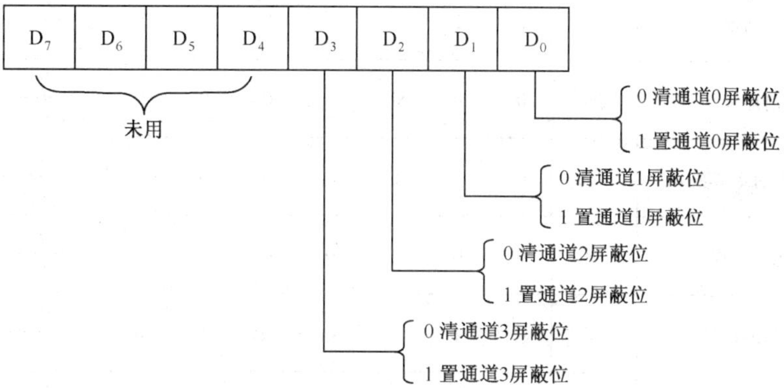

图6-39 8237四通道屏蔽寄存器

10）状态寄存器：状态寄存器存放各通道的状态，CPU读出其内容后，可得知8237的工作状况。主要有：哪个通道计数已达到计数终点——对应位为1；哪个通道的DMA请求尚未处理——对应位为1。状态寄存器的格式如图6-40所示。

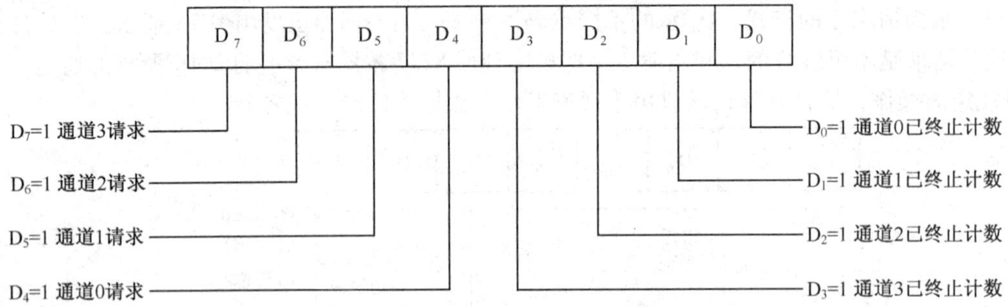

图 6-40 8237 的状态寄存器

11）暂存寄存器：用于存储器到存储器传送过程中对数据的暂时存放。

12）字节指针触发器：这是一个特殊的触发器，用于对前述各 16 位寄存器的寻址。由于前述各 16 位寄存器的读或写必须分两次进行，先低字节后高字节。为此，要利用字节指针触发器，当此触发器状态为 0 时，进行低字节操作。一旦低字节读/写操作完成后，字节指针触发器会自动置 1，再操作一次又会清零。利用这种机制，就可以进行双字节读/写操作，这样 16 位寄存器可以仅占用一个外设端口地址，高、低字节共用。

6.5.3 8237 的编程及应用

1. 8237 的寻址及连接

8237 的 4 个通道中寄存器及其他各种寄存器的寻址编码见表 6-3 和表 6-4。从表 6-3 中可以看到，各通道的寄存器通过$\overline{CS}$和地址线 $A_3 \sim A_0$ 规定不同的地址，高低字节再由字节指针触发器来决定。其中有的寄存器是可读可写的，而有的寄存器是只写的。

表 6-3 8237 各通道寄存器的寻址

通道	寄存器	操作	$\overline{CS}$	$\overline{IOR}$	$\overline{IOW}$	A_3	A_2	A_1	A_0	字节指针触发器	$D_0 \sim D_7$
0	基和当前地址	写	0	1	0	0	0	0	0	0	$A_0 \sim A_7$
										1	$A_8 \sim A_{15}$
	当前地址	读	0	0	1	0	0	0	0	0	$A_0 \sim A_7$
										1	$A_8 \sim A_{15}$
	基和当前字节数	写	0	1	0	0	0	0	1	0	$W_0 \sim W_7$
										1	$W_8 \sim W_{15}$
	当前字节数	读	0	0	1	0	0	0	1	0	$W_0 \sim W_7$
										1	$W_8 \sim W_{15}$
1	基和当前地址	写	0	1	0	0	0	1	0	0	$A_0 \sim A_7$
										1	$A_8 \sim A_{15}$
	当前地址	读	0	0	1	0	1	0	0	0	$A_0 \sim A_7$
										1	$A_8 \sim A_{15}$
	基和当前字节数	写	0	1	0	0	0	1	1	0	$W_0 \sim W_7$
										1	$W_8 \sim W_{15}$
	当前字节数	读	0	0	1	0	0	1	1	0	$W_0 \sim W_7$
										1	$W_8 \sim W_{15}$

（续）

通道	寄存器	操作	$\overline{CS}$	$\overline{IOR}$	$\overline{IOW}$	A_3	A_2	A_1	A_0	字节指针触发器	$D_0 \sim D_7$
2	基和当前地址	写	0	1	0	0	1	0	0	0	$A_0 \sim A_7$
										1	$A_8 \sim A_{15}$
	当前地址	读	0	0	1	0	0	1	0	0	$A_0 \sim A_7$
										1	$A_8 \sim A_{15}$
	基和当前字节数	写	0	1	0	0	1	0	1	0	$W_0 \sim W_7$
										1	$W_8 \sim W_{15}$
	当前字节数	读	0	0	1	0	1	0	1	0	$W_0 \sim W_7$
										1	$W_8 \sim W_{15}$
3	基和当前地址	写	0	1	0	0	1	1	0	0	$A_0 \sim A_7$
										1	$A_8 \sim A_{15}$
	当前地址	读	0	0	1	0	1	1	0	0	$A_0 \sim A_7$
										1	$A_8 \sim A_{15}$
	基和当前字节数	写	0	1	0	0	1	1	1	0	$W_0 \sim W_7$
										1	$W_8 \sim W_{15}$
	当前字节数	读	0	0	1	0	1	1	1	0	$W_0 \sim W_7$
										1	$W_8 \sim W_{15}$

从表6-4可以看出，利用$\overline{CS}$和 $A_3 \sim A_0$ 规定寄存器的地址，再利用$\overline{IOW}$或$\overline{IOR}$控制对其进行读或写操作。需要注意的是，所有方式寄存器共用一个端口地址；靠方式控制字的 D_1 和 D_0 位来区分不同通道。

表6-4　软件命令寄存器的寻址

$\overline{CS}$	A_3	A_2	A_1	A_0	$\overline{IOR}$	$\overline{IOW}$	功　能
0	1	0	0	0	0	1	读状态寄存器
0	1	0	0	0	1	0	写状态寄存器
0	1	0	0	1	0	1	非法
0	1	0	0	1	1	0	写请求寄存器
0	1	0	1	0	0	1	非法
0	1	0	1	0	1	0	写单通道屏蔽寄存器
0	1	0	1	1	0	1	非法
0	1	0	1	1	1	0	写方式寄存器
0	1	1	0	0	0	1	非法
0	1	1	0	0	1	0	字节指针触发器清0
0	1	1	0	1	0	1	读暂存寄存器
0	1	1	0	1	1	0	总清
0	1	1	1	0	0	1	非法
0	1	1	1	0	1	0	清屏蔽寄存器
0	1	1	1	1	0	1	非法
0	1	1	1	1	1	0	写4通道屏蔽寄存器

2. 8237 在系统中的典型连接

值得注意的是，8237 只能输出 $A_0 \sim A_{15}$ 共 16 位地址信号，这对于一般 8 位 CPU 构成的系统来说是比较方便的，因为大多数 8 位机的寻址范围就是 64KB。而在 8086/8088 系统中，系统的寻址范围是 1MB，地址线有 20 条，即 $A_0 \sim A_{19}$。为了能够在 8086/8088 系统中使用 8237 来实现 DMA，需要用硬件提供一组 4 位的页寄存器。

通道 0、1、2、3 各有一个 4 位的页寄存器。在进行 DMA 传送之前，这些页寄存器可利用 I/O 地址来装入和读出。当进行 DMA 传送时，DMAC 将 $A_0 \sim A_{15}$ 放在系统总线上，同时页寄存器把 $A_{16} \sim A_{19}$ 也放在系统总线上，形成 $A_0 \sim A_{19}$ 这 20 位地址信号实现 DMA 传送，其地址产生如图 6-41 所示。

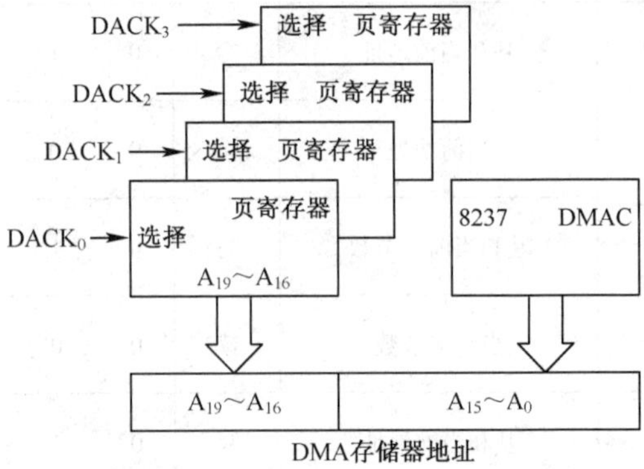

图 6-41 利用页寄存器产生存储器地址

图 6-42 所示是 8237 在 PC 中的连接简图。利用 74LS138 译码器产生 8237 的 $\overline{CS}$，8237 的接口地址可定为 000H ~ 00FH（注：在 $\overline{CS}$ 译码时 XA_4 未用）。

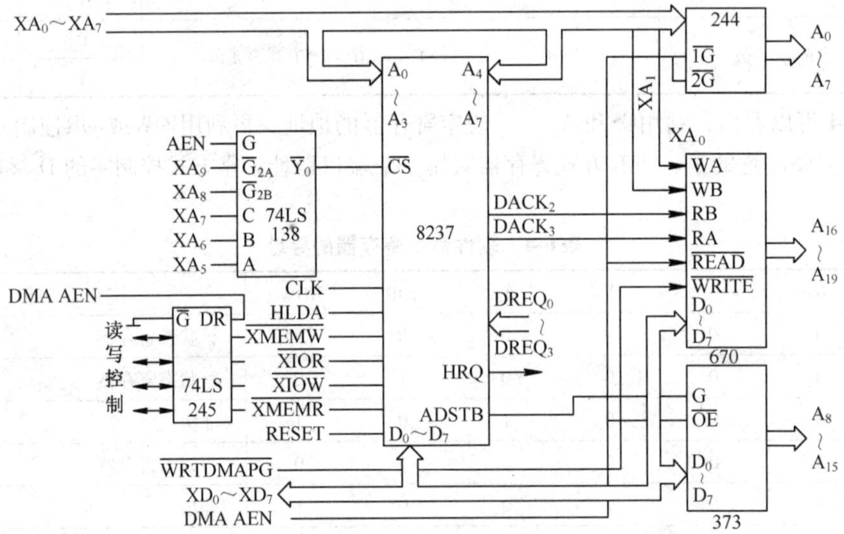

图 6-42 PC 中 8237 的连接

8237 利用页寄存器 74LS670、三态锁存器 74LS373 和三态门 741S244 形成系统总线的地址信号 $A_0 \sim A_{19}$。8237 的 $\overline{IOR}$、$\overline{IOW}$、$\overline{MEMR}$、$\overline{MEMW}$ 接到 74LS245 上，当芯片 8237 空闲时，CPU 可对其编程，加控制信号到 8237。而在 DMA 工作周期，8237 的控制信号又会形成系统总线的控制号。同样，数据线 $XD_0 \sim XD_7$ 也是通过双向三态门 74LS245 与系统数据总线相连接。

从前面的叙述中已经看到，当 8237 不工作，即处于空闲状态时，它是以接口的形式出现的。此时，CPU 经系统总线对它初始化，读出它的状态等并对它进行控制。这时，8237 并不对系统总线进行控制。当 8237 进行 DMA 传送时，系统总线是由 8237 来控制的。这时，8237 应送出各种系统总线所需要的信号。上述情况会大大增加 8237 连接上的复杂程度。最重要的问题是，不管在 8237 的空闲周期还是在其工作周期，连接上一定要保证各总线信号不会发生竞争。

3. 8237 的初始化

在对 8237 初始化之前，通常必须对 8237 进行复位操作，利用系统总线上的 RESET 信号或用表 6-4 所示的软件命令对 $A_3A_2A_1A_0$ 为 1101 的地址进行写操作，均可使 8237 复位。复位后，8237 内部的屏蔽寄存器被置位而其他所有寄存器被清 0，复位操作使 8237 进入空闲状态，这时才可以对 8237 进行初始化操作。

8237 的初始化流程图如图 6-43 所示。在图 6-43 中只画出 8237 一个通道的初始化过程。对于其他通道可顺序进行下去。

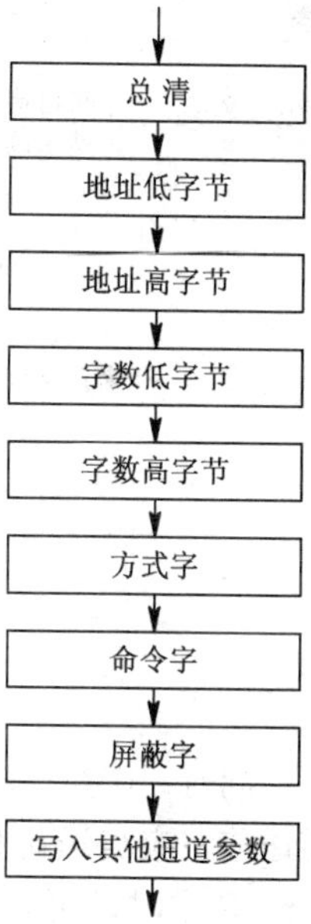

图 6-43　8237 的初始化流程图

下面抽出 PC 中 BIOS 对 8237 初始化部分加以说明：

1）为了对 DMAC 8237 初始化，首先进行总清。总清时只要求对总清地址进行写操作并不关心写入什么数据。

2）对 DMAC（8237）的 4 个通道的基地址寄存器与当前地址寄存器、基字节数寄存器及当前字节数寄存器先写入 FFFFH，再读出比较，看读/写操作是否正确。若正确，再写入 0000H，同样读出校验，若仍正确则认为 DMAC 工作正常，就开始对其初始化。若比较时发现有错，则执行停机指令。

由于每个通道的上述 4 个寄存器占用两个地址（见表 6-3），故将循环计数器 CX 的内容置为 8。

3）程序对 DMAC（8237）的通道 0 初始化。在 PC 中，通道 0 用于产生对动态存储器的刷新控制。利用可编程定时器 8253 每隔 15.0857μs 向 DMAC 提出 1 次请求。DMAC 响应后向 CPU 提出 DMA 请求。获得总线控制权后，使 CPU 进入总线放弃状态。在此 DMA 期间，DMAC 送出刷新行地址，并利用 $DACK_0$ 控制产生各刷新控制信号，对 DRAM 一行进行刷新。一行刷新结束，HRQ 变为无效，退出 DMA。此处给出通道 0 初始化程序如下：

```
OUT  DMA+0DH, AL     ; 总清 8237
MOV  DS, BX
MOV  ES, BX          ; 初始化 DS 和 ES
MOV  AL, 0FFH
OUT  DMA+1, AL
OUT  DMA+1, AL       ; 通道 0 的传送字节数为 64KB，先写低位，后写高位
MOV  DL, 0BH         ; 使 DX=000BH（方式字地址）
MOV  AL, 58H
OUT  DX, AL          ; 写方式字，单字节传送方式，每次传送行地址
MOV  AL, 0           ; 而后地址自动加 1，允许自动预置
OUT  DMA+8, AL       ; 写入命令字
OUT  DMA+10, AL      ; 写入屏蔽字（单通道屏蔽字）
```

另外，值得注意的是，在初始化通道 0 时，未对地址进行初始化。因为地址寄存器仅用于送出 DRAM 的行地址，总清后它们初始值为 0，而后根据方式字地址递增，实现每次刷新一行。再就是 PC 中 DMA 方式不是通过 CPU 的 HOLD 实现的，而是利用等待方式来实现的。这时 CPU 处于等待操作状态，把系统总线交给 DMAC 来控制。为了进一步理解 DMAC 的工作，下面再以 8237 从存储器把数据传送到接口为例，说明其初始化及工作过程。

DMAC（8237）的接口地址及连接简图如图 6-44 所示。图中接口请求传送数据的信号经触发

器 74LS74 的 Q 端形成，由三态门输出作为 DMA 请求信号。当 DMAC 响应接口请求时，送出存储器地址和$\overline{MEMR}$信号，使选中存储单元的数据出现在系统数据总线 $D_0 \sim D_7$ 上。

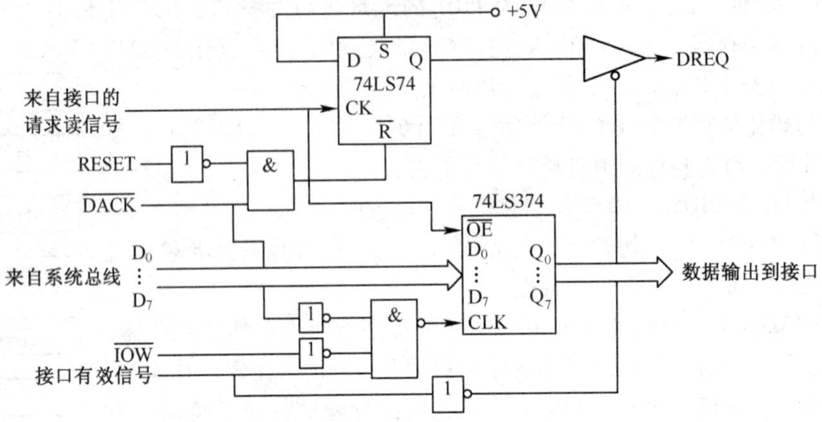

图 6-44　DMAC（8237）的接口地址及连接简图

同时，DMAC 送出$\overline{IOW}$控制信号，将存储单元的数据锁存在三态锁存器 74LS374 中。在开始传送前，应当送出接口有效信号。当然，该信号在系统工作中也可以一直有效。在接口请求 DMA 传送时，由图 6-44 所示的逻辑电路产生控制信号，使 CPU 暂停执行指令，同时将总线形成电路的输出置高阻。

DMA 初始化程序如下：

```
INITADM: OUT  DMA+13, AL     ; 总清
         MOV  AL, 40H
         OUT  DMA+2, AL      ; 送地址低字节到通道 1
         MOV  AL, 74H
         OUT  DMA+2, AL      ; 送地址高字节到通道 1，7440H 为通道基地址
         MOV  AL, 80H
         OUT  PAG, AL        ; 送页地址 1000B
         MOV  AL, 64H
         OUT  DMA+3, AL      ; 送传送字节数低字节到通道 1
         MOV  AL, 0          ; 0064H 表示 100 个字节
         OUT  DMA+3, AL      ; 送传送字节数高字节到通道 1
         MOV  AL, 59H        ; 通道 1 方式字：读操作，单字节传送
         OUT  DMA+11, AL     ; 地址递增，自动预置
         MOV  AL, 0          ; 命令字：允许工作，固定优先级
         OUT  DMA+8, AL      ; DACK 有效
         OUT  DMA+15, AL     ; 写入四通道屏蔽寄存器，规定允许 4 个通道均可请求
                             DMA 传送
```

程序中，将取数的存储单元的首地址 87440H 分别写到页寄存器（外加的三态输出寄存器）和 DMAC 通道 1 的高低字节寄存器中。这里每次传送一个字节，每传送 100 个字节结束循环。

为避免影响其他通道，开始也可以不用总清命令，可以换成只清字节指针触发器的命令，即：

```
MOV    AL, 0
OUT    DMA+12, AL
```

应当指出，DMA 方式传送数据具有最高的传送速度，但连接 DMAC 是比较复杂的。在实际工程应用中，除非必须使用 DMAC，否则就不使用它，而采用查询或中断方式进行数据传送。

IBM-PC/XT 机中，BIOS 对 8237 的初始化程序如下：

（1）对 8237A-5 芯片的检测程序　在系统上电后，要对 DMA 系统进行检测，其主要内容是对 8237A-5 芯片所有通道的 16 位寄存器进行读/写测试，即对四个通道的八个 16 位寄存器先写入全“1”后，读出比较，再写入全“0”后，读出比较。若写入内容与读出结果相等，则判断芯片可用；否则，视为致命错误。下面是 PC/XT 的 DMA 系统检测的程序。

```
      ；检测前禁止 DMA 控制器工作
      MOV   AL, 04H          ；命令字，禁止 8237 工作
      OUT   DMA+08, AL       ；命令字送命令寄存器
      OUT   DMA+0DH, AL      ；主清除 DMA 命令
      ；对 CH0～CH3 做全“1”和全“0”检测，设置当前地址、寄存器和字节计数器
      MOV   AL, 0FFH         ；对所有寄存器写入 FFH
C16:  MOV   BL, AL           ；为比较将 AL 存入 BL
      MOV   BH, AL
      MOV   CH, 8            ；置循环次数为 8
      MOV   DX, DMA          ；DMA 第一个寄存器地址装入 DX
C17:  OUT   DX, AL           ；数据写入寄存器低 8 位
      OUT   DX, AL           ；数据写入寄存器高 8 位
      MOV   AX, 0101H        ；读当前寄存器前，写入另一个值，破坏原内容
      IN    AL, DX           ；读通道当前地址寄存器低 8 位或当前字节计数器低 8 位
      MOV   AH, AL
      IN    AL, DX           ；读通道当前地址寄存器高 8 位或当前字计数器高 8 位
      CMP   BX, AX           ；比较读出数据和写入数据
      JE    C18              ；相同转去修改寄存器地址
      JMP   ERR01            ；不相同转出错处理
C18:  INC   DX               ；指向下一个计数器（奇数）或地址寄存器（偶数）
      LOOP  C17              ；CH 不等于 0，返回；CH=0 继续
      NOT   AL               ；所有寄存器和计数器写入全 0
      JZ    C16
```

（2）对动态存储器刷新初始化和启动 DMA

1）设定命令寄存器命令字为 00H。禁止存储器至存储器传送、允许 8237 操作、正常时序、固定优先权、滞后写、DREQ 高电平有效、DACK 低电平有效。

2）存储器起始地址 0。

3）字节计数初值 FFFFH（64 KB）。

4）CH0 工作方式。读操作、自动预置、地址加 1、单次传送。

5）CH1（为用户保留）工作方式。校验传送、禁止自动预置、地址加 1、单次传送。

6）CH2（软磁盘）、CH3（硬磁盘），对它们的工作方式的设置均与 CH1 相同。

程序如下：

```
；对存储器刷新初始化并启动 DMA
；全“1”和全“0”检测通道后，设置命令字
MOV AL，0              ；命令字为00H：禁止 M→M，允许 8237 工作
；正常时序，固定优先级、滞后写。DREQ 高有效 DACK 低有效
OUT   DMA +8，AL       ；写入命令寄存器
MOV   AL，0FFH         ；设 CH0 计数器值，即长为 64KB
OUT   DMA +1，AL       ；装入 CH0 字节计数器低 8 位
OUT   DMA +1，AL       ；装入 CH0 字节计数器高 8 位
MOV   AL，58H          ；CH0 方式字：DMA 读，自动预置，地址 +1，单次传送
OUT   DMA +0BH，AL     ；写入 CH0 方式寄存器
MOV   AL，41H          ；CH1 方式字
OUT   DMA +0BH，AL     ；写入 CH1 方式寄存器
MOV   AL，42H          ；CH2 方式字
OUT   DMA +0BH，AL     ；写入 CH2 方式寄存器
MOV   AL，43H          ；CH3 方式字
OUT   DMA +0BH，AL     ；写入 CH3 方式寄存器
MOV   AL，0
OUT   DMA +0AH，AL     ；清除 CH0 屏蔽寄存器。允许 CH0 请求 DMA，启动刷新
MOV   AL，01010100B
OUT   TIMER +3，AL     ；8253 计数器 1 工作于方式 2，只写低 8 位
MOV   AL，18
OUT   TIME +1，AL
```

PC/XT 采用 8253 定时器/计数器通道 1 和 8237 通道 0 构成刷新电路，8253 的通道 1 每隔 15μs 请求一次 DMA 通道 0，即 8253 的 OUT1，每隔 15μs 使触发器翻为 1，它的 Q 端发出 DREQ 信号去请求 8237CH0 进行一次 DMA 读操作。一次 DMA 读传送读内存的一行，并进行内存的地址修改。这样经过 128 次 DMA 请求，共花去 15μs × 128 = 1.92ms 的时间便能读 DRAM 相邻的 128 行，也就是说每 1.92ms 能保证对 DRAM 刷新一次。由于从内存任何位置开始对 128 行单元连续读，就能保证对整个 DRAM 在低于 2ms 内刷新一次。因此上述程序没有设置通道 0 的起始地址。由于 DMA 刷新需要连续地进行，因此 CH0 设置为自动预置。实际上，8237CH0 的计数器也不一定要设置为 FFFFH，这样设置使 CH0 终止计数信号为 15μs ×65536 =0.99s 有效一次。

6.5.4 通道控制方式

大型计算机系统中连接的 I/O 设备数量众多，操作频繁，要求整体速度快，这时再单纯依靠 CPU 中断和 DMA 控制等方式已不能满足要求；于是引入通道控制方式。

通道控制方式是 DMA 方式的进一步发展，实质上，通道也是实现外设和主存之间直接交换数据的控制器。通道与 DMAC 的主要区别在于：

1）通道比 DAMC 具有更强的独立处理数据输入/输出的功能。DMAC 是一种专门设计的硬件控制逻辑；而通道则是一个具有特殊功能的处理器，它有自己的指令系统，可以通过执行通道程序来实现对数据的传输控制，因此通道控制方式也称作专用 I/O 处理器控制方式。

2）通道通常可以同时控制多个同类或不同类的外部设备，而 DMAC 通常只能控制一个或少数几个同类设备。

系统中可以采用通道管理所有的 I/O 设备，也可以只用通道管理高速的 I/O 设备，而仍用 CPU 来控制低速的 I/O 设备。

习　题

6.1　CPU 与 I/O 设备之间的接口信号主要有哪些？I/O 接口的基本功能有哪些？

6.2　接口电路的主要作用是什么？它的基本结构如何？

6.3　什么是接口？什么是端口？在 8086/8088 微机系统中，CPU 是如何实现端口寻址的？

6.4　说明接口电路中控制寄存器与状态寄存器的功能，通常它们可共用一个端口地址码，为什么？

6.5　存储器映像的 I/O 寻址方式和 I/O 端口单独寻址方式各有什么特点和优缺点？

6.6　CPU 与外设之间的数据传输控制方式有哪几种？各有何优缺点？

6.7　何谓程序控制方式？它有哪两种基本方式？请分别用流程图的形式描述出来。

6.8　简述 CPU 与外设以查询方式传送数据的过程。现有一输入设备，其数据端口的地址为 0FEE0H，并从端口 0FEE2H 提供状态，当其 D_0 位为 1 时表明输入数据准备好。试编写采用查询方式进行数据传送的程序段，要求从该设备读取 64 个字节并输入到从 2000H：2000H 开始的内存中（程序中需加注释）。

6.9　用查询式将 DATA 开始的存储区的 100 个字节数据在 0FCH 端口输出，试完成程序，已知状态端口地址为：0FFH。

6.10　假设一台打印机的数据输出 I/O 口地址为 378H，状态口地址为 379H，状态字节的 D_0 位为状态位（$D_0=0$，表示打印数据缓冲区空，CPU 可以向它输出新数据；$D_0=1$，表示数据区满）。试编写一段程序，用查询方式从内存中以 BUF 为首址的单元处开始，将连续 1KB 的数据传送给打印机，每次送 1 字节。

6.11　什么叫 DMA 传送方式？试说明 DMA 方式传送数据的主要步骤。

6.12　试比较 DMA 传输、查询式传输及中断方式传输之间的优缺点和适用场合。

6.13　DMA 控制器芯片 Intel 8237 有哪几种工作方式？各有什么特点？

6.14　Intel 8237 支持哪几种 DMA 传输类型？

6.15　在微机与外设的几种输入/输出方式中，便于 CPU 处理随机事件和提高工作效率的 I/O 方式是哪一种？数据传输速率最快的是哪一种？

6.16　Intel 8237 占几个端口地址？这些端口在读/写时操作过程中的作用是什么？

6.17　试说明由 Intel 8237 控制，把内存中的一个数据块向接口传送的过程。

6.18　某 8086 系统中使用 8237 完成从存储器到存储器的数据传送，已知源数据块首地址的偏移地址值为 1000H，目标数据块首地址的偏移地址值为 1050H，数据块长度为 100 字节。试编写初始化程序，并画出硬件连接图。

6.19　某 8086 系统中使用 8237 完成从存储器到外设端口的数据传送任务，若已知通道 0 的地址寄存器、字节计数器、方式寄存器端口地址分别为 0EEE0H、0EEE1H 和 0EEE8H，要求通过通道 0 将存储器中偏移地址为 1000H～10FFH 的内容传送到显示器输出，试编写初始化程序。

第7章　中 断 系 统

中断是微处理器与外部设备交换信息的一种方式。微机中由于 CPU 指令速度通常都远远高于外设的响应速度，特别是一些慢速设备在没有中断技术的情况下，CPU 在与外设进行数据交换时，常需花费大量的时间等待外设对前一次数据的响应。而利用外部中断，微机系统可以实时响应外部设备的数据传送请求，能够及时处理外部随机出现的意外或紧急事件；利用内部中断，微处理器为用户提供了解决程序执行异常情况的有效方法。因此，中断是用以提高计算机工作效率的一种重要技术，而如何建立准确的中断概念和灵活掌握中断技术也是学好本门课程的关键问题之一。

本章主要讲述微机中断系统的基本概念、中断的处理过程以及 8086/8088 的中断系统，并将详细介绍可编程中断控制器 8259A 的工作原理及应用例程。

7.1　中断的基本概念

中断是在学习计算机接口技术中比较难掌握的一种技术，但这种中断处理方式和我们日常生活当中的事件有许多相似之处。例如：我们正在打计算机游戏（执行程序），手机开着；在玩游戏时（运行环境），手机响了（中断事件产生，申请中断）；我们通常会将游戏暂停，接听电话（中断处理过程）；接完电话再接着玩我们的游戏（中断返回，继续执行程序）。在这个过程中玩游戏的过程就好比计算机执行的“主程序”，接电话到电话结束后继续玩游戏的过程就是我们所说的“中断过程”。这里也请大家考虑一下，如果要让刚才中断的游戏正常运行，我们希望让计算机做些什么工作呢?

在计算机系统中，中断的应用非常普遍。用户使用键盘时，每击键一次都发出一个中断信号，告诉 CPU 有“键盘输入”事件发生，要求读入该键的键值。当磁盘驱动器准备好把一个扇区的数据传送到主存时，它会发出“数据传送准备好”的中断信号，告诉 CPU 要求处理。串行通信中当串行线路上已经到达了一个字符时，就会引起“接收数据准备好”的中断，要求及时读入这个字符。

最初，中断只是作为计算机与外设交换信息的一种同步控制方式而提出来的，因此中断源主要是由外部硬件产生。中断在处理一些紧急事件时特别有效。如系统发出数据出错（奇偶校验错误）或硬件故障（I/O 错）时，就会产生不可屏蔽中断（NMI），要求 CPU 立即去处理，保证系统的安全与正常运行。随着计算机技术的发展，特别是 CPU 速度的迅速提高，对计算机内部机制的要求也就越来越高，总希望计算机能随时发现各种问题，当出现各种意想不到的事件时，能及时妥善地处理。于是，中断的概念延伸了，除了传统的外部事件（硬件）引起中断外，又产生了 CPU 内部软件中断的概念。也就是说，中断可分为硬中断和软中断两种。在 Intel 高性能微处理器中，把因为内部意外条件而改变程序执行流程以报告出错情况和非正常状态的过程称为异常中断（简称异常）。

中断是由一不可知的事件引起的，CPU 响应中断后，将暂时停止正在运行的程序流程，而转去执行预定的处理，当这些不可预知事件的程序执行完毕，再返回被中断的程序。因此中断是指 CPU 在正常执行程序的过程中，由于内部/外部事件或由程序的预先安排，引起 CPU 暂时中断当前程序的运行而转去执行为内部/外部事件或预先安排的事件服务的子程序，待中断服务子程序执行完毕后，CPU 再返回到暂停处（断点）继续执行原来的程序，这一过程称为中断。或者说，中断就是 CPU 在执行当前程序的过程中因意外事件插入了另一段程序的运行。具有实现中断功能的控制逻辑称为中断机构或中断系统。

7.1.1 中断的用途

前面讲计算机 I/O 一般方法时已经提到过一些使用中断的理由，主要是讲到外部设备与计算机内部的 CPU 在工作速度上有着很大差距，如果一味让 CPU 等待外部设备就绪，就会造成 CPU 资源的极大浪费。而 CPU 速度的极大提高和外设速度相对缓慢，一直是计算机发展的一对主要矛盾。也正是这个矛盾，导致了中断的产生。

CPU 的中断功能的实现带来了以下好处。

1. 同步处理

有了中断功能的加入，CPU 再也不用停在某个地方等待外部某个缓慢的信息，它能够与外设同时工作。即 CPU 给外设发出启动命令后外设开始工作，则 CPU 可以开始执行另外的程序；而当外设需要数据交换时，便向 CPU 发出一个中断请求，CPU 中断当前正在执行的程序，而转去执行中断服务程序，完成外设的数据交换工作；外设的数据执行完毕后，CPU 再回到中断点继续执行程序。由于中断服务的时间一般在整个 CPU 运行时间占比重很小，CPU 总是有能力处理好几个外设的中断，这种处理称为后台处理。这样的后台处理对前台影响很小，就好似有几台计算机同时运行一样，大大提高了计算机运行效率，提高了计算机输入/输出能力。

2. 实现了实时处理

在计算机进行自动化控制时，一个系统中有数十个或上百个数据需要 CPU 去处理，此时实时性是首要考虑的问题，一般解决方案就是使用中断来处理数据。当某个事件发生时，例如温度超过了上限，外部设备便向 CPU 发中断请求，这样就得到 CPU 的及时反应，实现了实时处理。这种对多个事件的实时处理是其他输入/输出方式所做不到的。

3. 多道程序或多重任务的运行

由于 CPU 速度越来越快，为了提高系统的效能，满足各种应用的需要，在操作系统的调度下，要使 CPU 运行多道程序或多重任务，这必须借助于中断。一道程序需要等待外设 I/O 操作结果时，就暂时“挂起”同时启动另一道程序运行，I/O 操作完成后再排队等待运行。也可以给每道程序分配一个固定的时间间隔，利用时钟定时中断进行多道程序的切换。因为 CPU 速度快，I/O 设备速度慢，各道程序感觉不到 CPU 在做其他的服务，好像专为自己服务一样。

4. 突发事件处理

在计算机运行过程中，总会有一些异常的事件发生，这些事件产生之前没有预兆，不是计算机人员所能处理的，比如电源的突然中断，数学计算的错误，计算机系统的故障等，这些致命故障必须及时处理好，如果用中断，计算机就能及时地进入中断服务程序，按事先编好的程序进行处理，保存数据，切换故障部件，而不必停止计算机的运行。

7.1.2 中断源

凡是能引起中断的设备或事件统称为中断源。中断源是多种多样的，按其性质可以分为外部中断源和 CPU 内部的中断源。具体分以下几种：

（1）内部中断源　位于 CPU 的内部。主要的内部中断源如下：

①程序执行 INT 软件中断指令，如 INT 21H、INT 10H 等。

②程序调试过程中设置的中断。一个程序编写好，必须经过反复的调试才能可靠地工作。在程序调试过程中，为了检查中间结果或为了寻找毛病所在，经常需要在程序运行过程中设置一些断点或进行单步工作（一次只执行一条指令），这就需要中断系统来实现。

（2）外部中断源　通过 CPU 的中断请求引脚接收的中断请求信号。主要的外部中断源如下：

①外部设备状态中断。计算机与外设进行数据交换时，外设通过中断的方式，将自己的状态通知计算机，以决定是否进行数据的传递。一般状态分为准备好、空闲和故障，比较典型的来源是打印机、键盘。

②数据通道中断源。当外设与计算机内存之间用某种方式进行大量数据交换时，一般也是通过中断方式来通知 CPU 数据传输的结束。典型设备如磁盘机，还有一些多媒体部件，如声卡。

③实时时钟。在控制中，常要遇到时间控制，若用前面章节提到的用 CPU 指令完成的软件延时的方法，则在这段时间里，CPU 就不能做别的工作，降低了 CPU 的运行效率。所以，在微机系统中常常采用外部时钟电路来产生实时时钟。当需要定时时，CPU 发出命令，令时钟电路（例如利用 8253 可编程定时器芯片确定不同的定时时间）开始工作，待规定的时间到了后，时钟电路发出中断申请，然后由 CPU 加以处理。

④故障源。由硬件故障引起的，主要有电源掉电、奇偶校验错、协处理器中断请求等情况。它是计算机及时处理自身故障的中断信号源。由于故障的发生关系到计算机全部数据的安全，尤其是在进行复杂工业控制的计算机系统，更是关系到经济损失和人身安全，所以这类中断源所申请的优先级别应较高。当中断被执行后，要进行程序运行断点保存，数据保存和切换故障部件。例如电源失电，就要求把正在执行程序的断点（如 PC 指针、各个寄存器的内容和标志位状态等）保留下来，以便重新供电后能从断点处继续运行。

对于外部中断源，根据 CPU 响应的方式又可以分为不可屏蔽的中断源和可屏蔽中断源。对于不可屏蔽中断（NMI），当发出中断请求后不论 CPU 是否允许中断，都会立即响应。故障源中断属于这一类。一旦因故障发出中断申请，CPU 会立即响应并执行相应的处理程序。而对于可屏蔽中断（INTR），只有在开放中断方式的状态下 IF = 1，CPU 才会响应中断源发出的中断请求信号，执行相应的中断服务程序；否则 IF = 0，即使中断源发出了中断请求，CPU 也不理睬该中断源。大多数外部设备发出的中断请求信号属于这一类。

7.1.3　中断系统的功能

为了实现上述中断功能，一个计算机系统在正确执行中断时应该具备如下一些基本功能。

1. 中断的实现与返回

当 CPU 收到某个中断源发出的中断请求后，CPU 要确定当前的工作可否被中断（也就是说，中断服务程序是否比正在执行的程序更重要），即判断是否可以中断正在执行的程序继而转去执行中断服务程序，但中断响应并不是一个简单的跳转过程。由于中断的随机性，所以当 CPU 接到中断请求时，并不确定是在程序运行的什么地方，为了使原程序能在中断处理结束后能继续正常运行，CPU 一般是这样做的：CPU 必须在现行的指令执行完后，将中断断点处 CS 和 IP 值（也就是下一条将要执行的指令逻辑地址）保存起来，并将相关的寄存器和标志位的值压入堆栈，在中断服务程序执行前所进行的这些压栈工作被称为保护现场。然后转到需要处理的中断源服务程序（Interrupt Service Routine）的入口，同时清除中断请求触发器。当中断服务程序执行完毕后，CPU 将执行开始步骤的逆过程，恢复寄存器和标志位的状态，并恢复 IP 和 CS 值（即恢复到原程序继续运行的初始环境，也叫作恢复现场），使 CPU 继续执行断点处的程序，一次中断结束。

2. 能实现优先级别排队

通常计算机在运行过程中，可能会有多个中断源同时向 CPU 提出中断申请，这个时候应该先响应哪一个中断？合理的做法是要求设计者事先根据轻重缓急，给每个中断源确定不同的相应级别，也就是在实际的计算机系统中，为不同的中断源设定不同的优先级（Priority)。这样，当不同中断源的中断请求同时到来时，CPU 就可以根据事先设定好的中断优先级别，将这些申请排队，先去执行那些重要任务（优先级高的任务)，当优先级别高的任务执行完毕后，再去执行优先级别低的任务，使系统形成有序的事件处理能力。

3. 能实现中断的嵌套

当 CPU 响应了某一个中断请求，正在执行该中断服务程序时，又有另一个中断源向 CPU 发出了中断请求，由于中断源具有不同的优先级别，CPU 响应将会分为两种情况：①如果新来中断的优先级等于或低于当前正在响应中断的优先级，很简单，CPU 将新来的中断排到中断队列中，继续执行当前的中断服务程序，执行完毕后再去执行新的中断；②但如果新来的请求的级别高于正在执行中断的级别，CPU 则不得不打断正在执行的中断服务程序而去执行新的、更高一级的中断服务程序。而这一次的中断和普通中断一样，也要保存现场，执行完新的中断程序（更高一级的）后恢复过来，依次逐层返回。如果中断优先级多的话，则有可能出现更多层次的嵌套。图 7-1 为两级中断嵌套示意图，其中为了在较低级的中断服务程序中能及时响应相对更高的中断请求，必须在进入中断服务程序后尽快地设置开中断指令 STI（1 号中断优先级低于 2 号中断优先级)。

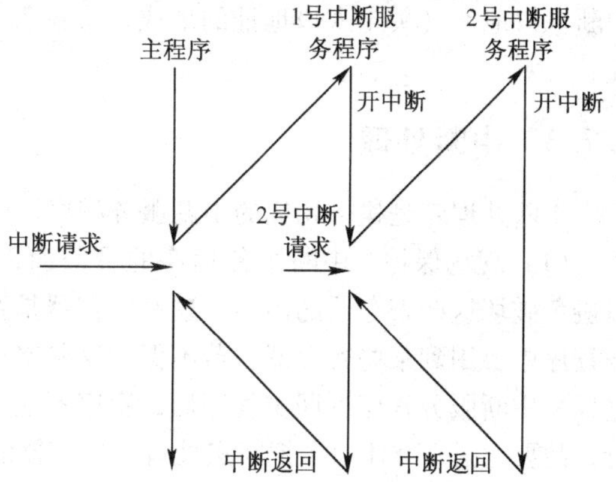

图 7-1 中断嵌套示意图

7.2 中断处理过程及中断源识别

一个完整的中断过程应包括以下四个步骤：中断请求、中断响应、中断服务和中断返回。下面以外部可屏蔽中断处理过程为例介绍一下中断的处理过程，内部中断和外部不可屏蔽中断较为简单，在本节最后部分会简单介绍。

7.2.1 中断请求

中断请求是中断处理过程中的第一步。当外设要求 CPU 为它服务时，都要发送一个“中断请求”信号给 CPU 进行中断申请，相应的中断请求操作步骤如下：

1）CPU 在执行完每条指令后去检测 INTR 引脚是否有外部设备发来的“中断请求”。如果有“中断请求”进入第 2 步，否则退出中断过程，直接执行下一条指令。INTR 引脚的中断请求信号高电平有效，要求保持高电平到中断响应为止。

2）检查标志寄存器中中断允许位 IF 的状态。只有当 IF 为“1”时（开放中断时)，CPU 才能响应中断；若 IF 为“0”（关闭中断)，即使 INTR 线上有中断请求，CPU 也不会响应。IF 的状态可以分别用 STI 指令实现开中断，CLI 指令实现关中断。例如，当 CPU 复位时，中断允许触发器为“0”（关中断)，必须要用 STI 指令来打开中断。通过这一步骤实现对于外设的中断请求有条件的许可。

7.2.2 中断响应

CPU 接收到中断请求后，如果可响应中断，在当前指令执行结束之后，立即转入中断响应过程，转入到中断响应后要做以下几件事情：

（1）关中断 CPU 8086/8088 在响应中断后，发出中断响应信号 INTA 的同时，内部自动地实现关闭中断（此时禁止再次响应 INTR 信号）。

（2）保存断点 CPU 响应中断，锁定 IP + 1（下一条指令地址），并且把 FLAGS、CS 和 IP 压入堆栈保留，以备中断处理完毕后，能返回主程序。

（3）给定中断入口，转入相应的中断服务程序 8086/8088 是由中断源提供的中断向量形成中断入口地址（关于入口地址的形成，将在 7.3.4 节有详细的叙述）——中断服务程序的起始地址。

7.2.3 中断处理

中断处理就是执行相应的中断服务程序。中断处理程序要做以下几件事：

（1）现场保护 中断服务程序的最前面，把中断程序中可能使用的寄存器内容一一进栈，以避免破坏这些寄存器的内容。这些寄存器是否保护则由用户根据使用情况而定。由于在中断服务程序中要用到某些寄存器，若不保护这些寄存器在中断前的内容，中断服务程序会将其修改，这样从中断服务程序返回主程序后，程序不能正确执行。为了使中断处理程序不影响主程序的运行，故要通过 PUSH 指令把断点处有关寄存器的内容压入堆栈予以保护。由用户对这些寄存器的内容进行保护的过程称为保护现场。

（2）开中断 在中断响应中 CPU 会自动关闭中断，这样做是为防止在中断响应过程中被其他级别更高的中断打断，避免在获取中断类型号时出错。但在某些情况下，有比该中断更优先的情况要处理，此时，应停止对该中断的服务而转入优先级更高的中断处理，故需要利用 STI 指令再开中断，若不允许嵌套，也可不开中断（单一中断处理就属于这种情况）。

（3）执行中断程序 中断服务程序的功能与中断源的要求相一致，即 INTR 外部中断期望与 CPU 交换数据，则在中断服务程序中，主要进行 I/O 操作。NMI 外部中断期望 CPU 处理故障，则中断服务程序的主要内容是进行故障处理。

（4）关中断 由于在上述第 2 步中有开中断，因而在此处对应一个关中断过程，是为确保无干扰地实现中断返回。关中断的指令是 CLI。

7.2.4 中断返回

中断返回的操作是将中断执行过程结束，包含以下步骤：

（1）恢复现场 为保护中断服务程序结束后正确返回原来被中止了的程序，原来使用的寄存器内容不变，在 8086/8088 的中断服务程序中，将现场保护步骤中保护的内容利用 POP 指令从堆栈弹出，送回 CPU 中的原来位置。这个过程与保护现场相对应，称之为恢复现场。

（2）中断结束后的开中断与返回 此处的开中断对应 CPU 中断响应后自动关中断，在返回主程序前，也就是中断服务程序的倒数第二条指令往往是开中断指令，以便中断返回后，其他的可屏蔽中断请求能再次得到响应。

中断服务程序的最后一条指令都无一例外地使用中断返回指令 IRET。该指令使得原来在中断响应过程中的 IP、CS 和 FLAGS 值依次从堆栈中弹出（即恢复断点地址和标志寄存器中的内容），以便继续执行原来的程序。上述过程如图 7-2 所示。但在这里值得大家注意的是：该流程图说明的是整个中断响应的过程，而并非编程流程图，图 7-2 中的“指令结束?”无法用指令实现判断，而是计算机自己执行的步骤，“有中断请求?”在这里也是通过硬件自动感知的，在编程的时候不需要询问。

7.2.5 中断响应的时序

当 CPU 收到中断控制器提出的中断请求 INT 后，如果当前的一条指令已经执行完，且中断允许标志位 IF = 1，CPU 进入中断周期，它要通过总线控制器发出两个连续的中断应答信号$\overline{INTA}$完成一个中断响应周期。中断响应时序图如图 7-3 所示。

从图 7-3 可以看出，一个中断响应周期完成以下两个工作：

1）当总线控制器发出$\overline{INTA_1}$后，8259A 进行优先级排队判优处理，将判断后的优先级最高的中断请求端子对应的 ISR 中相应位置“1”，对应的 IRR 中该位置“0”。

2）当总线控制器发出$\overline{INTA_2}$后，8259A 把当前中断服务程序所对应的中断类型码放到数据总线上由 CPU 读入。

需要注意，内部中断没有中断请求过程，其中断类型码由指令直接给出，中断执行过程只有中断响应、中断处理和中断返回。外部不可屏蔽中断由 NMI 端子引入中断请求，其中断类型号固定为 2（即中断服务程序的入口地址固定），其他执行过程如内部中断相同。

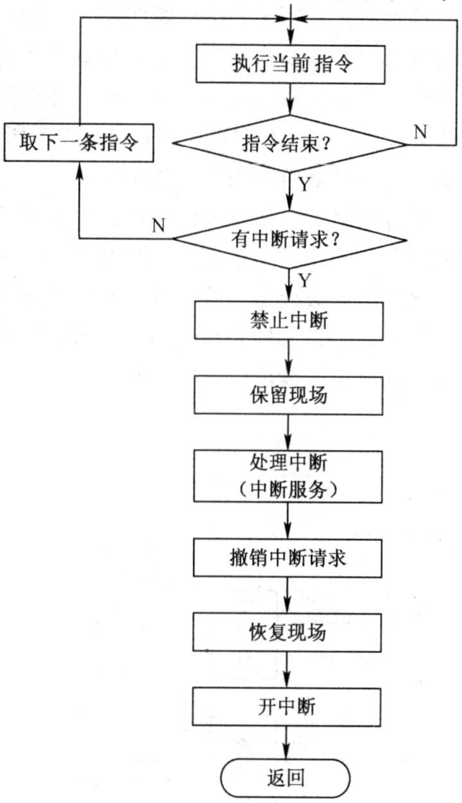

图 7-2 中断响应、服务和返回的流程图

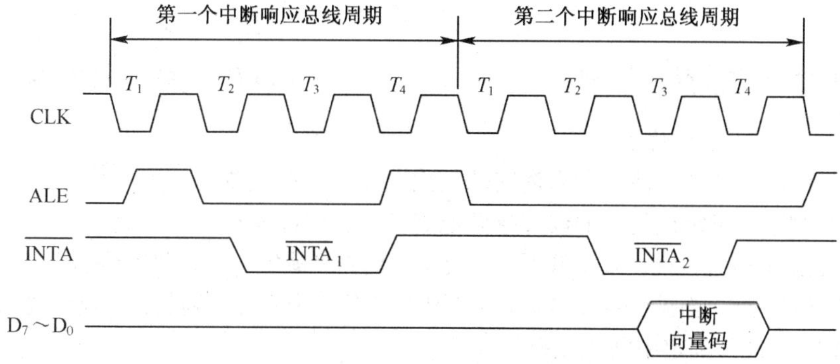

图 7-3 中断响应时序图

7.2.6 中断源的识别

一个实际的系统是存在多个中断源的，但是，由于 CPU 引脚的限制，硬件上只有一根中断请求线。于是，当有多个中断源同时请求的时候，就要求 CPU 能够识别是哪些中断源产生的中断请求，判别和比较它们的优先级，并响应优先级最高的中断请求。同时，当微处理器正在处理

中断时，也要能够响应更高级别的中断请求，并能够屏蔽掉同一级或是较低级的中断申请。判别和确定各个中断源的优先权，有软件和硬件两种方法。

1. 查询中断（软件识别中断优先权）

这种方式常用于多个中断源需通过同一引脚向 CPU 申请中断的情况。利用软件的查询程序，当有外部设备申请中断时，在中断响应条件满足的情况下，CPU 响应中断后在中断服务程序中通过查询，确定是哪些外设申请中断，并根据预先的定义判断它们的优先权。软件查询接口电路如图 7-4 所示，软件查询程序流程如图 7-5 所示。中断响应后，CPU 执行中断服务程序。该服务程序的第一件事情就是判断究竟是哪个中断源申请的中断，从而将程序跳转至相应的程序段，进行有针对性的服务。接口电路图中，中断请求状态接口由锁存器和三态缓冲器构成，选通该接口可读取（根据不同的位值识别相应中断源）状态。用软件查询时只要按一定的优先顺序依次查询状态接口的有效标志，就可以判断中断源以及谁是具有优先权较高的中断源。当有多个中断源同一时间申请时，必然先查到的中断请求先得到服务，这就实现了中断优先权的排队。因此，通过改变查询次序，就可以改变中断的优先权。

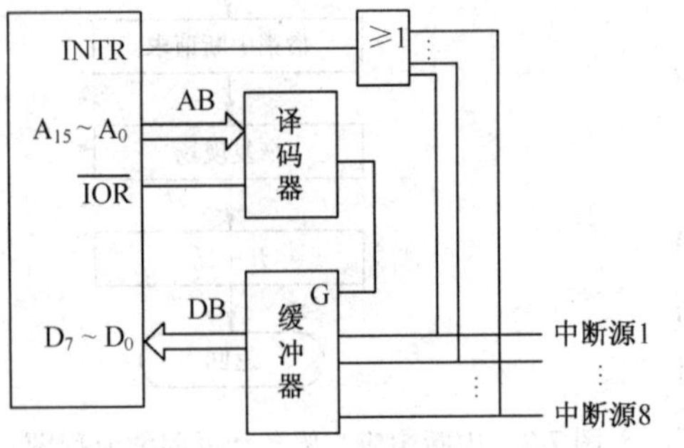

图 7-4　软件查询接口电路

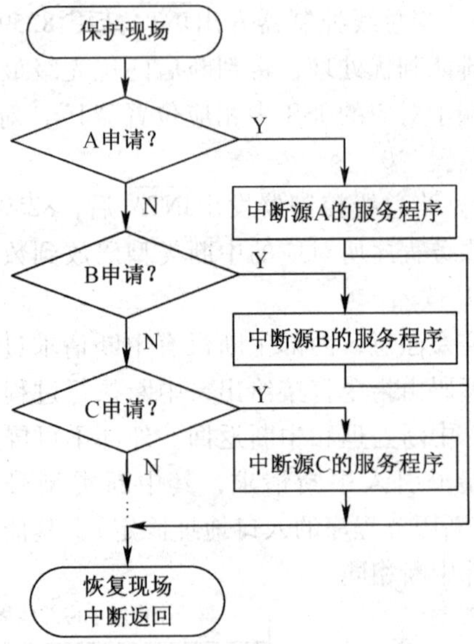

图 7-5　软件查询程序流程

综上所述，查询方法的优点是：

1）优先权的次序调整方便。最先询问的，优先权的级别最高。

2）无需有判断和确定优先权的硬件排队电路，节省硬件成本。

但这种方法的响应过程慢，效率低下。如要实现优先级最低的中断源申请的服务，必须先将优先级高的设备查询一遍，当设备较多时，有可能优先级低的中断源得到服务响应的时间将会更久。

2. 矢量中断（硬件确定中断优先权）

这里仅介绍一种编码器和比较优先权排队电路的实现方案。该电路主要由 8/3 优先权编码器、优先权寄存器和 3 位数字比较器组成，如图 7-6 所示。这种电路适用于外部中断源比较少的场合，它能实现多中断请求时中断优先级的排序和多层中断时的中断级别判别。

多个中断请求信号接在编码器的输入端（编码数字小的优先权高），当其中一个或多个有效时，该电路选出优先权最高的中断源。假设中断请求 1 和中断请求 2 同时有效，因中断请求 1 优先，所以编码器将输出中断请求 1 对应的编码 001。下面分三种情况进行分析。

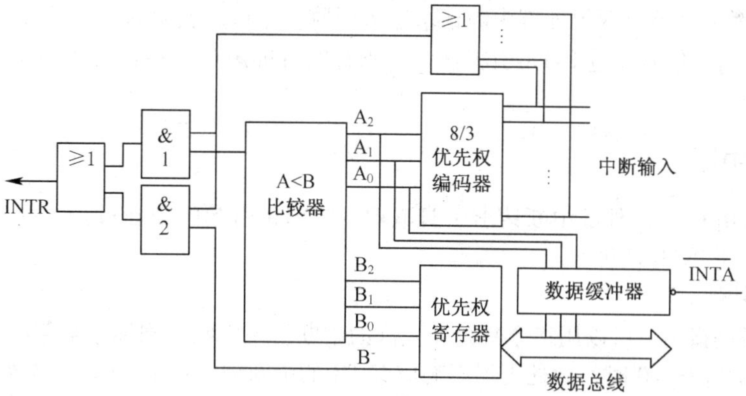

图 7-6　中断优先级编码电路

第一种情况是如果此时 CPU 没有正在服务的中断，则优先级寄存器将输出端 B（比较器失效）信号置为高电平，它选通 2 号“与”门电路，将中断请求信号送往 CPU 的 INTR 进行中断请求。

第二种情况是若此时 CPU 正在执行中断服务程序，设它为高优先权的中断请求 0，则优先权寄存器中将保留它的编码 000，此时优先权寄存器输出端 B（比较器失效）为低电平，于是将 2 号“与”门封锁。此时，若中断请求 1 有效，比较器的“A < B”端将输出低电平无效信号（因 001 > 000），又封锁了 1 号“与”门，使得 INTR 不能发出有效信号。

第三种情况是若此时 CPU 正在执行中断服务程序，设它为高优先权的中断请求 0，则优先权寄存器中将保留它的编码 000，此时优先权寄存器输出 B（比较器失效）为低电平无效态，于是将 2 号“与”门封锁。若当前正在服务的中断为低优先权的中断请求 3（编码为 011），此时，若中断请求 1 有效，则比较器的“A < B”端将输出高电平有效信号（因 001 < 011），使后面的 1 号“与”门打开选通，使得 INTR 信号得以输出，并可能形成中断嵌套。

CPU 响应中断请求后，发回中断响应信号$\overline{INTA}$，$\overline{INTA}$选通数据缓冲器，将中断类型号送到数据总线上，CPU 从数据总线上读取中断类型号后，就可以通过这个中断类型号在中断向量表上找到该设备的中断服务程序入口地址，转入中断服务程序。

除了上述一些方法外，目前，在微型机系统中解决中断优先级管理的最常用的办法是采用可编程中断控制器。在 8086/8088 系统中，绝大多数场合都利用中断控制器来实现中断优先级管理。下面将详细讲述 8086/8088 系统中的中断控制器 8259A 的工作原理和应用。

7.3　8086/8088 的中断系统

8086/8088 微处理器用 8 位二进制码表示一个中断类型，因此可以有 256 个不同的中断。这些中断可以划分为内部中断、外部不可屏蔽中断和外部可屏蔽中断三类，如图 7-7 所示。

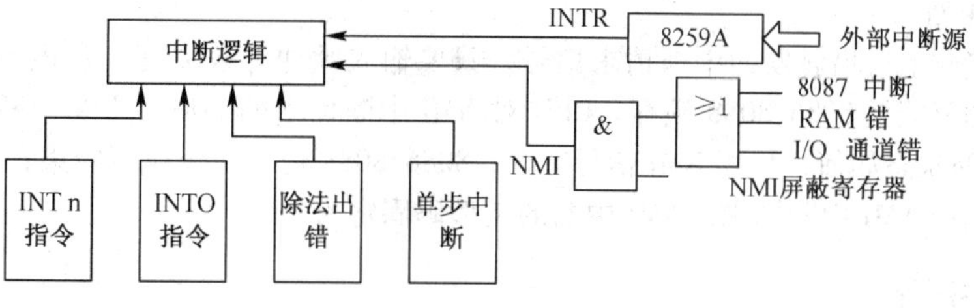

图 7-7　8086 中断系统结构

8086/8088 微处理器有两根外部中断请求输入引脚，不可屏蔽中断请求信号通过 NMI 引脚输入，可屏蔽中断请求信号通过 INTR 引脚输入。所有的可屏蔽中断源由可编程中断控制器 8259A 统一管理。

7.3.1 外部中断

外部中断是由 CPU 的外部中断请求引脚 NMI 和 INTR 引起的中断过程，可分为非屏蔽中断 NMI 和可屏蔽中断 INTR 两种。

1. 可屏蔽中断

可屏蔽中断是指用户可以用指令禁止和允许的中断。该中断受到标志寄存器中的中断允许标志位 IF 的控制。当 IF = 0 时，微处理器不响应 INTR 的中断请求；IF = 1 时，微处理器响应 INTR 的中断请求。用 STI 指令可使 IF = 1，即为开中断；用 CLI 指令使 IF = 0，即为关中断。除此之外，外部中断源通过 INTR 引脚向 CPU 发送中断请求，由于 CPU 每条指令最后一个时钟周期才对 INTR 引脚采样，故还需保持一定的信号宽度。

系统复位后，或微处理器响应了任何一种中断（内部中断、NMI、INTR）后，均会使 IF = 0。因此，一般情况下需用 STI 指令使得 IF = 1，确保中断开放。

8086/8088 的可屏蔽中断源通常用于各种外部设备的中断。微型计算机的外设一般有硬盘、键盘、显示器和打印机等。这些外部设备常通过 8259A 可编程中断控制器与 CPU 相连，每个 8259A 可接收 8 个外部设备的中断请求。外部设备将中断请求信号送到 8259A 的输入端，8259A 根据屏蔽状态决定是否给 8086/8088 的 INTR 发送高电平有效的中断请求信号。8086/8088 响应中断请求以后给 8259A 发出中断应答信号 $\overline{INTA}$ 信号，8259A 利用此信号，将已向 8259A 提出中断请求且中断优先级别最高的中断类型码送给 8086/8088。INTR 中断的类型码可以是 8 ~ 255。以 IBM PC 微机为例，其 8259A 的 IR_0 ~ IR_7 中断源设置见表 7-1。

表 7-1 IBM PC 的 8259A 外部中断源

8259A 的输入引脚序号	中断类型号	中断源
IR_0	08H	定时器（0 通道）
IR_1	09H	键盘
IR_2	0AH	彩色图像接口
IR_3	0BH	保留（通信）
IR_4	0CH	串行接口（RS-232）
IR_5	0DH	硬盘
IR_6	0EH	软盘
IR_7	0FH	打印机

2. 非屏蔽中断

NMI 引脚接收上升沿触发的中断请求信号，只要输入脉冲有效宽度（高电平有效时间）大于两个时钟周期就能被 8086/8088 锁存。CPU 对 NMI 中断请求的响应，不受中断允许标志位 IF 控制。不管 IF 的状态如何，只要 NMI 信号有效，8086/8088 现行指令执行结束，且没有 DMA 请求，都会立即响应 NMI 中断请求。NMI 中断的类型码固定为 2。

7.3.2 内部中断

8086/8088 的内部中断通常由下面 3 种情况引起：

①由执行中断指令 INT 引起的中断。

②由于 CPU 的某些错误引起的中断。

③为调试程序设置中断。

1. INT n 指令中断

8086/8088 指令系统中有一条中断指令 INT n，8086/8088 每次执行完一条 INT 指令，会立即产生中断，中断指令中的操作数 n 为一字节，指出中断类型，由此得到中断服务程序的入口地址。

2. 处理 CPU 某些错误的中断

CPU 在执行程序时，如果出现运算错误，为了能及时处理这些错误，CPU 就用中断的方式终止正在执行的程序，待用户改正错误后，重新运行程序。

1）除法错中断。除法错的中断类型为 0。在执行除法指令的时候，如果发现除数为 0 或商超过寄存器所能表示的数的范围，则立即产生一个类型为 0 的中断。

2）溢出中断（INTO）。溢出中断的类型为 4。这种中断用来检查带符号数的运算是否发生溢出。其使用方法是：在程序中算术运算指令后紧跟一条 INTO 指令，执行 INTO 指令时，便检测 OF 溢出标志的状态。若 OF = 1，则产生溢出中断，进行溢出中断处理，若 OF = 0，则不产生溢出，程序顺序执行。

3. 为调试程序设置的中断

一个新的程序编制好以后，必须上机调试。在调试程序时，为了检查中间结果或寻找程序中的问题，往往需要在程序中设置断点或进行单步工作（一次仅执行一条指令）。这些功能都是由中断系统来实现的。

1）单步中断。用单步的方式运行程序是一种很有用的调试方法。当标志位 TF = 1 时，每执行完一条指令，CPU 便自动产生类型为 1 的中断，即单步中断。用此中断，可以一条指令一条指令地跟踪程序的流程，观察 CPU 每执行一条指令后，各寄存器及有关存储单元的变化，从而查找产生错误的原因。

2）断点中断。断点中断也是供调试程序使用的，其中断类型为 3。在调试程序时，通常把程序按功能分成几段，然后可每段设一个断点。当 CPU 执行到断点时便产生中断，这时用户便可以检查各个寄存器及有关存储器的内容了。实际上设置断点是把一条断点指令 INT 3 插入程序中，CPU 每执行到断点处的 INT 3 指令，便产生中断。

7.3.3 中断优先级

8086/8088 在遇到上述各类中断时，为了使系统有序地进行，需对中断划分优先级。内部中断的优先级别最高（单步中断除外），其次是不可屏蔽中断（NMI），单步中断的优先级别最低。

在当前一条指令执行过程中，CPU 对各种中断源按照优先顺序进行识别，若有中断请求或软中断指令，则在当前指令执行完后，CPU 予以响应，并自动把控制转移到相应的中断服务程序。如果在当前指令周期内无任何中断请求，则顺序执行下一条指令。

7.3.4 中断向量和中断向量表

中断源发出的中断请求是随机的，就像本章前面举的生活中的例子，你在打游戏的时候不会知道手机什么时候一定会响。在程序运行的时候，无法预知中断出现的时刻，只能在 CPU 响应中断后，按照一套有效的方式取得相应的中断服务程序入口地址，转向相应的中断服务程序。

8086/8088 CPU 采用的方式是将 256 种类型的中断服务程序入口地址建立一张表，即中断服务程序入口地址表，或称为中断向量表。

中断向量表安排在内存的前1KB，即地址为00000H～003FFH的区间。它可以容纳256个中断向量（类型），每个中断向量占用连续4个字节的内存地址，其中2个低地址字节用于存放相应中断服务程序入口地址的IP值（又称为偏移地址），2个高地址字节用于存放服务程序的CS值（段基址）。各服务程序的偏移地址IP和段基址CS在中断向量表中按中断类型号的顺序从小到大依次存放，将每个中断向量在该表中的地址称为中断向量指针，如图7-8所示。由于中断向量表中的向量是按其中断类型号n从小到大排列的，因此给定一个中断类型号n，就能求出它的向量地址，两者的关系为：向量地址＝0000H：n×4（其中n×4即为偏移地址）。也就是说，中断向量在中断向量表中的存储顺序是以中断类型号为索引的。中断类型号乘以4就是该中断向量在中断向量表中的开始地址。例如中断类型号为1，其中断向量就在00004H～00007H地址，其中00005H与00004H单元中存放中断服务程序入口地址的IP值，00007H与00006H单元中存放中断服务程序的CS值。

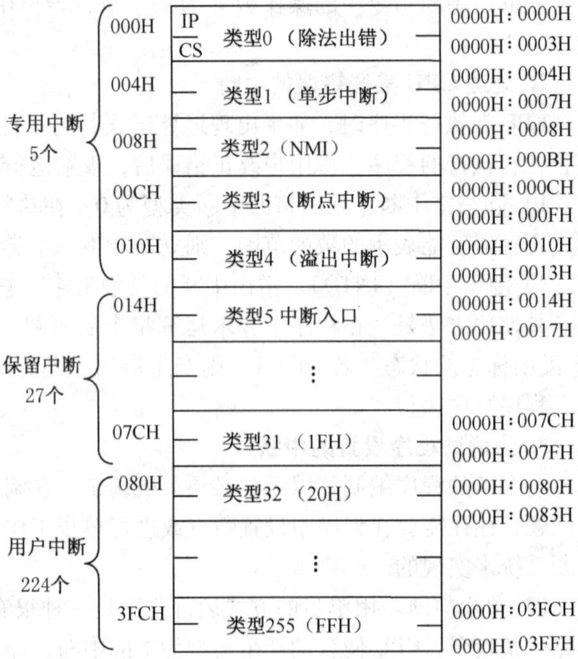

图7-8　8086/8088中断向量表

在8086/8088系统中这256个中断可以分为以下三类。

1）专用中断（类型0～4）。它们已有明确的定义和处理功能，分别对应于除法出错、单步中断、不可屏蔽中断、断点中断和溢出中断。系统已定义，不允许用户修改。

2）系统保留中断（类型5～31）。这是提供给系统使用的中断。在这些中断中，有些没有使用，但为了保持系统之间的兼容和升级等，用户无权对这些中断自行定义。

3）用户定义中断（类型32～255）。这类中断原则上是供用户使用的。可定义为软中断，由INT n指令引入；也可以通过INTR引脚直接引入；或通过中断控制器8259A引入可屏蔽中断。使用时，用户要自行装入相应的中断向量（也即中断入口地址）。值得一提的是，在一些具体的微机系统中，可能对用户可用的中断又有规定，如中断类型号为21H的中断是MS-DOS的系统功能调用。

7.3.5　中断向量的装入与修改

1. 中断向量的装入

中断向量并非常驻内存，而是每次启动的时候就会在系统初始化过程中，在内存地址的00000H起始的1KB空间内建立一个中断向量表（00000H～003FFH），用于存放256个中断类型号。所以每个中断源产生中断请求时都需提供自己的中断类型号。CPU读取到此类型号后并将其乘以4，就可得到该中断向量在中断向量表的起始偏移地址，然后把表内对应的四个字节的数值前两个字节装入IP，后两个字节存入CS，由此跳转至相应的中断服务程序。因此，为了让CPU响应中断后正确转入中断服务程序，中断向量表的建立是非常重要的。系统配置和使用的中断所对应的中断向量由系统软件负责装入。若系统中未置系统软件，就应由用户自行装入中断向量。下面介绍两种填写中断向量表的方法。假设中断类型号为60H，中断服务程序段基址为 SEG _ INTR，偏移地址为 OFFSET _ INTR，则填写中断向量表的程序如下：

（1）中断服务程序的入口地址直接写入中断向量表

```
……
MOV    AX, 00H
MOV    DS, AX
MOV    SI, 60H*4               ; 中断类型号×4→SI
MOV    AX, OFFSET_INTR         ; 中断服务程序偏移地址→AX
MOV    [SI], AX
MOV    AX, SEG_INTR            ; 中断服务程序段地址→AX
MOV    [SI+2], AX
……
```

（2）使用串存储指令将中断服务程序的入口地址写入中断向量表

```
……
CLI                            ; 关中断
CLD                            ; 方向标志置DF=0，串操作时，修改地址指针增量
MOV    AX, 0
MOV    ES, AX                  ; 给ES赋值为0
MOV    DI, 4*60H               ; 中断向量指针→DI
MOV    AX, OFFSET_INTR         ; 中断服务程序偏移地址→AX
STOSW                          ; AX→[DI][DI+1]中，然后DI+2
MOV    AX, SEG_INTR            ; 中断服务程序的段基地址→AX
STOSW                          ; AX→[DI][DI+1]中
STI                            ; 开中断
……
```

2. 中断向量的修改

由用户直接装入中断向量的做法，一般只在单板微机中采用，因为它没有配置完善的系统软件，无法由系统负责中断向量的装入。实际上在PC中，并不常采用用户自行装入中断向量的做法。即便是系统尚未使用的中断号，也不需用户直接装入中断向量，而是采用中断向量修改的方法使用系统的中断资源。常用的中断向量修改方法是利用DOS功能调用INT 21H的35H号和25H号功能。这些子程序一部分固化在ROM中，一部分由DOS的系统文件IBMBIO. COM和IBMDOS. COM提供。关于这些内容的描述请注意在实验实践的时候体会掌握，在这里就不多加叙述了。

中断向量修改的步骤有3步：

①用35H号功能，获取原中断向量，并保存在字变量中。

②用25H号功能，设置新中断向量，取代原中断向量，以便当中断发生后，转移到新中断服务程序中去。

③新中断服务程序完毕后，利用25H号功能恢复原中断向量。

例：假设原中断程序的中断类型号为n，新中断服务程序的入口地址段基址为SEG _ INTR，偏移地址为OFFSET _ INTR，中断向量修改的程序如下：

```
……
MOV    AH, 35H              ; 取原中断向量
MOV    AL, n
INT    21H
MOV    OLD_SEG, ES          ; 保存原中断向量
MOV    OLD_OFF, BX
……
MOV    AH, 25H              ; 设置新中断向量
MOV    AL, n                ; 中断号
MOV    DX, SEG_INTR
MOV    DS, DX               ; DS 指向新中断程序段地址
MOV    DX, OFFSET_INTR      ; DX 指向新中断程序偏移地址
INT    21H
……
MOV    AH, 25H              ; 恢复原中断向量
MOV    AL, n
MOV    DX, OLD_SEG
MOV    DS, DX
MOV    DX, OLD_OFF          ; 保存原中断向量
INT    21H
……
```

7.4 可编程中断控制器 8259A

Intel 8259A 是一种可编程中断控制器，一片 8259A 可以管理 8 级具有优先权的中断源，最多可以级联扩展到 64 级优先级；每一级中断都可以屏蔽或允许。8259A 在中断响应周期，可提供相应的中断类型号，从而迅速转至中断服务程序；8259A 可通过编程被设定为多种工作方式来适应不同的应用场合。

7.4.1 8259A 的内部结构和工作原理

1. 8259A 的主要功能

1）接收和记录 8 个不同的中断源产生的中断请求信号 $IR_0 \sim IR_7$。

2）按程序设定的规则选择某个中断请求并转发给 CPU，使 CPU 在处理可屏蔽中断过程中不仅可以嵌套高级优先级，而且可以通过对 8259A 进行特殊工作方式的设置而实现对等优先级甚至低优先级请求的嵌套。

3）在向 CPU 发中断请求信号的同时，该中断源的中断类型号送往数据总线（CPU 读取该类型号并将其乘以 4，进而找到对应的中断向量）。

2. 8259A 的内部结构

图 7-9 为 8259A 的内部功能结构框图。它主要由 8 个基本部分组成。

（1）数据总线缓冲器　8 位的双向三态缓冲器，一般与 CPU 数据总线 $D_7 \sim D_0$ 直接连接，完成命令、状态信息的传送。中断类型号也是由数据缓冲器送到 CPU。

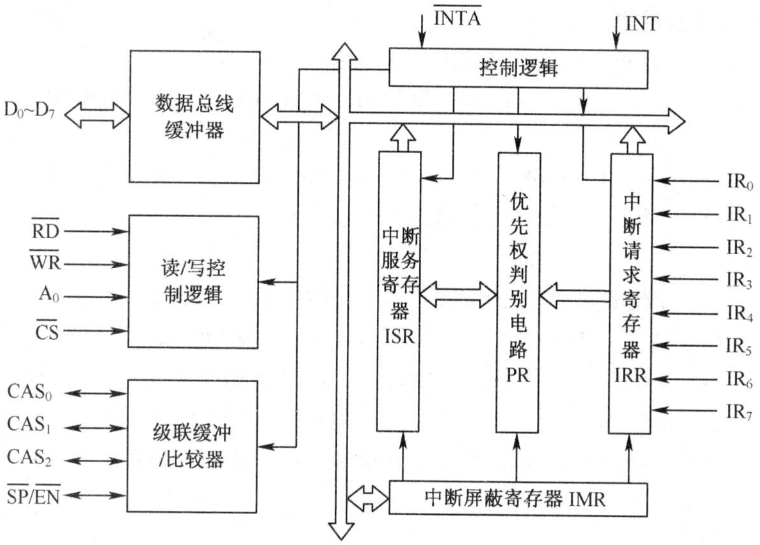

图 7-9 8259A 的内部功能结构框图

（2）读/写控制逻辑 该部件接收来自 CPU 的读/写命令，完成规定的操作。操作过程由$\overline{CS}$、A_0、$\overline{WR}$、$\overline{RD}$输入信号共同控制。在 CPU 写 8259A 时，把写入数据送至相应的命令寄存器中（包括初始化命令和操作命令字）。在 CPU 读 8259A 时，控制相应的寄存器内容输出到数据总线。

（3）中断请求寄存器 IRR 中断请求寄存器是与外部接口的中断请求线相连的一个 8 位寄存器。当请求中断处理的外设（一个或多个）通过 IR_0 ~ IR_7 向 8259A 请求中断服务时，8259A 将中断请求信号锁存在中断请求寄存器中（使 IRR 中的相应位置为 1）。IRR 可以编程设置为电平触发或边沿触发。

（4）中断屏蔽寄存器 IMR 中断屏蔽寄存器是一个用来存放对各级中断请求屏蔽信息的 8 位寄存器。当 IMR 中第 i 位为 1 时，即 IMR 的第 i 位被屏蔽，则禁止相应的 IRR 中第 i 位中断请求送入优先权判别电路（PR）。

（5）优先权判别电路（PR） 优先权电路（Priority，PR）负责检查中断源中断请求的优先级，并与“当前响应的中断”进行比较，确定是否让这个中断请求送给处理器。假定中断源的优先级比当前正在执行的中断优先权更高，则 PR 就将 INT 线变为高电平，送给 CPU，为它提出申请，并在中断响应时将它记入中断服务寄存器 ISR 相对应的位中。如果欲申请中断源的中断优先级等于或低于正在服务中的中断优先权，则 PR 不会产生申请信号。实际上 PR 相当于用一个优先级编码器和一个比较电路，来实现中断判断。

（6）中断服务寄存器 ISR 中断服务寄存器也是一个 8 位寄存器，用于存放当前正在处理的中断源的请求。在$\overline{INTA}$的第一个负脉冲期间，由优先权判别电路（PR）根据 IRR 中各申请中断位的优先级别和 IMR 中屏蔽字的状态，选取允许中断的最高优先级请求位，选通到 ISR 中。当中断处理完毕，ISR 的复位由中断结束方式决定。

（7）控制逻辑电路 控制逻辑按初始化设置的工作方式控制 8259A 的全部工作。该电路可根据 IRR 的内容和 PR 判断结果并向 CPU 发中断请求信号 INT，并接收 CPU 返回的响应信号 $\overline{INTA}$，使 8259A 进入中断服务状态。

（8）级联缓冲比较器 这部分电路主要用于 8259A 的级联结构，可使中断源由 8 个扩展至 64 个。

3. 中断处理的基本过程

以单片 8259A 使用为例，来说明其中断处理过程。

1）若一个或多个中断源有中断请求，使得 $IR_0 \sim IR_7$ 相应位变为高电平，设置相应的 IRR 位。

2）PR 对中断优先权和中断屏蔽寄存器的状态进行判断后，如果某中断优先权最高且为允许中断状态，就向 CPU 发高电平信号 INT，请求中断服务。

3）CPU 响应中断时，返回中断应答信号 $\overline{\text{INTA}}$。

4）8259A 接到来自 CPU 的第一个 $\overline{\text{INTA}}$ 信号时，将当前中断服务寄存器（ISR）中相应位置位，并把 IRR 中相应位复位。同时，8259A 准备向数据总线发送中断类型号。

5）8259A 接到来自 CPU 的第二个 $\overline{\text{INTA}}$ 信号后，将中断类型号发到数据总线上。如果 8259A 工作在自动结束中断方式（AEOI）下，在这个 $\overline{\text{INTA}}$ 脉冲结束时会复位 ISR 中的相应位。在非自动中断结束方式下，ISR 相应位要在由中断服务程序结束时发出的 EOI 命令来复位。

7.4.2 8259A 的引脚功能

8259A 是 Intel 公司设计的一款通用中断控制器的芯片，双列直插式封装，共 28 只引脚，其引脚图如图 7-10 所示。其中引脚 $D_0 \sim D_7$ 是双向三态 8 位数据线，用于与 CPU 的数据交换；$\overline{\text{RD}}$ 和 $\overline{\text{WR}}$ 为相应的读/写控制信号线；$\overline{\text{CS}}$ 是芯片选择信号线；A_0 为端口选择信号线，用来指出当前 8259A 的哪个端口被选中，当 $A_0 = 0$ 时，选中低地址端口（偶地址端口）；当 $A_0 = 1$ 时，选中高地址端口（奇地址端口）。下面将对其余引脚信号进行较为详细的介绍。

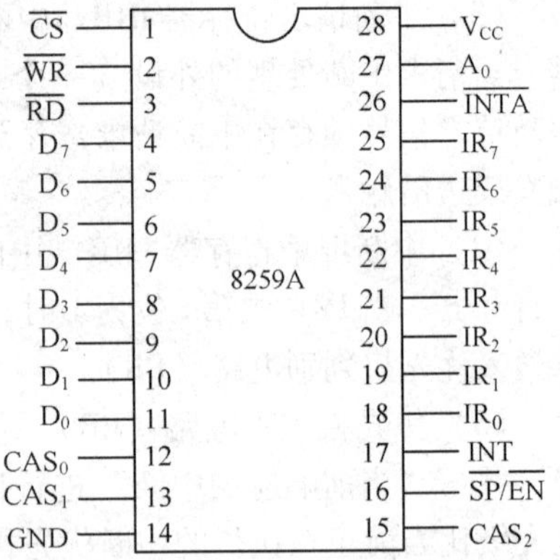

图 7-10 8259A 的外部引脚

①$IR_0 \sim IR_7$：8 个独立的外部中断请求输入信号，高电平或上升沿有效。系统默认的优先级为 IR_0 最高，IR_7 最低。

②INT：8259A 输出给 CPU 的中断请求信号，高电平有效。

③$\overline{\text{INTA}}$：CPU 响应中断请求后回送 8259A 的中断应答信号，低电平有效。为了自动协调 CPU 与 8259A 之间的操作，当 CPU 响应中断后会自动用 $\overline{\text{INTA}}$ 引脚向 8259A 回送两个负脉冲。

第一个负脉冲的作用有三个：

◇禁止中断请求寄存器 IRR 锁存新的中断请求，直到第二个 INTA 负脉冲到达。

◇中断服务寄存器 ISR 的对应位设置为“1”，以便与下一个新中断请求的优先级比较。同时将 IRR 中的当前响应位清零，以便接受新的请求。

◇把当前响应中断的编号（000B ~ 111B，对应 $IR_0 \sim IR_7$）送入中断类型寄存器（ICW2）的低三位（用于组成 8 位的中断类型号）。

第二个负脉冲的作用有两个：

◇将中断类型寄存器（ICW2）的 8 位中断类型号送上数据总线，供 CPU 读取。

◇如果命令寄存器（ICW4）中的中断自动结束位为“1”（中断自动结束方式），则将第一个负脉冲到达时在中断服务寄存器 ISR 中设置的“1”清零。

④ $\overline{\text{SP}}/\overline{\text{EN}}$：一个双向引脚，级联/缓冲允许双功能信号。当 8259A 编程为需外接数据驱动方式时，该引脚为输出功能，用于选通外接的数据驱动器。当 8259A 编程为无需外接数据驱动方

式时，该引脚为输入功能，用于多片级联，可实现级联的主/从划分，如果输入信号是高电平，则此片8259A为主片；反之，如果输入信号是低电平，则此片8259A为从片。

⑤ $CAS_0 \sim CAS_2$：级联方式下主片选择从片的信号。主片为输出，从片为输入。

7.4.3 8259A的主从级联方式

一片8259A最多只能管理8个外部中断源。当外部中断源较多的时候，可以采用多片8259A级联的方式加以扩展。也就是将一片8259A作为主片（级联时只能有一个主片），而其他8259A作为从片，形成主从结构，如图7-11所示。从片的INT中断请求端与主片的$IR_0 \sim IR_7$相连。主从片8259A的$CAS_0 \sim CAS_2$全部对应相连。当8259A作为主片时，$\overline{SP}/\overline{EN}$接+5V，$CAS_0 \sim CAS_2$为输出信号，用于发送从片标志码；当8259A作为从片时，$\overline{SP}/\overline{EN}$接地，$CAS_0 \sim CAS_2$为输入信号，用于接收从片标志码。编程时设定的从片标志码存放在级联缓冲器内。在中断响应时，主8259A把所有申请中断优先级最高的从片8259A的标志码输出到$CAS_0 \sim CAS_2$上，从8259A把这个标志码与片内级联缓冲器的标志比较。当$\overline{INTA}$信号到达时，被选中的从片把中断类型号送到数据总线上。

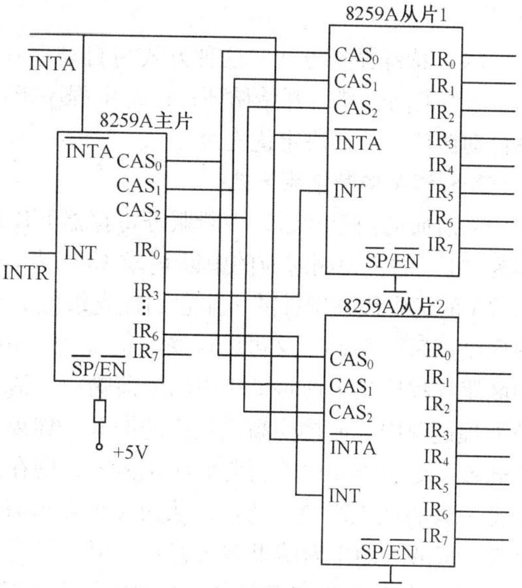

图7-11 8259A主从级联结构

7.4.4 8259A的工作方式

8259A的主要职责就是接收和管理多个外设的中断请求并选择和转发其中的一个给CPU。在这个过程中，它面临如下问题：

①为应付多个中断源同时申请中断，故需按一定的方式设定优先级。

②当某个中断被响应时，如何处理嵌套同优先级甚至低优先级中断的问题。

③如何使CPU正确地获得中断源的中断类型码。

④除了用INT引脚信号使CPU了解8259A的中断请求外，能否提供其他的方式使CPU了解8259A的中断请求。

对于以上问题以及如何触发、缓冲等问题，8259A提供了一些可编程选择的方式，以提高该芯片的应用灵活性。

1. 8259A中断优先级方式

CPU如果在处理一个中断的过程时（已在运行中断处理程序）又有新的中断请求产生，CPU将根据其优先级决定是否给予响应。如果新的中断请求优先级比当前的高，则CPU要暂停当前中断处理程序的执行，先去处理新的中断请求，这就是中断嵌套。利用优先级可以解决中断的嵌套问题。

（1）全嵌套方式　这是8259A的默认方式，在该种方式下，8259A的中断优先级按$IR_0 \sim IR_7$顺序依次递减排队，并只允许中断级别高的中断源去中断中断级别低的中断服务程序，反之则不行。这也是8259A最常用的中断方式。另外，若对8259A进行初始化以后，没有设置其他优先级方式，则自动按此方式工作。

（2）特殊全嵌套方式　与全嵌套方式基本相同，所不同的是在该方式下，当执行某一级中断服务程序时，可响应同级的中断请求，从而实现同级中断请求的特殊嵌套（8259A 级联使用时，某从片的 8 个中断源对主片来说，一般认为是同级的）。特殊全嵌套方式用于多片级联。

（3）自动循环方式　在这种方式下，中断源的优先级队列是依次变化的。其初始的优先级顺序规定为 IR_0，IR_1，IR_2，…，IR_7。当某个设备得到中断服务后，该设备对应的 IR_i 端子的优先级自动降为最低，而 $IR_{(i+1)}$ 端子的优先级最高。该方式用于系统中多个中断源优先级相等的场合。

（4）特殊循环方式　这种方式与自动循环方式唯一的区别是，其初始的优先级顺序不是固定 IR_0 为最高，然后开始循环；而是由程序指定 IR_0 ~ IR_7 中任意一个为最高优先级，然后再按顺序自动循环，从而决定优先级。

2. 8259A 中断结束方式

由前面的内容知道，中断服务寄存器 ISR 是用来记录 CPU 正在处理的中断。一方面这些 ISR 中为“1”的位说明对应的中断请求 CPU 尚未处理结束；另一方面这些为“1”的位还将参与 8259A 的优先级判别并禁止比它们优先级低的新中断请求送给 CPU。所以，为了在当前中断服务程序结束后让 8259A 又可以接受与前优先级相同的（甚至低优先级）中断请求，就必须在当前中断服务程序结束前将 ISR 中的当前响应位清零，从而表明本次中断服务过程的结束。但是在中断处理过程中只能接受高优先级的嵌套。如果当前中断服务程序执行过程中的某个程序用特殊的方式或指令将 ISR 中的当前响应位清零，则在当前中断处理程序运行中就认为提前放开了同级或是低一级的优先级中断请求，从而实现在当前中断处理程序中嵌套同级优先级和低优先级的特殊需要。8259A 的中断结束方式就是介绍如何使 ISR 中的当前响应服务位清零方法。

（1）自动中断结束方式　在中断服务程序中，中断返回之前，不需要发出中断结束命令就会自动清除该中断源所对应的 ISR 位（实际上在 CPU 发出第二个 $\overline{INTA}$ 信号时，8259A 即自动消除 ISR 中的对应位）。该方式用于不会产生中断嵌套的系统中。

（2）非自动中断结束方式　在中断服务程序返回之前，必须发出中断结束命令才能使 ISR 中的当前服务位清除。此时的中断源结束命令有两种形式：①不指定中断源结束，即设置操作命令字 OCW2 = 00100000B；②指定中断结束命令，即设置 OCW2 = $00100L_2L_1L_0B$；其中的最低 3 位 $L_2L_1L_0$ 的编码表示被指定要结束的中断。

3. 8259A 中断屏蔽方式

8259A 中断屏蔽方式就是有意将一些中断请求在 8259A 判优电路前屏蔽掉的方法。CPU 由 CLI 指令禁止所有可屏蔽中断进入，中断控制器 8259A 通过对中断屏蔽寄存器的操作可以对中断请求单独屏蔽或允许。主要有普通屏蔽方式和特殊屏蔽方式两种。

（1）普通中断屏蔽方式　通过对中断屏蔽寄存器 OCW1 中对应位置“1”来阻止中断请求寄存器 IRR 中记录的中断请求进入判优寄存器。

（2）特殊中断屏蔽方式　这是在普通中断屏蔽方式基础上同时将 ISR 对应位临时清 0 的方式。但在这种方式对 ISR 对应位清零的过程是可逆的，即当撤销特殊屏蔽方式后，ISR 中的对应位会恢复为 1。而采用中断结束方式对 ISR 的清零是不可逆的。这种方式主要用于全嵌套方式下中断处理程序需要临时禁止相同优先级，而又允许嵌套高优先级和低优先级中断请求的场合。因为在一个中断处理程序运行过程中，可以利用普通中断屏蔽方式，在“源头”阻止相同优先级请求的进入。但由于 ISR 中的当前响应位为 1，所以无法开通对低优先级的响应。当然也可以采用中断结束的方式将 ISR 中的当前响应位清 0，但就无法再将其还原为 1，而恢复先前禁止嵌套低优先级的状态。当采用了特殊屏蔽方式后则可以随意在中断处理程序内允许或禁止对低优先级的嵌套。

这种方式的实现需要将写中断屏蔽字和写特殊屏蔽命令字两项操作结合起来，程序的指令行为需要先屏蔽掉当前中断请求 8259A 在 OCW1 中的对应位，然后再对 8259A 写入特殊屏蔽命令字。具体的做法：①首先在中断处理程序中需要开放低优先级嵌套的位置向 8259A 写入中断屏蔽字，使 OCW1 中的当前中断响应位置 1。此后 8259A 将禁止相同优先级中断请求源的进入，而只允许低优先级和高优先级的中断请求进入。②接着向 8259A 写入特殊命令字（置 OCW3 中的 ESMM = 1；SMM = 1）。当中断处理程序不再需要嵌套低优先级中断时，则可按照和上述设置过程相反的过程取消特殊屏蔽方式，即先将 OCW3 中的 SMM 位清零，然后再将 OCW1 中的当前响应位清零。

4. 8259A 中断的查询方式

这是一种为 CPU 提供的不通过 INT 引脚来了解 8259A 所选中的中断请求的方法。

这种方法通过置 OCW3 中 P = 1 来设定。实现的过程为：①CPU 先用 CLI 指令将标志寄存器中的中断允许位 IF 清零，以禁止对 INT 引脚中断请求信号的响应。②CPU 向 8259A 发出查询命令：设置 OCW3 中 P = 1（D_2 位），也即设置中断查询工作方式，同时还要将 OCW3 的 D_1、D_0 位清零，以区别正常中断方式下的 IRR、ISR 的读命令。③CPU 接着执行相同地址的读操作，则会在 AL 中读入“$IXXXXW_2W_1W_0$”信息。其中，若 I = 1（D_7 位）说明有中断请求产生，而 $W_2W_1W_0$ 的编码则用于指定 8259A 选中的中断源。例如，000 代表 IR_0；101 代表 IR_5。在这个过程中，当 CPU 向 8259A 发出查询命令后，8259A 内部会产生如同在非查询方式下 $\overline{INTA}$ 第二个负脉冲的作用。首先将 ISR 中的对应位置 1，再将上面格式含有响应位和中断源编号的数据自动送上数据总线，供 CPU 读取。所以在发出查询命令后应马上执行相同口地址下的读操作。值得一提的是，在中断查询方式下中断向量表无法使用，只能用 CALL 或 JMP 等指令形式转入中断处理程序。

5. 8259A 中断请求信号的触发方式

（1）边沿触发方式（由 ICW_1 中的 D_3 = 0 设定） 这种方式下，中断请求输入端 IRQ 出现由低电平跳向高电平时触发。

（2）电平触发方式（由 ICW_1 中的 D_3 = 1 设定） 这种方式下，中断请求输入端 IRQ 出现高电平视为有效的中断请求信号。

6. 数据线是否缓冲的方式

（1）缓冲方式（也就是加驱动器的方式，由 ICW_4 中的 D_3 = 1 设定） 这种方式下 8259A 的数据线需经数据缓冲器与系统数据线相连，且 $\overline{SP}/\overline{EN}$ 引脚将用于产生数据缓冲器的选通信号。

（2）非缓冲方式（也就是不加驱动器的方式，由 ICW_4 中的 D_3 = 0 设定） 这种方式下 8259A 的数据线直接与系统数据线相连，而 $\overline{SP}/\overline{EN}$ 引脚将用于接入不同的电平来指定此 8259A 是主片还是从片。

7.5 8259A 的基本应用

8259A 是根据收到的 CPU 命令字进行工作的。CPU 的命令字分两类：一类是初始化命令，也叫作初始化命令字（Initialization Command Word，ICW），初始化命令字通常是在系统启动时，由初始化程序设置的。初始化命令一旦设定，一般在系统工作中就不再改变了。另一类是操作命令，也称为操作命令字（Operation Command Word，OCW）。进行了初始化后，CPU 用这些控制字来控制8259A执行不同的操作，如中断屏蔽、结束、优先循环和中断状态的读出和查询等。同时，操作命令字OCW可在初始化之后的任何时候写入8259A，并可多次设置。

CPU对8259A写入命令设置其工作状态，或由CPU对8259A的状态寄存器进行读出，与一般的I/O设备一样，都是由$\overline{CS}$、A_0、读写信号线以及其他相关地址线等完成寻址过程。

7.5.1 8259A的编程

要想8259A运作良好，除了要有正确的硬件连接外，还应该用软件规划好其工作状态。8259A中与编程相关的命令字有ICW和OCW两种。系统复位后，初始化程序对8259A置入ICW。初始化后可通过发出OCW来定义8259A的操作方式，实现对8259A的状态、中断方式和优先级管理的控制。初始化命令字只发一次，操作命令字允许重置，以动态灵活地改变对8259A的操作与控制。

1. 初始化命令字的含义和编程

（1）芯片初始化命令字ICW1　ICW1的作用是选择是否要写入ICW4，是否级联，以及$IR_0 \sim IR_7$引脚触发方式。

ICW1命令字格式如图7-12所示。其中，SNGL：单片/级联方式设置，指示初始化时是否需要ICW3，该位为1时，表示系统中只有一片8259A，初始化时不需对ICW3写入；为0时，表示系统有多片8259A级联，初始化时需要对ICW3写入，以对级联状态进行设置。

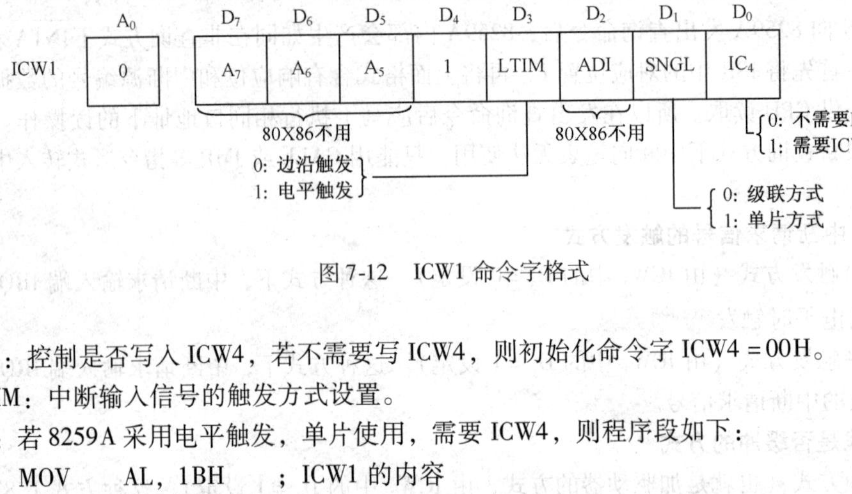

图7-12　ICW1命令字格式

IC4：控制是否写入ICW4，若不需要写ICW4，则初始化命令字ICW4 = 00H。

LTIM：中断输入信号的触发方式设置。

例：若8259A采用电平触发，单片使用，需要ICW4，则程序段如下：

```
MOV    AL，1BH    ；ICW1的内容
OUT    20H，AL    ；写入ICW1（端口地址为20H，A0 = 0）
```

（2）中断类型号初始化命令字ICW2　ICW2的主要作用就是设置中断类型（向量）号。

ICW2命令字格式如图7-13所示。其中，$T_7 \sim T_3$为程序员设定的中断类型编号，$D_2 \sim D_0$对应的是$L_0 \sim L_2$，用于填写$IR_0 \sim IR_7$编号，而这个标号是在CPU回送INTA的第一个负脉冲自动设定的。这样说来，中断类型号实际上就等于$T_7 \sim T_3 + L_2 \sim L_0$。例如：在PC中先由程序设定$T_7 \sim T_3$位为00010B，在IR0 ~ IR7上产生的中断请求自动设置$L_2 \sim L_0$的状态为000B ~ 111B之间的一个

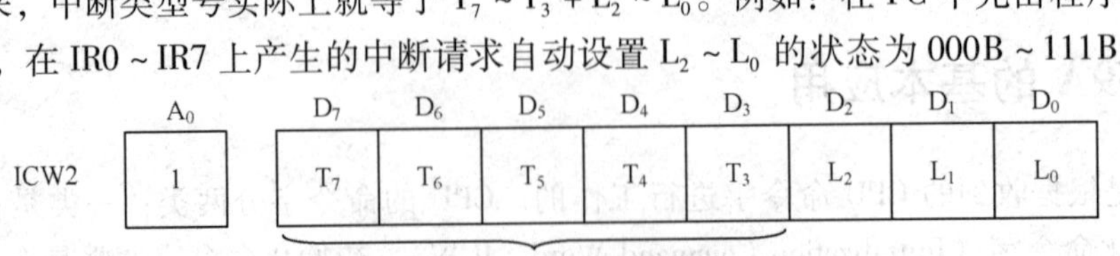

图7-13　ICW2命令字格式

值，根据前述的方法（$T_7 \sim T_3 + L_2 \sim L_0$）将共同确定 $IR_0 \sim IR_7$ 的中断类型号为 10H～17H。

需要注意，ICW2 命令字在初始化写入时中断类型号的高 5 位（$T_7 \sim T_3$）需要明确，低三位（$L_2 \sim L_0$）自动写为 000 即可（即 ICW2 命令字的值等于 IR_0 的中断类型号）。

例：在 PC 微机中断系统中，硬盘中断类型号的高 5 位是 00001B，它的中断请求线连接到 8259A 的 IR_5 上，在向 ICW2 写入中断类型号时，只写中断类型号的高 5 位 00001B，低 3 位取 0，即（00001000B = 08H）。

```
MOV    AL, 08H     ; ICW2 的内容（中断类型号）
OUT    21H, AL     ; 写入 ICW2 端口（端口地址为 21H, A0 = 1）
```

（3）标志主/从片初始化命令字 ICW3　ICW3 的主要作用有两个：一个作用是级联方式下的主片 8259A 用于指定哪个中断请求输入引脚 IR_i 上接有从片；另一个作用是对于级联方式下的从片用于指定本片的 INT 输出接主片的哪个中断请求输入引脚。ICW3 命令字格式如图 7-14 所示。它是 8259A 的级联命令字，用来设置级联方式，即当 ICW1 中的 $D_1 = 0$ 时，才需要写入 ICW3，并且对主片、从片分别写入 ICW3。对主片写入是为确定哪个中断请求输入端接的是从片，由于一片 8259A 有 8 个中断请求输入端，因此最多可接 8 个从片；对从片写入是为确定该从片的中断请求输出端接入主片的哪个输入端。

图 7-14a 表示若主片 8259A 某 IR_i 引脚上接有从片，则 ICW3 的相应位应写成 1，否则写 0。例如，主片 ICW3 = 48H（01001000B），则说明主片的 IR_6 和 IR_3 引脚上接有从片。

在图 7-14b 中，$ID_2 \sim ID_0$ 表示从片标志码，它的 8 种译码状态分别代表该从片是接在主片的哪个中断请求输入端上。例如，当从片 ICW3 = 03H（00000011B），则说明该从片接在主片 IR_3 引脚上。

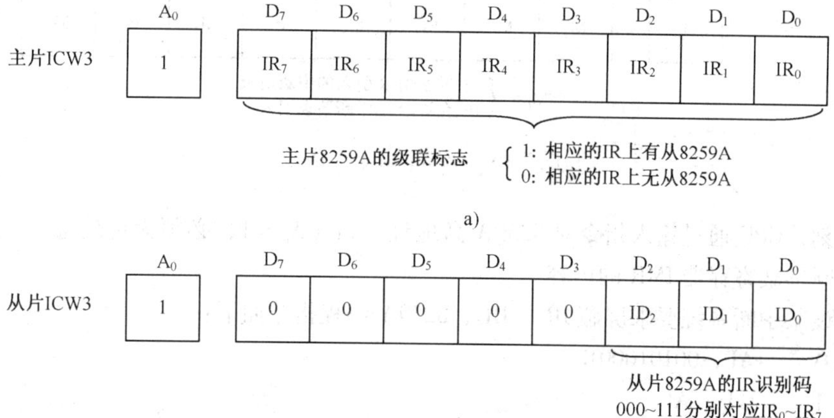

图 7-14　ICW3 命令字格式

a）主片 ICW3 命令字格式　b）从片 ICW3 命令字格式

（4）方式控制初始化命令字 ICW4　ICW4 的主要作用是设定特殊的全嵌套方式、数据线缓冲方式、中断自动结束方式。ICW4 命令字格式如图 7-15 所示。

例：PC 微机中 CPU 为 80286，8259A 与系统总线之间采用缓冲器连接，非自动结束方式，只用 1 片 8259A，正常完全嵌套。

在这种条件下，ICW4 = 0000 1101B = 0DH，程序如下：

```
MOV    AL, 0DH     ; ICW4 的内容
OUT    21H, AL     ; 写入 ICW4 端口（端口地址为 21H, A0 = 1）
```

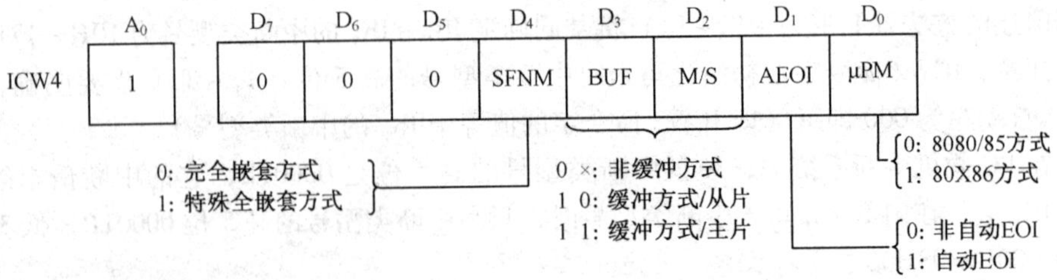

图 7-15　ICW4 命令字格式

2. 操作命令字的含义和编程

8259A 经初始化编程后，已进入初始化状态，已经具有了接受中断请求的能力，但为了更好地组织中断过程，还需要设置一些操作命令字。该类命令字确定中断屏蔽，中断优先级次序，中断结束方式等。中断管理较为复杂，包括完全嵌套优先方式、特殊嵌套优先方式、自动循环优先方式、特殊循环优先方式、特殊屏蔽方式、查询方式等。

通过设置操作命令字（共有三个即 OCW1、OCW2、OCW3）可以完成上述功能。设置时，次序上没有严格要求，但端口地址有严格规定，OCW1 必须写入奇地址端口，OCW2 和 OCW3 必须写入偶地址端口。

（1）中断屏蔽命令字 OCW1　OCW1 初始时为全 0，即开放所有中断请求输入端。该命令字可屏蔽中断请求寄存器 $IR_7 \sim IR_0$ 中对应的位，禁止请求信号进入判优寄存器。OCW1 命令字格式如图 7-16 所示。

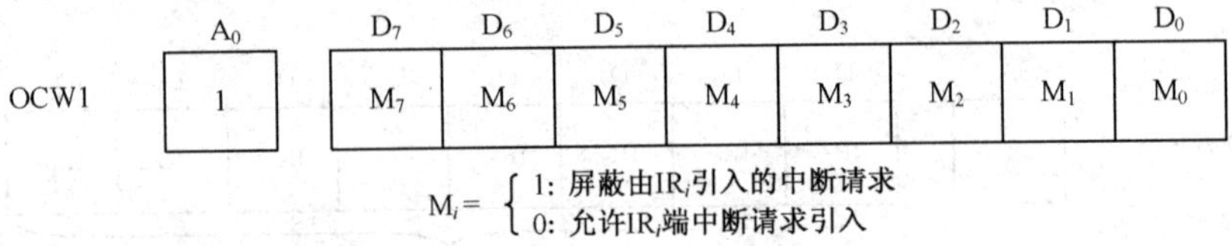

图 7-16　OCW1 命令字格式

任何时刻，CPU 通过输入指令对 8259A 高地址端口（$A_0 = 1$，必须为奇地址）执行读操作，可以读入中断屏蔽寄存器 IMR 的内容。

例如：设某中断系统要求屏蔽 IR_3、IR_5，8259A 编程指令如下：

```
MOV    AL, 00101000B
OUT    21H, AL
```

（2）中断模式设置命令字 OCW2　OCW2 的作用是设定优先级方式及中断非自动结束方式下的普通或特殊结束方式。OCW2 命令字格式如图 7-17 所示。R、SL、EOI 三位的组合功能见表 7-2。

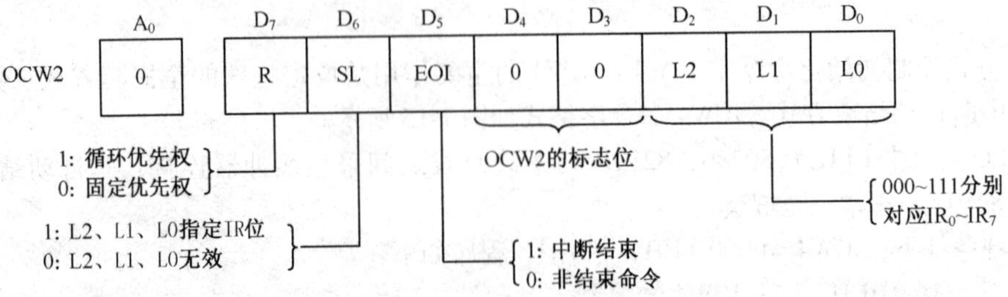

图 7-17　OCW2 命令字格式

表 7-2 OCW2 的作用一览表

R	SL	EOI	功 能
0	0	0	自动中断结束方式下，设置为全嵌套优先级
0	0	1	在全嵌套方式下，设置为普通中断结束方式时的中断结束
0	1	0	无意义
0	1	1	在全嵌套方式下，设置特殊中断结束方式时的中断结束位（$L_2 \sim L_0$）
1	0	0	在自动中断结束方式下，设置为自动优先级循环
1	0	1	在优先级自动循环方式下，设置为普通中断结束方式时的中断结束
1	1	0	在优先级特殊循环方式下，设置起始最低优先级位（$L_2 \sim L_0$）
1	1	1	在优先级特殊循环方式下，设置中断结束位（$L_2 \sim L_0$）

$A_0=0$，OCW2 命令字必须写入 8259A 偶地址端口。

标志位：OCW2 的标志位 D_4D_3 等于 00，以区别 ICW1 和 OCW3 控制字的设置。$L_2 \sim L_0$：SL=1 时，$L_2 \sim L_0$ 有效。$L_2 \sim L_0$ 有两个用途，一个是当 OCW2 设置为特殊 EOI 结束命令时，$L_2 \sim L_0$ 指出清除中断服务器寄存器中的哪 1 位，第二个是当 OCW2 设置为特殊优先级循环方式时，$L_2 \sim L_0$ 指出循环开始时设置的最低优先级。

R、SL、EOI：这位组合起来才能指明优先级设置方式和中断结束控制方式，但每位也有自己的意义。

R（ROTATE）：R=1，中断优先级是按循环方式设置的，即每个中断级轮流成为最高优先级。当前最高优先级服务后就变成最低级，它相邻的下一级变成最高级，其他依次类推。R=0，设置为固定优先级，0 级最高，7 级最低。

SL（SPECIFIC LEVEL）：指明 $L_2 \sim L_0$ 是否有效。SL=1，OCW2 中 $L_2 \sim L_0$ 有效；SL=0，$L_2 \sim L_0$ 无意义。

EOI（END OF INTERRUPT）：指定中断结束。

EOI=1，用作中断结束命令，使中断服务寄存器对应位复 0，在非自动结束方式中使用。EOI=0，不执行结束操作命令。如果初始化时，ICW4 的 AEOI=1，设置为自动结束方式，此时 OCW2 中的 EOI 位应为 0。

OCW2 的功能包括了两个方面，一个是决定 8259A 是否采用优先循环方式，另一个是中断结束采用普通的还是特殊的 EOI 结束方式。

（3）特殊屏蔽和查询命令字 OCW3　OCW3 命令字可以设定特殊屏蔽方式及中断查询方式，指定读 8259 内部寄存器。OCW3 命令字格式如图 7-18 所示。

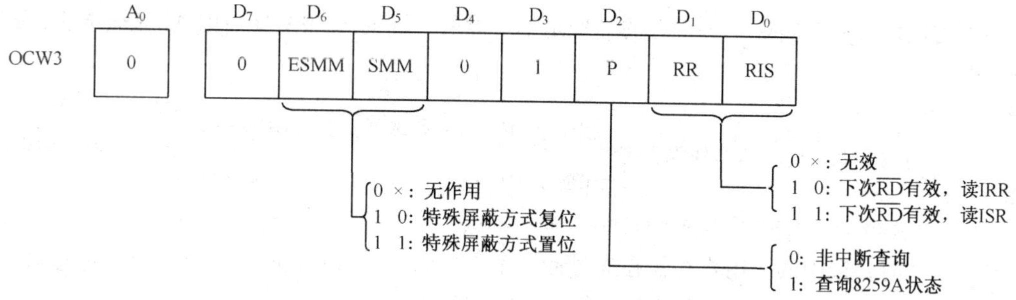

图 7-18 OCW3 命令字格式

$A_0=0$，OCW3 必须写入 8259A 偶地址端口。

标志位 D_4 及 D_3 位组合为 01 时，表示为 OCW3，以区别 OCW2（OCW2 中这两位组合为 00）。而 $D_4=1$ 时，此操作字为 ICW1。

RR、RIS：RR 为读寄存器状态名令，RR = 1，允许读寄存器状态。RIS 为指定读取对象。

RR、RIS = 10，用输入指令（IN 指令），在下一个$\overline{RD}$脉冲到来后，将中断请求寄存器 IRR 的内容读到数据总线上。

RR、RIS = 11，用输入指令，在下一个$\overline{RD}$脉冲到来后，将中断服务寄存器 ISR 的内容读到数据总线上。顺便指出，8259A 中断屏蔽寄存器 IMR 的值，随时可通过输入指令从奇地址端口读取。读同一寄存器的命令只需要发送一次，不必每次重写 OCW3。

P：查询方式位。P = 1，设置 8259A 为中断查询工作方式。在查询工作方式下，CPU 不是靠接收中断请求信号来进入中断处理过程，而是靠发送查询命令，读取查询字来获得外部设备的中断请求信息。CPU 先送操作命令 OCW3（P = 1）给 8259A，再送一条输入指令将一个$\overline{RD}$信号送给 8259A，8259A 收到后将中断服务寄存器的相应位置 1，并将查询字送到数据总线，查询字反映了当前外设有无中断请求及中断请求最高级优先级的编号，查询字格式如下：

A_0	D_7							D_0
0	IR	—	—	—	—	W2	W1	W0

7.5.2 8259A 内部寄存器的读写

正如前面叙述的一样，8259A 内部共有 9 个可以使用程序访问的寄存器。其中，仅有 OCW1 是读写双向的；另外的 IRR 和 ISR 仅是只读的，其内容由 8259A 在工作的时候自动设定，而余下的 6 个寄存器均仅是只写的。为了大家更好地使用，现对 8259A 内部寄存器的读写方式简要地总结如下。

1. 读操作

8259A 中能进行读操作的寄存器仅有 OCW1、ISR 和 IRR。若要对 OCW1 进行读操作，对 8259 A 的 A_0 为 1 的口地址（偶地址）执行 IN 指令即可。而若要对 IRR 或 ISR 进行读操作，则必须 A_0 为 0（偶地址），写入相应的读命令字（OCW3）后，在相同的口地址下紧跟着再执行一次读，才能读到正确的内容。要读取 IRR 的内容，需设定 OCW3 中的 $D_2=0$，$D_1=1$，$D_0=0$。而对 ISR 的读命令是设置 OCW3 中的 $D_2=0$，$D_1=1$，$D_0=1$。

2. 写操作

8259A 中能进行写操作的寄存器共有 7 个，4 个初始化命令字 ICW1 ~ ICW4，3 个操作命令字 OCW1 ~ OCW3。在 8259A 的引脚图中可以知道，该芯片用于内部寄存器寻址的地址线仅有 A_0，而用此地址线完全实现 7 个寄存的寻址是不可能的。因而 8259A 分别用 A_0 先区分出两组寄存器。即

A_0 =
- 0：选中 ICW1，OCW2，OCW3
  - 相应字 D4 = 0：是 OCW2 或是 OCW3
    - D3 = 0：是 OCW2
    - D3 = 1：是 OCW3
  - 相应字 D4 = 1：是 ICW1
- 1：选中 ICW2，ICW3，ICW4，OCW1

当 $A_0=0$ 时，选中的一组寄存器在通过命令字中特殊的位（D_4 和 D_3）来区分具体是哪一个寄存器。若命令字中的 $D_4=1$，则说明本命令字为 ICW1。

当 $A_0=1$ 时，选中的一组寄存器则采用了固定的写入顺序来区分 ICW2 ~ ICW4，即 ICW2 ~

ICW4 都是固定顺序紧跟在 ICW1 后写入 8259A 的。如果写入 ICW1 后的下一个命令字是针对使 $A_0=1$ 的口地址写入的，8259A 就认定其为 ICW2。若 ICW1 中已设定 8259 为级联方式，则在下一个针对 $A_0=1$ 的口地址写入的命令字 8259A 将认定其为 ICW3。若在 ICW1 中设定了 $D_0=1$，则表示最后还要顺序写入 ICW4。但如果不是在写入 ICW1 后的对 $A_0=1$ 的口地址进行写操作，8259A 则认定写入值为 OCW1。所以对 OCW1 的写入指令没有严格的先后顺序要求。

7.5.3 8259A 的应用实例

例 7-1 PC 中 8259 初始化设置。

一片 8259A 管理 8 级中断，当申请中断的外设多于 8 级时，可以将多片 8259A 级联使用，在级联系统中，只能有一片 8259A 作为主片，其余的 8259A 均作为从片。主片和从片都要设置初始化命令字进行初始化。现举例说明如下：PC 开机后由固化在 BIOS 中的系统初始化程序对主 8259 和从 8259 进行初始化设置，主 8259 口地址为 20H 和 21H，从 8259 口地址为 0A0H 和 0A1H。

（1）主 8259 的初始化程序代码

```
        MOV   AL, 11H        ; ICW1 =00010001B，边沿触发
        OUT   20H, AL        ; ICW4，级联方式
        JMP   INTR1          ; 少许延时
INTR1:  MOV   AL, 08H        ; ICW2 =00001000B，中断类型号起始值为 08H
        OUT   21H, AL
        JMP   INTR2
INTR2:  MOV   AL, 04H        ; ICW3 =00000100B，从 8259 与 IR2 脚级联
        OUT   21H, AL
        JMP   INTR3
INTR3:  MOV   AL, 15H        ; ICW4 =00010101B，特殊全嵌套；非缓冲；主片；
        OUT   21H, AL        ; 命令字中断结束方式
```

（2）从 8259 的初始化程序代码

```
        MOV   AL, 11H        ; ICW1 =00010001B，边沿触发
        OUT   0A0H, AL       ; ICW4，级联方式
        JMP   INTR5          ; 少许延时
INTR5:  MOV   AL, 70H        ; ICW2 =01110000B，中断类型号起始值为 70H
        OUT   0A1H, AL
        JMP   INTR6
INTR6:  MOV   AL, 02H        ; ICW3 =00000010B，与主 8259 IR2 脚级联
        OUT   0A1H, AL
        JMP   INTR7
INTR7:  MOV   AL, 01H        ; ICW4 =00000001B，普通全嵌套；非缓冲；从片；
        OUT   0A1H, AL       ; 命令字中断结束方式
```

例 7-2 如图 7-19 所示，在以 8088 为 CPU 的 IBM PC/XT 的主机板上有一片 8259A 中断控制器，在上电初始化期间，BIOS 有三段与 8259A 有关的程序，说明如下。

（1）8259A 初始化 8259A 的片选地址范围为 20H ~ 3FH，偶、奇端口地址，通常取用 20H、21H。8259A 初始化设定工作方式：边沿触发、缓冲方式、非自动结束 EOI、中断全嵌套优先权

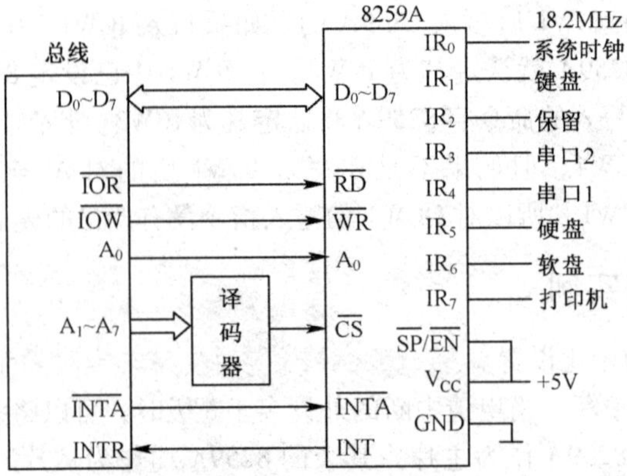

图 7-19 PC/XT 中 8259A 连接

管理方式。

```
MOV    AL, 00010011B
OUT    20H, AL          ; ICW1: 边沿触发、单片 8259A、写 ICW4
MOV    AL, 08H
OUT    21H, AL          ; ICW2: 中断类型号基值 08H
MOV    AL, 00001001B
OUT    21H, AL          ; ICW4: 缓冲方式、非自动结束、8086/8088 CPU
MOV    AL, 0FFH
OUT    21H, AL          ; OCW1: 屏蔽全部中断
```

（2）检查 IMR 的正确性　通过对 IMR 先写入一个屏蔽字，然后再读出 IMR 屏蔽字，以检查 IMR 的工作是否正常。

```
MOV    AL, 0
OUT    21H, AL          ; OCW1: IMR 清 0
IN     AL, 21H          ; 读取 IMR 内容
OR     AL, AL
JNZ    D6               ; 若 AL≠0, 转错误处理程序 D6
MOV    AL, 0FFH
OUT    21H, AL          ; 再次屏蔽 IMR
IN     AL, 21H          ; 读 IMR
ADD    AL, 1            ; 若 IMR = 0FFH, 则加 1 后为全 0
JNZ    D6               ; 若 AL≠0, 转错误处理程序 D6
```

（3）读取 ISR 内容并结束中断　若要对 IRR 或 ISR 读出，则必须写一个 OCW3 命令字，以便 8259A 处于被读出状态，然后再用读指令取出 IRR 或 ISR 内容。

```
MOV    AL, 0BH
OUT    20H, AL      ; OCW3: 置读 ISR 控制字
NOP
IN     AL, 20H      ; 读取 ISR
MOV    AH, AL       ; 保存正在服务的中断源
OR     AL, AH       ; 检查是否为全 0
```

```
        JNZ     HW_INT      ；若不为0，则硬件中断，转HW_INT
        ……
HW_INT：IN      AL，21H     ；读IMR
        OR      AL，AH
        OUT     21H，AL     ；屏蔽正在处理的中断源
        MOV     AL，20H
        OUT     20H，AL     ；OCW2：发中断结束命令
```

例7-3　8086系统中两片8259A采用中断级联方式组成中断系统。从片的INT端连8259A主片的IR_3端。若当前8259A主片在IR_1、IR_5端接入两个中断请求，中断类型号为31H、35H。中断服务程序的段基地址为1000H，偏移地址为2000H和3000H。8259A从片由IR_4、IR_5端接入两个中断请求，中断类型号为44H，45H，中断服务程序段基地址为2000H，偏移地址为3600H和4500H，图7-20为系统中两片8259的级联接线图。图7-21为本例中断入口地址表内容。请编写程序分别对主片和从片进行初始化。要求：①主片和从片的中断信号均采用边沿触发；②主片采用特殊嵌套非缓冲方式；③从片采用完全嵌套，非缓冲方式。

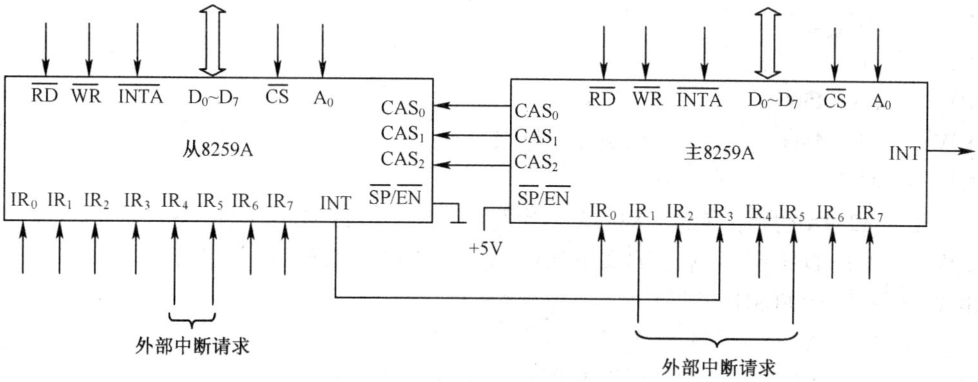

图7-20　8259A的级联硬件连接图

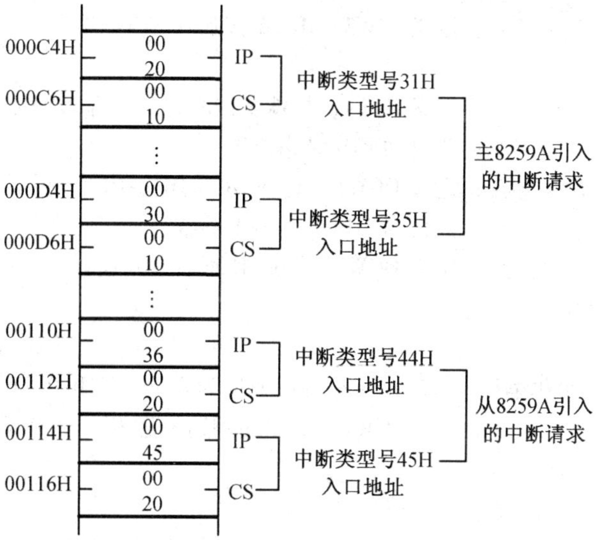

图7-21　中断入口地址表内容

（1）中断向量形成　将四个中断入口地址写入中断向量表。

```
MOV    AX, 1000H        ; 送入段地址
MOV    DS, AX
MOV    DX, 2000H        ; 送入偏移地址
MOV    AL, 31H          ; 中断类型号 31H
MOV    AH, 25H
INT    21H
MOV    DX, 3000H
MOV    AL, 35H          ; 中断类型号 35H
INT    21H
MOV    AX, 2000H
MOV    DS, AX
MOV    DX, 3600H
MOV    AL, 44H          ; 中断类型号 44H
MOV    AH, 25H
INT    21H
MOV    DX, 4500H
MOV    AL, 45H          ; 中断类型号 45H
INT    21H
```

（2）主片 8259A 初始化编程　8259A 主片端口地址为 0FFC8H 和 0FFC9H。

```
MOV    AL, 11H          ; 定义 ICW1，主片 8259A 级联使用，边沿触发
MOV    DX, 0FFC8H
OUT    DX, AL
MOV    AL, 30H          ; 定义 ICW2，中断类型号 30H ~ 37H
MOV    DX, 0FFC9H
OUT    DX, AL
MOV    AL, 08H          ; 定义 ICW3，IR3 端接从片 8259A 的 INT 端
OUT    DX, AL
MOV    AL, 11H          ; 定义 ICW4，特殊全嵌套方式，非缓冲方式
OUT    DX, AL           ; 非自动 EOI 结束方式
MOV    AL, 0D5H         ; 定义 OCW1，允许 IR1、IR3、IR5 中断
OUT    DX, AL           ; 其他的端口中断请求屏蔽
MOV    AL, 20H          ; 定义 OCW2，普通 EOI 结束方式
MOV    DX, 0FFC8H
OUT    DX, AL
```

（3）从片 8259A 初始化编程　8259A 从片端口地址为 0FFCAH 和 0FFCBH。

```
MOV    AL, 11H          ; 定义 ICW1，级联使用边沿触发，设置 ICW4
MOV    DX, 0FFCAH
OUT    DX, AL
MOV    AL, 40H          ; 定义 ICW2，中断类型号 40H ~ 47H
MOV    DX, 0FFCBH
```

```
OUT     DX, AL
MOV     AL, 03H        ; 定义 ICW3, 从片接在主片的 IR3 端
OUT     DX, AL
MOV     AL, 01H        ; 定义 ICW4, 完全嵌套方式, 非缓冲方式
OUT     DX, AL         ; 非自动 EOI 结束方式
MOV     AL, 0CFH       ; 定义 OCW1, 允许 IR4、IR5 中断接入中断
OUT     DX, AL         ; 其他的端口中断请求屏蔽
MOV     AL, 20H        ; 定义 OCW2, 普通 EOI 结束方式
MOV     DX, 0FFCAH
OUT     DX, AL
```

不论对主片或是从片 8259A，操作命令字可根据需要在操作过程中设置，OCW2 命令字定义中断结束方式时，通常放在中断服务子程序中。

为了进一步了解计算机接口技术，掌握计算机硬、软件综合应用。我们将应用前面介绍的接口芯片设计一个小型应用系统。

例 7-4 图 7-22 为 8088 最小系统设计的一个时间型顺序控制接口电路。该电路中：8253 通道 0 工作于方式 3，定时产生中断请求信号，连接 8259A 的 IR_7；一次中断为一个时间片，不同的中断次数决定工序时间，8255A 的 PA 口 8 个位指示工序状态，灯亮表示进入工作状态。

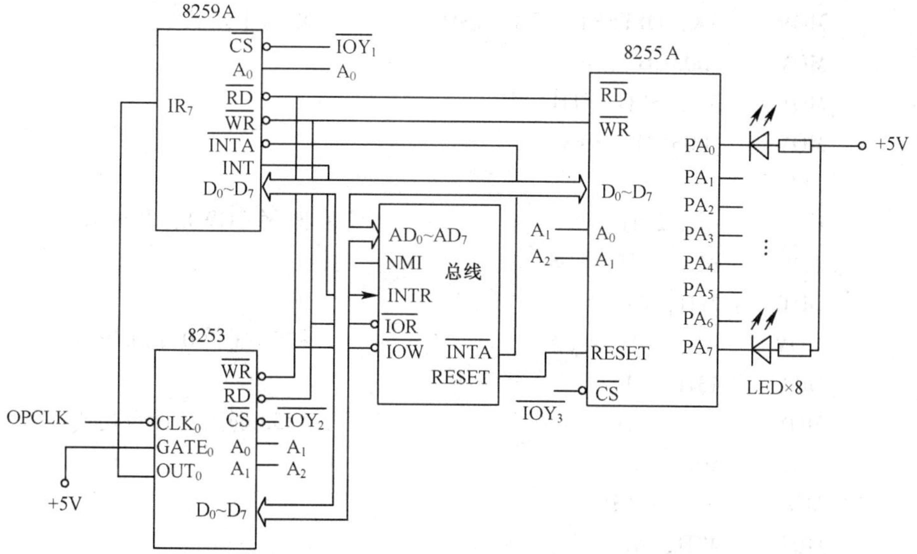

图 7-22　8088 最小系统设计的一个时间型顺序控制接口电路

硬件连接如图 7-22 所示，8253 端口地址为 40H ~ 43H，系统外部脉冲 OPCLK 作为通道 0 计数脉冲 CLK_0，OUT_0 连接 8259A 的 IR_7 请求中断，一次中断为一个时间片，DATA2 是时间系数表，时间到时 8255A 改变工序状态。8259A 端口地址为 20H ~ 21H，8088 系统上电时完成 8259A 初始化。本程序中改写屏蔽字用 OCW1，地址是 21H。关中断用 OCW2，地址是 20H。8255A 端口地址为 60H ~ 63H。

程序分为主程序和中断服务程序两段，主程序完成程序初始化和接口芯片初始化，采用直接法填写中断矢量，由于初始化时 ICW2 = 08H，中断请求信号 OUT_0 连接 8259A 的 IR_7，所以中断类型码等于 0FH，中断矢量填入 0FH × 4 = 003CH 开始的 4 个字节单元中。中断服务程序完成工

序状态输出。

```
DATA    SEGMENT
DATAl   DB  7FH, 0BFH, 0DFH, 0EFH, 0F7H, 0FBH, 0FDH, 0FEH  ; 工序状态表
DATA2   DB  28H, 32H, 3CH, 46H, 50H, 5AH, 64H, 6DH         ; 时间系数表
DATA    ENDS
STACK   SEGMENT  STACK
STA     DB  50 DUP (?)
TOP     EQU  LENGTH  STA
STACK   ENDS
CODE    SEGMENT
ASSUME  CS: CODE, DS: DATA, SS: STACK
START:  MOV    AX, DATA                  ; 填写段寄存器
        MOV    DS, AX
        MOV    AX, STACK
        MOV    SS, AX
        MOV    AX, TOP
        MOV    SP, AX
        MOV    AX, OFFSET  INTHAND       ; 填写中断矢量
        MOV    [003CH], AX
        MOV    AX, SEG INTHAND
        MOV    [003EH], AX
        CLI
        IN     AL, 21H                   ; 改写 OCW1, 开放 IR7
        AND    AL, 7FH
        OUT    21H, AL
        MOV    AL, 36H                   ; 8253 通道 0 工作于方式 3
        OUT    43H, AL
        MOV    AL, 6CH                   ; 8253 通道 0 计数初值
        OUT    40H, AL
        MOV    AL, 0E8H
        OUT    40H, AL
        MOV    AL, 80H                   ; 8255A 方式字
        OUT    63H, AL
        MOV    AL, 0FFH                  ; 通过 PA 口关断 8 路
        OUT    60H, AL
L:      MOV    CX, 0008H                 ; 共 8 道工序
        MOV    DI, OFFSET DATA1
        MOV    SI, OFFSET DATA2
L1:     MOV    BL, [SI]                  ; 取时间系数
L2:     STI                              ; 开中断
        CMP    CX, 0000H
```

```
        JZ      L                 ; 运行完8道工序，重新开始
        CMP     BL, 00H           ; 本工序时间到，取下一工序
        JZ      L1                ; 时间系数
        JMP     L2                ; 主程序段完
INTHAND PROC    NEAR              ; 中断服务程序
        MOV     AL, [DI]
        OUT     60H, AL
        DEC     BL                ; 时间系数减1
        CMP     BL, 00H
        JNE     L3
        INC     DI
        INC     SI
        DEC     CX
L3:     MOV     AL, 20H           ; OCW2 = 20H，关中断
        OUT     20H, AL
        CLI
        IRET
INTHAND ENDP
CODE    ENDS
END     START
```

习　题

7.1　试述计算机系统中，中断的基本概念。INTR 中断与 NMI 中断有何区别？

7.2　什么是中断源？什么是外部中断？什么是内部中断？何谓中断的优先级和优先级嵌套？

7.3　试叙述基于 8086/8088 的微机系统处理硬件中断的过程。

7.4　比较中断响应过程与子程序调用过程，它们有哪些相似之处？有哪些本质的区别？

7.5　8086/8088 CPU 如何获得中断类型号？若某外部可屏蔽中断的类型号为 32H，它的中断服务程序的入口地址为 1060H：2080H，试编程实现将该中断服务程序的入口地址装入中断向量表中。

7.6　8259A 优先管理方式有哪几种？中断结束方式又有哪些？

7.7　给定 SP = 0100H，SS = 0500H，PSW = 0240H，在存储单元中已有内容为（00024H） = 0060H，（00026H） = 1000H，在段地址为 0800H 及偏移地址为 00A0H 的单元中，有一条中断指令 INT9。试问，执行 INT9 后，SS、SP、IP、PSW 的内容是什么？栈顶的三个字是什么？

7.8　若 8086 系统采用单片 8259A，其中断向量码为 0DH，则其中断向量表的中断向量地址指针是多少？这个中断源应连向 IR 的哪一个输入端？若中断服务程序入口地址为 D000H：EF00H，则其中断向量表对应的 4 个单元中存放的数据依次是多少？

7.9　设某 8086 最小模式系统中有两片 8259A，从片接主片的 IR_4，主片 IR_2、IR_5 有外部中断引入，类型号分别为 62H、65H；从片 IR_0、IR_3 有外部中断引入，类型号分别为 40H、43H。设主片的一个端口地址为 82H，从片的一个端口地址为 84H，分别进行初始化编程。具体要求如下：

1）主、从片的中断请求信号均采用边沿触发。

2）采用非缓冲方式。

3）主片采用特殊全嵌套，从片采用完全嵌套方式。

7.10　以下是 PC 为某外部中断源设置中断向量的程序段：

```
PUSH    DS
MOV     AX, 0
MOV     DS, AX
MOV     DI, 24H
MOV     AX, 0200H
MOV     [DI], AX
MOV     AX, 1000H
MOV     [DI+2], AX
POP     DS
```

请问：该外中断的类型码是多少？程序段为它设置的中断向量是什么？

7.11　设某系统中 8259A 的两个端口地址分别为 24H 和 25H，分别写出下列情况下应向 8259A 写入的命令字：

①读中断请求寄存器 IRR 的值。

②读中断服务寄存器 ISR 的值。

③读查询方式下的查询状态字。

④发一般的中断结束命令 EOI。

7.12　下面的程序为中断向量设置程序，其中设置的中断类型号应为 10H。中断向量表如图 7-23 所示。试根据中断向量表填写程序中画线部分。

```
...
PUSH    DS
MOV     AX, ________
MOV     DS, AX
MOV     SI, ________
MOV     AX, ________
MOV     [SI], AX
MOV     AX, ________
MOV     ________, AX
POP     DS
...
```

地址	内容
	...
00010H	34H
00011H	12H
00012H	78H
00013H	56H
	...
00028H	00H
00029H	30H
0002AH	00H
0002BH	20H
	...
00040H	00H
00041H	21H
00042H	00H
00043H	14H
	...

图 7-23　题图 7.12

第 8 章　常用可编程接口芯片及其应用

本章主要介绍了并行通信的基本概念及可编程接口芯片 Intel 8255A 和 Intel 8253。要求掌握可编程并行接口芯片 Intel 8255A 的基本结构、工作方式和可编程定时/计数芯片 Intel 8253 的基本结构、工作方式。要求能分析和设计由 Intel 8255A 或 Intel 8253 组成的简单实用电路，包括硬件逻辑和软件编程。

8.1　可编程并行接口芯片 8255A

Intel8255A 是一个通用的可编程的并行接口芯片，可通过编程设置多种工作方式，价格低廉，使用方便，可以直接与 Intel 系列的 CPU 芯片连接使用，在中小系统中有着广泛的应用。

8.1.1　8255A 的结构和引脚功能

8255A 是 Intel 公司生产的一种可编程并行输入/输出接口芯片。它的通用性强，可以方便地和微机连接，用来扩展输入/输出口。8255A 有 3 个 8 位并行端口，根据不同的初始化编程，可以分别定义为输入或输出方式，以完成 CPU 与外设的数据传送。8255A 的引脚图如图 8-1 所示。

1. 面向 CPU 的引脚信号及功能

$D_0 \sim D_7$：8 位，双向，三态数据线，用来与系统数据总线相连。

RESET：复位信号，高电平有效，输入，用来清除 8255A 的内部寄存器，并置 A 口、B 口、C 口均为输入方式。

$\overline{CS}$：片选信号，输入，用来决定该芯片是否被选中；当它为低电平（有效）时，才能对 8255 进行操作。

$\overline{RD}$：读信号，输入，当它为低电平（有效）时，CPU 读取 8255A 的数据或状态信息。

$\overline{WR}$：写信号，输入，当它为低电平（有效）时，CPU 将数据或控制信息写（送）到 8255A。

A_1、A_0：内部端口地址的选择引脚，输入。这两个引脚上的信号组合决定对 8255A 内部的哪一个端口或寄存器进行操作。8255A 内部共有 4 个端口：A 口、B 口、C 口和控制口。$\overline{CS}$、$\overline{RD}$、$\overline{WR}$、A_1、A_0 这几个信号的组合决定了 8255A 的所有具体操作。8255A 的操作功能见表 8-1。

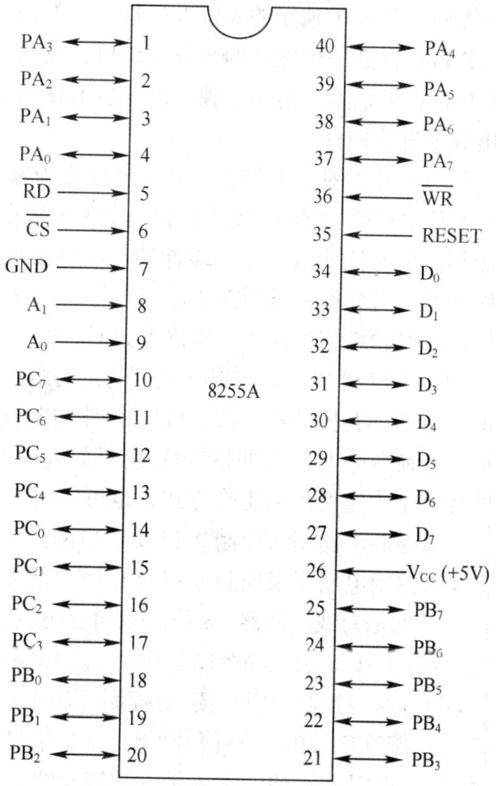

图 8-1　8255A 的引脚图

表 8-1　8255A 的操作功能表

$\overline{CS}$	$\overline{RD}$	$\overline{WR}$	A_1	A_0	操作	数据传送方式
0	0	1	0	0	读 A 口	A 口数据→数据总线
0	0	1	0	1	读 B 口	B 口数据→数据总线
0	0	1	1	0	读 C 口	C 口数据→数据总线
0	1	0	0	0	写 A 口	数据总线数据→A 口
0	1	0	0	1	写 B 口	数据总线数据→B 口
0	1	0	1	0	写 C 口	数据总线数据→C 口
0	1	0	1	1	写控制口	数据总线数据→控制口

2. 面向外设的引脚信号及功能

$PA_0 \sim PA_7$：A 口数据信号，用来连接外设。

$PB_0 \sim PB_7$：B 口数据信号，用来连接外设。

$PC_0 \sim PC_7$：C 口数据信号，用来连接外设或者作为控制信号。

3. 8255A 的基本性能及主要功能

（1）三个数据端口 A、B、C　这三个端口均可看作是 I/O 口，但它们的结构和功能也稍有不同。

A 口：是一个独立的 8 位 I/O 口，它的内部有对数据输入/输出的锁存功能。

B 口：也是一个独立的 8 位 I/O 口，仅具有对输出数据的锁存功能。

C 口：可以看作是一个独立的 8 位 I/O 口；也可以看作是两个独立的 4 位 I/O 口。也是仅对输出数据进行锁存。

A、B、C 口都是 8 位的，可以选择作为输入或输出，但在结构和功能上有所不同。A 口含有一个 8 位数据输出锁存/缓冲器和一个 8 位数据输入锁存器。B 口含有一个 8 位数据输出锁存/缓冲器和一个 8 位的数据输入缓冲器。C 口含有一个 8 位数据输出锁存/缓冲器和一个 8 位数据输入缓冲器。当数据传送不需要联络信号时，这三个端口都可以用作输入或输出口。当 A 口、B 口工作在需要联络信号输入、输出方式时，C 口可以分别为 A 口和 B 口提供状态和控制信息。

（2）A 组和 B 组的控制电路　这是两组根据 CPU 命令控制 8255A 工作方式的电路，这些控制电路内部设有控制寄存器，可以根据 CPU 送来的编程命令来控制 8255A 的工作方式，也可以根据编程命令来对 C 口的指定位进行置/复位的操作。两组的控制电路中有控制寄存器，根据写入的控制字决定两组的工作方式，也可以对 C 口的每一位置“1”或清“0”。

A 组控制电路用来控制 A 口及 C 口的高 4 位。

B 组控制电路用来控制 B 口及 C 口的低 4 位。

（3）数据总线缓冲器　8 位的双向三态缓冲器。作为 8255A 与系统总线连接的界面，输入/输出的数据，CPU 的编程命令以及外设通过 8255A 传送的工作状态等信息，都是通过它来传输的。

（4）读/写控制逻辑　读/写控制逻辑电路负责管理 8255A 的数据传输过程。它接收片选信号 $\overline{CS}$ 及系统读信号 $\overline{RD}$、写信号 $\overline{WR}$、复位信号 RESET，还有来自系统地址总线的口地址选择信号 A_0 和 A_1。作用是从 CPU 的地址和控制总线上接收有关信号，转变成各种控制命令送到数据缓冲器以及 A 组、B 组控制电路，从而管理三个端口、控制寄存器和数据总线之间的传送操作。

4. 8255A 的内部结构

8255A 内部由三个部分组成，如图 8-2 所示。

1）外设接口：包括 A、B、C 三个数据端口（通道）。其中 A 口带输出锁存/缓冲和输入锁

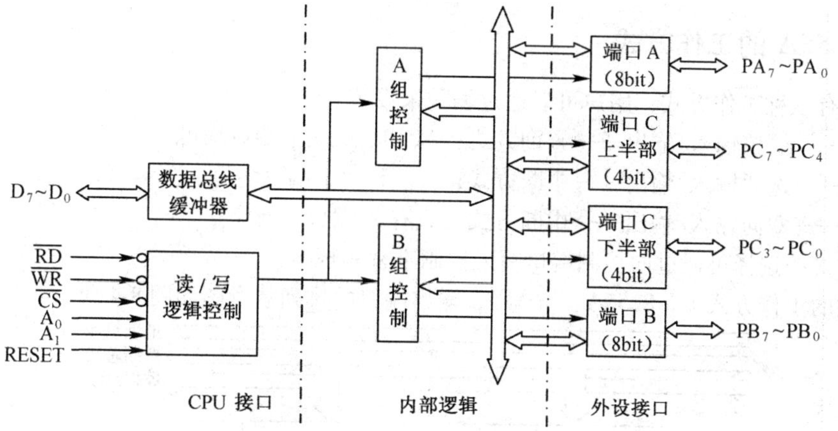

图 8-2　8255A 内部结构

存，B 口带输出锁存/缓冲和输入缓冲，C 口带输出锁存/缓冲和输入缓冲。

2）内部逻辑：包括 A 组控制电路（控制 A 口和 C 口上半部）和 B 组控制电路（控制 B 口和 C 口下半部），由 CPU 程控。

3）CPU 接口：包括三态双向数据总线缓冲器和读/写控制逻辑。

对 CPU 来说，8255A 内部包括 4 个端口，即 3 个数据端口 A 口、B 口、C 口，和 1 个控制端口。

5. 8255A 的外部连接特性

8255A 使用单 +5V 电源，40 脚双列直插式封装。引脚信号可以分为两组：一组是面向 CPU 的信号，一组是面向外设的信号。8255A 引脚特性如图 8-3 所示。

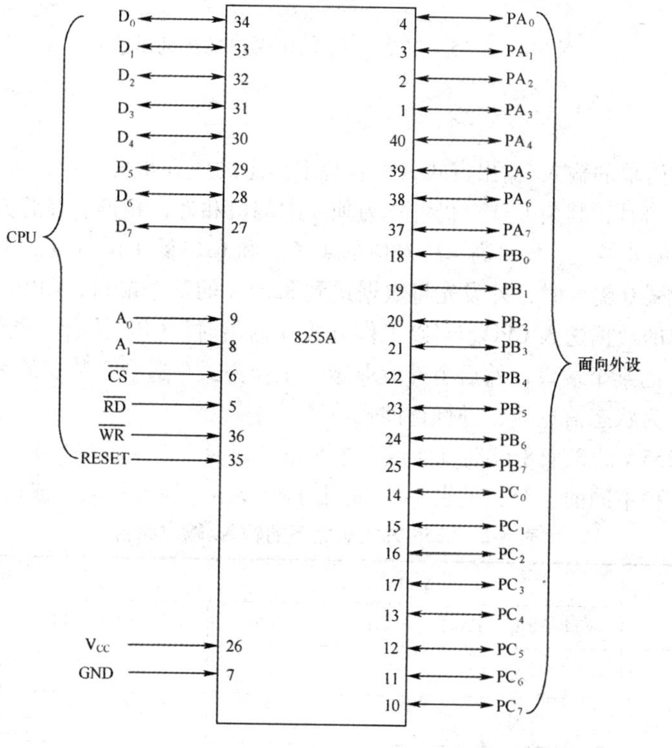

图 8-3　8255A 引脚特性

8.1.2 8255A 的工作方式

8255A 有三种工作方式，用户可以通过编程来设置。

方式 0——简单输入/输出——查询方式；A、B、C 三个端口均可。

方式 1——选通输入/输出——中断方式；A 、B 两个端口均可。

方式 2——双向输入/输出——中断方式。只有 A 端口才有。

工作方式的选择可通过向控制端口写入控制字来实现。

在不同的工作方式下，8255A 三个输入/输出端口的排列示意图如图 8-4 所示。

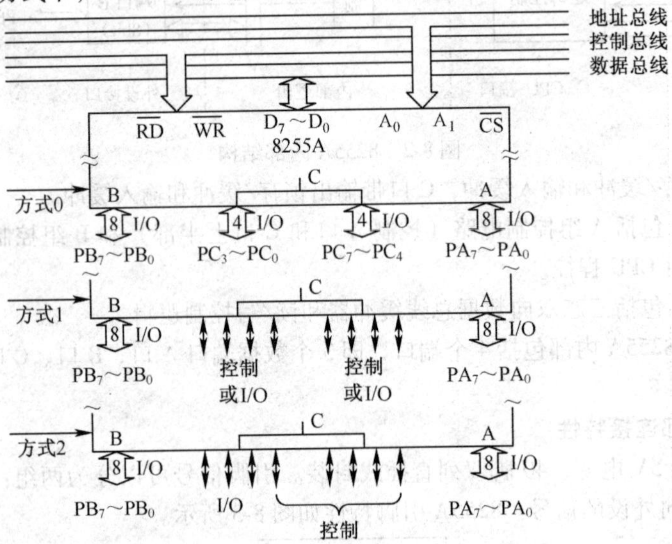

图 8-4 8255A 三个输入/输出端口的排列示意图

1. 方式 0

方式 0 是一种简单的输入/输出方式，没有规定固定的应答联络信号，可用 A、B、C 三个口的任一位充当查询信号，其余 I/O 口仍可作为独立的端口和外设相连。在此方式下，可分别将 A 口的 8 条线、B 口的 8 条线、C 口高 4 位对应的 4 条线和 C 口低 4 位对应的 4 条线定义为输入或输出。当以工作方式 0 输入时，外设先将数据送到 8255A 的某个端口，CPU 执行一条输入指令，读有效，将该端口的数据送入 CPU。当以工作方式 0 输出时，CPU 执行一条输出指令，写有效，将数据送到 8255A 的某个端口，然后由外设取走。工作方式 0 适合于数据的无条件传送，也可以人为指定某些位作为状态信息线，进行查询式传送。

其特点是，8255A 的 3 个 8 位端口（或 2 个 8 位端口及 2 个 4 位端口）完全独立，端口的输入/输出可以有 16 种不同的组合，见表 8-2。适用于外接多个简单的输入或输出设备。

表 8-2 8255 方式 0 之下的输入/输出组合

控制字	A 组		B 组	
$D_7 \sim D_0$	A 口（$PA_0 \sim PA_7$）	C 口（$PC_4 \sim PC_7$）	B 口（$PB_0 \sim PB_7$）	C 口（$PC_0 \sim PC_3$）
1001 1011	入	入	入	入
1001 1010	入	入	入	出
1001 1001	入	入	出	入

（续）

控制字 $D_7 \sim D_0$	A 组		B 组	
	A 口（$PA_0 \sim PA_7$）	C 口（$PC_4 \sim PC_7$）	B 口（$PB_0 \sim PB_7$）	C 口（$PC_0 \sim PC_3$）
1001 1000	入	入	出	出
1001 0011	入	出	入	入
1001 0010	入	出	入	出
1001 0001	入	出	出	入
1000 0000	入	出	出	出
1000 1011	出	入	入	入
1000 1010	出	入	入	出
1000 1001	出	入	出	入
1000 1000	出	入	出	出
1000 0011	出	出	入	入
1000 0010	出	出	入	出
1000 0001	出	出	出	入
1000 0000	出	出	出	出

显然，这些输入或输出设备只能工作在无条件传送方式或查询方式下。无条件传送方式下，所有端口都可用作数据口；而查询方式下需用 C 口的高 4 位（或低 4 位）作状态位供 CPU 查询（如果需要的话，还可将 C 口的另 4 位用作 CPU 的控制线）。

方式 0 的应用场合有两种：一种是同步传送；另一种是查询传送。

2. 方式 1

方式 1 是一种选通 I/O 方式，A 口和 B 口仍作为两个独立的 8 位 I/O 数据通道，可单独连接外设，通过编程分别设置它们为输入或输出。而 C 口则要有 6 位（分成两个 3 位）分别作为 A 口和 B 口的应答联络线，其余 2 位仍可工作在方式 0，可通过编程设置为输入或输出。

在以方式 1 输入和输出情况下，C 口各位的定义见表 8-3。若 A 口和 B 口都工作于方式 1，则 C 口有 6 位固定作为 A 口、B 口的状态和控制信号，剩下 2 位可由程序指定为输入和输出。若 A 口、B 口中一个工作于方式1，另一个工作于方式0，则 C 口有 3 位固定作为 A 口或 B 口的状态和控制信号，其余 5 位可由程序指定为输入或输出。

表 8-3 工作方式 1 下 C 口各位的定义

	PC_7	PC_6	PC_5	PC_4	PC_3	PC_2	PC_1	PC_0
方式 1 输入	I/O	I/O	IBF_A	$\overline{STB_A}$	$INTR_A$	$\overline{STB_B}$	IBF_B	$INTR_B$
方式 1 输出	$\overline{OBF_A}$	$\overline{ACK_A}$	I/O	I/O	$INTR_A$	$\overline{ACK_B}$	$\overline{OBF_B}$	$INTR_B$

其特点是，工作在方式 1 下的 8255A 提供了与外设的握手信号，并可通过中断方式通知 CPU 取数或送数（该中断可用软件屏蔽）。

显然，只有 8255A 的 A 口或 B 口可以工作在方式 1，而 C 口的某些引脚会被用作联络信号（其他未定义的引脚仍作普通 I/O）。图 8-5 中点画线框标示的 INTE 标志可以通过 C 口置位/复位控制字来设定，并作为 INTR 信号的开门信号。请注意 INTR 信号是由 IBF 信号（8255A 作输入端口时用来标示输入缓冲器满，通知 CPU 取数）或 $\overline{OBF}$ 信号的反相信号（8255A 作输出端口时用来标示输出缓冲器空，通知 CPU 送数）产生的。

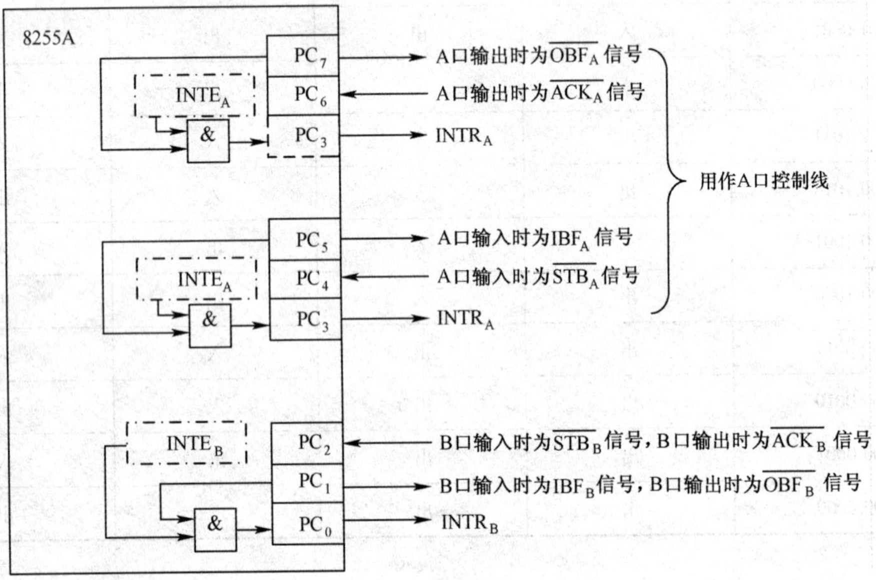

图 8-5　方式 1 下用 C 口定义的控制信号

（1）方式 1 的输入组态和应答信号的功能　图 8-6 所示给出了 8255A 的 A 口和 B 口方式 1 的输入组态。

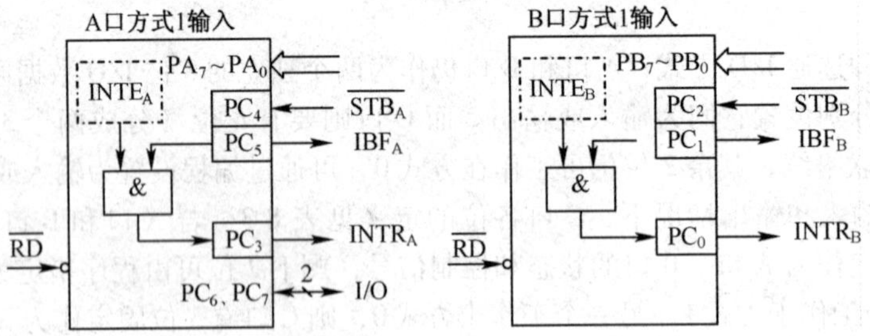

图 8-6　方式 1 输入组态

C 口的 $PC_3 \sim PC_5$ 用作 A 口的应答联络线，$PC_0 \sim PC_2$ 则用作 B 口的应答联络线，余下的 $PC_6 \sim PC_7$ 则可作为方式 0 使用。

应答联络线的功能如下：

$\overline{STB}$：选通输入信号。用来将外设输入的数据送入 8255A 的输入缓冲器。

IBF：输入缓冲器满信号。作为 $\overline{STB}$ 的回答信号，高电平有效，由 8255A 输出给外设。当该信号有效时表明外设已将数据送到 A 口或 B 口的输入缓冲器。IBF 可作为 8255A 与外设的联络信号。当 IBF = 0 时，允许外设向 8255A 传送一个数据；当 IBF = 1 时，表示外设送来的数据还未被 CPU 取走，这时禁止外设向 8255A 传送数据。IBF 也可作为 CPU 的查询信号，当 IBF = 1 时，告诉 CPU 应该从 8255A 的端口读取数据。

INTR：中断请求信号，高电平有效或上升沿有效，由 8255A 发出，用来向 CPU 发出中断申请 INTR 置位的条件是 $\overline{STB}$、IBF、INTE 均为 1 时，8255A 自动发出 INTR。

INTE：中断允许控制信号。作用是控制是否允许 8255A 的中断申请信号 INTR 发出。此信号无引出，通过控制口对 C 口相应位的置位/复位，设置允许或不允许。对 A 口来讲，是由 PC_4 置位来实现的，对 B 口来讲，则是由 PC_2 置位来实现的。事先将其置位。INTE 是端口内部的中断允许信号，是内部中断允许触发器的状态，由 C 口的位控字来设置。若位控字使 PC_4 = 1，则 A 口的中断允许信号 $INTE_A$ = 1；若位控字 PC_2 = 1，则 B 口的中断允许信号 $INTE_B$ = 1。在方式 1 下，作为联络信号的外部引脚 PC4、PC2，不受 C 口按位置位/复位控制字控制，而只在 8255A 内部对 INTE 信号起作用。8255A 工作方式 1 输入的时序如图 8-7 所示。

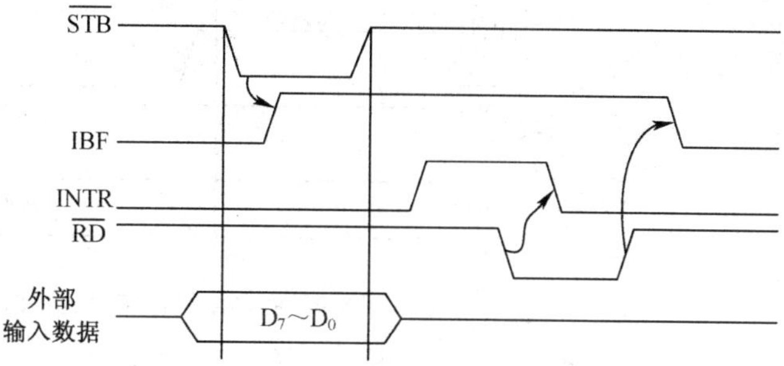

图 8-7　8255A 工作方式 1 输入的时序

（2）方式 1 的输出组态和应答信号功能　图 8-8 所示给出了 8255A 的 A 口和 B 口方式 1 的输入组态。

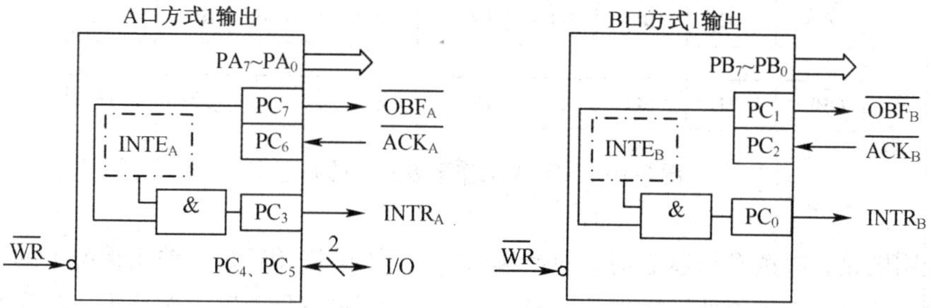

图 8-8　方式 1 的输出组态

C 口的 PC_3、PC_6、PC_7 用作 A 口的应答联络线，PC_0 ~ PC_2 则用作 B 口的应答联络线，余下的 PC_4 ~ PC_5 则可作为方式 0 使用。

应答联络线的功能如下：

$\overline{OBF}$：输出缓冲器满信号，低电平有效，由 8255A 输出给外设。当 CPU 已将要输出的数据送入 8255A 时有效，用来通知外设可以从 8255A 取数。当该信号有效时，表示 CPU 已把要输出的数据输出到 A 口或 B 口的输出缓冲器中，告诉外设可以把数据取走。

$\overline{ACK}$：响应信号，低电平有效。作为对 $\overline{OBF}$ 的响应信号，表示外设已将数据从 8255A 的输出缓冲器中取走。当外设将 8255A 的 A 口或 B 口数据取走后，向 8255A 发出一个负脉冲信号。

INTR：中断请求信号，高电平有效或上升沿有效，由 8255A 发出，用来向 CPU 发出中断申请。INTR 置位的条件是当 $\overline{ACK}$、$\overline{OBF}$、INTE 均为 1 时，8255A 自动发出 INTR。

INTE：中断允许控制信号，此信号无引出，通过控制口对 C 口相应位的置位/复位设置允许或不允许。对 A 口来讲，由 PC_6 的置位来实现，对 B 口仍是由 PC_2 的置位来实现。在方式 1 输出情况下，若所设位控字使 $PC_6=1$，则 $INTE_A=1$；若位控字使 $PC_2=1$，则 $INTE_B=1$。在方式 1 下，作为联络信号的外部引脚 PC_6、PC_2，不受 C 口按位置位/复位控制字控制，而只在 8255A 内部对 INTE 信号起作用。8255A 工作于方式 1 输出的时序如图 8-9 所示。

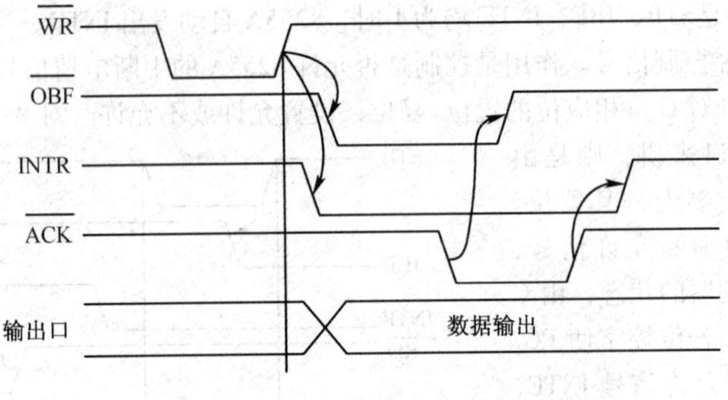

图 8-9　8255A 工作于方式 1 输出的时序

（3）方式 1 的状态字　在方式 1 的情况下，执行一条读 C 口的指令，就可以得到一个状态字，用来检查外设或 8255A 的工作状态，从而控制程序的进程。状态字如图 8-10 所示。

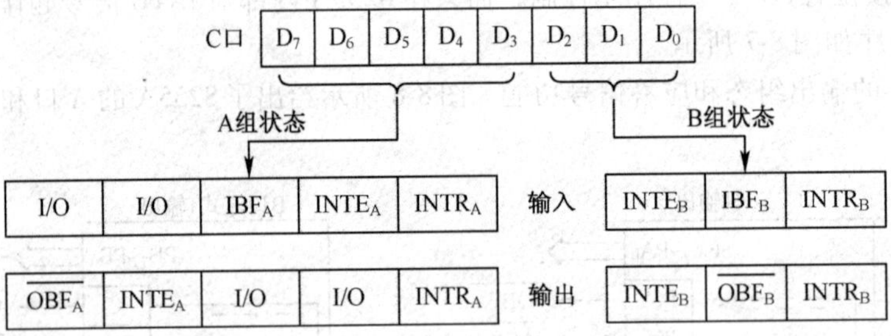

图 8-10　8255A 工作于方式 1 的状态字

需要说明的是，在读 C 口状态时，对于输入情况下的 PC_4 和 PC_2、输出情况下的 PC_6 和 PC_2，所读得的状态不是该引脚上外设送来的选通信号 $\overline{STB}$ 或响应信号 $\overline{ACK}$，而是由位控字确定的该位的状态，即中断允许信号 INTE。

3. 方式 2

方式 2 为双向选通 I/O 方式，只有 A 口才有此方式。这时，C 口有 5 根线用作 A 口的应答联络信号，其余 3 根线可用作方式 0，也可用作 B 口方式 1 的应答联络线。

方式 2 就是方式 1 的输入与输出方式的组合，各应答信号的功能也相同。而 C 口余下的 PC_0 ~ PC_2 正好可以充当 B 口方式 1 的应答线，若 B 口不用或工作于方式 0，则这三条线也可工作于方式 0。

其特点是，可以通过一个端口（A 口）同时进行输入和输出操作；其余与外设和 CPU 的联络方式同方式 1 类似，如图 8-11 所示。在方式 2 中，C 口为 A 口提供的联络信号见表 8-4。

PC_3 ~ PC_7 构成双向方式下输出的联络信号，$\overline{OBF_A}$ 的功能与方式 1 时的相同，$\overline{ACK_A}$ 的功能与方式 1 有所不同。在方式 2 的情况下，外设收到 8255A 发出的 $\overline{OBF_A}=0$ 信号后，要用 $\overline{ACK_A}=0$ 去打通 A 口的输出缓冲器，使数据放到 A 口的外部数据线上，否则输出缓冲器的输出端处于高阻状态。所以在双向方式下如果没有外设的 $\overline{ACK_A}$ 有效信号，就不能输出数据。

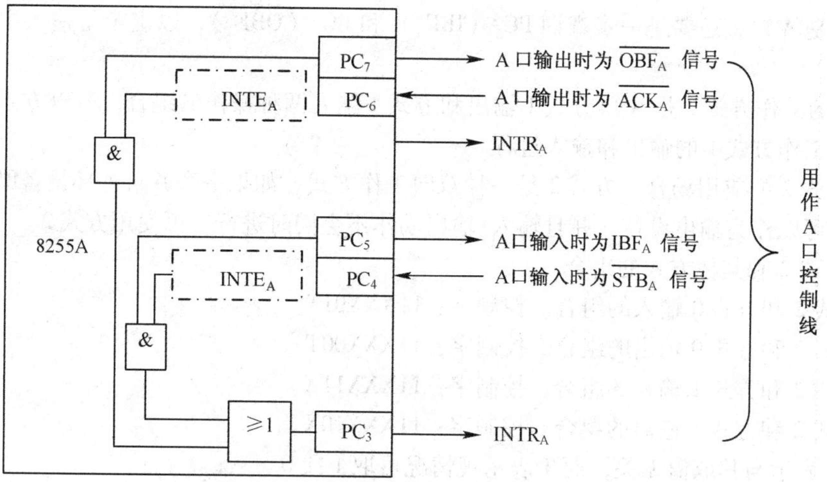

图 8-11 方式 2 下用 C 口定义的控制信号

表 8-4 C 口为 A 口提供的联络信号

引脚	PC_7	PC_6	PC_5	PC_4	PC_3
信号	$\overline{OBF_A}$	$\overline{ACK_A}$	IBF_A	$\overline{STB_A}$	INTR

（1）方式 2 的组态 如图 8-12 所示。

IBF_A 和$\overline{STB_A}$构成双向方式下输入的联络信号，其功能与方式 1 的相同。$INTR_A$ 是双向方式下输出和输入合用的中断请求信号。在输出中断允许触发器 $INTE_1=1$（由位控字设定 $PC_6=1$）的条件下，当 $\overline{OBF_A}=1$ 和$\overline{ACK_A}=1$ 时，$INTR_A$ 有效。在输入中断允许触发器 $INTE_2=1$（由位控字设定 $PC_4=1$）的条件下，当 $IBF_A=1$ 和 $\overline{STB_A}=1$ 时，$INTR_A$ 有效。8255A 工作于方式 2 的状态字如图 8-13 所示。

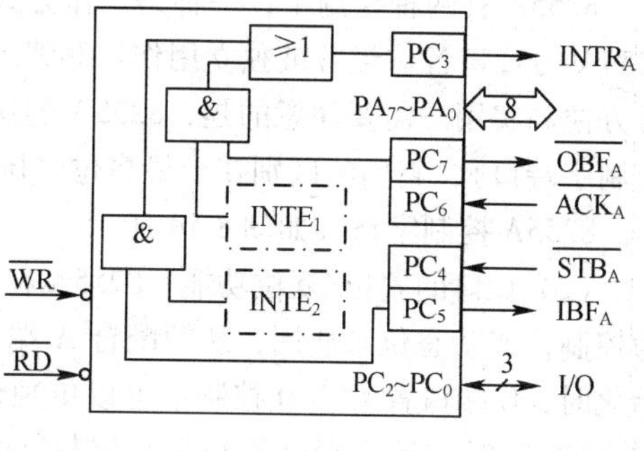

图 8-12 方式 2 的组态

当 A 口工作于方式 2 时，允许中断，此时若 B 口工作于方式 1，则也允许中断。这时就有三个中断源（A 口的输入和输出、B 口）、两个中断请求信号（$INTR_A$、$INTR_B$）。CPU 在响应 8255A 的中断请求时，先要查询 PC_3（$INTR_A$）和 PC_0（$INTR_B$），以判断中断源是 A 口还是 B 口。

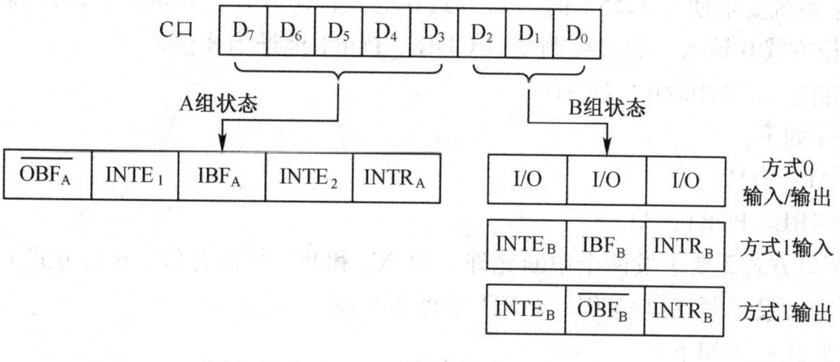

图 8-13 8255A 工作于方式 2 的状态字

如果中断源是 A 口，还要进一步查询 PC_5（IBF_A）和 PC_7（$\overline{OBF_A}$），以确定是输入中断还是输出中断。

8255A 的工作方式 2 是 A 口方式 1 输出和方式 1 输入两种操作的组合，所以方式 2 的工作过程也同上述工作方式 1 的输出和输入过程。

（2）方式 2 的应用场合　方式 2 是一种双向工作方式，如果一个并行外部设备既可以作为输入设备，又可以作为输出设备，并且输入/输出动作不会同时进行，可使用方式 2。

（3）方式 2 和其他方式的组合

1）方式 2 和方式 0 输入的组合。控制字：11XXX01T。

2）方式 2 和方式 0 输出的组合。控制字：11XXX00T。

3）方式 2 和方式 1 输入的组合。控制字：11XXX11X。

4）方式 2 和方式 1 输出的组合。控制字：11XXX10X。

其中 X 表示与其取值无关，而 T 表示视情况可取 1 或 0。

8.1.3　8255A 的基本应用

1. 8255A 的控制字和编程

（1）控制字格式　由 CPU 执行输出指令，向 8255A 的端口输出不同的控制字来决定它的工作方式。对 8255A 的编程涉及两个内容：一是写控制字设置工作方式等信息；二是设置 C 口的指定位置位/复位。

8255A 有两种控制字：一种是工作方式选择控制字；另一种是 C 口置位/复位控制字。因为 8255A 的 C 口各位经常被独立用作控制线或状态线，所以利用控制字对 C 口进行位操作将显得非常方便和实用。需要注意的是，8255A 的这两个控制字是写入同一个控制字端口的（也是唯一的控制字端口），它们的区别在于最高位（bit7）——特征位的不同。

8255A 控制字格式如图 8-14 所示。

（2）C 口的置位/复位功能　8255A 在和 CPU 传输数据的过程中，经常将 C 端口的某几位作为控制位或状态位来使用，从而配合 A 端口或 B 端口的工作。为了方便用户，在 8255A 芯片初始化时，C 端口置 1/置 0 控制字可以单独设置 C 端口的某一位为 0 或某一位为 1。控制字的 D_7 位为“0”时，是 C 端口置 1/置 0 控制字中的标志位。置位/复位功能只有 C 口才有，它是通过向控制口写入按指定位置位/复位的控制字来实现的。C 口的这个功能可用于设置方式 1 的中断允许，可以设置外设的起/停等。

（3）初始化编程　8255A 初始化时，先要写入控制字，指定它的工作方式，然后才能通过编程，将总线上的数据从 8255A 输出给外设，或者将外部设备的数据通过 8255A 送到 CPU 中。

例 8-1　某系统要求使用 8255A 的 A 口方式 0 输入，B 口方式 0 输出，C 口高 4 位方式 0 输出，C 口低 4 位方式 0 输入。假设控制端口 CTRL_PORT 地址为 8 位。

分析：控制字为 10010001，即 91H。

初始化程序如下：

```
MOV     AL, 91H
OUT     CTRL_PORT, AL
```

例 8-2　A 口方式 2 要求发两个中断允许，即 PC_4 和 PC_6 均需置位。B 口方式 1 要求使 PC_2 置位来开放中断。假设控制端口 CTRL_PORT 地址为 8 位。

分析：初始化程序如下：

```
MOV     AL, 0C4H
```

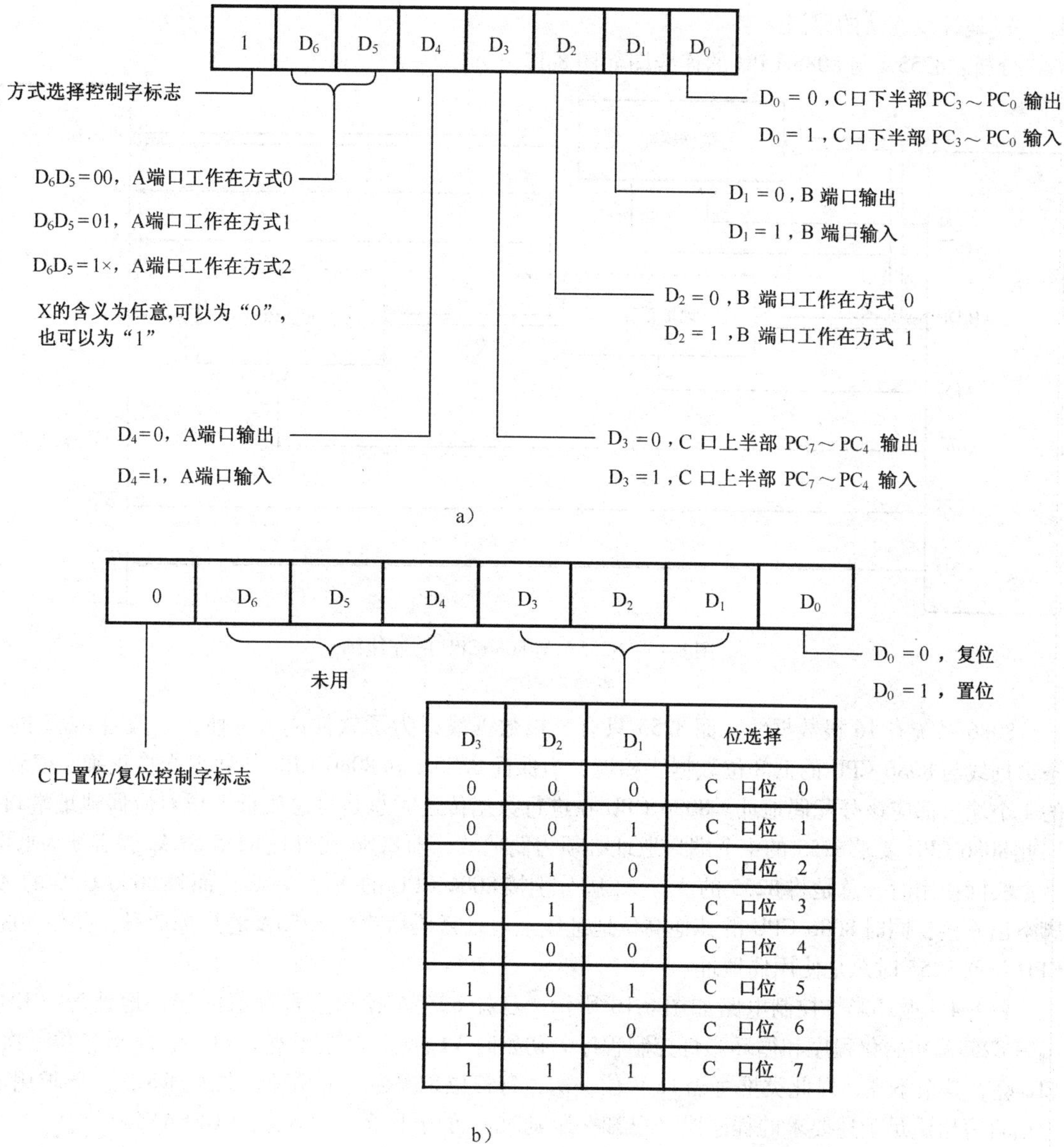

图 8-14 8255A 控制字格式

a）方式选择控制字格式 b）C 口置位/复位控制字格式

```
OUT     CTRL_PORT, AL     ; 设置工作方式
MOV     AL, 09H
OUT     CTRL_PORT, AL     ; PC4 置位，A 口输入允许中断
MOV     AL, ODH
OUT     CTRL_PORT, AL     ; PC6 置位，A 口输出允许中断
MOV     AL, 05H
OUT     CTRL_PORT, AL     ; PC2 置位；B 口输出允许中断
```

2. 接口应用举例

例 8-3 试画出 8255A 与 8086 CPU 连接图，并说明 8255A 的 A_0、A_1 地址线与 8086 CPU 的

A_1、A_2 地址线连接的原因。

分析：8255A 与 8086 CPU 的连线图如图 8-15 所示。

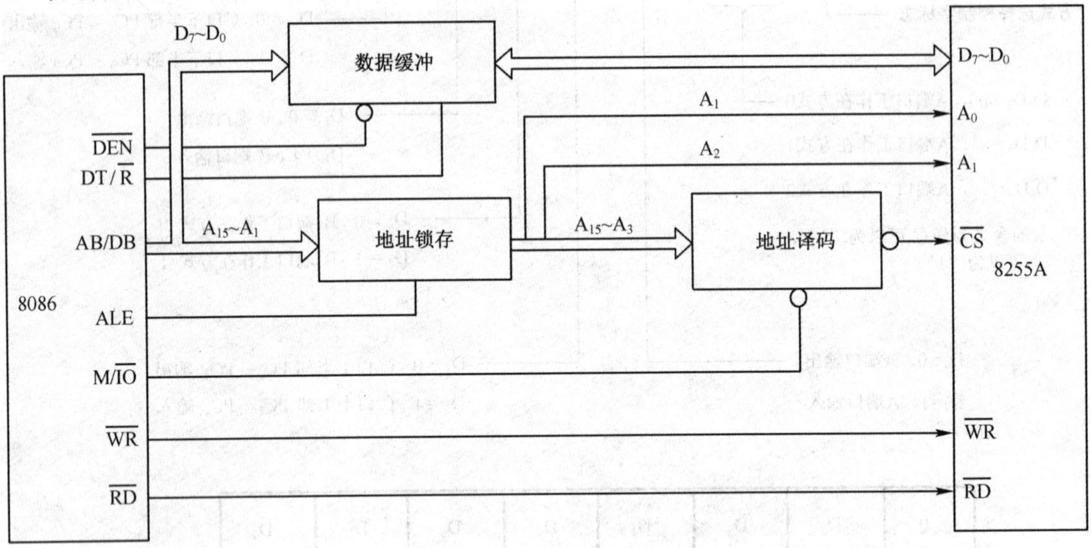

图 8-15　8255A 与 8086CPU 的连线图

8086 系统有 16 根数据线，而 8255 只有 8 根数据线，为了软件读写方便，一般将 8255 的 8 条数据线与 8086 CPU 的低 8 位数据线相连。为保证 8255A 和 8086 CPU 的数据交换正确，8255A 的 4 个端口都应该分配偶地址。8086 CPU 在进行数据传送时总是将总线低 8 位对应偶地址端口，因此 8086 CPU 要求 8255 的 4 个端口地址必须为偶地址，即 8086 在寻址 8255 时 A_0 脚必须为低电平。实际使用时，总是将 8255 的 A_0、A_1 脚分别接 8086 CPU 的 A_1、A_2 脚，而将 8086 CPU 的 A_0 脚空出不接，同时 8086 CPU 的其他高位地址线经地址译码后产生 8255A 的片选信号，并使 8086 CPU 访问 8255 时总是使用偶地址。

例 8-4　循环彩灯控制电路如图 8-16 所示。已知 8255A 控制字寄存器的端口地址为 10EH，编写 8255A 初始化程序和循环彩灯控制程序。初始时 VL_0 亮，其余不亮，VL_0 亮 1s 后移位一次，VL_1 亮，其余不亮，以此类推每隔 1s 移位一次，每移位 8 次为一个循环，共循环 8 次。要求用汇编语言写出满足上述要求的程序段（已知一个延时 1s 的子程序入口地址为 DELAY1s）。

分析：8255 的控制字为 80H（$D_7=1$，D_2、$D_0=0$）。

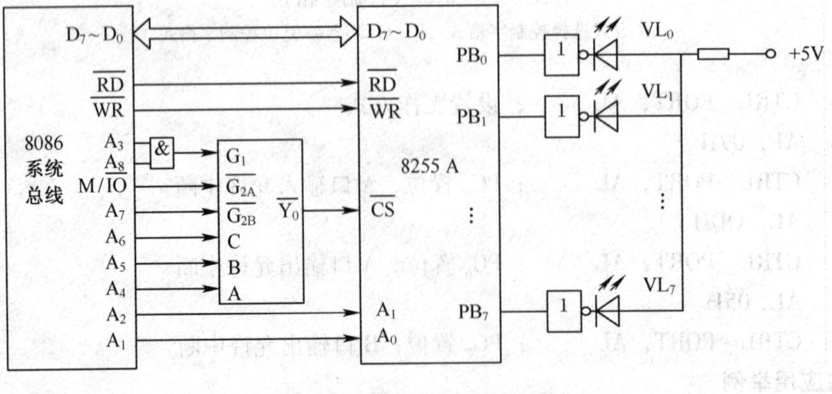

图 8-16　循环彩灯控制电路

程序如下：

```
        MOV     AL, 80H
        MOV     DX, 010EH
        OUT     DX, AL
        MOV     CX, 64
        MOV     AL, 1
        MOV     DX, 010AH
NEXT1:  OUT     DX, AL
        CALL    DELAY1s
        DEC     CX
        JZ      NEXT2
        ROL     AL, 1
        JMP     NEXT1
NEXT2:  HLT
```

例 8-5　图 8-17 所示为键盘显示接口电路，已知 8255A 控制字寄存器的端口地址为 206H，试编写 8255A 初始化程序和键值读取程序，并将键值序号在 LED 七段数码管显示出来。

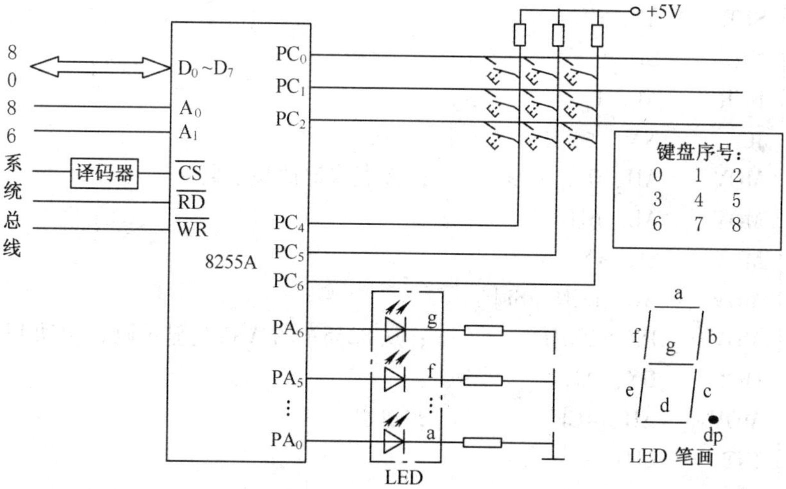

图 8-17　键盘显示接口电路

分析：程序如下：

```
DATA    SEGMENT                    ；数据段中存放数字 0 ~ 9 的 LED 显示代码
LED     DB 3FH, 06H, 5BH, 4FH, 66H, 6DH, 7DH, 07H, 7FH
DATA    ENDS
CODE    SEGMENT
ASSUME  CS: CODE, DS: DATA
START:  MOV     AX, DATA
        MOV     DS, AX
        MOV     DX, 206H           ；送 8255A 工作方式字：A 口方式 1 输出
        MOV     AL, 10001000B      ；C 口上半部输入，下半部输出
        OUT     DX, AL
```

```
        MOV     CX, 3               ; 准备键扫
        MOV     AL, 0FEH            ; 送第一行扫描码：PC0 =0
        MOV     BH, 0FFH            ; BH = -1 表示第一行无键按下
S_NEXT: MOV     DX, 204H            ; 从8255A 的 C 口下半部送键扫描码
        OUT     DX, AL
        MOV     BL, AL
        IN      AL, DX              ; 从8255A 的 C 口上半部读按键状态
        AND     AL, 70H
        CMP     AL, 70H             ; (AL) =70H 表示无键按下
        JNZ     DISP                ; 有键按下，转到显示处理
        MOV     AL, BL
        RCL     AL, 1
        ADD     BH, 3               ; 准备检查第二行 (PC1 =0) 键状态
        LOOP    S_NEXT
        JMP     EXIT
DISP:   MOV     CL, 4               ; 根据 AL 值计算键值
        SHR     AL, CL
NN:     INC     BH
        RCR     AL, 1
        JC      NN
        MOV     AH, 0               ; 查表取键值显示码
        MOV     AL, BH
        MOV     SI, AX
        MOV     AL, LED [SI]
        MOV     DX, 200H            ; 从8255A 的 A 口送显示码，驱动 LED 显示
        OUT     DX, AL
EXIT:   MOV     AH, 4CH             ; 退出
        INT     21H
CODE    ENDS
        END     START
```

例 8-6 8086 CPU 通过 8255 同开关 S 与七段 LED 显示器的接口如图 8-18 所示。开关设置的二进制信息由 8255A 的 B 口输入，经程序转换为对应的七段 LED 的段选码（字形码）后，通过 A 口输出。由七段 LED 显示二进制状态值，试编写其控制程序。

分析：为增加 8255A 的负载能力，所以 A 口经驱动器 74LS06 同七段 LED 显示器相连。由图 8-18 可见，8255A 的地址线 A_1、A_0 分别同地址锁存器输出的 A_2、A_1 相连，地址线 A_0 为 0 有效，由接口电路可知 8255A 的 4 个端口地址分别为 0FFF8H、0FFFAH、0FFFCH、0FFFEH。

B 口用于输入，由 A 口输出，8255A 工作于方式 0，所以工作方式控制字为 82H。

程序如下：

```
        ORG     2000H               ; 从 2000H 开始存放数据
        MOV     AL, 82H             ; 置工作方式控制字
        MOV     DX, 0FFFEH
```

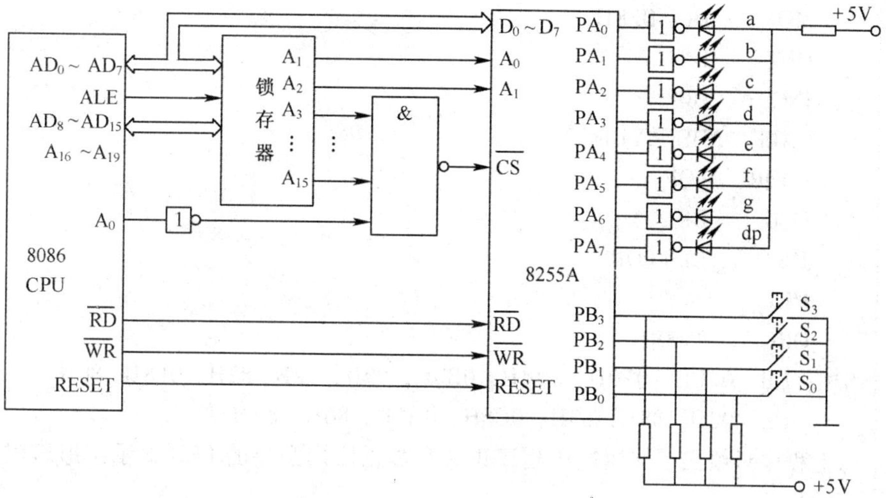

图 8-18 开关显示接口电路

```
          OUT     DX, AL
RDPORTB:  MOV     DL , 0FAH                     ; 读入 B 口信息
          IN      AL, DX
          AND     AL, 0FH                       ; 屏蔽 AL 高 4 位, B 口读入的信息, 只低 4
                                                  位有效
          MOV     BX, OFFSET   SSEGCODE         ; 地址指针 BX 指向段选码表首地址
          XLAT                                  ; [BX + AL] →AL
          MOV     DL, 0F8H                      ; 段选码→A 口, 由七段 LED 显示器显示
          OUT     DX, AL
          MOV     AX , 56CH                     ; 延时, 使读入的信息保持显示一段时间,
                                                  消除抖动
DELAY:    DEC     AX
          JNZ     DELAY
          JMP     RDPORTB                       ; 进入新一轮的显示操作
          HLT
```

如果要求 LED 显示器循环显示 0 ~ 9, A ~ F 这十六个数字, 每个数字显示 10s, 显示 100 遍。则控制程序如下:

```
          ORG     2000H
          MOV     AL, 82H
          MOV     DX, 0FFFEH
          OUT     DX, AL
          MOV     BX, 100
DISFLOP:  LEA     DI, SSEGCODE
          ; 数据段 SSEGCODE 中存放数字 0 ~ 9, A ~ F 的 LED 显示代码
          MOV     CX, 16
LOP:      MOV     AL, [DI]
```

```
        MOV     DL, 0F8H
        OUT     DX, AL
        INC     DI
        CALL    DELAY10s
        LOOP    LOP
        DEC     BX
        JNZ     DISFLOP
        HLT
        ORG     2500H
SSEGCODE: DB  0C0H, 0F9H, 0A4H, 0B0H, 99H, 92H, 82H, 0F8H, 80H
          DB  98H, 88H, 83H, 0C6H, 0A1H, 86H, 8EH
```

注意：以上程序只给出了代码段内程序正文和数据段内必要的 LED 显示字形编码，不是完整的汇编语言源程序。

例 8-7 用 8255A 作为 CPU 与打印机的接口电路如图 8-19 所示。8255A 的 A 口工作于方式 0，输出；C 口工作于方式 0。试编写一程序，用查询方式将 100 个数据送打印机打印。

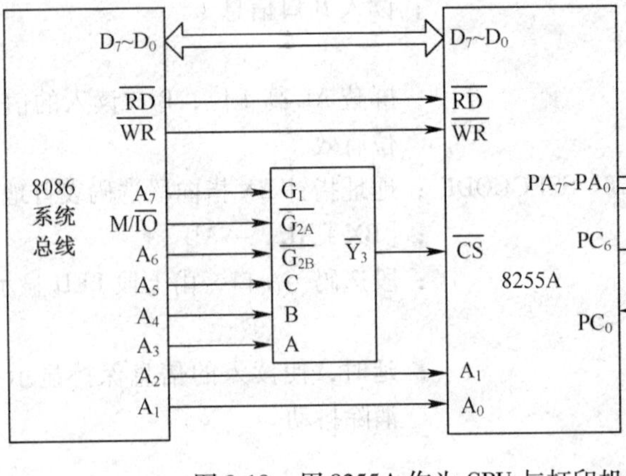

图 8-19 用 8255A 作为 CPU 与打印机的接口电路

分析：8255A 片选由 74LS138 产生，由图 8-19 所示的连接，确定 8255A 的 4 个端口地址为 98H、9AH、9CH、9EH。根据上述设置，8255A 的方式控制字为 10000001B。而需打印的数据放在数据段中以 DATA1 开头的区域，程序段如下实现：

```
        ……
        MOV     AL, 10000001B       ; 设置 8255A 的工作方式控制字
        OUT     9EH, AL
        MOV     CX, 100             ; 设置需打印数据的总个数以控制循环次数
        LEA     SI, DATA1
NEXT:   MOV     AL, [SI]            ; 从数据段取数据并通过 A 口发到打印机
        OUT     98H, AL
        MOV     AL, 00001100B       ; 设置 C 口置位/复位控制字，使 PC6 为低电平
        OUT     9EH, AL             ; 通知打印机锁存数据并打印
        INC     SI                  ; 为取下个数据做准备
```

```
         DEC    CX
         JZ     ERROR       ；判断是否传完 100 个数据，如是，转后续处理
AGAIN：  IN     AL，9CH      ；如未传完 100 个数据，读状态端口
         TEST   AL，01H      ；查询 PC0（BUSY）是否为高电平
         JNZ    AGAIN       ；如是，继续查询，直到 BUSY 变低
         JMP    NEXT        ；BUSY 为低电平，则转 NEXT 发送下一个数据
ERROR：……
```

3. 8255A 与键盘接口

键盘是微机系统中最常用的外部设备，数据、内存地址、命令及指令地址等都可以通过键盘输入到系统中。在小型微机系统中，如单板微计算机、带有微处理器的专用设备中，键盘的规模小，可采用简单实用的接口方式，在软件控制下完成键盘的输入功能。

（1）键盘的工作原理　最简单的键盘如图 8-20a 所示，其中每个键对应 I/O 端口的一位。没有键闭合时，各位均处于高电平；当有一个键按下时，就使对应位接地而成为低电平，而其他位仍为高电平。这样，CPU 只要检测到某一位为 0，便可判别出对应键已按下。

但是，用图 8-20a 的结构设计键盘有一个很大的缺点。这就是当键盘上的键较多时，引线太多，占用的 I/O 端口也太多。所以，这种简单结构只用在只有几个键的小键盘中。

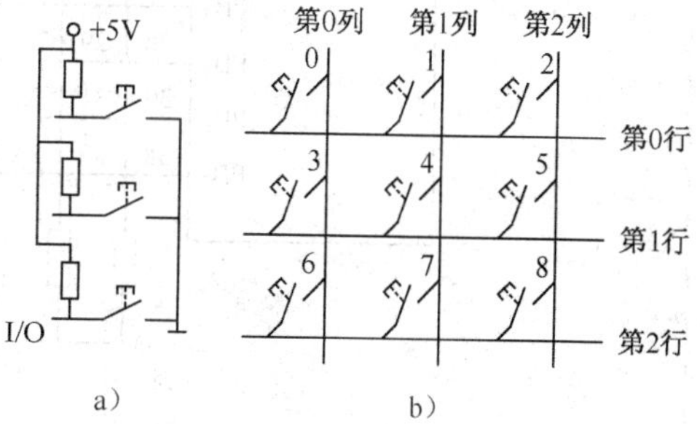

图 8-20　键盘的结构

a）单键结构　b）矩阵结构

通常使用的键盘是矩阵结构的。对于 8 × 8 = 64 个键的键盘，采用矩阵方式只要用 16 条引线和 2 个 8 位端口便完成键盘的连接。以 3 × 3 = 9 个键为例，如图 8-20b 所示，这个矩阵分为 3 行 3 列，如果键 5 按下，则第 1 行和第 2 列线接通而形成通路。如果第 1 行线接低电平，则键 5 的闭合，会使第 2 列线也输出低电平。矩阵式键盘工作时，就是按行线和列线的电平来识别闭合键的。

（2）键的识别　为了识别键盘上的闭合键，通常可以采用两种方式：行扫描法和行反转法。

①行扫描法。图 8-21 所示是一个 8 行 8 列组成的键盘。图中只画出第 0 行线与列线的按键，其余省略。行扫描法识别按键的原理如下：先使第 0 行置 0，其余行为高电平，然后看第 0 行是否有键闭合。这是通过检查列线电位来实现的，即在第 0 行置 0 时，看是否有哪条列线变成低电平。如果有某列线变为低电平，则表示第 0 行和此列线相交位置上的键被按下；如果没有任何一条列线为低电平，则说明第 0 行没有任何键被按下。此后，再将第 1 行置 0，检测是否有变为低电平的列线。如此重复地扫描，直到最后一行。在扫描过程中，当发现某一行有键闭合时，也就是列线输入中有一位为 0 时，便退出扫描，通过组合行线和列线即可识别此刻按下的是哪一键。

实际应用中，一般先快速检查键盘中是否有键按下，然后再确定按键的具体位置。为此，先使所有行线为低，然后检查列线。这时如果列线有一位为 0，则说明必有键被按下，采用扫描法可进一步确定按键的具体位置。

图 8-21 中将行线与 8255A 端口 B 相连，端口 B 设置为输出。CPU 使端口 B 的某一位为 0，便相当于将该行线接低电平；某位为 1，则该行线接高电平。为了检查列线的电平，将列线与端口 A 相连，端口 A 设置为输入。CPU 只要读取端口 A 的数据，就可以判别是否有键被按下及是第几列的键被按下。

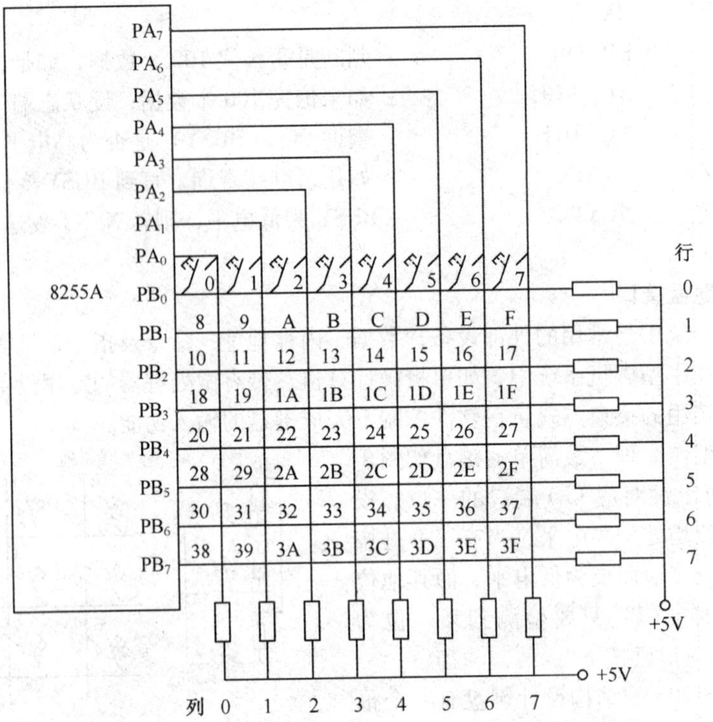

图 8-21　键盘接口电路

从上面的原理可知，键盘扫描程序的第一步应该判断是否有键被按下。为此，使输出端口各位全为 0，即相当于将所有行线接低电平。然后，从输入端口读取数据，如果读得的数据不是 FFH，则说明必有列线处于低电平，从而可断定必有键被按下。此时，为了消除键的抖动，调用延迟程序。如果读得的数据是 FFH，则程序在循环中等待。这段程序如下：

```
KEY1：MOV    AL，00H
      MOV    DX，ROWPORT        ；ROWPORT 为行线端口地址
      OUT    DX，AL             ；使所有行线为低
      MOV    DX，COLPORT        ；COLPORT 为列线端口地址
      IN     AL，DX             ；读取列值
      CMP    AL，0FFH           ；判定是否有列线为低电平
      JZ     KEY1               ；没有，无闭合键，则循环等待
      CALL   DELAY              ；有，则延迟 20ms 清除抖动
```

键盘扫描程序的第二步是判断哪一个键被按下了。开始时，将计数值设置为行数，然后设置扫描初值。扫描初值 11111110 使第 0 行为低电平，其他行为高。输出扫描初值后，马上读取列线的值，看是否有列线处于低电平。若无，则将扫描初值循环左移一位，变为 11111101，同时，计数值减 1，如此下去，直到计数值为 0。

如果在此过程中，查到有列线为低，则组合此时的行值和列值，进行下一步查找键值代码的工作，程序段如下：

```
      MOV    AH，0FEH           ；扫描初值送 AH
      MOV    CX，8              ；行数送 CX
KEY2：MOV    AL，AH
```

```
        MOV     DX, ROWPORT
        OUT     DX, AL              ；输出行值（扫描值）
        MOV     DX, COLPORT
        IN      AL, DX              ；读进列值
        CMP     AL, 0FFH            ；判断有无接地线
        JNZ     KEY3                ；有，则转下一步处理
        ROL     AH, 1               ；无，则修改扫描值，准备下一行扫描
        LOOP    KEY2                ；计数一次，未扫完 8 行，则继续循环
        JMP     KEY1                ；所有行都没有键按下，则返回继续检测
KEY3：…                             ；此时，AL = 列值，AH = 行值，进行后续处理
```

②行反转法。行反转法也是识别键盘的常用方法。它的原理是：将行线接一个数据端口，先让它工作在输出方式；将列线也接到一个数据端口，先让它工作在输入方式。程序使 CPU 通过输出端口往各行线上送低电平，然后读入列线值。如果此时有某键被按下，则必定会使某列线值为 0。接着，程序再对两个端口进行方式设置，使接行线的端口改为输入方式，接列线的端口改为输出方式。并且，将刚才读得的列值从列线所接端口输出，再读取行线的输入值，那么，闭合键所在的行线值必定为 0。这样，当一个键被按下时，必定可以读得一对唯一的行值和列值。因此，要实现上述行反转法，行、列线所接的数据端口应能够改变输入、输出方式，而 8255A 的 3 个端口正好具有这个功能。

为了查找键代码，键盘程序设计时，可将各个键对应的行、列值放在一个表中，程序通过查表来确定哪一个键被按下，进而在另一个表中找到这个键的代码。如果遇到多个键同时闭合的情况，则输入的行值或者列值中一定有一个以上的 0，而由程序预选建立的键值表中不会有此值，因而可以判为重键而重新查找。所以，用这种方法可以方便地解决重键问题。

```
KEY1：…        ；设置行线接输出端口 ROWPORT，列线接输入端口 COLPORT，并判断是否
               有键按下
KEY2：MOV     AL, 00H
      MOV     DX, ROWPORT
      OUT     DX, AL              ；行线全为低
      MOV     DX. COLPORT
      IN      AL, DX              ；读取列值
      CMP     AL, 0FFH
      JZ      KEY2                ；无闭合键，循环等待
      PUSH    AX                  ；有闭合键，保存列值
      PUSH    AX
       …                          ；设置行线接输入端口 ROWPORT，列线接输出
                                   端口 COLPORT
      MOV     DX, COLPORT
      POP     AX
      OUT     DX, AL              ；输出列值
      MOV     DX, ROWPORT
      IN      AL, DX              ；读取行值
      POP     BX                  ；结合行列值，此时
```

```
        MOV     AH, BL                  ; AL=行值, AH=列值
        ; 查找键代码
        MOV     SI, OFFSET TABLE        ; TABLE 为键值表
        MOV     DI, OFFSET CHAR         ; CHAR 为键对应的代码
        MOV     CX, 64                  ; 键的个数
KEY3:   CMP     AX, [SI]                ; 与键值比较
        JZ      KEY4                    ; 相同, 说明查到
        INC     SI                      ; 不相同, 继续比较
        INC     SI
        INC     DI
        LOOP    KEY3
        JMP     KEY1                    ; 全部比较完, 仍无相同, 说明是重键
KEY4:   MOV     AL, [DI]                ; 获取键代码送 AL
        …                               ; 判断按键是否释放, 没有则等待
        CALL    DELAY                   ; 按键释放, 延时消除抖动
        …                               ; 后续处理
TABLE   DW      0FEFEH                  ; 键 0 的行列值 (键值)
        DW      0FDFEH                  ; 键 1 的行列值
        DW      0FBFEH                  ; 键 2 的行列值
        …                               ; 全部键的行列值
CHAR    DB …                            ; 键 0 的代码
        DB …                            ; 键 1 的代码
        …                               ; 全部键的代码
```

（3）抖动和重键问题　当键盘设计时，除了对键码的识别外，还有两个问题需要解决：抖动和重键。

当用手按下一个键时，往往会出现按键在闭合和断开位置之间跳几下才稳定到闭合状态的情况；在释放一个键时，也会出现类似的情况，这就是抖动。抖动持续时间随操作员而异，一般不大于 10ms。抖动问题不解决就会引起对闭合键的错误识别。键抖动波形如图 8-22 所示。

利用硬件很容易消除抖动，如图 8-23 所示为硬件消抖电路。在键数很多的情况下，用软件方法也很实用，即通过延时来等待抖动消失，然后再读入键值。在前面键盘扫描程序中就是用到了这种方法。

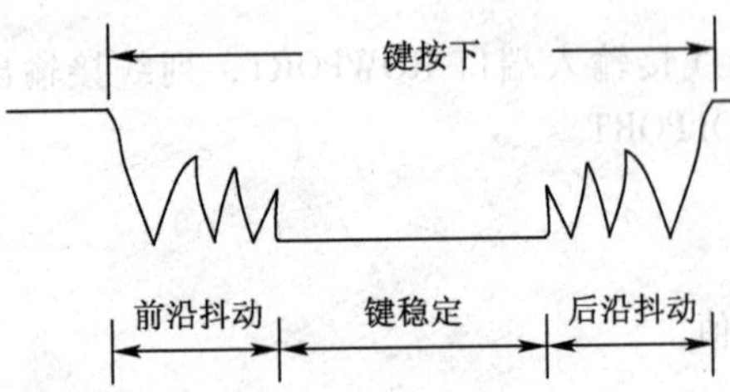

图 8-22　键抖动波形

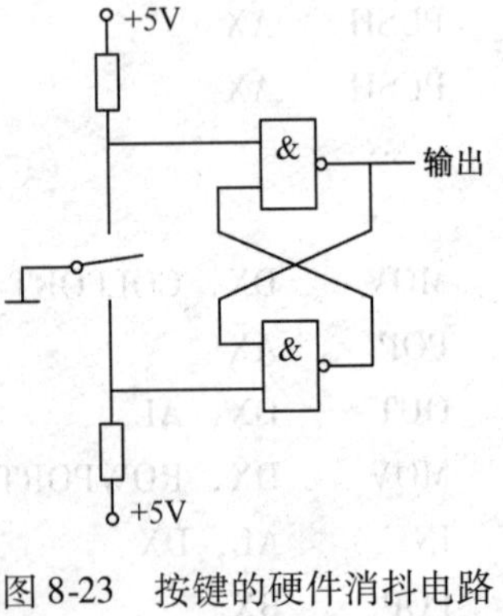

图 8-23　按键的硬件消抖电路

所谓重键就是指两个或多个键同时闭合。出现重键时，读取的键值必然出现有一个以上的 0。于是就产生了到底是否给予识别哪一个键的问题。

对重键问题的处理，简单的情况下，可以不予识别，即认为重键是一个错误的按键。通常情况，则是只承认先识别出来的键，对此时同时按下的其他键均不做识别，直到所有键都释放以后，才读入下一个键，称为联锁法。另外还有一种巡回法，它的基本思想是，等被识别的键释放以后，就可以对其他闭合键做识别，而不必等待全部键释放。显然巡回法比较适合于快速键入操作。

4. 8255A 在 IBM PC/XT 上的应用

IBM PC/XT 使用一片 8255A 管理键盘、控制扬声器和输入系统配置开关 DIP 的状态。PC/XT 与 8255A 的接口电路如图 8-24 所示。当有效时，$A_9A_8A_7A_6A_5=00011$，$A_4A_3A_2$ 未接，可任意，所以这片 8255A 的 I/O 地址范围为 60H～7FH，常用的地址范围为 60H～63H。端口 A、B 和 C 的地址分别为 60H、61H 和 62H，63H 为控制字寄存器地址。XT 机中，8255A 工作在基本输入/输出方式。端口 A 在加电自检时为输出，输出当前检测部件的标志信号；其在正常工作时为输入，用来读取键盘扫描码。

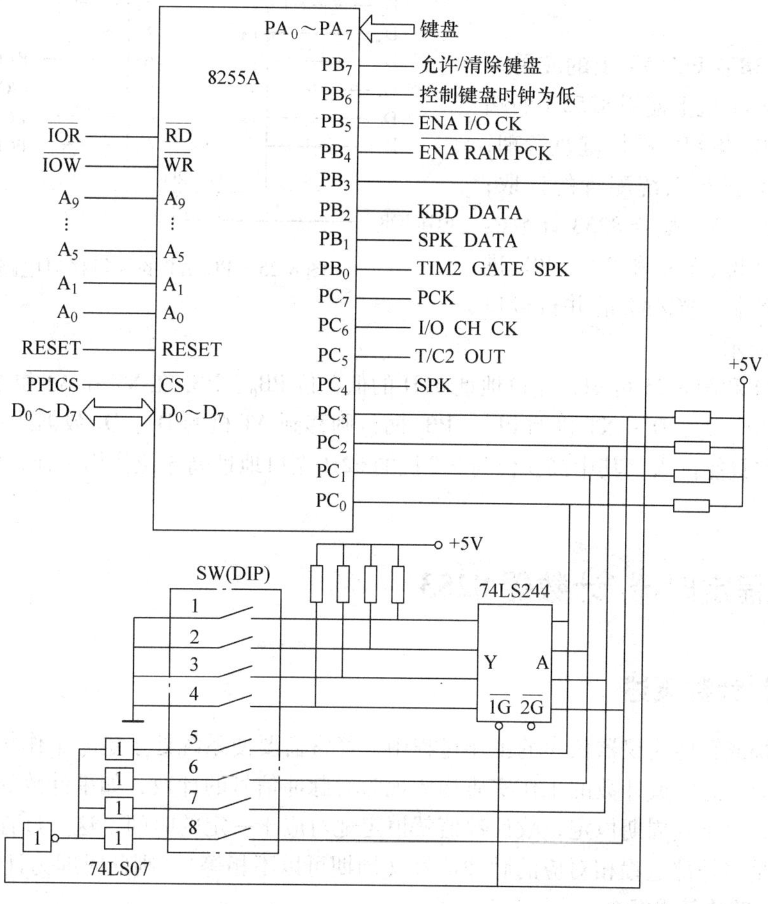

图 8-24 PC/XT 与 8255 的接口电路

端口 B 工作于输出方式，用于对键盘串/并转换、RAM 和 I/O 通道检验以及扬声器等的启动和控制。端口 C 为输入方式，高 4 位为状态测试位，低 4 位用来读取系统板上系统配置开关 DIP

的状态。系统配置开关的 8 位信号分两组由 $PC_0 \sim PC_3$ 读入，如图 8-24 所示。在 CPU 要读取 DIP 状态时，先从端口 B 输出 $PB_3=0$，这时三态缓冲器 74LS244 控制信号有效，把出现在其输入端的 DIP 开关低 4 位信号 SW-1 ~ SW-4 送到 $PC_0 \sim PC_3$ 上。输出信号 PB_3 还通过反相器送到集电极开路同相门电路 7407 的四个输入端。这时同相门电路输出的是高电平，由于它是集电极开路的，所以不影响外界电路的状态。这样 CPU 读取的只是 DIP 开关的低 4 位状态。当读取 DIP 开关的高 4 位状态 SW-5 ~ SW-8 时，CPU 设置 $PB_3=1$，表示禁止 74LS244 输出，使 DIP 低 4 位不能通过它送到端口 C。PB_3 通过反相器输出低电平送到 7407 的输入端，使它的四个输出端都为低电平。高 4 位 DIP 开关某位接通时，送出低电平；断开时，送出高电平。这时 CPU 可以读出 DIP 开关高 4 位的状态。

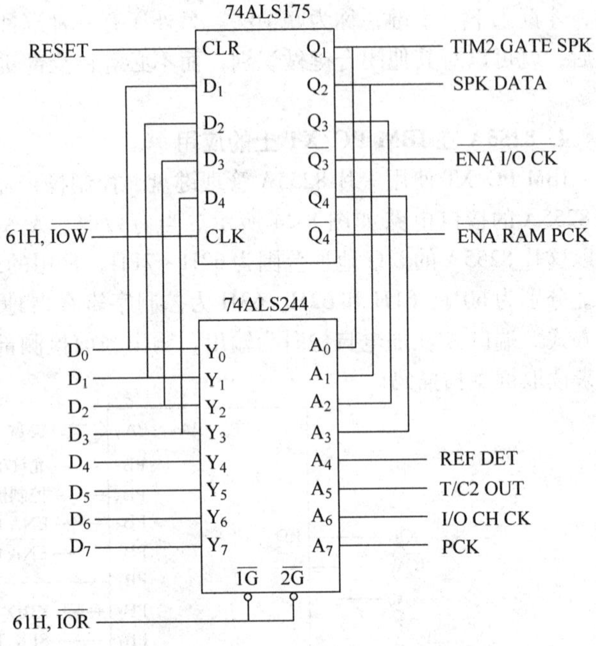

图 8-25 PC/AT 的并行接口电路

5. 8255 在 IBM PC/AT 上的应用

在 IBM PC/XT 机上使用 8255A 的端口 A 和 PB_2、PB_6 及 PB_7 进行键盘管理；$PC_0 \sim PC_3$ 和 PB_3 进行系统配置的读取；PB_0、PB_1 和 PC_4、PC_5 配合 8253 计数器 2 控制扬声器；PB_4、PB_5 和 PB_6、PB_7 进行奇偶校验的控制。PC/AT 的并行接口电路如图 8-25 所示。

比较图 8-24 和图 8-25 可知，端口地址 61H 的低 2 位 PB_0、PB_1 在 XT 和 AT 机上的作用一样，都是数据线低 2 位 D_0、D_1；XT 机的 PB_4、PB_5 两位则移到 AT 机的 D_2、D_3 数据线；AT 机的 61H 端口地址高 4 位只能读入，其中高 3 位与 XT 机的 62H 端口地址高 3 位作用一样，D_4 位则用于刷新信号的检测。

8.2 可编程定时器/计数器 8253

8.2.1 定时/计数概述

在微机系统或智能化仪器仪表的工作过程中，经常需要使系统处于定时工作状态，或者对外部过程进行计数。定时或计数的工作实质均体现为对脉冲信号的计数，如果计数的对象是标准的内部时钟信号，由于其周期恒定，故计数值就恒定地对应于一定的时间，这一过程即为定时，如果计数的对象是与外部过程相对应的脉冲信号（周期可以不相等），则此时即为计数。

1. 定时/计数的基本概念

在微机系统中，常常需要为 CPU 和外部设备提供时间基准以实现定时或延时控制。如定时中断、定时检测、定时扫描等，或对外部事件进行计数并将计数结果提供给 CPU。

实现定时或延时控制有三种方法：软件定时、不可编程硬件定时器、可编程硬件定时器。

软件定时让 CPU 执行一段程序段，由于执行每条指令都需要时间，因此执行一个程序段就需要一定的时间，通过改变指令执行的循环次数就可以控制定时时间。这种软件定时方式计时不够准确，尤其是当 CPU 内部有多个并行处理时更为明显。特点是，无需太多的硬设备，控制比较方便，但在定时期间，CPU 不能从事其他工作，降低了机器的利用率。

不可编程的硬件定时器采用中小规模器件（如 NE 555），外接定时元件——电阻和电容。这种方式实现的定时电路简单，通过改变电阻和电容可使定时在一定范围内变化。但是，这种定时电路在连接好硬件后，定时值就不易用软件来控制和改变，由此产生了可编程的硬件定时器电路。

所谓可编程的硬件定时器电路就是其工作方式、定时值和定时范围可以很方便地由软件来确定和改变。即设计一种专门的具有可编程特性的芯片，来控制定时和计数的操作，而这些芯片，具有中断控制能力，定时、计数到时能产生中断请求信号，因而定时期间不影响 CPU 的正常工作。

通常，一个可编程定时器/计数器的主要用途如下：

1）以均匀分布的时间间隔中断分时操作系统，以便切换程序。

2）向 I/O 设备输出精确的定时信号，该信号的周期由程序控制。

3）用作可编程波特率或速率发生器。

4）检测外部事件发生的频率或周期。

5）统计外部事件处理过程中某一事件发生的次数。

6）在定时或计数达到编程规定的值之后，产生输出信号，向 CPU 申请中断。

2. 定时/计数技术概述

微机系统的接口电路中常会用到定时或计数功能，尤其在实时计算机测控系统中，常需要对外部事件进行计数，或为 I/O 设备提供实时时钟，以实现定时中断、定时检测、定时扫描、定时显示等各种定时（延时）控制。

实际上，定时功能和计数功能都可以通过一个计数器来实现：如果计数器的输入为标准时钟脉冲，则通过计数值可以得出时间间隔，从而进行定时操作，实现定时功能；如果计数器的输入为需要计数的信号（脉冲），则计数值就是一定时间内信号（脉冲）出现的次数，即实现计数功能。

在微机中，定时/计数可以通过软件实现，也可以通过硬件实现。软件实现方案可以节省硬件，但 CPU 的利用效率低；硬件实现方案则可大大提高 CPU 的利用率，并非常有利于实现多个外部设备的并行工作。

在采用硬件实现定时/计数功能时，可以根据系统的复杂程度选用可编程的或不可编程的两种方案。不可编程的定时器/计数器结构简单，使用方便，但只能完成有限的定时/计数功能；可编程的定时器/计数器则可通过软件设置不同的计数初值和计数方式，并可用软件读回计数值，适用于各种场合，因此应用面非常广泛。这里主要介绍的就是可编程的定时/计数技术。

可编程定时器/计数器应由计数初值寄存器、计数输出寄存器、控制寄存器、状态寄存器和计数器等几大部分组成。典型的定时器/计数器原理框图如图 8-26 所示。

一般来说，定时器/计数器内部的计数器并不直接和 CPU 联络，CPU 可以通过初值寄存器向计数器写入，通过输出寄存器从计数器读出。定时器/计数器的 CLK 输入端可以接标准时钟脉冲（以完成定时功能），也可以接其他信号（以完成计数功能）。当计数值达到要求后（一般是计到全 0 或全 1），OUT 端输出的有效电平可以用来通知 CPU 或外设。定时器/计数器的另一个输入端 GATE 被称为门控信号，可以用它来控制计数器是否工作，即控制 CLK 端输入的信号是否能送到计数器进行计数。

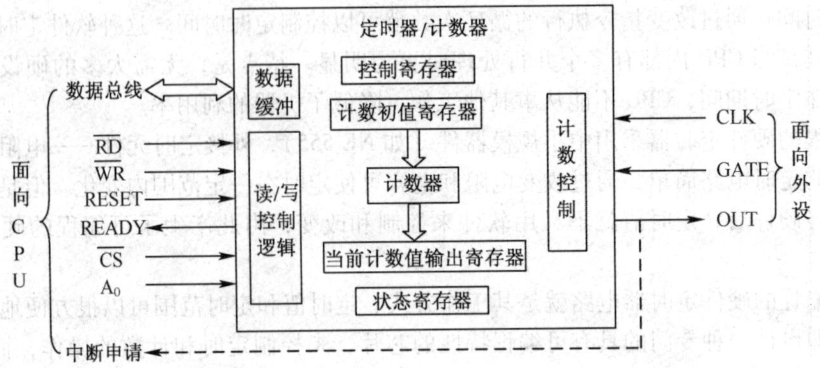

图 8-26　典型的定时器/计数器原理框图

8.2.2　8253 的结构和引脚功能

8253 是 Intel 公司生产的可编程计数器/定时器芯片。8253 的操作对所在系统没有特殊要求，其通用性强，适用于各种微处理器组成的系统。它有 3 个独立的 16 位减 1 计数器，每个计数器有 6 种工作方式，能进行二进制或二—十进制计数或定时操作，计数速率可达 2MHz，最高速率达 2.6MHz，所有的输入/输出都与 TTL 电平兼容。同类型的定时器/计数器芯片还有 Intel 8254 等。

1. 8253 的基本性能及主要功能

1）能提供三个独立的 16 位计数通道，以减法计数器方式工作。

2）每个计数通道都可以单独定时或计数，且都可以按照二进制或 BCD 码格式计数。

3）每个计数通道有 6 种工作方式，可由程序设置或改变。

4）每个计数通道都可随时设置或改变计数初值，并在计数值减到 0 后送出 OUT 信号。

5）每个计数通道的计数速率高达 2MHz，最高计数速率为 2.6MHz。

6）所有输入/输出都与 TTL 兼容。

2. 8253 的内部结构

8253 内部由三大部分组成，如图 8-27 所示。

1）CPU 接口：包括三态双向数据总线缓冲器和读/写控制逻辑。

2）控制寄存器：用于决定每个计数器的工作方式、计数制及初值寄存器的读/写格式。

3）三个独立的计数通道——计数器 0 ~ 计数器 2：每个计数通道包括一个 16 位的计数初值寄存器 CR、一个 16 位的计数执行部件 CE 和一个 16 位的输出锁存器 OL。

对 CPU 来说，8253 内部包括 4 个端口，即计数器 0、计数器 1、计数器 2 和 1 个控制端口。它主要包括以下几个主要部分：

1）数据总线缓冲器：数据总线缓冲器是 8253 与 CPU 数据总线连接的 8 位双向三态缓冲器。CPU 用输入/输出指令对 8253 进行读/写操作的所有信息都是通过这 8 条总线传送的。这些信息包括：CPU 在初始化编程时写入 8253 的控制字、CPU 向 8253 某一计数器写入的计数初值、CPU 从 8253 某一计数器读取的计数值。

2）读/写控制逻辑：控制 8253 的片选及对内部相关寄存器的读/写操作，它接收 CPU 发来的地址信号以实现片选、内部通道选择以及对读/写操作进行控制。当片选信号有效时，读/写逻辑才能工作。该控制逻辑根据读/写命令及送来的地址信息，决定三个计数器和控制字寄存器中哪一个工作，并控制内部总线上数据传送的方向。

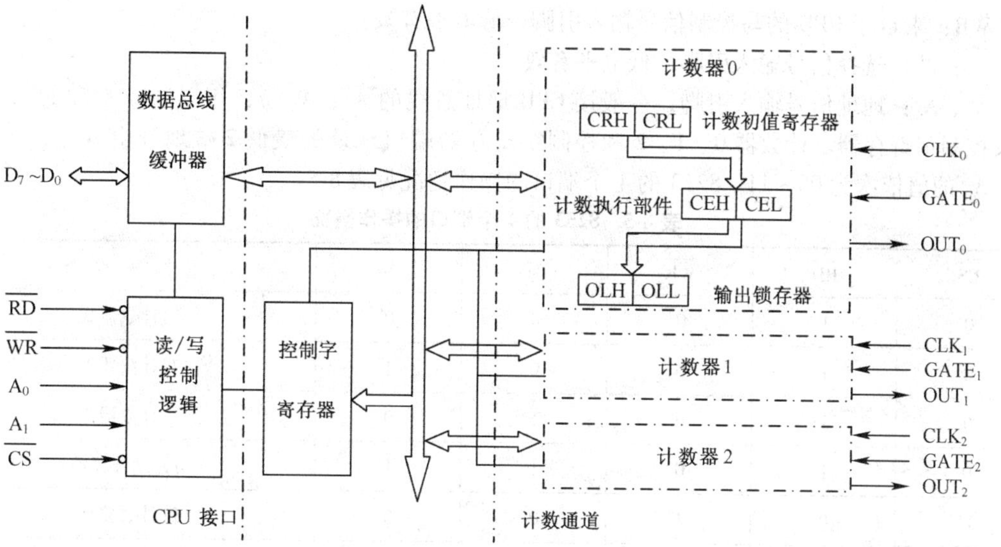

图 8-27　8253 内部结构

3）控制字寄存器：在 8253 初始化编程时，由 CPU 向控制字寄存器写入控制字，以决定每个计数器的工作方式。此寄存器只能写入而不能读出。

4）计数通道 0 号、1 号、2 号：这是三个独立的、结构相同的计数器/定时器通道，每一个通道包含一个 16 位的计数寄存器（用以存放计数初始值）、一个 16 位的减法计数器和一个 16 位的锁存器，锁存器在计数器工作的过程中，跟随计数值的变化，在接收到 CPU 发来的读计数值命令时，用以锁存计数值，供 CPU 读取，读取完毕之后，输出锁存器又跟随减 1 计数器变化。另外，计数器的值为 0 的状态，还反映在状态锁存器中，可供读取。每个计数器都有时钟输入信号 CLK 和门选通（或门控）输入信号 GATE，以及一个输出信号 OUT。对 8253 编程时，送入每个计数器的计数值经锁存器传给计数寄存器。8253 采用递减方式计数，即每当时钟输入 CLK 出现一个脉冲时，计数寄存器内保存的计数值减一，直至为零。此时，8253 在输出端 OUT 线上产生一个输出标志信号。

在开始计数之前，必须由 CPU 用输出指令预置计数器的初值。在计数过程中，CPU 可以随时用指令读取计数器的当前值。

3. 8253 的外部引脚及特性

可编程定时器 8253 芯片是具有 24 个引脚的双列直插式集成电路芯片，其引脚分布如图 8-28 所示。

8253 芯片的 24 个引脚分为两组，一组面向 CPU，另一组面向外部设备，各个引脚及其所传送信号的情况，介绍如下：

$D_7 \sim D_0$：双向、三态数据线引脚，用以与系统的数据线连接，传送控制、数据及状态信息。

$\overline{RD}$：来自于 CPU 的读控制信号输入引脚，低电平有效。

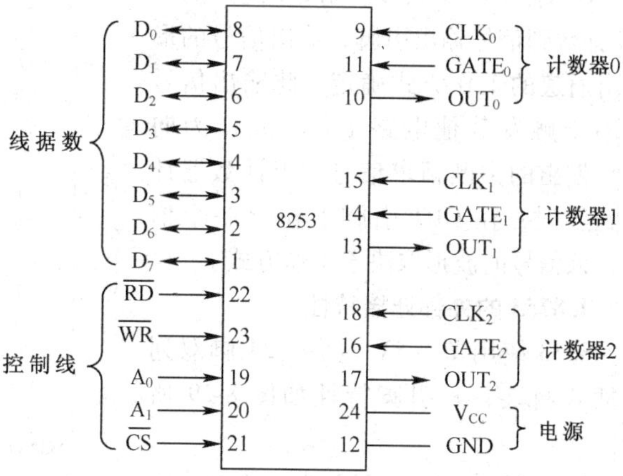

图 8-28　可编程定时器 8253 引脚图

$\overline{WR}$：来自于 CPU 的写控制信号输入引脚，低电平有效。

$\overline{CS}$：芯片选择信号输入引脚，低电平有效。

A_1、A_0：地址信号输入引脚，一般接 CPU 地址总线的 A_1、A_0 位，用以选择 8253 芯片的通道及控制字寄存器。计数器 0、1、2 和控制字寄存器端口地址的最低 2 位地址由 A_1、A_0 确定，A_1、A_0 的值依次为 00 ~ 11。8253 的 4 个端口的操作情况见表 8-5。

表 8-5　8253 的 4 个端口的操作情况

$\overline{CS}$	$\overline{RD}$	$\overline{WR}$	A_1	A_0	操　作
0	1	0	0	0	写计数器 0
0	1	0	0	1	写计数器 1
0	1	0	1	0	写计数器 2
0	1	0	1	1	写控制寄存器
0	0	1	0	0	读计数器 0
0	0	1	0	1	读计数器 1
0	0	1	1	0	读计数器 2
0	0	1	1	1	无操作（3 态）
1	×	×	×	×	无选中（3 态）
0	1	1	×	×	无操作（3 态）

V_{CC}及 GND：+5V 电源及接地引脚。

CLK_i：$i=0$，1，2。第 i 个通道的计数脉冲输入引脚，计数器对该引脚的输入脉冲进行计数。如果 CLK 信号是周期精确的时钟脉冲，则具有定时作用。8253 规定，加在 CLK 引脚的输入时钟信号的频率不得高于 2.6MHz，即时钟周期不能小于 380ns。

$GATE_i$：$i=0$，1，2。第 i 个通道的门控信号输入引脚，门控信号的作用与通道的工作方式有关。是控制计数器工作的一个外部信号，当 GATE 为低电平时，禁止计数器工作；当 GATE 为高电平时，允许计数器工作。GATE 信号从计数开始到计数过程中都起作用。

OUT_i：$i=0$，1，2。第 i 个通道的定时/计数到信号输出引脚，输出信号的形式由通道的工作方式确定，此输出信号可用于触发其他电路工作，或作为向 CPU 发出的中断请求信号。当计数器计数到零时，在 OUT 引脚上输出一个信号，该信号的波形取决于工作方式。

4. 8253 的外部连接特性

8253 使用单 +5V 电源，24 脚双列直插式封装，其引脚特性如图 8-29 所示。

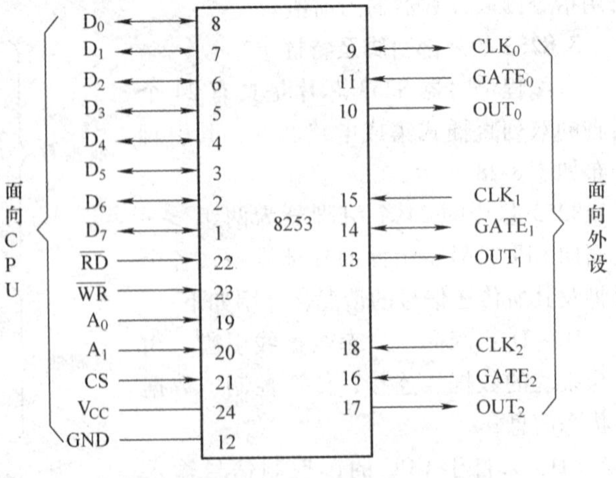

图 8-29　8253 引脚特性

同 8255A 一样：8253 外部数据线宽度也为 8bit，一般也将其与 8086 CPU 的低 8 位数据线相连，并占用 4 个偶端口地址；8253 上负责内部寻址 4 个端口的 A_0、A_1 脚与 8086 CPU 的 A_1、A_2 脚相连，（8086 CPU 的 A_0 脚空出），同时 8086 CPU 的其他高位地址线经地址译码后产生 8253 的片选信号。

实际上，8253 内部不止 4 个寄存器，但因为有些寄存器只读，有些寄存器只写，所以可以用 8253 的 A_1、A_0 信号与读/写信号一起寻址内部各寄存器，见表 8-6。这样对 CPU 来说，一片 8253 就可以只占用 4 个端口地址了。

表 8-6　8253 地址线和读/写控制线的组合与内部寄存器的对应关系

A_0	A_1	$\overline{CS}$	操　作	A_0	A_1	$\overline{CS}$	操　作
0	0	0	读/写计数器 0	1	1	0	写控制字寄存器
0	1	0	读/写计数器 1	X	X	1	数据总线三态
1	0	0	读/写计数器 2				

8.2.3　8253 的工作方式

8253 共有 6 种工作方式，各方式下的工作状态是不同的，输出的波形也不同，其中比较灵活的是门控信号的作用。由此组成了 8253 丰富的工作方式、波形，下面逐个介绍。

几条基本原则：

1）控制字写入计数器时，所有的控制逻辑电路立即复位，输出端 OUT 进入初始状态。初始状态对不同的模式来说不一定相同。

2）计数初始值写入之后，要经过一个时钟周期上升沿和一个下降沿，计数执行部件才可以开始进行计数操作，因为第一个下降沿将计数寄存器的内容送减 1 计数器。

3）通常，在每个时钟脉冲 CLK 的上升沿，采样门控信号 GATE。不同的工作方式下，门控信号的触发方式是有具体规定的，即或者是电平触发，或者是边沿触发，在有的模式中，两种触发方式都是允许的。其中 0、2、3、4 是电平触发方式，1、2、3、5 是上升沿触发。

4）在时钟脉冲的下降沿，计数器做减 1 计数，0 是计数器所能容纳的最大初始值。二进制相当于 2^{16}，用 BCD 码计数时，相当于 10^4。

1. 方式 0——计数结束产生中断

方式 0 的波形如图 8-30 所示，当控制字写入控制字寄存器后，输出 OUT 就变低，当计数值写入计数器后开始计数，在整个计数过程中，OUT 保持为低，直到计数 0（结束）时，OUT 端变为高，向 CPU 发出中断请求。GATE 的高低电平控制计数过程是否进行。

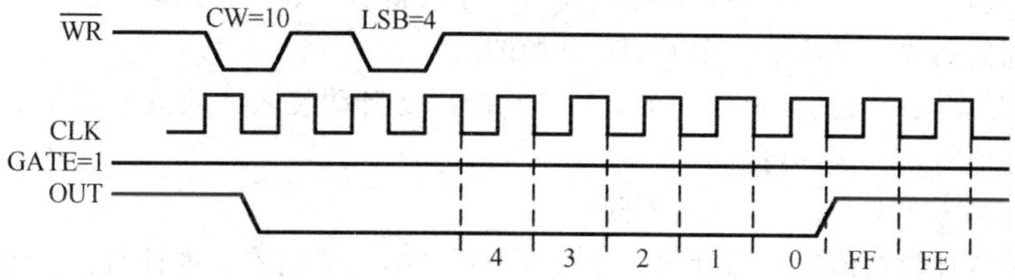

图 8-30　方式 0 的波形

从波形图中不难看出，工作方式 0 有如下特点：

1）计数器只计一遍，当计数到 0 时，不重新开始计数保持为高，直到输入一个新的计数值，OUT 才变低，开始新的计数。

2）计数值是在写计数值命令后经过一个输入脉冲，才装入计数器的，下一个脉冲开始计数，因此，如果设置计数器初值为 N，则输出 OUT 在 $N+1$ 个脉冲后才能变高。

3）在计数过程中，可由 GATE 信号控制暂停。当 GATE = 0 时，计数器暂停计数；当 GATE = 1 时，继续计数。

4）在计数过程中可以改变计数值，且这种改变是立即有效的，分成两种情况：若是 8 位计数，则写入新值后的下一个脉冲按新值计数；若是 16 位计数，则在写入第一个字节后，停止计数，写入第二个字节后的下一个脉冲按新值计数。

5）方式 0 的 OUT 信号在计数到 0 时由低变高，可作为中断请求信号。但由于在 8253 内部没有中断控制电路，因此在多中断源系统中需外接中断优先权排队电路和中断向量产生电路。

2. 方式 1——可编程的硬件触发单拍脉冲

方式 1 的波形如图 8-31 所示，CPU 向 8253 写入控制字后 OUT 变高，并保持，写入计数值后并不立即计数，只有当外界 GATE 信号启动后（一个正脉冲）的下一个脉冲才开始计数，在整个计数过程中，OUT 都维持为低，直到计数到 0 时，输出变为高。因此，输出为一单脉冲，其低电平维持时间由装入的计数初值来决定，计数到 0 后，OUT 才变高。此时再来一个 GATE 正脉冲，计数器又开始重新计数，输出 OUT 再次变低，…，因此输出为一单拍负脉冲。

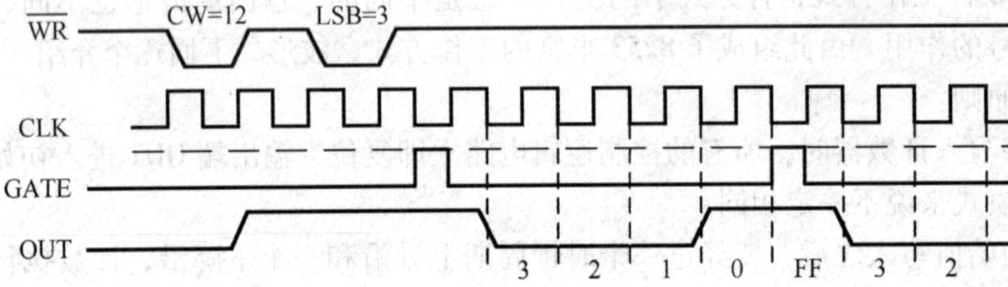

图 8-31　方式 1 的波形

从波形图不难看出：方式 1 有下列特点：

1）输出 OUT 的宽度为计数初值的单脉冲。

2）输出受门控信号 GATE 的控制，分三种情况。

①当计数到 0 后，计数器可再次由外部启动，再来 GATE 脉冲，按原计数初值重新开始计数，输出单脉冲，OUT 变低；而不需要再次送一个计数初值。

②在计数过程中，外部可发出门控 GATE 脉冲，进行再触发，这时不管原来计数到何值，则从下一 CLK 脉冲开始重新计数，输出端 OUT 仍保持低电平。

③改变计数值后，只有当 GATE 脉冲启动后，才按新值计数，否则原计数过程不受影响，仍继续进行，即新值的改变是从下一个 GATE 开始的。

3）计数值是多次有效的，每来一个 GATE 脉冲，就自动装入计数值开始从头计数，因此在初始化时，计数值写入一次即可。

比较方式 0 和方式 1，有以下几点不同：

①方式 0 设置计数初值后立即计数；方式 1 设置计数初值后不立即计数，直到有外部触发信号后才开始计数。

②方式 0 在计数过程中能用门控信号暂停计数；方式 1 在计数过程中若有门控脉冲时不停止计数，而是使计数过程重新开始。

③方式 0 在计数过程中改变计数初值时，原计数停止，立即按新的计数初值开始计数；方式 1 在计数过程中当改变计数初值时，现行计数不受影响，新计数初值在下次启动计数后才起作用。

④方式 0 在一次计数结束后，必须重新设置计数初值才能再次计数，即计数初值只能使用一次，方式 1 的计数初值在一次计数过程完成后继续有效。

3. 方式 2——速率发生器

方式 2 的波形如图 8-32 所示，在这种方式下，CPU 输出控制字后，输出 OUT 就变高，写入计数值后的下一个 CLK 脉冲开始计数，计数到 1 后，输出 OUT 变低，经过一个 CLK 以后，OUT 恢复为高，计数器重新开始计数……，因此在这种方式下，只需写入一次计数值，就能连续工作，输出连续相同间隔的负脉冲（前提：GATE 保持为高），即周期性地输出。在计数过程中输出端始终保持为高，直到计数器减为 1 时，输出变低。经过一个 CLK 周期，输出恢复为高，同时按照原计数初值重新开始计数。如果计数值为 N，则在 CLK 端每输入 N 个脉冲后，就输出一个脉冲。因此，这种方式可以作为分频器或用于产生实时时钟中断。

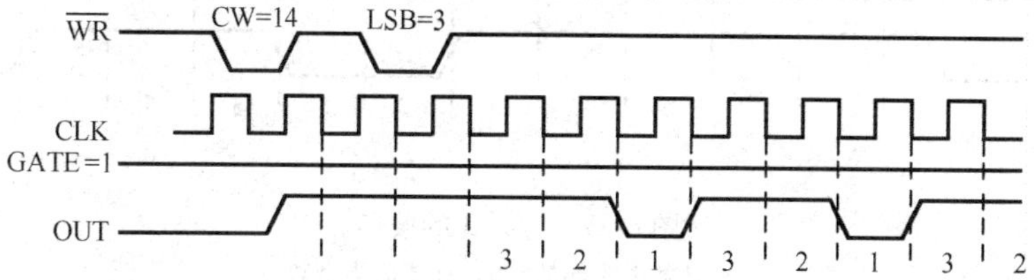

图 8-32　方式 2 的波形

方式 2 下，8253 有下列使用特点：

1）不用重新设置计数初值，计数器能够连续工作，输出固定频率的脉冲。

2）计数过程可由门控信号 GATE 控制。当 GATE 为 0 时，暂停计数。当 GATE 变为 1 后，下一个 CLK 脉冲使计数器恢复初值，重新开始计数（注意：该方式与方式 0 不同，方式 0 是继续计数）。

3）在计数过程中可以改变计数初值，这对正在进行的计数过程没有影响。但当计数到 1 时输出变低，过一个 CLK 周期输出又变高，计数器将按新的计数值计数。所以对方式 2 改变计数初值时，在下一次计数有效。同方式 1。

4. 方式 3——方波速率发生器

方式 3 的波形如图 8-33 所示，这种方式下的输出与方式 2 都是周期性的，区别在于输出波形不同。CPU 写入控制字后，输出 OUT 变高，写入计数值后的下一个 CLK 脉冲开始减 1 计数，当计数到一半计数值时，输出变低，当计数到 0 时，输出变高，重新装入计数值进行减 1 计数，循环不止。

方式 3 与方式 2 的输出都是周期性的，它们的主要区别是：方式 3 在计数过程中的输出有一半时间为高电平，另一半时间为低电平。

所以，若计数值为 N，则方式 3 的输出为周期 =（$N\times$CLK 周期）的方波。

方式 3 的特点如下：

1）当计数初值 N 为偶数时，输出端的高低电平持续时间相等，各为 $N/2$ 个 CLK 脉冲周期；当计数初值 N 为奇数时，输出端的高电平持续时间比低电平持续时间多一个脉冲周期，即高电平持续（$N+1$）/2 个脉冲周期。低电平持续（$N-1$）/2 个脉冲周期。例如 $N=5$，则输出高电平持续 3 个脉冲周期，低电平持续 2 个脉冲周期。

2）GATE＝1，允许计数；GATE＝0，停止计数。如果在 OUT 为低电平期间 GATE＝0，OUT 将立即变高。当 GATE 变高以后，在下一个 CLK 脉冲来到时，计数器将重新装入初始值，开始计数。在这种情况下通过门控信号使计数器实现同步，称为硬件同步。

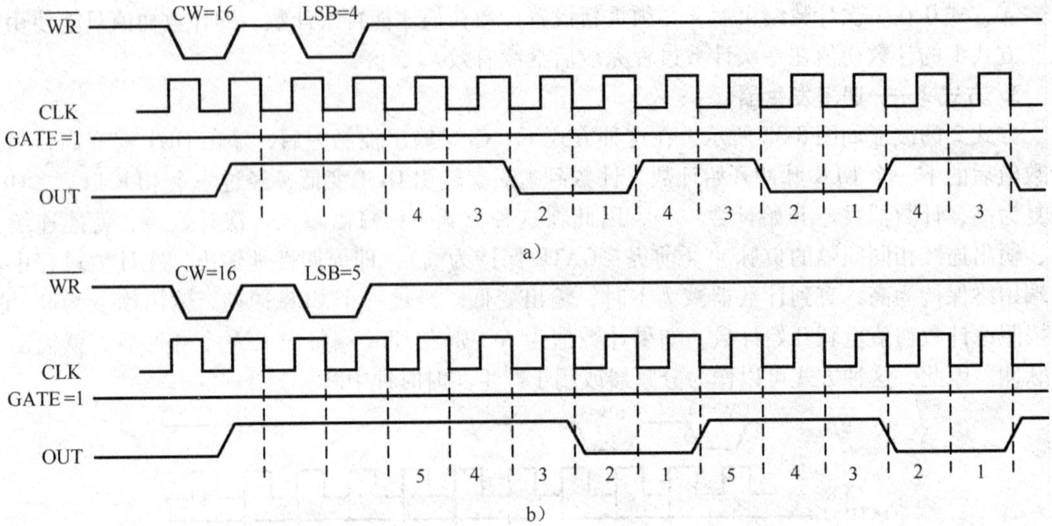

图 8-33　方式 3 的波形

a）计数值为偶数　b）计数值为奇数

3）如果 GATE 信号一直为高电平，在写入控制字和计数值后，将在下一个 CLK 脉冲来到时装入计数初值并开始计数，这种情况称为软件同步。

4）在计数期间写入一个新的计数初值，如果在输出信号半周结束之前没有收到 GATE 脉冲，则要到现行输出半周结束后才按新的计数初值开始计数。如果在写入新计数初值之后在现行输出半周结束之前收到 GATE 脉冲，计数器将在下一个 CLK 脉冲来到时立即装入新的计数初值并开始计数。

5）在计数期间改变计数值不影响现行的计数过程，一般情况下，新的计数值是在现行半周结束后才装入计数器。但若中间遇到有 GATE 脉冲，则在此脉冲后即装入新值开始计数。

5. 方式 4——软件触发的选通信号发生器

方式 4 的波形如图 8-34 所示，在这种方式下，也是当 CPU 写入控制字后，OUT 立即变高，写入计数值开始计数，称为软件触发，当计数到 0 后，OUT 变低，经过一个 CLK 脉冲后，OUT 变高，这种计数是一次性的（与方式 0 有相似之处），只有当写入新的计数值后才开始下一次计数。若设置的计数初值为 N，则是在写入了计数初值后经过（$N+1$）个 CLK 脉冲，才输出一个负脉冲。一般将此负脉冲作为选通信号。

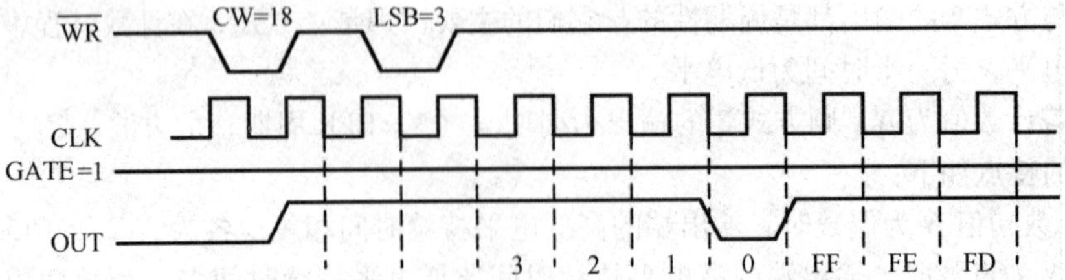

图 8-34　方式 4 的波形

方式 4 下，8253 有下列使用特点：

1）当计数值为 N 时，则间隔 $N+1$ 个 CLK 脉冲输出一个负脉冲（计数一次有效）。

2）GATE＝0 时，禁止计数，GATE＝1 时，恢复继续计数；所以，要做到软件触发，GATE

应保持为1。

3）在计数过程中重新装入新的计数值，则该值是立即有效的（若为16位计数值，则装入第一个字节时停止计数，装入第二个字节后开始按新值计数）。这称为软件再触发。

6. 方式5——硬件触发的选通信号发生器

方式5的波形如图8-35所示，在这种方式下，当写入控制字后，输出端出现高电平作为初始电平。在写入计数初值后，计数器并不立即开始计数，而是要由门控GATE脉冲的上升沿来触发启动计数的，这称为硬件触发。当计数到0时，输出变低，又经过一个CLK脉冲，输出恢复为高，计数停止。这样在输出端得到一个负脉冲选通信号。计数器停止计数，若再有GATE脉冲来，则重新装入计数值开始计数，上述过程重复。

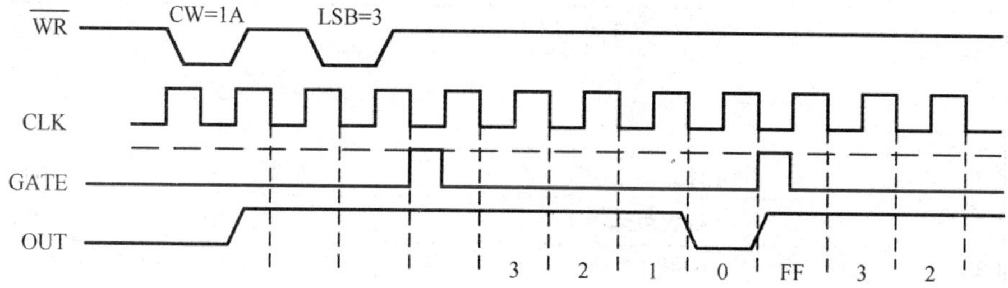

图8-35　方式5的波形

方式5下，8253有下列使用特点：

1）在这种方式下，若设置的计数值是N，则在GATE脉冲后，经过（$N+1$）个CLK脉冲才输出一个负脉冲。

2）若在计数过程中又来一个GATE脉冲，则重新装入初值开始计数，输出不变，即计数值多次有效；对输出状态没有影响。

3）若在计数过程中改变计数值，只要没有门控信号的触发，就不影响本次计数过程。当计数到0后，若有新的门控信号的触发，则按新的计数初值计数。

方式5和方式4都产生选通脉冲。这两种方式的区别在于：方式4每次要靠软件设置计数初值后才能计数（软件触发），方式5的计数初值只需设置一次，但是每次计数要靠门控信号的触发（硬件触发）；方式4软件更改计数初值后立即起作用，方式5软件更改计数初值后要有新的门控信号的触发才能起作用。

尽管8253有6种工作模式，但是从输出端来看，仍不外乎为计数和定时两种工作方式。作为计数器时，8253在GATE的控制下，进行减1计数，减到终值时，输出一个信号。作为定时器工作时，8253在门控信号GATE控制下，进行减1计数。减到终值时，又自动装入初始值，重新做减1计数，于是输出端会不断地产生时钟周期整数倍的定时时间间隔。

8253的工作方式小结：

下面对8253的6种工作模式的特点，做一番比较和总结。

1）方式2、4、5的输出波形是相同的，都是宽度为一个CLK周期的负脉冲，但方式2连续工作，方式4由软件触发启动，方式5由硬件触发启动。

2）方式5与方式1工作过程相同，但输出波形不同，方式1输出的是宽度为N个CLK脉冲的低电平有效的脉冲（计数过程中输出为低），而方式5的输出为宽度为一个CLK脉冲的负脉冲（计数过程中输出为高）。

3）输出端OUT的初始状态，方式0在写入方式字后输出为低电平，而其余方式在写入控制字后，输出均变为高电平。

4）任一种方式，均是在写入计数初值之后，才能开始计数，方式0、2、3、4都是在写入计数初值之后，开始计数的，而方式1和方式5需要外部触发启动，才开始计数。

5）6种工作方式中，只有方式2和方式3是连续计数，其他方式都是一次计数，要继续工作需要重新启动，方式0、4由软件启动，方式1、5由硬件启动。

6）门控信号的作用。通过门控信号GATE，可以干预8253某一通道的计数过程，在不同的工作方式下，门控信号起作用的方式也不一样，其中0、2、3、4是电平起作用，1、2、3、5是上升沿起作用，方式2、3对电平上升沿都可以起作用。GATE信号功能表见表8-7。

表8-7　GATE信号功能表

GATE	低电平或变到低电平	上升沿	高电平
方式0	禁止计数	不影响	允许计数
方式1	不影响	启动计数	不影响
方式2	禁止计数并置OUT为高	初始化计数	允许计数
方式3	禁止计数并置OUT为高	初始化计数	允许计数
方式4	禁止计数	不影响	允许计数
方式5	不影响	启动计数	不影响

7）在计数过程中改变计数值，它们的作用有所不同。

8）计数到0后计数器的状态，方式0、1、4、5继续倒计数，变为FF、FE、…，而方式2、3则自动装入计数初值继续计数。

7. 8253的控制字格式

在8253工作之前，必须对它进行初始化编程，也就是向8253的控制字寄存器写入一个控制字和向计数器赋计数初值。控制字的功能是：选择计数器，确定对计数器的读/写格式，选择计数器的工作方式以及确定计数的数制。8253控制字的格式如图8-36所示。

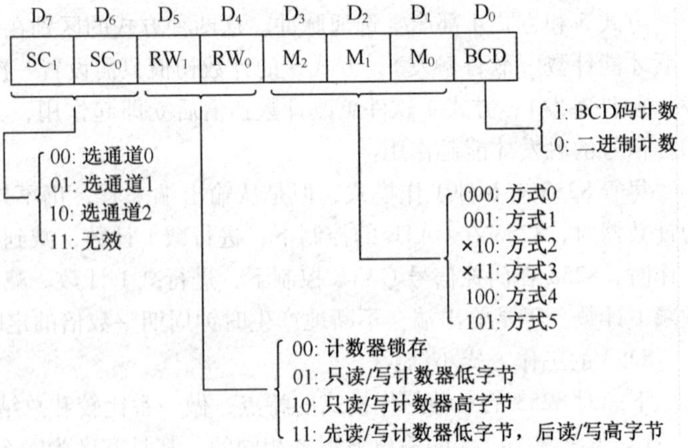

图8-36　8253控制字的格式

SC_1、SC_0：计数器选择位。这两位表示这个控制字是对哪一个计数器设置的。

00—计数器0；01—计数器1；10—计数器2；11—非法选择。

RW_1、RW_0：数据读/写格式选择位。CPU在对计数器写入初值和读取它们的当前值时，有几种不同的格式，由这两位来决定。00—将计数器当前值锁存于输出锁存器中，以便读出；01—只读/写计数器的低8位，写入时高8位自动设置为0；10—只读/写计数器的高8位，写入时低8位自动设置为0；11—对16位计数器进行两次读/写操作，低字节在前，高字节在后，两次操作的地址相同。

M_2、M_1、M_0：计数器工作方式选择位。8253的每个计数通道有6种不同的工作，工作方式由这 3 位决定。000—方式 0；001—方式 1；010—方式 2；011—方式 3；100—方式 4；101—方式 5。

BCD：数制选择。8253 的每个计数器有两种数制二进制和二—十进制，由这一位决定选择哪一种。BCD = 0 表示采用二进制计数，写入的初值范围为 0000H ~ FFFFH，其中 0000H 是最大值，代表 65536；BCD = 1 表示采用二—十进制计数，写入的初值范围为 0000 ~ 9999，其中 0000 是最大值，代表 10 000。

注意：

1）8253 内部的三个计数通道共用一个控制字寄存器，当前控制字对哪一个通道有用是由最高两位决定的。

2）用户如果需要读出当前计数器的值，必须先发控制字令计数值锁存；然后在下一条指令才能读回已锁存的计数值。

8. 8253 的读/写操作

8253 的写操作包括写控制字和写计数初值两项内容。具体要求如下：

1）各计数器的控制字都写到同一地址单元，而各计数初值写到各自的地址单元中。

2）对于每个计数器，必须先写控制字，后写计数初值。因为后者的格式是由前者决定的。

3）写入的计数初值必须符合控制字决定的格式。16 位数据应先写低 8 位，再写高 8 位。

当给多于一个的计数器写入控制字和计数初值时，其顺序有一定的灵活性，只要遵循上述要求即可。

8253 的读操作所得到的是当前计数值，通常用于实时检测、实时显示和数据处理。在进行读操作时需要注意以下几点：

1）读操作是通过访问对应于各计数器的地址单元来实现的。

2）每个计数器的读操作必须按照控制字确定的格式。如果是 16 位计数，读操作要进行两次，先读低 8 位，后读高 8 位。

3）当计数器为 16 位时，为了避免在两次读出过程中计数值的变化，要求先将计数值锁存。锁存计数值的常用方法是使用计数器锁存命令：控制字的 D_7D_6 两位为所要锁存的计数器，D_5D_4 两位置为 00。8253 的每个计数器都有一个输出锁存器（16 位），平时它的值跟随计数值而变化。当向计数器写入锁存命令后，现行计数值被锁存（计数器仍能继续计数）。这样 CPU 读取的就是锁存器中的值。当 CPU 读取了计数值或对计数器重新编程以后，锁存状态被解除，输出锁存器的值又随计数值变化。

8.2.4　8253 的基本应用

1. 初始化编程

要使用 8253，必须首先进行初始化编程，初始化编程包括设置通道控制字和送通道计数初值两个方面，控制字写入 8253 的控制字寄存器，而初始值则写入相应通道的计数寄存器中。

初始化编程包括如下步骤：

1）写入通道控制字，规定通道的工作方式。

2）写入计数值，若规定只写低 8 位，则高 8 位自动置 0，若规定只写高 8 位，则低 8 位自动置 0。若为 16 位计数值则分两次写入，先写低 8 位，后写高 8 位。D_0：用于确定计数数制；0：二进制；1：BCD 码。

由于 8253 每个计数器都有自己的地址，控制字中又有专门两位来指定计数器，这就使得 8253 的初始化编程十分灵活方便。对计数器的编程实际上可按任何顺序进行。实际使用中经常采用以下两种初始化顺序：

1）逐个对计数器进行初始化。

对某一个计数器，先写入方式控制字，接着写入计数值，其过程如图 8-37 所示。图中表示的是写入两个字节计数值的情况。至于先初始化哪一个计数器无关紧要。

2）先写所有计数器的方式字，再装入各计数器的计数值，其过程如图 8-38 所示。

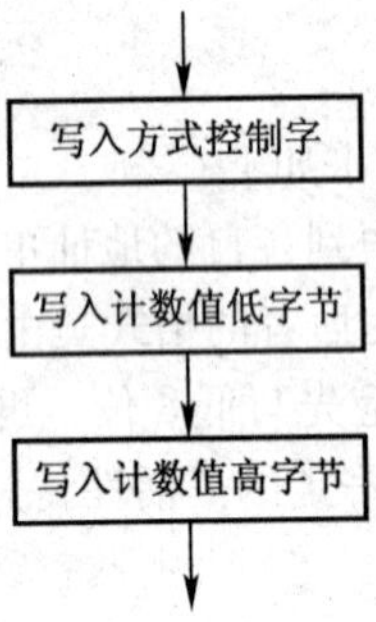

图 8-37　一个计数器的初始化顺序

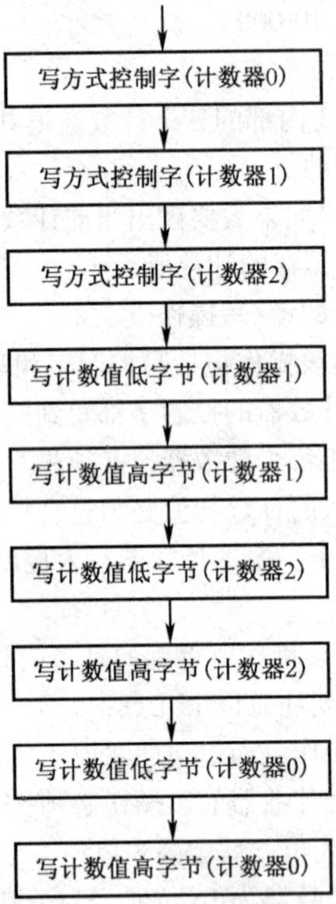

图 8-38　另一种初始化编程顺序

这种初始化方法是先将各计数器的方式字写入再写计数值，这个先后顺序不能错。再就是计数值高低字节的顺序不能错。其他的顺序则无关紧要。

例 8-8　设 8253 的端口地址为：00H～06H，要使计数器 1 工作在方式 0，仅用 8 位二进制计数，计数值为 128，进行初始化编程。

分析：控制字为 01010000B＝50H。

初始化程序：

```
MOV    AL, 50H
OUT    06H, AL
MOV    AL, 80H
OUT    02H, AL
```

例 8-9　设 8253 的端口地址为：00H～06H，若用通道 0 工作在方式 1，按二—十进制计数，计数值为 5080H，进行初始化编程。

分析：控制字为 00110011B＝33H。

初始化程序：

```
MOV    AL, 33H
OUT    06H, AL
MOV    AL, 80H
```

```
        OUT     00H, AL
        MOV     AL, 50H
        OUT     00H, AL
```

例 8-10　设 8253 的端口地址为：0F000H ~ 0F006H，若用通道 2 工作在方式 2，按二进制计数，计数值为 02F0H，进行初始化编程。

分析：控制字为 10110100B = 0B4H。

初始化程序：

```
        MOV     AL, 0B4H
        MOV     DX, 0F006H
        OUT     DX, AL
        MOV     AL, 0F0H
        MOV     DX, 0F004H
        OUT     DX, AL
        MOV     AL, 02H
        OUT     DX, AL
```

2. 读取 8253 通道中的计数值

8253 可用控制命令来读取相应通道的计数值，由于计数值是 16 位的，而读取的是瞬时值，要分两次读取，所以在读取计数值之前，要用锁存命令，将相应通道的计数值锁存在锁存器中，然后分两次读入，先读低字节，后读高字节。当控制字中 $D_5D_4 = 00$ 时，控制字的作用是将相应通道的计数值锁存的命令，锁存计数值在读取完成之后，自动解锁。

例如，要读通道 1 的 16 位计数值，地址为 0F8H ~ 0FEH。编程如下：

```
MOV     AL, 40H;
OUT     0FEH, AL        ; 锁存计数值
IN      AL, 0FAH
MOV     CL, AL          ; 低八位
IN      AL, 0FAH;
MOV     CH, AL          ; 高八位
```

3. 初始化及应用

例 8-11　在以 8086 CPU 为核心的系统中，扩展一片 8253 芯片，要求通道 0 每隔 2ms 输出一个负脉冲，其工作时钟频率为 2MHz，硬件连接电路如图 8-39 所示，完成通道初始化。

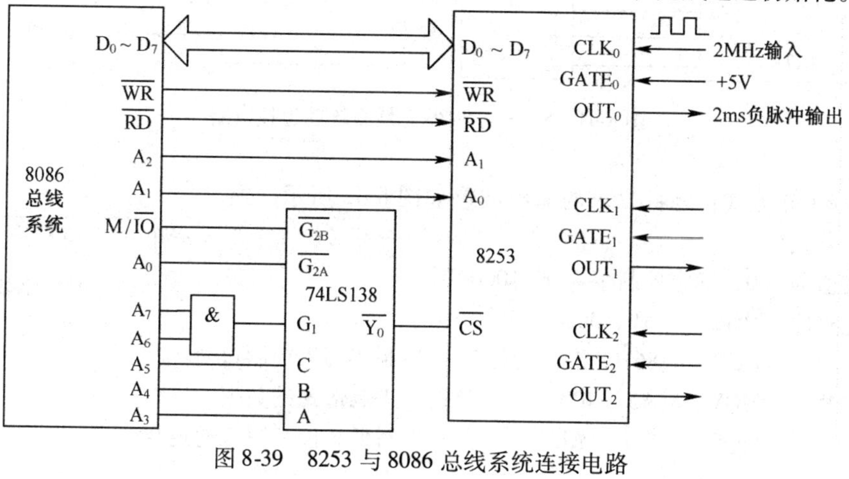

图 8-39　8253 与 8086 总线系统连接电路

分析：1）选择工作方式：题目要求的输出波形如图 8-40 所示，经分析，选择方式 2。

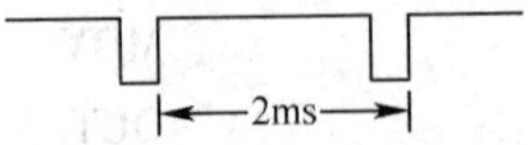

图 8-40　例 1 输出波形

2）计算计数初值：

设定时时间为 t，通道时钟频率为 f，计数初值为 N，则 $N=tf$。

代入计算得 $N=2\text{ms}\times 2\text{MHz}=2\times 10^{-3}\times 2\times 10^{6}=4\times 10^{3}$。

3）初始化编程：

确定控制字：00110100B——二进制。

确定端口地址：通道 0——0C0H；控制端口——0C6H。

初始化程序：
```
MOV    AL，34H        ；00110100B
OUT    0C6H，AL       ；控制字写入控制口
MOV    AX，4000       ；二进制形式的数据
OUT    0C0H，AL       ；先写低 8 位，写入通道 0
MOV    AL，AH
OUT    0C0H，AL       ；后写高 8 位，写入通道 0
```

例 8-12　在以 8086 CPU 为核心的系统中，扩展一片 8253 芯片，要求通道 0 对外部脉冲进行计数，计满 400 个脉冲后向 CPU 发出一个中断请求，端口地址为 80H、82H、84H、86H，完成软硬件设计。

分析：1）完成硬件设计。

如果用译码器的 $\overline{Y_0}$ 作为 8253 的片选，当 A_7 为 1，A_6、A_5、A_4、A_3、A_0 均为 0 且 $M/\overline{IO}$ 为低时译码器工作，依据给出的 8253 的端口地址，可分析设计出 8253 与 8086 CPU 的连接电路如图 8-41 所示。

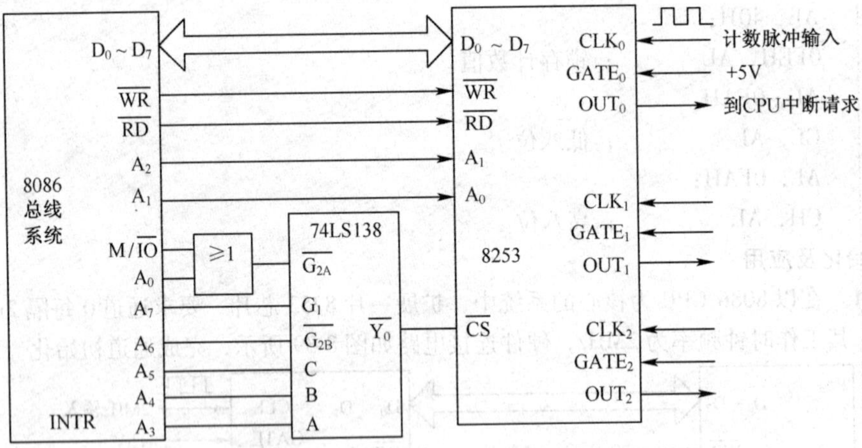

图 8-41　8253 与 8086 总线系统的连接电路

2）选择工作方式：题目要求的输出波形如图 8-42 所示。经分析，选择方式 0。

图 8-42　例 8-12 输出波形

计数初值为 400，确定控制字为 00110000B。

初始化程序：
```
MOV    AL，30H
OUT    86H，AL        ；控制字写入控制口
MOV    AX，400        ；二进制形式的数据
OUT    80H，AL        ；先写低 8 位，写入通道 0
```

```
        MOV     AL, AH
        OUT     80H, AL          ；后写高8位，写入通道0
```

例 8-13 如果在例8-12的基础上，又要求使用通道2输出30Hz的方波，通道的工作时钟为2MHz，则软硬件设计要如何修改？

分析：此时通道的工作方式为方式3，定时时间为 $t = 1/30\text{Hz} = 33\text{ms}$。

因此，计数初值 $N = 33\text{ms} \times 2\text{MHz} = 66000 > 65536$ 超出了16位的计数范围，也就是说，一个通道无法完成这样长的定时工作。

为此，可以采用多个通道共同完成（也称为计数器的级联或串联），第一级通道的输出OUT作为第二级通道的CLK输入，第二级通道的OUT作为第三级通道的CLK输入……，最后一级的OUT作为最终的输出结果。其中前几级通道均采用方式3，最后一级通道采用满足题目要求的工作方式。究竟需要多少级则取决于计算出的 N 的大小。可以将 N 分解成几个数的乘积，每一个数均小于65536，有几个数就需要几个通道，每个数就是相应通道的计数初值。

对本例来讲，可以把 N 分解成：$N = 66 \times 1000$，因此需要两个通道，通道1采用方式3，计数初值为66，通道2采用方式3，计数初值为1000。硬件连接电路如图8-43所示。

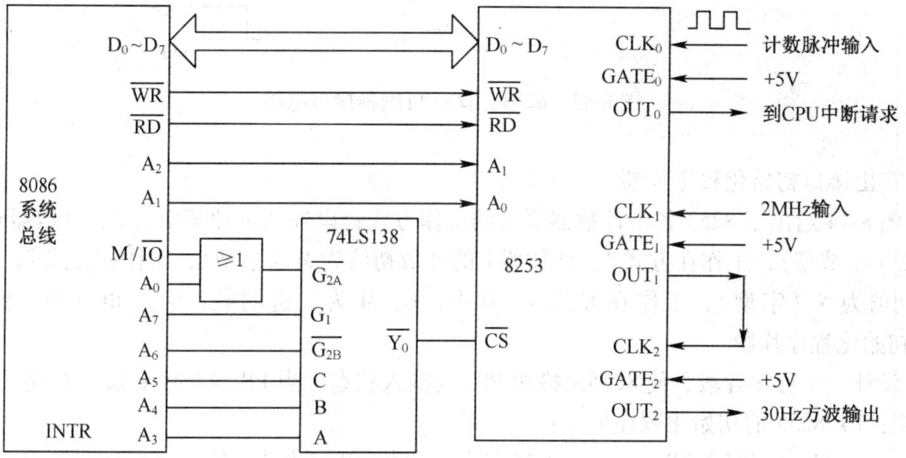

图8-43　8253与8086系统总线的连接电路

此时芯片的端口地址为80H～86H，通道1控制字为01010110B，通道2控制字为10110110B。

```
初始化程序：MOV     AL, 56H
           OUT     86H, AL       ；控制字写入控制口
           MOV     AL, 66        ；二进制形式的数据
           OUT     82H, AL       ；只写低8位，写入通道1
           MOV     AL, 0B6H
           OUT     86H, AL       ；控制字写入控制口
           MOV     AX, 1000      ；二进制形式的数据
           OUT     84H, AL       ；先写低8位，写入通道2
           MOV     AL, AH
           OUT     84H, AL       ；后写高8位，写入通道2
```

例 8-14 已知某8086微机系统中包括8255、8253两个可编程接口电路。其中8253为A-D

转换器提供可编程的采样频率和采样时间；8255A 的 PB_0 用于检测按键开关的位置，PA_7 可根据 PB_0 的状态决定是否点亮 LED 指示灯。设系统连接如图 8-44 所示。

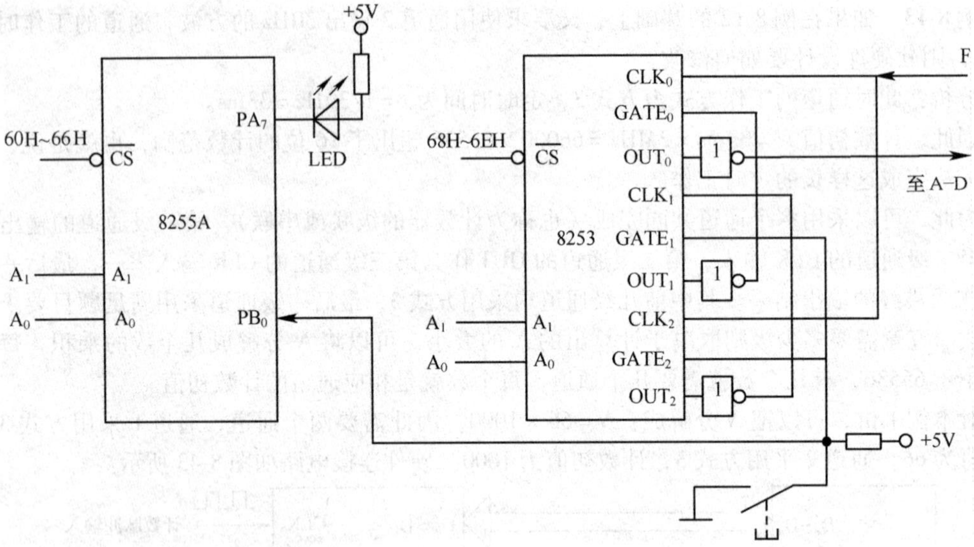

图 8-44　8255、8253 可编程接口电路

1）写出接口初始化程序片断。

2）图 8-44 给出了 8253 各个计数器要求的工作方式：设外部时钟频率为 F，计数器 0 的计数初值为 L（字节型），工作在方式 2；计数器 1 的计数初值为 M（字型），工作在方式 1；计数器 2 的计数初值为 N（字型），工作在方式 3。其中，L、M 为二进制数，N 为 BCD 码。要求完成 8253 的初始化程序片段。

3）设计一个程序片段，使 8255A 检测 PB_0 的输入状态，当 $PB_0=1$ 时使 LED 灯亮。

分析：1）8255 的初始化程序如下：

```
MOV     AL, 10000010B          ; A 口方式 0 输出，B 口方式 0 输入
OUT     66H, AL
```

2）8253 各通道的初始化代码如下：

```
MOV     AL, 00010100B          ; 计数器 0 设置为方式 2，二进制计数，只读/写低 8 位
OUT     6EH, AL
MOV     AL, L                  ; 设置计数初值 L（字节型）
OUT     68H, AL
MOV     AL, 01110010B          ; 计数器 1 设置为方式 1，二进制计数，读/写 16 位
OUT     6EH, AL
MOV     AX, M                  ; 设置计数初值 M（字型），先低后高送两次数
OUT     6AH, AL
MOV     AL, AH
OUT     6AH, AL
MOV     AL, 10110111B          ; 计数器 2 设置为方式 3，BCD 计数，读/写 16 位
OUT     6EH, AL
MOV     AX, N                  ; 设置计数初值为 N（字型），先低后高送两次数
```

```
OUT     6CH, AL
MOV     AL, AH
OUT     6CH, AL
```

3）8255 检测到当 $PB_0=1$ 时点亮灯的程序代码如下：

```
    IN      AL, 62H     ; 读 B 口状态
K1: TEST    AL, 01H     ; 测试 PB0 = 1?
    JZ      K1          ; 不为 1 则等待
    MOV     AL, 00H     ; PB0 = 1 则使 PA7 = 0, 点亮 LED
    OUT     60H, AL
```

4. 8253 在 PC 上的应用

IBM PC/XT 使用了一片 Intel 8253。3 个计数通道分别用于日时钟计时、DRAM 刷新定时和控制扬声器发声。连接图如图 8-45 所示。IBM PC/AT 使用与 8253 兼容的 Intel 8254，在 AT 机的连接使用与 XT 机一样。

根据 XT 机 I/O 地址译码电路可知，当 $A_9A_8A_7A_6A_5=00010$ 时，定时器/计数器片选信号 $\overline{T/CCS}$ 有效，所以 8253 的 I/O 地址范围为 040～05FH。由片上 A_1A_0 连接方法可知，计数器 0、计数器 1 和计数器 2 的计数通道地址分别为 40H、41H 和 42H，而方式控制字的端口地址为 43H。其他端口地址为重叠地址，一般不使用。

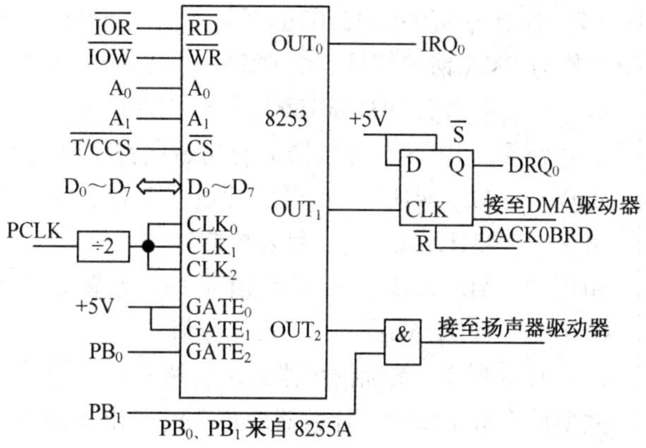

图 8-45　IBM PC/XT 与 8253 连接电路

3 个计数器通道时钟输入 CLK 均从时钟发生器 PCLK 端经二分频得到，频率为 1.19318 MHz（是系统时钟 PCLK 为 2.3863MHz 的二分频），周期为 838 ns。

下面介绍 8253 的 3 个通道在 XT 机的作用。

（1）计数器 0　日时钟计时。

计数器 0 作定时器主要用来产生实时时钟信号。$GATE_0$ 端接 +5V，使计数器 0 处于常开状态。OUT_0 输出接 8259A 的 IRQ_0，用作 XT 中日时钟的中断请求信号。开机初始化后，就一直处于计数状态，为系统提供时间基准，CLK_0 频率为 1.19318MHz。工作于方式 3，对计数器 0 预置的初值为 0，即相当于 65536，这样在 OUT_0 端可以得到频率为 1.19318 MHz ÷ 65536 = 18.206 Hz。该信号经 PC 总线插槽上 IRQ_0 连到系统主板上 8259A 的 IR_0 端，使计算机每秒产生 18.2 次中断，也就是每隔约 55ms 产生一次 0 级中断。CPU 可以此作为时间基准，在中断服务程序中对该中断次数进行计数，计数单元为 16 位（两字节），实际初始值为 0，每中断一次计数单元加 1，因此，当计满产生进位时，表示已产生了 65536 次中断，所经过的时间约为 63536 ÷ 18.2 = 3600s = 1h，实际是 3599.98155s（稍差一点，由软件加以修正）。

上电后 BIOS 对 8253 通道 0 的初始化程序段如下：

```
MOV     AL, 36H     ; 计数器 0 的控制字，设定计数器 0 为工作方式 3，采用二进制计数，
                    ; 以先低后高字节顺序写入低 8 位数值
OUT     43H, AL     ; 写入控制字
```

```
MOV    AL, 00H      ; 计数值，写入计数初值0000H（实际为65536）
OUT    40H, AL      ; 写入低字节计数值
OUT    40H, AL      ; 写入高字节计数值
```

（2）计数器1 动态RAM刷新定时器。

门控$GATE_1$接+5V，为常启状态。OUT_1输出从低电平变为高电平使触发器置1，Q端输出一正电位信号，作为内存刷新的DMA请求信号DRQ_0，DMA传送结束（一次刷新），由DMA响应信号DACK0BRD将触发器复位。

DRAM每个单元要求在2ms内必须被刷新一次。实际芯片每次刷新操作完成512个单元的刷新，故经128次刷新操作就能将全部芯片的64 KB刷新一遍。由此可以算出每隔2 ms÷128 = 15.6μs进行一次刷新操作，将能保证每个单元在2 ms内实现一遍刷新。这样将计数器置为方式2，计数初值为18，每隔18×0.838 μs = 15.084 μs产生一次DMA请求，满足刷新要求。

初始化时，将通道1设置为方式2（频率发生器），计数初值预置为18（即0012H），于是OUT_2端输出一负脉冲序列，其周期为18÷1.19318MHz = 15.08μs，该信号作为D触发器的时钟信号CP，使其Q端每隔15.08μs产生一个正脉冲，送到系统板上的DMA控制器8237A，8237的通道0作为DMA请求信号，由DMA控制器定时地对系统中动态RAM进行一次刷新操作。OUT_1端的负脉冲频率为1.19318MHz/18 = 66.2878kHz。

上电后系统BIOS对计数器1的初始化程序段如下：

```
MOV    AL, 54H      ; 设定计数器1为工作方式2，采用二进制，只写入低8位数值
OUT    43H, AL      ; 写入控制字
MOV    AL, 12H      ; 计数值为18，预置计数初值低8位
OUT    41H, AL      ; 写入计数值
```

（3）计数器2　系统扬声器发声音调控制。

微型计算机系统中，计数器通道2的输出加到扬声器上，控制它发声，作为机器的报警信号或伴音信号。门控$GATE_2$接并行接口PB_0位，用它控制通道2的计数过程。PB_0受I/O端口地址61H的D_0位控制，在XT机中是并行接口电路8255的PB_0位。输出OUT_2经过一个与门，这个与门受PB_1位控制。PB_1受I/O端口地址61H的D_1位控制，在XT机中是8255的PB_1位。所以，扬声器可由PB_0或PB_1分别控制发声。如果由PB_1控制发声，此时计数器2不工作，因此OUT_2为高电平，将由PB_1产生一个振荡信号控制扬声器发声。但是，由于它会受系统中断的影响，使用不甚方便。如果由PB_0控制发声，由PB_0通过$GATE_2$控制计数器2的计数过程，输出OUT_2信号将产生扬声器的声音音调。

计数器2为系统的扬声器发声提供音频信号，它的输入时钟脉冲CLK_2也是1.19318MHz，工作于方式3，系统对其预置的计数初值533H = 1331D，故从OUT_2端输出的方波频率为1.19318MHz÷1331 = 896Hz，该方波经功率放大和滤波后推动扬声器。

上电后系统BIOS对通道2的初始化程序段如下：

```
MOV    AL, 10110110B    ; 设计数器2为方式3，采用二进制计数
OUT    43H, AL          ; 按先低后高顺序写入16位计数值
MOV    AX, 0533H        ; 初值为0533H = 1331，1.19318 MHz÷1331 = 896 Hz
OUT    42H, AL          ; 写入低8位
MOV    AL, AH
OUT    42H, AL          ; 写入高8位
IN     AL, 61H
```

```
; 读 8255 的 B 口原输出值，读取并保存端口地址为 61H 的 PB 口的当前状态
    MOV   AH, AL        ; 存于 AH 寄存器
    OR    AL, 03H       ; 使 PB1 和 PB0 位均为 1
    OUT   61H, AL       ; 输出使扬声器能发声
    SUB   CX, CX
G7: LOOP  G7            ; 延时
    DEC   B1            ; B1 为发声长短的入口条件
    JNZ   G7            ; B1 =6 为长声，B1 =1 为短声
    MOV   AL, AH
    OUT   61H, AL
; 恢复 8255 的 B 口值，停止发声，打开门控信号 GATE2 输出方波到扬声器
```

习　题

8.1　在 CPU 与外部设备接口电路的连接中，通过数据总线可传输哪几种信息？在这里地址译码器起什么作用？

8.2　一般来讲，接口芯片的读/写信号应与系统的哪些信号相连？

8.3　试分析 8255A 方式 0、方式 1 和方式 2 的主要区别，并分别说明它们适合于什么应用场合。

8.4　当 8255A 的 A 口工作在方式 2 时，其端口 B 适合于什么样的功能？写出此时各种不同组合情况的控制字。

8.5　8255 各端口可以工作在几种方式下？当端口 A 工作在方式 2 时，端口 B 和 C 工作于什么方式下？

8.6　若 8255A 的端口 A 定义为方式 0，输入；端口 B 定义为方式 1，输出；端口 C 的上半部定义为方式 0，输出。试编写初始化程序（口地址为 80H ~ 86H）。

8.7　试画出 8255A 与 8086 CPU 的连接图，控制端口地址为 8006H，并说明 8255A 的 A_0、A_1 地址线与 8086 CPU 的 A_1、A_2 地址线连接的原因。

8.8　某 8255A 芯片的地址范围为 0A380H ~ 0A386H，工作于方式 0，A 口、B 口为输出口，现欲将 PC_4 置“0”，PC_7 置“1”，试编写初始化程序。

8.9　设 8255 的接口地址范围为 03F8H ~ 03FEH，A 组、B 组均工作于方式 0，A 口作为数据输出口，C 口低 4 位作为控制信号输入口，其他端口未使用。试画出该片 8255A 与系统的电路连接图，并编写初始化程序。

8.10　设一工业控制系统，有四个控制点，分别由四个开关 S_0 ~ S_3 控制，控制点的状态用发光二极管 VL_0 ~ VL_3 表示，开关打开则对应的发光二极管亮，表示该控制点运行正常；开关闭合则对应发光二极管不亮，说明该控制点出现故障。画出系统的结构框图并编写程序。（设 8255A 端口地址范围为 F8H ~ FEH）

8.11　使用 8255A 的 B 端口驱动红色与绿色发光二极管各 4 只，且红绿管轮流发光各 2s，不断循环，试画出只包括地址译码器、8255 与发光管部分的接口电路，控制端口地址 7F0EH，编写程序段。

8.12　如图 8-46 所示，某 8086 微机系统中有一片 8255A，其 PA 端口接一个 8 段 LED 显示器，开关设置的二进制信息由 8255A 的 PB 端口输入，经过程序转换成对应的 8 段 LED 字形码后，由 PA 口输出，来点亮此 LED。

要求：(1) 根据图中的译码电路，写出 8255A 的四个端口地址。

(2) 试写出 8255A 的工作方式命令字和 8086 对 8255A 的初始化程序段。

(3) 试编写实现此功能的程序段。

8.13　试说明定时和计数在实际系统中的应用？这两者之间有何联系和差别？

8.14　定时和计数有哪几种实现方法？各有什么特点？

8.15　8253 每个计数通道与外设接口有哪些信号线，每个信号的用途是什么？

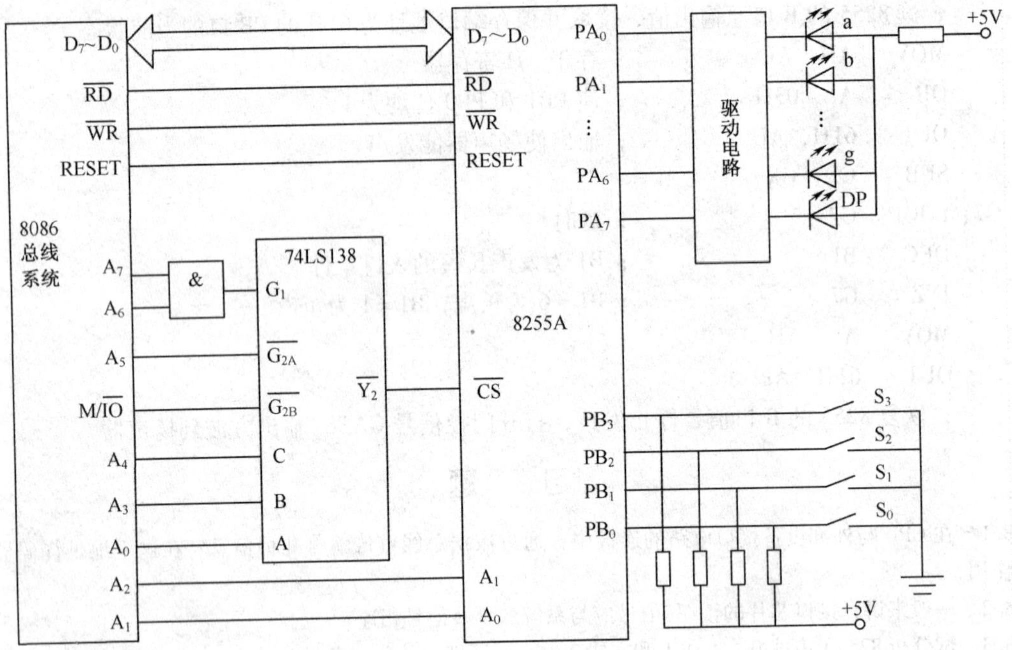

图 8-46　题 8-12 图

8.16　定时器/计数器芯片 Intel 8253 占用几个端口地址？各个端口分别对应什么？

8.17　8253 芯片共有几种工作方式？每种方式各有什么特点？其时钟信号 CLK 和门控信号 GATE 分别起什么作用？

8.18　8253 初始化编程包含哪些内容？

8.19　8253 每个通道的最大定时值是多少？如果欲使 8253 用于定时值超过其最大值，应该如何应用？

8.20　设 8253 计数器 0 ~ 计数器 2 和控制字寄存器的 I/O 地址依次为 0F8H ~ 0FEH，说明如下程序的作用。

```
MOV    AL, 33H
OUT    0FEH, AL
MOV    AL, 80H
OUT    0F8H, AL
MOV    AL, 50H
OUT    0F8H, AL
```

8.21　试按如下要求分别编写 8253 的初始化程序，已知 8253 的计数器 0 ~ 计数器 2 和控制字寄存器 I/O 地址依次为 40H ~ 46H。

（1）使计数器 1 工作于方式 0，仅用 8 位二进制计数，计数初值为 128。

（2）使计数器 0 工作于方式 1，按 BCD 码计数，计数值为 3000。

（3）使计数器 2 工作于方式 2，计数值为 02F0H。

8.22　某系统中 CPU 为 8086，外接一片 8253 芯片，要求通道 2 提供一个定时启动信号，定时时间为 10ms，通道 2 的工作时钟频率为 2MHz。同时在通道 0 接收外部计数事件输入，计满 100 个输出一个负脉冲。控制口地址为 0A6H，试完成硬件连线和初始化程序。

8.23　若 8253 芯片的接口地址为 0D0D0H ~ 0D0D6H，时钟信号频率为 2MHz。现利用计数器 0、1、2 分别产生周期为 10μs 的对称方波及每 1ms 和 1s 产生一个负脉冲，试画出其与系统的电路连接图，并编写包括初始化在内的程序。

8.24　设8253的通道0～2和控制端口的地址分别为300H、302H、304H和306H，又设由CLK_0输入计数脉冲频率为2MHz。要求通道0输出1.5kHz的方波，通道1用通道0的输出作计数脉冲，输出频率为300Hz的序列负脉冲，通道2每秒钟向CPU发50次中断请求。试编写初始化程序，并画出硬件连线图。

8.25　某系统中8253芯片的通道0～2和控制端口地址分别为0FFF0H～0FFF6H。定义通道0工作在方式2，CLK_0=2MHz，要求输出OUT_0为1kHz的速率波；定义通道1工作在方式0，其CLK_1输入外部计数事件，每计满100个向CPU发出中断请求。试写出8253通道0和通道1的初始化程序。

8.26　8253CLK的时钟频率为2.5MHz。问：

（1）该通道的最大定时时间是多少？

（2）要求8253通道地址为90H、92H、94H、96H，不允许地址重叠，使用3/8译码器。完成地址连线（可附加与、或、非门）。

（3）若要周期性地产生5ms的定时中断（方式2），试编写初始化程序段。

（4）若要产生1s的定时中断。说明实现方法（画图表示有关通道信号的硬件连接，说明有关通道的工作方式）。

8.27　已知某8086微机系统的I/O接口电路框图如图8-47所示。试完成：

（1）根据图中接线，写出8255A、8253各端口的地址。

（2）编写8255A和8253的初始化程序。其中，8253的OUT_1端输出100Hz方波，8255A的A口为输出，B口和C口为输入。

（3）为8255A编写一个I/O控制子程序，其功能为：每调用一次，先检测PC_0的状态，若PC_0=0，则循环等待；若PC_0=1，可从PB口读取当前开关S的位置（0～7），经转换计算从A口的PA_0～PA_3输出该位置的二进制编码，供LED显示。

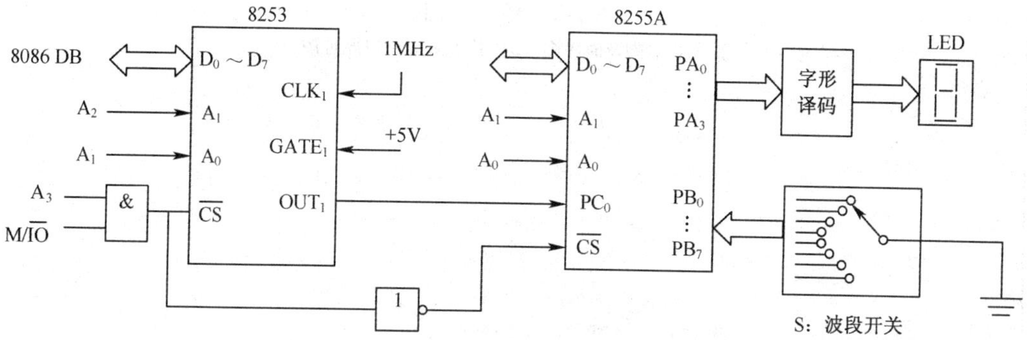

图8-47　题8-27图

8.28　已知某一12位A-D转换器的引脚及工作时序如图8-48a所示。其中，模拟信号通过V_A脚输入，START正脉冲可启动A-D变换，启动后ADC进入忙（$\overline{BUSY}$）状态，A-D变换结束后$\overline{BUSY}$变高，OE脉冲控制从D_0～D_{11}读取变换好的数据。现用该A-D转换器、8255及8253构成如图8-48b所示的数据采集系统：8255A的A口和B口用于读转换结果，PC_0输入转换结束信号$\overline{BUSY}$，PC_6用于控制A-D启动，PC_5用于控制读出A-D转换结果，而PC_7则控制发光二极管显示。8253用于控制采样频率。

（1）写出8255A、8253各端口地址。

（2）编制8255A的初始化程序。

（3）现要求通过8255A控制连续采样7次，取平均值存入BX，并与FF0H比较，如超限则点亮发光二极管报警，编制该数据采集及处理程序。

（4）若使用8253定时控制每10s完成上述采样一次，则还要做哪些工作？

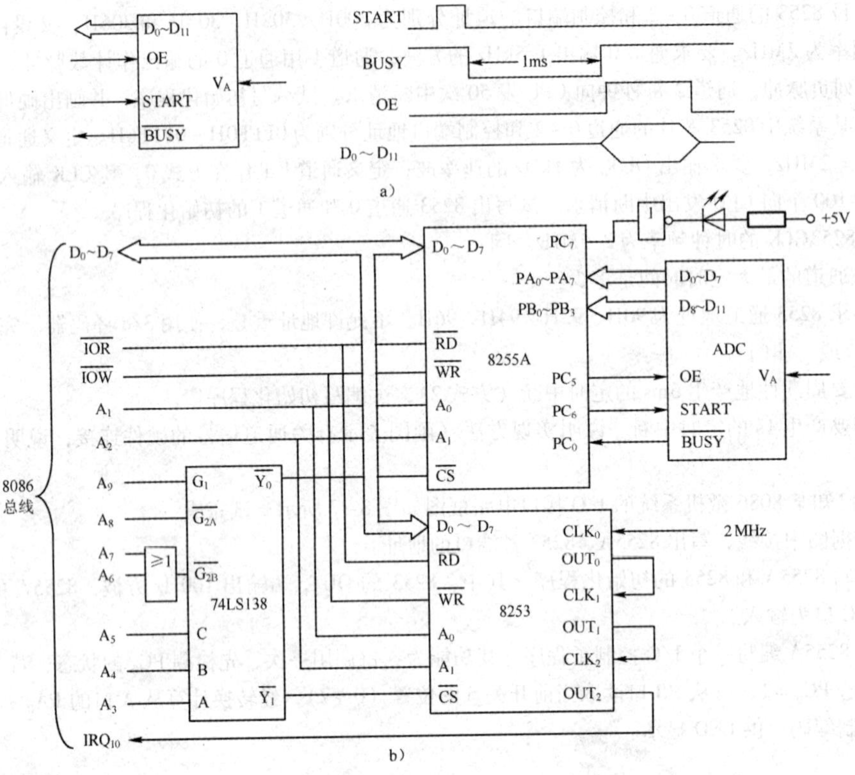

图 8-48 题 8-28 图

a) A-D 引脚及时序图 b) 数据采集接口原理图

第 9 章　模-数和数-模转换

9.1　概述

随着科学技术的不断发展，无论是日常生活还是工业生产、农业生产、国防建设等自动化程度越来越高。自动化程度越高，它们对计算机的依赖程度也就越高，在自动化过程中数据采集与控制起到关键的作用。而在工业生产、农业生产、国防建设等实现自动化，计算机要能够将各个过程中的各种数据及时地采集上来以便给控制提供依据。在这些数据中有模拟量（数据是一些连续变化的物理量，把这些随时间连续变化的物理量，称为模拟量。例如温度、湿度、电流、电压、速度、压力、流量等）、开关量（由开和关组成的状态物理量）和数字量（时间和数值上都离散的物理量）。在现实社会中大多数物理量是模拟量，而计算机只能识别数字量，而且有位数的限制。所以，要使计算机能认识自然界这些物理量，就要将模拟量、开关量及不同位数的数字量转换成计算机能识别的数字量。将模拟量转换成数字量称为模-数转换，能够实现这一功能的器件称为模-数转换器，简称 ADC。而被控对象大多数是模拟量，计算机只能输出一定位数的数字量。所以，计算机要能够控制被控对象，就要将数字量转换成模拟量，将数字量转换成模拟量称为数-模转换，能够实现这一功能的器件称为数-模转换器，简称 DAC。一般将由传感器输出的模拟量转换成计算机能够识别的数字量这一过程称为输入通道；将由计算机输出的数字量转换成能够驱动被控对象的模拟量这一过程称为输出通道，如图 9-1 所示。

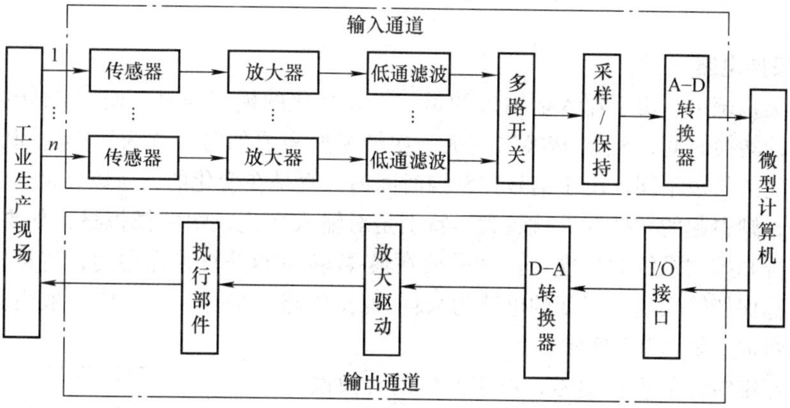

图 9-1　典型的计算机检测、控制系统框图

为了让大家比较好地理解数据采集和模拟输出，本章将分别介绍组成输入通道和输出通道的各个部分。即输入通道介绍传感器、放大器、滤波器、多路开关、采样/保持器、A-D 转换器。输出通道介绍 D-A 转换器、驱动器和执行部件。在实际系统中，如果任何一个部件出现问题，将会严重地影响整个计算机的采集和控制系统的正常运行，造成整个控制系统不能正常运行。

1. 传感器

传感器（Transducer Sensor）是一种检测装置，能感受到被测量的信息，并能将感受到的信息，按一定规律变换成为电量信号（电流或电压）或其他所需形式的信息输出的器件。一般传感器由电容、电阻、电感、敏感材料等组成，在外加激励电流或电压的驱动下，不同类型的传感器会随不同非电物理量的变化，引起传感器的组成材料发生改变，使得输出电流或电压与非电物理量成一定比例变化。传感器位于系统的最前端，其作用相当于人的五官，是信息采集系统的首要部件。随着人工智能计算机的深入研究，传感器也向着智能传感器方向发展了，它能把图像、声音等通过智能传感器直接输入计算机，使计算机具有视觉和听觉等能力。关于传感器的使用和相关测量技术请参阅相关书籍，在这里就不多叙述了。

由于传感器组成材料发生改变引起输出电流或电压的变化十分微弱，容易受外界干扰，因此，目前在市场上能买到的各种变送器，是将传感器与放大电路制作在一起，输出统一标准的0 ~ 10mA 或 4 ~ 20mA 电流，或 0 ~ 5V 电压，以便传输或直接送模-数转换器进行模-数转换。其中，4 ~ 20mA 标准电流输出的传感器较为普遍，常说的流量变送器、压力变送器等一般输出 4 ~ 20mA 标准电流，内部处于恒流输出结构。一般电流型传感器比电压型传感器抗干扰能力强，易于远距离传输，因此，电流型传感器被广泛用于生产过程的检测系统中。

2. 放大电路

放大电路是信号放大处理电路，是任何数据采集系统不可缺少的组成部分。由于传感器输出信号在许多情况下是非常微弱的信号（微伏或毫伏级），而一般模-数转换器（ADC）的输入电压要求为伏的数量级（一般为 0 ~ 5V），这样 ADC 与传感器二者电压出现不匹配；为了二者匹配需要对传感器的输出信号进行放大处理。

如果传感器是电流型输出传感器，就需要进行电流—电压变换（*I*—*V*）变换与放大处理，将电流信号对应变换成电压信号；由于传感器一般是工作在现场，可能存在复杂的电磁干扰，通常需要采用 *RC* 低通滤波器，滤除叠加在传感器输出信号上的干扰信号，当然也可采用有源滤波器进行滤波，使得滤波特性更好。如果输入信号变化较快还需要进行采样保持技术进行信号处理。

3. 采样/保持电路

在数据采集系统中，由于输入端输入的是一直在变化的模拟信号，而模-数转换器完成一次转换需要一定的转换时间，模-数转换器完成一次转换所需要的时间称为转换时间。对不同的芯片，其转换时间的长短不同。由于信号在转换时间内一直是在变化的，所以转换时间内输入模拟信号变化越快，则引起的转换误差就越大。特别是对输入变化较快的模拟量，如果不采取措施，将影响采集系统和控制系统的精度。这就需要在模-数转换器进行采样期间，将被转换的输入信号保持不变，称保持输入信号不变的电路为采样/保持电路。采样保持电路一般由开关电路和电压跟随器电路组成，如图 9-2 所示。

但对变化非常缓慢的模拟信号，由于产生的转换误差可以忽略不计，所以在数据采集系统中进行模-数转换时，完全可以不必采用采样保持电路。

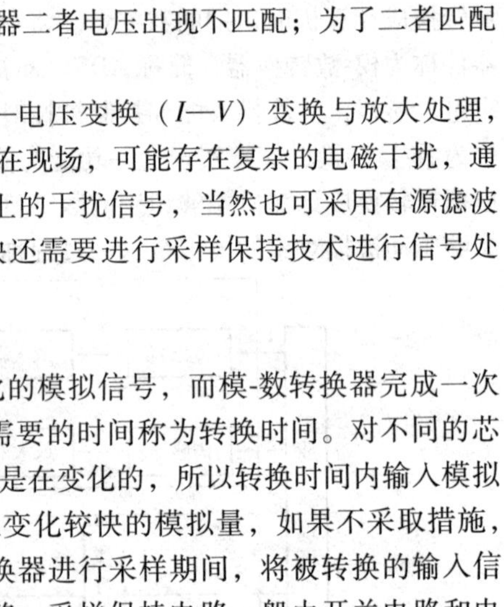

图 9-2　采样/保持器基本原理图

采样保持电路也称为采样保持器，采样保持器能够在逻辑电平的控制下处于“采样”或“保持”两种工作状态，采样/保持的模拟量和数字量的波形示意图如图 9-3 所示，在采样状态下，电路的输出跟踪输入模拟信号，在保持状态下，电路的输出保持着前一次采样结束时刻的瞬时输入模拟信号，直到进入下一次采样状态为止。从图 9-3 中可以看出，经过对 V_i 的采样，V_o 的小平台电压值保持到下一次的采样开始，该稳定的“小平台”电压供模-数转换器进行模-数转换。采样/保持波形如图 9-3 所示。

4. 多路开关

在工程实际中，一个数据采集系统往往要采集多路模拟信号；而一个 CPU 在同一时刻只能处理一路模拟量的 A-D 转换信号，一个高精度模-数转换器价格一般都比较高。所以，在一个数据采集系统中多个模拟量一般采用同一个模-数转换器，轮流选择输入信号进行采集，既节省了硬件开销，又不影响对系统的监测与控制。

许多 A-D 转换芯片内部具备多路转换开关，一片模-数转换芯片可以轮流采集多路模拟输入信号，如果 A-D 转换芯片不具有多路转换功能，则在模-数转换之前需外加模拟多路转换开关。模拟量多路开关实际上就是 CMOS 传输门。目前，产品种类很多，如 CD4051B（8 选 1 模拟开关）、CD4052B（双 4 选 1 模拟开关）、CD4067B（16 通道模拟开关）等。

八选一模拟多路开关 CD4051 模拟开关逻辑与引脚图，如图 9-4 所示。CD4051B 采用了 CMOS 工艺，16 脚 DIP 封装；当使能端 INH 为 0 状态时，CD4051B 才能选择导通，由选择输入端 A_2、A_1、A_0 三位二进制编码来控制八个输入通道（CH_0 ~ CH_7）的通断。该芯片能实现双向传输，即可以实现多传一或一传多两个方向的传送。

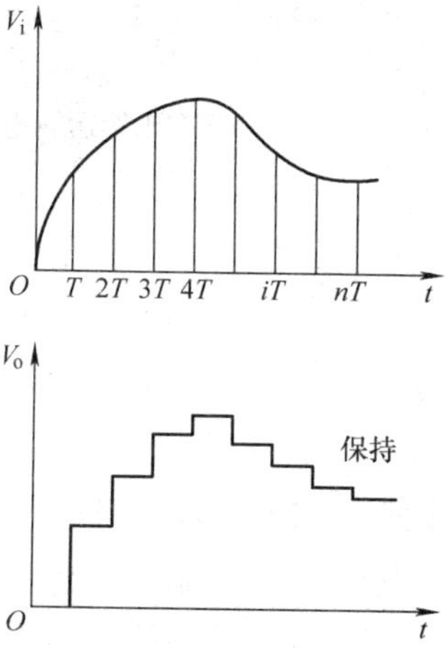

图 9-3　采样/保持波形

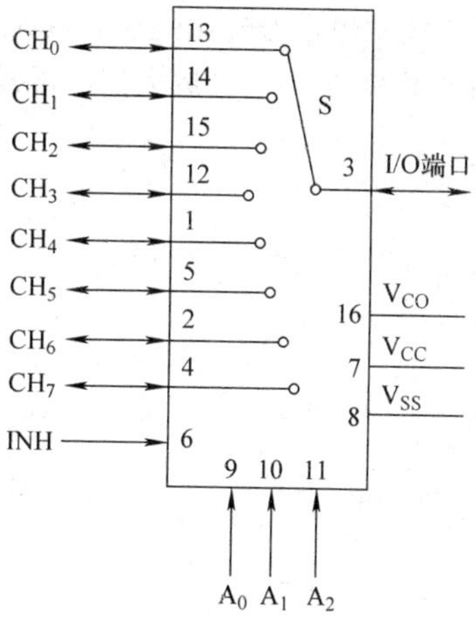

图 9-4　CD4051 模拟开关逻辑与引脚图

5. 模-数转换器

模-数转换器是输入通道的核心环节，其功能是将不同数值的模拟量（输入电信号）转换成对应的数字量（二进制数或 BCD 码等），由计算机读取、分析处理，并依据它发出对生产过程的控制信号。详细工作原理将在 9. 2 节中介绍，这里就不多叙述了。

6. 驱动放大器

驱动放大器是将小功率信号进行功率放大的器件，在输出通道中，计算机输出的是数字量信号，它必须经 DAC 将数字量转换后为模拟信号，而 DAC 输出的功率一般是比较小的，不能直接驱动执行部件（负载）。例如 ADC0832 的输出功率只有十几毫瓦，而一般的执行部件的功率都比这个功率大，例如步进电动机、起/停交流电动机、交流触发器、电控阀门、继电器等。要使执行部件能够正常工作，在驱动执行部件之前，一般都要进行功率放大、信号隔离和匹配以及动作时间协调等。但使用时应注意，不同的执行部件，所需的驱动电流和电压均不相同，所以驱动器型号也不同。

下面我们介绍模-数转换器和数-模转换器，由于模-数转换器中用到数-模转换器，所以，先介绍数-模转换器。

9.2 数-模转换器及应用

数-模转换器是把数字量转换为对应模拟量的器件，也称为D-A转换器。数-模转换器是输出通道不可缺少的组成部分，它是计算机和控制对象（模拟量）之间的桥梁。

9.2.1 数-模转换器的工作原理

数-模转换器的主要部件是由运算放大器组成的加法电路。加法电路的支路是由电阻组成的电阻开关网络，各支路的通断是由支路上的开关来控制的。当给支路开关送一个1时，就会将支路接通；当给支路开关送一个0时，就会将支路断开。在数-模转换器的输入端输入二进制数使加法器上的支路按二进制数进行开断，各支路电流经过运算放大器相加和转换而成为与二进制数成比例的模拟电压。

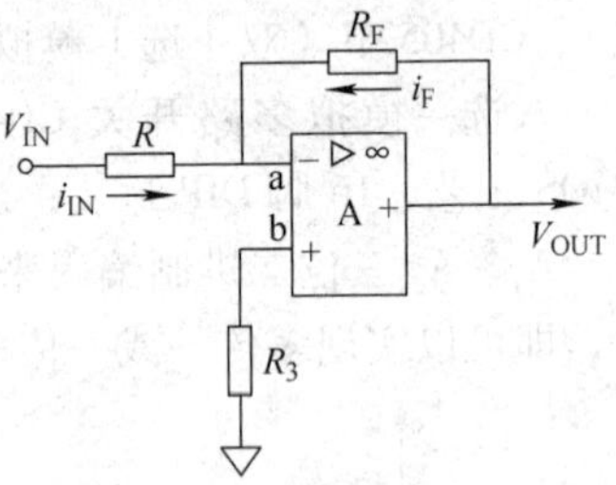

图9-5 比例运算电路图

在电子技术里学习过比例运算放大电路，如图9-5所示，若输入端输入V_{IN}，根据运算放大器的虚短的概念，$V_a = V_b = 0$，

$$i_{IN} = \frac{V_{IN}}{R} \qquad (9\text{-}1)$$

再根据虚断的概念可以得到 $$i_{IN} = -i_F \qquad (9\text{-}2)$$

而 $$V_{OUT} = i_F R_F \qquad (9\text{-}3)$$

将式（9-1）和式（9-2）代入式（9-3）得 $$V_{OUT} = -\frac{R_F}{R}V_{IN} \qquad (9\text{-}4)$$

加法电路如图9-6所示，如果图中的开关全部闭合，则由式（9-2）可以得到

$$i_F = -i_{IN} = -(i_1 + i_2 + \cdots + i_8) = -\left(\frac{V_{REF}}{2R} + \frac{V_{REF}}{4R} + \cdots + \frac{V_{REF}}{256R}\right) \qquad (9\text{-}5)$$

由式（9-5）得，如果有n个支路，则输出电流为

$$i_F = -V_{REF}\sum_{i=1}^{n}\frac{1}{R_i} \qquad (9\text{-}6)$$

将式（9-6）代入式（9-3）可得

$$V_{OUT} = R_F i_F = -R_F V_{REF}\sum_{i=1}^{n}\frac{1}{R_i} \qquad (9\text{-}7)$$

图9-6所示电路是最简单的8位数-模转换器电路，V_{REF}是一个足够精度的参考电压，运算放大器输入端的各支路对应待转换数据的第1位、第2位、…、第8位。支路中的开关由对应的数位来控制，如果该数位为“1”，则对应的开关闭合；如果该数位为“0”，则对应的开关断开。各输入支路中的电阻分别为2R、4R、8R、…、256R。把这些电阻称为权电阻。例如一个8位的数-模转换器，V_{REF}为5V，电路如图9-6a所示。二进制数10000001，最高位的权是$2^7=128$，此数最高位上的代码1表示数值$1\times2^7=128$，最低位的权是$2^0=1$，故此数最低位上的代码1表示数值$1\times2^0=1$，其他数位均为0，所以二进制数10000001就等于十进制数129。即当把S_8闭合（即输入数字量为00000001B）时，模拟量输出为0.01953V$\left(V_{OUT}=\frac{5V}{2^8}\right)$，当把$S_7$闭合（即输入数

字量为 00000010B）时，模拟量输出为 0.03906V$\left(V_{OUT}=\frac{5V}{2^7}\right)$。当把 S_8、S_7 闭合（即输入数字量为 00000011B）时，模拟量输出为 0.05859V$\left(V_{OUT}=\frac{5V}{2^8+2^7}\right)$，等等。输入的数字量与模拟量的对应关系见表 9-1。输出的阶梯电压波形，如图 9-6b 所示。

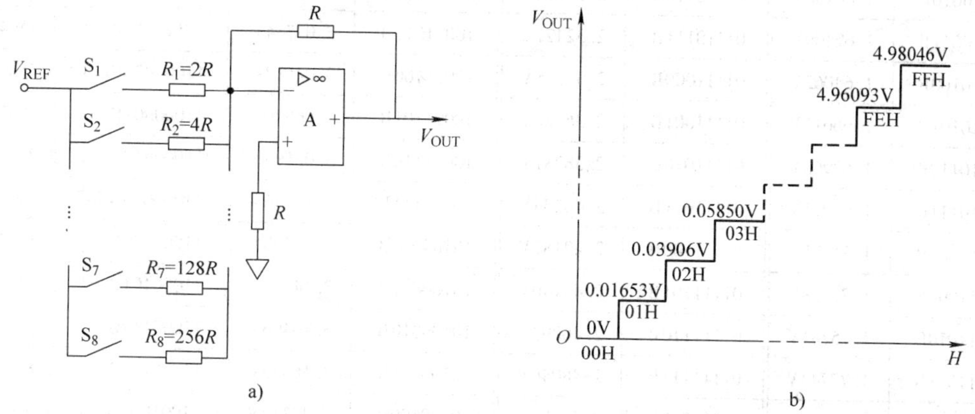

图 9-6 数模转换原理电路

表 9-1 8 位数-模参考电压为 5V，输入输出的对应关系

输入数字量	输出模拟量	输入数字量	输出模拟量	输入数字量	输出模拟量	输入数字量	输出模拟量
00000000B	0V	00010100B	0.39062V	00101000B	0.78125V	00111100B	1.17187V
00000001B	0.01953V	00010101B	0.41015V	00101001B	0.80078V	00111101B	1.19140V
00000010B	0.03906V	00010110B	0.42968V	00101010B	0.82031V	00111110B	1.21093V
00000011B	0.05859V	00010111B	0.44921V	00101011B	0.83984V	00111111B	1.23046V
00000100B	0.07813V	00011000B	0.46875V	00101100B	0.85937V	01000000B	1.25000V
00000101B	0.09766V	00011001B	0.48828V	00101101B	0.87890V	01000001B	1.26953V
00000110B	0.11718V	00011010B	0.51562V	00101110B	0.89843V	01000010B	1.28906V
00000111B	0.13671V	00011011B	0.52743V	00101111B	0.91796V	01000011B	1.30859V
00001000B	0.15625V	00011100B	0.54687V	00110000B	0.93750V	01000100B	1.32812V
00001001B	0.17578V	00011101B	0.56640V	00110001B	0.95703V	01000101B	1.34765V
00001010B	0.19531V	00011110B	0.58593V	00110010B	0.97656V	01000110B	1.36718V
00001011B	0.21484V	00011111B	0.60546V	00110011B	0.99093V	01000111B	1.38671V
00001100B	0.23437V	00100000B	0.6250V	00110100B	1.02343V	01001000B	1.40625V
00001101B	0.25390V	00100001B	0.6445V	00110101B	1.03515V	01001001B	1.42578V
00001110B	0.27343V	00100010B	0.66406V	00110110B	1.05468V	01001010B	1.44531V
00001111B	0.29296V	00100011B	0.68359V	00110111B	1.07421V	01001011B	1.46484V
00010000B	0.31250V	00100100B	0.70312V	00111000B	1.09375V	01001100B	1.48437V
00010001B	0.33203V	00100101B	0.72265V	00111001B	1.11328V	01001101B	1.50390V
00010010B	0.35156V	00100110B	0.74218V	00111010B	1.13281V	01001110B	1.52343V
00010011B	0.37109V	00100111B	0.76171V	00111011B	1.15234V	01001111B	1.54296V

（续）

输入数字量	输出模拟量	输入数字量	输出模拟量	输入数字量	输出模拟量	输入数字量	输出模拟量
01010000B	1.56250V	01110100B	2.26562V	10011000B	2.96875V	10111100B	3.67187V
01010001B	1.58203V	01110101B	2.28515V	10011001B	2.98828V	10111101B	3.69140V
01010010B	1.60156V	01110110B	2.30468V	10011010B	3.00781V	10111110B	3.71093V
01010011B	1.62109V	01110111B	2.32421V	10011011B	3.02734V	10111111B	3.73046V
01010100B	1.64062V	01111000B	2.34375V	10011100B	3.04687V	11000000B	3.75000V
01010101B	1.66015V	01111001B	2.36328V	10011101B	3.06640V	11000001B	3.76953V
01010110B	1.67968V	01111010B	2.38281V	10011110B	3.08593V	11000010B	3.78906V
01010111B	1.69921V	01111011B	2.40234V	10011111B	3.10546V	11000011B	3.80859V
01011000B	1.71875V	01111100B	2.42187V	10100000B	3.12500V	11000100B	3.82812V
01011001B	1.73828V	01111101B	2.44140V	10100001B	3.14453V	11000101B	3.84765V
01011010B	1.75781V	01111110B	2.46093V	10100010B	3.16406V	11000110B	3.86718V
01011011B	1.77743V	01111111B	2.48046V	10100011B	3.18359V	11000111B	3.88671V
01011100B	1.79687V	10000000B	2.50000V	10100100B	3.20312V	11001000B	3.90625V
01011101B	1.81640V	10000001B	2.51953V	10100101B	3.22265V	11001001B	3.92578V
01011110B	1.83593V	10000010B	2.53906V	10100110B	3.24218V	11001010B	3.94531V
01011111B	1.85546V	10000011B	2.55859V	10100111B	3.26171V	11001011B	3.96484V
01100000B	1.87500V	10000100B	2.57812V	10101000B	3.28125V	11001100B	3.98437V
01100001B	1.89453V	10000101B	2.59765V	10101001B	3.30078V	11001101B	4.00390V
01100010B	1.91406V	10000110B	2.61718V	10101010B	3.32031V	11001110B	4.02343V
01100011B	1.93359V	10000111B	2.63671V	10101011B	3.33984V	11001111B	4.04296V
01100100B	1.95312V	10001000B	2.65625V	10101100B	3.35937V	11010000B	4.06250V
01100101B	1.97265V	10001001B	2.67578V	10101101B	3.37890V	11010001B	4.08203V
01100110B	1.99218V	10001010B	2.69531V	10101110B	3.39843V	11010010B	4.10156V
01100111B	2.01171V	10001011B	2.71484V	10101111B	3.41796V	11010011B	4.12109V
01101000B	2.03125V	10001100B	2.73437V	10110000B	3.43750V	11010100B	4.14062V
01101001B	2.05078V	10001101B	2.75390V	10110001B	3.45703V	11010101B	4.16015V
01101010B	2.07031V	10001110B	2.77343V	10110010B	3.47656V	11010110B	4.17986V
01101011B	2.08984V	10001111B	2.79296V	10110011B	3.49609V	11010111B	4.19921V
01101100B	2.10937V	10010000B	2.81250V	10110100B	3.51562V	11011000B	4.21875V
01101101B	2.12890V	10010001B	2.83203V	10110101B	3.53515V	11011001B	4.23828V
01101110B	2.14843V	10010010B	2.85156V	10110110B	3.55486V	11011010B	4.25781V
01101111B	2.16796V	10010011B	2.87109V	10110111B	3.57421V	11011011B	4.27734V
01110000B	2.18750V	10010100B	2.89062V	10111000B	3.59375V	11011100B	4.29687V
01110001B	2.20703V	10010101B	2.91015V	10111001B	3.61328V	11011101B	4.31640V
01110010B	2.22656V	10010110B	2.92968V	10111010B	3.63281V	11011110B	4.33593V
01110011B	2.24609V	10010111B	2.94921V	10111011B	3.65234V	11011111B	4.35546V

（续）

输入数字量	输出模拟量	输入数字量	输出模拟量	输入数字量	输出模拟量	输入数字量	输出模拟量
11100000B	4.3750V	11101000B	4.53125V	11110000B	4.68750V	11111000B	4.84375V
11100001B	4.39453V	11101001B	4.55078V	11110001B	4.70703V	11111001B	4.86328V
11100010B	4.41406V	11101010B	4.57031V	11110010B	4.72656V	11111010B	4.88281V
11100011B	4.43359V	11101011B	4.58984V	11110011B	4.74609V	11111011B	4.90234V
11100100B	4.45312V	11101100B	4.60937V	11110100B	4.76562V	11111100B	4.92187V
11100101B	4.47265V	11101101B	4.62890V	11110101B	4.78515V	11111101B	4.94140V
11100110B	4.49218V	11101110B	4.64843V	11110110B	4.80468V	11111110B	4.96093V
11100111B	4.51171V	11101111B	4.66796V	11110111B	4.82421V	11111111B	4.98046V

为了把一个数字量变为模拟量，必须把每一位的数码按照权来转换为对应的模拟量，再把各模拟量相加，这样，得到的总模拟量便会对应给定的数据。

数-模转换器的输出形式有电压、电流两种类型之分。电压输出型的数-模转换器输出的电压一般为0～5V或0～10V，它相当于一个电压源，内阻较小，选用这种芯片时，与它匹配的负载电阻应越大越好；电流型的数-模转换器相当于电流源，内阻较大，选用这种芯片时，负载电阻越小越好。

在实际应用中，常选用电流输出型来实现电压输出，即通过外接的运算放大器把数-模转换器的输出电流转换成电压。图9-7a是反相电压输出电路，输出电压 $V_{OUT}=-iR$，图9-7b是同相电压输出电路，输出电压 $V_{OUT}=iR\left(1+\frac{R_2}{R_1}\right)$。

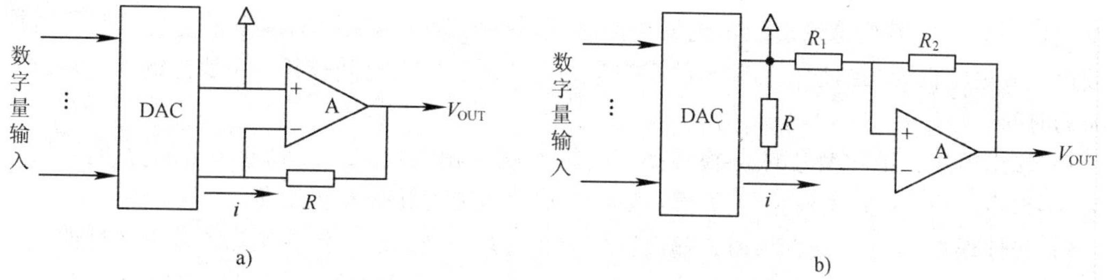

图9-7 电流型D-A连接成电压输出方式
a）反相电压输出 b）同相电压输出

在实际应用中，有时仅要求输出是单方向的，即单极性输出，其电压通常为0～5V或0～10V；有时则要求输出是双方向的，即双极性输出，如电压为±5V、±10V。单极性和双极性输出电路分别如图9-8a和图9-8b所示。在图9-8b中，通过运算放大器 A_1 将单向输出转变为双向输出。由 V_{REF} 为 A_2 提供一个偏移电流，该电流方向应与 A_1 输出电流方向相反，且选择 $R_4=R_3=2R_2$，使得由 V_{REF} 引入的偏移电流恰为 A_1 输出电流的1/2。因而 A_2 的输出将在 A_1 输出的基础上产生位移。双极性输出电压与 V_{REF} 及 A_1 输出 V_1 的关系是 $V_{OUT}=-2V_1-V_{REF}$。

对于数-模转换器内有反馈电阻 R_{fb} 的，有时可不接电阻 R_1，由 A_1 的输出直接连到芯片 R_0 引脚。V_{REF} 的极性可正可负，当其极性改变时，输出模拟电压 V_{OUT} 极性相应改变。双极性输出为正负输出，可把变化的动态范围相应增加一倍，但同时双极性输出也会较单极性输出灵敏度降低1/2。

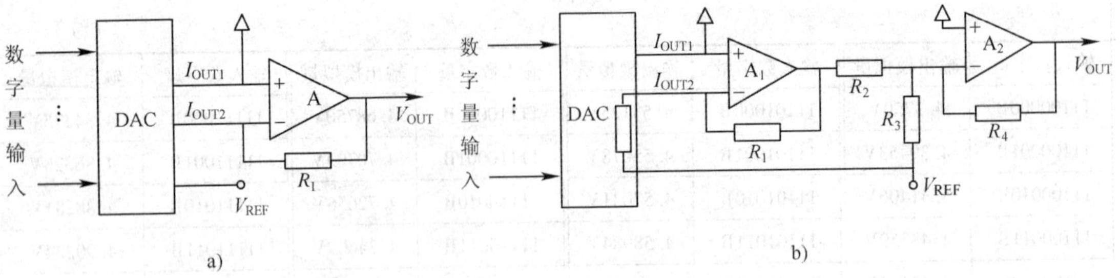

图 9-8　单极性和双极性输出方式
a）单极性输出方式　b）双极性输出方式

9.2.2　数-模转换器的主要技术指标

数-模转换器性能的技术指标较多，这里主要介绍几个常用的技术指标。了解这些技术指标，对于在微型计算机应用时正确选择相应的器件是十分重要的。

1）分辨率：分辨率是当输入数字量发生单位数码变化（即 1LSB）时，所对应的输出模拟量的变化量，即等于模拟量输出的满量程值与 2^n-1 的比值（n 为数字量位数）。分辨率也可以用相对值（$1/2^n$）百分率表示。在实际应用中，又常用数字量的位数来表示分辨率。例如，8 位、10 位、12 位等。分辨率为 8 位、参考电压为 5V 的数-模转换器的分辨率为 $5/(2^8-1)=5/255=0.01953\text{V}$。

2）转换精度：转换精度是指一个实际的数-模转换器与理想的数-模转换器相比较的转换误差。精度反映数-模转换的总误差。其主要误差有失调误差、增益误差、非线性误差和微分非线性误差。

3）转换时间：转换时间是指在数-模转换器的数字输入端加上满量程的值（如从全“0”变为全“1”）以后，其模拟输出稳定到最终值时所需的时间。当输出的模拟量为电流时，转换时间较短，最短的仅为几纳秒；当输出的模拟量为电压时，转换时间较长，主要是输出运算放大器所需的时间。

4）输出电压：不同型号的数-模转换器的输出电压相差较大。一般电压型的数-模转换器输出为 0～5V 或 0～10V；电流型的数-模转换器，输出电流为几毫安至几安。

5）线性误差：在数-模转换时，输出特性曲线应是一条直线，但在实际中输出特性曲线与理想的输出特性曲线存在一定的误差。实际输出特性曲线偏离理想输出特性曲线的最大值称为线性误差。

6）温度系数：在数-模转换器进行数-模转换时，若温度发生变化，增益、线性度、零点漂移（对双极性 D-A）等参数都将发生变化。在数-模转换器容许的范围内，相对于温度每变化 1℃，上述参数的变化量称为温度系数。

9.2.3　典型的数-模转换器芯片 DAC0832

数-模转换器芯片种类繁多，分类方法很多，从数码位数上分为 8 位、10 位、12 位、16 位等；从其转换方式上分为并行和串行两大类，串行慢，并行快；从输出方式上分为电压型和电流型两类；从生产工艺上分为双极型、TTL 型、MOS 型等；从内部结构上分为带输入寄存器和不带输入寄存器。对于不同生产厂家生产的产品，其型号各不相同，它们的精度和速度各不相同。例如美国国家半导体公司（NS）的数-模转换器芯片为 DAC 系列，美国模拟器件公司（AD）的数-模转换器芯片为 AD 系列。

一般的电流数-模转换器的转换速度较快，其电流转换时间为 1μs。有些数-模转换器具有其他功能，如能输出多路模拟量、输出工业控制用的标准电流信号。典型的数-模转换器如 8 位通用型 DAC0832、12 位的 DAC1208，电压输出型的 AD558 和多路输出型 AD7528 等。

DAC0832 是 8 位分辨率的数-模转换集成芯片。它具有与计算机连接简单、转换控制方便、价格低廉等特点，在计算机系统中得到广泛的应用。下面来介绍 DAC0832 芯片。

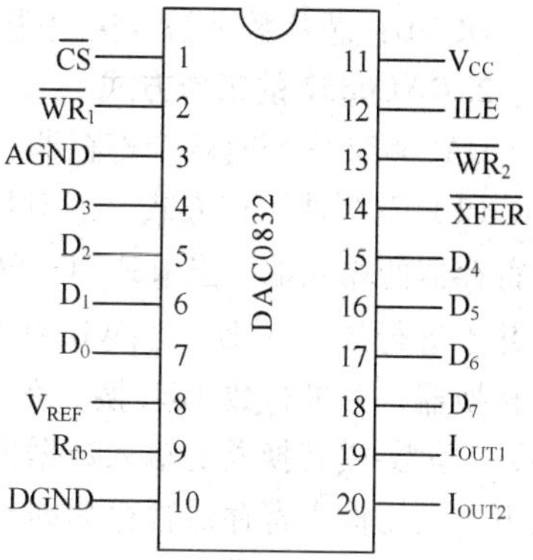

图 9-9　DAC0832 引脚图

1. DAC0832 引脚及其功能

DAC0832 是由美国国家半导体公司生产的，其引脚图如图 9-9 所示，它由 8 位输入锁存器、8 位 DAC 寄存器、8 位 D-A 转换器及转换控制电路构成。封装为 20 脚双列直插式。主要引脚定义分别如下：

（1）DAC0832 与 CPU 的接口引脚

$D_0 \sim D_7$ 是数-模转换器 8 位数据输入端，信号为输入。

$\overline{CS}$是数-模转换器片选信号端，低电平有效，信号为输入。

$\overline{WR_1}$是数-模转换器写信号端，低电平有效，信号为输入。ILE 是数-模转换器允许信号端，高电平有效，信号为输入。

ILE 信号和$\overline{CS}$、$\overline{WR_1}$共同控制选通数-模转换器。当$\overline{CS}$、$\overline{WR_1}$均为低电平，而 ILE 为高电平时，输入数据立即被送至 8 位数-模转换器输入寄存器的输出端（见图 9-10 所示 DAC0832 逻辑结构框图）。当上述三个控制信号中任一个无效时，输入寄存器将数据锁存，输出端呈保持状态。

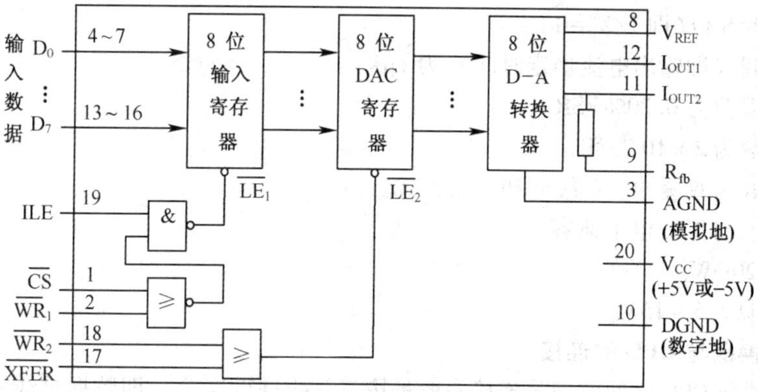

图 9-10　DAC0832 逻辑结构框图

$\overline{XFER}$是数-模转换器数据传送信号端，低电平有效，信号为输入。用它来控制 $\overline{WR_2}$是否起作用，在控制多个 DAC0832 同时输出时特别有用。

$\overline{WR_2}$是数-模转换器写信号端，低电平有效，信号为输入。当$\overline{XFER}$和$\overline{WR_2}$同时有效时，输入寄存器中的数据被装入 DAC 寄存器，并同时启动一次 D-A 转换。

（2）DAC0832 与外设的接口引脚

I_{OUT1}：电流输出 1 端，当 DAC 寄存器中全为“1”时，输出电流最大，当 DAC 寄存器中全为“0”时，输出电流最小。

I_{OUT2}：电流输出 2 端，它与 I_{OUT1} 的关系是：$I_{OUT1} + I_{OUT2}$ = 常数。

R_{fb}：内部反馈电阻引脚端，该电阻在芯片内，R_{fb}端可以直接接到外部运算放大器的输出端。这样，相当于将一个反馈电阻接在运算放大器的输入端和输出端。

V_{REF}：参考电压输入端，可接正电压，也可接负电压，范围为 -10 ~ +10V。

V_{CC}：芯片电源，+5 ~ +15V，典型值为 +15V。

AGND：芯片模拟信号接地端（模拟地）。

DGND：芯片数字信号接地端（数字地）。

2. DAC0832 的工作方式

DAC0832 内部有两个寄存器，能实现三种工作方式：双缓冲、单缓冲和直通方式。

（1）双缓冲工作方式　当 ILE、$\overline{CS}$和$\overline{WR_1}$信号有一个无效时，CPU 送来的 8 位数据将送至输入寄存器的输入端，当 ILE、$\overline{CS}$和$\overline{WR_1}$信号均有效时，8 位数字量被送至 DAC 寄存器输入端，此时并不进行数-模转换。当$\overline{WR_2}$和$\overline{XFER}$信号均有效时，原来存在 DAC 寄存器中的数据被写入数-模转换器，并进行数-模转换。在一次转换完成后到下一次转换开始之前，由于寄存器的锁存作用，8 位数-模转换器的输入数据保持恒定，因此数-模转换的输出也保持恒定。在双缓冲工作方式下，利用输入寄存器暂存数据，给使用带来方便，可以实现多路数字量的同步转换输出。

（2）单缓冲工作方式　单缓冲工作方式是指只有一个寄存器受到控制。这时将另一个寄存器的有关控制信号预先设置成有效，使之开通；或者将两个寄存器的控制信号连在一起，两个寄存器作为一个来使用。

（3）直通工作方式　直通工作方式是指两个寄存器的有关控制信号都预先置为有效，两个寄存器都开通。只要数字量送到数据输入端，就立即进入数-模转换器进行转换。不过这种方式应用较少。

3. DAC0832 的主要技术性能指标

1）分辨率为 8 位(即 $1/2^8-1$)。

2）转换时间（即输出电流稳定时间）为 1μs。

3）非线性误差为 0.20% FSR。

4）温度系数为 2×10^{-6}/℃。

5）工作方式为双缓冲、单缓冲和直通方式。

6）逻辑输入与 TTL 电平兼容。

7）功耗为 20mW。

8）使用电源为 5 ~ 15V。

4. 数-模转换器与 CPU 的连接

数-模转换器与 CPU 之间的信号连接一般是按三总线进行连接（即数据总线、控制总线和地址总线）。CPU 的数据线与数-模转换器的数据线相连，但应注意，数-模转换器有 8 位、10 位、12 位、16 位之分，而 8086 CPU 有 16 根数据线，不同的数据线连接方式也有所不同。数-模转换器的位数小于 CPU 的数据总线的位数时可以直接相连，但如果数-模转换器的位数（16 位）大于 CPU 的数据总线的位数，则不能直接相连，要通过接口电路进行扩展后再进行连接。CPU 的地址总线一般通过译码器与数-模转换器的片选信号$\overline{CS}$和数据传送信号$\overline{XFER}$相连，CPU 的控制总线$\overline{WR}$和 M/$\overline{IO}$通过逻辑组合成$\overline{IOW}$，一般与数-模转换器的$\overline{WR_1}$和$\overline{WR_2}$相连，当然具体工作方式不同连接也不同。图 9-11、图 9-12、图 9-13、图 9-14 是 DAC0832 的三种工作方式与 CPU 的连接电路。

9.2.4　DAC0832 应用举例

例 9-1　在工程实际中经常需要产生三角波信号，可以利用 DAC0832 产生三角波信号，8086 CPU 与 DAC0832 连接图产生三角波信号如图 9-12 所示。

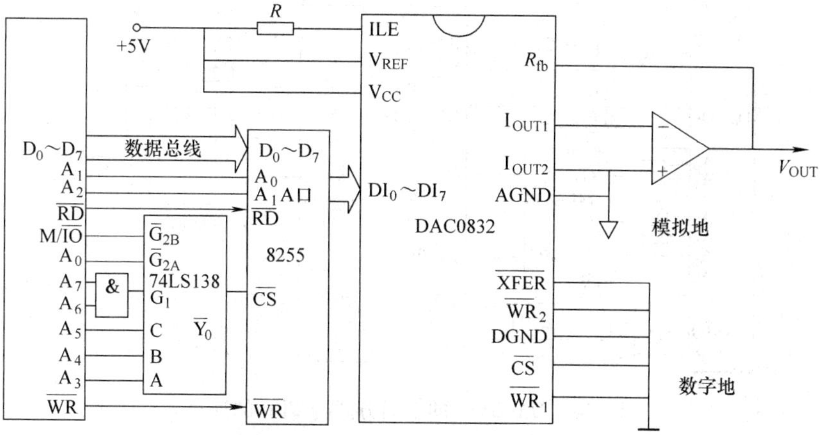

图 9-11　DAC0832 的直通方式与 CPU 的连接

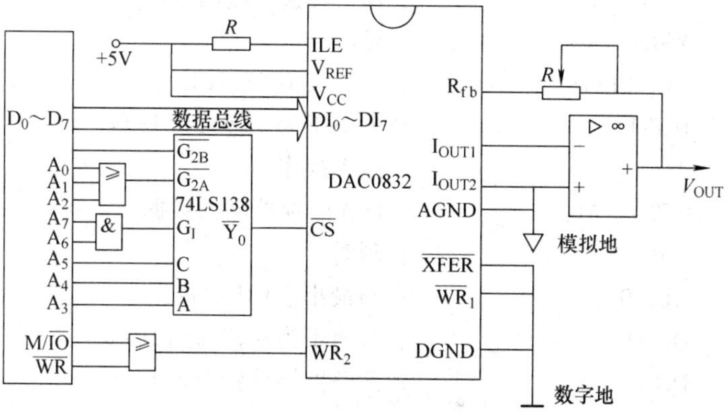

图 9-12　DAC0832 的单通方式与 CPU 的连接（一）

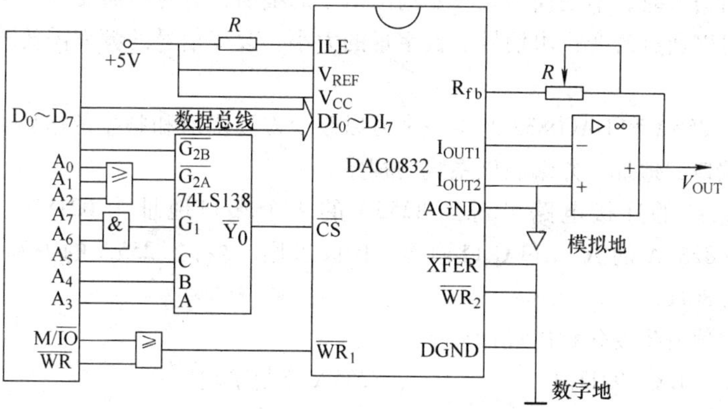

图 9-13　DAC0832 的单通方式与 CPU 的连接（二）

分析：DAC0832 有三种工作方式，我们选用直通方式。要产生三角波信号就要使输出由小到大（从 0 开始到 FFH），然后再由大到小（从 FFH 开始到 0），不断变化就可以产生三角波信号。所以执行下面的程序，就可以产生三角波信号。图 9-11 所示电路 DAC0832 数据端口地址为 0C0H。

```
        MOV    AL, 0FFH          ；初始值为 0FFH
DON1：INC    AL                ；加 1 操作
```

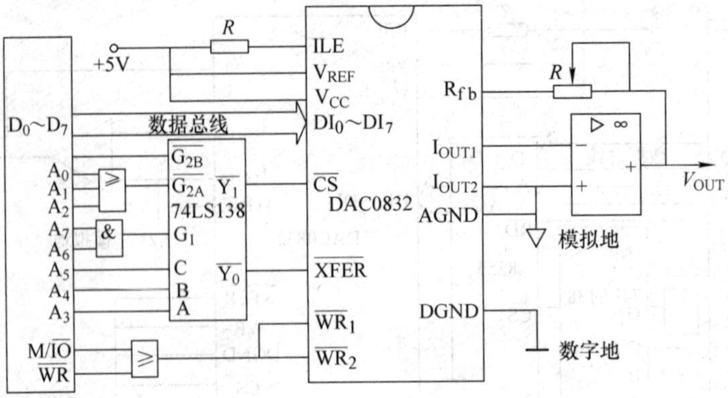

图 9-14　DAC0832 的双通方式与 CPU 的连接

```
        OUT     0C0H, AL        ; D-A 转换器输出数据
        CALL    YS1S            ; 延时
        CMP     AL, 0FFH        ; 与最大值 0FFH 比较
        JNZ     DON1            ; 差值不为 0 转移到 DON1
DON2:   DEC     AL              ; 减 1 操作
        OUT     0C0H, AL        ; D-A 转换器输出数据
        CALL    YS1S            ; 延时
        CMP     AL, 0           ; 与最小值 0H 比较
        JNZ     DON2            ; 差值不为 0 转移到 DON2
        JMP     DON1            ; 无条件转移到 DON1
        HLT                     ; 暂停
```

信号源在输出信号时，不仅仅需要改变输出信号的幅值，有时还需要改变信号的频率。改变输出信号的幅值可以通过改变输出信号的数字量的大小，改变信号的频率需要改变信号的延时时间。

例 9-2　利用 8255A 和 DAC0832 产生一个可以改变方波幅值和频率的电路，如图 9-15 所示。根据电路图写出端口的地址。并编制该系统的程序。

分析：依据系统的连接电路可得到 8255A 的 4 个端口地址为 0218H、021AH、021CH、021EH。该系统中 8255A 的 A 口和 C 口输出，B 口未用。根据 8255A 的编写控制字格式可得 8255A 的控制字为 80H。

频率不变，幅值发生变化程序设计如下：

```
        MOV     DX, 021EH       ; 8255A 控制字端口
        MOV     AL, 80H
        OUT     DX, AL          ; 写控制字（初始化程序）
        MOV     DX, 0218H       ; 8255A 的 A 端口
        MOV     CX, 0AH         ; 置计数初值
        MOV     AX, 0FH         ; 置初值
AA1:    OUT     DX, AL          ; 输出数值
        NOP                     ; 延时
        NOP                     ;
```

```
        MOV     AL，00H         ；方波的低电平
        OUT     DX，AL          ；
        NOP
        NOP
        LOOP    AA1             ；循环
AA2：   MOV     AL，F0H         ；置初值
        OUT     DX，AL          ；输出数值
        NOP                     ；延时
        NOP                     ；
        MOV     AL，00H         ；方波的低电平
        OUT     DX，AL          ；
        NOP
        NOP
        LOOP    AA2             ；循环
        JMP     AA1
        HLT
```

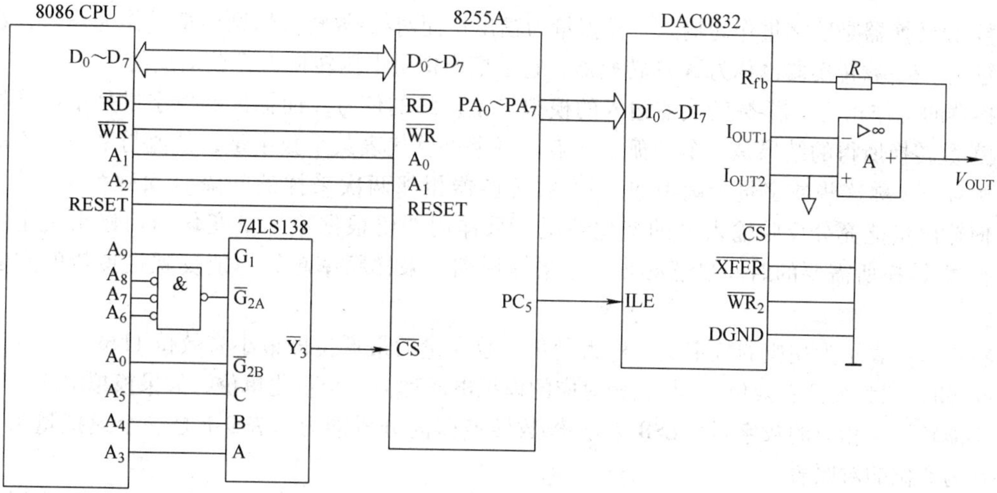

图 9-15 例 9-2 硬件连接电路

幅值不变，频率发生变化程序设计如下：

```
        MOV     DX，0218H       ；8255A 的 A 端口
        MOV     CX，0AH         ；置计数初值
AA1：   MOV     AL，00H         ；方波的低电平
        OUT     DX，AL          ；输出数值
        NOP                     ；延时
        MOV     AL，0FH         ；送方波高位置
        OUT     DX，AL          ；
        NOP
        LOOP    AA1             ；循环
```

```
AA2: MOV    AL, 0F H         ; 置初值
     OUT    DX, AL           ; 输出数值
     NOP                     ; 延时
     NOP                     ;
     NOP
     MOV    AL, 00H          ; 方波的低电平
     OUT    DX, AL           ;
     NOP
     NOP
     NOP
     LOOP   AA2              ; 循环
     JMP    AA1
     HLT
```

9.3 模-数转换器及应用

数-模转换器是数字量作为输入，模拟量为输出；而对模-数转换器则模拟量作为输入，数字量为输出。模-数转换器也称为A-D转换器，它是把模拟量电压转换为N位对应的数字量，与数-模转换器的工作相反。模-数转换器输入的模拟量是连续的信号。而输出的数字量是不连续的信号，模-数转换所得的结果是一个个孤立的点。每个点就代表某个数字量，其值与采样时刻的模拟量相对应，称这些数字量为离散量。模-数转换器相邻两次采样的间隔时间称为采样周期。为了使输出量能充分反映输入量的变化情况，采样周期要根据输入量变化的快慢来决定。而一次模-数转换所需要的时间显然必须小于采样周期。采样频率越高越能反映模拟量的真实情况。

将模拟量表示为相应的数字量，称为量化。数字量的最低位即最小有效位1LSB（Least Significant Bit，意为最低有效位），与此相对应的模拟电压称为一个量化单位，如果模拟电压小于此值，不能转换为相应的数字量。LSB表示模-数转换器的分辨能力。表9-1是一个模拟量为5V，数字量为8位的对照表。

A-D转换器经过多年的发展革新，从并行、逐次逼近型、积分型ADC，到近年来新发展起来的Σ-Δ型和流水线型ADC，它们各有其优缺点，能满足不同的应用场合的使用。逐次逼近型、积分型、压频变换型等，主要应用于中速或较低速、中等精度的数据采集和智能仪器中。分级型和流水线型ADC主要应用于高速情况下的瞬态信号处理、快速波形存储与记录、高速数据采集、视频信号量化及高速数字通信技术等领域。此外，采用脉动型和折叠型等结构的高速ADC，可应用于广播卫星中的基带解调等方面。模-数转换器按位数分可分为8位、10位、12位、16位、20位等，位数越多其转换的精度越高。并行式转换速度最高能达到2G次，即转换时间仅50 ns，但价格昂贵，产品的分辨率不高。逐次逼近式兼顾了转换速度和转换精度，是应用广泛的A-D转换器。逐次逼近式的种类很多，分辨率从8位到16位，转换时间从100μs到几微秒，精度有不同等级，有的转换器内部还常有多路模拟开关。

9.3.1 模-数转换器的工作原理

初期的单片模-数转换器大多采用积分型，现在逐次逼近型已逐步成为主流。所以我们这里

只详细介绍逐位比较（逐次逼近）型的模-数转换器的工作原理，其他模-数转换器的基本原理只做简单介绍。

逐次逼近式模-数转换器 ADC 的分辨率和采样速率是相互矛盾的，分辨率低时采样速率较高，要提高分辨率，采样速率就会受到限制。分辨率低于 12 位时，价格较低，采样速率可达 1Msps；与其他 ADC 相比，功耗相当低。在高于 14 位分辨率情况下，传感器产生的信号在进行模-数转换之前需要进行调理，包括增益级和滤波，会明显增加成本。

逐次逼近型模-数转换器的原理图如图 9-16a 所示。它由 1 个比较器、1 个数-模转换器、1 个逐次逼近寄存器（SAR）和 1 个逻辑控制单元构成。下面以 1 个 4 位模-数转换器为例来说明模-数转换器的工作过程。模-数转换器在转换时，首先要接收到 START 启动信号，收到 START 启动信号开启时钟三态门，寄存器的内容先清零，然后将采样输入信号与已知电压不断进行比较，1 个时钟周期完成 1 位转换，4 位转换需要 4 个时钟周期，转换完成，输出二进制数。输入第一个脉冲时转换寄存器先将模-数转换器内部的数-模转换器最高位置“1”，产生了一个数字量“1000B”，经数-模转换器转换后输出 V_{OUT}，与待转换模拟量 V_X 比较，如果 $V_X > V_{OUT}$，则 $V_C = 1$，说明此数字量 1000B 转换模拟量 V_{OUT}小于待转换模拟量 V_X，控制电路会自动保持最高位 $D_3 = 1$；若 $V_X \leqslant V_{OUT}$，则 $V_C = 0$，说明此数字量 1000B 转换模拟量 V_{OUT}小于待转换模拟量 V_X，控制电路会自动保持最高位 $D_3 = 0$。接着进行次高位 D_2 的比较，比较过程与最高位 D_3 相同，比较完后将 D_2 值记住，依次类推。经过 4 次比较后，逐次逼近寄存器的内容就是输入模拟量 V_X 所对应的数字量。其波形图如图 9-16b 所示，此种转换器的特点如下：

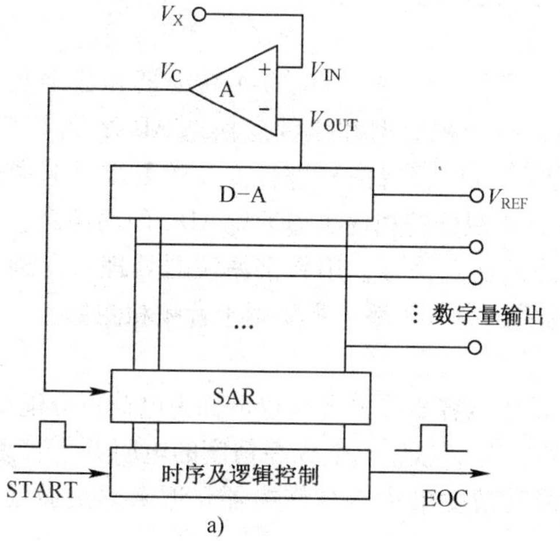

a)

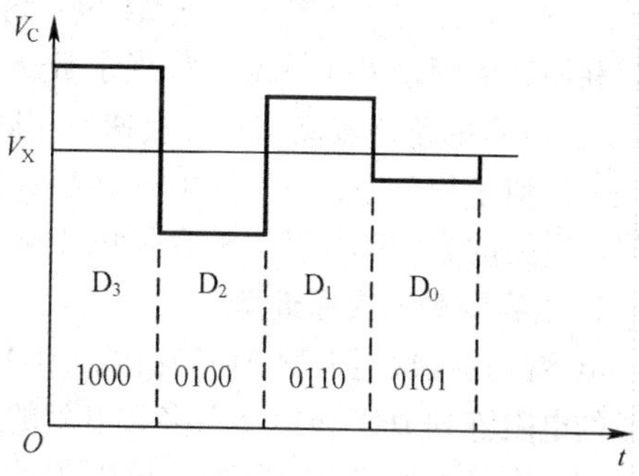

b)

图 9-16 逐次逼近型 A-D 转换器的原理图

①转换速度较快，在 0.1 ~ 100μs 以内，分辨率可以达 18 位，特别适用于工业控制系统。

②分辨率较高，转换时间固定，不随输入信号的变化而变化。

③抗干扰能力相对于积分型差。

下面简要介绍常用的几种类型的基本原理及特点。

1. 积分型模-数转换器

积分型 ADC 又称为双斜率或多斜率 ADC，双积分型的转换器电路简单，分辨率高可达 22 位，功耗低、成本低，抗干扰能力强。转换速度较低，在 12 位时转换时间在 1 ~ 1000ms 之间。它的应用也比较广泛。这类 ADC 主要应用于低速、精密测量等领域，如数字电压表等。积分型

ADC 的工作原理是将输入电压转换成时间（脉冲宽度信号）或频率（脉冲频率），然后由定时器/计数器获得数字值。它由 1 个带有输入切换开关的模拟积分器、1 个比较器和 1 个计数单元构成，通过两次积分将输入的模拟电压转换成与其平均值成正比的时间间隔。与此同时，在此时间间隔内利用计数器对时钟脉冲进行计数，从而实现 A-D 转换。积分型 ADC 两次积分的时间都是利用同一个时钟发生器和计数器来确定，因此所得到的数据量与时钟频率无关，其转换精度只取决于参考电压 V_{REF}。此外，由于输入端采用了积分器，所以对交流噪声的干扰有很强的抑制能力。能够抑制高频噪声和固定的低频干扰（如 50Hz 或 60Hz），适合在嘈杂的工业环境中使用。

2. 并行比较型/串并行比较型模-数转换器

并行比较型 ADC 采用多个比较器，这种结构的 ADC 所有位的转换同时完成，又称 FLash（快速）型，其转换时间主要取决于比较器的开关速度、编码器的传输时间延迟等，它是所有的 A-D 转换器中速度最快的，现代发展的高速 ADC 大多采用这种结构，采样速率能达到 1Gsps 以上。由于转换速率极高，n 位的转换需要 $2n-1$ 个比较器，高密度的模拟设计需要数量很大的精密分压电阻和比较器电路。输出数字增加一位，精密电阻数量就要增加一倍，比较器也近似增加一倍。这种模-数转换器适用于视频 A-D 转换器等速度特别高的领域。

串并行比较型 ADC 结构上介于并行型和逐次比较型之间，最典型的是由 2 个 $n/2$ 位的并行型 A-D 转换器配合 D-A 转换器组成，用两次比较实行转换，所以称为 Half flash（半快速）型。还有分成三步或多步实现 A-D 转换的叫作分级（Multistep/Subrangling）型 ADC，而从转换时序角度又可称为流水线（Pipelined）型 A-DC，现代的分级型 ADC 中还加入了对多次转换结果作数字运算而修正特性等功能。这类 ADC 速度比逐次比较型高，电路规模比并行型小。

3. Σ-Δ 调制型模-数转换器

Σ-Δ 型模-数转换器又称为过采样转换器，由积分器、比较器、1 位 D-A 转换器和数字滤波器等组成。它分辨率较高，可达 24 位；转换速率高，高于积分型和压频变换型 ADC；价格低；内部利用高倍频过采样技术，实现了数字滤波，降低了对传感器信号进行滤波的要求。但高速 Σ-△型 ADC 的价格较高；在转换速率相同的条件下，比积分型和逐次逼近型 ADC 的功耗高。其原理上近似于积分型，将输入电压转换成时间（脉冲宽度）信号，用数字滤波器处理后得到数字值。电路的数字部分基本上容易单片化，因此容易做到高分辨率。主要用于音频和测量。

4. 电容阵列逐次逼近型

电容阵列逐次逼近型 ADC 在内置 D-A 转换器中采用电容矩阵方式，也可称为电荷再分配型。一般的电阻阵列 D-A 转换器中多数电阻的值必须一致，在单芯片上生成高精度的电阻并不容易。如果用电容阵列取代电阻阵列，可以用低廉成本制成高精度单片 A-D 转换器。近来逐次逼近型 A-D 转换器大多为电容阵列式的。

5. 压频变换型

压频变换型 ADC 是间接型 ADC。其原理是将输入模拟信号的电压转换成频率与其成正比的脉冲信号，然后用计数器将频率转换成数字量。计数结果即为正比于输入模拟电压信号的数字量。

从理论上讲，这种 ADC 的分辨率几乎可以无限增加，只要采样的时间能够满足输出频率分辨率要求的累积脉冲个数的宽度即可。其优点是分辨率高、功耗低、价格低，但是需要外部计数电路共同完成 A-D 转换。其转换速率受到限制，12 位时为 100～300sps。

6. 流水线型 ADC

流水线型 ADC 由若干级级联电路组成，每一级包括一个采样/保持放大器、一个低分辨率的 ADC 和 DAC 以及一个求和电路，其中求和电路还包括可提供增益的级间放大器。快速精确的 n

位转换器分成两段以上的子区（流水线）来完成。首级电路的采样/保持器对输入信号取样后先由一个 m 位分辨率粗 A-D 转换器对输入进行量化，接着用一个至少 n 位精度的乘积型数-模转换器（MDAC）产生一个对应于量化结果的模拟电平并送至求和电路，求和电路从输入信号中扣除此模拟电平。并将差值精确放大某一固定增益后交下一级电路处理。经过各级这样的处理后，最后由一个较高精度的 K 位细 A-D 转换器对残余信号进行转换。将上述各级粗、细 A-D 的输出组合起来即构成高精度的 n 位输出。优点：有良好的线性和低失调；可以同时对多个采样进行处理，有较高的信号处理速度。其特点是低功率、高精度、高分辨率。

9.3.2　模-数转换器的主要性能指标

模-数转换器的主要性能指标比较多，这里介绍常用的几个指标。

1）分辨率：指数字量变化一个最小量时模拟信号的变化量，定义为满刻度与 2^n-1 的比值。分辨率又称精度，通常以数字信号的位数来表示。它说明 A-D 转换器对输入信号的分辨能力。如一个输出为 8 位二进制数的 A-D 转换器，称其分辨率为 8 位。也可以用对应于 1LSB 的输入模拟电压来表示分辨率。分辨率还可以用百分数来表示，例如 8 位 A-D 转换器的分辨率百分数为 $(1/255)\times100\%=0.39\%$。在最大输入电压一定时，输出位数越多，分辨率越高。例如 A-D 转换器输出为 8 位二进制数，输入信号最大值为 5V，那么这个转换器应能区分出输入信号的最小电压为 19.53mV。

2）量化误差：A-D 转换是用数字量对模拟量进行量化。转换误差通常是以输出误差的最大值形式给出。它表示 A-D 转换器实际输出的数字量和理论上的输出数字量之间的差别。常用最低有效位的倍数表示。例如给出相对误差 $\leqslant\pm$LSB/2，由于存在最小量化单位，在转换中就会出现误差，仍以上述 0 ~ 4.99V 转换为二进制数 000 ~ 111 的 A-D 转换器为例，模拟量 1.42V 对应于数字量 010；而（1.42V − 1/2LSB） ~ （1.42V + 1/2LSB）也都对应于 010，这样就带来了转换误差。这一误差称为量化误差。这就表明实际输出的数字量和理论上应得到的输出数字量之间的误差小于最低位的半个字。

3）转换精度：转换精度是指一个实际的 A-D 转换器与理想的模-数转换器相比的转换误差。绝对精度一般以 LSB 为单位给出。相对精度则是绝对精度与满量程的比值。不同厂家生产的 A-D 转换器的转换精度指标的表达方式可能不同。有的给出综合误差指标，有的给出分项误差指标。通常误差指标有失调误差（零点误差）、增益误差（满量程误差）、非线性误差和微分非线性误差。下面分别介绍这些误差。

①失调误差：失调误差也称为零点误差，这是指当输入模拟量从 0 逐渐增长使输出数字量从 0……0 跳至 0……1 时，输入模拟量实际数值与理想的模拟量数值（即 1LSB 的对应值）之差。这反映了 A-D 转换器零点的偏差。一定温度下的失调误差可以通过电路调整来消除。

②增益误差：当输出数字量达到满量程时，所对应的输入模拟量与理想的模拟量数值之差，称为增益误差或满量程误差，计算此项误差时应将失调误差除去。一定温度下的增益误差也可以通过电路调整来消除。

③非线性误差：非线性误差是指实际转换特性与理想转换特性之间的最大偏差，它可能出现在转换曲线的某处。此项误差不包括量化误差、失调误差和增益误差。它不能通过电路调整来消除。

④微分非线性误差：在模-数转换曲线上，实际台阶幅度与理想台阶幅度（即理论上的 1LSB）之差，称为微分非线性误差。如果此误差超过 1LSB，就会出现丢失某个数字码的现象。

在上述几项误差中，如果失调误差和增益误差能得到完全补偿，那么只需考虑后两项非线性误差。需要指出的是精度所对应的误差指标中未包括量化误差，因此实际的总误差还要把量化误差考虑在内。总误差 $E_{总}$ 与分项误差 E_i 之间的关系如下：

$$E_{总} = \sqrt{\sum E_i^2}$$

4）转换时间：转换时间是指 A-D 转换器从转换控制信号到来开始，到输出端得到稳定的数字信号所经过的时间。A-D 转换器的转换时间与转换电路的类型有关，其倒数为转换速率（Conversion Rate）。不同类型的转换器转换速度相差甚远。其中并行比较 A-D 转换器的转换速度最高，8 位二进制输出的单片集成 A-D 转换器转换时间可达到 50ns 以内，逐次逼近型 A-D 转换器次之，它们多数转换时间在 10～50ms 以内，间接 A-D 转换器的速度最慢，如双积分 A-D 转换器的转换时间大都在几十毫秒至几百毫秒之间。在实际应用中，应从系统数据总的位数、精度要求、输入模拟信号的范围以及输入信号极性等方面综合考虑 A-D 转换器的选用。为了保证转换的正确完成，采样速率（Sample Rate）必须小于或等于转换速率。因此有人习惯上将转换速率在数值上等同于采样速率也是可以接受的。常用单位是 ksps 和 Msps，表示每秒的采样次数。

5）温度系数：温度系数表示模-数转换器受环境温度影响的程度。一般用环境温度变化 1℃所产生的相对转换误差来表示，以 $\times 10^{-6}$/℃为单位。

6）量程：量程是指所能转换的模拟输入电压范围，分单极性、双极性两种类型。

例如：单极性量程为 0～+5V、0～+10V、0～+20V；双极性量程为 −5～+5V、−10～+10V。

7）工作温度范围：由于温度会对比较器、运算放大器、电阻网络等产生影响，故只在一定的温度范围内才能保证额定精度指标。一般模-数转换器的工作温度范围为 0～70℃，军用品的工作温度范围为 −55～+125℃。

9.3.3 典型的模-数转换器芯片 ADC0809

1. ADC0809 的逻辑结构

ADC0809 是美国国家半导体公司生产的逐次逼近型 8 位 A-D 转换器芯片。它是目前应用芯片中性价比较高的芯片，可应用于对精度和采样速度要求不高的场合或一般的工业控制领域。

ADC0809 的引脚共有 28 根，外部引脚图如图 9-17 所示。其引脚定义如下：

IN_7～IN_0：8 个模拟通道，可以输入 8 路模拟信号进行数-模转换。

ADDC、ADDB、ADDA：通道号选择信号（由于有 8 个通道，所以需要 3 个信号来选择 000～111），ADC0808/0809 的 8 路模拟信号输入，由每个通道上的模拟开关控制，模拟开关受通道地址锁存和译码电路的控制。当地址锁存信号 ALE 有效时，3 位通道号选择信号进入地址锁存器，经译码后使 8 路模拟开关选通某一路信号。其中 ADDA 是 LSB 位。通道号选择与模拟量输入选通的对应关系见表 9-2。

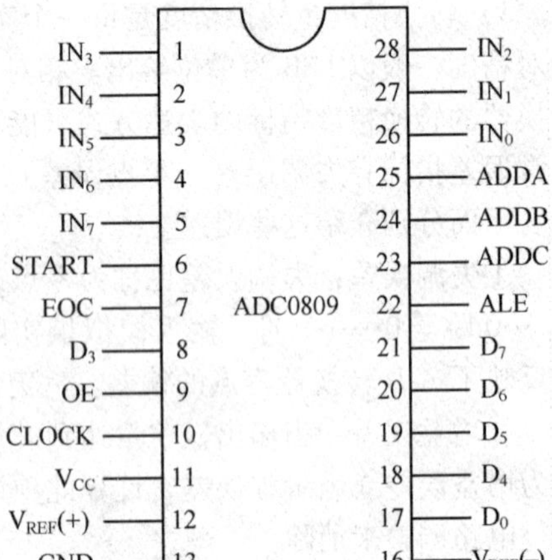

图 9-17 ADC0809 引脚图

CLOCK：外部时钟输入端。时钟频率典型值为 640kHz，允许范围为 10～1280kHz。时钟频率降低时，A-D 转换速度也降低。

表 9-2　通道号选择与模拟量输入选通的对应关系

选中的模拟通道	地址锁存信号 ALE	ADDC	ADDB	ADDA
IN_0	1	0	0	0
IN_1	1	0	0	1
IN_2	1	0	1	0
IN_3	1	0	1	1
IN_4	1	1	0	0
IN_5	1	1	0	1
IN_6	1	1	1	0
IN_7	1	1	1	1

START：A-D 转换启动信号输入端。有效信号为一正脉冲。在脉冲上升沿，A-D 转换器内部寄存器均被清零，在其下降沿开始 A-D 转换。

$D_7 \sim D_0$：转换结果数据输出端，其中 D_0 为最低有效位（LSB），D_7 为最高有效位（MSB）。

ALE：地址锁存器允许信号输入端。当它为高电平时，地址信号进入地址锁存器中。

EOC：A-D 转换结束信号。在 START 信号上升沿之后 0 到（2μs + 8 个时钟周期）时间内，EOC 变为低电平。当 A-D 转换结束后，EOC 立即输出一正阶跃信号，可用来作为 A-D 转换结束的查询信号或中断请求信号。

OE：输出允许信号。当 OE 输入高电平信号时，三态输出锁存器将 A-D 转换结果输出。

$V_{REF(+)}$、$V_{REF(-)}$：参考电压输入端。它们决定了输入模拟电压的最大值和最小值。通常把 $V_{REF(+)}$、$V_{REF(-)}$ 接到 V_{CC} 和 GND 上，也可不接到 V_{CC} 和 GND 上，但输入端的电压 $V_{REF(+)}$ 和 $V_{REF(-)}$ 必须满足以下条件：

$$0 \leqslant V_{REF(-)} < V_{REF(+)} \leqslant V_{CC} \quad 且 \quad \frac{V_{REF(+)} + V_{REF(-)}}{2} = \frac{1}{2}V_{CC}$$

通常将 $V_{REF(-)}$ 接模拟地，参考电压从 $V_{REF(+)}$ 引入。

ADC0809 内部结构框图如图 9-18 所示，其结构可分为模拟输入、转换器和三态输出缓冲器三大部分。由单一 +5V 电源供电，片内有 8 路模拟开关，可对 8 路 0 ~ 5V 的输入模拟电压信号分时进行转换，ADC0809 是 8 位逐次逼近式 A-D 转换器，内部由 256R 电阻分压器、树状模拟开关（这两部分组成一个 D-A 变换器）、电压比较器、逐次逼近寄存器、逻辑控制和定时电路组成。其基本工作原理是采用搜索方法逐次比较，找出最逼近于输入模拟量的数字量。电阻分压器需外接正负基准电源 $V_{REF(+)}$ 和 $V_{REF(-)}$。CLOCK 端外接时钟信号。A-D 转换器的启动由 START 信号控制。转换结束时控制电路将数字量送入三态输出锁存器锁存，并产生转换结束信号 EOC。

2. 工作过程

首先输入 3 位地址（ADDA、ADDB、ADDC 的值），并使 ALE = 1，将地址存入地址锁存器中。此地址经译码选通 8 路模拟输入之一到比较器。START 上升沿将逐次逼近寄存器复位。下降沿启动 A-D 转换，之后 EOC 输出信号变低，指示转换正在进行。直到 A-D 转换完成，EOC 变为高电平，指示 A-D 转换结束，结果数据已存入锁存器，这个信号可用作中断申请。当 OE 输入高电平时，输出三态门打开，转换结果的数字量输出到数据总线上。

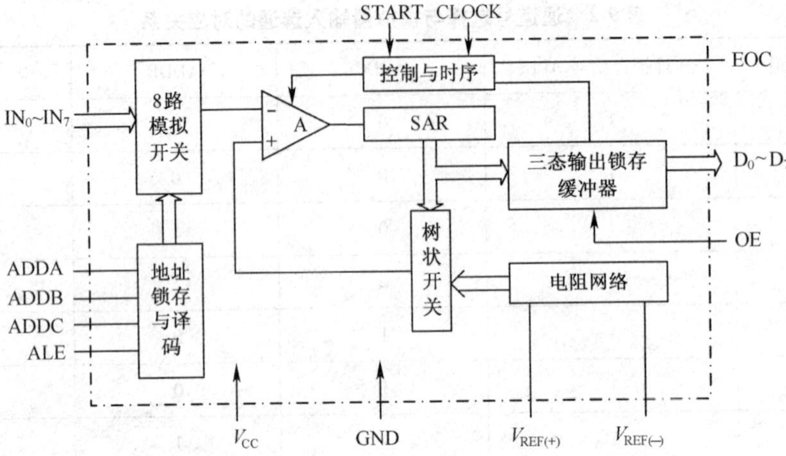

图 9-18 ADC0809 逻辑结构框图

A-D 转换后得到的数据应及时传送给单片机进行处理。数据传送的关键问题是如何确认 A-D 转换的完成，因为只有确认完成后，才能进行传送。为此可采用下述三种方式。

（1）定时传送方式 对于一种 A-D 转换器来说，转换时间作为一项技术指标是已知的和固定的。例如 ADC0809 转换时间为 128μs。可据此设计一个延时子程序，A-D 转换启动后即调用此子程序，延迟时间一到，转换肯定已经完成了，接着就可进行数据传送。

（2）查询方式 A-D 转换芯片有表明转换完成的状态信号，例如 ADC0809 的 EOC 端。因此可以用查询方式，测试 EOC 的状态，即可确认转换是否完成，并接着进行数据传送。

（3）中断方式 把表明转换完成的状态信号（EOC）作为中断请求信号，以中断方式进行数据传送。

不管使用上述哪种方式，只要确定转换完成，即可通过指令进行数据传送（首先送出 A-D 数据口地址信号有效，并置 OE 信号有效，把转换数据送上数据总线，供单片机接收）。

3. ADC0809 的时序

ADC0808/0809 的工作时序如图 9-19 所示。从图中可以看出各信号的时序关系，进一步理解上面所讲的转换过程中的信号功能。完成一次转换所需要的时间为 66 ~ 73 个时钟周期。

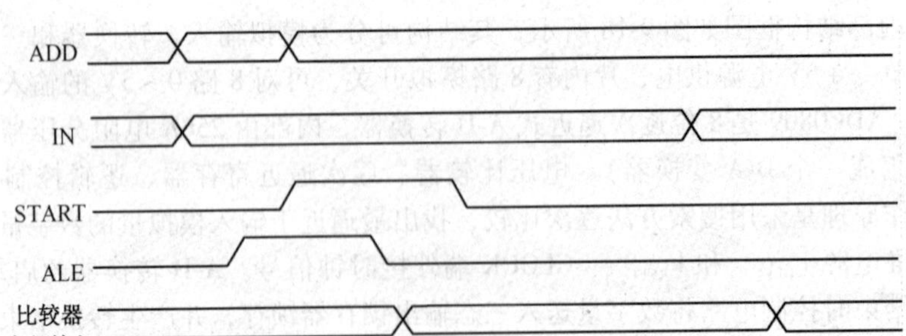

图 9-19 ADC0809 的时序图

ADC0809 的转换过程可以分为 4 步：

1）首先由 ADDA、ADDB、ADDC、ALE 选择不同的通道，使得 $IN_0 \sim IN_7$（其对应关系见表 9-2），其中的一个被选中，其模拟量通过模拟开关进入比较器。

2）给 ADC0809 一个启动信号，输入 START（启动信号 START 是脉冲信号，转换从 START 的下降沿开始）。

3）启动后 ADC0809 开始将模拟量转换为数字量，当转换完成后，EOC 由低电平变为高电平，表示转换结束。

4）由于 ADC0809 内部有三态缓冲器，转换好的数字量存放在缓冲器，必须使使能端有效。即外界的输出允许信号 OE＝1，打开输出三态缓冲器的门，把转换结果送到数据总线上。当然也可以利用 EOC 信号短接到 OE 端，还可利用 EOC 信号向 CPU 申请中断。然后 CPU 通过接口将数据总线上转换好的数字量读到 CPU 内。

4. ADC0808/0809 的主要性能指标

1）8 路输入通道，8 位 A-D 转换器，即分辨率为 8 位。

2）总的非调整误差：为 ±1LSB。具有转换起停控制端。

3）转换时间为 100μs（时钟为 640kHz 时），130μs（时钟为 500kHz 时）。

4）具有锁存控制功能的 8 路模拟开关，能对 8 路模拟电压信号进行转换。

5）模拟输入电压范围 0～＋5V，不需零点和满刻度校准。输出电平与 TTL 电平兼容。

6）工作温度范围为 －40～＋85℃。

7）单电源＋5V 供电。基准电压由外部提供，典型值为＋5V。低功耗，约 15mW。

5. A-D 转换器与 CPU 的连接

通常使用的 ADC 一般都具有下列引脚：数据输出、启动转换、转换结束、时钟和参考电平等。ADC 与 CPU 的连接就是处理这些引脚如何连接问题。

①数据输出线的连接：模拟信号经 A-D 转换后将数字量送入数据总线，以备 CPU 读取。所以，ADC 芯片就相当于给 CPU 提供数据的输入设备。

能够向主机提供数据的外设很多，它们的数据线都要连接到主机的数据总线上。任何时候 CPU 只能读取一个设备数字信息。而外设的数据产生是随机的，为了防止总线冲突，外设的数据输出端必须通过三态缓冲器连接到数据总线上。由于有些外设的数据不断变化，如 A-D 转换的结果，随模拟信号变化而变化，所以，为了能够稳定输出，还必须在三态缓冲器之前加上锁存器，保持数据不变。为此，大多数向系统数据总线发送数据的设备都设置了锁存器和三态缓冲器，简称三态锁存缓冲器或三态锁存器。

②A-D 转换的启动信号：当一个 ADC 在开始转换时，必须加一个启动信号。芯片不同，要求的启动信号也不同，一般分脉冲启动信号和电平控制信号。

脉冲信号启动转换的 ADC，只要在启动引脚加一个脉冲即可，如 ADC0809、AD574。通常都是采用外设输出信号和地址译码器的端口地址信号经逻辑电路进行控制。

电平信号启动转换是在启动引脚上加一个所要求的电平。电平加上之后，A-D 转换开始，而且在转换过程中，必须保持这一电平，否则，将停止转换。在这种启动方式中，CPU 送出的控制信号必须通过寄存器保持一段时间。

软件上通常是在要求启动 A-D 转换的时刻，用一个输出指令产生启动信号，这就是编程启动。此外，也可以利用定时器产生信号，这样可以方便地实现定时启动，适合于固定延迟时间的巡回检测等应用场合。

③转换结束信号的处理方式：当 A-D 转换结束后，ADC 输出一个转换结束信号，通知 CPU，

A-D 转换已经结束，可以读取结果。CPU 检查判断 A-D 转换是否结束的方法主要有四种：

中断方式：这种方式下，把结束信号作为中断请求信号接到 CPU 的中断请求线上。当转换结束时，向 CPU 申请中断，CPU 响应中断后，在中断服务程序中读取数据。这种方式下 ADC 与 CPU 同时工作，适用于实时性较强或参数较多的数据采集系统。

查询方式：这种方式下，把结束信号作为状态信号经三态缓冲器送到主机系统数据总线的某一位上。CPU 在启动转换后开始查询是否转换结束，一旦查到结束信号，便读取数据。这种方式的程序设计比较简单，实时性较强，是比较常用的一种方法。

延时方式：这种方式下，不使用转换结束信号。CPU 启动 A-D 转换后，延时一段略大于 A-D 转换的时间，即可读取数据。延时通常可以采用软件延时程序，也可以用硬件完成延时。采用软件延时方式，无需硬件连线，但要占用主机大量时间。

延时方式多用于 CPU 处理任务较少的系统中。

DMA 方式：这种方式下，把结束信号作为 DMA 请求信号。转换结束，即启动 DMA 传送，通过 DMA 控制器直接将数据送入内存缓冲区。这种方式特别适合要求高速采集大量数据的情况。

④时钟的提供：时钟是决定 A-D 转换速度的基准，整个转换过程都是在时钟作用下完成的。时钟信号的提供有两种：一种是由外部提供，它可用单独的振荡电路产生，更多的则用 CPU 时钟分频得到；另一种是由芯片内部提供，一般用启动信号启动内部时钟电路，只在转换过程中才起作用。

⑤参考电压的接法：ADC 中参考电压常有两个：$V_{REF(+)}$和 $V_{REF(-)}$。根据模拟输入量的极性不同，它们的接法亦不同。当模拟信号为单极性时，$V_{REF(-)}$接地，$V_{REF(+)}$接正极电源。当模拟信号为双极性时，$V_{REF(+)}$和 $V_{REF(-)}$分别接参考电源的正、负极性端。当然也可以把双极性信号转换为单极性信号再接入 ADC。

参考电压的提供方法有两种。一种是外电源供给，这个外电源可以是系统的供电电源。在精度要求较高时则单独连接精密稳压的电源。常用的情况是将系统电源经进一步稳压后接到参考电压端。另一种情况是 ADC 芯片内部设置有稳压电路，只需提供芯片电源，而不用单独供给参考电压，这种情况常见于 10 位以上 ADC。

9.3.4 模-数转换器应用举例

前面已经提到，CPU 检查判断 A-D 转换是否结束主要有中断方式、查询方式、延时方式和 DMA 方式四种方法。这里只介绍前面两种。

（1）ADC0809 的查询方式完成对 IN_3 通道输入的采集功能

例 9-3 ADC 0809 与 CPU 的连接。

ADC0809 通过接口芯片 8255A 与系统总线的接口电路如图 9-20 所示，ADC0809 的数据输出经 8255 的 PA 口输入给 CPU，试完成以下问题：

1）根据连接图写出 8255A 的 A 口、B 口、C 口和控制口的地址。

2）写出 8255A 的控制字。

3）写出通过 8255A 控制连续对通道 0 采样 3 次，并将采样平均值存入 BUFF 单元中的程序。

分析：1）根据图 9-20 所示 CPU 与 3/8 译码器的连接电路，可得 $A_8=A_7=A_4=A_3=0$，$A_5=A_6=1$。所以 8255A 的 A 口、B 口、C 口和控制寄存器的地址为 60H、62H、64H、66H。

2）根据图 9-20 所示的连接电路，可以看出 8255A 的 A 口为输入，B 口为输出，C 口高 4 位为输入，C 口低 4 位为输出。所以，8255A 的控制字为 98H。

3）根据前面知识介绍，即 ADC 转换过程的 4 个步骤，将模拟量连续采样 3 次，并将平均值

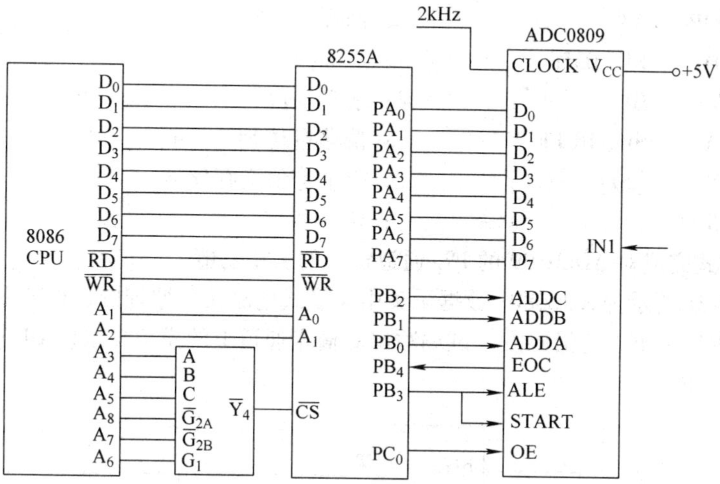

图 9-20　ADC0809 与 CPU 的接口图

存入 BUFF 单元中的程序如下：

```
        ORG     1000H
START： MOV     AL，98H         ；8255A 初始化程序
        OUT     66H，AL
        MOV     CL，3           ；送采样次数
        LEA     SI ，BUFF       ； 送偏移量
A1：    MOV     AL ， 00H       ； 选择通道启动 ADC0809
        OUT     62H，AL         ； 给 start 送 0
        MOV     AL，08H
        OUT     62H，AL         ； 给 start 送 1
        MOV     AL，00H
        OUT     62H ， AL       ； 给 start 送 0
A2：    IN      AL，64H         ； 读 C 口状态，检测 EOC 状态
        AND     AL，10H
        JZ      A2              ； 如未转换完，再测试；转换完则继续
        MOV     AL，01H         ； OE 置 1，打开锁存器，数据送入总线
        OUT     64H，AL
        IN      AL ，60H        ； 将数字量从 A 口读入 CPU
        MOV     [SI]，AL        ； 送内存
        INC     SI              ； 修改地址
        LOOP    A1              ； 检测次数未完继续检测
        LEA     SI，BUFF        ； 偏移量送 SI
        MOV     AX，0
        MOV     CL，3           ； 送平均次数
A3：    ADD     AL，[SI]        ； 求和
        ADD     AH，0           ； 加进位位
        INC     SI              ； 修改地址
```

```
LOOP    A3              ; 循环
MOV     BL, 03H         ; 送除数
DIV     BL              ; 求平均值
LEA     SI , BUFF       ; 偏移量送 SI
MOV     [SI], AL        ; 求平均值送存储器
HLT                     ; 暂停
```

（2）中断方式完成对 ADC0809 的 IN_1 通道输入的采集功能

例 9-4 图 9-21 所示为 ADC0809 数据采集中断模式电路接口原理图，设该系统 8259A 的八个中断类型码为 70H ~ 77H，边沿触发。试编写出对输入通道 1 的模拟量采样 10 个点，并将其转换为数字量的程序。

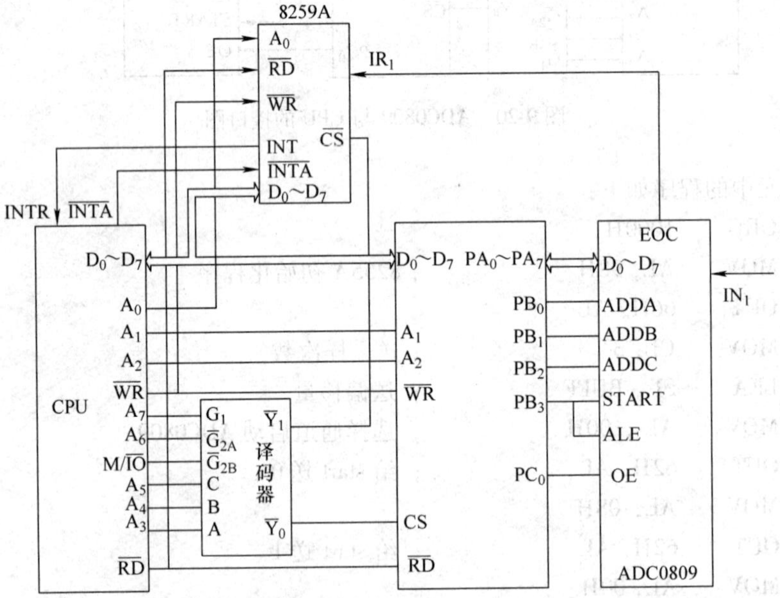

图 9-21 ADC0809 数据采集中断模式电路图

分析：由图 9-21，分析可知 8255A 的 4 个端口地址分别为 80H、82H、84H、86H，8259A 的地址为 88H、89H。ADC0809 的通道选择信号和 START 接 8255A 的 B 口，OE 接 PC_0；转换结束 EOC 接 8259A 的 IR_2。完成对 IN_1（向量码 $n = 71H$，所以中断程序地址存放在向量表中的偏移量为 01C4H ~ 01C7H4 个单元）一个模拟量采样并转换 10 个点的程序片段如下：

；建立向量表

```
PUSH    DS
MOV     AX, 0
MOV     DS, AX
MOV     BX, OFFSET  XY      ; XY 为中断服务程序的标号
MOV     [01C4H], BX         ; 71H × 4 = 01C8H
MOV     BX, SEG  XY
MOV     [01C6H], BX
LEA     SI, AD1             ; AD1 为存放 10 个采样点的数值
POP     DS
```

```
; 初始化8259A
        MOV   AL, 13H
        OUT   88H, AL          ; ICW1
        MOV   AL, 70H
        OUT   89H, AL          ; ICW2
        MOV   AL, 01H
        OUT   89H, AL          ; ICW4
        MOV   CX, 10
WP:     MOV   AL, 01H          ; 启动0809
        OUT   82H, AL
        MOV   AL, 09H
        OUT   82H, AL
        MOV   AL, 01H
        OUT   82H, AL
        NOP
        NOP
        HLT                    ; 等待中断
        MOV   [SI], AL
        INC   SI
        LOOP  WP
; 中断服务程序
XY:     PUSH  AX               ; 读转换好的数据
        IN    AL, 80H
        POP   AX
        IRET
```

习　题

9.1　D-A和A-D转换器有哪些主要技术指标?

9.2　D-A和A-D转换器在输出和输入通道中的作用是什么?

9.3　D-A和A-D转换器与CPU连接时，一般有哪几种接口形式?

9.4　试述A-D转换器的转换精度和分辨率的定义，二者有何区别，有何联系。

9.5　ADC0809与系统总线的接口电路如图9-22所示，通过接口芯片8255A与系统总线连接。ADC0809的数据输出经8255A的PA口输入给CPU，其地址译码输入信号ADDA、ADDB和ADDC以及地址锁存信号ALE由8255A的PB3~PB0输出，A-D转换状态信号EOC由PC4输入。在程序设定8255A的A口和C口为输入，B口为输出，均为方式0，以查询方式来读取A-D转换结果。试写出以下程序:

1）8255A的初始化程序。

2）启动ADC0809程序。

3）检测ADC0809转换结束程序。

4）将A-D读取的结果存入BUFF中的程序。(设8255A端口地址为0FFF8H~0FFFEH)。

9.6　ADC0809通过接口芯片8255A与系统总线的接口电路如图9-23所示，ADC0809的数据输出经8255A的PA口输入给CPU，试完成以下问题:

1）根据连接图写出8255A的A口、B口、C口和控制口的地址。

2）写出通过 8255A 控制连续采样 3 次，并将平均值存入 BUFF 单元中的程序。

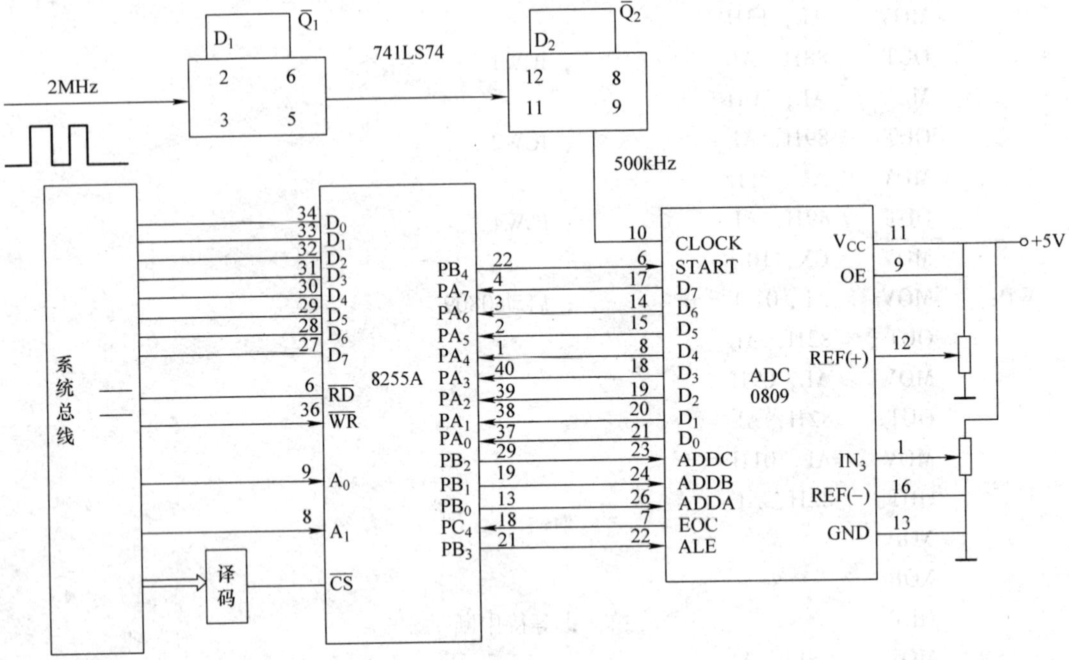

图 9-22　ADC0809 与 CPU 的接口图

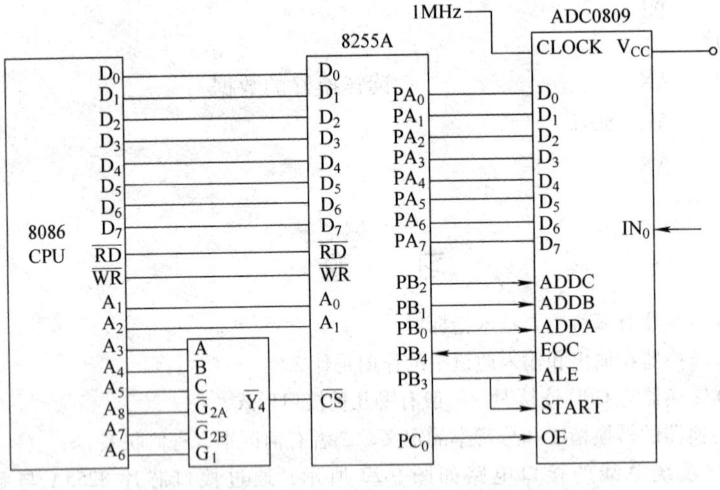

图 9-23　ADC0809 与 CPU 的接口电路

9.7　图 9-24 所示为一个 A-D 转换系统电路。ADC0809 工作时序如图 9-25 所示。要求完成下述功能：

1）写出 8255A 的初始化程序。

2）编写将 IN7 通道的模拟量转换为数字量，并将结果存入 NUMB 单元的程序。

9.8　电路如图 9-26 所示，编写用 DAC0832 转换器产生三角波的程序，已知 DAC0832 的端口地址为 80H。

9.9　设计一个电路和相应的程序完成一个锯齿波发生器的功能，使锯齿波负向增长，并且锯齿波周期可调。

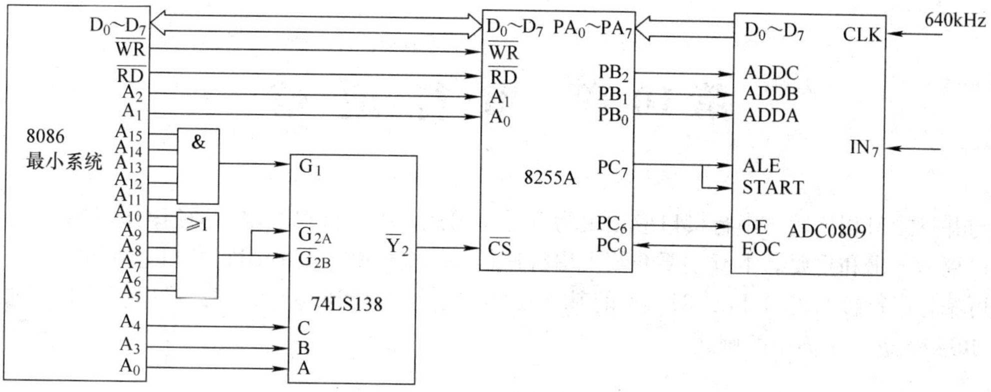

图 9-24　A-D 转换系统电路

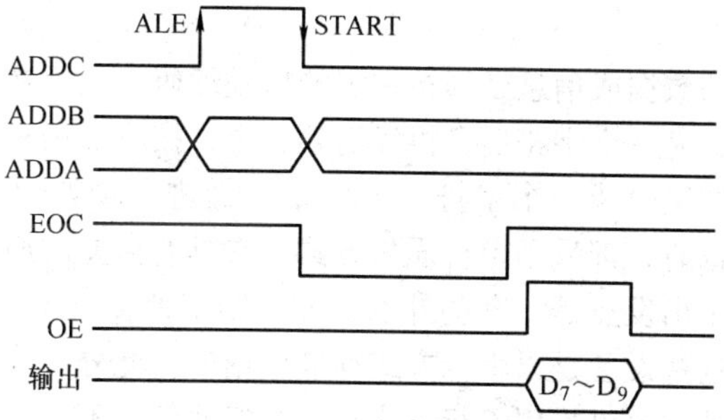

图 9-25　ADC0809 的工作时序

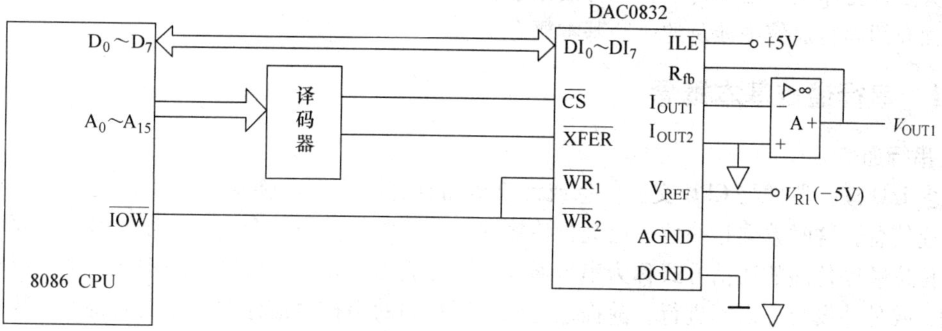

图 9-26　DAC0832 与 CPU 的连接图

第10章　串 行 通 信

与并行接口相比较，串行接口应用更为广泛。因此，串行接口和串行通信的标准化问题比并行接口更为突出和重要。本章主要介绍了串行通信基本概念和可编程串行接口芯片8251A；要求掌握可编程串行接口芯片Intel 8251A的基本结构、工作方式和基本应用；对串行接口标准RS-232、RS-485进行了简单的阐述。

10.1　概述

串行通信时，要传送的数据或信息必须按一定的格式编码，然后在单根线上，按一位接一位的先后顺序进行传送，发送完一个字符后，再发送第二个；接收数据时，每次从单根线上一位接一位地接收信息，再把它们组合成一个字符，送给CPU做进一步处理。当微机与远程终端或远距离的中央处理机交换数据时，都采用串行通信方式。它具有需要的通信线少和传送距离远等优点。采用串行通信的另一个出发点是，有些外设，如调制解调器（Modem）、鼠标器等，本身需要用串行方式通信，因为这些设备是以串行方式存取数据的。此外，有些外设，如打印机、绘图仪等，除了使用并行方式外，也可采用串行方式与计算机通信。不过，随着打印机的打印速度的提高，大多数打印机上已不再设置串行接口了。

下面介绍串行通信中涉及的一些基本概念。

10.1.1　串行通信基本概念

1. 串行通信

许多I/O接口器件与CPU交换信息或计算机与计算机之间交换信息，都是通过一对导线通信来传递信息，这时数据是一位一位进行传输的，每一位都占据一个规定长度的时间间隔，这样数据一位位顺序传递的通信方式称为串行通信。串行通信可以在两台微机间进行，也可以在微机与外设，或是外设与外设间进行，前提是它们采用相同的串行通信标准，以及波特率、数据格式等设置相同。不提采用什么标准，单纯提采用相同的波特率，是不能正确地在两台微机间进行串行数据传送的。在并行通信中，数据有多少位就需要有多少条传送线，而串行通信只需要一条传送线。

2. 串行通信接口

完成串行通信任务的接口称为串行通信接口。计算机在处理数据时总是以并行方式进行数据处理，而外部设备如果是串行通信方式，那么就需要将串行信息转变为并行信息，而计算机想要将信息传送给外设也必须将并行数据转换成串行数据。这样就需要一个转换信息的接口即串行接口。与并行接口相比较，串行接口应用更为广泛。因此，串行接口和串行通信的标准化问题比并行接口更为突出和重要。一台微型计算机要接入一个串行通信系统，通常采用图10-1所示的结构。以标有“接口线”的虚线为界分为左右两侧。右侧为通信系统，数据线路设备（Data Circuit terminating Equipment，DCE）是通信线路末端设备，用于与用户设备相连。左侧称为数据终端设备（Data Terminal Equipment，DTE）属于用户。它包括主机和串行接口板，它们之间通过系统总线相连接。串行通信接口的标准化就是指DTE与DCE之间的标准化，这里要讨论的问题就是串行接口板及其在通信中应用的问题。

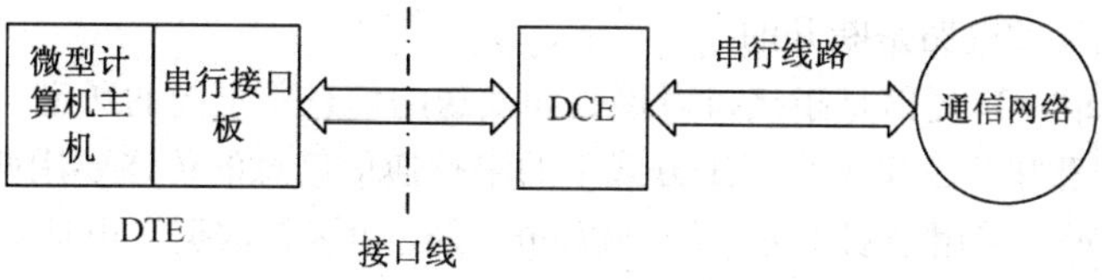

图 10-1 微型计算机接入通信系统的结构

3. 数据传送方式

串行通信时，数据在两个站（或设备）A 与 B 之间传送，按数据流方向的不同可分为单工、半双工、全双工和多工等几种传送方式，如图 10-2 所示。

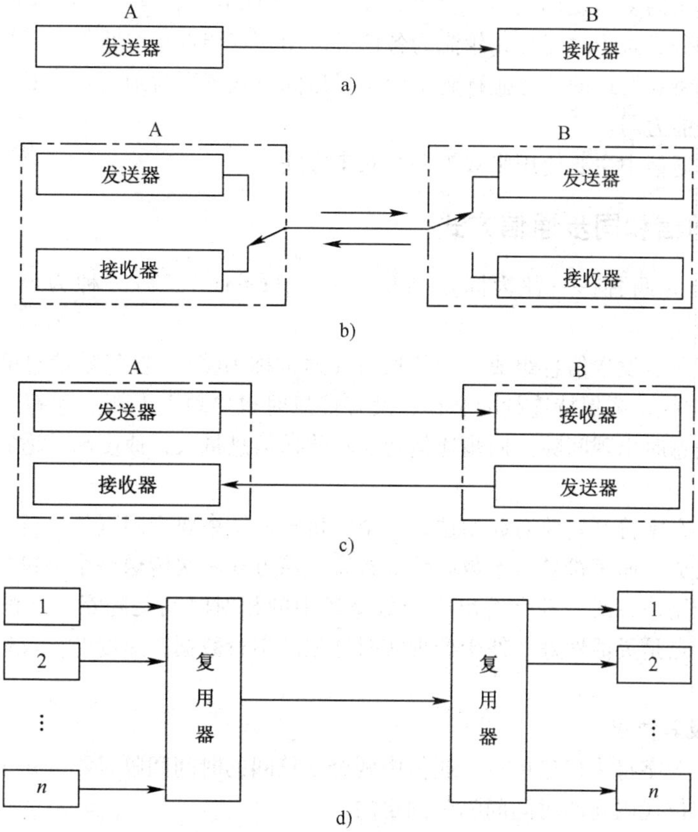

图 10-2 串行通信的单工、半双工、全双工及多工传送方式

a）单工方式 b）半双工方式 c）全双工方式 d）多工方式

单工（Simplex）方式只允许数据按一个固定的方向传送。采用这种方式时，就已经确定了通信双方中的一方为接收端，另一方为发送端。这种确定方式是不可以改变的。图 10-2a 所示的通信方式为单工方式，称为单向通信。

半双工（Half Duplex）通信是指信息的发送和接收要同时公用一条线，在半双工方式中，数据可在两个设备之间任一个方向传输，但两个设备之间只有一根传输线，故同一时间内只能在一个方向上传输数据，不能同时收发，故在通信换向时接口部分要靠电路转换，如图 10-2b 所示。

无线电对讲机就是半双工传输的一个例子，一个人在讲话的时候，另一个人只能听着，因为一端在发送信息时，接收端的电路是断开的。

全双工（Full Duplex）通信是指接口对接收和发送的信息用不同的通道，故信息的发送和接收可同时进行，这就意味着工作于全双工方式下的串行通信信息的传递要用两条线即发送线、接收线，如图 10-2c 所示。采用全双工的系统可以同时发送和接收数据，电话系统就是一个全双工传输数据的例子。计算机的主机和显示端（它由带键盘的 CRT 显示器构成）进行通信时，通常也采用全双工方式，一方面，键盘上敲入的字符可以送到主机内存，另一方面主机内存的信息可以送到显示器终端。在键盘上敲入一个字符后，并不立即显示出来，而是等计算机收到该字符后，再会送给终端，由终端将该字符显现出来。这样，对主机而言，前一个字符的回送过程和后一个字符的输入过程是同时进行的，并通过不同的线路进行传送，即系统工作于全双工方式。

多工方式下采用的多路复用技术主要有时分复用（TDM）和频分复用（FDM）两种。前者将共用的物理线路分成若干时间片，轮流为各信号占用，其特点是电路简单，抗干扰性强；后者利用频率调制原理将要发送的信号搬移到不同频段后同时或不同时地发送，其特点是效率高，但电路复杂，抗干扰能力弱。

在计算机串行通信中主要使用半双工和全双工方式。

10.1.2 异步通信和同步通信方式

串行通信可分为两种：一种为同步通信（Asynchronous）；另一种为异步通信（Synchronous）。

同步通信是将所要发送信息组成一个信息组（通常称为帧），在每帧信息的开始要有同步字符 1 ~ 2 个，在数据线上要保持连续的字符，没有信息时也要填上专用空字符，因为同步传输不允许在传输一帧信息时出现间隙。同步通信特点：传送信息量大，速度高，适宜于快速传递，但灵活性差。

异步通信时，在字符开始要有起始位，一个字传输的结束要用间隔位进行字间隔。通常一组数据由多个字符组成，而字符是若干数码位的集合。该方式一次传送一个字符，若要传送一批字符，则需要反复调用该方式。各字符出现于数据场中的相对时间是随意的，没有专门的时钟控制。异步通信的特点是灵活性好，便于处理实时性强的串行数据；速度低，仅适宜于中低速率传输。

1. 异步通信及其协议

异步通信以一个字符为传输单位，通信中两个字符间的时间间隔是不固定的，然而在同一个字符中的两个相邻位代码间的时间间隔是固定的。

通信协议（通信规程）：通信双方约定的一些规则。

异步串行通信中数据的传输格式如图 10-3 所示，从图中看出在异步方式下，在传输一个字符时，除了传输信息位外，还要在一个字符传输的开始，传输线由“1”变为“0”，作为起始位来确定收发双方传输信息的开始，起始位后面是 5 ~ 8 个信息位，信息位由高到低排序，信息位后边为校验位；校验位可设置为奇校验或偶校验，也可不设。最后为 1 位、3/2 位或 2 位停止位。对于可编程通信接口 8250 来说，信息位的位数、奇/偶校验、停止位数（1 位、3/2 位或 2 位）可以通过信息通信接口编程初始化来确定。

不发送数据时，数据信号线总是呈现高电平，处于 MARK 状态，也称为空闲状态。当有数据要发送时，数据信号线变成低电平，并持续一位的时间，用于表示字符的开始，这一位称为起始位，这种低电平状态也称为 SPACE 状态。起始位之后，在信号线上依次出现待发送的每一位字符数据，最低有效位 D_0 最先出现，因此它被最早发送出去。采用不同的编码方案，待发送的每个字符的位数就不同，它可以由5位、6位、7位或8位构成。当字符用ASCII码表示时，数据位占7位（$D_0 \sim D_6$）。在数据位的后面有一个奇偶校验位，加上这一位后，使字符中"1"的位数为奇数（进行奇校验时），系统中也可不用奇偶校验位。在奇偶校验位的后面至少应由一位高电平表示停止位，用于指示字符的结束。停止位可以是一位，也可以是一位半或2位，如果传输完一个字符后立即传输下一个字符，那么后一个字符的起始位就紧跟在前一个字符的停止位之后，否则停止位后又进入空闲状态。

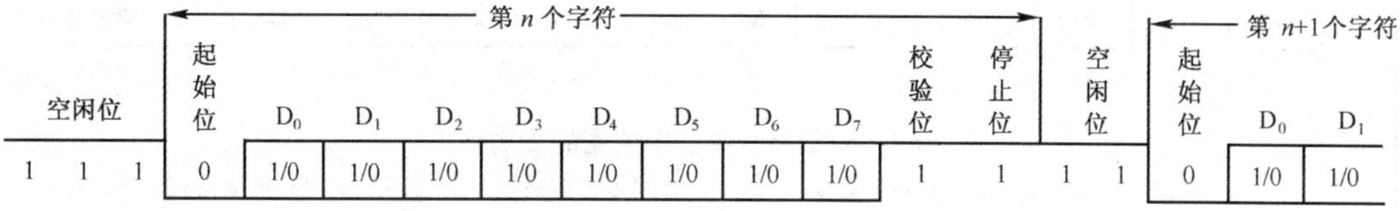

图10-3　异步串行通信中数据的传输格式

可见，用异步方式发送一个7位的ASCII字符时，实际需要发送10位、10.5位或11位信息。如果用10位来发送的话，就意味着发送过程中将会浪费30%的传输时间。为了提高串行数据传输的速率，可以采用同步传送方式。

传送一个字符的信息格式规定有起始位、数据位、奇偶校验位、停止位等，其中各位的意义如下：

1）起始位：先发出一个逻辑"0"信号，表示传输字符的开始。

2）数据位：紧接着起始位之后。数据位的个数可以是4、5、6、7、8等，构成一个字符。通常采用ASCII码。从最低位开始传送，靠时钟定位。

3）奇偶校验位：数据位加上这一位后，使得"1"的位数应为偶数（偶校验）或奇数（奇校验），以此来校验数据传送的正确性。

4）停止位：它是一个字符数据的结束标志。可以是1位、3/2位、2位的高电平。

5）空闲位：处于逻辑"1"状态，表示当前线路上没有数据传送。

6）波特率：衡量数据传送速率的指标。表示每秒钟传送的二进制位数。

注：异步通信是按字符传输的，接收设备在收到起始信号之后只要在一个字符的传输时间内能和发送设备保持同步就能正确接收。下一个字符起始位的到来又使同步重新校准。

2. 同步串行通信及其规程

同步通信以一个帧为传输单位，每个帧中包含多个字符。在通信过程中，每个字符间的时间间隔是相等的，而且每个字符中各相邻位代码间的时间间隔也是固定的。同步串行通信中数据的传输格式如图10-4所示。没有数据发送时，传输线处于MARK状态。为了表示数据传输的开始，发送方先发送一个或两个特殊字符，该字符称为同步字符。当发送方和接收方达到同步后，就可以一个字符接一个字符地发送数据，而不再需要用起始位和停止位了，这样就可以明显地提高数据的传输效率。同步串行通信以数据块为基本单位，传输时字符间及字符内各位都需要严格同步，因此收发双方需要使用（传送）同一时钟源。首先用同步字符或同步标志或采用硬件同步信号确定传送的起始位置，然后传送准备好的信息数据，最后发送CRC校验字符。

同步串行通信和异步串行通信相比较有以下不同：

1）同步通信中除数据外还必须传送时钟，硬件较异步通信复杂一些。

2）同步通信中附加的信息量少，传送速度较异步通信快（同步通信中每个数据块会增加一

同步字符	数据 1	数据 2	数据 3	…	数据 n	CRC 字符 1	CRC 字符 2

a）

同步字符 1	同步字符 2	数据 1	数据 2	数据 3	…	数据 n	CRC 字符 1	CRC 字符 2

b）

数据 1	数据 2	数据 3	…	数据 n	CRC 字符 1	CRC 字符 2

c）

标志	地址	控制	数据 1	数据 2	数据 3	…	数据 n	CRC 字符 1	CRC 字符 2

d）

图 10-4　同步串行通信中数据的传输格式

a）单同步数据格式　b）双同步数据格式　c）外同步数据格式　d）SDLC/HDLC 数据格式

些冗余信息，而异步通信中每个字符都会有一些附加信息位）。

3）同步通信每次传送一个数据块，块中各字符间不允许有间隔（如遇上有字符未准备好的情况应填入同步字符）；而异步通信每次传送一个字符，字符间间隔任意。

因此，同步串行通信适合较快地传送大批数据的场合，一般用于远距离网络通信中；而异步串行通信适合较慢地传送间断性的数据，一般用于近距离点对点的数据通信中。

随着计算机网络技术的不断发展和数据通信应用的日益普及，为了能方便地在较大范围内实现数据通信，有必要对数据格式、同步方式、传送速度、传送步骤、差错控制方式及通信报文格式等问题做出统一约定。这些应该由通信双方遵守的约定就称为通信协议，也叫作通信控制规程或传输控制规程。

同步通信的规程主要有以下两种：

1）面向比特（bit）型规程：以二进制位作为信息单位。现代计算机网络大多采用此类规程。最典型的是 HDLC（高级数据链路控制）通信规程。

2）面向字符型规程：以字符作为信息单位。字符是 BCD 码或 ASCII 码。最典型的是 IBM 公司的二进制同步控制规程（BSC 规程）。在这种控制规程下，发送端与接收端采用交互应答式进行通信。

10.1.3　串行通信的标准与传送速率

1. 串行通信的标准

随着计算机在各个领域的广泛利用，不但要解决人机通信的问题还要解决计算机之间、计算机与通信设备之间的通信问题。因此为了供通信双方相互衔接，人们就建立了在通信过程中收发双方共同遵守的标准，标准包括：传输率、电特性、信号名称及接口标准。

传输率：传输率是指每秒钟传输代码的位数，也称波特率。在串行通信中，常用波特率来表示数据传送的速率。在计算机中，每秒钟内所传送数据的位数称为波特率，单位为波特，实际上它是传送每一位信息所用的时间的倒数。如果一个串行字符由 1 个起始位、7 个数据位、1 个奇偶校验位和一个停止位等 10 个数位构成，每秒钟传送 120 个字符，则数据传送的波特率为

10 位/字符 × 120 字符/s = 1200 波特（bit/s）

传送每位信息所占用的时间为

1s/1200 = 0. 833ms

常用的波特率为 110bit/s、300bit/s、600bit/s、1200bit/s、2400bit/s、4800bit/s、9600bit/s 和 19200bit/s，它也是国际上规定的标准波特率。同步传送的波特率高于异步传送方式，可达到 64000bit/s。

产生波特率的器件叫波特率发生器，经过对外部定时时钟进行线性交换，可对波特率进行调节，以适应不同系统或工作状态对波特率的要求，对于编程来说，对可编程器件 8250 可通过编程修改其波特率因子进行调整。

2. 串行通信中传送速率的表示

并行通信中通常以每秒传送的字节数来表示传输速率，而串行通信中通常以每秒传送的比特数（比特率）来表示传输速率。

（1）波特率和比特率的关系　一般所说的比特率，是指系统单位时间内传送有效二进制数据的位数，以 bit/s（位/秒）为单位；而波特率是用来衡量通信线路基本电信号发送率的，也就是说，波特率指发送到通信线路上的电脉冲速率，它是对硬件性能的一种描述，而不仅仅是对信息的度量。目前串行通信中最常使用的表示数据传输速率的单位是波特率。

波特率和比特率有如下关系：

①基波传送方式下，通信线路状态每改变一次即送出一位数据，这时波特率 = 比特率。

②载波传送方式下，通信线路状态每改变一次可能送出 n 位数据，这时比特率 = n × 波特率。如：设一相位调制系统中，可能发送的相位状态有 0（代表数据“00”）、π/2（代表数据“01”）、π（代表数据“10”）、3π/2（代表数据“11”）四种，则通信线路的相位状态每改变一次将送出两位数据，这时比特率等于两倍波特率。

（2）波特率和接收/发送时钟的关系　另一个表示传输速率的参数是收/发时钟频率。收/发时钟用于对传送的数据进行定位和同步控制。一般来说，波特率和收/发时钟频率有如下关系：

①同步传送方式下，收发双方使用同一时钟进行同步，所以收/发时钟频率 = 波特率。

②异步传送方式下，接收方和发送方使用不同的时钟源，因此需要在字符起始位进行时钟同步，这时收/发时钟频率 = n × 波特率（n 称为波特率因子，可以取 16、32、64 等值，可视系统需要而定）。如图 10-5 所示，接收方在每个时钟脉冲的上升沿采样接收数据线，设 n = 16，则接收方在连续采到 8 个“0”之后就认为字符起始位已到，并且当前正处于起始位脉冲的电平稳定阶段，从而完成同步过程；以后接收方只需每隔 16 个时钟脉冲采样一次接收数据线以获取输入数据。

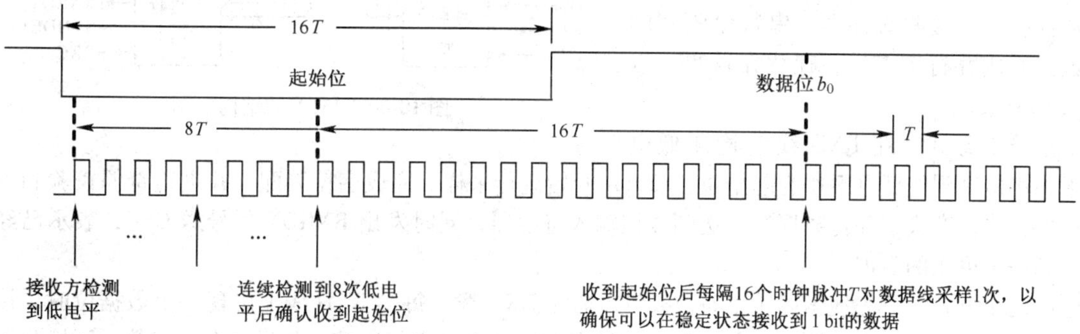

图 10-5　异步串行通信方式下接收端时钟 T 与数据的同步（波特率因子为 16）

10.2 可编程串行接口芯片8251A

10.2.1 8251A的结构和引脚功能

1. 8251A的特点

Intel8251A是可编程的串行通信接口芯片，它的主要特点如下：

1）可用于串行异步通信，也可用于串行同步通信。

2）对于异步通信，可设定停止位为1位、3/2位或2位，数据位可在5位、4位之间选择。

3）对于同步通信，可设为单同步、双同步或者外同步，同步字符可由用户自己设定。

4）异步通信的时钟频率可设为波特率的1倍、16倍或64倍。

5）可以设定奇偶校验的方式，也可以不校验。校验位的插入、检出及检错都由芯片本身完成。

6）在异步通信时，波特率的可选范围为0~19.2千波特；在同步通信时，波特率的可选范围为0~64千波特。

7）提供与外部设备特别是调制解调器的联络信号，便于直接和通信线路相连接。

8）接收、发送数据分别有各自的缓冲器，可以进行全双工通信。

2. 8251A的内部结构

图10-6给出了8251A的结构框图。它共由五个部件构成，对外有28条引脚。

8251A各组成模块的功能如下：

（1）I/O缓冲器　这是三态双向的缓冲器，引脚 $D_7 \sim D_0$ 是8251A和CPU接口的三态双向数据总线，用于向CPU传递命令、数据或状态信息。与CPU互相交换的数据和控制字就存放在这个区域，共有三个缓冲器。

①接收缓冲器：接收器由接收缓冲器和接收控制电路两部分组成。接收器从RXD引脚上接收串行数据转换成并行数据后存入接收缓冲器。串行口收到的数据变成并行字符后，存放在这里，以供CPU读取。

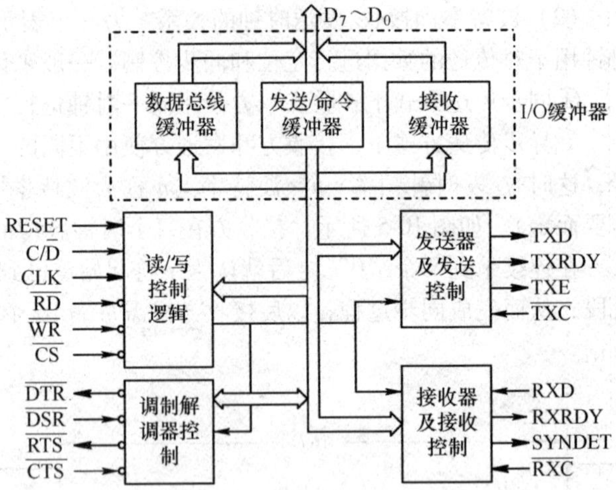

图10-6　8251A的结构框图

异步方式：在RXD线上检测低电平，将检测到的低电平作为起始位，8251A开始进行采样，完成字符装配，并进行奇偶校验和去掉停止位，变成了并行数据后，送到数据输入寄存器，同时发出RXRDY信号送CPU，表示已经收到一个可用的数据。

同步方式：首先搜索同步字符。8251A监测RXD线，每当RXD线上出现一个数据位时，接收下来并送入移位寄存器移位，与同步字符寄存器的内容进行比较，如果两者不相等，则接收下一位数据，并且重复上述比较过程。当两个寄存器的内容比较相等时，8251A的SYNDET升为高电平，表示同步字符已经找到，同步已经实现。

采用双同步方式，就要在测得输入移位寄存器的内容与第一个同步字符寄存器的内容相同后，再继续检测此后输入移位寄存器的内容是否与第二个同步字符寄存器的内容相同。如果相同，则认为同步已经实现。

在外同步情况下，是在同步输入端 SYNDET 加一个高电位来实现同步的。

实现同步之后，接收器和发送器间就开始进行数据的同步传输。这时，接收器利用时钟信号对 RXD 线进行采样，并把收到的数据位送到移位寄存器中。在 RXRDY 引脚上发出一个信号，表示收到了一个字符。

②发送/命令缓冲器：发送器由发送缓冲器和发送控制电路两部分组成。这是一个分时使用的双功能缓冲器，CPU 送来的并行数据存放在这里，准备由串行口向外发送。另外，CPU 送来的命令字也存放在这里，以指挥串行接口的工作。由于命令一输入就马上执行，不必长期存放，所以不会影响存放发送数据。

采用异步方式，则由发送控制电路在其首尾加上起始位和停止位，然后从起始位开始，经移位寄存器从数据输出线 TXD 逐位串行输出。

采用同步方式，则在发送数据之前，发送器将自动送出 1 个或 2 个同步字符，然后才逐位串行输出数据。

如果 CPU 与 8251A 之间采用中断方式交换信息，那么 TXRDY 可作为向 CPU 发出的中断请求信号。当发送器中的 8 位数据串行发送完毕时，由发送控制电路向 CPU 发出 TXE 有效信号，表示发送器中移位寄存器已空。

③数据总线缓冲器：存放 8251A 内部的工作状态，供 CPU 查询。数据总线缓冲器是 CPU 与 8251A 之间的数据接口。包含 3 个 8 位的缓冲寄存器，两个寄存器分别用来存放 CPU 向 8251A 读取的数据或状态信息。一个寄存器用来存放 CPU 向 8251A 写入的数据或控制。

（2）读/写控制电路　本模块功能是接收 CPU 的控制信号，控制数据传送方向。读/写控制电路用来配合数据总线缓冲器的工作。功能如下：①接收写信号$\overline{WR}$，并将来自数据总线的数据和控制字写入 8251A；②接收读信号$\overline{RD}$，并将数据或状态字从 8251A 送往数据总线；③接收控制/数据信号 C/$\overline{D}$，高电平时为控制字或状态字，低电平时为数据；④接收时钟信号 CLK 完成 8251A 的内部定时；⑤接收复位信号 RESET，使 8251A 处于空闲状态。

（3）接收器及接收控制　本模块功能是从 RXD 引脚接收串行数据，按指定的方式装配成并行数据。

（4）发送器及发送控制　本模块功能是从 CPU 接收并行数据，自动地加上适当的成帧信号后转换成串行数据从 TXD 引脚发送出去。

（5）调制解调控制器　该模块提供和调制解调器的联络信号，用来简化 8251A 和调制解调器的连接。

3. 8251A 的引脚功能

8251A 是一个采用 NMOS 工艺制造的 28 脚双列直插式封装的组件，其外部引脚如图 10-7 所示。

（1）8251A 和 CPU 之间的连接信号　8251A 和 CPU 之间的连接信号可以分为四类：

①片选信号。

$\overline{CS}$：片选信号输入线，低电平有效。它由 CPU 的地址信号通过译码后得到。仅当为低电平时，CPU 才能对 8251A 操作。

②数据信号。

$D_7 \sim D_0$：8 位，三态，双向数据线，与系统的数据总线相连。传输 CPU 对 8251A 的编程命令字和 8251A 送往 CPU 的状态信息及数据。

③读/写控制信号。

$\overline{RD}$：读信号输入线，低电平有效，CPU 从 8251A 读取数据或者状态信息。

$\overline{WR}$：写信号输入线，低电平有效，CPU 往 8251A 写入数据或者控制信息。

$C/\overline{D}$：控制/数据信号，信息类型信号输入线。用来区分当前读/写的是数据还是控制信息或状态信息，为 0 时传输的是数据，为 1 时传输的是控制字或状态信息。该信号也可看作是 8251A 数据口/控制口的选择信号。

8251A 与 CPU 的连接电路如图 10-8 所示。

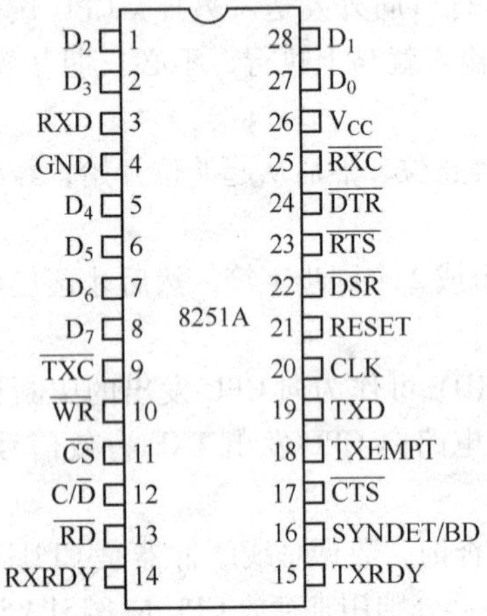

图 10-7　8251A 的外部引脚

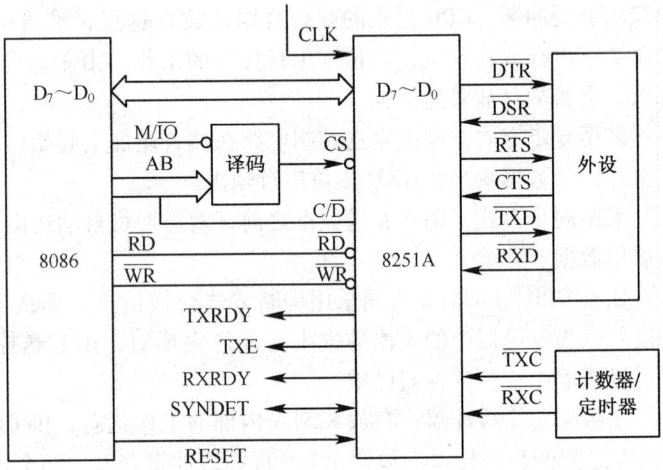

图 10-8　8251A 与 CPU 的连接电路

由此可知，$\overline{RD}$、$\overline{WR}$、$C/\overline{D}$这 3 个信号的组合，决定了 8251A 的具体操作，它们的关系见表 10-1。

表 10-1　8251A 读/写操作

$C/\overline{D}$	$\overline{RD}$	$\overline{WR}$	操　作	$C/\overline{D}$	$\overline{RD}$	$\overline{WR}$	操　作
0	0	0	读数据	1	1	0	写控制字
1	0	1	读状态	×	1	1	8251A 数据总线悬空
0	1	0	写数据				

注：数据输入端口和数据输出端口合用同一个偶地址，而状态端口和控制端口合用同一个奇地址。

④收发联络信号。

TXRDY：发送器准备好信号，用来通知 CPU，8251A 已准备好发送一个字符。

TXE：发送器空信号，TXE 为高电平时有效，用来表示此时 8251A 发送器中并行到串行转换器空，说明一个发送动作已完成。

RXRDY：接收器准备好信号，用来表示当前 8251A 已经从外部设备或调制解调器接收到一个字符，等待 CPU 来取走。因此，在中断方式时，RXRDY 可用来作为中断请求信号；在查询方式时，RXRDY 可用来作为查询信号。

SYNDET：同步检测信号，只用于同步方式。

（2）8251A 与外部设备之间的连接信号　8251A 与外部设备之间的连接信号分为三类：

①收发联络信号。

$\overline{\text{DTR}}$：数据终端准备好信号，通知外部设备，CPU 当前已经准备就绪。

$\overline{\text{DSR}}$：数据设备准备好信号，表示当前外设已经准备好。

$\overline{\text{RTS}}$：请求发送信号，表示 CPU 已经准备好发送。

$\overline{\text{CTS}}$：允许发送信号，是对$\overline{\text{RTS}}$的响应，由外设送往 8251A。

实际使用时，这 4 个信号中通常只有$\overline{\text{CTS}}$必须为低电平，其他 3 个信号可以悬空。

②数据信号。

TXD：发送器数据输出信号。当 CPU 送往 8251A 的并行数据被转变为串行数据后，通过 TXD 送往外设。

RXD：接收器数据输入信号。用来接收外设送来的串行数据，数据进入 8251A 后被转变为并行方式。

③时钟、复位、电源和地。

8251A 除了与 CPU 及外设的连接信号外，还有电源端、接地端和 3 个时钟端。

CLK：时钟信号输入线，用来产生 8251A 器件的内部时序。CLK 的周期为 0.42 ~ 1.35μs。同步方式下，大于接收数据或发送数据的波特率的 30 倍；异步方式下，则要大于数据波特率的 4.5 倍。

RESET：复位信号输入线，高电平有效。复位后 8251A 处于空闲状态直至被初始化编程。

TXC：发送器时钟输入，用来控制发送字符的速度。同步方式下，TXC 的频率等于字符传输的波特率；异步方式下，TXC 的频率可以为字符传输波特率的 1 倍、16 倍或者 64 倍。

RXC：接收器时钟输入，用来控制接收字符的速度，和 TXC 一样。在实际使用时，RXC 和 TXC 往往连在一起，由同一个外部时钟来提供，CLK 则由另一个频率较高的外部时钟来提供。

VCC：电源输入。

GND：地。

（3）工作过程

①接收器的工作过程：在异步方式中，当接收器接收到有效的起始位后，便接收数据位、奇偶校验位和停止位。然后将数据送入寄存器，此时 RXRDY 输出高电平，表示已收到一字符，CPU 可以来读取。

在同步方式中，若程序设定 8251A 为外同步接收，则 SYNDET/BD 脚用于输入外同步信号，SYNDET/BD 脚上的电平正跳变启动接收数据。若程序设定 8251A 内同步接收，则 8251A 先搜索同步字（同步字事先由程序装在同步字符寄存器中）。每当 RXD 线上收到一位信息就移入接收寄存器并和同步字符寄存器内容比较，若不等则再收一位再比较，直到两者相等。此时 SYNDET/BD 输出高电平，表示已搜索到同步字，接下来便把接收到的数据逐个地装入接收数据寄存器。

②发送器的工作过程：在异步方式中，发送器在数据前加上起始位，并根据程序的设定在数据后加上校验位和停止位，然后作为一帧信息从 TXD 脚逐位发送数据。

在同步方式中，发送器先送同步字符，然后逐位地发送数据。若 CPU 没有及时把数据写入发送缓冲器，则 8251A 用同步字符填充，直至 CPU 写入新的数据。

4. 8251A 的基本性能

8251A 是可编程的串行通信接口芯片，基本性能如下：

1）两种工作方式：同步方式，异步方式。

同步方式下，波特率为 $0 \sim 64 \times 10^3$，异步方式下，波特率为 $0 \sim 19.2 \times 10^3$。

2）同步方式下的格式。每个字符可以用5、6、7或8位来表示，并且内部能自动检测同步字符，从而实现同步。除此之外，8251A也允许同步方式下增加奇/偶校验位进行校验。

3）异步方式下的格式。每个字符也可以用5、6、7或8位来表示，时钟频率为传输波特率的1、16或64倍，用1位作为奇/偶校验。1个启动位，并能根据编程为每个数据增加1个、3/2个或2个停止位。可以检查假启动位，自动检测和处理终止字符。

4）全双工的工作方式。其内部提供具有双缓冲器的发送器和接收器。

5）提供出错检测。具有奇偶、溢出和帧错误三种校验电路。

10.2.2 8251A的应用

1. 8251A的编程

8251A是一个可编程的通用串行接口芯片，具体使用时，用户也必须对它进行编程。8251A的编程内容涉及三个字：方式选择控制字（也称为模式字）、操作命令控制字（也称为控制字）和状态字。下面分别加以说明。

（1）方式选择控制字（模式字） 8251A内除具有可读可写的数据寄存器外，还具有只可写的控制字寄存器和只可读的状态寄存器。方式控制字和命令控制字本身无特征标志，也没有独立的端口地址，8251A是根据写入先后次序来区分这两者的：先写入者为方式控制字，后写入者为命令控制字。所以CPU在对8251A初始化编程时必须按一定的先后顺序写入方式控制字和命令控制字。方式选择控制字要写入控制端口，用来确定8251A的工作方式、数据格式、校验方法等，方式选择控制字的格式如图10-9所示。

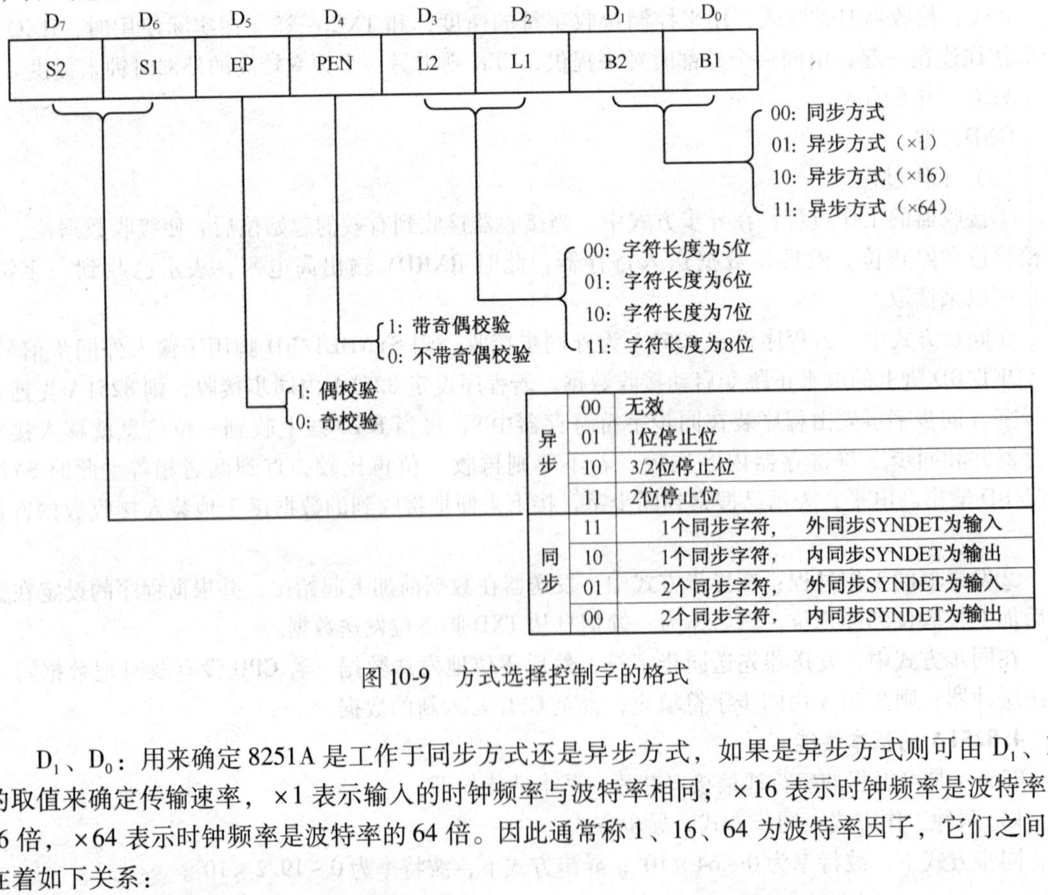

图10-9 方式选择控制字的格式

D_1、D_0：用来确定8251A是工作于同步方式还是异步方式，如果是异步方式则可由D_1、D_0的取值来确定传输速率，×1表示输入的时钟频率与波特率相同；×16表示时钟频率是波特率的16倍，×64表示时钟频率是波特率的64倍。因此通常称1、16、64为波特率因子，它们之间存在着如下关系：

发送/接收时钟频率 = 发送/接收波特率 × 波特率因子

D_3、D_2：用来定义数据字符的长度，每个字符可为5、6、7或8位。

D_4：用来定义是否允许带奇偶校验。当 $D_4=1$ 时，由 D_5 位定义是采用奇校验还是偶校验。

D_5：用来定义是采用奇校验还是偶校验，$D_5=1$ 时，采用偶校验，反之采用奇校验。

D_7、D_6：这两位在同步方式和异步方式时的定义是不相同的。异步方式时，通过它们的不同编码来定义停止位的长度（1位、3/2位或2位）；而同步方式时，则通过它们的不同编码来定义是外/内同步，是单/双同步。

例 10-1 某异步通信系统中，其数据格式采用8位数据位，1位起始位，2位停止位，奇校验，波特率因子为16，确定方式选择控制字。

分析：方式选择控制字为11011110B，即DEH。

（2）操作命令控制字（控制字） 操作命令控制字也要写入控制端口，其作用是使8251A处于某种工作状态，以便接收或发送数据。操作命令控制字的格式如图10-10所示。

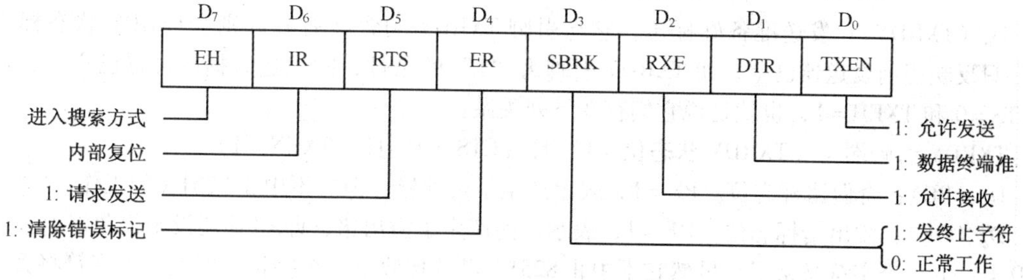

图10-10 操作命令控制字的格式

D_0（TXEN）：允许发送。$D_0=1$ 则允许发送，反之则不允许发送。8251A规定，只有当TX-EN=1时，发送器才能通过TXD线向外部发送数据。

D_1（DTR）：数据终端准备就绪。$D_1=1$ 表示终端设备已准备好，反之表示终端设备未准备好。

D_2（RXE）：允许接收。$D_2=1$ 允许接收，反之则不允许接收。8251A规定，只有当RXE=1时接收器才能通过RXD线从外部接收数据。

D_3（SBRK）：发送终止字符。$D_3=1$，强迫TXD为低电平，输出连续的“0”信号。

D_4（ER）：错误标志复位。$D_4=1$，使状态寄存器中的错误标志（PE/OE/FE）复位。

D_5（RTS）请求发送。$D_5=1$，使8251A的 $\overline{RTS}$ 输出引脚有效，表示CPU已做好发送数据准备，请求向调制解调器或外设发送数据。

D_6（IR）：内部复位。$D_6=1$，迫使8251A内部复位重新进入初始化。

D_7（EH）；外部搜索方式。该位只对同步方式有效。$D_7=1$，表示开始搜索同步字符。

例 10-2 若8251A允许接收，又允许发送，内同步方式，则操作命令控制字是什么？又如要使8251A复位，则操作命令控制字是什么？

分析：第一种情况下，要TXEN、RXE、ER、RTS、EH有效，则操作命令控制字为10110101B，即B5H。

第二种情况下，要IR有效，则操作命令控制字为01000000B，即40H。

（3）状态字 8251A执行命令进行数据传送后的状态存放在状态寄存器中，通常称其为状态字。CPU通过读控制口就可读入状态字进行分析和判断，了解8251A的工作状况，以便决定下一步该怎么做。状态字的格式如图10-11所示。

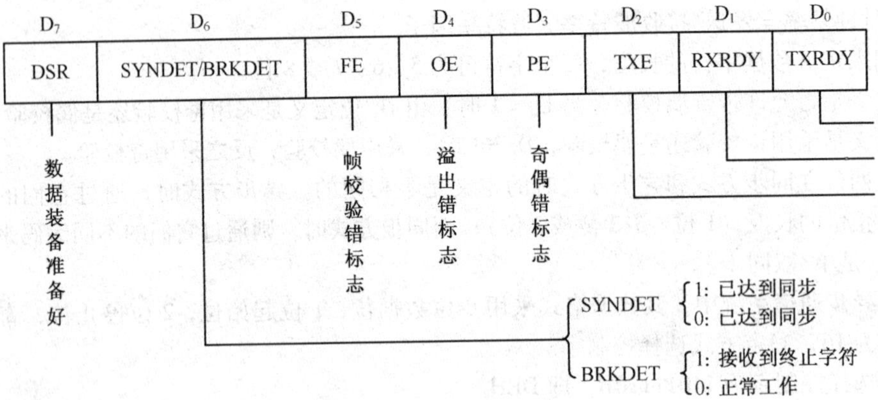

图 10-11　状态字的格式

D_0（TXRDY）：发送准备好标志，它与引脚 TXRDY 的含义有些区别。TXRDY 状态标志为“1”只反映当前发送器已空，而 TXRDY 引脚为“1”的条件，除发送数据缓冲器已空外，还要求$\overline{CTS}=0$和 TXEH＝1，也就是说它们存在下列关系：

TXRDY 引脚端＝（TXRDY 状态位＝1）且（$\overline{CTS}=0$）且（TXEN＝1）

D_3（PE）：奇偶错标志位。PE＝1，表示产生了奇偶错，但它不中止 8251A 的工作。

D_4（OE）：溢出错标志位。OE＝1，表示当前产生了溢出错，即 CPU 还没来得及将上一个字符取走，下一个字符又来了。虽然它不中止 8251A 继续接收下一个字符，但上一个字符将丢失。

D_5（FE）：帧校验错标志位，只对异步方式有效。FE＝1，表示未检验到停止位，但它不中止 8251A 的工作。

上述三个标志允许用操作命令控制字中的 ER＝1 进行复位。在传输过程中，由 8251A 根据传输情况自动设置。尤其是在做接收操作时，如果查询到有错误出现，则该数据应放弃。

状态字中的其余几个标志，如 RXRDY、TXE、SYNDET、DSR 各位的状态与芯片相应引脚的状态相同，这里不再重复讲述。

需要指出的是，CPU 可在任何时刻用 IN 指令读 8251A 的控制口获得状态字，在 CPU 读状态期间，8251A 将自动禁止改变状态位。

例 10-3　若要采用查询方式从 8251A 接收器输入数据，则可用下列程序段完成（设控制口地址和数据口地址分别为 0FFF1H、0FFF0H）：

```
    MOV     DX, 0FFF1H      ；控制口地址送 DX
A1: IN      AL, DX          ；读控制口取出状态字
    TEST    AL, 02H         ；查 D1＝1？即数据准备好了吗
    JZ      A1              ；未准备好，则等待
    TEST    AL, 38H         ；数据已准备好，但有错误吗
    JNZ     ERR             ；有错，则转出错处理
    MOV     DX, 0FFF0H      ；无错，数据口地址送 DX
    IN      A1, DX          ；输入数据
      …
ERR: …                      ；出错处理
```

2. 8251A 的初始化

作为可编程的接口芯片，对 8251A 的初始化是必不可少的。由于 8251A 仅有一个控制端口，

而对它的初始化要写入至少两个不同的控制字，为此，8251A 对它的初始化过程进行了如下约定，凡是使用8251A 的程序员都必须遵守这个约定。

1）芯片复位以后，第一次往奇地址控制端口写入的是方式命令控制字即模式字。

2）如果模式字中规定了 8251A 工作在同步方式，那么，CPU 接着往控制端口输出的 1 个或 2 个字节就是同步字符，同步字符被写入同步字符寄存器。

3）由 CPU 用奇地址端口写入的值将作为控制字送到控制寄存器，而用偶地址端口写入的值将作为数据送到数据输出缓冲寄存器。不管是在同步方式还是在异步方式下，接下来由 CPU 往控制端口写入的是操作命令控制字即控制字，如果规定是内部复位命令，则转去对芯片复位，重新初始化。否则，进入应用程序，通过数据端口传输数据。

8251A 的初始化流程图如图 10-12 所示。

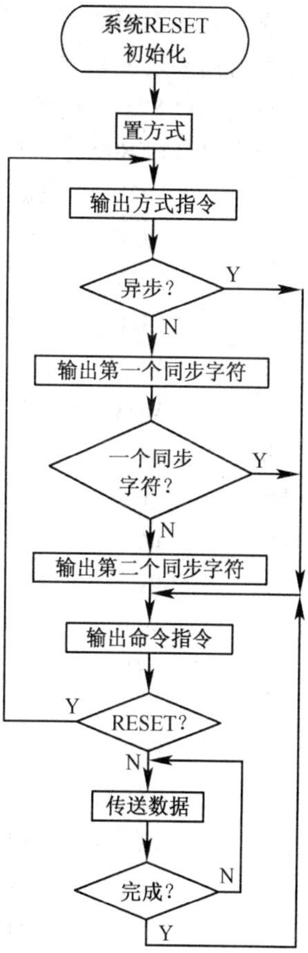

图 10-12　8251A 的初始化流程图

3. 8251A 初始化举例

（1）异步模式下的初始化程序举例

例 10-4　设 8251A 工作在异步模式，波特率因子（系数）为 16，7 个数据位/字符，偶校验，2 个停止位，发送、接收允许，设端口地址为 7FF1H 和 7FF0H。完成初始化程序。

分析：根据题目要求，可以确定模式字为 11111010B，即 0FAH；而控制字为 00110111B，即 37H。

初始化程序如下：

```
MOV     AL, 0FAH        ；送模式字
MOV     DX, 7FF1H
OUT     DX, AL          ；异步方式，7 位/字符，偶校验，
                          2 个停止位
MOV     AL, 37H         ；设置控制字，使发送、接收允许，
                          清出错标志，使RTS、DTR有效
OUT     DX, AL
```

（2）同步模式下的初始化程序举例

例 10-5　设 8251A 的端口地址为 80H 和 81H，采用内同步方式，全双工方式，2 个同步字符（设同步字符为 16H），偶校验，7 位数据/字符。试完成初始化程序。

分析：根据题目要求，可以确定模式字为 00111000B，即 38H，而控制字为 10010111B，即 97H。它使 8251A 对同步字符进行检索；同时使状态寄存器中的 3 个出错标志复位；此外，使 8251A 的发送器启动，接收器也启动；控制字还通知 8251A，CPU 当前已经准备好进行数据传输。具体程序段如下：

```
MOV     AL, 38H         ；设置模式字，使 8251A 处于同步模式，用 2 个同步字符
OUT     81H, AL         ；7 个数据位，偶校验
MOV     AL, 16H
OUT     81H, AL         ；送同步字符 16H
OUT     81H, AL
MOV     AL, 97H         ；设置控制字，使发送器和接收器启动，并设置其他有关信号
```

```
OUT     81H, AL        ; 启动搜索同步字符
```

4. 8251A 应用举例

（1）利用状态字进行编程的举例

例 10-6 下面的程序段先对 8251A 进行初始化，然后对状态字进行测试，以便输入字符。本程序段可用来输入 80 个字符。

分析：设 8251A 的控制和状态端口地址为 52H，数据输入和输出端口地址为 50H。字符输入后，放在 BUFFER 标号所指的内存缓冲区中。具体的程序段如下：

```
        MOV     AL, 0FAH        ; 设置模式字，异步方式，波特率因子为 16
        OUT     52H, AL         ; 用 7 个数据位，2 个停止位，偶校验
        MOV     AL, 35H         ; 设置控制字，使发送器和接收器启动
        OUT     52H, AL         ; 清除出错指示位
        MOV     DI, 0           ; 变址寄存器初始化
        MOV     CX, 80          ; 计数器初始化，共收取 80 个字符
BEGIN:  IN      AL, 52H         ; 读取状态字，测试 RXRDY 位是否为 1，如为 0，
        TEST    AL, 02H         ; 丢失未收到字符，故继续读取状态字并测试
        JZ      BEGIN
        IN      AL, 50          ; 读取字符
        MOV     BX, OFFSET  BUFFER
        MOV     [BX + DI], AL
        INC     DI              ; 修改缓冲区指针
        IN      AL, 52H         ; 读取状态字
        TEST    AL, 38H         ; 测试有无帧校验错，奇/偶校验错和
        JZ      ERROR           ; 溢出错，如有，则转出错处理程序
        LOOP    BEGIN           ; 如没错，则再收下一个字符
        JMP     EXIT            ; 如输入满足 80 个字符，则结束
ERROR:  CALL    ERR-OUT         ; 调出错处理
EXIT:   …
```

（2）两台微型计算机通过 8251A 相互通信的举例

例 10-7 通过 8251A 实现相距较远的两台微型计算机相互通信的系统连接简化框图如图 10-13 所示。这时，利用两片 8251A 通过标准串行接口 RS-232C 实现两台 8086 微机之间的连接，采用异步工作方式，实现半双工的串行通信（注意，一方的 TXD 和 RXD 分别与另一方的 RXD 和 TXD 相连，一方的 $\overline{RTS}$ 和 $\overline{CTS}$ 分别与另一方的 $\overline{CTS}$ 和 $\overline{RTS}$ 相连）。

分析：设系统采用查询方式控制传输过程。可将一方定义为发送方（如 8251A（1）），另一方定义为接收方（如 8251A（2））。发送端的 CPU 每查询到 TXRDY 有效，则向 8251A 并行输出一个字节数据；接收端的 CPU 每查询到 RXRDY 有效，则从 8251A 并行输入一个字节数据并检测是否正确。在半双工的情况下，如果还允许发送方接收数据、接收方发送数据的话，则对发送方来讲可在查询过 TXRDY（发送数据）后再查询 RXRDY（接收数据），而对接收方来讲，则要在查询过 RXRDY（接收数据）后再查询 TXRDY（发送数据）。这样一个发送和接收的过程一直进行到全部数据传送完毕为止。

根据硬件连线可以分析出此时两片 8251A 的端口地址都是 0000H、0002H。假设采用异步方式，8 位/字符，1 位停止位，偶校验，波特率因子为 64。8251A（1）一方定义为发送方，8251A

（2）一方定义为接收方。

对发送方：确定模式字为01111111B，确定控制字为00000001B。

对接收方：确定模式字为01111111B，确定控制字为00110100B（要求RTS位为1）。

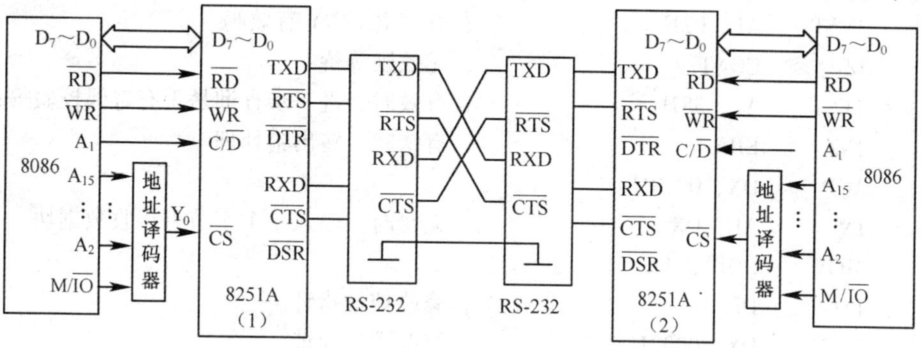

图10-13　两台微型计算机相互通信的系统连接简化框图

发送端程序如下：

```
STT:   MOV    DX，0002H
       MOV    AL，7FH                  ；写模式字
       OUT    DX，AL                   ；将8251A定义为异步方式，8位数据，1位停
                                        止位，偶校验
       MOV    AL，01H                  ：取波特率因子为64
       OUT    DX，AL                   ；写控制字，允许发送
       MOV    DI，发送缓冲区首地址     ；设置地址指针
       MOV    CX，发送数据块字节数     ；设置计数器初值
NEXT： IN     AL，DX                   ；读状态字
       TEST   AL，01H                  ；查询TXRDY有效吗
       JZ     NEXT                     ；无效则等待
       MOV    DX，0000H
       MOV    AL，[DI]；               ；有效时，向8251A输出一个字节数据
       OUT    DX，AL
       INC    DI                       ；修改地址指针
       MOV    DX，0002H                ；修改端口地址
       LOOP   NEXT                     ；未传输完，则继续下一个
       HLT
```

接收端程序如下：

```
SRR：  MOV    DX，0002H
       MOV    AL，7FH                  ；写模式字，将8251A定义为异步方式，8位数
                                        据，1位停止位
       OUT    DX，AL                   ；偶校验，波特率因子为64
       MOV    AL，34H                  ；写控制字，允许接收，使RTS有效（导致发送
                                        方的CTS有效，
       OUT    DX，AL                   ；从而使发送方可以发送数据）
```

```
        MOV     DI，接收缓冲区首地址  ；设置地址指针
        MOV     CX，接收数据块字节数  ；设置计数器初值
CONT：  IN      AL，DX                ；读状态字
        TEST    AL，02H               ；查询 RXRDY 有效吗
        JZ      CONT                  ；无效则等待
        TEST    AL，38H               ；有效时，进一步查询是否有奇偶校验等错误
        JNZ     ERR                   ；有错时，转出错处理
        MOV     DX，0000H
        IN      AL，DX                ；无错时，输入一个字节到接收数据块
        MOV     [DI]，AL
        INC     DI                    ；修改地址指针
        MOV     DX，0002H             ；修改端口地址
        LOOP    COMT                  ；未传输完，则继续下一个
        HLT
ERR：   CALL    ERR-OUT               ；调用出错处理子程序
        ……
```

值得注意的是，发送程序是在与 8251A（1）相连的计算机上执行，而接收程序是在与 8251A（2）相连的计算机上执行。

思考：如果还要求发送方能同时接收数据、接收方也能同时发送数据的话，则发送端程序和接收端程序该如何修改？

10.3 RS-232、RS-485 串行接口标准

串行接口标准指的是计算机或终端（数据终端设备 DTE）的串行接口电路与调制解调器（Modem）等（数据通信设备 DCE）之间的连接标准。在计算机网络中，由它构成网络的物理层协议。

10.3.1 RS-232C 接口标准

RS-232 是串行异步通信中应用最广的串行总线标准，1969 年由美国 EIA（电子工业协会）颁发，其中 RS 是 Recommended Standard 的编写，232 是标准的标识号。RS-232 现已发展成为一种国际通用的串行通信接口标准，在计算机终端中被广泛使用。RS-232 标准对串行接口的机械特性、电气特性及信号种类和功能等都做了比较明确的规定。RS-232C 的前身是 RS-232A 和 RS-232B，这前两种接口标准现在已很少使用。RS-232C 主要用于使用模拟信道传输数字信号的场合，推出这种标准的最初目的是在数据终端设备（DTE）与数据通信设备（DCE）之间建立接口标准。该标准定义了数据终端设备（DTE）与数据通信设备（DCE）之间的连接器形状、连接信号的含义及其电压信号范围等参数。

RS-232C 是一种标准接口，它是一个 D 形插座，RS-232C 接口可以使用型号为 DB-25 的 25 芯插头座；若某些设备只采用异步串行通信，且不需要辅助信道，亦可采用型号为 DB-9 的 9 芯插头座，实际上现在 9 芯插头座更为常见。通常 RS-232C 接口连接器（串行电缆）的插座（插孔面，也叫阳面）在 DTE 端，插头（插针面，也叫阴面）在 DCE 端，如图 10-14 所示。微机之间的串行通信就是按照 RS-232C 标准所设计的接口电路实现的。如果使用一根电话线进行通信，

那么计算机和Modem之间的连线就是根据RS-232C标准连接的，其连接及通信原理图如图10-15所示。

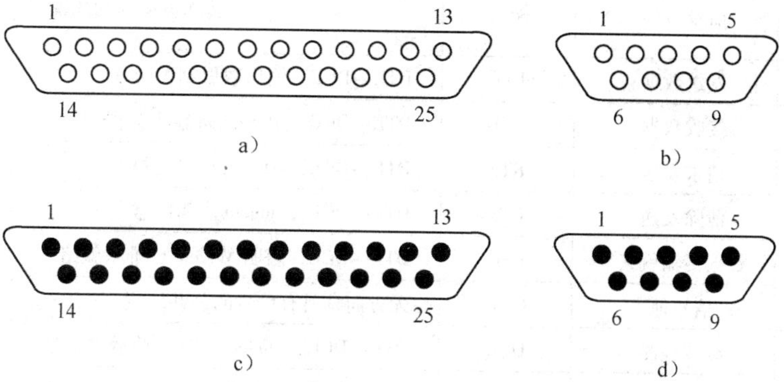

图10-14 RS-232C标准接口的连接器

a）25脚D形插头（插针） b）9脚D形插头（插针） c）25脚D形插座（插孔） d）9脚D形插座（插孔）

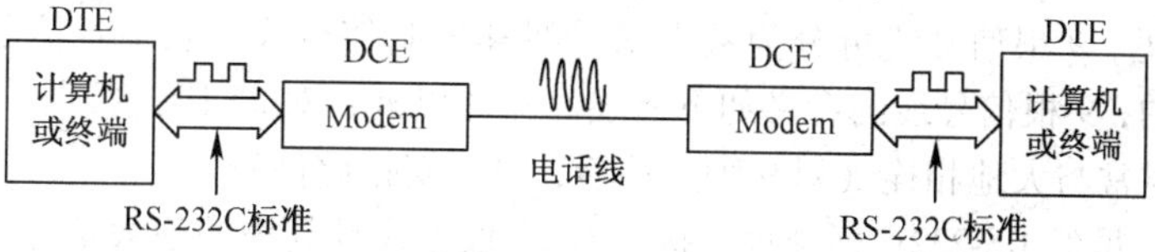

图10-15 计算机通过RS-232C进行通信原理图

1. 机械特性

RS-232C采用25脚D形连接器（含插头/插座）作为DTE与DCE之间通信电缆的连接口，但在实际进行异步通信时，只需9个信号即够用，因此也可以采用9脚D形连接器。标准对D形连接器的几何尺寸做了规定，以便不同厂家生产的设备可以通过RS-232C直接连接以实现串行通信。

2. 电气特性

RS-232C采用负逻辑工作，即

逻辑“1”用负电平表示，有效电平范围是-15～-3V；

逻辑“0”用正电平表示，有效电平范围是3～15V。

-3～3V为过渡区，逻辑状态不定，为无效电平。

由以上规定可见RS-232C是用正负电平来表示逻辑状态，这与TTL以高低电平表示逻辑状态的规定大不相同。显然为了能够同计算机串行接口使用的TTL芯片连接，必须在RS-232C与TTL电路之间进行电平转换。常用的电平转换芯片有MC1488、SN75150（实现TTL→RS-232C转换）；MC1489、SN75154（实现RS-232C→TTL转换）；MAX232（实现TTL与RS-232C之间的双向电平转换）等。

3. 引脚信号定义

RS-232C对25脚D形连接器的各个引脚号、名称及功能均做了明确的规定，将其中的21个引脚分为两个通信通道，即主信道和辅助信道，另有4个引脚未定义。辅助信道的传输速度比较慢，几乎没有使用，而主信通中有9根信号线是远距离串行通信接口标准中的基本信号线，只需掌握好这9根信号线的功能和连接方法基本就可以了。这9个信号线的引脚号、名称及功能见表10-2。

表 10-2 RS-232C 主信道引脚信号

引脚号		信号名称	缩写	传送方向与功能说明
25 脚	9 脚			
2	3	发送数据	TXD	DTE→DCE，输出数据到 Modem
3	2	接收数据	RXD	DTE←DCE，由 Modem 输入数据
4	7	请求发送	RTS	DTE→DCE，DTE 请求发送数据
5	8	清除发送	CTS	DTE←DCE，Modem 表明同意发送
6	6	数据传输就绪	DSR	DTE←DCE，表明 Modem 已准备就绪
7	5	信号地	GND	无方向，所有信号的公共地线
8	1	载波检测	DCD	DTE←DCE，Modem 正在接收载波信号
20	4	数据终端就绪	DTR	DTE→DCE，通知 Modem DTE 已准备好
22	9	振铃指示	RI	DTE←DCE，表明 Modem 已收到拨号呼叫

由表 10-2 可见，9 根信号线可分为数据信号线和控制信号线。表中各信号线的定义是站在 DTE 的角度做出的，9 根信号线的含义如下所述。除此以外，对 25 脚连接器，其 1 脚为保护地，为了安全，使用时常与大地相连（对 9 脚连接器，没有安排此信号）。

（1）信号线　虽然 RS-232C 标准规定接口有 25 根连线且其中的绝大部分信号线均已定义使用，但在一般的微机串行通信中，只有以下 9 个信号经常使用，这些引脚及其功能分别如下：

①数据线。

TXD（Transmitted Data）（第 2 脚）：发送数据线，输出。由计算机到 Modem。计算机通过此引脚发送数据到 Modem。

RXD（Received Data）（第 3 脚）：接收数据线，输入。由 Modem 到计算机。Modem 将接收下来的数据通过此引脚送到计算机或终端。

②发送控制信号线。

$\overline{\text{RTS}}$（Request to Send）（第 4 脚）：请求发送，输出。由计算机到 Modem。计算机通过此引脚通知 Modem，请求发送数据。

$\overline{\text{CTS}}$（Clear to Send）（第 5 脚）：允许发送，输入。用来表示 DCE 已准备好，可以为 DTE 发送数据，由 Modem 到计算机。Modem 认为可以发送数据时，通过此引脚发出$\overline{\text{CTS}}$作为对$\overline{\text{RTS}}$的回答，然后计算机才可以发送数据。$\overline{\text{RTS}}$/$\overline{\text{CTS}}$是一对握手联络信号，用于采用 Modem 的半双工系统中作发送/接收方式之间的切换。

③接收控制信号线。

$\overline{\text{DSR}}$（Data communication equipment Set Ready）（第 6 脚）：数据装置就绪（即 Modem 准备好），输入。由 Modem 到计算机。表示调制解调器可以使用（即表明 Modem 已打开并已工作在数据模式下），该信号有时直接接到电源上，这样当设备连通时即有效。

DCD（Data Carrier Detection）（第 8 脚）：载波检测（接收线信号测定器），输入。由 Modem 到计算机。当此信号有效时，表示 Modem 已接收到通信线路另一端 Modem 送来的信号，即它与电话线路已连接好，通知 DTE 准备接收数据。

如果通信线路是交换电话的一部分，则至少还需如下两个信号：

RI（Ringing Indicator）（第 22 脚）：振铃指示，输入。由 Modem 到计算机。Modem 若接到交换台送来的振铃呼叫信号，就发出该信号来通知计算机或终端。使用公用电话线时要用此信号。

$\overline{\text{DTR}}$（Data Terminal Ready）（第 20 脚）：数据终端就绪，可以接收数据，输出。由计算机到 Modem。计算机收到 RI 信号以后，就发出$\overline{\text{DTR}}$信号到 Modem 作为回答，以控制它的转换设备，建立通信链路。$\overline{\text{DSR}}$/$\overline{\text{DTR}}$也是一对握手联络信号，这两个信号有效时，通知对方，设备本身可用。

GND（第 7 脚）：地。

（2）逻辑电平　RS-232C 标准采用 EIA 电平，即规定“1”的逻辑电平在 -15 ~ -3V 之间，规定“0”的逻辑电平在 3 ~ 15V 之间，高于 15V 或低于 -15V 的电压被认为无意义，介于 3V 和 -3V 之间的电压也无意义。

对于 TXD、RXD 这两根数据信号线，EIA 的逻辑“1”和“0”就表示数字信号的“1”和“0”。但对$\overline{\text{RTS}}$、$\overline{\text{CTS}}$、$\overline{\text{DSR}}$、$\overline{\text{DTR}}$、DCD 等控制状态信号线，则恰好是 EIA 的逻辑“0”为信号的有效状态，即开关的接通（ON）状态，此时电平值为 3 ~ 15V。RS-232C 采用这样的逻辑电平标准主要是为了防止干扰，一般在 30m 距离内可以进行正常信号传输。

由于 EIA 电平与 TTL 电平完全不同，因此，为了与 TTL 器件连接，必须进行相应的电平转换，通常采用专用的芯片来完成这项任务。MC1488 可完成 TTL 电平到 EIA 电平的转换，而 MC1489 则可完成 EIA 电平到 TTL 电平的转换。

除了 RS-232C 标准以外，还有一些其他的通用的串行接口标准，如 RS-422、RS-449 等。

4. 信号线的连接

RS-232C 接口的信号线连接与通信的距离有关，一般从远、近两方面考虑。

（1）远距离时的连接　当通信距离较远时，两个设备通信需要借助于 DCE（Modem 或其他远传设备）和电话线，其 RS-232C 的接口方式如图 10-16 所示。

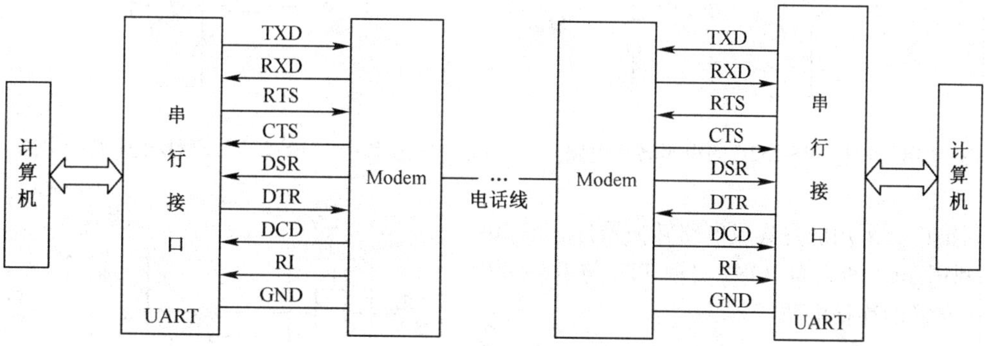

图 10-16　采用 Modem 时 RS-232C 信号线的使用

（2）近距离时的连接　近距离（少于 15m）通信时，可不采用调制解调器 Modem（亦称为零 Modem 方式），通信双方可以直接连接，利用 RS-232C 接口，最简单的情况下，只要用到了 3 根线即可实现双向异步通信，如图 10-17a 所示，若为了适应那些需要检测“CTS”（清除发送）、“DCD”（载波检测）、“DSR”（数传机准备好）等信号的通信程序，则可采用图 10-17b 所示方式，除连接 3 根最基本的信号线外，再在连接器的相应引脚上自行短接形成几根自反馈控制线。

在图 10-17 的零 Modem 方式下，请注意通信双方的 RS-232C 接口的 2、3 脚是相互交叉连接，而在图 10-16 所示的连接方式中，串行接口与 Modem 之间的 RS-232C 引脚是相同引脚号一一对应直接连接。

5. EIA- RS-232C 与 TTL 相互转换

如上所述，RS-232C 是用正负电平来表示逻辑状态，而计算机内部电路所采用的 TTL 标准是用高低电平表示逻辑状态，显然为了让计算机能利用RS-232C与外界连接，则必须在RS-232C与TTL电路之间进行电平转换，实现这种转换的电路，可以采用分立元器件或集成电路芯片。图10-18为利用分立元器件实现TTL→RS-232C的电平转换电路，由图可见，当TTL输入逻辑“1”（高电平，+3.6V）时，VT_1管截止，VT_2管也截止，输出的RS-232C信号为-12V，反之当TTL输入逻辑“0”（低电平，+0.4V）时，VT_1、VT_2管均导通，输出的RS-232C信号为+5V。图10-19为利用分立元器件实现的RS-232C→TTL的电平转换电路，原理很简单，请读者自己分析。

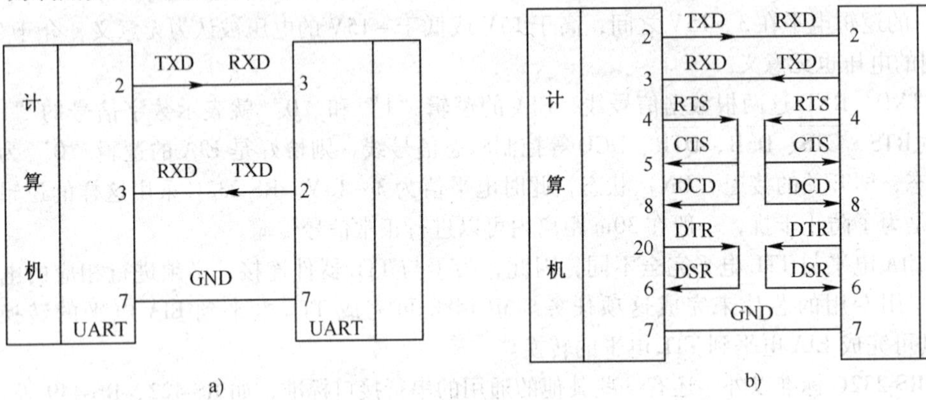

图10-17 零Modem方式的最简单连接

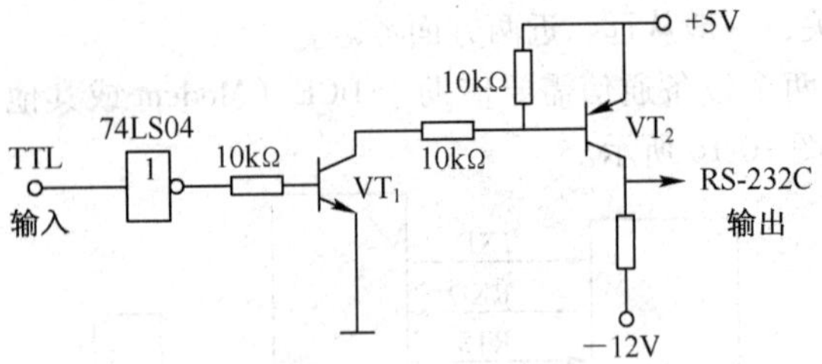

图10-18 TTL→RS-232C的电平转换电路

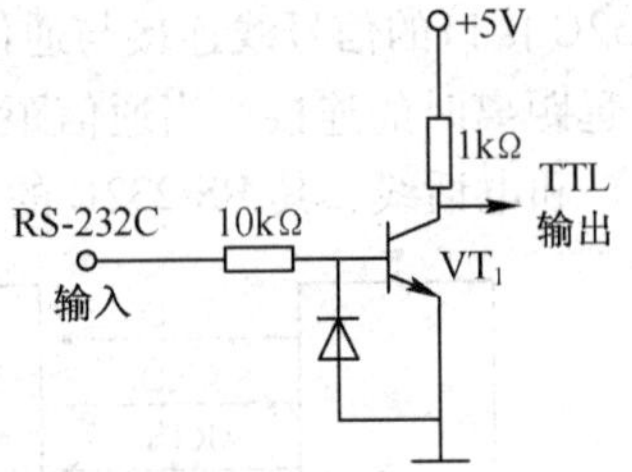

图10-19 RS-232C→TTL电平转换电路

目前广泛采用的是集成电路转换器件，图10-20为利用MC1488、MC1489实现TTL与RS-232C间电平转换的连接电路。

MC1488/MC1489是早期的IC产品，它需要+12V和+5V多个电源供电，且工作不够稳定，现在有一些性能更好的转换芯片，如MAX232、FC232等。FC232是一种带有光电隔离电路的新型RS-232C串行通信转发器，且可以实现4线双向全双工通信。

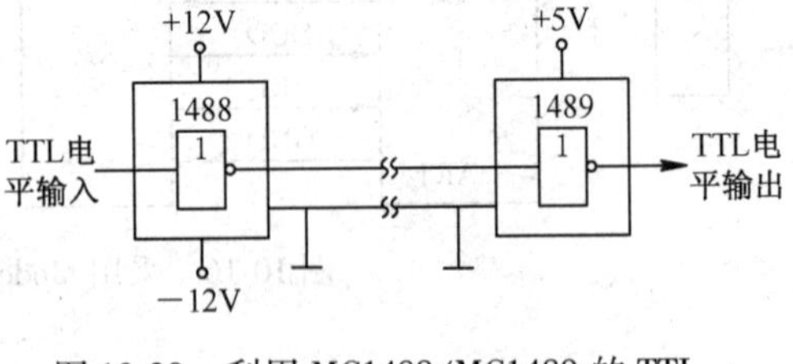

图10-20 利用MC1488/MC1489的TTL→RS-232C电平转换

10.3.2 RS-485接口标准

1. RS-422A接口标准

RS-232C虽然是目前应用较广泛的一种串行通信接口，但其最大的缺点是不能进行远距离传输，且是采用单端驱动单端接收电路，即采用公共地线的方式（多根信号线共地），其缺点是不能区分由驱动电路产生的有用信号和外部引入的干扰信号，两地之间的电位差（如果存在的话）

将成为通信错误的根源。采用平衡驱动、差分接收，取消信号地线，是解决这一问题的有效途径，这就是EIA的另一个系列标准RS-422A的产生背景。为了有所比较，图10-21给出了两种RS接口标准电路。

由图10-21可见，RS-232C收发之间有公共信号地线，则共模干扰信号（对地干扰电压信号）不可避免地要进入信号传输系统，这即是为什么RS-232C要用大幅度的电压摆动来避开干扰信号的原因。

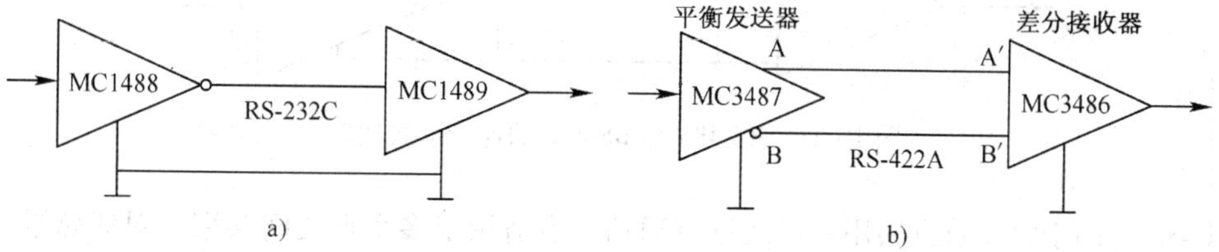

图10-21 两种RS接口标准电路

a）单端驱动非差分接收电路 b）平衡驱动差分接收电路

RS-422A采用的平衡驱动、差分接收电路，抗共模干扰信号能力很强，其对逻辑电平的定义是根据两条传输线A、B之间的电位差值来决定的，如当AA′线的电平比BB′线的电平低0.2V时表示逻辑“0”。电气特性优于RS-232C的另一标志是，RS-422A的最大传输速率可达10Mbit/s（当传输距离为15m时），最大传输距离可达1200m（当传输速率为90kbit/s时），而相比之下，RS-232C的最大传输速率为20kbit/s，最大传输距离为15m（50ft）。由此也可看出，在串行通信中，为保证波形不能发生畸变，最大传输距离和最大传输速率这两项性能相互矛盾且又相互制约，即可靠的最大传输距离将随着传输速率的增加而减小，而可靠的最大传输速率也会随着传输距离的加大而减小。

RS-422A的另一些特点是允许驱动器输出电压为2～6V，输出信号线间的电压为±2V，接收器输入电平灵敏度为+0.2V，共模范围为-25～25V。采用四根线传输信号（2根用于发送，2根用于接收），可以实现多站互联通信，但标准规定电路中只有一个发送器，可以有多达10个接收器。在高速传送信号时，应该考虑到通信线路的阻抗匹配，一般在接收端加终端电阻以吸收掉反射波。电阻网络也应该是平衡的，如图10-22所示。

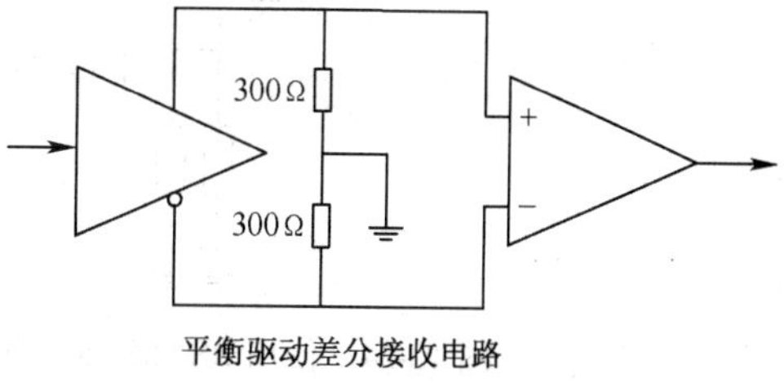

图10-22 在接收端加终端电阻

2. RS-485接口标准

在许多应用环境中，要求用较少的信号线来实现通信，或者要求在同一通信网络中允许有多个发送器，由此导致了目前应用广泛的RS-485串行接口总线的产生。它实际上是RS-422A的变形，即RS-422A为全双工模式，而RS-485为半双工模式，这一改动，对实现多站互连提供了很大的方便。图10-23给出了点对点通信时，RS-485与RS-422A的连接形式比较。这个电路既可以构成RS-422A电气接口（按图中虚线连接，即采用4线传输信号），也可以构成RS-485电气接口（按图中实线连接，即采用2线传输信号）。此外，在RS-485互连中，因是半双工方式，某一时刻只能有一个站发送数据，另一个站只能接收，因此，RS-485的发送端必须由使能端加以控制，一般情况下，此端应为“无效”，以禁止发送。只有在本站需要发送时，才将使能端变为有效，由TXD端将数据发出，且发生完后，应将使能端关闭，以便接收对方来的数据。

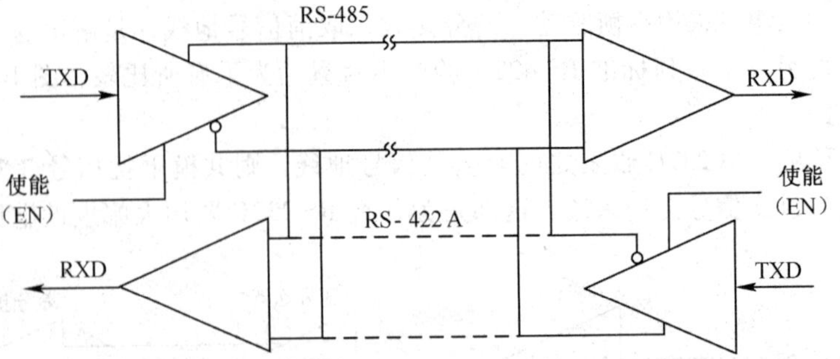

图 10-23　RS-485 与 RS-422 的连接形式比较

RS-485 适用于收发双方共用一对线进行通信，也适用于多个点之间共用一对线路进行总线方式联网，通信只能是半双工的，线路如图 10-24 所示。

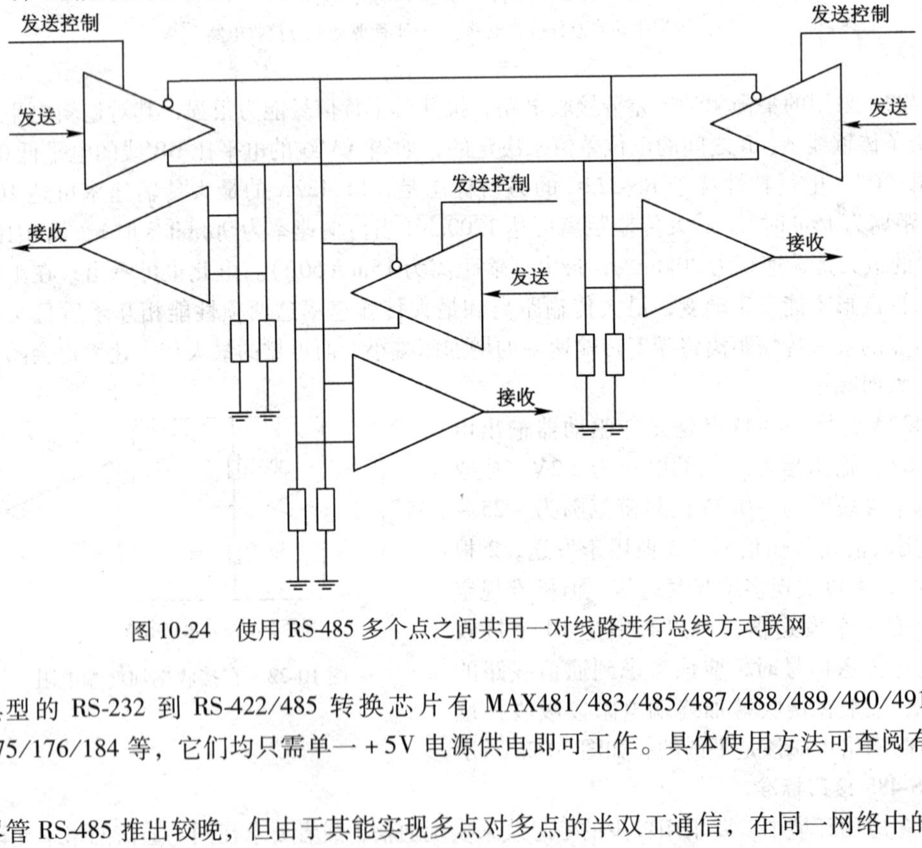

图 10-24　使用 RS-485 多个点之间共用一对线路进行总线方式联网

典型的 RS-232 到 RS-422/485 转换芯片有 MAX481/483/485/487/488/489/490/491，以及 SN75175/176/184 等，它们均只需单一 +5V 电源供电即可工作。具体使用方法可查阅有关技术手册。

尽管 RS-485 推出较晚，但由于其能实现多点对多点的半双工通信，在同一网络中的平衡电缆线上，最多可连接 32 个发送器/接收器对。再加上抗干扰能力、最大传输距离和最大传输速率方面均大大地优于 RS-232C，因而在许多场合，特别是实时控制、微机测控网络等领域得到了广泛的应用。

习　题

10.1　串行通信和并行通信有什么异同？它们各自的优缺点是什么？

10.2　什么是异步串行通信？什么是同步串行通信？

10.3　8251 内部有哪些寄存器？分别举例说明它们的作用和使用方法。

10.4 8251 内部有哪几个端口？它们的作用分别是什么？

10.5 简单分析 8251A 的发送与接收过程。

10.6 已知 8251A 发送的数据格式为：数据位 7 位、偶校验、1 个停止位、波特率因子 64，全双工方式。设 8251A 控制寄存器的地址码是 F9H，发送/接收数据寄存器的地址码是 F8H。试编写初始化程序。

10.7 已知 8251A 发送的数据格式为：数据位 7 位、偶校验、1 个停止位、波特率因子 64。设 8251A 控制寄存器的地址码是 3FBH，发送/接收寄存器的地址码是 3F8H。试编写用查询法和中断法收发数据的通信程序。

10.8 若 8251A 的收、发时钟的频率为 38.4kHz，它的 $\overline{RTS}$ 和 $\overline{CTS}$ 引脚相连，试完成满足以下要求的初始化程序（8251A 的地址为 02C0H 和 02C1H）：

半双工异步通信，每个字符的数据位数是 7，停止位为 1 位，偶校验，波特率为 600 波特，发送允许。

半双工同步通信，每个字符的数据位数是 8，无校验，内同步方式，双同步字符，同步字符为 16H，接收允许。

10.9 如图 10-25 所示，一台 IBM PC 的 0 号扩展槽内有一块以 8251A 为核心的异步串行通信适配卡。试编写一程序，将 IBM PC 作为发送和接收机，CPU 将从键盘输入的内容发送给 8251A，再从 8251A 接收后在 CRT 上显示出来。设数据传输速率为 1200 波特；通信格式为 7 位字符、一个停止位，奇校验，数据发送和接收均采用中断方式，程序为循环结构，只要按一下键就显示。

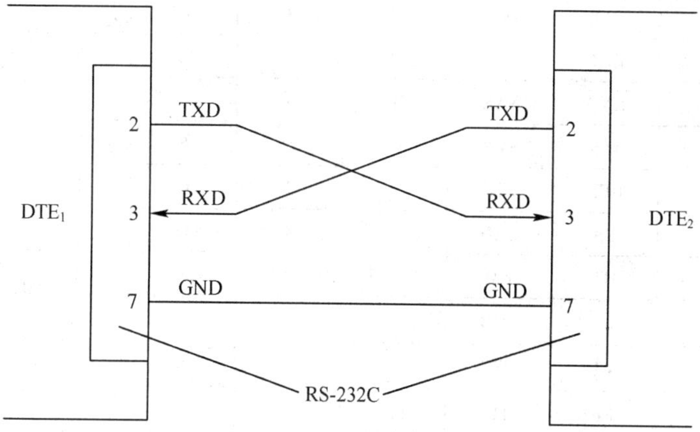

图 10-25 题 10-9 图

10.10 RS-232C 的最基本数据传送引脚是哪几根？RS-232C 在串行通信中起什么作用？

10.11 调制解调器的功能是什么？如何利用 Modem 的控制信号进行通信的联络控制？

10.12 为什么要在 RS-232C 与 TTL 之间加电平转换器件？一般采用哪些转换器件，请以图说明。

10.13 RS-485 标准与 RS-232C 标准主要的差别有哪些？

附　　录

附录 A　ASCII 码表

行	列 高 低	0	1	2	3	4	5	6	7
		000	001	010	011	100	101	110	111
0	0000	NUL	DLE	SP	0	@	P	、	p
1	0001	SOH	DC1	!	1	A	Q	a	q
2	0010	STX	DC2	“	2	B	R	b	r
3	0011	ETX	DC3	#	3	C	S	c	s
4	0100	EOT	DC4	$	4	D	T	d	t
5	0101	ENQ	NAK	%	5	E	U	e	u
6	0110	ACK	SYN	&	6	F	V	f	v
7	0111	BEL	ETB	,	7	G	W	g	w
8	1000	BS	CAN	(	8	H	X	h	x
9	1001	HT	EM	)	9	I	Y	i	y
A	1010	LF	SUB	*	:	J	Z	j	z
B	1011	VT	ESC	+	;	K	[	k	{
C	1100	FF	FS	,	<	L	\	l	|
D	1101	CR	GS	-	=	M	]	m	}
E	1110	SO	RS	.	>	N	Ω	N	~
F	1111	SI	US	/	?	O	-	o	DEL

附录 B　BIOS 功能调用

分类	中断名称	中断号 （十六进制）	分类	中断名称	中断号 （十六进制）
内中断	被零除	00	内中断	保留	06
	单步	01		保留	07
	不可屏蔽	02	外中断	日时钟	08
	断点	03		键盘	09
	溢出	04		保留	0A
	打印屏幕	05		串口 2	0B

（续）

分类	中断名称	中断号（十六进制）	分类	中断名称	中断号（十六进制）
外中断	串口1	0C	设备I/O驱动程序	打印机I/O	17
	硬盘	0D		ROM BASIC	18
	软盘	0E		引导	19
	打印机	0F		日时钟	1A
设备	显示器	10	特殊中断	Ctrl-Break	1B
设备I/O驱动程序	设备检测	11		定时器报时	1C
	存储容量	12		显示器参数	1D
	磁盘I/O	13		软盘参数	1E
	通信I/O	14		图形字符扩展	1F
	盒式磁带I/O	15		保留给软盘	40
	键盘I/O	16		硬盘参数	41

附录C　常用DOS功能调用（INT 21H）一览表

功能号（AH）	功能	入口参数	出口参数
00H	程序结束并释放内存（同INT 20H）	CS＝程序段前缀（PSP）段基址	无
01H	单字符键盘输入并回显（检测是否为Ctrl-Break，若是，执行中断23H）	无	AL＝输入字符的ASCII码
02H	向显示器输出单字符（检测是否为Ctrl-Break，若是，执行中断23H）	DL＝输出字符的ASCII码	无
03H	异步通信口输入	无	AL＝输入字符
04H	异步通信口输出	DL＝输出字符	无
05H	输出单字符给打印机	DL＝输出字符的ASCII码	无
06H	直接控制台I/O（不检测Ctrl-Break）	DL＝0FF（输入）DL＝字符（输出）	ZF＝0，则AL＝输入字符
07H	键盘单字符输入无回显（不检测Ctrl-Break）	无	AL＝输入字符
08H	键盘输入无回显（检测是否为Ctrl-Break，若是，执行中断23H）	无	AL＝输入字符
09H	显示器输字符串（字符串以‘$’结束）	DS：DX＝字符串首地址	无
0AH	带回显的字符串输入（字符串以回车符结束）	DS：DX＝接收缓冲区首地址 （DS：DX）＝缓冲区长度 （DS：DX＋1）＝实际输入字符数	无

（续）

功能号（AH）	功能	入口参数	出口参数
0BH	检查键盘输入状态（检测是否为Ctrl-Break，若是，执行中断23H）	无	AL＝00 有输入 AL＝0FF 无输入
0CH	清除输入缓冲区并执行指定的输入功能	AL＝功能号（1，6，7，8，0A）	无
0DH	磁盘复位（选择驱动器A为默认驱动器，把磁盘传送地址置为DS：80，清除文件缓冲区）	无	无
0EH	指定当前默认的磁盘驱动器	DL＝驱动器号（0＝A，1＝B，…）	AL＝驱动器个数，软、硬盘驱动器总数
0FH	打开文件	DS：DX＝文件控制块（FCB）首地址	AL＝00 成功 AL＝0FF 失败
10H	关闭文件		
11H	查找文件名（查找当前目录的第一个目录项）		
12H	查找下一个文件名（查找当前目录的下一个目录项）		
13H	删除文件，文件名可带‘？’		
14H	顺序读文件	DS：DX＝文件控制块（FCB）首地址	AL＝00 读成功 AL＝01 文件结束，记录中无数据 AL＝02 DTA 空间不够 AL＝03 文件结束，记录不完整
15H	顺序写文件	DS：DX＝文件控制块（FCB）首地址	AL＝00 成功 AL＝01 磁盘满，操作取消 AL＝02DTA 空间不够
16H	建立文件	DS：DX＝文件控制块（FCB）首地址	AL＝00 成功 AL＝0FF 磁盘空间不够
17H	文件改名	DS：DX＝文件控制块FCB首地址 （DS：DX）＝旧文件名 （DS：DX＋11）＝新文件名 （DS：DX＋19）＝新文件扩展名	AL＝00 成功 AL＝0FF 失败
19H	取当前默认磁盘驱动器号	无	AL＝默认的驱动器号 0＝A，1＝B，2＝C…
1AH	设置磁盘缓冲区首地址（DAT）	DS：DX＝缓冲区首地址	无

（续）

功能号（AH）	功能	入口参数	出口参数
1BH	取当前默认磁盘驱动器的文件分配表(FAT)信息	无	AL = 每簇的扇区数 (DS：BX) = FAT 标志字节 CX = 物理扇区的大小 DX = 默认驱动器的簇数
1CH	取任一磁盘驱动器的文件分配表(FAT)信息	DL = 驱动器号(0 = 约定的，1 = A，…)	
21H	随机读文件	DS：DX = 文件控制块(FCB)首地址	AL = 00 成功 AL = 01 文件结束，记录内无数据 AL = 02 磁盘缓冲区 DAT 空间不够，操作取消 AL = 03 读部分记录，以 0 填充
22H	随机写文件	DS：DX = 文件控制块 FCB 首地址	AL = 00 成功 AL = 01 磁盘满 AL = 02 磁盘缓冲区 DAT 空间不够，操作取消
23H	取文件长度	DS：DX = 文件控制块 FCB 首地址	AL = 00 成功，文件长度填入 FCB AL = 0FF 失败
24H	设置随机记录号	DS：DX = 文件控制块 FCB 首地址	无
25H	设置中断向量	DS：DX = 中断向量 AL = 中断类型号	无
26H	建立程序段前缀	DX = 新的程序段的段前缀	无
27H	随机分块读	DS：DX = 文件控制块(FCB)首地址 CX = 记录数	AL = 00 成功 AL = 01 文件结束 AL = 02 读入记录过多，磁盘缓冲区 DAT 溢出 AL = 03 读入部分记录，缓冲区不满 CX = 实际读出的记录数
28H	随机分块写	DS：DX = 文件控制块 FCB 首地址 CX = 记录数	AL = 00 成功 AL = 01 磁盘满
29H	分析文件名	ES：DI = FCB 首地址 DS：SI = 待分析的 ASCII 串 AL = 低 4 位为控制分析标志	AL = 00 写成功 AL = 01 多义文件 AL = 02 驱动器无效
2AH	取系统日期	无	AL = 星期，CX = 年 DH：DL = 月：日(二进制)

（续）

功能号（AH）	功能	入口参数	出口参数
2BH	设置系统日期	CX：DH：DL = 年：月：日	AL = 00 成功； AL = 0FF 失败
2CH	取系统时间	无	CH：CL = 时：分 DH：DL = 秒：1/100 秒
2DH	设置系统时间	CH：CL = 时：分 DH：DL = 秒：1/100 秒	AL = 00 成功 AL = 0FF 失败
2EH	设置磁盘自动读/写标志	AL = 00 关标志，AL = 01 开标志	无
2FH	取磁盘缓冲区首地址（DAT）	无	ES：BX = 缓冲区首地址
30H	取 DOS 版本号	无	AH = 主版本号 AL = 次版本号
31H	程序结束并驻留	AL = 返回码，DX = 驻留内存大小	无
33H	Ctrl-Break 检测	AL = 00 取状态，AL = 01 置状态 DL = 00 关检测，DL = 01 开检测	DL = 00 关检测 DL = 01 开检测
35H	取中断向量	AL = 中断类型号	ES：BX = 中断向量
36H	取可用磁盘空间	DL = 驱动器号（0 = 约定的，1 = A，…）	成功： AX = 每簇的扇区数 BX = 有效簇数 CX = 每扇区字节数 DX = 总簇数 失败：AX = 0FFFF
38H	置/取国家信息	DS：DX = 信息区首地址	成功：CF = 0 BX = 国家码 失败：CF = 1
39H	建立子目录	DS：DX = ASCII 串地址（该串包含驱动器符和路径）	失败：CF = 1 AX = 3 路径未找到 AX = 5 访问方式错
3AH	删除子目录	DS：DX = ASCII 串地址（该串包含驱动器符和路径）	失败：CF = 1 AX = 3 路径未找到 AX = 5 访问方式错 AX = 16 试图删除当前目录
3BH	改变当前子目录	DS：DX = ASCII 串地址（该串包含驱动器符和路径）	失败：CF = 1 AX = 3 路径未找到
3CH	建立文件	DS：DX = ASCII 串地址（该串包含驱动器符、路径和文件名） CX = 文件属性	成功：CF = 0 AX = 文件号 失败：CF = 1 AX = 3 路径未找到 AX = 4 打开文件太多 AX = 5 访问方式错

（续）

功能号（AH）	功能	入口参数	出口参数
3DH	打开文件	DS：DX = ASCII 串地址 AL = 0 读；AL = 1 写 AL = 2 读/写	成功：AX = 文件句号 失败：AX = 错误码
3EH	关闭文件	BX = 文件号	失败：AX = 错误码
3FH	读文件或设备	DS：DX = 数据缓冲区首地址 BX = 文件号 CX = 读取的字节数	读成功：CF = 0 AX = 实际读入的字节数 AX = 0 已到文件尾 读出错误：AX = 错误码
40H	写文件或设备	DS：DX = 数据缓冲区首地址 BX = 文件代号 CX = 写入的字节数	写成功：CF = 0 AX = 实际写入的字节数 写错误：AX = 错误码
41H	从指定目录中删除文件	DS：DX = ASCII 串地址	成功：AX = 00 失败：AX = 错误码
42H	移动文件指针	BX = 文件号 CX：DX = 需移动的字节偏移量 AL = 移动方式	成功： DX：AX = 新指针位置 失败：AX = 错误码
43H	置/取文件属性	DS：DX = ASCII 串地址 CX = 文件属性 AL = 功能代码 AL = 0 取文件属性 AL = 1 置文件属性	成功：CX = 文件属性 失败：AX = 错误码
44H	设备文件的 I/O 控制	BX = 文件号 AL = 功能代码 AL = 0 取设备信息至 DX 中 AL = 1 置 DX 中设备信息 AL = 2 读数据到 DS：DX 处 AL = 3 写数据到设备控制通道 AL = 6 取输入状态 AL = 7 取输出状态	失败：CF = 1 AX = 1 无效的功能编号 AX = 5 访问方式错 AX = 6 非法的文件句柄号 AX = 13 无效的数据
45H	复制文件	BX = 文件号 1	成功：AX = 文件号 2 出错：AX = 错误码
46H	强制复制文件	BX = 文件句柄号 1 CX = 文件句柄号 2	成功：AX = 文件号 1 出错：AX = 错误码
47H	取当前路径名	DL = 驱动器号（0 = A，1 = B，…） DS：SI = ASCII 串地址（路径名）	成功：（DS：SI）= ASCII 串 失败：AX = 错误码

（续）

功能号（AH）	功能	入口参数	出口参数
48H	分配内存块	BX = 申请内存的节数（16 字节为一节）	成功：AX = 分配内存首址 失败：BX = 最大可用空间
49H	释放内存块	ES = 内存块的段基址	失败：AX = 错误码
4AH	调整已分配的内存块	ES = 原内存块的段基址 BX = 再申请的节数	失败：AX = 错误码 BX = 最大可用空间
4BH	装配/执行程序	DS：DX = ASCII 串地址 ES：BX = 参数区首地址 AL = 功能代码 AL = 0 装入并执行 AL = 3 装入但不执行	失败：AX = 错误码
4CH	程序结束（带返回码）	AL = 返回码（含义同 AH = 31H 时）	无
4DH	取返回码	无	AX = 返回码
4EH	查找第一个匹配文件	DS：DX = ASCII 串地址 CX = 查找属性	失败：AX = 2 文件未找到 AX = 18 无更多的文件
4FH	查找下一个匹配文件	DS：DX = ASCII 串地址（该串包含驱动器符、路径和文件名）	失败：CF = 1 AX = 12 无效的存取代码
54H	取磁盘自动读/写标志	无	AL = 当前标志值
56H	文件重命名	（DS：DX + 1）= 旧 ASCII 串 （DS：DX + 17）= 新 ASCII 串（同上）	失败：AX = 错误码
57H	置/取文件日期和时间	BX = 文件号 AL = 0 读取 AL = 1 设置 DX：CX = 日期：时间	成功：CF = 0 DX：CX = 日期：时间 失败：CF = 1 AX = 1 无效的功能号 AX = 6 无效的文件号
58H	置/取分配策略码	AL = 0 读取 AL = 1 设置 BX = 策略码	成功：AX = 策略码 失败：AX = 错误码
59H	取扩充错误码	BX = 0000H	AX = 扩充错误码 BH = 错误类型 BL = 建议的操作 CH = 错误场所
5AH	建立临时文件	DS：DX = ASCII 串地址 CX = 文件属性	成功：AX = 文件句柄号 失败：AX = 错误码
5BH	建立新文件	DS：DX = ASCII 串地址 CX = 文件属性	成功：AX = 文件句柄号 失败：AX = 错误码

（续）

功能号（AH）	功能	入口参数	出口参数
5CH	控制文件存取	AL = 00 封锁 AL = 01 开启 BX = 文件句柄号 CX：DX = 文件位移量 SI：DI = 文件长度	失败：CF = 1 AX = 错误码
62H	取程序前缀地址	DOS1.0 以上版本 AH = 0 ~ 2E DOS2.0 以上版本 AH = 2F ~ 57 DOS3.0 以上版本 AH = 58 ~ 62	BX = 程序段前缀地址

参 考 文 献

[1] 王惠中. 微机原理及接口技术[M]. 北京：机械工业出版社，2008.

[2] 戴梅萼，史嘉权. 微型计算机技术及应用. 从16位到32位[M]. 2版. 北京：清华大学出版社，1996.

[3] 沈美明，温冬婵. IBM-PC汇编语言程序设计[M]. 2版，北京：清华大学出版社，2003.

[4] 吴秀清，等. 微型计算机原理与接口技术[M]. 2版. 合肥：中国科学技术大学出版社，2001.

[5] 尹建华，等. 微型计算机原理与接口技术[M]. 北京：高等教育出版社，2003.

[6] 徐晨. 微机原理及应用[M]. 北京：高等教育出版社，2004.

[7] 王克义，等. 微型计算机原理与接口技术教程[M]. 北京：北京大学出版社，2004.

[8] 马维华. 微型计算机原理与接口技术[M]. 北京：科学出版社，2000.

[9] 郑家声. 微型计算机原理与接口技术[M]. 北京：机械工业出版社，2004.

[10] 杨斌. 微机系统及其接口设计原理[M]. 成都：西南交通大学出版社，2006.

[11] 毛六平，等. 微型计算机原理与接口技术[M]. 北京：清华大学出版社，北方交通大学出版社，2002.

[12] 李恩林. 陈斌生. 微机接口技术300例[M]. 北京：机械工业出版社，2003.

[13] 郑学坚，周斌. 微型计算机原理及应用[M]. 3版. 北京：清华大学出版社，2001.

[14] 李伯成，等. 微型计算机原理及应用[M]. 西安：西安电子科技大学出版社，2000.

[15] 冯博琴，吴宁. 微型计算机原理与接口技术[M]. 2版. 北京：清华大学出版社，2007.

[16] 周明德. 微型计算机系统原理及应用[M]. 4版. 北京：清华大学出版社，2002.

[17] 李广军，等. 微型计算机原理[M]. 成都：电子科技大学出版社，2000.